注册建筑师考试丛书

一级注册建筑师考试教材

·5·

建筑经济 施工与设计业务管理

（第十七版）

《注册建筑师考试教材》编委会　编

曹纬浚　主编

中国建筑工业出版社

图书在版编目(CIP)数据

一级注册建筑师考试教材. 5,建筑经济 施工与设计业务管理 /《注册建筑师考试教材》编委会编；曹纬浚主编. — 17 版. — 北京：中国建筑工业出版社，2021.11

(注册建筑师考试丛书)

ISBN 978-7-112-26636-4

Ⅰ.①一… Ⅱ.①注… ②曹… Ⅲ.①建筑经济－资格考试－自学参考资料②建筑施工－资格考试－自学参考资料③建筑设计－资格考试－自学参考资料 Ⅳ.①TU

中国版本图书馆 CIP 数据核字（2021）第 193464 号

责任编辑：张 建 焦 扬
责任校对：芦欣甜

注册建筑师考试丛书
一级注册建筑师考试教材
· 5 ·
建筑经济 施工与设计业务管理
（第十七版）
《注册建筑师考试教材》编委会 编
曹纬浚 主编

*

中国建筑工业出版社出版、发行（北京海淀三里河路 9 号）
各地新华书店、建筑书店经销
北京红光制版公司制版
廊坊市海涛印刷有限公司印刷

*

开本：787 毫米×1092 毫米 1/16 印张：27¼ 字数：663 千字
2021 年 11 月第十七版 2021 年 11 月第一次印刷
定价：**86.00** 元
ISBN 978-7-112-26636-4
(38481)

《注册建筑师考试教材》
编 委 会

主 任 委 员　赵春山

副主任委员　于春普　曹纬浚

主　　　编　曹纬浚

主 编 助 理　曹 京　陈 璐

编　　　委（以姓氏笔画为序）

序

赵春山

（住房和城乡建设部执业资格注册中心原主任）

我国正在实行注册建筑师执业资格制度，从接受系统建筑教育到成为执业建筑师之前，首先要得到社会的认可，这种社会的认可在当前表现为取得注册建筑师执业注册证书，而建筑师在未来怎样行使执业权力，怎样在社会上进行再塑造和被再评价从而建立良好的社会资源，则是另一个角度对建筑师的要求。因此在如何培养一名合格的注册建筑师的问题上有许多需要思考的地方。

一、正确理解注册建筑师的准入标准

我们实行注册建筑师制度始终坚持教育标准、职业实践标准、考试标准并举，三者之间相辅相成、缺一不可。所谓教育标准就是大学专业建筑教育。建筑教育是培养专业建筑师必备的前提。一个建筑师首先必须经过大学的建筑学专业教育，这是基础。职业实践标准是指经过学校专门教育后，又经过一段有特定要求的职业实践训练积累。只有这两个前提条件具备后才可报名参加考试。考试实际就是对大学建筑教育的结果和职业实践经验积累结果的综合测试。注册建筑师的产生都要经过建筑教育、实践、综合考试三个过程，而不能用其中任何一个去代替另外两个过程，专业教育是建筑师的基础，实践则是在步入社会以后通过经验积累提高自身能力的必经之路。从本质上说，注册建筑师考试只是一个评价手段，真正要成为一名合格的注册建筑师还必须在教育培养和实践训练上下功夫。

二、关注建筑专业教育对职业建筑师的影响

应当看到，我国的建筑教育与现在的人才培养、市场需求尚有脱节的地方，比如在人才知识结构与能力方面的实践性和技术性还有欠缺。目前在建筑教育领域实行了专业教育评估制度，一个很重要的目的是想以评估作为指挥棒，指挥或者引导现在的教育向市场靠拢，围绕着市场需求培养人才。专业教育评估在国际上已成为了一种通行的做法，是一种通过社会或市场评价教育并引导教育围绕市场需求培养合格人才的良好机制。

当然，大学教育本身与社会的具体应用需要之间有所区别，大学教育更侧重于专业理论基础的培养，所以我们就从衡量注册建筑师第二个标准——实践标准上来解决这个问题。注册建筑师考试前要强调专业教育和三年以上的职业实践。现在专门为报考注册建筑师提供一个职业实践手册，包括设计实践、施工配合、项目管理、学术交流四个方面共十项具体实践内容，并要求申请考试人员在一名注册建筑师指导下完成。

理论和实践是相辅相成的关系，大学的建筑教育是基础理论与专业理论教育，但必须

要给学生一定的时间使其把理论知识应用到实践中去，把所学和实践结合起来，提高自身的业务能力和专业水平。

大学专业教育是作为专门人才的必备条件，在国外也是如此。发达国家对一个建筑师的要求是：没有经过专门的建筑学教育是不能称之为建筑师的，而且不能进入该领域从事与其相关的职业。企业招聘人才也首先要看他们是否具备扎实的基本知识和专业本领，所以大学的本科建筑教育是必备条件。

三、注意发挥在职教育对注册建筑师培养的补充作用

在职教育在我国有两个含义：一种是后补充学历教育，即本不具备专业学历，但工作后经过在职教育通过社会自学考试，取得从事现职业岗位要求的相应学历；还有一种是继续教育，即原来学的本专业和其他专业学历，随着科技发展和自身业务领域的拓宽，原有的知识结构已不适应了，于是通过在职教育去补充相关知识。由于我国建筑教育在过去一段时期底子薄，培养数量与社会需求差距很大。改革开放以后为了满足快速发展的建筑市场需求，一批没有经过规范的建筑教育的人员进入了建筑师队伍。而要解决好这一历史问题，提高建筑师队伍整体职业素质，在职教育有着重要的补充作用。

继续教育是在职教育的一种行之有效的教育形式，它特指具有专业学历背景的在职人员从业后，因社会的发展使得原有知识需要更新，要通过参加新知识、新技术的学习以调整原有知识结构、拓宽知识范围。它在性质上与在职培训相同，但又不能完全画等号。继续教育是有计划性、目标性、提高性的，从整体人才队伍和个人知识总体结构上作调整和补充。当前，社会在职教育在制度上和措施上还不够完善，质量很难保证。有一些人把在职读学历作为"镀金"，把继续教育当作"过关"。虽然最后证明拿到了，但实际的本领和水平并没有相应提高。为此需要我们做两方面的工作，一是要让我们的建筑师充分认识到在职教育是我们执业发展的第一需求；二是我们的教育培训机构要完善制度、改进措施、提高质量，使参加培训的人员有所收获。

四、为建筑师创造一个良好的职业环境

要向社会提供高水平、高质量的设计产品，关键还是要靠注册建筑师的自身素质，但也不可忽视社会环境的影响。大众审美的提高可以让建筑师感受到社会的关注，增强自省意识，努力创造出一个经受得住大众评价的作品。但目前实际上建筑师的很多设计思想受开发商与业主方面很大的影响，有时建筑水平并不完全取决于建筑师，而是取决于开发商与业主的喜好。有的业主审美水平不高，很多想法往往只是自己的意愿，这就很难做出与社会文化、科技、时代融合的建筑产品。要改善这种状态，首先要努力创造尊重知识、尊重人才的社会环境。建筑师要维护自己的职业权力，大众要尊重建筑师的创作成果，业主不要把个人喜好强加于建筑师。同时建筑师自身也要提高自己的素质和修养，增强社会责任感，建立良好的社会信誉。要让创造出的作品得到大众的尊重，首先自己要尊重自己的劳动成果。

五、认清差距，提高自身能力，迎接挑战

目前中国的建筑师与国际水平还存在着一定差距，而面对信息化时代，如何缩小差距

以适应时代变革和技术进步，及时调整并制定新的对策，成为建筑教育需要探讨解决的问题。

我们现在的建筑教育不同程度地存在重艺术、轻技术的倾向。在注册建筑师资格考试中明显感觉到建筑师们在相关的技术知识包括结构、设备、材料方面的把握上有所欠缺，这与教育有一定的关系。学校往往比较注重表现能力方面的培养，而技术方面的教育则相对不足。尽管这些年有的学校进行了一些课程调整，加强了技术方面的教育，但从整体来看，现在的建筑师在知识结构上还是存在缺欠。

建筑是时代发展的历史见证，它凝固了一个时期科技、文化发展的印记，建筑师如果不能与时代发展相适应，努力学习和掌握当代社会发展的科学技术与人文知识，提高建筑的科技、文化内涵，就很难创造出高水平的作品。

当前，我们的建筑教育可以利用互联网加强与国外信息的交流，了解和掌握国外在建筑方面的新思路、新理念、新技术。这里想强调的是，我们的建筑教育还是应该注重与社会发展相适应。当今，社会进步速度很快，建筑所蕴含的深厚文化底蕴也在不断地丰富、发展。现代建筑创作不能单一强调传统文化，要充分运用现代科技发展成果，使建筑在经济、安全、健康、适用和美观方面得到全面体现。在人才培养上也要与时俱进。加强建筑师科技能力的培养，让他们学会适应和运用新技术、新材料去进行建筑创作。

一个好的建筑要实现它的内在和外表的统一，必须要做到：建筑的表现、材料的选用、结构的布置以及设备的安装融为一体。但这些在很多建筑中还做不到，这说明我们一些建筑师在对新结构、新设备、新材料的掌握和运用上能力不够，还需要加大学习的力度。只有充分掌握新的结构技术、设备技术和新材料的性能，建筑师才能够更好地发挥创造水平，把技术与艺术很好地融合起来。

中国加入 WTO 以后面临国外建筑师的大量进入，这对中国建筑设计市场将会有很大的冲击，我们不能期望通过政府设立各种约束限制国外建筑师的进入而自保，关键是要使国内建筑师自身具备与国外建筑师竞争的能力，充分迎接挑战、参与竞争，通过实践提高我们的设计水平，为社会提供更好的建筑作品。

前　言

一、本套书编写的依据、目的及组织构架

原建设部和人事部自 1995 年起开始实施注册建筑师执业资格考试制度。

本套书以考试大纲为依据，结合考试参考书目和现行规范、标准进行编写，并结合历年真实考题的知识点做出修改补充。由于多年不断对内容的精益求精，本套书是目前市面上同类书中，出版较早、流传较广、内容严谨、口碑销量俱佳的一套注册建筑师考试用书。

本套书的编写目的是指导复习，因此在保证内容综合全面、考点覆盖面广的基础上，力求重点突出、详略得当；并着重对工程经验的总结、规范的解读和原理、概念的辨析。

为了帮助考生准备注册考试，本书的编写教师自 1995 年起就先后参加了全国一、二级注册建筑师考试辅导班的教学工作。他们都是在本专业领域具有较深造诣的教授、一级注册建筑师、一级注册结构工程师和具有丰富考试培训经验的名师、专家。

本套《注册建筑师考试丛书》自 2001 年出版至今，除 2002、2015、2016 三年停考之外，每年均对教材内容作出修订完善。现全套书包含：《一级注册建筑师考试教材》（简称《一级教材》，共 6 个分册）、《一级注册建筑师考试历年真题与解析》（简称《一级真题与解析》，知识题科目，共 5 个分册）；《二级注册建筑师考试教材》（共 3 个分册）、《二级注册建筑师考试历年真题与解析》（知识题科目，共 2 个分册）。

二、本书（本版）修订说明

（1）第二十五章依据《工程造价术语标准》GB/T 50875—2013，对原有章节中所涉及的部分术语进行了补充、完善和必要的修改。

（2）第二十六章补充了砌体结构、混凝土结构、地下防水、装饰装修、地面等子分部工程的质量验收要求；增加了部分重要分项工程质量验收与检查的要求、检验批划分与抽样数量；并增加了较多与教材内容相关的图片和表格，以利于考生对知识点的理解与记忆。还补充了配筋砌体，模板安装，预应力成孔，塑料板、金属板、膨润土防水层，屋面隔汽层，保温隔热工程，瓦屋面、金属板、采光顶防水，保温层抹灰、装饰抹灰工艺，活动隔墙、玻璃隔墙、人造板材幕墙，细部工程，地面垫层缩缝构造等知识点。

（3）第二十七章因原《合同法》已于 2021 年 1 月 1 日起被正式实施的《中华人民共和国民法典》取代，教材中删去了有关《合同法》的内容，列入了《民法典》合同篇，并对有关的习题、试题等也都作了相应修改。《中华人民共和国安全生产法》的相关内容也根据最新修订进行了更新。

（4）各章均将部分 2021 年真题插入教材作为例题，并编写了详细解析和参考答案。

三、本套书配套使用说明

考生在学习《一级教材》时，除应阅读相应的标准、规范外，还应多做试题，以便巩固知识，加深理解和记忆。《一级真题与解析》是《一级教材》的配套试题集，收录了

2003年以来知识题的多年真实试题并附详细的解答提示和参考答案，其5个分册分别对应《一级教材》的前5个分册。《一级真题与解析》的每个分册均包含两个部分，即按照《一级教材》章节设置的分散试题和近几年的整套试题。考生可以在考前做几次自测练习。

《一级教材》的第6分册收录了一级注册建筑师资格考试的"建筑方案设计""建筑技术设计"和"场地设计"3个作图考试科目的多年真实试题，并提供了参考答卷，部分试题还附有评分标准；对作图科目考试的复习大有好处。

四、《一级教材》各分册作者

《第1分册　设计前期　场地与建筑设计（知识）》——第一、二章王昕禾；第三、七章晁军、尹桔；第四章何力；第五章王又佳；第六章荣玥芳。

《第2分册　建筑结构》——第八章钱民刚；第九、十章黄莉、王昕禾；第十一章黄莉、冯东；第十二～十四章冯东；第十五、十六章黄莉、叶飞。

《第3分册　建筑物理与建筑设备》——第十七章汪琪美；第十八章刘博；第十九章李英；第二十章许萍；第二十一章贾昭凯、贾岩；第二十二章冯玲。

《第4分册　建筑材料与构造》——第二十三章侯云芬；第二十四章陈岚。

《第5分册　建筑经济　施工与设计业务管理》——第二十五章陈向东；第二十六章穆静波；第二十七章李魁元。

《第6分册　建筑方案　技术与场地设计（作图）》——第二十八、三十章张思浩；第二十九章建筑剖面及构造部分姜忆南，建筑结构部分冯东，建筑设备、电气部分贾昭凯、冯玲。

除上述编写者之外，多年来曾参与或协助本套书编写、修订的人员有：王其明、姜中光、翁如璧、耿长孚、任朝钧、曾俊、林焕枢、张文革、李德富、吕鉴、朋改非、杨金铎、周慧珍、刘宝生、张英、陶维华、郝昱、赵欣然、霍新民、何玉章、颜志敏、曹一兰、周庄、陈庆年、周迎旭、阮广青、张炳珍、杨守俊、王志刚、何承奎、孙国樑、张翠兰、毛元钰、曹欣、楼香林、李广秋、李平、邓华、翟平、曹铎、栾彩虹、徐华萍、樊星。

在此预祝各位考生取得好成绩，考试顺利过关！

《注册建筑师考试教材》编委会

2021年9月

目　　录

第二十五章　建　筑　经　济

建筑设计应当贯彻"适用、经济、绿色、美观"的建筑方针，要求建筑师必须掌握丰富、全面的相关知识，其中包括掌握、熟悉和了解建筑技术经济的基本原理，从而有助于建筑师在工程设计中提高工程设计质量和建设投资效益。

第一节　建设程序与工程造价的确定

一、建设项目及其组成

建设项目是指按一个总体规划或设计进行建设的，由一个或若干个互有内在联系的单项工程组成的工程总和。建设项目在经济上独立核算，行政上有独立的组织形式并实行统一管理。

建设项目可分为单项工程、单位工程、分部工程和分项工程（图 25-1）。

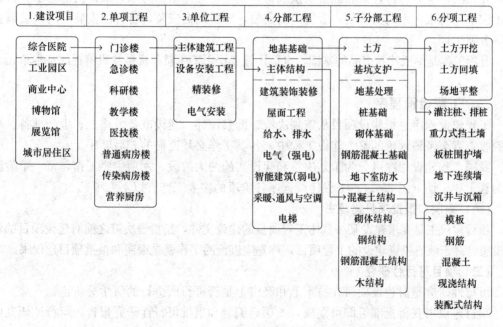

图 25-1　建设项目组成示意图

（一）单项工程

单项工程是指在一个建设项目中，具有独立的设计文件，建成后可以独立发挥生产能力或使用功能的工程项目。

单项工程是建设项目的组成部分，一个建设项目可以只有一个单项工程，也可以有若干个单项工程。

（二）单位工程

根据《工程造价术语标准》GB/T 50875—2013，单位工程是指具有独立的设计文件，能够独立组织施工，但不能独立发挥生产能力或使用功能的工程项目。

根据《建筑工程施工质量验收统一标准》GB 50300—2013，具备独立施工条件并能形成独立使用功能的建筑物或构筑物为一个单位工程。

单位工程是单项工程的组成部分。对于建设规模较大的单位工程，可将其能形成独立使用功能的部分划分为一个子单位工程。

一般情况下，将单位工程作为工程成本核算的对象。

（三）分部工程

分部工程是单位工程的组成部分，一般按专业性质、工程部位、功能等确定。

建筑的分部工程有：地基与基础、主体结构、建筑装饰装修、屋面、建筑给排水及供暖、通风与空调、建筑电气、智能建筑、建筑节能、电梯等。

当分部工程较大或较复杂时，可按材料种类、施工特点、施工程序、专业系统及类别将分部工程划分为若干子分部工程。

（四）分项工程

分项工程是分部工程的组成部分，一般分项工程按主要工种、材料、施工工艺、设备类别进行划分，例如：土方开挖，土方回填，场地平整，素土、灰土地基，砂和砂石地基，先张法预应力管桩，钢筋混凝土预制桩，钢桩，主体结构防水，细部构造防水，特殊施工法结构防水，木门窗安装，金属门窗安装，塑料门窗安装，特种门安装，门窗玻璃安装等分项工程。

分项工程是形成建筑产品的基础，也是计量工程用工用料和机械台班消耗的基本单元。

二、工程建设程序

工程建设程序是指建设项目从策划决策、勘察设计、建设准备、施工、生产准备、竣工验收，直至考核评价的整个建设工程中，各项工作必须遵循的先后顺序。

我国工程建设程序可分为策划决策和建设实施两大阶段、六项主要工作，每一个阶段分为若干项工作（图 25-2）。工程建设程序各阶段的主要工作有以下六项。

（一）编制和报批项目建议书

项目建议书是要求建设某一具体工程项目的建议文件，是投资决策之前对建设项目的轮廓设想。对于政府投资建设的工程项目，首先应进行的工作就是编制和报批项目建议书。

（二）项目可行性研究

可行性研究是对建设项目在技术上和经济上是否可行所进行的科学分析论证。

项目建议书获得批准后即可立项，立项后编制和报批可行性研究报告。可行性研究由粗到细可分为初步可行性研究和详细可行性研究两个阶段。

对于政府投资工程项目，采用直接投资和资本金注入方式的，政府主管部门需要从投资决策角度审批项目建议书和可行性研究报告，除特殊情况外，不再审批开工报告，但要严格审批初步设计和概算；采用投资补助、转贷和贷款贴息方式的，则只审批资金申请报告。

对于企业不使用政府资金投资建设的项目，一律不再实行审批制，区别不同情况实行核准制或登记备案制。其中，政府仅对重大项目和限制类项目从维护社会公共利益角度进行核准，其他项目无论规模大小，均改为备案制。企业投资建设实行核准制的项目，仅需向政府提交项目申请报告，不再经过批准项目建议书、可行性研究报告和开工报告的程序。

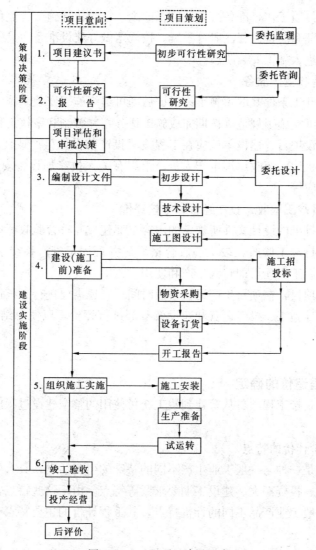

图 25-2　工程项目建设程序

（三）编制和报批设计文件

项目决策后，需要对拟建场地进行工程地质勘察，提出勘察报告，为设计做好准备。通过设计招标或方案比选确定设计单位后，即可开始初步设计文件的编制工作。一般工程项目的设计过程分为两个阶段，即初步设计和施工图设计的二段设计；对于大型、复杂的项目，可根据需要在初步设计阶段后增加技术设计阶段（扩大初步设计阶段），即初步设计、技术设计和施工图设计的三段设计，并相应编制初步设计总概算、修正总概算和施工图预算。

编制初步设计文件，应当满足编制施工招标文件、主要设备材料订货和编制施工图设计文件的需要。

编制施工图设计文件，应当满足设备材料采购、非标准设备制作和施工的需要，并注明建设工程的合理使用年限。

（四）建设准备

项目开工建设之前的准备工作，主要内容包括落实征地、拆迁和场地平整，完成施工用水、电、路等的接通工作，准备必要的施工图纸，组织选择施工、监理、材料设备供应商，办理施工许可证和质量监督注册等手续。按规定做好建设准备，具备开工条件后，建设单位申请开工，进入施工安装阶段。

（五）施工安装和生产准备

建设工程具备开工条件并取得施工许可证后即可组织施工安装。施工承包单位应按照合同要求、设计图纸、施工规范等按期完成施工任务，并编制和审核工程结算。

对于生产性建设项目，建设单位应在工程竣工投产前做好生产或使用前的准备工作，包括组建生产管理机构、招收培训生产人员、组织有关人员参加设备安装调试验收工作、落实生产原材料供应等。

（六）工程项目竣工验收、投产经营和考核评价

建设项目按照批准的设计文件所规定的内容全部建成并符合验收标准，应按竣工验收报告规定的内容进行竣工验收，竣工验收合格后应办理固定资产移交手续和编制工程决算，竣工验收合格后工程项目即转入生产和使用。

对于有些工程项目，在项目生产运营一段时间后，还需要进行考核评价，即对工程项目的立项决策、设计施工、投产运营和建设效益等进行评价，以便总结经验、改进工作、提高投资效益。

三、建设工程造价的确定

建设工程造价是指工程项目从筹建到竣工交付使用的整个建设过程所花费的全部固定资产投资费用。

（一）工程造价计价的特点

工程建设项目是一种与一般工业生产不同的特殊的生产活动，具有生产的单件性和流动性、建设周期长、投资额大、建设工期要求紧等特点。由于这些特点，决定了建设工程产品造价有着与一般工业产品不同的计价特点，其工程计价的主要特点有以下三点。

1. 单件性计价

每个工程项目都有特定的用途，建筑、结构形式不同，建造地点不同，采用的建筑材料、工艺也不同，因此每个工程项目只能单独设计、单独建设，只能单独计价。

2. 多次性计价

建设工程必须按照建设程序分阶段进行建设，不同阶段对工程造价的计价、管理有不同的要求，因此需要按照建设程序中的各个阶段多次性进行计价。多次计价过程如图25-3所示，图中不同阶段对应不同的工程计价。由图可见，工程的计价是一个由粗到细直到最终确定工程实际造价的过程。

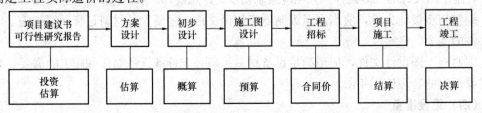

图 25-3　工程多次性计价示意图

3. 组合计价

建设项目可分解为单项工程、单位工程、分部工程、分项工程，建设项目的组合性决定了工程造价的计算过程是逐步组合的过程，编制工程建设项目的设计概算和施工图预算时，需要按工程构成的分部分项工程组合，由下向上进行计价，是一个从细部到整体的计价过程。

按照规定的建设程序，分阶段进行建设时，依据建设程序中各个设计和建设阶段多次性进行计价，其计算顺序为：分部分项工程单价→单位工程造价→单项工程造价→建设项目总造价。

例 25-1 （2012、2013）下列关于设计文件编制阶段的说法中哪一项是正确的？
A 在可行性研究阶段需编制投资估算
B 在方案设计阶段需编制预算
C 在初步设计阶段需编制工程量清单
D 在施工图设计阶段需编制设计概算

解析： 可行性研究阶段、初步设计阶段、技术设计阶段和施工图设计阶段分别需要编制投资估算、设计总概算、修正总概算和施工图预算。

答案： A

例 25-2 （2010）下列工程造价由总体到局部的组成划分中，正确的是：
A 建设项目总造价→单项工程造价→单位工程造价→分部工程费用→分项工程费用
B 建设项目总造价→单项工程造价→单位工程造价→分项工程费用→分部工程费用
C 建设项目总造价→单位工程造价→单项工程造价→分项工程费用→分部工程费用
D 建设项目总造价→单位工程造价→单项工程造价→分部工程费用→分项工程费用

解析： 工程造价由总体到局部是按建设项目总造价→单项工程造价→单位工程造价→分部工程费用→分项工程费用组成划分的；计价过程正好相反，是由局部到总体。

答案： A

（二）工程造价多次计价的依据和作用

1. 编制项目建议书和可行性研究报告时，确定项目的投资估算

一般可按相应工程造价管理部门发布的投资估算指标、类似工程的造价资料、工程所在地市场价格水平，并结合工程实际情况进行投资估算。此阶段为估算造价。

投资估算是进行建设项目技术经济评价和投资决策的重要依据和基础，在项目建议书、预可行性研究、可行性研究、方案设计阶段（包括概念方案设计和报批方案设计）应编制投资估算。作为工程造价的目标限额，是控制初步设计概算和整个工程造价的限额，也是编制投资计划、筹措资金和申请贷款的依据。

2. 初步设计阶段，编制设计总概算

在初步设计阶段，设计单位根据初步设计图纸和有关说明等，采用概算定额或概算指标和费用标准等编制设计总概算。设计总概算包括项目从筹建到竣工验收的全部建设费用。

如进行三段设计，在技术设计阶段编制修正总概算。

初步设计阶段编制的总概算（或技术设计阶段编制的修正总概算）确定的建设工程预期造价称为概算造价。

经批准的设计总概算是建设项目造价控制的最高限额，一般应控制在立项批准的投资控制额以内；如果设计概算值超过控制额，必须修改设计或重新立项审批；设计概算批准后不得任意修改和调整；如需修改或调整时，须经原批准部门重新审批。

设计总概算是确定建设项目总造价，签订建设项目承包总合同的依据，也是控制施工图预算和考核设计经济合理性的依据。

3. 施工图设计阶段

施工图预算是指在建筑安装工程开工之前，根据已经批准的施工图纸，依据预算定额、工程量清单计价规范、工程所在地的生产要素价格水平以及其他计价文件编制的工程计价文件。此阶段工程计价文件确定的工程预期造价称为预算造价。

施工图预算造价比概算造价更加详细和准确，但要受概算造价的控制，经审查批准的施工图预算造价不应超过设计总概算确定的造价。

施工图预算是控制工程造价、进行工程招标投标、签订建筑安装工程承包合同的依据，也是确定标底的依据。

4. 合同价格

签订建设项目承包合同、建筑安装工程承包合同、材料设备采购合同等所确定的合同价格，是由发包方和承包方共同依据有关计价文件、市场行情等确定的工程项目的价格，属于市场价格性质。合同价是发包承包双方进行工程结算的基础。

5. 合同实施阶段对合同价格的调整

合同实施过程中，由于设计变更、超出合同规定的市场价格变化等各种因素使工程造价发生变化，因此在合同实施阶段往往需要根据合同规定的工程造价调整范围和调整方法，对合同价进行必要的调整，并确定工程结算价。

工程结算是发、承包双方依据合同约定，对合同范围内部分完成、中止、竣工工程项目进行计算和确定价款的文件。

竣工结算是承包人按照合同约定的内容完成全部工作，经发包人或有关机构验收合格后，发、承包双方依据约定的合同价款的确定、调整以及索赔等事项，最终计算和确定竣工项目工程价款的文件。

工程竣工时，施工单位还应依据施工合同、发承包双方根据施工合同确认的索赔、现场签证等编制工程竣工结算计价文件。结算价是该结算工程的实际价格。

6. 竣工验收阶段

竣工决算是以实物数量和货币形式，对工程建设项目建设期的总投资、投资效果、新增资产价值及财务状况进行的综合测算和分析。竣工决算确定的建设项目实际完成投资额综合反映了竣工建设项目的全部建设费用。

工程项目通过竣工验收交付使用时，建设单位需根据建设项目发生的实际费用编制竣工决算，竣工决算确定的竣工决算价是该工程项目的实际工程造价。竣工决算是核定建设项目资产实际价值的依据。

注意竣工结算与竣工决算的区别，竣工结算的对象是发、承包双方合同约定的工程项目，竣工决算的对象是整个工程建设项目。

例 25-3 （2012）竣工结算应依据的文件是：

A　施工合同　　　　　　　　B　初步设计图纸

C　承包方申请的签证　　　　D　投资估算

解析： 竣工结算计价文件应由施工单位依据施工合同、发承包双方根据施工合同确认的索赔、现场签证等，编制工程竣工结算计价文件。施工单位根据施工合同确认的索赔、现场签证等编制工程竣工结算。

答案： A

例 25-4 （2021）核定建设项目交付资产实际价值依据的是：

A　签约合同价　　　　　　　B　经修正的设计概算

C　工程结算价　　　　　　　D. 竣工决算价

解析： 竣工决算书中确定的竣工决算价是整个建设项目的实际工程造价。竣工决算是核定建设项目资产实际价值的依据，反映建设项目建成后交付使用的固定资产和流动资产的实际价值。

答案： D

第二节　建设项目费用的组成

建设项目费用一般是指进行某项工程建设所耗费的全部费用，也就是指建设项目从建设前期决策工作开始到项目全部建成投产为止所发生的全部投资费用。

建设项目总投资是指为完成工程项目建设并达到使用要求或生产条件，在建设期内预计或实际投入的全部费用总和。建设项目总投资包括建设投资、建设期利息和流动资金之和。其中建设投资由工程费用（建筑工程费、设备购置费、安装工程费）、工程建设其他费用和预备费（基本预备费和涨价预备费）组成（图 25-4）。

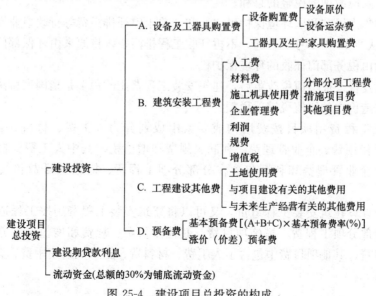

图 25-4　建设项目总投资的构成

下面分别详细介绍上述各项费用的构成。

一、建筑安装工程费用的组成和计算

（一）建筑安装工程费用内容

1. 建筑工程费用

（1）各类房屋建筑工程和列入房屋建筑工程预算的供水、供暖、供电、卫生、通风、燃气等设备费用及其装饰、防腐工程的费用，列入建筑工程预算的各种管道、电力、电信和电缆导线敷设工程的费用。

（2）设备基础、支柱、工作台、烟囱、水塔、水池、灰塔等建筑工程以及各种窑炉的砌筑工程和金属结构工程的费用。

（3）为施工而进行的场地平整，工程和水文地质勘察，原有建筑物和障碍物的拆除以及施工临时用水、电、气、路和完工后的场地清理、环境绿化、美化等工作的费用。

（4）矿井开凿、井巷延伸、露天矿剥离，石油、天然气钻井，修建铁路、公路、桥梁、水库、堤坝、灌溉及防洪等工程的费用。

2. 安装工程费用

（1）生产、动力、起重、运输、传动和医疗、实验等各种需要安装的机械设备的装配费用，与设备相连的工作台、梯子、栏杆等装设工程，附属于被安装设备的管线敷设工程费用，以及被安装设备的绝缘、防腐、保温、油漆等工作的材料费和安装费。

（2）为测定安装工程质量，对单台设备进行单机试运转，对系统设备进行系统联动无负荷试运转工作的调试费。

（二）建筑安装工程费用的组成

建筑安装工程费用即建筑安装工程造价，是指建筑安装施工过程中，发生的构成工程实体和非工程实体项目的直接费用（人工费、材料费、施工机具使用费、措施项目费）、施工企业在组织管理工程施工中为工程支出的间接费用（企业管理费、规费）、企业应获得的利润，以及应缴纳的税金的总和。

根据《中华人民共和国环境保护税法》和《关于停征排污费等行政事业性收费有关事项的通知》，从2018年1月1日起，不再征收工程排污费，将原来由环保部门征收的工程排污费，改为由税务部门征收的环境保护税。

建筑业营业税改征增值税改革后，建筑安装工程费用的税金是指国家税法规定应计入建筑安装工程造价内的增值税销项税额。

建筑安装工程费用项目按费用构成要素组成划分为人工费、材料（含工程设备）费、施工机具使用费、企业管理费、利润、规费和增值税。其中人工费、材料费、施工机具使用费、企业管理费和利润包含在分部分项工程费、措施项目费和其他项目费中（图25-5）。

为了便于计算建筑安装工程造价，又可以将建筑安装工程费用按工程造价形成的顺序，划分为分部分项工程费、措施项目费、其他项目费、规费和增值税。分部分项工程费、措施项目费、其他项目费中包含了人工费、材料费、施工机具使用费、企业管理费和利润（图25-6）。

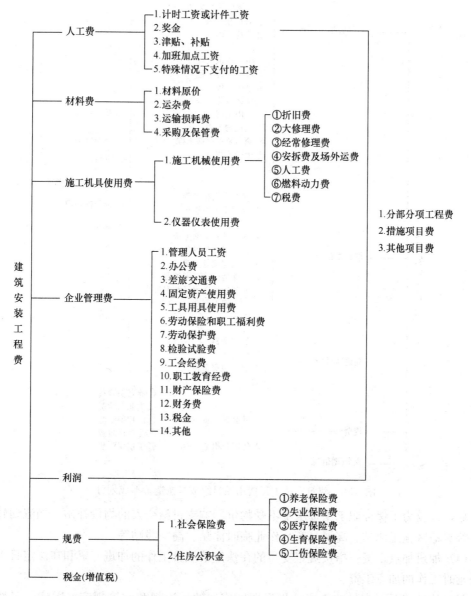

图 25-5　建筑安装工程费用项目组成（按费用构成要素划分）

（三）建筑安装工程费的计算方法

1. 人工费

指按工资总额构成规定，支付给从事建筑安装工程施工的生产工人和附属生产单位工人的各项费用，内容包括以下五部分。

（1）计时工资或计件工资：指按计时工资标准和工作时间或对已做工作按计件单价支付给个人的劳动报酬。

（2）奖金：指对超额劳动和增收节支支付给个人的劳动报酬，如节约奖、劳动竞赛奖等。

（3）津贴补贴：指为了补偿职工特殊或额外的劳动消耗和因其他特殊原因支付给个人

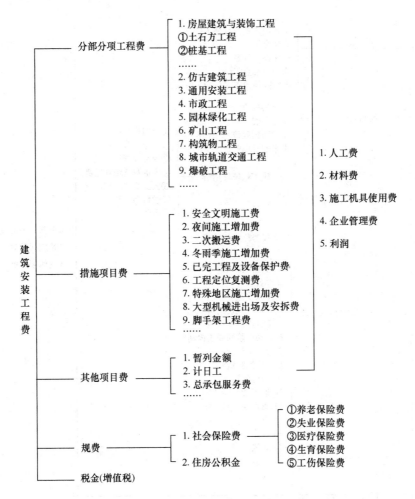

图 25-6　建筑安装工程费用项目组成（按造价形成划分）

的津贴，以及为了保证职工工资水平不受物价影响支付给个人的物价补贴，如流动施工津贴、特殊地区施工津贴、高温（寒）作业临时津贴、高空津贴等。

（4）加班加点工资：指按规定支付的在法定节假日工作的加班工资和在法定日工作时间外延时工作的加点工资。

（5）特殊情况下支付的工资：指根据国家法律、法规和政策规定，因病、工伤、产假、计划生育假、婚丧假、事假、探亲假、定期休假、停工学习、执行国家或社会义务等原因按计时工资标准或计时工资标准的一定比例支付的工资。

人工费按下式计算：

$$人工费 = \sum(工日消耗量 \times 日工资单价) \tag{25-1}$$

2. 材料费

指施工过程中耗费的原材料、辅助材料、构配件、零件、半成品或成品、工程设备的费用，内容包括以下四部分。

（1）材料原价：指材料、工程设备的出厂价格或商家供应价格。

（2）运杂费：指材料、工程设备自来源地运至工地仓库或指定堆放地点所发生的全部费用。

（3）运输损耗费：指材料在运输装卸过程中不可避免的损耗。

（4）采购及保管费：指在组织采购、供应和保管材料、工程设备的过程中所需要的各项费用，包括采购费、仓储费、工地保管费、仓储损耗。

工程设备是指构成或计划构成永久工程一部分的机电设备、金属结构设备、仪器装置及其他类似的设备和装置。

材料费按下式计算：

$$材料费 = \sum（材料消耗量 \times 材料单价） \tag{25-2}$$

$$\begin{aligned}材料单价 = &[（材料原价 + 运杂费） \times [1 + 运输损耗率（\%）]] \\ &\times [1 + 采购保管费率（\%）] \end{aligned} \tag{25-3}$$

$$工程设备费 = \sum（工程设备量 \times 工程设备单价） \tag{25-4}$$

$$工程设备单价 = （设备原价 + 运杂费） \times [1 + 采购保管费率（\%）] \tag{25-5}$$

3. 施工机具使用费

指施工作业所发生的施工机械、仪器仪表的使用费或其租赁费。

（1）施工机械使用费。以施工机械台班耗用量乘以施工机械台班单价表示，施工机械台班单价应由下列七项费用组成。

1）折旧费：指施工机械在规定的使用年限内，陆续收回其原值的费用。

2）大修理费：指施工机械按规定的大修理间隔台班进行必要的大修理，以恢复其正常功能所需的费用。

3）经常修理费：指施工机械除大修理以外的各级保养和临时故障排除所需的费用，包括为保障机械正常运转所需替换设备与随机配备工具附具的摊销和维护费用，机械运转中日常保养所需润滑与擦拭的材料费用及机械停滞期间的维护和保养费用等。

4）安拆费及场外运费：安拆费指施工机械（大型机械除外）在现场进行安装与拆卸所需的人工、材料、机械和试运转费用，以及机械辅助设施的折旧、搭设、拆除等费用；场外运费指施工机械整体或分体自停放地点运至施工现场或由一施工地点运至另一施工地点的运输、装卸、辅助材料及架线等费用。

5）人工费：指机上司机（司炉）和其他操作人员的人工费。

6）燃料动力费：指施工机械在运转作业中所消耗的各种燃料及水、电等费用。

7）税费：指施工机械按照国家规定应缴纳的车船使用税、保险费及年检费等。

施工机械使用费按下式计算：

$$施工机械使用费 = \sum（施工机械台班消耗量 \times 机械台班单价） \tag{25-6}$$

$$\begin{aligned}机械台班单价 = &台班折旧费 + 台班大修费 + 台班经常修理费 \\ &+ 台班安拆费及场外运费 + 台班人工费 + 台班燃料动力费 \\ &+ 台班车船使用税和保险费、年检费等 \end{aligned} \tag{25-7}$$

如租赁施工机械，公式为：

$$施工机械使用费 = \sum（施工机械台班消耗量 \times 机械台班租赁单价） \tag{25-8}$$

（2）仪器仪表使用费。指工程施工所需使用的仪器仪表的摊销及维修费用，按下式计算：

$$仪器仪表使用费 = 工程使用的仪器仪表摊销费 + 维修费 \tag{25-9}$$

4. 企业管理费

指建筑安装企业组织施工生产和经营管理所需的费用，内容如下。

（1）管理人员工资：指按规定支付给管理人员的计时工资、奖金、津贴补贴、加班加点工资及特殊情况下支付的工资等。

（2）办公费：指企业管理办公用的文具、纸张、账表、印刷、邮电、书报、电子信息网络、办公软件、现场监控、会议、水电、烧水和集体取暖降温（包括现场临时宿舍取暖降温）等费用。

（3）差旅交通费：指职工因公出差、调动工作的差旅费、住勤补助费、市内交通费和误餐补助费，职工探亲路费，劳动力招募费，职工退休、退职一次性路费，工伤人员就医路费、工地转移费以及管理部门使用的交通工具的油料、燃料等费用。

（4）固定资产使用费：指管理和试验部门及附属生产单位使用的属于固定资产的房屋、设备、仪器等的折旧、大修、维修或租赁费。

（5）工具用具使用费：指企业施工生产和管理使用的不属于固定资产的工具、器具、家具、交通工具和检验、试验、测绘、消防用具等的购置、维修和摊销费。

（6）劳动保险和职工福利费：指由企业支付的职工退职金、按规定支付给离休干部的经费、集体福利费、夏季防暑降温、冬季取暖补贴、上下班交通补贴等。

（7）劳动保护费：企业按规定发放的劳动保护用品的支出，如工作服、手套、防暑降温饮料，以及在有碍身体健康的环境中施工的保健费用等。

（8）检验试验费：指施工企业按照有关标准规定，对建筑以及材料、构件和建筑安装物进行一般鉴定、检查所发生的费用，包括自设试验室进行试验所耗用的材料等费用，不包括新结构、新材料的试验费，对构件做破坏性试验及其他特殊要求检验试验的费用和建设单位委托检测机构进行检测的费用，对此类检测发生的费用，由建设单位在工程建设其他费用中列支，但对施工企业提供的具有合格证明的材料进行检测不合格的，该检测费用由施工企业支付。

（9）工会经费：指企业按《工会法》规定的全部职工工资总额比例计提的工会经费。

（10）职工教育经费：指按职工工资总额的规定比例计提，企业为职工进行专业技术和职业技能培训，专业技术人员继续教育、职工职业技能鉴定、职业资格认定以及根据需要对职工进行各类文化教育所发生的费用。

（11）财产保险费：指施工管理用财产、车辆等的保险费用。

（12）财务费：指企业为施工生产筹集资金或提供预付款担保、履约担保、职工工资支付担保等所发生的各种费用。

（13）税金及附加：指企业按规定缴纳的房产税、车船使用税、土地使用税、印花税、城市维护建设税、教育费附加、地方教育附加等。

（14）其他：包括技术转让费、技术开发费、投标费、业务招待费、绿化费、广告费、公证费、法律顾问费、审计费、咨询费、保险费等。

施工企业管理费由企业自主确定，可选用以分部分项工程费、人工费和机械费合计、人工费三种计算基础，按下式计算：

$$施工企业管理费 = 施工企业管理费计算基础 × 施工企业管理费费率（％）$$

（25-10）

5. 利润

指施工企业完成所承包工程获得的盈利。施工企业根据企业自身需求并结合建筑市场实际情况自主确定，利润应计入分部分项工程费和措施项目费中，并列入工程报价中。

6. 规费

指按国家法律、法规规定，由省级政府和省级有关权力部门规定必须缴纳或计取的费用，包括社会保险费和住房公积金等。

（1）社会保险费

1）养老保险费：指企业按照规定标准为职工缴纳的基本养老保险费。

2）失业保险费：指企业按照规定标准为职工缴纳的失业保险费。

3）医疗保险费：指企业按照规定标准为职工缴纳的基本医疗保险费。

4）生育保险费：指企业按照规定标准为职工缴纳的生育保险费。

5）工伤保险费：指企业按照规定标准为职工缴纳的工伤保险费。

（2）住房公积金

住房公积金指企业按规定标准为职工缴纳的住房公积金。

社会保险费和住房公积金应以定额人工费为计算基础，根据工程所在地省、自治区、直辖市或行业建设主管部门规定的费率计算。

其他应列而未列入的规费应按工程所在地环境保护等部门规定的标准缴纳，按实计取列入。

7. 增值税

增值税是指按国家税法规定应计入建筑安装工程造价内的增值税销项税额。税前工程造价为人工费、材料费、施工机械使用费、企业管理费、利润和规费之和，各费用项目均以不包含增值税（可抵扣进项税额）的价格计算。

$$增值税销项税额 = 税前工程造价 \times 税率 \tag{25-11}$$

（四）建筑安装工程费的计价过程

1. 分部分项工程费

分部分项工程费是指各专业工程的分部分项工程应予列支的各项费用。

（1）专业工程：指按现行国家计量规范划分的房屋建筑与装饰工程、仿古建筑工程、通用安装工程、市政工程、园林绿化工程、矿山工程、构筑物工程、城市轨道交通工程、爆破工程等各类工程。

（2）分部分项工程：按现行国家计量规范对各专业工程划分的项目，如房屋建筑与装饰工程划分的土石方工程、地基处理与桩基工程、砌筑工程、钢筋及钢筋混凝土工程等。

各类专业工程的分部分项工程划分见现行国家标准《房屋建筑与装饰工程工程量计算规范》GB 50854—2013（以下简称《计量规范》）。

$$分部分项工程费 = \sum (分部分项工程量 \times 综合单价) \tag{25-12}$$

式中综合单价包括人工费、材料费、施工机具使用费、企业管理费和利润，以及一定范围的风险费用（下同），但不包括规费和税金。

2. 措施项目费

指为完成建设工程施工，发生于该工程施工前和施工过程中的技术、生活、安全、环境保护等方面的费用，内容如下：

（1）安全文明施工费。包括以下几种费用。

1）环境保护费：指施工现场为达到环保部门要求所需要的各项费用。

2）文明施工费：指施工现场文明施工所需要的各项费用。

3）安全施工费：指施工现场安全施工所需要的各项费用。

4）临时设施费：指施工企业为进行建设工程施工所必须搭设的生活和生产用的临时建筑物、构筑物和其他临时设施的费用，包括临时设施的搭设、维修、拆除、清理费或摊销费等。

（2）夜间施工增加费：指因夜间施工所发生的夜班补助费、夜间施工降效、夜间施工照明设备摊销及照明用电等费用。

（3）二次搬运费：指因施工场地条件限制而发生的材料、构配件、半成品等一次运输不能到达堆放地点，必须进行二次或多次搬运所发生的费用。

（4）冬雨季施工增加费：指在冬季或雨季施工需增加的临时设施、防滑、排除雨雪，人工及施工机械效率降低等费用。

（5）已完工程及设备保护费：指竣工验收前，对已完工程及设备采取的必要保护措施所发生的费用。

（6）工程定位复测费：指工程施工过程中进行全部施工测量放线和复测工作的费用。

（7）特殊地区施工增加费：指工程在沙漠或其边缘地区、高海拔、高寒、原始森林等特殊地区施工增加的费用。

（8）大型机械设备进出场及安拆费：指机械整体或分体从停放场地运至施工现场或由一个施工地点运至另一个施工地点，所发生的机械进出场运输及转移费用及机械在施工现场进行安装、拆卸所需的人工费、材料费、机械费、试运转费和安装所需的辅助设施的费用。

（9）脚手架工程费：指施工需要的各种脚手架搭、拆、运输费用以及脚手架购置费的摊销（或租赁）费用。

措施项目及其包含的内容详见各类专业工程的现行国家或行业《计量规范》。

国家《计量规范》规定应予以计量的措施项目费的计算公式为：

$$应予计量的措施项目费 = \sum (措施项目工程量 \times 综合单价) \qquad (25\text{-}13)$$

国家《计量规范》规定不宜计量的措施项目，措施项目费一般按照计算基数乘以费率的方式计算，计算基数为人工费或人工费与机械费之和。

$$\sum 按"项"计价的措施项目费 = 计算基数 \times 费率 \qquad (25\text{-}14)$$

3. 其他项目费

（1）暂列金额：指建设单位在工程量清单中暂定并包括在工程合同价款中的一笔款项，用于施工合同签订时尚未确定或者不可预见的所需材料、工程设备、服务的采购，施工中可能发生的工程变更、合同约定调整因素出现时的工程价款调整以及发生的索赔、现场签证确认等的费用。

暂列金额由建设单位根据工程特点，按有关计价规定估算，施工过程中由建设单位掌握使用，扣除合同价款调整后如有余额，归建设单位。

（2）计日工：指在施工过程中，施工企业完成建设单位提出的施工图纸以外的零星项目或工作所需的费用。计日工由建设单位和施工企业按施工过程中的签约证明计价。

（3）总承包服务费：指总承包人为配合、协调建设单位进行的专业工程发包，对建设单位自行采购的材料、工程设备等进行保管以及施工现场管理、竣工资料汇总整理等服务所需的费用。

总承包服务费由建设单位在招标控制价中根据总包服务范围和有关计价规定编制，施工企业投标时自主报价，施工过程中按签约合同价执行。

4. 规费和增值税

建设单位和施工企业均应按照省、自治区、直辖市或行业建设主管部门发布的标准计算规费和增值税，不得作为竞争性费用。

建筑安装工程造价为分部分项工程费、措施项目费、其他项目费、规费和增值税之和。

> **例 25-5** （2014）根据《建筑安装工程费用项目组成》（建标 [2013] 44 号），下列费用应计入措施费的是：
>
> A 大型机械进出场及安拆费　　　　B 仪器仪表使用费
>
> C 工程保险费　　　　　　　　　　D 检验试验费
>
> **解析：** 大型机械进出场及安拆费属于措施费；仪器仪表使用费属于施工机具使用费；检验试验费属于企业管理费，应列入分部分项工程费中；工程保险费属于与项目建设有关的其他费用。
>
> **答案：** A

施工企业投标报价时，建筑安装工程造价的计价程序见表 25-1 。

施工企业工程投标报价计价程序　　　　　　　　表 25-1

工程名称：　　　　　　　　　　标段：

序号	内　　容	计算方法	金额（元）
1	分部分项工程费	自主报价	
1.1			
1.2			
1.3			
1.4			
1.5			
2	措施项目费	自主报价	
2.1	其中：安全文明施工费	按规定标准计算	
3	其他项目费		
3.1	其中：暂列金额	按招标文件提供金额计列	
3.2	其中：专业工程暂估价	按招标文件提供金额计列	
3.3	其中：计日工	自主报价	
3.4	其中：总承包服务费	自主报价	
4	规费	按规定标准计算	
5	税金	税前工程造价×税率	

投标报价合计＝1＋2＋3＋4＋5

二、设备及工器具购置费的构成

设备及工器具购置费，是指建设项目设计范围内的需要安装及不需要安装的设备、仪器、仪表等及其必要的备品备件购置费；为保证投产初期正常生产所必需的仪器仪表、工卡具模具、器具及生产家具等购置费。

(一) 设备、工器具费用构成概述

设备、工器具费用是由设备购置费用和工器具、生产家具购置费用组成，它是固定资产投资中的积极部分。在生产性工程项目建设中，设备、工器具费用与资本的有机构成相联系。设备、工器具费用占工程造价比重的增大，意味着生产技术的进步和资本有机构成的提高。

（1）设备购置费是指为工程建设项目购置或自制的达到固定资产标准的设备、工具、器具的费用。

设备购置费按下式计算：

$$设备购置费＝设备原价(或进口设备抵岸价)＋设备运杂费 \tag{25-15}$$

上式中，设备原价是指国产标准设备、国产非标准设备、引进设备的原价。设备运杂费系指设备原价中未包括的设备包装和包装材料费、运输费、装卸费、采购费及仓库保管费和设备供销部门手续费等。如果设备是由设备成套公司供应的，成套公司的服务费也应计入设备运杂费之中。

（2）工器具及生产家具购置费是指新建项目或扩建项目初步设计规定，保证生产初期正常生产所必须购置的、没有达到固定资产标准的设备、仪器、工卡模具、器具、生产家具和备品备件等的购置费用，一般是以设备购置费为计算基数，按照行业（部门）规定的工器具及生产家具定额费率计算。其计算公式为：

$$工器具及生产家具购置费＝设备购置费×工器具及生产家具定额费率 \tag{25-16}$$

(二) 设备原价的构成与计算

1. 国产标准设备原价

国产标准设备是指按照主管部门颁布的标准图纸和技术要求，由我国设备生产厂批量生产的，符合国家质量检验标准的设备。国产标准设备原价一般指的是设备制造厂的交货价，即出厂价。若设备由设备公司成套供应，则以订货合同价为设备原价，一般按带有备件的出厂价计算。它一般根据生产厂或供应商的询价、报价、合同价确定，或采用一定方法计算确定。

2. 国产非标准设备原价

非标准设备是指国家尚无定型标准，各设备生产厂不可能在工艺过程中采用批量生产，只能按一次订货，并根据具体的设计图纸制造的设备。非标准设备原价有多种不同的计算方法，如成本计算估价法、系列设备插入估价法、分部组合估价法、综合定额估价法等。但无论哪种方法都应该使非标准设备计价接近实际出厂价，并且计算方法要简便。

按成本计算估价法，非标准设备的原价由以下费用组成，包括：材料费、加工费、辅助材料费、专用工具费、废品损失费、外购配套件费、包装费、利润、税金和非标准设备设计费等。

单台非标准设备出厂价格可用下列公式表达：

$$
\begin{aligned}
单台设备出厂价格＝&\left\{\left[(材料费＋加工费＋辅助材料费)×\left(1+\frac{专用工}{具费率}\right)×\right.\right.\\
&\left.\left(1+\frac{废品损}{失费率}\right)＋外购配套件费\right]×(1+包装费率)-\left.\frac{外购}{配套件费}\right\}×\\
&(1+利润率)＋增值税＋非标准设备设计费＋\frac{外购配}{套件费} \tag{25-17}
\end{aligned}
$$

3. 进口设备抵岸价

（1）进口设备的交货方式和交货价，可分为内陆交货类、目的地交货类、装运港交货类三种。

1）内陆交货类即卖方在出口国内陆的某个地点交货。在交货地点，卖方及时提交合同规定的货物和有关凭证，并负担交货前的一切费用并承担风险；买方按时接受货物，交付货款，负担接货后的一切费用并承担风险，并自行办理出口手续和装运出口。货物的所有权也在交货后由卖方转入买方。这适用于任何运输方式，主要有工厂交货价（EXW）和货交承运人价（FCA）两种交货价。

2）目的地交货类即卖方要在进口国的港口或内地交货，有目的港船上交货价（DES）、目的港码头交货价（DEQ）（关税已付）和完税后交货价（DDP）（进口国的指定地点）等几种交货价。它们的特点是：买卖双方承担的责任、费用和风险是以目的地约定交货点为分界线，只有当卖方在交货点将货物置于买方控制下才算交货，才能向买方收取货款。这类交货价对卖方来说承担的风险较大，在国际贸易中卖方一般不愿采用这类交货方式。

3）装运港交货类即卖方在出口国装运港完成交货任务。主要有装运港船上交货价（FOB），亦称离岸价；运费在内价（C&F）装运港船边交货价（FAS）和运费、保险费在内价（CIF）等几种价格。它们的特点主要是：卖方按照约定的时间在装运港交货，只要卖方把合同规定的货物装船后提供货运单据便完成交货任务，可凭单据收回货款。这适用于海运或内陆水运。

装运港船上交货价（FOB）是我国进口设备采用最多的一种货价。采用船上交货价时卖方的责任是：在规定的限期内，负责在合同规定的装运港口将货物装上买方指定的船只，并及时通知买方；负责货物装船前的一切费用和风险；负责办理出口手续提供出口国政府或有关方面签发的证件；负责提供有关装运单据。买方的责任是：负责租船或订舱，支付运费，并将船期、船名通知卖方；负担货物装船后的一切费用和风险；负责办理保险及支付保险费，办理在目的港的进口和收货手续；接受卖方提供的有关装运单据，并按合同规定支付货款。

（2）进口设备抵岸价的构成。进口设备抵岸价是指抵达买方边境港口或车站，且缴完关税以后的价格，是由进口设备货价和进口从属费用组成。我国进口设备采用最多的是装运港船上交货价(FOB)，其抵岸价构成可按下列公式计算：

$$进口设备抵岸价 = 货价 + 进口从属费用$$
$$= 货价 + 国外运费 + 国外运输保险费 + 银行财务费 +$$
$$外贸手续费 + 进口关税 + 增值税 + 消费税 +$$
$$海关监管手续费 \qquad (25\text{-}18)$$

1）进口设备货价

进口设备货价分为原币货价和人民币货价。

原币货价一般按离岸价（FOB 价）计算，币种一律折算为美元表示。

$$人民币货价 = 原币货价（FOB 价）\times 外汇牌价（美元兑换人民币中间价）\qquad(25\text{-}19)$$

2）国外运费

国外运费是从装运港（站）到我国抵达港（站）的运费。当采用运费率时，应按下列公式计算：

$$国外运费（海、陆、空）（外币）=\frac{原币货价}{（FOB价）}×运费率 \quad (25-20)$$

当采用运费单价时，可按下式计算：

$$国外运费（海、陆、空）（外币）= 货物运量净重×毛重系数(1.15～1.25)×$$
$$运费单价 \quad (25-21)$$

以上两个公式中的运费率和运费单价可参照执行中国技术进出口总公司和中国机械进出口总公司规定，还可参照中国远洋运输公司、铁道部和中国民航局等有关运价表计算，注意软件不计算运费。

3）国外运输保险费

对外贸易货物运输保险是由保险人（保险公司）与被保险人（出口人或进口人）订立保险契约，在被保险人交付议定的保险费后，保险人根据保险契约的规定对货物在运输过程中发生的承保责任范围内的损失给予经济上的补偿。这属于财产保险。计算公式为：

$$国外运输保险费(外币)=[原币货价(FOB价)+国外运费]/(1-国外运输保险费率)×$$
$$国外运输保险费率 \quad (25-22)$$

式中保险费率：可按保险公司规定的进口货物保险费率计算。软件不计算运输保险费。

4）银行财务费

银行财务费一般是指中国银行手续费，按下式计算：

$$银行财务费（元）=货价（FOB价）×人民币外汇牌价×银行财务费率 \quad (25-23)$$

式中的银行财务费率，一般为0.4%～0.5%。

5）外贸手续费

外贸手续费是指按对外经济贸易部规定的外贸手续费率计取的费用，其计算公式为：

$$外贸手续费(元)=[离岸货价(FOB价)+国外运费+运输保险费]×$$
$$人民币外汇牌价×外贸手续费率$$
$$=到岸价(CIF价)×人民币外汇牌价×外贸手续费率 \quad (25-24)$$

式中的外贸手续费率一般取1.5%。

6）进口关税

关税是由海关对进出国境或关境的货物和物品征收的一种税。按下列公式计算：

$$进口关税(元)= 关税完税价格×进口关税税率$$
$$=到岸价(CIF价)×人民币外汇牌价×进口关税税率$$
$$(25-25)$$

进口货物按海关审定的以成交价格为基础的到岸价作为完税价格。到岸价格（CIF价）包括原币货价、加上货物运抵中国海关境内运入地点起卸前的包装费、运费、保险费和其他劳务费等费用，按下列公式计算：

$$关税完税价格（元）=[原币货价(外币)+国外运费(外币)+运输保险费(外币)]×$$
$$外汇牌价（人民币中间价）$$
$$=到岸价(CIF价)×人民币外汇牌价 \quad (25-26)$$

进口关税税率分为优惠和普通两种。普通税率适用于与我国未订有关税互惠条款的贸易条约或协定的国家与地区的进口设备；当进口货物来自与我国签订有关税互惠条款的贸易条约或协定的国家时，按优惠税率征税。进口关税税率按中华人民共和国海关总署发布的进口关税税率计算。以租赁（包括租借）方式进口的货物以货物的租金作为完税价格。

7) 消费税

仅对进口时应纳消费税的货物（如轿车、摩托车等），按下式计算消费税：

$$消费税（元）=（关税完税价格＋关税）/（1－消费税税率）×消费税税率$$
$$=（抵岸价×人民币外汇牌价＋关税）/（1－消费税率）×消费税率$$

(25-27)

式中消费税税率：按国家颁发的税率计算。即根据《中华人民共和国消费税暂行条例》规定的税率计算。如从量计税消费税按下式计算：

$$消费税（元）=应税消费品的数量×消费税单位税额$$ (25-28)

8) 增值税

增值税是我国政府对从事进口贸易的单位和个人，在进口商品报关进口后征收的税种。我国增值税条例规定，进口应税产品均按组成计税价格和增值税税率直接计算应纳税额，按下式计算：

$$进口产品增值税额（元）=组成计税价格×增值税税率$$
$$=（关税完税价格＋进口关税＋消费税）×增值税税率$$
$$=（到岸价×人民币外汇牌价＋进口关税＋消费税）×$$
$$增值税税率$$

(25-29)

增值税税率根据《中华人民共和国增值税暂行条例》规定的税率计算。对减、免进口关税的货物，同时减、免进口环节的增值税。目前进口设备适用增值税率一般为17%。

9) 海关监管手续费

海关监管手续费是指海关对进口减税、免税、保税货物实施监督、管理、提供服务的手续费，对于全额征收进口关税的货物不计本项费用。海关监管手续费应按下列公式计算：

$$海关监管手续费＝到岸价×人民币外汇牌价×海关监管手续费率$$ (25-30)

式中海关监管手续费率：进口免税、保税货物为3‰；进口减税货物为3‰×减税百分率。

（三）设备运杂费

1. 设备运杂费的组成

设备运杂费通常由下列各项组成。

（1）国产标准设备由设备制造厂交货地点起至工地仓库（或施工组织设计指定的需要安装设备的堆放地点）止所发生的运费和装卸费。

进口设备则为我国到岸港口、边境车站起至工地仓库（或施工组织设计指定的需安装设备的堆放地点）止所发生的运费和装卸费。

（2）在设备出厂价格中没有包含的设备包装和包装材料器具费。在设备出厂价或进口设备价格中如已包括了此项费用，则不应重新计算。

（3）设备供销部门的手续费。按有关部门规定的统一费率计算。

（4）建设单位（或工程承包公司）的采购与仓库保管费。指采购、验收、保管和收发设备所发生的各种费用，包括设备采购、保管和管理人员的工资、工资附加费、办公费、差旅交通费，设备供应部门办公和仓库所占固定资产使用费、工具用具使用费、劳动保护费、检验试验费等。这些费用可按主管部门规定的采购与保管费率计算。

一般来讲，沿海和交通便利的地区，设备运杂费率相对低一点；内地和交通不很便利的地区就要相对高一点，边远省份则要更高一些。对于非标准设备来讲，应尽量就近委托设备制造厂、施工企业制作或由建设单位自行制作，以大幅度降低设备运杂费。进口设备由于原价较高，国内运距较短，因而运杂费比率应适当降低。我国一般按6%费率计算。

2. 设备运杂费的计算

（1）进口货物的运杂费＝到岸价（外币）×外汇汇价×设备运杂费率　　　　（25-31）

（2）出口货物的运杂费＝$\dfrac{\text{离岸价×外汇汇价－国内运费}}{1＋\text{运杂费率}}$×运杂费率　　　　（25-32）

（3）国内非贸易货物的设备运杂费＝出厂价（设备原价）（元）×运杂费率　（25-33）

设备运杂费率按各部门及省、市等的规定计取。

例 25-6　（2011） 对于设备运杂费的阐述，正确的是：

A　设备运杂费属于工程建设其他费用

B　设备运杂费通常由运费和装卸费、包装费、设备供销部门的手续费、采购与仓库保管费构成

C　设备运杂费的取费基础是运费

D　工程造价构成中不含设备运杂费

解析： 设备运杂费通常由运费和装卸费、包装费、设备供销部门的手续费、采购与仓库保管费等构成。

答案： B

三、工程建设其他费用的构成

工程建设其他费用是指工程从项目筹建到工程竣工验收交付使用止的整个建设期间，除建筑安装工程费用和设备、工器具购置费以外的，为保证工程建设顺利完成和交付使用后能够正常发挥效用而发生的各项费用的总和。该费用应列入建设项目总造价或单项工程造价。

工程建设其他费用，按其内容大体可分为三类：第一类为土地使用费，由于工程项目固定于一定地点与地面相连接，必须占用一定量的土地，也就必然要发生为获得建设用地而支付的费用；第二类是与项目建设有关的费用；第三类是与未来企业生产经营有关的费用。

（一）土地使用费

土地使用费是指建设项目通过划拨或土地使用权出让方式取得土地使用权，所需土地征用及迁移的补偿费或土地使用权出让金。

目前土地使用费主要包括农用土地征用费和取得国有土地使用费两种：

1. 农用土地征用费

农用土地征用费由土地补偿费、安置补助费、土地投资补偿费、青苗补偿费、地上建筑物补偿费、耕地占用税、征地和土地管理费以及土地开发费等组成，并按被征用土地的原用途给予补偿。

农用土地征用费按工程所在地省、市、自治区人民政府颁布的土地管理有关规定及费用标准计算。

2. 取得国有土地使用费

取得国有土地使用费包括土地使用权出让金、城市建设配套费、拆迁补偿与临时安置补助费等。

（1）土地使用权出让金

土地使用权出让金指建设项目通过土地使用权出让方式，取得有限期的土地使用权，依照《中华人民共和国城镇国有土地使用权出让和转让暂行条例》规定支付的土地使用权出让金。

城市土地的出让和转让可采用协议、招标、公开拍卖等方式。

1）协议方式是由用地单位申请，经市政府批准双方洽谈具体地块及地价，适用于市政工程、公益事业用地及机关部队和需要重点扶持、优先发展的产业用地；

2）招标方式是用地单位在规定期限内投标，市政府根据投标报价、规划方案以及企业信誉综合考虑、择优而取，适用于一般工程建设用地；

3）公开拍卖是在指定的地点和时间，由申请用地者叫价应价，价高者得，这完全是由市场竞争决定。适用于盈利高的行业用地。

（2）城市建设配套费是指因进行城市公共设施的建设而分摊的费用。

（3）拆迁补偿与临时安置补助费。此项费用由拆迁补偿费和临时安置补助费（或搬迁补助费）两部分构成。拆迁补偿费是指拆迁人对被拆迁人按照有关规定予以补偿所需的费用，分为产权调换和货币补偿两种形式。产权调换的面积按照所拆迁房屋的建筑面积计算；货币补偿的金额是对被拆迁人或者房屋承租人所支付的搬迁补助费。在过渡期内，被拆迁人或者房屋承租人自行安排住处的，拆迁人应当支付临时安置补助费。

（二）与项目建设有关的其他费用

1. 建设单位管理费

建设单位管理费指建设项目从立项、筹建、建设、联合试运转到竣工验收交付使用及后评估等全过程建设管理所需的费用，内容如下。

（1）建设单位开办费：指新建项目为保证筹建和建设工作正常进行所需的办公设备、生活家具、用具、交通工具等的购置费用。

（2）建设单位经费：包括建设单位工作人员的基本工资、工资性补贴、施工现场津贴、职工福利费、劳动保护费、住房基金、劳动保险费、办公费、差旅交通费、工会经费、职工教育经费、固定资产使用费、工具用具使用费、技术图书资料费、生产人员招募费、工程招标费、审计费、合同契约公证费、工程质量监督检测费、工程咨询费、法律顾问费、设计审查费、业务招待费、排污费、竣工交付使用清理及竣工验收费、后评估费用、印花税和其他管理性质开支等。但不包括应计入设备、材料预算价格的建设单位采购及保管设备材料所需的费用。如果建设管理采用工程总承包方式，其总包管理费由建设单位与总包单位根据总包工作范围在合同中商定，并从建设管理费中支出。

建设单位管理费的计算公式为：

$$建设单位管理费 = \sum 单项工程费用 \times 建设单位管理费率$$
$$= \sum (建安工程费 + 设备费) \times 费率 \qquad (25-34)$$

建设单位管理费率按照建设项目的不同性质、不同规模确定。有的建设项目按照建设工期和规定的金额计算建设单位管理费。

2. 建设单位临时设施费

建设单位临时设施费是指建设期间建设单位所需生产、生活用临时设施的搭设、维修、摊销费用或租赁费用。

计算公式为：临时设施费＝建筑安装工程费×临时设施费标准　　　　（25-35）

建设单位临时设施包括临时宿舍、文化福利及公用事业房屋与构筑物、仓库、办公室、加工厂以及规定范围内的道路、水、电、管线等临时设施和小型临时设施。

3. 勘察设计费

勘察设计费是指为建设项目提供项目建议书、可行性研究报告、设计文件等所需的费用，内容如下。

（1）编制项目建议书、可行性研究报告及投资估算、工程咨询、评价以及为编制上述文件所进行的工程勘察、设计、研究试验等所需费用。

（2）委托勘察、设计单位进行初步设计、技术设计、施工图设计、概预算编制，以及设计模型制作等所需的费用。

（3）在规定的范围内由建设单位自行完成的勘察、设计工作所需的费用。

此项费用应依据委托合同计划或国家规定计算。

4. 研究试验费

研究试验费是指为本建设项目提供或验证设计参数、数据资料等进行必要的研究试验，以及按照设计规定在施工中必须进行的试验、验证所需费用，包括自行或委托其他部门研究试验所需的人工费、材料费、试验设备及仪器使用费，支付的科技成果、先进技术的一次性技术转让费。

这项费用按照设计单位根据本工程项目的需要提出的研究试验内容和要求计算。

5. 工程监理费

工程监理费是指委托工程监理单位对工程实施监理工作所需的费用。监理费应根据委托的监理工作范围和监理深度在监理合同中商定。具体收费标准按建设部、物价局《关于发布工程建设监理费用有关规定的通知》等文件规定计算。

6. 工程保险费

工程保险费是指建设项目在建设期间，根据需要实施工程保险所需的费用。它包括以各种建筑工程及其在施工过程中的物料、机器设备为保险标的的建筑工程一切险，以安装工程中的各种机器、机械设备为保险标的的安装工程一切险，以及机器损坏保险等。

这项费用是根据不同的工程类别，分别以其建筑安装工程费乘以建筑安装工程保险费率计算。不同工程项目可根据工程特点选择投保险种，并按投保合同计列保险费用。

7. 引进技术和进口设备其他费用

引进技术和进口设备其他费用，包括出国人员费用、国外工程技术人员来华费用、技术引进费用、分期或延期付款利息、担保费以及进口设备检验鉴定费。

（1）出国人员费用，是指为引进技术和进口设备派出人员到国外培训和进行设计联络，设备检验等的差旅费、制装费、生活费等。这项费用根据设计规定的出国培训和工作人数、时间及派往国家，按财政部、外交部规定的临时出国人员费用开支标准，以及中国民用航空公司现行国际航线票价等进行计算，其中使用外汇部分应计算银行财务费用。

（2）国外工程技术人员来华费用，是指为安装进口设备，引进国外技术等聘用外国工程技术人员进行技术指导工作所发生的费用，包括技术服务费、外国技术人员的在华工资、生活补贴、差旅费、医药费、住宿费、交通费、宴请费、参观游览等招待费用。这项费用按每人每月费用指标计算。

（3）引进技术费，是指为引进国外先进技术而支付的费用，包括专利费、专有技术费（技术保密费）、国外设计及技术资料费、计算机软件费等。这项费用根据合同或协议的价格计算。

（4）分期或延期付款利息，是指利用出口信贷引进技术或进口设备，采取分期或延期付款的办法所支付的利息。

（5）担保费，是指国内金融机构为买方出具保函的担保费。这项费用按有关金融机构规定的担保费率计算（一般可按承保金额的 5‰ 计算）。

（6）进口设备检验鉴定费，是指进口设备按规定付给商品检验部门的进口设备检验鉴定费。这项费用按进口设备货价的 3‰~5‰ 计算。

8. 环境影响评价费

系指按照《中华人民共和国环境影响评价法》的规定，为全面、详细评价工程建设项目对环境可能产生的污染或造成的重大影响所需的费用，包括编制和评估环境影响报告书（含大纲）和环境影响报告表等费用。此项费用可依据环境影响评价委托合同计列，或按照国家有关部门规定计算。

9. 劳动安全卫生评价费

系指按照劳动部《建设工程项目（工程）劳动安全卫生监察规定》和《建设工程项目（工程）劳动安全卫生预评价管理办法》的规定，为预测和分析建设工程项目存在的职业危险、危害因素的种类和危险危害程度，并提出先进、科学、合理可行的劳动安全、卫生技术和管理对策所需的费用，包括编制建设工程项目劳动安全卫生预评价大纲和劳动安全卫生预评价报告书，以及为编制上述文件所进行的工程分析和环境现状调查等工作所需费用。此评价费应依据劳动安全卫生预评价委托合同计列，或按工程项目所在省（市、自治区）劳动行政部门规定的标准计算。

10. 工程质量监督费

工程质量监督费是指工程质量监督检验部门检验工程质量而收取的费用，应由建设单位管理部门按照国家有关部门规定的费用标准进行计算和支出。

11. 特殊设备安全监督检验费

系指在施工现场组装的锅炉及压力容器、压力管道、消防设备、燃气设备、电梯等特殊设备和设施，由安全监察部门按照有关安全监察条例和实施细则以及设计技术要求进行安全检验，应由建设工程项目支付而向安全监察部门缴纳的费用。此项费用应按项目所在省（市、自治区）安全监察部门的规定标准计算。

12. 市政公用设施建设和绿化补偿费

系指使用市政公用设施的工程项目，按照项目所在省一级人民政府有关规定建设或缴纳的市政公用设施建设配套费用，以及绿化工程补偿费用，按工程所在地人民政府规定标准计列，如不发生或按规定免征的项目则不计取。

（三）与未来企业生产经营有关的费用

1. 联合试运转费

是指新建企业或新增加生产工艺过程的扩建企业，在竣工验收前按照设计规定的工程质量标准，进行整个车间、生产线或装置的有负荷或无负荷联合试运转发生的费用支出大于试运转收入的亏损部分。费用内容包括：试运转所需的原料、燃料、油料和动力的费用，机械使用费用；低值易耗品及其他物品的购置费用；联合试运转人员工资和施工单位参加联合试运转人员的工资及管理费用等。试运转收入包括试运转产品销售和其他收入，不包括应由设备安装工程费项目开支的单台设备调试费及试车费用。

联合试运转费用一般根据不同性质的项目，按需要试运转车间的工艺设备购置费的百分比计算。公式为：

$$联合试运转费 = 联合试运转费用支出 - 联合试运转收入 \qquad (25-36)$$

2. 生产准备费

生产准备费是指新建企业或新增生产能力的企业，为保证竣工交付使用进行必要的生产准备所发生的费用。费用内容如下。

（1）生产人员培训费：自行培训、委托其他单位培训人员的工资、工资性补贴、职工福利费、差旅交通费、学习资料费、学习费、劳动保护费。

（2）生产单位提前进厂参加施工、设备安装、调试，以及熟悉工艺流程与设备性能等人员的工资、工资性补贴、职工福利费、差旅交通费、劳动保护费等。

这项费用一般根据需要培训和提前进厂人员的人数及培训时间，按工程项目设计定员、生产准备费指标进行估算。计算公式为：

$$生产准备费 = 设计定员 \times 生产准备费指标(元/人) \qquad (25-37)$$

3. 办公和生活家具购置费

办公和生活家具购置费是指为保证新建、改建、扩建项目初期正常生产、使用和管理所必须购置的办公和生活家具、用具的费用。改、扩建项目所需的办公和生活用具购置费，应低于新建项目，其范围包括办公室、会议室、资料档案室、阅览室、文娱室、食堂、浴室、理发室、单身宿舍和设计规定必须建设的托儿所、卫生所、招待所、中小学校等家具用具购置费。应本着勤俭节约的精神，严格控制购置范围。

这项费用不包括微机、复印机及医疗设备等购置费，一般可按照设计定员人数乘以综合指标计算，约为 600~800 元/人。

例 25-7　（2013） 属于工程建设其他费用的是：

A　环境影响评价费　　　　　　B　设备及工器具购置费

C　措施费　　　　　　　　　　D　安装工程费

解析： 环境影响评价费属于与工程建设有关的其他费用。

答案： A

四、预备费

预备费是指在建设期内因各种不可预见因素的变化而预留的可能增加的费用，包括基本预备费和价差预备费（亦称涨价预备费）。

1. 基本预备费

系指投资估算或工程概算阶段预留的，由于工程实施中不可预见的工程变更及洽商、一般自然灾害处理、地下障碍物处理、超规超限设备运输等而可能增加的费用。又称不可预见费，费用如下。

（1）在已批准的初步设计范围内，技术设计、施工图设计及施工过程中所增加的工程费用；设计变更、局部地基处理等增加的费用。

（2）一般自然灾害造成的损失和预防自然灾害所采取的措施费用。实行工程保险的工程项目费用应适当降低。

（3）竣工验收时为鉴定工程质量，对隐蔽工程进行必要的挖掘和修复费用。

基本预备费是按设备及工器具购置费、建筑安装工程费用和工程建设其他费用三部分费用之和为计算基础，乘以基本预备费率进行计算，如下式：

$$基本预备费 = （设备及工器具购置费 + 建筑安装工程费用 +$$
$$工程建设其他费用）\times 基本预备费率 \quad (25\text{-}38)$$

建筑工程费、安装工程费、设备及工器具购置费均属于工程费用，因此基本预备费也是以工程费用和工程建设其他费用之和为计算基础的：

$$基本预备费 = （工程费用 + 工程建设其他费用）\times 基本预备费率 \quad (25\text{-}39)$$

基本预备费率的取值应执行国家及部门的有关规定，约为 $8\%\sim15\%$。

2. 价差预备费

即涨价预备费，是指建设项目在建设期间内，由于人工、设备、材料、施工机械价格及费率、利率、汇率等变化，引起工程造价变化而需要增加的预留费用。内容包括人工、设备、材料、施工机械价差费，建筑安装工程费及工程建设其他费用调整，利率、汇率、税率的调整等增加的费用（计算详见第三节）。

例 25-8 （2012） 基本预备费的计算应以下列哪一项为基础？

A 工程费用 + 工程建设其他费用

B 土建工程费 + 安装工程费

C 工程费用 + 价差预备费

D 工程直接费 + 设备购置费

解析： 基本预备费以工程费用、工程建设其他费用之和为计算基础，其中工程费用包括建筑工程费、安装工程费和设备及工器具购置费。

答案： A

例 25-9 （2012） 基本预备费不包括：

A 技术设计、施工图设计及施工过程中增加的费用

B 设计变更费用

C 利率、汇率调整等增加的费用

D 对隐蔽工程进行必要挖掘和修复产生的费用

解析： 利率、汇率调整等增加的费用属于涨价预备费。

答案： C

五、建设期利息

建设期利息，是指建设项目建设投资中有偿使用部分（即借贷资金）在建设期内应偿

还的借款利息及承诺费。除自有资金、国家财政拨款和发行股票外，凡属有偿使用性质的资金，包括国内银行和其他非银行金融机构贷款、出口信贷、外国政府贷款、国际商业贷款、在境内外发行的债券等，均应计算建设期利息（计算详见第三节）。

六、经营性项目铺底流动资金

经营性项目铺底流动资金，是指经营性项目为保证生产和经营正常运行，按规定应列入建设项目总资金的铺底流动资金。它是在项目建成投产初期，为保证正常生产所必需的周转资金（计算详见第三节）。

第三节　建设项目投资估算

投资估算是项目决策的重要依据之一。在整个投资决策过程中，要对建设项目工程造价进行估算，在此基础上研究项目是否建设。投资估算要有准确性，如果误差太大，必将导致决策的失误。因此，准确、全面地估算建设项目的工程造价，是项目可行性研究乃至整个建设项目的投资决策阶段造价管理的重要任务。

一、投资估算的阶段划分

投资估算是指在建设项目整个投资决策阶段，依据现有的资料和一定的方法，对建设项目的投资数额进行粗略的估计。

由于投资决策过程可进一步分为规划阶段、项目建议书阶段、可行性研究阶段、评审阶段，所以投资估算工作也相应分为四个阶段。由于不同阶段所具备的条件和掌握的资料不同，因而投资估算的准确程度不同，进而每个阶段投资估算所起的作用也不同。但是随着阶段的不断发展，调查研究的不断深入，掌握的资料越来越丰富，投资估算逐步准确，其所起的作用也越来越重要。

投资估算阶段划分情况概括及其相应的投资估算误差率如表 25-2 所示。

投资估算的阶段划分　　　　　　　　　　　表 25-2

	投资估算阶段划分	投资估算误差率	投资估算的主要作用
投资决策过程	1. 规划（机会研究）阶段的投资估算	±30%以内	1. 说明有关的各项目之间相互关系； 2. 作为否定一个项目或决定是否继续进行研究的依据之一
	2. 项目建议书（初步可行性研究）阶段的投资估算	±20%以内	1. 从经济上判断项目是否应列入投资计划； 2. 作为领导部门审批项目建议书的依据之一； 3. 可否定一个项目，但不能完全肯定一个项目是否真正可行
	3. 可行性研究阶段的投资估算	±10%以内	可对项目是否真正可行作出初步的决定
	4. 评审阶段（含项目评估）的投资估算	±10%以内	1. 可作为对可行性研究结果进行最后评价的依据； 2. 可作为对建设项目是否真正可行进行最后决定的依据

二、投资估算的作用

按照现行项目建议书和可行性研究报告编制深度和审批要求，其中投资估算一经批准，在一般情况下不得随意突破。据此，投资估算的准确与否不仅影响到建设前期的投资决策，而且还直接关系到下阶段设计概算、施工图预算以及项目建设期造价管理和控制。具体作用如下。

（1）根据国家对拟建项目投资决策的要求，在报批的项目建议书和可行性研究报告内，应客观切实地编制项目总投资估算；因此，它是作为主管部门审批建设项目的主要依据，也是银行评估拟建项目投资贷款的依据。

（2）按照国家发展改革委和建设部颁布的《工程建设项目勘察设计招标投标办法》规定：项目设计投标单位报送的投标书中，应包括方案设计的图纸、说明、建设工期、工程投资估算和经济分析，以考核设计方案是否技术先进、可靠和经济合理，因此工程投资估算是工程设计投标的重要组成部分。

（3）在工程项目初步设计阶段，为了保证不突破可行性研究报告批准的投资估算范围，需要进行多方案的优化设计，实行按专业切块进行投资控制，因此编好投资估算，正确选择技术先进和经济合理的设计方案，为施工图设计打下坚实可靠的基础，才能最终使项目总投资的最高限额不被突破。

（4）建设项目的投资估算，作为业主资金筹措、银行贷款及项目建设期造价管理和控制的重要依据。

（5）项目投资估算的正确与否，也直接影响到对项目生产期所需的流动资金和生产成本的估算，并对项目未来的经济效益（盈利、税金）和偿还贷款能力的大小也具有重要作用。它不仅确定项目投资决策的命运，也影响到项目能否持续生存发展的能力。

例 25-10 **（2012）** 建设项目投资估算的作用之一是：

A 作为向银行借款的依据　　　　　B 作为招投标的依据

C 作为编制施工图预算的依据　　　D 作为工程结算的依据

解析： 投资估算的作用之一是业主筹措资金，向银行贷款的依据。

答案： A

三、投资估算的编制依据

（1）设计文件。批准的项目建议书、可行性研究报告及其批文、设计方案（包括文字说明和图纸）。

（2）工程建设各类投资估算指标、概算指标、类似工程实际投资资料，以及技术经济总指标与分项指标。

（3）设备现行出厂价格（含非标准设备）及运杂费率。

（4）工程所在地主要材料价格实际资料、工业和民用建筑造价指标、土地征用价格和建设外部条件。

（5）引进技术设备情况简介及询价，报价资料。

（6）现行的建筑安装工程费用定额及其他费用定额指标。

（7）资金来源及建设工期。

（8）其他有关文件、合同、协议书等。

（9）工程所在地形、地貌、地质条件、水电气源、基础设施条件等现场情况，以及其他有助于编制投资估算的参考资料和同类工程的竣工决算资料等。

四、投资估算的编制内容和深度

(一) 投资估算的编制内容

投资估算是确定和控制建设项目全过程的各项投资总额，其估算范围涉及建设投资前期、建设实施期(施工建设期)和竣工验收交付使用期(生产经营期)各个阶段的费用支出。

全厂性工业项目或整体性民用工程项目（如小区住宅、机关、学校、医院等），应包括厂（院）区红线以内的主要生产项目，附属项目、室外工程的竖向布置土石方、道路、围墙大门、室外综合管网、构筑物和厂区（庭院）的建筑小区、绿化等工程，还应包括厂区外专用的供水、供电、公路、铁路等工程费用以及为建设工程发生的其他费用等，从筹建到竣工验收交付使用的全部费用。

投资估算文件，一般应包括投资估算编制说明及投资估算表（表25-3）。

建设项目投资估算表（单位：万元、万美元）　　　　　　　　　　　　表 25-3

序号	工程或费用名称	估　算　价　值						占固定资产投资的比例（%）	备注
		建筑工程	设备购置	安装工程	其他费用	合计	其中外币		
1	固定资产投资								
1.1	工程费用								
	主要生产项目								
	·								
	其他附属项目								
	·								
	·								
	工程费用合计								
1.2	其他费用								
	·								
	·								
	·								
1.3	预备费用								
1.3.1	基本预备费								
1.3.2	涨价预备费（建设期价差预备费）								
2	建设期利息								
	合计（1+2+3）								

注：工程或费用名称，可根据本部门的要求分项列出。

1. 编制说明包括

（1）工程概况。

（2）编制原则。

（3）编制依据。

（4）编制方法。

（5）投资分析。应列出按投资构成划分、按设计专业划分和按生产用途划分的三项投资百分比分析表。

（6）主要技术经济指标。如单位产品投资指标等，与已建成或正在建设的类似项目投资做比较分析，并论述其产生差异的原因。

（7）存在的问题和改进建议。

2. 总估算表

（1）总估算表（表25-3）是由按工程系统划分的工程费用估算与其他费用，工程预备费，固定资产投资方向调节税，建设期贷款利息等构成。

（2）总估算表的构成如下。

1）工程费用，包括主要生产项目工程、辅助生产系统工程、公用系统工程、生活福利设施工程、民用及生活设施工程等。

2）工程建设其他费用。

3）工程预备费，包括基本预备费和建设期价差预备费。

4）方向调节税和贷款利息，是指固定资产投资方向调节税和建设期贷款利息。

（3）项目建议书和可行性研究报告投资估算构成框图见图 25-7。

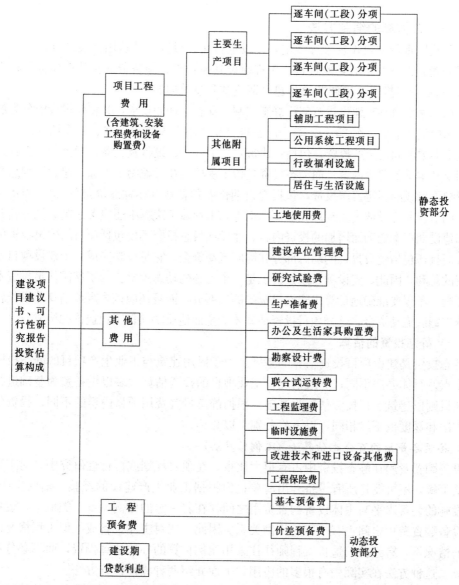

图 25-7 项目建议书、可行性研究报告投资估算构成系统图

（二）投资估算的编制深度

建设项目投资估算的编制深度，应与项目建议书和可行性研究报告的编写深度相适应。

（1）对项目建议书阶段，应编制出项目总估算书，它包括工程费的单项工程投资估算、工程建设其他费用估算、预备费的基本预备费和价差预备费、投资方向调节税及建设期贷款利息。

（2）对可行性研究报告阶段，应编制出项目总估算书、单项工程投资估算。主要工程项目应分别编制每个单位工程的投资估算；对于附属项目或次要项目可简化编制一个单项工程的投资估算（其中包括土建、水、暖通、电等）；对于其他费用也应按单项费用编制；预备费用应分别列出基本预备费和价差预备费；对于应缴投资方向调节税的建设项目，还应计算投资方向调节税以及建设期贷款利息。

五、投资估算的编制方法

按照我国现行项目投资管理规定，建设项目建设投资按照费用性质划分，可分为建筑安装工程费、设备及工器具购置费、工程建设其他费用、预备费（含基本预备费和价差预备费）、固定资产投资方向调节税和建设期贷款利息等内容。

根据国家发改委对建设投资实行静态控制、动态管理的要求，又将建设投资分为静态投资和动态投资两部分（图 25-7），其中静态投资是在不考虑物价上涨、建设期利息等动态因素影响下形成的固定资产投资，包括：建筑安装工程费、设备及工器具购置费、工程建设其他费用及基本预备费等内容；而动态投资是指工程项目在考虑物价上涨、建设期利息等动态因素影响下形成的固定资产投资，包括建设期价差预备费（亦称涨价预备费）、固定资产投资方向调节税和建设期贷款利息。在概算审查和工程竣工决算中还应考虑国家批准新开征的税费和建设期汇率变动而增加的投资内容。建设项目总投资不仅包括项目的建设投资的静态部分，而且还包括建设投资的动态部分和铺底流动资金，它是反映完成一个建设项目预计所需投资的总和，因此，建设项目总投资也是一个完整的动态投资。为了遵循估足投资不留缺口的原则，不仅要准确地计算出建设投资的静态部分，而且还应该客观地估算建设投资的动态部分与铺底流动资金，这样项目投资估算才能全面地反映项目工程造价的构成。

（一）静态投资的估算

静态投资是建设项目投资估算的基础。由于民用建筑与工业生产项目的静态投资估算的出发点及具体办法不同；一般情况，工业项目的投资估算大多以设备费为基础进行，而民用项目则以建筑工程投资估算为基础。根据静态投资费用项目内容的不同，投资估算采用的方法和深度也不尽相同，以下将分别予以介绍。

1. 按设备费用的百分比估算法（比例估算法）

设备购置费用在静态投资中占有很大比重。在项目规划或可行性研究中，对工程情况不完全了解，不可能将所有设备开出清单；但根据工业生产建设的经验，辅助生产设备、服务设施的装备水平与主体设备购置费用之间存在着一定的比例关系，类似地，设备安装费与设备购置费用之间也有一定的比例关系。因此，在对主体设备或类似工程情况已有所了解的情况下，有经验的造价工程师往往采用比例估算的办法估算投资，而不必分项去详细计算。这种方法在实际中有很多的应用，下面介绍两种具体计算方法。

（1）以拟建项目或装置的设备费为基数，根据已建成的同类项目或装置的建筑安装工程费和其他费用等占设备价值的百分比，求出相应的建筑安装及其他有关费用，其总和即为项目装置的投资，公式如下：

$$C = E(1 + f_1 P_1 + f_2 P_2 + f_3 P_3) + I \qquad (25\text{-}40)$$

式中　　　C——拟建项目或装置的投资额；

　　　　　E——根据拟建项目或装置的设备清单按当时当地价格计算的设备费（包括运杂费）的总和；

P_1，P_2，P_3——分别为已建项目的建筑、安装及其他工程费用占设备费百分比；

　f_1，f_2，f_3——分别为由于时间因素引起的定额、价格、费用标准等变化的综合系数；

　　　　　I——拟建项目的其他费用。

（2）以拟建项目中的最主要、投资比重较大、并与生产能力直接相关的工艺设备的投资（包括运杂费及安装费）为基数，根据同类型的已建项目的有关统计资料，计算出拟建项目的各专业工程（总图、土建、暖通、给排水、管道、电气及电信、自控及其他费用等）占工艺设备投资的百分比，据以求出各专业的投资，然后把各部分投资费用（包括工艺设备费）相加求和，即为项目的总费用。其表达式为：

$$C = E(1 + f_1 P_1 + f_2 P_2 + f_3 P_3 + \cdots) + I \qquad (25\text{-}41)$$

式中 P 分别为各专业工程费用占工艺设备费用的百分比，其余符号含义同式(25-40)。

2. 资金周转率法

这是一种用资金周转率来推测投资额的简便方法，其公式如下：

$$资金周转率 = \frac{年销售总额}{总投资} = \frac{产品的年产量 \times 产品单价}{总投资} \qquad (25\text{-}42)$$

$$投资额 = \frac{产品的年产量 \times 产品单价}{资金周转率} \qquad (25\text{-}43)$$

拟建项目的资金周转率可以根据已建相似项目的有关数据进行估计，然后再根据拟建项目的预计产品的年产量及单价，进行估算拟建项目的投资额。

这种方法比较简便，计算速度快，但精确度较低，可用于投资机会研究及项目建议书阶段的投资估算。

3. 朗格系数法

以设备费用为基础，乘以适当的系数来推算项目的建设费用。基本公式为：

$$D = (1 + \sum K_i) \cdot K_c \times C \qquad (25\text{-}44)$$

式中　D——总建设费用；

　　　C——主要设备费用；

　　　K_i——管线、仪表、建筑物等项费用的估算系数；

　　　K_c——包括工程费、合同费、应急费等间接费在内的总估算系数。

总建设费与设备费用之比为朗格系数 K_L，即：

$$\frac{D}{C} = K_L = (1 + \sum K_i) \cdot K_c \qquad (25\text{-}45)$$

此法比较简单，但没有考虑设备规格和材质的差异，所以精确度不高。

4. 生产能力指数法

根据已建成的、性质类似的建设项目（或生产装置）的投资额和生产能力，以及拟建项目（或生产装置）的生产能力，估算建设项目的投资额。计算公式为：

$$C_2 = C_1 \left(\frac{A_2}{A_1} \right)^n \cdot f \qquad (25\text{-}46)$$

式中 C_1，C_2——分别为已建类似项目（或装置）和拟建项目（或装置）的投资额；

A_1，A_2——分别为已建类似项目（或装置）和拟建项目（或装置）的生产能力；

f——为不同时期、不同地点的定额、单价、费用变更等的综合调整系数；

n——为生产能力指数，$0 \leqslant n \leqslant 1$。

若已建类似项目（或装置）的规模和拟建项目（或装置）的规模相差不大，生产规模比值在 0.5 至 2 之间，指数 n 的取值近似为 1。

若已建类似项目（或装置）与拟建项目（或装置）的规模相差不大于 50 倍，且拟建项目的扩大仅靠增大设备规格来达到时，则 n 取值在 0.6 至 0.7 之间；若是靠增加相同规格设备的数量达到时，n 的取值在 0.8 至 0.9 之间。

采用这种方法，计算简单，速度快；但要求类似工程的资料可靠，条件基本相同，否则误差就会增大。

> **例 25-11** 已知建设年产30万吨乙烯装置的投资额为 60000 万元，试估计建设年产 70 万吨乙烯装置的投资额（生产能力指数 $n=0.6$，$f=1.2$）。
>
> **解析：** $C_2 = C_1 \left(\frac{A_2}{A_1} \right)^n \cdot f$
> $$= 60000 \times \left(\frac{70}{30} \right)^{0.6} \times 1.2 = 119706.73 \text{（万元）}$$

5. 综合指标投资估算法

对于建筑物进行造价估算，经常采用综合指标投资估算法，即根据各种具体的投资估算指标、取费标准，以及设备材料价格，先进行单位工程投资估算。投资估算指标的形式较多，例如元/m^2、元/m^3、元/kVA 等。根据这些投资估算指标，乘以所需的面积、体积、容量等，就可以求出相应的土建工程、给排水工程、照明工程、采暖工程、变配电工程等各单位工程的投资。在此基础上，可汇总成每一单项工程的投资。另外再估算工程建设其他费用及预备费，即求得建设项目总投资。此法有一定的估算精度、精确度相对较高。

采用这种方法时，一方面要注意，若套用的指标与具体工程之间的标准或条件有差异时，应加以必要的局部换算或调整；另一方面要注意，使用的指标单位应密切结合每个单位工程的特点，能正确反映其设计参数，切勿盲目地单纯地套用一种单位指标。

在编制可行性研究报告的投资估算时，应根据可行性研究报告的内容、国家有关规定和估算指标等，以估算编制时的价格进行编制，并应按照有关规定，合理地预测估算编制后到竣工期间工程的价格、利率、汇率等动态因素的变化，打足建设投资，不留缺口，确保投资估算的编制质量（本节后面的实例就是一个用投资估算指标法编制的投资估算）。

工程建设其他费用的估算应根据不同的情况采取不同的方法，例如土地使用费，应根据取得土地的方式以及当地土地管理部门的具体规定计算；与项目建设有关的其他费用，业主费用等特定性强，没有固定的比例和项目，可与建设单位共同研究商定。

总之，静态投资的估算办法较多，并没有规定统一使用的固定公式，在实际工作中，应根据项目的特性、所掌握的项目组成部分的费用数据和有关技术资料，按照具体要求有针对性地选用各种适合的方法来估算。需要指出的是这里所说的虽然是静态投资，但它也是有一定时间性的，应该统一按某一确定的时间来计算，特别是对编制时间距开工时间较远的项目，一定要以开工前一年为基准年，以这一年的价格为依据计算，按照近年的价格指数将编制年的静态投资进行适当地调整，否则就会失去基准作用，影响投资估算的准确性。

（二）动态投资的估算

动态投资主要包括价格变动可能增加的投资额（价差预备费）和建设期利息两部分内容，如果是涉外项目，还应该计算汇率的影响。动态投资的估算应以基准年静态投资的资金使用计划额为基础来计算以上各种变动因素，而不是以编制年的静态投资为基础计算。

1. 价差预备费（亦称涨价预备费）的估算

价差预备费是指从估算年到项目建成期间内，预留的因物价上涨而引起的投资费用增加额。

价差预备费的估算方法，一般根据国家规定的投资综合价格指数，按估算年份价格水平的投资额为基数，采用复利方法计算。

当投资估算年份与项目开工年份是在同一年时，则按下列公式计算：

$$V = \sum_{t=1}^{n} K_t [(1+f)^t - 1] \tag{25-47}$$

式中　V——建设期价差预备费；

　　K_t——建设期中第 t 年投资使用计划额，应包括工程费用、其他费用及基本预备费；

　　n——建设期总年数；

　　t——建设期年度；

　　f——年投资价格上涨指数（即年价格变动率）。

上式中的年度投资使用计划额 K_t 可由建设项目资金来源与使用计划表中得出，年价格变动率（即价格上涨指数）可根据工程造价指数信息的累积分析得出。对于有条件的项目可以区分各类工程费用或不同年份，采用单项价格指数加权预测方法估算项目的价差预备费。国外设备、材料进口费用的平均价格指数和价差预备费，一般应与国内投资分别计算。

> **例 25-12**　某项目的静态投资为 22310 万元，按本项目实施进度计划，项目建设期为 3 年，3 年的投资分年使用比例为：第一年 20%，第二年 55%，第三年 25%，建设期内年平均价格变动率预测为 6%，估计该项目建设期的涨价（价差）预备费。
>
> **解析：** 第一年投资计划用款额：
> $$K_1 = 22310 \times 20\% = 4462 \text{（万元）}$$
> 第一年涨价预备费：
> $$V_1 = K_1[(1+f)^1 - 1] = 4462 \times [(1+6\%) - 1] = 267.72 \text{（万元）}$$
> 第二年投资计划用款额：
> $$K_2 = 22310 \times 55\% = 12270.5 \text{（万元）}$$
> 第二年涨价预备费：
> $$V_2 = K_2[(1+f)^2 - 1] = 12270.5 \times [(1+6\%)^2 - 1] = 1516.63 \text{（万元）}$$
> 第三年投资计划用款额：
> $$K_3 = 22310 \times 25\% = 5577.5 \text{（万元）}$$
> 第三年涨价预备费：

$$V_3 = K_3 \left[(1+f)^3 - 1 \right] = 5577.5 \times \left[(1+6\%)^3 - 1 \right] = 1065.39 \text{（万元）}$$

所以，建设期的涨价预备费：

$$
\begin{aligned}
V &= V_1 + V_2 + V_3 \\
&= 267.72 + 1516.63 + 1065.39 = 2849.74 \text{（万元）}
\end{aligned}
$$

投资估算年份与项目开工年份相隔一年以上的项目，则采用复利计算方法按价格上调指数（或价格变动率）将项目年投资额折算到项目开工年的数值，再按式（25-47）计算价差预备费。

2. 建设期投资贷款利息

建设期投资贷款利息，是指建设项目使用投资贷款在建设期内应归还的贷款利息。贷款利息应以建设期工程造价扣除资本金后的分年度资金供应计划为基数，计算逐年应付利息。具体地讲，项目建设期利息，可按照项目可行性研究报告中的项目建设资金筹措方案确定的初步贷款意向规定的利率、偿还方式和偿还期限计算。对于没有明确意向的贷款，可按项目适用的现行一般（非优惠）的贷款利率、期限和偿还方式计算。

贷款利息计算中采用的利率，应为有效利率。有效利率与名义利率的换算公式为：

$$\text{有效年利率 } i_{\text{有效}} = \left(1 + \frac{r}{m}\right)^m - 1 \tag{25-48}$$

式中　r——名义年利率；

　　　m——每年计息次数。

建设期利息实行复利计算。由于建设期借款利息是计入建设投资的利息，故亦称为资本化利息。

为简化计算，在编制投资估算时，通常假设项目总贷款是分年均衡发放的，建设期贷款利息的计算可按当年贷款在年中支用考虑，即为当年贷款按半年计算，上年贷款按全年计息；还款当年按年末还款，按全年计息。计算公式为：

$$\text{国内贷款建设期利息} = \text{各年应计利息之和} \tag{25-49}$$

$$\text{本年应计利息} = \left(\text{本年年初贷款本利和累计金额} + \frac{\text{当年贷款额}}{2}\right) \times \text{年有效利率} \tag{25-50}$$

当总贷款是分年均衡发放时，其复利利息计算公式为：

$$q_k = \left(p_{j-1} + \frac{1}{2}A_j\right) \times i \tag{25-51}$$

式中　q_k——建设期第 k 年应付利息；

　　　p_{j-1}——建设期第 $j-1$ 年末贷款余额，它由第 $j-1$ 年末贷款累计加上此时贷款利息累计；

　　　A_j——建设期第 j 年支用贷款（全年总数）；

　　　i——年利率。

例 25-13　某新建项目，建设期为三年，每年年初贷款分别为 300 万元、600 万元和 400 万元，年利率为 12%，每年贷款是全年均衡发放，建设期内不支付利息，用复利法计算第三年末需支付贷款利息。

解析：　第一年利息：$q_1 = \frac{1}{2}A_1 \cdot i = \frac{1}{2} \times 300 \times 12\% = 18$（万元）

第二年利息：$q_2 = \left(p_1 + \frac{1}{2}A_2\right) \times i = \left(318 + \frac{1}{2} \times 600\right) \times 12\% = 74.16$（万元）

第三年利息：$q_3 = \left(p_2 + \frac{1}{2}A_3\right) \times i = \left(318 + 600 + 74.16 + \frac{1}{2} \times 400\right) \times 12\%$

$\qquad = 143.06$（万元）

建设期贷款利息总和为 $q = q_1 + q_2 + q_3 = 235.22$ （万元）

在向国外借款利息的计算中，还应包括国外贷款银行根据贷款协议向借款方以年利率的方式收取的手续费、管理费和承诺费，以及国内代理机构经国家主管部门批准的、以年利率的方式向贷款单位收取的转贷费、担保费和管理费等资金成本费用。为简化计算，可采用适当提高利率的方法进行处理和计算。

六、铺底流动资金的估算方法

铺底流动资金是保证项目投产初期，能正常生产经营所需要的最基本的周转资金数额。铺底流动资金是项目总资金中的一个组成部分，在项目决策阶段，这部分资金就要落实。铺底流动资金的计算公式为：

$$铺底流动资金 = 流动资金 \times 30\% \qquad (25\text{-}52)$$

流动资金是指建设项目投产后，为维持正常生产年份的正常经营，用于购买原材料、燃料、支付工资及其他生产经营费用等所必不可少的周转资金。它是伴随着固定资产投资而发生的永久性流动资产投资，它等于项目投产运营后所需全部流动资产扣除流动负债后的余额，其中，流动资产主要考虑应收及预付账款、现金和存货；流动负债主要考虑应付及预收款。由此看出，这里所解释的流动资金的概念，实际上就是财务中的营运资金。

流动资金的估算一般采用两种方法。

（一）扩大指标估算法

扩大指标估算法是按照流动资金占某种基数的比率来估算流动资金。一般常用的基数有销售收入、经营成本、总成本费用和固定资产投资等，究竟采用何种基数可依照行业习惯而定。所采用的比率根据经验确定，或根据现有同类企业的实际资料确定，或依照行业（部门）给定的参考值确定。扩大指标估算法简便易行，但准确度不高，适用于项目建议书阶段的估算。

1. 产值（或销售收入）资金率估算法

$$流动资金额 = 年产值（年销售收入额）\times 产值（销售收入）资金率 \qquad (25\text{-}53)$$

例如，某项目投产后的年产值为 1.5 亿元，其同类企业的百元产值流动资金占用额为 17.5 元，则该项目的流动资金估算额为：

$$15000 \times 17.5/100 = 2625 \text{（万元）}$$

2. 经营成本（或总成本）资金率估算法

经营成本是一项反映物质、劳动消耗和技术水平、生产管理水平的综合指标。一些工业项目，尤其是采掘工业项目常用经营成本（或总成本）资金率估算流动资金。

$$流动资金额 = \genfrac{}{}{0pt}{}{年经营成本}{（年总成本）} \times \genfrac{}{}{0pt}{}{经营成本资金率}{（总成本资金率）} \qquad (25\text{-}54)$$

3. 固定资产投资资金率估算法

固定资产投资资金率是流动资金占固定资产投资的百分比，如化工项目流动资金约占固定资产投资的 15%～20%，一般工业项目流动资金占固定资产投资的 5%～12%。

$$流动资金额＝固定资产投资×固定资产投资资金率 \qquad (25\text{-}55)$$

4. 单位产量资金率估算法

单位产量资金率，即单位产量占用流动资金的数额，如每吨原煤 4.5 元。

$$流动资金额＝年生产能力×单位产量资金率 \qquad (25\text{-}56)$$

（二）分项详细估算法

分项详细估算法，也称分项定额估算法。它是国际上通行的流动资金估算方法，应按照下列公式，分项详细估算。

$$流动资金＝流动资产－流动负债 \qquad (25\text{-}57)$$
$$流动资产＝现金＋应收（及预付）账款＋存货 \qquad (25\text{-}58)$$
$$流动负债＝应付（及预收）账款 \qquad (25\text{-}59)$$
$$流动资金本年增加额＝本年流动资金－上年流动资金 \qquad (25\text{-}60)$$

流动资产和流动负债各项构成估算公式如下。

1. 现金的估算

$$现金＝\frac{年工资及福利费＋年其他费用}{周转次数} \qquad (25\text{-}61)$$

年其他费用＝制造费用＋管理费用＋销售费用－以上三项费用中所包含的工资及福利费、折旧费、维简费、摊销费和修理费 $\qquad (25\text{-}62)$

$$周转次数＝\frac{360 \text{ 天}}{最低需要周转天数} \qquad (25\text{-}63)$$

2. 应收（预付）账款的估算

$$应收账款＝年销售收入/周转次数 \qquad (25\text{-}64)$$

3. 存货的估算

存货包括各种外购原材料、燃料、包装物、低值易耗品、在产品、外购商品、协作件、自制半成品和产成品等。在估算中的存货一般仅考虑外购原材料、燃料、在产品、产成品，也可考虑备品备件。

$$外购原材料燃料＝\frac{年外购原材料燃料费用}{周转次数} \qquad (25\text{-}65)$$

$$在产品＝\frac{年外购原材料燃料及动力费＋年工资及福利费＋年修理费＋年其他制造费用}{周转次数}$$

$$产成品＝年经营成本/周转次数 \qquad (25\text{-}66)$$

4. 应付（预收）账款的估算

$$应付（预收）账款＝\frac{年外购原材料燃料动力和商品备件费用}{周转次数} \qquad (25\text{-}67)$$

第四节　建设项目设计概算的编制

设计概算是指以初步设计文件为依据，按照规定的程序、方法和依据，对建设项目总投资及其构成进行的概略计算。

一、工程项目设计概算的作用

设计概算是设计文件的重要组成部分，是在投资估算的控制下由设计单位根据初步设计图纸及说明、概算定额（或概算指标）、各项费用定额（或取费标准）、设备、材料预算价格等资料，用科学的方法计算、编制和确定的建设项目从筹建至竣工交付使用所需全部费用的文件。采用两阶段设计的建设项目，初步设计阶段必须编制设计概算；采用三阶段设计的，技术设计阶段必须编制修正概算。

设计概算的编制应包括编制期价格、费率、利率、汇率等确定的静态投资和编制期到竣工验收前的工程和价格变化等多种因素的动态投资两部分。静态投资作为考核工程设计和施工图预算的依据；动态投资作为筹措、供应和控制资金使用的限额。

设计概算的主要作用可归纳为如下几点。

1. 是编制建设项目投资计划、确定和控制建设项目投资的依据

国家规定：编制年度固定资产投资计划，确定计划投资总额及其构成数额，要以批准的初步设计概算为依据，没有批准的初步设计及其概算的建设工程不能列入年度固定资产投资计划。

经批准的建设项目设计总概算的投资额，是该工程建设投资的最高限额。在工程建设过程中，年度固定资产投资计划安排，银行拨款或贷款、施工图设计及其预算、竣工决算等，未经按规定的程序批准，都不能突破这一限额，以确保国家固定资产投资计划的严格执行和有效控制。

2. 是签订建设工程合同和贷款合同的依据

《中华人民共和国民法典》合同篇明确规定，建设工程合同是承包人进行工程建设，发包人支付价款的合同。合同价款的多少是以设计概预算为依据的，而且总承包合同不得超过设计总概算的投资额。

设计概算是银行拨款或签订贷款合同的最高限额，建设项目的全部拨款或贷款以及各单项工程的拨款或贷款的累计总额，不能超过设计概算。如果项目的投资计划所列投资额或拨款与贷款突破设计概算时，必须查明原因后由建设单位报请上级主管部门调整或追加设计概算总投资额，凡未批准之前，银行对其超支部分拒不拨付。

工程设计阶段是控制工程造价的关键环节，应积极推行限额设计。既要按照批准的设计任务书及投资估算控制初步设计及概算，按照批准的初步设计及总概算控制施工图设计及预算；又要在保证工程功能要求的前提下，按各专业分配的造价限额进行设计，保证估算、概算，起到层层控制的作用，不突破造价限额。

3. 是控制施工图设计和施工图预算的依据

经批准的设计概算是建设项目投资的最高限额，设计单位必须按照批准的初步设计和总概算进行施工图设计，施工图预算不得突破设计概算。如确需突破总概算时，应按规定程序报经审批。

4. 是衡量设计方案技术经济合理性和选择最佳设计方案的依据

设计概算是设计方案技术经济合理性的综合反映，据此可以用来对不同的设计方案进行技术与经济合理性的比较，以便选择最佳的设计方案。

5. 是工程造价管理及编制招标标底和投标报价的依据

设计总概算一经批准，就作为工程造价管理的最高限额，并据此对工程造价进行严格的控制。以设计概算进行招投标的工程，招标单位编制标底是以设计概算造价为依据的，并以此作为评标定标的依据。承包单位为了在投标竞争中取胜，也以设计概算为依据，编制出合适的投标报价。

6. 是考核建设项目投资效果的依据

通过设计概算与竣工决算对比，可以分析和考核投资效果的好坏，同时还可以验证设计概算的准确性，有利于加强设计概算管理和建设项目的造价管理工作。

二、设计概算的编制原则和依据

（一）设计概算的编制原则

为提高建设项目设计概算编制质量，科学合理确定建设项目投资，设计概算编制应坚持以下原则。

（1）严格执行国家的建设方针和经济政策的原则。设计概算是一项重要的技术经济工作，要严格按照党和国家的方针、政策办事，坚决执行勤俭节约的方针，严格执行规定的设计标准。

（2）要完整、准确地反映设计内容的原则。编制设计概算时，要认真了解设计意图，根据设计文件、图纸准确计算工程量，避免重算和漏算。设计修改后，要及时修正概算。

（3）要坚持结合拟建工程的实际，反映工程所在地当时价格水平的原则。为提高设计概算的准确性，要求实事求是地对工程所在地的建设条件，可能影响造价的各种因素进行认真的调查研究。在此基础上正确使用定额、指标、费率和价格等各项编制依据，按照现行工程造价的构成，根据有关部门发布的价格信息及价格调整指数，考虑建设期的价格变化因素，使概算尽可能地反映设计内容、施工条件和实际价格。

（二）设计概算的编制依据

（1）国家发布的有关法律、法规、规章、规程等。

（2）批准的可行性研究报告及投资估算、设计图纸等有关资料。

（3）有关部门颁布的现行概算定额、概算指标、费用定额等和建设项目设计概算编制办法。

（4）有关部门发布的人工、设备材料价格、运杂费率和造价指数等。

（5）建设场地自然条件和施工条件，有关合同、协议等。

（6）类似工程的概算文件和技术经济指标与其他有关资料。

三、设计概算的内容

设计概算可分单位工程概算、单项工程综合概算和建设项目总概算三级。各级之间概算的相互关系如图 25-8 所示。

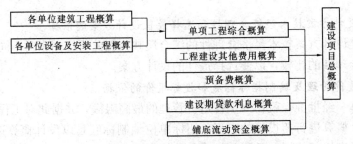

图 25-8　设计概算的编制内容及相互关系

设计概算的编制，是从单位工程概算这一级编制开始，经过逐级汇总而成。

（一）单位工程概算

单位工程概算是确定各单位工程建设费用的文件，是编制单项工程综合概算的依据，是单项工程综合概算的组成部分。单位工程概算按其工程性质分为建筑单位工程概算和设备及安装单位工程概算两大类。

（1）建筑工程概算包括土建工程概算，给排水、采暖工程概算，通风、空调工程概算，电气、照明工程概算，弱电工程概算，特殊构筑物工程概算和工业管道工程概算等（图25-9）。

（2）设备及安装工程概算包括机械设备及安装工程概算，电气设备及安装工程概算，热力设备及安装工程概算，以及工具、器具及生产家具购置费概算等（图25-9）。

（二）单项工程综合概算

单项工程综合概算是确定一个单项工程所需建设费用的文件，它是由单项工程中的各单位工程概算汇总编制而成的，是建设项目总概算的组成部分。对于一般工业民用建筑工程，单项工程综合概算的组成内容如图25-9所示。

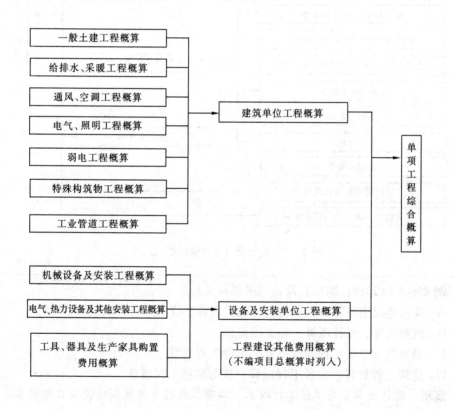

图 25-9　单项工程综合概算的组成内容

（三）建设项目总概算

建设项目总概算是确定整个建设项目从筹建到竣工验收所需全部费用的文件，它是由各单项工程综合概算、工程建设其他费用概算、预备费、建设期贷款利息概算和经营性项目铺底流动资金概算等汇总编制而成的，如图 25-10 所示。

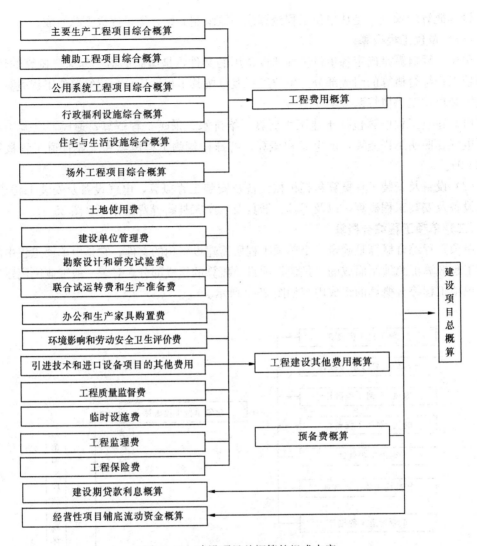

图 25-10 建设项目总概算的组成内容

例 25-14 (2010，2011) 设计三级概算是指：

A 项目建议书概算、初步可行性研究概算、详细可行性研究概算

B 投资概算、设计概算、施工图概算

C 总概算、单项工程综合概算、单位工程概算

D 建筑工程概算、安装工程概算、装饰装修工程概算

解析：设计概算分为单位工程概算、单项工程综合概算和建设项目总概算三级。

答案：C

四、设计概算的编制方法与实例

(一) 单位工程概算的编制方法

单位工程概算是指以初步设计文件为依据，按照规定的程序、方法和依据，计算单位

工程费用的成果文件。单位工程是单项工程的组成部分，是指具有单独设计可以独立组织施工，但不能独立发挥生产能力或使用效益的工程。建筑单位工程概算由建筑安装工程中的直接费、间接费、利润和税金组成，其中直接费是由分部、分项工程直接工程费和措施费构成的。

单位工程概算分建筑工程概算和设备及安装工程概算两大类：①建筑工程概算的编制方法有概算定额法、概算指标法、类似工程预算法等；②设备及安装工程概算的编制方法有预算单价法、扩大单价法、概算指标法、设备价值百分比法和综合吨位指标法等。

1. 单位建筑工程概算的编制方法

（1）概算定额法（扩大单价法）

概算定额法又叫扩大单价法或扩大结构定额法，它是利用概算定额编制单位建筑工程概算的方法。

当初步设计建设项目达到一定深度，建筑结构比较明确，基本上能按初步设计图纸计算出楼面、地面、墙体、门窗和屋面等分部工程的工程量时，可采用这种方法编制建筑工程概算。在采用扩大单价法编制概算时，首先根据概算定额编制成扩大单位估价表（表25-4、表25-5），作为概算定额基价，然后用算出的扩大分部分项工程的工程量，乘以单位估价，进行具体计算。概算定额是按一定计量单位规定的，扩大分部分项工程或扩大结构部分的劳动、材料和机械台班的消耗量标准。扩大单位估价表是确定单位工程中各扩大分部分项工程或完整的结构件所需全部材料费、人工费、施工机械使用费之和的文件，计算公式为：

$$\begin{aligned}
\text{概算定额基价} &= \frac{\text{概算定额}}{\text{单位材料费}} + \frac{\text{概算定额}}{\text{单位人工费}} + \frac{\text{概算定额单位}}{\text{施工机械使用费}} \\
&= \sum\left(\frac{\text{概算定额中}}{\text{材料消耗量}} \times \frac{\text{材料预算}}{\text{单价}}\right) + \\
&\quad \sum\left(\frac{\text{概算定额中}}{\text{人工工日消耗量}} \times \frac{\text{人工工}}{\text{资单价}}\right) + \sum\left(\frac{\text{概算定额中施工}}{\text{机械台班消耗量}} \times \frac{\text{机械台班}}{\text{费用单价}}\right)
\end{aligned}$$

$$(25\text{-}68)$$

扩大单位估价表（单位：10m³）　　　　　　　　　　表 25-4

序　　号	项　　　　目	单　　价	数　　量	合　　计
1	综合人工	×××	12.45	××××
2	水泥混合砂浆 M5	×××	1.39	××××
3	普通黏土砖	×××	4.34	××××
4	水	×××	0.87	××××
5	灰浆搅拌机 2001	×××	0.23	××××
	合　　计			××××

扩大单位估价汇总表（单位：元）　　　　　　　　表 25-5

定额编号	工程名称	计算价值	单位价值	其　　中			附　注
				工　资	材料费	机械费	
4—23	空斗墙一眠一斗	10m³	××××				
4—24	空斗墙一眠二斗	10m³	××××				
4—25	空斗墙一眠三斗	10m³	××××				

扩大单价法完整的编制步骤如下。

1）根据初步设计图纸和说明书，按概算定额中的项目计算工程量。工程量的计算，必须根据定额中规定的各个扩大分部分项工程内容，遵循定额中规定的计量单位、工程量计算规则及方法来进行。有些无法直接计算工程量的零星工程，如散水、台阶、厕所蹲台等，可根据概算定额的规定，按主要工程费用的百分比（一般为5%～8%）计算。

2）根据计算的工程量套用相应的扩大单位估价（概算定额基价），计算出材料费、人工费、施工机械使用费三项费用之和即为直接工程费。

3）根据有关取费标准计算企业管理费、利润、规费和税金，再将上述各项汇总加在一起，其和为单位建筑工程概算造价。

单位建筑工程概算造价＝人、料、机费用＋企业管理费＋利润＋规费＋税金

(25-69)

4）将概算造价除以建筑面积可以求出单位建筑工程单方造价等有关技术经济指标。

单位建筑工程单方造价＝单位建筑工程概算造价/建筑面积   (25-70)

采用扩大单价法编制建筑工程概算比较准确，但计算比较烦琐。只有具备一定的设计基本知识，熟悉概算定额，才能弄清分部分项的综合内容，才能正确地计算扩大分部分项的工程量。同时在套用扩大单位估价时，如果所在地区的工资标准及材料预算价格与概算定额不一致，则需要重新编制扩大单位估价或测定系数加以调整。

例 25-15　运用概算定额法编制某市中心医院实验楼土建单位工程概算，如表 25-6 所示。

某市中心医院实验楼土建单位工程概算　　　　表 25-6

工程定额编号	工程费用名称	计量单位	工程量	金额（元）	
				概算定额基价	合　计
3-1	实心砖基础（含土方工程）	10m³	19.60	1722.55	33761.98
3-27	多孔砖外墙	100m²	20.78	4048.42	84126.17
3-29	多孔砖内墙	100m²	21.45	5021.47	107710.53
4-21	无筋混凝土带基	m³	521.16	566.74	295362.22
4-33	现浇混凝土矩形梁	m³	637.23	984.22	627174.51
	……		…	…	…
（一）	项目直接工程费小计	元			7893244.79
（二）	措施费（一）×5%	元			394662.24
（三）	直接费[（一）＋（二）]	元			8287907.03
（四）	间接费（三）×10%	元			828790.7
（五）	利润[（三）＋（四）]×5%	元			455834.89
（六）	税金[（三）＋（四）＋（五）]×3.41%	元			326423.36
（七）	工程造价[（三）＋（四）＋（五）＋（六）]	元			9898955.98
（八）	工程单方造价（元/m²）	m²	59812		165.5

（2）概算指标法

概算指标法是利用概算指标编制单位工程概算的方法。当初步设计深度不够，不能准确地计算工程量，但工程设计采用的技术比较成熟，而又有类似概算指标可以利用时，可采用概算指标法来编制概算。

概算指标，是按一定计量单位规定的通常以整个房屋每 $100m^2$ 建筑面积或 $1000m^3$ 建筑体积为计量单位来规定人工、材料和施工机械台班的消耗量以及价值表现的标准，比概算定额更综合扩大的分部工程或单位工程等劳动、材料和机械台班的消耗量标准和造价指标。在建筑工程中，它往往按完整的建筑物、构筑物以"m^2、m^3"或"座"等为计量单位。

概算指标法是拟建的厂房、住宅的建筑面积或体积乘以技术条件相同或基本相同的概算指标编制概算的方法。

用此法编制概算时，首先要计算建筑面积和建筑体积，再根据拟建工程的性质、规模、结构和层数等基本条件，选定相应概算指标，按下式计算建筑工程概算直接工程费和主要材料消耗量：

$$直接工程费 = \frac{每\ 100m^2\ 造价指标}{100} \times 建筑面积 \tag{25-71}$$

$$各主要材料消耗量 = \frac{每\ 100m^2\ 建筑面积材料消耗量}{100} \times 建筑面积 \tag{25-72}$$

或

$$直接工程费 = \frac{每\ 1000m^3\ 造价指标}{1000} \times 建筑体积 \tag{25-73}$$

$$各主要材料消耗量 = \frac{每\ 1000m^3\ 建筑体积材料消耗量}{1000} \times 建筑体积 \tag{25-74}$$

$$调整直接工程费 = 直接工程费 \times 调整费率 \tag{25-75}$$

计算完直接工程费后，计取措施费、间接费、利润、税金等，确定工程造价和技术经济指标。

1）当设计对象在结构特征、地质及自然条件上与概算指标完全相同，如基础埋深及形式、层高、墙体、楼板等主要承重构件相同，就可直接套用概算指标编制概算。计算公式如下：

$$1000m^3\ 建筑物体积的人工费 = \sum (指标规定的工日数 \times 相应地区人工工日单价) \tag{25-76}$$

$$\begin{array}{c}1000m^3\ 建筑物体积的 \\ 主要材料费\end{array} = \sum \left(\begin{array}{c}指标规定的 \\ 主要材料数量\end{array} \times \begin{array}{c}相应的地区材 \\ 料预算价格\end{array} \right) \tag{25-77}$$

$$\begin{array}{c}1000m^3\ 建筑物体积的 \\ 其他材料费\end{array} = \sum \left(主要材料费 \times \begin{array}{c}其他材料费占主要 \\ 材料费的百分比\end{array} \right) \tag{25-78}$$

$$\begin{array}{c}1000m^3\ 建筑物体积 \\ 的机械使用费\end{array} = \sum \left(人工费 + \begin{array}{c}主要 \\ 材料费\end{array} + \begin{array}{c}其他 \\ 材料费\end{array} \right) \times \begin{array}{c}机械使用费 \\ 占百分比\end{array} \tag{25-79}$$

$$\begin{array}{c}每立方米建筑体 \\ 积的直接工程费\end{array} = \left(人工费 + \begin{array}{c}主要 \\ 材料费\end{array} + \begin{array}{c}其他 \\ 材料费\end{array} + \begin{array}{c}机械 \\ 使用费\end{array} \right) / 1000 \tag{25-80}$$

每立方米建筑体积的概算单价 = 直接工程费 + 措施费 + 间接费 + 利润 + 税金

$$\tag{25-81}$$

$$单位工程概算造价＝设计对象的建筑体积×概算单价 \quad (25\text{-}82)$$

由于拟建工程（设计对象）往往与类似工程的概算指标的技术条件不尽相同，而且概算指标编制年份的设备、材料、人工等价格与拟建工程当时当地的价格也不会一样。因此，必须对其进行调整。

2) 当设计对象的结构特征与某个概算指标有局部不同时，则需要对该概算指标进行修正，然后用修正后的概算指标进行计算。可采用两种修正方法。

① 第一种修正概算指标的单位造价方法如下：

$$\begin{array}{c}结构变化单位造价\\修正概算指标\end{array}＝\begin{array}{c}原概算\\指标单价\end{array}－\begin{array}{c}换出结构\\构件价值\end{array}/1000＋\begin{array}{c}换入结构\\构件价值\end{array}/1000 \quad (25\text{-}83)$$

$$换出（入）结构单价＝\begin{array}{c}换出（入）结构\\构件工程量\end{array}×\begin{array}{c}相应的概算定额\\的地区单价\end{array} \quad (25\text{-}84)$$

② 第二种修正概算指标中的工、料、机数量方法。此法是从原指标的工料数量中减去与设计对象不同部分结构的人工、材料数量和机械使用费，再加上所需的结构件的人工、材料数量和机械使用费。换入和换出的结构构件的人工、材料数量和机械使用费，是根据换入和换出的结构构件的工程量，乘以相应的定额中的人工、材料数量和机械使用台班计算出来的。这种方法不是从概算着手修正，而是直接修正指标中的工料数量。按下列公式计算：

$$\begin{array}{c}结构变化修正概算指\\标的工、料、机数量\end{array}＝\begin{array}{c}原概算指标的\\工、料、机数量\end{array}＋\begin{array}{c}换入结构\\件工程量\end{array}×\begin{array}{c}相应定额工、\\料、机消耗量\end{array}$$

$$－\begin{array}{c}换出结构\\件工程量\end{array}×\begin{array}{c}相应定额工、\\料、机消耗量\end{array} \quad (25\text{-}85)$$

以上两种方法，前者是直接修正结构件指标单价，后者是修正结构件指标的工料机数量。修正之后，方可按上述结构相同情况分别套用。

3) 设备、人工、材料、机械台班费用的调整。

$$\begin{array}{c}设备、工、料、\\机修正概算费用\end{array}＝\begin{array}{c}原概算指标的设备、\\工、料、机费用\end{array}＋\sum\left[\begin{array}{c}换入设备、工、\\料、机数量\end{array}×\begin{array}{c}拟建地区\\相应单价\end{array}\right]$$

$$－\sum\left[\begin{array}{c}换出设备、工、\\料、机数量\end{array}×\begin{array}{c}原概算指标设备、\\工、料、机单价\end{array}\right] \quad (25\text{-}86)$$

(3) 类似工程预算法

当建设工程对象尚无完整的初步设计方案，而建设单位又急需上报设计概算时，可采用此法。类似工程预算法是利用技术条件与设计对象相类似的已完工程或在建工程的工程造价资料来编制拟建单位工程概算的方法。类似工程预算法就是以原有的相似工程的预算为基础，按编制概算指标方法，求出单位工程的概算指标，再按概算指标法编制建筑工程概算。

类似工程预算法适用于拟建工程初步设计与已建工程或在建工程的设计相类似又没有可用的概算指标时，但必须对建筑结构差异和价差进行调整。建筑结构差异的调整方法与概算指标法的调整方法相同。类似工程造价的价差调整常有两种方法：一是类似工程造价资料有具体的人工、材料、机械台班的用量时，可按类似工程造价资料中的主要材料用量、工日数量、机械台班用量乘以拟建工程所在地的主要材料预算价格、人工单价、机械台班单价，计算出直接工程费和措施费，再乘以当地的综合费率，即可得出所需的造价指标；二是类似工程造价资料只有人工、材料、机械台班费用和措施费、间接费时，可按综合系数法、价格（费用）变动系数法、地区价差系数法或结构、材质差异换算法进行调整。下面重点介绍综合系数法。

综合系数法是运用类似工程预（决）算编制概算时，经常因拟建工程与已建在建工程的建设地点不同，而引起人工费、材料费和施工机械台班费以及间接费、利润、税金等项的费用差别。则可采用综合系数法调整类似工程预（决）算。

利用类似工程预算，应考虑以下条件。

1）设计对象与类似预算的设计在结构上的差异。

2）设计对象与类似预算的设计在建筑上的差异。

3）地区工资的差异。

4）材料预算价格的差异。

5）施工机械使用费的差异。

6）间接费用的差异。

其中第1）、2）两项差异可参考修正概算指标的方法加以修正，第3）～6）项则须编制修正系数。计算修正系数时，先求类似工程预算的人工工资、材料费、机械使用费、间接费在全部预算造价中所占比重；然后分别求其修正系数；最后求出总的修正系数；再用总修正系数乘以类似工程预算的造价，就可以得到概算价值。计算公式如下：

$$\frac{\text{工资修正}}{\text{系数}\, K_1} = \frac{\text{编概算地区人工工资标准}}{\text{类似工程所在地人工工资标准}} \tag{25-87}$$

$$\frac{\text{材料预算价格}}{\text{修正系数}\, K_2} = \frac{\sum(\text{类似工程各主要材料量} \times \text{编概算地区材料预算价格})}{\text{类似工程主要材料费用}} \tag{25-88}$$

$$\frac{\text{机械使用费}}{\text{修正系数}\, K_3} = \frac{\sum(\text{类似工程各主要机械台班数} \times \text{编概算地区机械台班单价})}{\text{类似工程主要机械的使用费}}$$

$$\tag{25-89}$$

$$\text{间接费修正系数}\, K_4 = \frac{\text{编概算地区的间接费率}}{\text{类似工程所在地区间接费率}} \tag{25-90}$$

$$\frac{\text{总造价综}}{\text{合修正系数}}\, K = \frac{\text{类似预算}}{\text{工资比重}} \times K_1 + \frac{\text{材料费}}{\text{比重}} \times K_2 + \frac{\text{机械费}}{\text{比重}} \times K_3 + \frac{\text{间接费}}{\text{比重}} \times K_4$$

$$\tag{25-91}$$

$$\text{类似工程工资比重} = \frac{\text{类似工程工资标准}}{\text{类似工程预算造价}} \times 100\% \tag{25-92}$$

其他如材料费比重、机械费比重和间接费比重等类同上式计算。

当设计对象与类似工程的结构构件有部分不同时，就应增减工程量价值，然后再求出修正后的总造价。计算公式如下：

$$\frac{\text{修正后的建筑工程}}{\text{项目概算总造价}} = \frac{\text{类似工程}}{\text{预算造价}} \times \frac{\text{造价综合}}{\text{修正系数}} \pm \frac{\text{结构}}{\text{增减值}} \times \left(1 + \frac{\text{修正后}}{\text{间接费率}}\right) \tag{25-93}$$

例 25-16 新建某项工程，利用的类似工程体积为 1000m³，预算价值为 20000元，其中，人工费占 20%，材料费占 55%，机械使用费占 13%，间接费占 12%。由于结构不同，净增加造价 500 元。通过计算工资修正系数 $K_1 = 1.02$，材料费修正系数 $K_2 = 1.05$，机械使用费修正系数为 $K_3 = 0.99$，间接费修正系数 $K_4 = 0.99$。

解析：综合修正系数 $K = 20\% \times 1.02 + 55\% \times 1.05 + 13\% \times 0.99 + 12\% \times 0.99 = 1.03$

$$修正后的类似概算总造价=20000×1.03+500×(1+12\%×0.99)$$
$$=21159.40（元）$$

$$设计对象的概算指标=\frac{21159.40}{1000}=21.16（元/m^3）$$

例 25-17 （2011）当初步设计深度不够，不能准确计算工程量，但工程设计采用的技术比较成熟而又有类似工程概算指标可以利用时，编制工程概算可以采用：

A 单位工程指标法   B 概算指标法

C 概算定额法   D 类似工程预算法

解析： 初步设计深度不够，不能准确计算工程量，但工程设计采用的技术比较成熟而又有类似工程概算指标可以利用时，适于采用概算指标法编制工程概算。

答案： B

2. 设备及安装工程概算的编制方法

（1）设备购置费概算

设备购置费由设备原价和运杂费两项组成。可按下式计算：

$$设备购置概算价值=设备原价+设备运杂费$$
$$=设备原价（1+设备运杂费率） \qquad (25-94)$$

1）国产标准设备原价，可根据设备型号、规格、性能、材质、数量及附带的配件，向设备制造厂家询价或向设备、材料信息部门查询或按主管部门规定的现行价格逐项计算。非主要标准设备和工器具、生产家具的原价，可按占主要标准设备原价的百分比计算，百分比指标按主管部门或地区有关规定执行。

2）国产非标准设备原价，在初步设计阶段的设计概算时可按下列两种方法确定。

①非标准设备台（件）估价指标法

根据非标准设备的类别、质量、性能、材质精密程度及制造厂家等情况，按每台设备规定的估价指标计算，即：

$$非标准设备原价=设备台数×每台设备估价指标（元/台） \qquad (25-95)$$

②非标准设备吨重估价指标法

根据非标准设备的类别、性能、质量、材质等情况，按某类设备所规定吨重估价指标计算，即：

$$非标准设备原价=设备吨重×每吨重设备估价指标（元/t） \qquad (25-96)$$

3）设备运杂费按各部、省、市、自治区有关规定的运杂费率计算，即：

$$设备运杂费=设备原价×运杂费率（\%） \qquad (25-97)$$

（2）设备安装工程概算

设备安装工程概算造价的编制方法有以下三种。

1）预算单价法。当初步设计较深，有详细的设备清单时，可直接按安装工程预算定额单价编制设备安装单位工程概算，概算程序基本同于安装工程施工图预算。就是根据计算的设备安装工程量，乘以安装工程预算综合单价，经汇总求得。用此法编制概算，计算比较具体，精确性较高。

2）扩大单价法。当初步设计深度不够，设备清单不完备，只有主体设备或仅有成套设备的数量时，可采用主体设备、成套设备或工艺线的综合扩大安装单价来编制概算。

3）概算指标法。当初步设计的设备清单不完备，或安装预算单价及扩大综合单价不全，无法采用预算单价法和扩大单价法时，可采用概算指标编制概算。概算指标形式较多，概括起来主要可按下列几种指标进行计算。

① 设备价值百分比法又叫安装设备百分比法。当初步设计深度不够，只有设备出厂价而无详细规格、重量时，安装费可按占设备费的百分比计算，其百分比值（即安装费率）由主管部门制定或由设计单位根据已完类似工程确定的概算指标。该法常用于价格波动不大的定型产品和通用设备产品，计算公式为：

$$设备安装费＝设备原价×设备安装费率（\%） \tag{25-98}$$

② 综合吨位指标法。当初步设计提供的设备清单有规格和设备重量时，可采用综合吨位设备安装费指标编制概算，其综合吨位指标由主管部门或由设计院根据已完类似工程资料确定。该法常用于设备价格波动较大的非标准设备和引进设备的安装工程概算，计算公式为：

$$设备安装费＝设备吨重×每吨设备安装费指标（元/t） \tag{25-99}$$

③ 按座、台、套、组、根或功率等为计量单位的概算指标计算，如工业炉，按每台安装费指标计算；冷水箱，按每组安装费指标计算安装费等。

④ 按设备安装工程每平方米建筑面积的概算指标计算。有些设备安装工程可以按不同的专业内容（如通风、动力、照明、管道）采用每平方米建筑面积的安装费用概算指标计算安装费。

（3）设备及其安装工程概算书的编制。设备及其安装工程概算书的内容，主要包括编制说明书和设备及其安装工程概算表两部分。

编制说明书是用简明的文字，对工程概况、编制依据、编制方法和其他有关问题等加以概括说明。

设备及其安装工程概算表，是将所计算的项目列于表格之中，计算工程直接费、计取间接费、其他费用、利润和税金，最后汇总设备及其安装工程概算造价。

（二）单项工程综合概算的编制方法

单项工程综合概算是以初步设计文件为依据，在单位工程概算的基础上汇总单项工程工程费用的成果文件。单项工程综合概算是以其所辖的建筑工程概算表和设备安装概算表为基础汇总编制的。当建设项目只有一个单项工程时，单项工程综合概算（实为总概算）还应包括工程建设其他费用、含建设期贷款利息、预备费和固定资产投资方向调节税的概算。

1. 综合概算书的内容

单项工程综合概算文件一般包括编制说明（不编制总概算时列入）和综合概算表。

（1）编制说明

主要包括：编制依据；编制方法；主要设备和材料的数量；其他有关问题说明。

（2）综合概算表

综合概算表见表 25-7，是根据单项工程所辖范围内的各单位工程概算等基本资料，按照国家或部委所规定统一表格进行编制。

综 合 概 算 表

表 25-7

建设单位：××××

单项工程：×××××　　　　　　　综合概算价值：　　　　　　工程编号：×××-×

序号	单位工程编号	工程和费用名　　称	概算价值（万元）						技术经济指标（元）				占总投资额（%）
			建筑工程	设备购置费	设备安装费	生产工器具费	其他费用	总价	单位	数量	单位价值	
1	2	3	4	5	6	7	8	9	10	11	12	13
1	×××	×××						×××	×	×××	×××	×××
2	×××	×××		×××	×××						×××	×××
3	×××	×××				×××	×××				×××	×××
4	……	……										
		合计						×××	×	×××	×××	×××

审核　　　　　　校对　　　　　　编制　　　　　年　　月　　日

2. 编制步骤和方法

综合概算书的编制，一般从单位工程概算书开始编制，然后统一汇编而成，其编制顺序如下。

(1) 建筑工程。

(2) 给水与排水工程。

(3) 采暖、通风和煤气工程。

(4) 电气照明工程。

(5) 工业管道工程。

(6) 设备购置。

(7) 设备安装工程。

(8) 工器具及生产家具购置。

(9) 其他工程和费用（当不编总概算时列此项费用）。

(10) 不可预见的工程和费用。

(11) 回收金额。

按上述顺序汇总的各项费用总价值，即为该单项工程全部建设费用，并以适当的计量单位求出技术经济指标。

填制综合概算表。按照表格形式和所要求的内容，逐项填写计算，最后求出单项工程综合概算总价值。

(三) 建设项目总概算的编制方法

建设项目总概算是以初步设计文件为依据，在单项工程综合概算的基础上计算建设项目概算总投资的成果文件。建设项目总概算是设计文件的重要组成部分，是确定整个建设项目从筹建到建成竣工交付使用所预计花费的全部费用的总文件。它是由各单项工程综合概算、工程建设其他费用、建设期贷款利息、预备费、固定资产投资方向调节税和经营性项目的铺底流动资金，按照主管部门规定的统一表格进行编制而成的。

建筑工程项目设计概算文件（总概算书）一般应包括：封面及目录、编制说明、总概算表、工程建设其他费用概算表、单项工程综合概算表、单位工程概算表、工程量计算表、分年度投资汇总表、分年度资金流量汇总表、主要材料汇总表与工日数量表等。现将有关主要问题说明如下。

1. 封面、签署页及目录

封面、签署页格式如表 25-8 所示。

封面、签署页格式   表 25-8

建设项目设计概算文件

建设单位_____

建设项目名称_____

设计单位（或工程造价咨询单位）_____

编制单位_____

编制人（资格证号）_____

审核人（资格证号）_____

项目负责人_____

总工程师_____

单位负责人_____

年   月   日

2. 编制说明

编制说明应包括下列内容。

（1）工程概况。简述建设项目的建设规模、范围和性质，产品规格、品种、特点和生产能力，建设周期、建设条件、厂外工程和建设地点等主要情况。引进项目要说明引进内容以及与国内配套工程等主要情况。

（2）资金来源及投资方式。

（3）编制依据及编制原则。说明设计文件依据、概算指标、概算定额、材料概算价格及各种费用标准等编制依据。

（4）编制方法。说明编制设计概算是采用概算定额法，还是采用概算指标法等。

（5）投资分析。主要分析各项投资的比例、各专业投资的比重等经济指标，并与类似工程比较，分析投资高低的原因，说明该设计是否经济合理。为了说明设计的经济合理性，在编制总概算时，必须计算出各项工程和费用的投资占总投资的比例，编制投资比例分析表（表 25-9），对工程建设投资分配、构成等情况进行分析比较，列入总概算书中。

投资比例分析表   表 25-9

项 目 名 称	价 值（万元）	占总价值比重（%）
建筑工程费用		
安装工程费用		
设备及工器具购置费		
工程建设其他费用		
工程预备费		
固定资产投资方向调节税		
建设期投资贷款利息		
建设期涨价预备费		
动态投资总造价		

(6) 主要材料和设备数量。说明建筑安装主要材料（如钢材、木材、水泥等）和主要机械设备、电气设备的数量。

(7) 其他需要说明的有关问题。说明在编制概算过程中存在的有关问题。

3. 总概算表

(1) 总概算表的内容。总概算表的项目由四大部分组成，见表 25-10。

1) 第一部分工程费用。工程费用包括设备及工器具购置费和建筑安装工程费。项目有：主要生产项目，这是根据不同企业的性质按设计规定进行排列，如机械厂的主要生产工程项目有铸造、锻压、金工、装配等车间；附属辅助生产服务性的工程项目，包括工具、机修、木工和模型等车间，以及仓库、生活福利、文化和服务性工程项目；动力系统工程项目，包括发电站、变电所、输配电线路、锅炉房等；运输及通信系统工程项目，包括铁路专用线和轻便铁路、公路运输、通信设备等；室外给水、排水、供热、煤气及附属构筑物；厂区整理及绿化设施；一些特殊工程项目；以及其他项目和费用。

2) 第二部分工程建设其他费用。项目主要包括：土地征用、迁移费、勘察设计费、建设单位管理费、研究试验费、生产准备费等。

3) 第三部分预备费，其中的基本预备费，是指初步设计和概算中难以预料的工程和费用；差价预备费，是由于价格波动引起的费用增加。

4) 第四部分项目是列出概算总价值和投资回收金额。

总概算表应反映静态投资和动态投资两个部分：静态投资是按设计概算编制期价格、费率、利率、汇率等确定的投资；动态投资是指概算编制期到竣工验收前的工程和价格变化等多种因素所需的投资。

总　概　算　表

表 25-10

建设单位：×××

规　模：×××　　　　　　　　　总概算投资：×××××

总建筑面积：×××××　　　　　　单位投资：×××

序号	综合概算编号	工程和费用名称	概算总价值（万元）						技术经济指标（元）			占总投资额（%）
			建筑工程费	设备购置费	设备安装费	生产工器具费	其他费用	总价	单位	数量	单位价值	
1	2	3	4	5	6	7	8	9	10	11	12	13
一、		第一部分工程费	×××××					××××				
(一)		场地平整费										
(二)		主要生产工程项目										
1	×××	总装配车间	158.67	××××	××××	×××××	××××	××××	m²	×××	××××	××
2		……										
(三)		辅助生产及服务项目	×××									
1		中央实验室	×××									
2		……										
(四)		动力系统工程	×××									

序号	综合概算编号	工程和费用名称	概算总价值(万元)						技术经济指标(元)			占总投资额(%)
			建筑工程费	设备购置费	设备安装费	生产工器具费	其他费用	总价	单位	数量	单位价值	
1	2	3	4	5	6	7	8	9	10	11	12	13
1		锅炉房	×××									
2		……										
(五)		运输及通信系统工程	×××									
1		汽车库	×××									
2		……										
(六)		室外给排水工程	×××									
1		深水泵房	×××									
2		……										
(七)		生产福利区项目	×××									
1		家属宿舍	×××									
2		……										
(八)		厂区整理及绿化	×××									
1		厂区围墙及大门	×××									
2		……										
(九)		其他项目和费用	×××									
1		冬雨季施工增加费	×××									
2		完工清理费	×××									
3		施工机构迁移费	×××									
4		防洪工程费	×××									
5		……	×××									
二、		第二部分其他工程费用	×××					×××				
1		土地征用,迁移费	×××									
2		建设单位管理费	×××									
3		研究试验费	×××									
4		……										
		第一、二部分合计										
三、		第三部分										
1		预备费 [(一)+(二)]×5%						××××				
2		建设期利息										
3		铺底流动资金										
四、		总概算价值						×××××		×××		
	其中	投资回收金额										
五、		投资比例(%)										

复审:　　　　初审:　　　　校对:　　　　编制:　　　　年　月　日

51

初步设计概算应根据概算定额（概算指标）、费用定额等，以概算编制时的价格进行编制，并按照有关规定合理地预测概算编制至竣工期的价格、利率、汇率等动态因素，打足建设费用，并严格控制在可行性研究报告投资估算范围内。

（2）总概算表的编制方法。按总概算表的格式，依次填入各工程项目和费用名称，按项、栏分别汇总，依次求出各工程和费用小计、合计及第一部分项目，第二部分项目总计，按规定计算不可预见费，计算总概算价值，计算回收金额。

（3）回收金额的计算。回收金额是指在施工中或施工完毕后所获得的各种收入。其中包括临时房屋及构筑物、旧有房屋、金属结构及设备的拆除、临时供水、供气、供电的配电线、试车收入大于支出部分的价格等回收的金额，应按地区主管部门的规定计算。

4. 工程建设其他费用概算表

工程建设其他费用概算按国家或地区或部委所规定的项目和标准确定，并按统一表格式编制。

5. 单项工程综合概算表和建筑安装单位工程概算表

6. 工程量计算表和工、料数量汇总表

7. 分年度投资汇总表和分年度资金流量汇总表

8. 计算总概算价值

总概算价值＝第一部分费用＋第二部分费用＋第三部分（含预备费＋建设期利息＋铺底流动资金）－投资回收金额　　　　　　　　　　　　　　　　　　　（25-100）

（四）设计概算的审查

设计概算编制完成后应进行审查，通过审查使设计概算完整、准确，满足工程设计技术先进、经济合理的要求。

设计概算审查的内容包括概算编制依据、概算编制深度和概算编制内容等三个方面。

设计概算审查常用的五种方法如下。

（1）对比分析法。通过对比分析工程建设规模、建设标准、概算编制内容等，找出存在的偏差或问题。

（2）查询核实法。对某些关键设备设施、重要装置以及图纸不全、难以核算的较大投资进行多方查询核对，逐项落实。对复杂的建筑安装工程向同类工程的建设、承包、施工单位征求意见。

（3）主要问题复核法。对审查中发现的重大问题、重大偏差、关键设备、投资大的项目进行复核复查。

（4）分类整理法。对审查中发现的问题和偏差，按单项工程、单位工程等分类整理并汇总增减投资额。

（5）联合会审法。由相关单位、专家组成联合审查组共同进行审核。

第五节　施工图预算的编制

一、施工图预算及其作用

（一）施工图预算

施工图预算是施工图设计预算的简称，又叫设计预算，是以施工图设计文件为依据，按照规定的程序、方法和依据，在工程施工前对工程项目的工程费用进行的预测和计算。它是在施工图设计完成后，根据施工图设计图纸、按照主管部门制定的现行预算定额、费用定额和其他取费文件，以及地区设备、材料、人工、施工机械台班等预算价格编制和确定的单位工程、单项工程预算价格和建筑安装工程造价的文件。

（二）施工图预算的作用

在社会主义市场经济条件下，施工图预算的主要作用如下。

（1）施工图预算是设计阶段控制工程造价的重要环节，是控制施工图设计不突破设计概算的重要措施。

（2）施工图预算是编制或调整固定资产投资计划的依据。由于施工图预算比设计概算更具体更切合实际，因此，可据以落实或调整年度投资计划。

（3）在委托承包时，施工图预算是签订工程承包合同的依据。建设单位和施工单位双方以施工图预算为基础，签订承包工程经济合同，明确甲、乙双方的经济责任。

（4）在委托承包时，施工图预算是办理财务拨款、工程贷款和工程结算的依据。建设单位在施工期间按施工图预算和工程进度办理工程款预支和结算。单项工程或建设项目竣工后，也以施工图预算为主要依据办理竣工结算。

（5）施工图预算是施工单位编制施工计划的依据。施工图预算工料统计表列出了单位工程的各类人工和材料的需要量，施工单位据以编制施工计划，控制工程成本，进行施工准备活动。

（6）施工图预算是加强施工企业实行经济核算的依据。施工图预算所确定的工程预算造价，是建筑安装企业产品的预算价格，建筑安装企业必须在施工图预算的范围内加强经济核算，降低成本，增加盈利。

（7）施工图预算是实行招标、投标的重要依据。施工图预算是建设单位在实行工程招标时确定"标底"的依据，也是施工单位参加投标时报价的依据。

二、施工图预算的编制依据

（1）施工图纸及说明书和标准图集。经批准审定的施工图纸、说明书和标准图集，完整地反映了工程的具体内容、各部的具体做法、结构尺寸、技术特征以及施工方法，是编制施工图预算的重要依据。

（2）现行预算定额及单位估价表。国家和地区都颁发有现行建筑、安装工程预算定额及单位估价表，并有相应的工程量计算规则，是编制施工图预算确定分项工程子目、计算工程量、选用单位估价表、计算直接工程费的主要依据。

（3）施工组织设计或施工方案。施工组织设计或施工方案中包括了与编制施工图预算必不可少的有关资料，如建设地点的土质、地质情况、土石方开挖的施工方法及余土外运方式与运距、施工机械使用情况、结构件预制加工方法及运距、重要的梁板柱的施工方案、重要或特殊机械设备的安装方案等。

（4）材料、人工、机械台班预算价格及调价规定。材料、人工、机械台班预算价格是预算定额的三要素，是构成直接工程费的主要因素。尤其是材料费在工程成本中占的比重大，而且在市场经济条件下，材料、人工、机械台班的价格是随市场而变化的。为使预算造价尽可能接近实际，各地区主管部门对此都有明确的调价规定，因此，合理确定材料、人工、机械台班预算价格及其调价规定是编制施工图预算的重要依据。

(5) 建筑安装工程费用定额和工程量计算规则。各省、市、自治区和各专业部门规定的费用定额和工程量计算规则。

(6) 预算工作手册及有关工具书。预算工作手册和工具书包括了计算各种结构件面积和体积的公式，钢材、木材等各种材料规格、型号及用量数据，各种单位换算比例，特殊断面、结构件的工程量的速算方法，金属材料重量表等。显然，以上这些公式、资料、数据是施工图预算中常常要用到的，所以它是编制施工图预算必不可少的依据。

(7) 经批准的设计概算文件。它是控制工程拨款或贷款的最高限额，也是控制单位工程预算的主要依据。如果施工图预算确定的投资总额超过设计概算，则需补充调整设计概算，经批准后方可实施。

三、施工图预算的内容

施工图预算有单位工程预算、单项工程综合预算和建设项目总预算。根据施工图设计文件、现行预算定额、费用标准以及人工、材料、设备、机械台班等预算价格资料，以一定方法，编制单位工程的施工图预算；然后汇总所有各单位工程施工图预算，成为单项工程施工图预算；再汇总所有各单项工程施工图预算，便是一个建设项目建筑安装工程的总预算。

单位工程预算包括建筑工程预算和设备安装工程预算。建筑工程预算按其工程性质分为一般土建工程预算、卫生工程预算（包括室内外给排水工程、采暖通风工程、煤气工程等）、电气照明工程预算、特殊构筑物如炉窑、烟囱、水塔等工程预算和工业管道工程预算等。设备安装工程预算可分为机械设备安装工程预算、电气设备安装工程预算和化工设备、热力设备安装工程预算等。

四、施工图预算编制模式

从现有意义上讲，只要是按照施工图纸以及计价所需的各种依据在工程实施前所计算的工程价格，均可称为施工图预算价格。它可以是按照主管部门统一规定的预算单价、取费标准、计价程序计算得到的计划中的价格，也可以是根据企业自身的实力和市场供求及竞争状况计算的反映市场的价格。实际上，这就体现了两种不同的计价模式。

按照预算造价的计算方式和管理方式的不同，施工图预算可以分为两种计价模式。

（一）传统计价模式

是采用国家、部门或地区统一规定的定额和取费标准进行工程造价计价的模式，亦称为定额计价模式。它是我国长期使用的一种施工图预算编制方法。

按传统计价模式应由主管部门制定工程预算定额，规定间接费的内容和取费标准。建设单位和施工单位均先根据预算定额中规定的工程量计算规则和定额单价（包括消耗量标准和单位价格），计算直接工程费，再按照规定的费率和取费程序计取间接费、利润和税金，汇总得到工程造价。传统计价模式采用的计价方式是工料单价法。

（二）工程量清单计价模式

这种计价模式是按照工程量清单规范规定的全国统一工程量计算规则，由招标人提供工程量清单和有关技术说明，投标人根据企业自身的定额水平和市场价格进行计价。工程量清单计价的方式是采用综合单价法。

五、施工图预算的编制方法

施工图预算的编制可以采用工料单价法和综合单价法两种计价方法。

（一）工料单价法

工料单价法是指分部分项工程单价为直接工程费单价，以分部分项工程量乘以相对应的分部分项工程单价后的合计为单位工程直接工程费，直接工程费汇总后另加措施费、间接费、利润、税金生成工程承发包价。按照分部分项工程单价产生方法的不同，工料单价法又可分为预算单价法（下面简称单价法）和实物法。

1. 单价法编制施工预算的方法与案例

（1）概述

单价法编制施工图预算，就是根据事先编制好的地区统一单位估价表中的各分项工程综合单价，乘以相应的各分项工程的工程量，并汇总相加，得到单位工程的人工费、材料费和机械使用费用之和；再加上措施费、间接费、利润和税金，即可得到单位工程的施工图预算。

其中，地区单位估价表是由地区造价管理部门根据地区统一预算定额或各专业部门专业定额以及统一单价组织编制的，它是计算建筑安装工程造价的基础。综合单价也叫预算定额基价，是单位估价表的主要构成部分。另外，措施费、间接费、利润和税金是根据统一规定的费率乘以相应的计取基础求得的。

用单价法编制施工图预算主要计算公式为：

$$单位工程施工图预算直接工程费＝\sum（工程量×预算综合单价）\qquad (25-101)$$

（2）单价法编制施工图预算的步骤

用单价法编制施工图预算的完整步骤如图 25-11 所示。

图 25-11　单价法编制施工图预算步骤

具体步骤如下。

1）搜集各种编制依据资料。各种编制依据资料包括施工图纸、施工组织设计或施工方案、现行建筑安装工程预算定额、取费标准、统一的工程量计算规则、预算工作手册和工程所在地区的材料、人工、机械台班预算价格与调价规定等。

2）熟悉施工图纸和定额。只有对施工图和预算定额有全面详细的了解，才能全面准确地计算出工程量，进而合理地编制出施工图预算造价。

在准备资料的基础上，关键一环是熟悉施工图纸。施工图纸是了解设计意图和工程全貌，从而准确计算工程量的基础资料。只有对施工图纸有较全面详细的了解，才能结合预算划分项目，全面而正确地分析各分部分项工程，有步骤地计算其工程量。另外，还要充分了解施工组织设计和施工方案，以便编制预算时注意影响工作费用的因素，如土方工程中的余土外运或缺土的来源、深基础的施工方法、放坡的坡度、大宗材料的堆放地点、预制件的运输距离及吊装方法等。必要时还需深入现场实地观察，以补充有关资料。例如，了解土方工程的土的类别、现场有无施工障碍需要拆除清理、现场有无足够的材料堆放场、超重设备的运输路线和路基的状况等。

3）计算工程量。计算工程量工作在整个预算编制过程中是最繁重、花费时间最长的一个环节，直接影响预算的及时性。同时，工程量是预算的主要数据，它的准确与否又直接影响预算的准确性，因此，必须在工程量计算上狠下功夫，才能保证预算的质量。

计算工程量一般按下列具体步骤进行：

① 根据施工图示的工程内容和定额项目，列出计算工程量分部分项工程；

② 根据一定的计算顺序和计算规则，列出工程量计算式；

③ 根据施工图纸上的设计尺寸及有关数据，代入计算式进行数值计算；

④ 对计算结果的计量单位进行调整，使之与定额中相应的分部分项工程的计量单位保持一致。

4）套用预算综合单价（预算定额基价）。工程量计算完毕并核对无误后，用所得到的各分部分项工程量与单位估价表中的对应分项工程的综合单价相乘，并把各相乘的结果相加，求得单位工程的人工费、材料费和机械使用费之和，即为单位工程直接工程费。

5）编制工料分析表。根据各分部分项工程项目的实物工程量和相应预算定额中的项目所列的用工工日及材料数量，计算出各分部分项工程所需的人工及材料数量，进行汇总计算后，得出该单位工程所需的各类人工和各类材料的数量。

6）计算其他各项费用、利税并汇总造价。根据建筑安装单位工程造价构成规定的费用项目、费率和相应的计费基础，分别计算措施、间接费、利润和税金，并汇总造价，求得单位工程的预算造价。

措施费按有关规定计算。

$$间接费＝直接工程费[或（人工费＋机械费）或人工费]×间接费率 \quad (25\text{-}102)$$

$$利润＝直接费与间接费之和[（或人工费与机械费之和）或人工费]×利润率$$

$$(25\text{-}103)$$

税金按有关规定计算。

7）汇总单位工程造价。把上述费用相加，并与前面套用综合单价算出的人工费、材料费和机械使用费进行汇总，从而求得单位工程的预算造价。

$$单位工程造价＝直接工程费＋措施费＋间接费＋利润＋税金 \quad (25\text{-}104)$$

8）复核。单位工程预算编制后，有关人员对单位工程预算进行复核，以便及时发现差错，提高预算质量。复核时应对工程量计算公式和结果、套用定额基价、各项费用的取费费率及计算基础和计算结果、材料和人工预算价格及其价格调整等方面是否正确进行全面复核。

9）编制说明、填写封面。编制说明是编制者向审核者交代编制方面有关情况，可以逐条分述，包括编制依据，工程性质、内容范围，设计图纸编号、所用预算定额编制年份（即价格水平年份），承包单位（企业）的等级和承包方式，有关部门现行的调价文件号，套用单价或补充单位估价表方面的情况及其他需要说明的问题。

封面填写应写明工程名称、工程编号、工程量（建筑面积）、预算总造价及单方造价、编制单位名称及负责人和编制日期，审查单位名称及负责人和审核日期等。

总之，单价法是目前国内编制施工图预算的主要方法，主要是采用了各地区、各部门统一制定的综合单价，因此，具有计算简单、工作量较小和编制速度较快，便于工程造价管理部门集中统一管理的优点，但由于是采用事先编制好的统一的单位估价表，其价格水平只能反映定额编制年份的价格水平。在市场经济价格波动较大的情况下，单价法的计算结果往往会因偏离实际价格水平而造成误差，虽然可采用调价，通常需要利用一些系数和价差弥补，但调价系数和指数从测定到颁布有滞后而且计算也较繁琐。

（3）用单价法编制施工图预算举例

例 25-18 （表 25-11）

用单价法编制某工程基础造价（按北京市 1996 年定额及取费标准） 表 25-11

单位估价号	工程或费用名称	计算单位或方法	数　量	概（预）算价值（元）	
				单　价	合　计
1	基本工程费	m²	146340	102.41	14986679
1—1	平整场地	m²	8180	1.68	13742
1—16	地下室挖土方	m³	139750	55.16	7708610
1—75	满堂基础垫层 C10	m³	815	294.07	239667
1—84	满堂基础抗渗 C40	m³	9090	772.82	7024934
2	其他工程费	m²	146340	10.85	1587789
3	项目直接工程费小计	(1) + (2)			16574468
4	措施费				981225
5	直接费合计	(3) + (4)			17555693
6	间接费	(5) ×17.41%			3056446
7	利　润	[(5)+(6)]×10%			2061214
8	税　金	[(5)+(6)+(7)]×3.41%			773161
9	工程造价	(5) + (6) + (7) + (8)，m²	146340	160.22	23446514

2. 实物法编制施工图预算的方法与案例

（1）概述

定额实物法是首先根据施工图纸分别计算出各分项工程的实物工程量，然后套用相应预算人工、材料、机械台班的定额用量、消耗指标，求得人工、材料、机械台班等的总消耗量；再分别乘以工程所在地当时的人工、材料、机械台班的实际单价，求出单位工程的人工费、材料费和施工机械使用费，并汇总求和，进而求得直接工程费；最后根据当时当地建筑市场的供求情况，按规定计取措施费、间接费、利润和税金等各项费用，汇总就可得出单位工程施工图预算造价。

实物法编制施工图预算的主要公式为：

$$
\begin{aligned}
\text{单位工程预算} \atop \text{直接工程费} = &\left[\sum\left(\text{分部分项工程量}\times{\text{人工预算}\atop\text{定额用量}}\times{\text{当时当地人工}\atop\text{工资单价}}\right)+\right.\\
&\sum\left(\text{分部分项工程量}\times{\text{材料预算}\atop\text{定额用量}}\times{\text{当时当地材料}\atop\text{预算价格}}\right)+\\
&\left.\sum\left(\text{分部分项工程量}\times{\text{施工机械台班}\atop\text{预算定额用量}}\times{\text{当时当地机械}\atop\text{台班单价}}\right)\right]
\end{aligned}
$$

(25-105)

$$\text{单位工程预算造价}＝\text{直接工程费}＋\text{措施费}＋\text{间接费}＋\text{利润}＋\text{税金} \quad (25-106)$$

（2）实物法编制施工图预算的步骤

实物法编制施工图预算的步骤如图 25-12 所示。

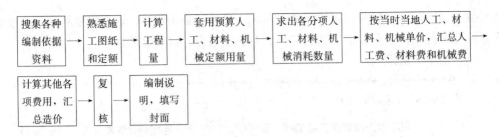

图 25-12 实物法编制施工图预算步骤

从图 25-12 可以看出，实物法编制施工图预算的首尾步骤与单价法相似，但在具体内容上有一些区别。另外，实物法和单价法在编制步骤中最大的区别在于中间的步骤，也就是计算人工费、材料费和施工机械使用费及汇总三者费用之和的方法不同。

下面就实物法步骤加以说明。

1）搜集各种编制依据资料。

针对实物法的特点，在此阶段中需要全面地搜集各种人工、材料、机械当时当地的实际价格，包括不同品种、不同规格的材料预算价格，不同工种的人工资单价，不同种类、不同型号的机械台班单价等。要求获得的各种实际价格全面、系统、真实、可靠。

2）熟悉施工图纸和定额。可参考单价法相应的内容。

3）计算工程量。本步骤的内容与单价法相同。

4）套用相应预算人工、材料、机械台班定额用量。建设部 1995 年颁发的《全国统一建筑工程基础定额》（土建部分，是一部量价分离定额）和现行全国统一安装定额、专业统一和地区统一的计价定额的实物消耗量，是完全符合国家技术规范、质量标准并反映一定时期施工工艺水平的分项工程计价所需的人工、材料、施工机械的消耗量的标准。这个消耗量标准，在建材产品、标准、设计、施工技术及其相关规范和工艺水平等没有大的突破性变化之前，是定额的"量"，是相对稳定不变的，因此，它是合理确定和有效控制造价的依据。这个定额消耗量标准是由工程造价主管部门按照定额管理分工进行统一制定，并根据技术发展适时地补充修改。

5）统计汇总单位工程所需的各类人工工日的消耗量、材料消耗量、机械台班消耗量。根据预算人工定额所列的各类人工工日的数量，乘以各分项工程的工程量，算出各分项工程所需的各类人工工日的数量，然后统计汇总，获得单位工程所需的各类人工工日消耗量。同样，根据预算材料定额所列的各种材料数量，乘以各分项工程的工程量，并按类相加求出单位工程各材料的消耗量。根据预算机械台班定额所列的各种施工机械台班数量，乘以各分项工程的工程量，并按类相加，从而求出单位工程各施工机械台班的消耗量。

6）根据当时、当地人工、材料和机械台班单价，汇总人工费、材料费和机械使用费。随着我国劳动工资制度、价格管理制度的改革，预算定额中的人工单价、材料价格等的变化，已经成为影响工程造价的最活跃的因素，因此，对人工单价、设备、材料的因素价格和施工机械台班单价，可由工程造价主管部门定期发布价格、造价信息，为基层提供服务。企业也可以根据自己的情况，自行确定人工单价、材料价格、施工机械台班单价。人工单价可按各专业、各地区企业一定时期实际发放的平均工资（奖金除外）水平合理确定，并按规定加入相应的工资性补贴。材料预算价格可分为原价（或供应价）和运杂费及采购保管费两部分，材料原价可按各地生产资料交易市场或销售部门一定时间的销售量和销售价格综合确定。

用当时当地的各类实际工料机单价乘以相应的工料机消耗量，即得单位工程人工费、材料费和机械使用费。

7）计算其他各项费用，汇总造价。这里的各项费用包括措施费、间接费、利润和税金等。一般讲，措施费和税金相对比较稳定，而间接费、利润则要根据建筑市场供求状况予以确定。

8）复核。要求认真检查人工、材料、机械台班的消耗量计算得是否合理准确等。有无漏算或多算，套取的定额是否准确，采用的价格是否合理。其他内容，可参考单价法相应步骤的介绍。

9）编制说明、填写封面。本步骤的内容与单价法相同，这里不再重复。

总之，采用实物法编制施工图预算，由于所用的人工、材料和机械台班的单价都是当时的当地实际价格，所以编制出的预算能比较准确地反映实际水平，误差较小，这种方法适合于市场经济条件下价格波动较大的情况。但是，采用实物法编制施工预算需要统计人工、材料、机械台班消耗量，还需要搜集相应的实际价格，因而工作量较大，计算过程烦琐。然而，随着建筑市场的开放和价格信息系统的建立，以及竞争机制作用的发挥和计算机的普及，实物法将是一种与统一"量"、指导"价"、竞争"费"的工程造价管理机制相适应的、行之有效的预算编制方法，因此，实物法是与市场经济体制相适应的预算编制方法。

（3）实物法编制施工图预算实例

例 25-19 （表 25-12）

用实物法编制某工程基础造价（以北京市 1997 年四季度市场价为准） 表 25-12

单位估价号	工程或费用名称	计算单位或方法	数　量	概（预）算价值（元）	
				单　价	合　计
1	基本工程费				14822395
(1)	人工费	工日	43078.3	38.00	1636975
(2)	材料费				5930997
	模板	m²	68.395	1378	94248
	水泥	kg	4648385	0.345	1603693
	砂	kg	6621885	0.03	198657
	石	kg	13396290	0.03	401889
	石　灰	kg	5705	0.12	685
	钢　筋	kg	1272600	2.82	3588732
	其他材料费	元	41041	1.05	43093
(3)	机械费	元	7254423	1.00	7254423
2	其他工程费	m²	146340		1587789
3	项目直接工程费小计	(1)+(2)			16410184
4	措施费				971483
5	直接费合计	(3)+(4)			17381667
6	间接费	(5)×17.41%			3026148
7	利润	(5)+(6)×10%			2040782
8	税金	[(5)+(6)+(7)]×3.41%			765497
9	工程造价	(5)+(6)+(7)+(8)，m²	146340	158.63	23214094

（二）综合单价法

综合单价是指分部分项工程单价综合了除直接工程费以外的多项费用内容。按照单价综合内容的不同，综合单价可分为全费用综合单价和部分费用综合单价。

1. 全费用综合单价

全费用综合单价即单价中综合了人、料、机费用，企业管理费，利润，规费和税金等。以各分项工程量乘以综合单价的合价汇总后，就生成工程承发包价。

2. 部分费用综合单价

我国目前实行的工程量清单计价采用的综合单价是部分费用综合单价，分部分项工程、措施项目、其他项目单价中综合了人、料、机费用，企业管理费，利润，并考虑了一定范围内的风险费用，单价中未包括规费和税金，是不完全费用综合单价，以各分项工程量乘以部分费用综合单价的合价汇总，再加上措施项目费、其他项目费、规费和税金后，生成工程承发包价。

第六节　工程量清单计价

为适应我国建设投资体制和管理体制改革的需要，规范建设工程施工发承包行为，统一建设工程工程量清单的编制和计价方法，我国自 2003 年 7 月 1 日开始实施国家标准《建设工程工程量清单计价规范》GB 50500—2003，后又经两次修订，现行国家标准为《建设工程工程量清单计价规范》GB 50500—2013（以下简称《计价规范》）。工程量清单计价是国际上普遍采用的、科学的工程造价计价模式，现在已经成为我国在施工阶段公开招标投标活动中主要采用的计价模式。《计价规范》规定全部使用国有资金投资或以国有资金投资为主的建设工程施工发承包，必须采用工程量清单计价。非国有资金投资的建设工程，宜采用工程量清单计价。

一、概述

（一）工程量清单计价的基本概念

（1）工程量清单是建设工程的分部分项工程项目、措施项目、其他项目、规费项目和税金项目的名称和相应数量的明细清单。

工程量清单可分为招标工程量清单和已标价工程量清单。

招标工程量清单是招标人依据国家标准、招标文件、设计文件以及施工现场实际情况编制的，随招标文件发布、供投标报价的工程量清单，包括说明和表格。

招标工程量清单是工程量清单计价的基础，是编制招标控制价、投标报价、计算或调整工程量、索赔等的依据之一。

已标价工程量清单是构成合同文件组成部分的投标文件中已标明价格，经算术性错误修正（如有）且承包人已确认的工程量清单，包括说明和表格。

（2）招标工程量清单必须作为招标文件的组成部分，其准确性和完整性应由招标人负责。

采用工程量清单方式招标发包，招标人必须将工程量清单作为招标文件的组成部分，连同招标文件一并发（或卖）给投标人。招标工程量清单反映了拟建工程应完成的全部工程内容和相应工作，招标人对编制的招标工程量清单的准确性和完整性负责，投标人依据招标工程量清单进行投标报价。

（3）工程量清单计价是建设工程招标投标活动中，招标人按照国家统一的工程量计算规则提供工程量清单，由投标人依据招标工程量清单并结合建筑企业自身情况进行自主报价的工程造价计价方式。

为了统一工程量计算规则和工程量清单编制方法，与《计价规范》相配套，国家有关部门制定了《房屋建筑与装饰工程工程量计算规范》GB 50854—2013 等九本相关专业的工程量计算规范（简称《计量规范》）。

（二）工程量清单的作用

工程量清单计价适用于建设工程发承包及实施阶段的计价活动，是目前我国施工阶段公开招标投标主要采用的计价方式。

建设工程发承包及实施阶段的计价活动包括编制招标控制价、投标报价、合同价款约定、工程计量、合同价款调整、合同价款期中支付、竣工结算与支付、合同的价款与支付、合同价款争议的解决、工程造价鉴定等。

工程量清单的主要作用如下。

（1）工程量清单为投标人的投标竞争提供了公开、公正和公平的共同基础。招标工程量清单提供了要求投标人完成的拟建工程的基本内容、实体数量和质量要求等基础信息，为投标人提供了统一的工程内容、工程量，在招标投标中，投标人的竞争有了一个共同基础。

（2）工程量清单是建设工程计价的依据。

招标投标过程中，招标人根据工程量清单编制招标工程的招标控制价；投标人根据工程量清单的内容，依据企业定额计算投标报价，自主填报工程量清单所列项目的单价、合价。

（3）工程量清单是工程付款和结算的依据。发包人以承包人在施工阶段是否完成工程量清单规定的内容和投标所报的综合单价，作为支付工程进度款和工程结算的依据。

（4）工程量清单是调整工程价款、处理索赔等的依据。当发生工程变更、索赔、工程量偏差等情况时，可参照已标价工程量清单中的合同单价确定相应项目的单价及相关费用。

二、工程量清单的编制

招标工程量清单应由具有编制能力的招标人或受其委托、具有相应资质的工程造价咨询人编制。招标工程量清单必须作为招标文件的组成部分，其准确性和完整性应由招标人负责。

编制招标工程量清单的依据如下。

（1）《计价规范》和相关工程的国家计量规范。

（2）国家或省级、行业建设主管部门颁发的计价定额和办法。

（3）建设工程设计文件及相关资料。

（4）与建设工程有关的标准、规范、技术资料。

（5）拟定的招标文件。

（6）施工现场情况、地勘水文资料、工程特点及常规施工方案。

（7）其他相关资料。

工程量清单包括分部分项工程量清单、措施项目清单、其他项目清单、规费项目清单和税金项目清单。

（一）分部分项工程量清单的编制

（1）分部分项工程量清单为不可调整闭口清单。投标人必须按照招标工程量清单填报价格。项目编码、项目名称、项目特征、计量单位、工程量必须与招标工程量清单一致。投标人不得更改分部分项工程量清单所列内容，如果投标人认为清单内容不妥或有遗漏，只能通过质疑方式由招标人统一修改更正。

（2）分部分项工程量清单必须按照《计价规范》和《计量规范》规定的项目编码、项目名称、项目特征、计量单位和工程量计算规则进行编制。

1）项目编码。分部分项工程量清单项目编码以五级编码设置，用12位阿拉伯数字表示，前9位应按《计价规范》统一编码，后3位由编制人根据设置的清单项目编制。

2）项目名称。应按《计量规范》附录的项目名称结合拟建工程的实际确定。

3）项目特征。是指构成分部分项工程项目自身价值的本质特征，包括其自身特征、工艺特征等。应按《计量规范》附录规定的项目特征，结合拟建工程项目的实际情况予以描述。

4）计量单位。应采用基本单位，按照《计量规范》中各项目规定的单位确定。

5）工程数量。除另有说明外，清单项目的工程量以实体工程量为准，并以完成后的净值计算。投标人报价时，应在单价中考虑施工中的损耗和增加的工程量。工程量应按《计量规范》中规定的工程量计算规则计算。

（二）措施项目清单的编制

措施项目是指为完成工程项目施工，发生于该工程施工准备和施工过程中的技术、生活、安全、环境保护等方面的项目。

措施项目不构成拟建工程实体，属于非实体项目。

措施项目清单必须根据相关工程现行国家计量规范的规定编制。措施项目清单应根据拟建工程的实际情况列项，在编制措施项目清单时，因工程情况不同，出现计量规范附录中未列的措施项目，可根据工程的具体情况对措施项目作补充。

房屋建筑与装饰工程的措施项目应根据《计量规范》的规定编制。

根据《计量规范》，房屋建筑与装饰工程的措施项目包括以下几项。

（1）脚手架工程。

（2）混凝土模板及支架。

（3）垂直运输。

（4）超高施工增加。

（5）大型机械设备进出场及安拆。

（6）安全文明施工（包括环境保护、文明施工、安全施工和临时设施项目）。

（7）其他措施项目（包括夜间施工，非夜间施工照明，二次搬运，冬雨季施工，地上、地下设施和建筑物的临时保护设施，已完工程及设备保护）。

措施项目清单应根据拟建工程的实际情况列项，因工程情况不同，规范中未列出的措施项目，可根据工程的具体情况对措施项目清单作补充。

措施项目分为两类：一类是不能计算工程量的项目，如文明施工、安全施工、临时设施等，以"项"计价，称为"总价项目"；另一类是可以计算工程量的项目，如脚手架、降水工程等，以"量"计价，称为"单价项目"。

（三）其他项目清单的编制

其他项目清单是指分部分项工程量清单、措施项目清单所包含的内容以外，因招标人的特殊要求而发生的与拟建工程有关的其他费用项目和相应数量的清单。其他项目清单应根据拟建工程的具体情况列项。《计价规范》列举了四项内容，拟建工程出现规范未列的项目，应根据工程实际情况补充。

（1）暂列金额。是指招标人在工程量清单中暂定并包括在合同价款中的一笔款项。用于工程合同签订时尚未确定或者不可预见的所需材料、工程设备、服务的采购，施工中可能发生的工程变更、合同约定调整因素出现时的合同价款调整以及发生的索赔、现场签证确认等的费用。暂列金额应根据工程特点按有关计价规定估算。

（2）暂估价。是指招标人在工程量清单中提供的用于支付必然发生但暂时不能确定价格的材料、工程设备的单价以及专业工程的金额。暂估价中的材料、工程设备暂估单价应根据工程造价信息或参照市场价格估算，列出明细表；专业工程暂估价应分不同专业，按有关计价规定估算，列出明细表。

（3）计日工。是指在施工过程中，承包人完成发包人提出的工程合同范围以外的零星项目或工作，按合同中约定的单价计价的一种方式。计日工应列出项目名称、计量单位和暂估数量。

（4）总承包服务费。是指总承包人为配合协调发包人进行的专业工程发包，对发包人自行采购的材料、工程设备等进行保管以及施工现场管理、竣工资料汇总整理等服务所需的费用。总承包服务费应列出服务项目及其内容等。

编制竣工结算时，索赔与现场签证总的调整在暂列金额中处理，暂列金额的余额归招标人。

（四）规费项目清单的编制

规费是指根据国家法律、法规的规定，由省级政府或省级有关权力部门规定施工企业必须缴纳的，应计入建筑安装工程造价的费用。

规费项目清单应按照下列内容列项。

（1）社会保险费（包括养老保险费、失业保险费、医疗保险费、工伤保险费、生育保险费）。

（2）住房公积金。

出现上述未列的项目，应根据省级政府或省级有关部门的规定列项。

（五）税金项目清单

税金是指国家税法规定的应计入建筑安装工程造价内的增值税销项税额。

出现上述未列项目，应根据税务部门的规定列项。

三、工程量清单计价

工程量清单计价可以分为招标工程量清单编制和工程量清单应用两个阶段。招标工程量清单编制阶段，由具有编制能力的招标人或受其委托、具有相应资质的工程造价咨询人编制。

工程量清单应用阶段，包括投标人按照招标文件要求和招标工程量清单填报价格，编制投标报价、合同履行过程中的工程计量和工程价款支付、合同价款调整、索赔和现场签证、竣工结算等计价活动。

采用工程量清单计价，建设工程造价由分部分项工程费、措施项目费、其他项目费、规费和税金组成。

本书主要介绍招标控制价和投标报价的编制。

(一) 招标控制价的编制

招标控制价是指招标人根据国家或省级、行业建设主管部门颁发的有关计价依据和办法，以及拟定的招标文件和招标工程量清单，结合工程具体情况编制的招标工程的最高投标限价。

国有资金投资的建设工程招标，招标人必须编制招标控制价。招标控制价应由具有编制能力的招标人或受其委托具有相应资质的工程造价咨询人编制和复核。

招标控制价应根据下列依据编制和复核。

(1) 《计价规范》。

(2) 国家或省级、行业建设主管部门颁发的计价定额和计价办法。

(3) 建设工程设计文件及其相关资料。

(4) 拟定的招标文件及招标工程量清单。

(5) 与建设项目相关的标准、规范、技术资料。

(6) 施工现场情况、工程特点及常规施工方案。

(7) 工程造价管理机构发布的工程造价信息，当工程造价信息没有发布时，参照市场价。

(8) 其他的相关资料。

招标控制价应按照上述依据编制，不应上调和下浮。当招标控制价超过批准的概算时，招标人应将其报原概算审批部门审核。招标人应在发布招标文件时公布招标控制价，同时应将招标控制价及有关资料报送工程所在地或有该工程管辖权的行业管理部门工程造价管理机构备查。

> **例 25-20　(2013)** 关于施工承包招标控制价说法正确的是：
> A　必须保密
> B　开标前应予以公布
> C　开标前由招标方确定是否上调或下浮
> D　不可作为评标的依据
>
> **解析：** 根据《建设工程工程量清单计价规范》GB 50500—2013 第 5.1 条，招标控制价应在招标时公布，不应上调或下浮，招标人应将招标控制价及有关资料报送工程所在地工程造价管理机构备查。
>
> **答案：** B

(二) 投标报价的编制

投标报价应由投标人或受其委托具有相应资质的工程造价咨询人编制。投标报价由投标人自主确定，但不得低于工程成本。投标人必须按招标工程量清单填报价格。项目编码、项目名称、项目特征、计量单位、工程量必须与招标工程量清单一致。投标人的投标报价高于招标控制价的应予废标。

投标报价应根据下列依据编制和复核：①《计价规范》；②国家或省级、行业建设主管部门颁发的计价办法；③企业定额，国家或省级、行业建设主管部门颁发的计价定额和计价办法；④招标文件、招标工程量清单及其补充通知、答疑纪要；⑤建设工程设计文件及相关资料；⑥施工现场情况、工程特点及投标时拟定的施工组织设计或施工方案；⑦与建设项目相关的标准、规范等技术资料；⑧市场价格信息或工程造价管理机构发布的工程造价信息；⑨其他的相关资料。

1. 分部分项工程费

《计价规范》规定，工程量清单应采用综合单价计价。分部分项工程中的单价项目，应根据招标文件和招标工程量清单项目中的特征描述确定综合单价计算。

综合单价是指完成一个规定清单项目所需的人工费、材料和工程设备费、施工机具使用费和企业管理费、利润以及一定范围内的风险费用。其中一定范围内的风险费用是指招标文件中划分的应由投标人承担的风险范围及其费用。这种综合单价不属于全费用综合单价，属于不包括规费和税金等不可竞争性费用的不完全综合单价。

在合同履行过程中，当出现的风险内容和范围在合同规定的范围之内时，综合单价不得变更。分部分项工程费按式（25-12）计算。

2. 措施项目费

措施项目中的单价项目，应根据招标文件和招标工程量清单项目中的特征描述确定综合单价计算。措施项目中的总价项目金额，应根据招标文件及投标时拟定的施工组织设计或施工方案，自主确定。

措施项目中的安全文明施工费必须按国家或省级、行业建设主管部门的规定计算，不得作为竞争性费用。安全文明施工费包括文明施工费、环境保护费、临时设施费、安全施工费。措施项目费按式（25-13）计算。

例 25-21　（2012） 投标人在工程量清单报价投标中，风险费用应在下列哪项中考虑？

　A　其他项目清单计价表　　　　　B　分部分项工程量清单计价表
　C　零星工作费用表　　　　　　　D　规费项目清单计价表

解析： 分部分项工程和措施项目清单应采用综合单价计价，综合单价是指完成一个规定计量单位的分部工程和措施清单项目所需的人工费、材料和工程设备费、施工机具使用费和企业管理费、利润，以及一定范围内的风险费用。

答案：B

---

3. 其他项目费

其他项目应按下列规定报价。

（1）暂列金额应按招标工程量清单中列出的金额填写。

（2）材料、工程设备暂估价应按招标工程量清单中列出的单价计入综合单价。

（3）专业工程暂估价应按招标工程量清单中列出的金额填写。

（4）计日工应按招标工程量清单中列出的项目和数量，自主确定综合单价并计算计日工金额。

(5) 总承包服务费应根据招标工程量清单中列出的内容和提出的要求自主确定。

其他项目费按下式计算：

$$其他项目费＝暂列金额＋专业工程暂估价＋计日工费＋总承包服务费 \quad (25-107)$$

4. 规费

规费中社会保险费和住房公积金以定额人工费为计算基础，根据工程所在地省、自治区、直辖市或行业建设行政主管部门规定费率计算。

$$社会保险费和住房公积金＝\sum（工程定额人工费×社会保险费和住房公积金费率）$$

$$(25-108)$$

5. 税金

税金按式（25-11）计算。

规费和税金必须按国家或省级、行业建设主管部门的规定计算，不得作为竞争性费用。

例 25-22 （2011）采用工程量清单计价，可作为竞争性费用的是：

A 分部分项工程费   B 税金

C 规费   D 安全文明施工费

解析： 根据《建设工程工程量清单计价规范》GB 50500—2013 第 3.1.5 条：措施项目中的安全文明施工费必须按国家或省级、行业建设主管部门的规定计算，不得作为竞争性费用；第 3.1.6 条：规费和税金必须按国家或省级、行业建设主管部门的规定计算，不得作为竞争性费用。

答案： A

---

6. 工程项目的投标报价

$$单位工程报价＝分部分项工程费＋措施项目费＋其他项目费＋规费＋税金$$

$$(25-109)$$

$$单项工程报价＝\sum 单位工程报价 \quad (25-110)$$

$$工程项目总报价＝\sum 单项工程报价 \quad (25-111)$$

招标工程量清单与计价表中列明的所有需要填写单价和合价的项目，投标人均应填写且只允许有一个报价。未填写单价和合价的项目，可视为此项费用已包含在已标价工程量清单中其他项目的单价和合价之中。当竣工结算时，此项目不得重新组价予以调整。

四、工程计价表格

工程计价表宜采用统一格式。工程计价表格的设置应满足工程计价的需要，方便使用。《计价规范》附录中给出了工程量清单编制、招标控制价、投标报价、竣工结算、工程造价鉴定所采用的表格（略）。

第七节　建筑面积计算规范

《建筑工程建筑面积计算规范》GB/T 50353—2013（以下简称《建筑面积规范》）由中华人民共和国住房和城乡建设部于 2013 年 12 月 19 日以第 269 号公告批准发布，并自 2014 年 7 月 1 日起实施。

（一）建筑面积的内容和作用

建筑面积是建筑物各层面积的总和。

建筑面积包括使用面积、辅助面积和结构面积。

建筑面积的作用是能控制建设规模、工程造价、建设进度和工程量的大小。

《建筑面积规范》在建筑工程造价管理方面起着非常重要的作用，它是建筑房屋计算工程量的主要指标，是计算单位工程每平方米预算造价的主要依据，是统计部门汇总发布房屋建筑面积完成情况的基础，亦是《房产测量规范》的房产面积计算，以及《住宅设计规范》中有关面积计算的依据。

（二）建筑面积计算的总规则

（1）制定本规范首先是为规范工业与民用建筑工程建设全过程的建筑面积计算，规定统一计算方法。

（2）工业与民用建筑面积的计算，总的规则为：凡在结构上、使用上形成具有一定使用功能的空间的建筑物和构筑物，并能单独计算出水平面积及其相应消耗的人工、材料和机械用量的，可计算建筑面积。反之，不应计算建筑面积。

（3）建筑面积计算应遵循科学、合理的原则。

（4）建筑面积计算应遵循《建筑面积规范》，还应符合国家现行的有关标准规范的规定。

（三）《建筑面积规范》的适用范围

本规范的适用范围是新建、扩建、改建的工业与民用建筑工程（建设全过程）的建筑面积的计算，包括工业厂房、仓库、公共建筑、居住建筑，农业生产使用的房屋、粮种仓库、地铁车站等的建筑面积的计算。这里"建设全过程"是指从项目建议书、可行性研究报告至竣工验收、交付使用的过程。

（四）计算建筑面积的规定

（1）建筑物的建筑面积应按自然层外墙结构外围水平面积之和计算。结构层高在 2.20m 及以上的，应计算全面积；结构层高在 2.20m 以下的，应计算 1/2 面积。

（2）建筑物内设有局部楼层时，对于局部楼层的二层及以上楼层，有围护结构的应按其围护结构外围水平面积计算，无围护结构的应按其结构底板水平面积计算。结构层高在 2.20m 及以上的，应计算全面积；结构层高在 2.20m 以下的，应计算 1/2 面积。

（3）形成建筑空间的坡屋顶，结构净高在 2.10m 及以上的部位应计算全面积；结构净高在 1.20m 及以上至 2.10m 以下的部位应计算 1/2 面积；结构净高在 1.20m 以下的部位不应计算建筑面积。

（4）场馆看台下的建筑空间，结构净高在 2.10m 及以上的部位应计算全面积；结构净高在 1.20m 及以上至 2.10m 以下的部位应计算 1/2 面积；结构净高在 1.20m 以下的部位不应计算建筑面积。室内单独设置的有围护设施的悬挑看台，应按看台结构底板水平投影面积计算建筑面积。有顶盖无围护结构的场馆看台应按其顶盖水平投影面积的 1/2 计算面积。

（5）地下室、半地下室应按其结构外围水平面积计算。结构层高在 2.20m 及以上的，应计算全面积；结构层高在 2.20m 以下的，应计算 1/2 面积。

（6）出入口外墙外侧坡道有顶盖的部位，应按其外墙结构外围水平面积的 1/2 计算面积。

（7）建筑物架空层及坡地建筑物吊脚架空层，应按其顶板水平投影计算建筑面积。结构层高在 2.20m 及以上的，应计算全面积；结构层高在 2.20m 以下的，应计算 1/2 面积。

（8）建筑物的门厅、大厅应按一层计算建筑面积，门厅、大厅内设置的走廊应按走廊结构底板水平投影面积计算建筑面积。结构层高在 2.20m 及以上的，应计算全面积；结构层高在 2.20m 以下的，应计算 1/2 面积。

（9）建筑物间的架空走廊，有顶盖和围护结构的，应按其围护结构外围水平面积计算全面积；无围护结构、有围护设施的，应按其结构底板水平投影面积计算 1/2 面积。

（10）立体书库、立体仓库、立体车库，有围护结构的，应按其围护结构外围水平面积计算建筑面积；无围护结构、有围护设施的，应按其结构底板水平投影面积计算建筑面积。无结构层的应按一层计算，有结构层的应按其结构层面积分别计算。结构层高在 2.20m 及以上的，应计算全面积；结构层高在 2.20m 以下的，应计算 1/2 面积。

（11）有围护结构的舞台灯光控制室，应按其围护结构外围水平面积计算。结构层高在 2.20m 及以上的，应计算全面积；结构层高在 2.20m 以下的，应计算 1/2 面积。

（12）附属在建筑物外墙的落地橱窗，应按其围护结构外围水平面积计算。结构层高在 2.20m 及以上的，应计算全面积；结构层高在 2.20m 以下的，应计算 1/2 面积。

（13）窗台与室内楼地面高差在 0.45m 以下且结构净高在 2.10m 及以上的凸（飘）窗，应按其围护结构外围水平面积计算 1/2 面积。

（14）有围护设施的室外走廊（挑廊），应按其结构底板水平投影面积计算 1/2 面积；有围护设施（或柱）的檐廊，应按其围护设施（或柱）外围水平面积计算 1/2 面积。

（15）门斗应按其围护结构外围水平面积计算建筑面积。结构层高在 2.20m 及以上的，应计算全面积；结构层高在 2.20m 以下的，应计算 1/2 面积。

（16）门廊应按其顶板水平投影面积的 1/2 计算建筑面积；有柱雨篷应按其结构板水平投影面积的 1/2 计算建筑面积；无柱雨篷的结构外边线至外墙结构外边线的宽度在 2.10m 及以上的，应按雨篷结构板的水平投影面积的 1/2 计算建筑面积。

（17）设在建筑物顶部的、有围护结构的楼梯间、水箱间、电梯机房等，结构层高在 2.20m 及以上的应计算全面积；结构层高在 2.20m 以下的，应计算 1/2 面积。

（18）围护结构不垂直于水平面的楼层，应按其底板面的外墙外围水平面积计算。结构净高在 2.10m 及以上的部位，应计算全面积；结构净高在 1.20m 及以上至 2.10m 以下的部位，应计算 1/2 面积；结构净高在 1.20m 以下的部位，不应计算建筑面积。

（19）建筑物的室内楼梯、电梯井、提物井、管道井、通风排气竖井、烟道，应并入建筑物的自然层计算建筑面积。有顶盖的采光井应按一层计算面积，结构净高在 2.10m

及以上的，应计算全面积，结构净高在 2.10m 以下的，应计算 1/2 面积。

（20）室外楼梯应并入所依附建筑物自然层，并应按其水平投影面积的 1/2 计算建筑面积。

（21）在主体结构内的阳台，应按其结构外围水平面积计算全面积；在主体结构外的阳台，应按其结构底板水平投影面积计算 1/2 面积。

（22）有顶盖无围护结构的车棚、货棚、站台、加油站、收费站等，应按其顶盖水平投影面积的 1/2 计算建筑面积。

（23）以幕墙作为围护结构的建筑物，应按幕墙外边线计算建筑面积。

（24）建筑物的外墙外保温层，应按其保温材料的水平截面积计算，并计入自然层建筑面积。

（25）与室内相通的变形缝，应按其自然层合并在建筑物建筑面积内计算。对于高低联跨的建筑物，当高低跨内部连通时，其变形缝应计算在低跨面积内。

（26）对于建筑物内的设备层、管道层、避难层等有结构层的楼层，结构层高在 2.20m 及以上的，应计算全面积；结构层高在 2.20m 以下的，应计算 1/2 面积。

（27）下列项目不应计算建筑面积：

① 与建筑物内不相连通的建筑部件；

② 骑楼、过街楼底层的开放公共空间和建筑物通道；

③ 舞台及后台悬挂幕布和布景的天桥、挑台等；

④ 露台、露天游泳池、花架、屋顶的水箱及装饰性结构构件；

⑤ 建筑物内的操作平台、上料平台、安装箱和罐体的平台；

⑥ 勒脚、附墙柱、垛、台阶、墙面抹灰、装饰面、镶贴块料面层、装饰性幕墙，主体结构外的空调室外机搁板（箱）、构件、配件，挑出宽度在 2.10m 以下的无柱雨篷和顶盖高度达到或超过两个楼层的无柱雨篷；

⑦ 窗台与室内地面高差在 0.45m 以下且结构净高在 2.10m 以下的凸（飘）窗，窗台与室内地面高差在 0.45m 及以上的凸（飘）窗；

⑧ 室外爬梯、室外专用消防钢楼梯；

⑨ 无围护结构的观光电梯；

⑩ 建筑物以外的地下人防通道，独立的烟囱、烟道、地沟、油（水）罐、气柜、水塔、贮油（水）池、贮仓、栈桥等构筑物。

（五）《建筑面积规范》用词说明

（1）为便于在执行本规范条文时区别对待，对要求严格程度不同的用词说明如下：

① 表示很严格，非这样做不可的：

正面词采用"必须"，反面词采用"严禁"；

② 表示严格，在正常情况下均应这样做的：

正面词采用"应"，反面词采用"不应"或"不得"；

③ 表示允许稍有选择，在条件许可时首先应这样做的：

正面词采用"宜"，反面词采用"不宜"；

④ 表示有选择，在一定条件下可以这样做的，采用"可"。

（2）条文中指明应按其他有关标准执行的写法为："应符合……的规定"或"应

按……执行"。

(六）计算建筑面积规定的条文说明

本部分改自"3 计算建筑面积的规定"的条文说明；条文说明的编号对应于规范第 3 部分中的规范条文编号，因此规范条文无说明的，此处无号。

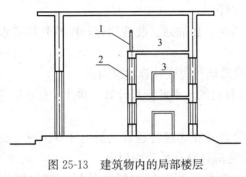

图 25-13　建筑物内的局部楼层

1—围护设施；2—围护结构；3—局部楼层

（1）建筑面积计算，在主体结构内形成的建筑空间，满足计算面积结构层高要求的均应按本条规定计算建筑面积。主体结构外的室外阳台、雨篷、檐廊、室外走廊、室外楼梯等按相应条款计算建筑面积。当外墙结构本身在一个层高范围内不等厚时，以楼地面结构标高处的外围水平面积计算。

（2）建筑物内的局部楼层见图 25-13。

（4）场馆看台下的建筑空间因其上部结构多为斜板，所以采用净高的尺寸划定建筑面积的计算范围和对应规则。室内单独设置的有围护设施的悬挑看台，因其看台上部设有顶盖且可供人使用，所以按看台板的结构底板水平投影计算建筑面积。"有顶盖无围护结构的场馆看台"中所称的"场馆"为专业术语，指各种"场"类建筑，如：体育场、足球场、网球场、带看台的风雨操场等。

（5）地下室作为设备、管道层按第 26 条执行，地下室的各种竖向井道按第 19 条执行，地下室的围护结构不垂直于水平面的按第 18 条规定执行。

（6）出入口坡道分有顶盖出入口坡道和无顶盖出入口坡道，出入口坡道顶盖的挑出长度，为顶盖结构外边线至外墙结构外边线的长度；顶盖以设计图纸为准，对后增加及建设单位自行增加的顶盖等，不计算建筑面积。顶盖不分材料种类（如钢筋混凝土顶盖、彩钢板顶盖、阳光板顶盖等）。地下室出入口见图 25-14。

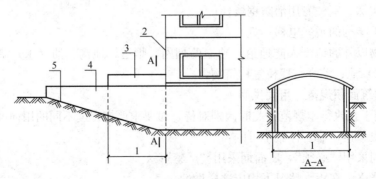

图 25-14　地下室出入口

1—计算 1/2 投影面积部位；2—主体建筑；

3—出入门顶盖；4—封闭出入口侧墙；5—出入口坡道

（7）本条既适用于建筑物吊脚架空层、深基础架空层建筑面积的计算，也适用于目前部分住宅、学校教学楼等工程在底层架空或在二楼或以上某个甚至多个楼层架空，作为公共活动、停车、绿化等空间的建筑面积的计算。架空层中有围护结构的建筑空间按相关规定计算。建筑物吊脚架空层见图 25-15。

（9）无围护结构的架空走廊见图 25-16，有围护结构的架空走廊见图 25-17。

（10）本条主要规定了图书馆中的立体书库、仓储中心的立体仓库、大型停车场的立体车库等建筑的建筑面积计算规则。起局部分隔、存储等作用的书架层、货架层或可升降的立体钢结构停车层均不属于结构层，故该部分分层不计算建筑面积。

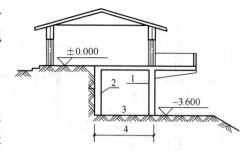

图 25-15　建筑物吊脚架空层
1—柱；2—墙；3—吊脚
架空层；4—计算建筑面积部位

（14）檐廊见图 25-18。

（15）门斗见图 25-19。

（16）雨篷分为有柱雨篷和无柱雨篷。有柱雨篷，没有出挑宽度的限制，也不受跨越层数的限制，均计算建筑面积。无柱雨篷，其结构板不能跨层，并受出挑宽度的限制，设计出挑宽度大于或等于 2.10m 时才计算建筑面积。出挑宽度，系指雨篷结构外边线至外墙结构外边线的宽度，弧形或异形时，取最大宽度。

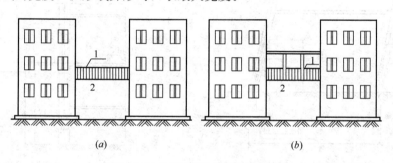

(a)　　　　　　　　　(b)

图 25-16　无围护结构的架空走廊
1—栏杆；2—架空走廊

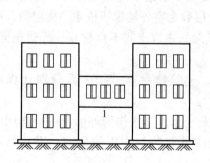

图 25-17　有围护结构的架空走廊
1—架空走廊

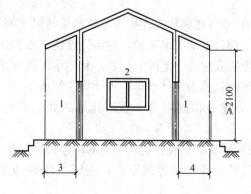

图 25-18　檐廊
1—檐廊；2—室内；3—不计算建筑面积部位；
4—计算 1/2 建筑面积部位

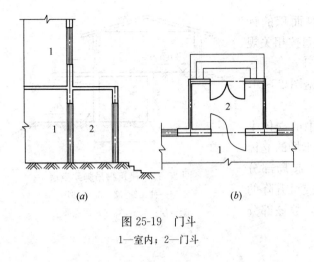

(a)　　　　　　　　　(b)

图 25-19　门斗
1—室内；2—门斗

(18)《建筑工程建筑面积计算规范》GB/T 50353—2005 条文中仅对围护结构向外倾斜的情况进行了规定，2013 年版的条文对于向内、向外倾斜均适用。在划分高度上，本条使用的是结构净高，与其他正常平楼层按层高划分不同，但与斜屋面的划分原则一致。由于目前很多建筑设计追求新、奇、特，造型越来越复杂，很多时候根本无法明确区分什么是围护结构、什么是屋顶，因此对于斜围护结构与斜屋顶采用相同的计算规则，即只要外壳倾斜，就按结构净高划段，分别计算建筑面积。斜围护结构见图 25-20。

（19）建筑物的楼梯间层数按建筑物的层数计算。有顶盖的采光井包括建筑物中的采光井和地下室采光井。地下室采光井见图 25-21。

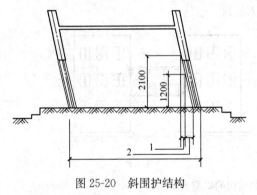

图 25-20　斜围护结构
1—计算 1/2 建筑面积部位；2—不计算建筑面积部位

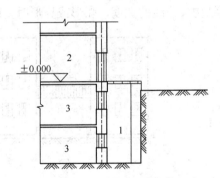

图 25-21　地下室采光井
1—采光井；2—室内；3—地下室

（20）室外楼梯作为连接该建筑物层与层之间交通不可缺少的基本部件，无论从其功能还是工程计价的要求来说，均需计算建筑面积。层数为室外楼梯所依附的楼层数，即梯段部分投影到建筑物范围的层数。利用室外楼梯下部的建筑空间不得重复计算建筑面积；利用地势砌筑的为室外踏步，不计算建筑面积。

（21）建筑物的阳台，不论其形式如何，均以建筑物主体结构为界分别计算建筑面积。

（23）幕墙以其在建筑物中所起的作用和功能来区分。直接作为外墙起围护作用的幕墙，按其外边线计算建筑面积；设置在建筑物墙体外起装饰作用的幕墙，不计算建筑面积。

（24）为贯彻国家节能要求，鼓励建筑外墙采取保温措施，本规范将保温材料的厚度计入建筑面积，但计算方法较 2005 年规范有一定变化。建筑物外墙外侧有保温隔热层的，保温隔热层以保温材料的净厚度乘以外墙结构外边线长度按建筑物的自然层计算建筑面积，其外墙外边线长度不扣除门窗和建筑物外已计算建筑面积构件（如阳台、室外走廊、门斗、落地橱窗等部件）所占长度。当建筑物外已计算建筑面积的构件（如阳台、室外走廊、门斗、落地橱窗等部件）有保温隔热层时，其保温隔热层也不再计算建筑面积。外墙是斜面者按楼面楼板处的外墙外边线长度乘以保温材料的净厚度计算。外墙外保温以沿高度方向满铺为准，某层外墙外保温铺设高度未达到全部高度时（不包括阳台、室外走廊、门斗、落地橱窗、雨篷、飘窗等），不计算建筑面积。保温隔热层的建筑面积是以保温隔热材料的厚度来计算的，不包含抹灰层、防潮层、保护层（墙）的厚度。建筑外墙外保温见图 25-22。

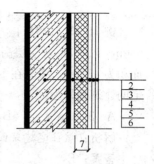

图 25-22　建筑外墙外保温
1—墙体；2—粘结胶浆；3—保温材料；4—标准网；5—加强网；6—抹面胶浆；7—计算建筑面积部位

（25）本规范所指的与室内相通的变形缝，是指暴露在建筑物内，在建筑物内可以看得见的变形缝。

（26）设备层、管道层虽然其具体功能与普通楼层不同，但在结构上及施工消耗上并无本质区别，且本规范定义自然层为"按楼地面结构分层的楼层"，因此设备、管道楼层归为自然层，其计算规则与普通楼层相同。在吊顶空间内设置管道的，则吊顶空间部分不能被视为设备层、管道层。

（27）本条规定了不计算建筑面积的项目：

① 本款指的是依附于建筑物外墙外不与户室开门连通，起装饰作用的敞开式挑台（廊）、平台，以及不与阳台相通的空调室外机搁板（箱）等设备平台部件；

② 骑楼见图 25-23，过街楼见图 25-24；

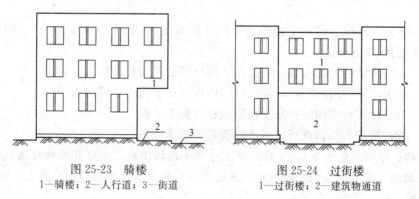

图 25-23　骑楼
1—骑楼；2—人行道；3—街道

图 25-24　过街楼
1—过街楼；2—建筑物通道

③ 本款指的是影剧院的舞台及为舞台服务的可供上人维修、悬挂幕布、布置灯光及布景等搭设的天桥和挑台等构件设施；

⑤ 建筑物内不构成结构层的操作平台、上料平台（工业厂房、搅拌站和料仓等建筑中的设备操作控制平台、上料平台等），其主要作用为室内构筑物或设备服务的独立上人设施，因此不计算建筑面积；

⑥ 附墙柱是指非结构性装饰柱；

⑧ 室外钢楼梯需要区分具体用途，如专用于消防的楼梯，则不计算建筑面积，如果是建筑物唯一通道，兼用于消防，则需要按第 20 条计算建筑面积。

例 25-23 （2011） 一栋 4 层坡屋顶住宅楼，勒脚以上结构外围水平面积每层为 930m²，1～3 层各层层高均为 3.0m；建筑物顶层全部加以利用，净高超过 2.1m 的面积为 410m²，净高在 1.2～2.1m 的面积为 200m²，其余部分净高小于 1.2m，该住宅的建筑面积为：

A 3100m²　　　　B 3300m²　　　　C 3400m²　　　　D 3720m²

解析：该住宅建筑面积为：930×3＋410＋200×1/2＝3300m²。

答案：B

例 25-24 根据《建筑工程建筑面积计算规范》GB/T 50353—2013，下列雨篷建筑面积的计算规则中错误的是：

A 挑出宽度在 2.1m 以下的无柱雨篷，按其结构板的水平投影面积的 1/2 计算

B 有柱雨篷应按其结构板水平投影面积的 1/2 计算

C 无柱雨篷的结构外边线至外墙外边线的宽度在 2.1m 及以上的，应按雨篷结构板的水平投影面积的 1/2 计算

D 雨篷顶盖高度达到或超过两个楼层高度的无柱雨篷不计算建筑面积

解析：有柱雨篷应按其结构板水平投影面积的 1/2 计算建筑面积。无柱雨篷的结构外边线至外墙结构外边线的宽度在 2.10m 及以上的，应按雨篷结构板的水平投影面积的 1/2 计算建筑面积。挑出宽度在 2.10m 以下的无柱雨篷和顶盖高度达到或超过两个楼层的无柱雨篷不计算建筑面积。

答案：A

例 25-25 根据《建筑工程建筑面积计算规范》GB/T 50353—2013，阳台建筑面积正确的计算方法是：

A 在主体结构内的阳台，应按其结构外围水平面积计算 1/2 面积

B 在主体结构内的阳台，应按其结构外围水平面积计算全面积

C 均应按阳台结构底板水平投影面积计算 1/2 面积

D 均应按阳台结构底板水平投影面积计算全面积

解析：根据规范第 3.0.21 条：在主体结构内的阳台，应按其结构外围水平面积计算全面积；在主体结构外的阳台，应按其结构底板水平投影面积计算 1/2 面积。

答案：B

(七)《建筑面积规范》术语说明

（1）建筑面积　construction area

建筑物（包括墙体）所形成的楼地面面积。

建筑面积包括附属于建筑物的室外阳台、雨篷、檐廊、室外走廊、室外楼梯等的面积。

（2）自然层　floor

按楼地面结构分层的楼层。

（3）结构层高　structure story height

楼面或地面结构层上表面至上部结构层上表面之间的垂直距离。

（4）围护结构　building enclosure

围合建筑空间的墙体、门、窗。

（5）建筑空间　space

以建筑界面限定的、供人们生活和活动的场所。

具备可出入、可利用条件（设计中可能标明了使用用途，也可能没有标明使用用途或使用用途不明确）的围合空间，均属于建筑空间。

（6）结构净高　structure net height

楼面或地面结构层上表面至上部结构层下表面之间的垂直距离。

（7）围护设施　enclosure facilities

为保障安全而设置的栏杆、栏板等围挡。

（8）地下室　basement

室内地平面低于室外地平面的高度超过室内净高的1/2的房间。

（9）半地下室　semi-basement

室内地平面低于室外地平面的高度超过室内净高的1/3，且不超过1/2的房间。

（10）架空层　stilt floor

仅有结构支撑而无外围护结构的开敞空间层。

（11）走廊　corridor

建筑物中的水平交通空间。

（12）架空走廊　elevated corridor

专门设置在建筑物的二层或二层以上，作为不同建筑物之间水平交通的空间。

（13）结构层　structure layer

整体结构体系中承重的楼板层。

特指整体结构体系中承重的楼层，包括板、梁等构件。结构层承受整个楼层的全部荷载，并对楼层的隔声、防火等起主要作用。

（14）落地橱窗　french window

突出外墙面且根基落地的橱窗。

落地橱窗是指在商业建筑临街面设置的下槛落地、可落在室外地坪也可落在室内首层地板，用来展览各种样品的玻璃窗。

（15）凸窗（飘窗）　bay window

凸出建筑物外墙面的窗户。

凸窗（飘窗）既作为窗，就有别于楼（地）板的延伸，也就是不能把楼（地）板延伸出去的窗称为凸窗（飘窗）。凸窗（飘窗）的窗台应只是墙面的一部分且距（楼）地面应有一定的高度。

（16）檐廊　eaves gallery

建筑物挑檐下的水平交通空间。

檐廊是附属于建筑物底层外墙有屋檐作为顶盖，其下部一般有柱或栏杆、栏板等的水平交通空间。

（17）挑廊　overhanging corridor

挑出建筑物外墙的水平交通空间。

（18）门斗 air lock

建筑物入口处两道门之间的空间。

（19）雨篷 canopy

建筑出入口上方为遮挡雨水而设置的部件。

雨篷是指建筑物出入口上方、凸出墙面、为遮挡雨水而单独设立的建筑部件。雨篷划分为有柱雨篷（包括独立柱雨篷、多柱雨篷、柱墙混合支撑雨篷、墙支撑雨篷）和无柱雨篷（悬挑雨篷）。如凸出建筑物，且不单独设立顶盖，利用上层结构板（如楼板、阳台底板）进行遮挡，则不视为雨篷，不计算建筑面积。对于无柱雨篷，如顶盖高度达到或超过两个楼层时，也不视为雨篷，不计算建筑面积。

（20）门廊 porch

建筑物入口前有顶棚的半围合空间。

门廊是在建筑物出入口、无门、三面或二面有墙、上部有板（或借用上部楼板）围护的部位。

（21）楼梯 stairs

由连续行走的梯级、休息平台和维护安全的栏杆（或栏板）、扶手以及相应的支托结构组成的作为楼层之间垂直交通使用的建筑部件。

（22）阳台 balcony

附设于建筑物外墙，设有栏杆或栏板，可供人活动的室外空间。

（23）主体结构 major structure

接受、承担和传递建设工程所有上部荷载，维持上部结构整体性、稳定性和安全性的有机联系的构造。

（24）变形缝 deformation joint

防止建筑物在某些因素作用下引起开裂甚至破坏而预留的构造缝。

变形缝是指在建筑物因温差、不均匀沉降以及地震而可能引起结构破坏变形的敏感部位或其他必要的部位，预先设缝将建筑物断开，令断开后建筑物的各部分成为独立的单元，或者是划分为简单、规则的段，并令各段之间的缝达到一定的宽度，以能够适应变形的需要。根据外界破坏因素的不同，变形缝一般分为伸缩缝、沉降缝、抗震缝三种。

（25）骑楼 overhang

建筑底层沿街面后退且留出公共人行空间的建筑物。

骑楼是指沿街二层以上用承重柱支撑骑跨在公共人行空间之上，其底层沿街面后退的建筑物。

（26）过街楼 overhead building

跨越道路上空并与两边建筑相连接的建筑物。

过街楼是指当有道路在建筑群穿过时为保证建筑物之间的功能联系，设置跨越道路上空使两边建筑相连接的建筑物。

（27）建筑物通道 passage

为穿过建筑物而设置的空间。

（28）露台　terrace

设置在屋面、首层地面或雨篷上的供人室外活动的有围护设施的平台。露台应满足四个条件：一是位置，设置在屋面、地面或雨篷顶；二是可出入；三是有围护设施；四是无盖。这四个条件须同时满足。如果设置在首层并有围护设施的平台，且其上层为同体量阳台。则该平台应视为阳台，按阳台的规则计算建筑面积。

（29）勒脚　plinth

在房屋外墙接近地面部位设置的饰面保护构造。

（30）台阶　step

联系室内外地坪或同楼层不同标高而设置的阶梯形踏步。

台阶是指建筑物出入口不同标高地面或同楼层不同标高处设置的供人行走的阶梯式连接构件。室外台阶还包括与建筑物出入口连接处的平台。

第八节　建设项目经济评价和主要经济指标

一、项目经济评价的层次与范围

一般工程建设项目的经济评价分为财务评价（也称财务分析）、国民经济评价（也称经济分析）两个层次。其中财务评价属于微观评价，而国民经济评价属于宏观评价。

建设项目财务评价是根据国民经济与社会发展以及行业、地区发展规划的要求，在拟定的工程建设方案、财务效益与费用估算的基础上，采用科学的分析方法，对工程建设方案的财务可行性和经济合理性进行分析论证，为项目的科学决策提供依据。

从不同的评价角度来看，财务评价又可分为企业财务评价（即商业评价）和国家财务评价（即财政评价）。前者是从企业的角度出发，考察项目在具有投资风险和不确定情况下给企业（或私人投资者）带来的用货币表示的财务效益（如净收入或利润），它适用于私人或企业投资的建设项目；后者是从政府的财政预算角度出发，分析项目对国家财政的影响，它适用于国家财政预算拨款或贷款的建设项目。一般情况下，工程建设项目财务评价通常是指企业财务评价，同时也采用投资利税率和资金报酬率等评价指标来衡量国家的财政收入效益。

国民经济评价是从国民经济的角度出发，按照合理配置资源的原则，采用货物影子价格、影子汇率、影子工资率和社会折现率等国民经济评价参数，考察项目所耗费的社会资源（即经济费用）和对国民经济与社会的净贡献（即经济效益），评价建设项目的经济合理性和经济可行性。它主要适用于交通运输项目、大型水利水电项目、国家战略性资源开发项目等建设项目。

二、项目财务评价的目标和内容

（一）建设项目财务评价的概念

项目财务评价是根据国家现行财务、会计与税收制度的规定和按照现行市场价格体系，从项目的财务角度，分析预测项目直接发生的财务效益和费用，编制财务报表，计算财务评价指标，考察建设项目的财务生存能力、盈利能力、偿债能力和抗风险能力等财务状况，据以判断项目的财务可行性，明确项目对投资主体的价值贡献，为项目投资决策提供科学依据。对于非经营性项目财务评价主要分析评价项目的财务生存能力。

（二）项目财务评价的目标

项目财务评价的基本目标是考察项目的财务生存能力、盈利能力、偿债能力和抗风险能力，主要包括下列内容：

（1）项目的财务生存能力，是指项目（企业）在生产运营期间，为确保从各项经济活动中能得到足够的净现金流量（净收益），以维持项目（企业）持续生存条件的能力。为此，在项目财务评价中应根据项目财务计划现金流量表，通过考察项目计算期内各年的投资活动、融资活动和经营活动所产生的各项现金流入和流出，计算净现金流量和累计盈余资金，分析项目是否有足够的净现金流量维持正常运营，以实现财务可持续性。各年累计盈余资金不应出现负值，出现负值时，应进行短期融资借款，还应分析短期借款的可靠性。短期借款应体现在财务计划现金流量表中，其利息应计入财务费用。

（2）项目的盈利能力，是指项目投资的盈利水平。应从两方面对其进行评价：第一是评价项目达到设计生产能力的正常生产年份可能获得的盈利水平，即计算项目正常生产年份的企业利润及其占总投资的比率大小，用以考察项目年度投资盈利能力；第二是评价项目整个寿命期内的总盈利水平。运用动态方法考虑资金时间价值，计算项目整个寿命期内企业的财务收益和总收益率，衡量项目寿命期内所能达到的实际财务总收益。

（3）项目的偿债能力，就是指项目按期偿还到期债务的能力。通常表现为借款偿还期，它是银行进行项目贷款决策的重要依据。偿还借款期限的长短，取决于项目投产后每年所能获得的利润、折旧基金和摊销费，以及其他可偿还借款本息的资金来源，按协议规定偿清建设项目投资借款本金利息所需的时间（年），该指标值应能满足借款机构的期限要求。对于已约定借款偿还期限的建设项目，还应采用利息备付率和偿债备付率指标分析项目的偿债能力。

（4）项目投资的抗风险能力。通过不确定性分析（如盈亏平衡分析，敏感性分析）和风险分析，预测分析客观因素变动对项目盈利能力的影响，检验不确定性因素的变动对项目收益、收益率和投资借款偿还期等评价指标的影响程度，考察建设项目投资承受各种投资风险的能力，提高项目投资的可靠性和营利性。

（三）建设项目财务评价的内容

项目财务评价是在项目建设方案、产品方案和建设条件、投资估算与融资方案等进行详尽的技术经济分析论证、优选确定的基础上，进行项目财务可行性研究分析评价工作。

项目财务评价的内容应根据项目性质、项目目标、项目投资者、项目财务主体，以及项目对经济与社会的影响程度等具体情况确定。详见"建设项目经济评价内容选择参考表"（表25-13）。

项目决策可分为投资决策和融资决策两个层次，一般情况下，投资决策在先，融资决策在后。因此，根据不同层次决策的需要，财务评价可分为融资前分析评价和融资后分析评价。在融资前财务分析结论满足要求的情况下，初步设定融资方案，再进行融资后的财务分析。在项目建议书阶段，可只进行融资前财务分析。

分析内容 项目类型		财务分析			经济费用效益分析	费用效果分析	不确定性分析	风险分析	区域经济与宏观经济影响分析
		生存能力分析	偿债能力分析	盈利能力分析					
政策投资	直接投资 经营	*	*	*	*	△	*	△	△
	直接投资 非经营	*	△			*	*	△	△
	资本金 经营	*	*	*	*	△	*	△	△
	资本金 非经营	*	△			*	*	△	△
	转贷 经营	*	*	*	*	△	*	△	△
	转贷 非经营	*	*				*	△	△
	补助 经营	*	*	*	*	△	*	△	△
	补助 非经营	*	*				*	△	△
	贴息 经营	*	*	*	*	△	*	△	△
	贴息 非经营								
企业投资（核准制） 经营		*	*	*	△	△	*	△	△
企业投资（备案制） 经营		*	*	*		△	*	△	

注：1. 表中 * 代表要做；△代表根据项目的特点，有要求时做，无要求时可以不做。具体使用的指标见相关分析条文。

　　2. 企业投资项目的经济评价内容可根据规定要求进行，一般按经营性项目选用，非经营项目可参照政府投资项目选取评价内容。

1. 融资前分析

融资前分析应以动态分析为主，静态分析为辅。融资前动态分析应以营业收入、建设投资、经营成本和流动资金的估算为基础，考察项目整个计算期内现金流入和现金流出，编制项目投资现金流量表，利用资金时间价值的原理进行折现，计算项目投资内部收益率和净现值等动态评价指标，在融资前从项目投资总获利能力的角度考察项目方案设计的合理性；同时也可计算静态投资回收期和总投资收益率（ROI）等静态指标，用以反映项目总投资盈利水平和收回项目投资所需的时间。

融资前分析只进行盈利能力分析，并以项目投资折现现金流量分析为主，计算的相关指标，可作为初步投资决策与融资方案研究的依据和基础。

根据分析角度不同和需要，融资前分析，也可选择计算所得税前指标和（或）所得税后指标。可从所得税前和（或）所得税后两个角度考察项目投资的盈利能力。

2. 融资后分析

在融资前分析结果可以接受的前提下，即可开始考察融资方案，进行融资后财务分析。因此，融资后分析应以融资前分析和初步的融资方案为基础，考察项目按照拟定的融资方案进行盈利能力分析、偿债能力分析和财务生存能力分析，判断项目方案在融资条件下的可行性和合理性。融资后分析是用于比选融资方案，帮助投资者作出融资决策和最终决定出资的依据。因此，可行性研究阶段必须进行融资后财务分析。

融资后的盈利能力分析也应包括动态分析和静态分析。

（1）动态分析主要是针对项目资本金现金流量和投资各方现金流量进行分析。

项目资本金现金流量分析，应在拟定的融资方案下，从项目资本金出资者整体的角度，确定其现金流入和现金流出，编制项目资本金现金流量表，利用资金时间价值原理进行折现，计算项目资本金财务内部收益率指标，考察项目资本金可获得的收益水平。

投资各方现金流量分析，应从投资各方实际收入和支出的角度，确定其现金流入和现金流出，分别编制投资各方现金流量表，计算投资各方的财务内部收益率指标，考察投资各方可能获得的收益水平。当投资各方不按股本比例进行分配或有其他不对等的收益时，可选择进行投资各方现金流量分析。

（2）静态分析系指不采用折现方式处理数据，可依据"利润与利润分配表"计算项目资本金净利润率（ROE）、总投资收益率（ROI）和投资回收期（P_t）等指标。静态盈利能力分析可根据项目的具体情况选做。

三、项目财务评价的程序与步骤

项目财务评价的基本程序大致可分为以下五个步骤，如图 25-25 所示。

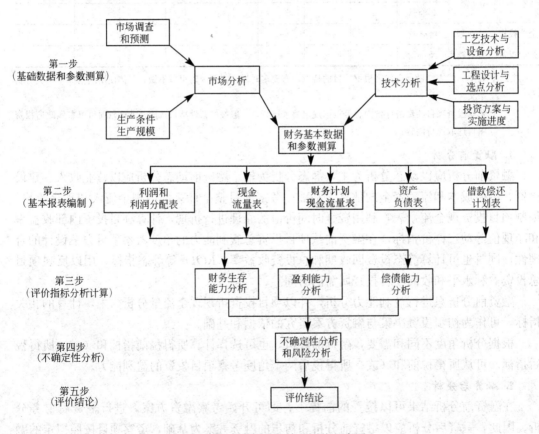

图 25-25 企业财务效益评价程序图

1. 收集、选取与测算财务基础数据和参数

通过项目的市场预测和技术方案分析，确定项目产品方案、财务价格和合理生产规模与生产负荷；根据优选的生产工艺方案、设备选型、工程设计方案和投资方案，拟定项目实施进度计划、组织机构与人力资源配置；收集、选用财务评价的参数。除了主要投入物和产出物的财务价格以外，还需选用和测算各种税率、利率、汇率、项目计算期，固定资产折旧率、无形资产和其他资产的摊销年限，生产负荷及基准收益率等财务评价基础数据和参数。据此进行财务预测，获得项目投资、生产成本费用、销售（营业）收入、税金及项目利润等一系列财务基础数据。

2. 编制财务评价报表

将上述经过审查评价后的财务基础数据和参数进行汇总，编制出财务评价辅助报表和基本报表，并对这些报表进行分析评价。财务评价辅助报表应包括：销售收入、销售税金及附加和增值税估算表、总成本费用估算表、外购原材料费用估算表、外购燃料动力费用估算表、工资及福利费估算表、固定资产折旧费估算表、无形资产及其他资产摊销费估算表等。财务评价基本报表有：财务计划现金流量表、项目投资现金流量表、项目资本金现金流量表和投资各方现金流量表、利润和利润分配表、借款还本付息计划表和资产负债表等。

3. 财务评价指标的计算与分析

根据上述财务基本报表可以直接计算出一系列分析评价项目财务生存能力、盈利能力和偿债能力的财务效益指标，并分别与国家有关部门规定所对应的指标评价基准值进行对比，对项目的各种财务状况作出分析评价结论。具体指标计算分析步骤是按照融资前分析和融资后分析的先后程序进行。

4. 进行不确定性分析

通过敏感性分析、盈亏平衡分析和概率分析等方法，分析项目可能面临的财务风险及项目在不确定情况下的抗风险能力，得出项目在不确定情况下的财务评价结论与建议。

5. 作出项目财务评价的最终结论

根据项目确定性财务评价和不确定性分析的结果，对建设项目的财务可行性作出最终判断和结论，并编制项目财务评价报告。

四、项目财务评价方法和指标体系

（一）财务评价方法

项目财务评价主要采用现金流量分析、财务盈利性分析，以及有无对比分析等方法。

1. 现金流量分析

它是以项目作为一个独立系统，对建设项目在某一时间（年）内支出的费用称为现金流出；而在此同一时间（年）内所取得的收入称为现金流入；两者统称为现金流量。现金流量分析就是对某一个工程建设项目从筹建、施工建设、试车投产、正常运行，直到停止关闭的整个有效寿命期内，各年的现金流入和现金流出的全部现金活动的分析。它反映了企业全部经济活动状况，也是计算企业盈利能力的基础。因此，在项目财务评价前，必须尽可能准确地计算出切合实际的各项现金流入量和流出量，做好财务预测工作，这是项目财务评价的起点和基础。

现金流量分析主要运用于项目财务评价中的财务生存能力分析和盈利能力分析。

2. 财务盈利性分析

根据是否考虑资金时间价值和计算效益的范围，可分为静态与动态盈利性分析：

（1）静态盈利性分析方法

静态分析的特点是：

1）不考虑货币的时间价值，所采用的年度现金流量是当年的实际数量，而不用折现值。

2）计算现金流量时，只选择某一个达到项目设计生产能力的正常生产年份（典型年份）的净现金流量（即为现金流入量与现金流出量之差额）或生产期净现金流量年平均值来计算投资利润率、投资利税率、资本金净利润率和静态投资回收期等主要静态评价指标。

（2）动态盈利性分析方法

由于静态盈利性分析法不能全面反映企业整个计算期内财务经济活动的缺陷，有较大的局限性，它只适用于短期投资或工程较简单的建设项目；因此，还需要采用折现现金流量的动态盈利分析方法（简称折现法或现值法）。其计算特点是：

1）考虑货币时间价值，根据资金占用时间的长短，按指定的折现率计算现金的实际价值。

2）计算项目整个寿命期内的总收益，能如实地反映资金实际运行情况和全面地体现项目整个寿命期内的财务经济活动和经济效益，从而可对项目财务可行性作出较符合实际的评价；主要动态评价指标有：财务净现值、财务内部收益率、财务净现值率和动态投资回收期等。

3. 有无对比分析

有无对比分析是国际上在项目经济评价中通用的费用与效益识别的基本方法。此法是对"有项目"和"无项目"状况的对比分析，所谓"有项目"是指实施项目后的将来状况，即指既有企业进行投资活动后，在项目的经济寿命期内和项目范围内可能发生的效益与费用流量；而"无项目"是指不实施项目时的未来状况，即指既有企业利用项目范围内的部分或全部原有生产设施（资产），在项目计算期内可能发生的效益与费用流量。通过"有项目"与"无项目"两种情况效益和费用流量的比较，求得增量效益和费用的数据，并计算增量效益指标（包括财务生存能力、盈利能力和偿债能力指标），作为投资决策的依据。有无对比分析法可直接运用于改扩建与技术改造项目或停缓建后又恢复建设项目的增量效益分析评价，以衡量项目投资实施的必要性及其在经济上的可行性与合理性。

（二）财务评价指标体系

上述三种分析方法都需计算一系列评价指标，具体评价指标见图 25-26 和表 25-14。

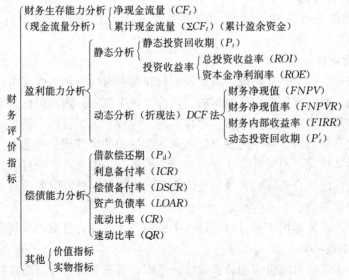

图 25-26　财务评价指标体系

序号	评价内容	财务基本报表	财务评价指标	
			静态指标	动态指标
1	财务生存能力分析	财务计划现金流量表	净现金流量、累计盈余资金	—
2	盈利能力分析	项目投资现金流量表	项目投资回收期（P_t）、财务净现金流量	项目投资财务内部收益率、财务净现值
		项目资本金现金流量表	—	项目资本金财务内部收益率
		投资各方现金流量表	—	项目投资各方财务内部收益率
		利润和利润分配表	投资利润率、总投资收益率（ROI）、资本金净利润率（ROE）	—
3	偿债能力分析	借款还本付息计划表	借款偿还期、利息备付率、偿债备付率	
		资产负债表	资产负债率、流动比率、速动比率	
4	其他	—	价值指标、实物指标	

此外，根据项目的特点及实际需要，也可计算其他价值指标或实物指标，进行项目投资财务可行性的分析与评价。例如对于非营利性项目（包括公益事业项目、行政事业项目和某些基础设施项目），可采用单位功能（使用效益）投资、单位功能运营成本、运营和服务收费价格和借款偿还期等财务评价指标。

例 25-26　（2013） 在项目财务评价指标中，反映项目盈利能力的静态评价指标是：

A　投资收益率　　　　　　　　　B　借款偿还期

C　财务净现值　　　　　　　　　D　财务内部收益率

解析： 投资收益率、财务净现值、财务内部收益率都是反映项目盈利能力的指标。其中投资收益率是反映项目盈利能力的静态评价指标，财务净现值、财务内部收益率都是反映项目盈利能力的动态评价指标。

答案： A

五、项目财务评价报表的编制

项目财务评价的基本报表有：财务计划现金流量表、项目投资现金流量表、项目资本金财务现金流量表、投资各方财务现金流量表、利润与利润分配表、借款还本付息计划表和资产负债表等。

(一) 财务计划现金流量表

应在财务分析辅助表和"利润与利润分配表"的基础上编制财务计划现金流量表，它反映了项目计算期内各年的投资活动、融资活动和经营活动所产生的各项现金流入和流出，并用于计算净现金流量和累计盈余资金，分析项目的财务生存能力，说明项目在计算期内是否有足够的净现金流量来维持项目的正常生产运营，是否能实现项目财务的可持续性（表 25-15）。

财务计划现金流量表（人民币单位：万元）　　　　　　　　　　表 25-15

序号	项　　　　目	合计	计　算　期						
			1	2	3	4	5	...	n
1	经营活动净现金流量 (1.1-1.2)								
1.1	现金流入								
1.1.1	销售（营业）收入								
1.1.2	增值税销项税额								
1.1.3	补贴收入								
1.1.4	其他流入								
1.2	现金流出								
1.2.1	经营成本								
1.2.2	增值税进项税额								
1.2.3	销售（营业）税金及附加								
1.2.4	增值税								
1.2.5	所得税								
1.2.6	其他流出								
2	投资活动现金流量 (2.1-2.2)								
2.1	现金流入								
2.2	现金流出								
2.2.1	建设投资								
2.2.2	维持运营投资								
2.2.3	流动资金								
2.2.4	其他流出								
3	筹资活动净现金流量 (3.1-3.2)								
3.1	现金流入								
3.1.1	项目资本金投入								
3.1.2	建设投资借款								
3.1.3	流动资金借款								
3.1.4	债券								
3.1.5	短期借款								
3.1.6	其他流入								

序号	项　　目	合计	计　算　期						
			1	2	3	4	5	...	n
3.2	现金流出								
3.2.1	各种利息支出								
3.2.2	偿还债务本金								
3.2.3	应付利润（股利分配）								
3.2.4	其他流出								
4	净现金流量（1＋2＋3）								
5	累计盈余资金								

注：1. 对于新设法人项目，本表投资活动的现金流入为零；

2. 对于既有法人项目，可适当增加科目；

3. 必要时，现金流出中可增加应付优先股股利科目；

4. 对外商投资项目应将职工奖励与福利基金作为经营活动现金流出。

（二）项目投资现金流量表

在项目融资前分析中，在不考虑项目资金来源及其构成的前提下，假设项目全部投资均为自有资金作为计算基础，用以计算项目投资财务内部收益率、财务净现值及投资回收期等评价指标，反映项目自身的盈利能力，考察项目方案设计的合理性，作为项目初步投资决策与融资方案研究的依据，亦为项目不同投资方案比选提供了可比的同等基础。

对于新建项目财务现金流量表，现金流入包括销售（营业）收入、补贴收入、回收固定资产余值与流动资金和其他现金流入；现金流出包括项目建设投资（不含建设期利息）、流动资金、经营成本、销售税金及附加、维持运营投资（如设备更新投资）、增值税和其他现金流出。各年净现金流量等于各年现金流入与各年现金流出之差额（表25-16）。

（三）项目资本金现金流量表

在项目融资后的财务分析中，从资本金出资者的整体角度，以项目资本金（即项目作为注册资金的各投资者的出资额之和）作为计算基础。把项目资本金、借款本金和利息偿付、经营成本、营业税和所得税等作为现金流出，用此计算项目税后资本金财务内部收益率，财务净现值等评价指标，衡量项目资本金的盈利能力和向外部借款对建设项目是否有利，作为投资者最终投资决策的依据（表25-17）。

项目投资现金流量表（人民币单位：万元）　　　　**表 25-16**

序号	项　　目	合计	计　算　期					
			1	2	3	4	...	n
1	现金流入							
1.1	销售（营业）收入							
1.2	补贴收入							
1.3	回收固定资产余值							
1.4	回收流动资金							
2	现金流出							
2.1	建设投资（不含建设期利息）							
2.2	流动资金							

序号	项 目	合计	计 算 期					
			1	2	3	4	⋯	n
2.3	经营成本							
2.4	销售（营业）税金及附加							
2.5	维持运营投资							
3	所得税前净现金流量（1—2）							
4	累计所得税前净现金流量							
5	调整所得税							
6	所得税后净现金流量（3—5）							
7	累计所得税后净现金流量	·						

计算指标：

项目投资财务内部收益率　　　　　%（所得税前和所得税后）

项目投资财务净现值　　　　　　　万元（所得税前和所得税后）

项目投资回收期　　　　　　　　　年（所得税前和所得税后）

注：1. 本表适用于新设法人项目与既有法人项目的增量和"有项目"的现金流量分析。

　　2. 调整所得税为以息税前利润为基数计算的所得税，区别于"利润与利润分配表""项目资本金现金流量表"和"财务计划现金流量表"中的所得税。

项目资本金现金流量表（人民币单位：万元）　　　　表 25-17

序号	项 目	合计	计 算 期					
			1	2	3	4	⋯	n
1	现金流入							
1.1	销售（营业）收入							
1.2	补贴收入							
1.3	回收固定资产余值							
1.4	回收流动资金							
2	现金流出							
2.1	项目资本金							
2.2	借款本金偿还							
2.3	借款利息支付							
2.4	经营成本							
2.5	销售（营业）税金及附加							
2.6	所得税							
2.7	维持运营投资							
3	净现金流量（1—2）							

计算指标：

　　　　　　　资本金财务内部收益率　　　　%

注：1. 项目资本金包括用于建设投资建设期利息和流动资金的资金。

　　2. 对外商投资项目，现金流出中应增加职工奖励及福利基金利润。

　　3. 本表适用于新设法人项目与既有法人项目"有项目"的现金流量分析。

（四）投资各方现金流量表

此表是在项目融资后的财务盈利能力分析中，以项目各投资者的出资额作为计算基础。把股权投资、租赁资产支出和其他现金流出作为现金流出；而现金流入包括股利分配、资产处置收益分配、租赁费收入、技术转让收入和其他现金流入，用以计算项目投资各方的财务内部收益率和财务净现值等评价指标，反映项目投资各方可能获得的收益水平。

（五）利润与利润分配表

利润表是反映建设项目计算期内各年利润总额、销售（营业）收入、总成本费用，已收所得税及税后利润分配情况的重要财务报表。它综合反映了项目每年实际的盈利水平，在项目财务评价中可用以计算总投资收益率、投资利税率和项目资本金净利润率等评价指标；同时还须进行利润分配，据此计算出可用于偿还借款的利润（表 25-18）。

利润与利润分配表（人民币单位：万元）　　　表 25-18

序号	项　　目	合计	计　算　期					
			1	2	3	4	...	n
1	销售（营业）收入							
2	销售（营业）税金及附加							
3	总成本费用							
4	补贴收入							
5	利润总额（1－2－3＋4）							
6	弥补以前年度亏损							
7	应纳税所得额（5－6）							
8	所得税							
9	净利润（税后利润）（5－8）							
10	期初未分配利润							
11	可供分配利润（9＋10）							
12	提取法定盈余公积金							
13	可供投资者分配的利润（11－12）							
14	应付优先股股利							
15	提取任意盈余公积金							
16	应付普通股股利（13－14－15）							
17	各投资方利润分配： 其中：××方 　　　××方							
18	未分配利润（13－14－15－17）							
19	息税前利润（利润总额＋利息支出）							
20	息税折旧摊销前利润 （息税前利润＋折旧＋摊销）							

（六）借款还本付息计划表

借款还本付息计划表是反映项目计算期内各年借款本金偿还和利息支付等情况，以及偿债资金来源，用以计算项目借款偿还期、偿债备付率和利息备付率等评价指标。

（七）资产负债表

表 25-19 是根据"资产＝负债＋所有者权益"的会计平衡原理编制的，它为企业经营者，投资者和债权人等不同的报表使用者提供了各自所需的资料。

资产负债表能综合反映项目计算期内各年年末的资产，负债和所有者权益的增减变化情况及其相互间的对应关系，用以考察企业的资产负债、资本结构是否合理，是否有较强的还债能力。根据表 25-19 计算项目的资产负债率、流动比率和速动比率等指标，进行偿债能力分析。依此分析企业生产经营情况、资金周转和资金筹集及运用的策略，衡量项目建成投产后企业生产经营水平和项目投资回收能力。债权人（贷款银行）也能及时掌握流动资金应付账款情况，有利于资金周转，提高贷款使用效率和质量。

资产负债表（人民币单位：万元）　　　　　　　　　　　　　　表 25-19

序号	年份 项目	建设期		投产期		达到设计能力生产期			
		1	2	3	4	5	6	…	n
1	资产								
1.1	流动资产总额								
1.1.1	货币资金								
1.1.2	应收账款								
1.1.3	预付账款								
1.1.4	存货								
1.1.5	其他								
1.2	在建工程								
1.3	固定资产净值								
1.4	无形及其他资产净值								
2	负债及所有者权益（2.4＋2.5）								
2.1	流动负债总额								
2.1.1	短期借款								
2.1.2	应付账款								
2.1.3	预收账款								
2.1.4	其他								
2.2	建设投资借款								
2.3	流动资金借款								
2.4	负债小计（2.1＋2.2＋2.3）								
2.5	所有者权益								
2.5.1	资本金								
2.5.2	资本公积金								
2.5.3	累计盈余公积金和公益金								
2.5.4	累计未分配利润								

计算指标：资产负债率　　　（％）

除了上述可用于计算项目财务评价指标的七个财务评价基本报表以外，还须编制用以估算项目财务基础数据的财务评价辅助报表，如销售收入、销售（营业）税金及附加和增值税估算表、总成本费用估算表、外购原材料费用估算表、外购燃料和动力费用估算表、工资及福利费估算表、固定资产折旧费估算表、无形资产及其他资产摊销费估算表等。

六、项目财务评价指标的计算与分析

这是根据编制的项目财务评价基本报表，计算项目盈利能力分析和偿债能力分析的财务评价指标。

（一）项目盈利能力分析

项目财务盈利能力分析主要是考察项目投资的盈利水平，它是项目财务评价的主要内容之一。为此目的，在编制财务现金流量表的基础上，计算项目投资财务内部收益率、财务净现值、投资回收期、总投资收益率和资本金净利润率等主要财务盈利性评价指标；可根据项目特点及财务评价的实际需要，选用指标。

1. 财务内部收益率（FIRR）

财务内部收益率是指在项目整个寿命期内，各年净现金流量现值累计等于零时的折现率。它反映项目整个寿命期内（即计算期内）总投资支出所能获得的实际最大投资收益率，即为项目内部潜在的最大盈利能力。这是项目接受贷款利率的最高临界点。它是评价项目盈利能力的主要动态指标，按下式计算：

$$\sum_{t=1}^{n}(CI-CO)_t(1+FIRR)^{-t}=0 \qquad (25\text{-}112)$$

式中　　CI——现金流入量；

　　　　CO——现金流出量；

$(CI-CO)_t$——第 t 年的净现金流量；

　　　　n——计算期年数。

财务内部收益率可根据财务现金流量表中净现金流量，用试差法和图解法计算，亦可采用专用软件的财务函数计算。试差法的计算公式为：

$$FIRR=i_1+\frac{FNPV_1(i_2-i_1)}{FNPV_1+|FNPV_2|} \qquad (25\text{-}113)$$

式中　　i_1——当净现值为接近于零的正值时的折现率；

　　　　i_2——当净现值为接近于零的负值时的折现率；

$FNPV_1$——采用折现率 i_1 时的净现值（正值）；

$FNPV_2$——采用折现率 i_2 时的净现值（负值）。

按照项目分析范围和对象不同，财务内部收益率可分为项目投资财务内部收益率、资本金财务内部收益率（简称为资本金收益率）和投资各方财务内部收益率（即投资各方收益率）。

（1）项目投资财务内部收益率是以项目全部投资均为自有资金作为计算基础，考察项目在未确定融资方案和所得税前整个项目的盈利能力。它为项目投资决策者对项目方案比选和银行贷款单位进行信贷决策，提供了不同方案进行优选的可比性基础。

（2）资本金财务内部收益率，是以项目资本金为计算基础，从资本金出资者整体角度，考察项目所得税后资本金可能获得的收益水平，投资者可据此作出最终决策。

（3）投资各方财务内部收益率，是以投资各方的出资额作为计算基础，根据投资各方实际收入和支出，考察投资各方可能获得的收益水平。

项目财务内部收益率（$FIRR$）的判别基准依据是：项目财务内部收益率应大于或等于部门（行业）发布规定或者由评价人员设定的财务基准收益率（i_c），即$FIRR \geqslant i_c$；同时要求项目财务内部收益率亦应高于贷款利率（i），即$FIRR > i_c$。在同时达到这两项条件时，方可认为建设项目的盈利能力能够满足要求，项目在财务上可考虑接受。在比较若干投资方案时，应选择项目财务内部收益率高的项目或投资方案。对于资本金财务内部收益率和投资各方财务内部收益率应大于（或等于）出资方的最低期望收益率（即投资者期望的最低可接受收益率），据此判断投资各方收益水平。

计算财务内部收益率不需要事先给定基准收益率（基准折现率），财务内部收益率可以反映投资过程的收益程度，不受外部参数的影响。

对于独立方案，采用财务内部收益率指标和财务净现值指标的评价结论是相同的。

例 25-27　某项目采用折现率为17%时，所得财务净现值（$FNPV_1$）为18.7万元；当采用折现率为18%时，则财务净现值（$FNPV_2$）为—74万元。采用试差法，试求该项目的投资财务内部收益率（$FIRR$）（设定$i_c = 15\%$）。

解析：
$$FIRR = i + \frac{FNPV_1(i_2 - i_1)}{FNPV_1 + |FNPV_2|}$$
$$= 17\% + \frac{18.7(18\% - 17\%)}{18.7 + 74} = 17.2\% > i_c = 15\%$$

2. 财务净现值（FNPV）

财务净现值是反映项目在整个寿命期内总的获利能力的动态评价指标。它是指项目按部门或行业的基准收益率（i_c）或设定的折现率（当未制定基准收益率时），将各年的净现金流量，折现到建设开始年（基准年）的现值总和，即为工程项目逐年净现金流量的现值代数和。其计算公式为：

$$FNPV = \sum_{t=1}^{n} \frac{(CI - CO)_t}{(1 + i_c)^t} = \sum_{t=1}^{n} (CI - CO)_t (1 + i_c)^{-t} = \sum_{t=1}^{n} CF_t (1 + i_c)^{-t} \geqslant 0$$

$$(25\text{-}114)$$

式中　　　　CI——项目现金流入量；

CO——项目现金流出量；

$CF_t = (CI - CO)_t$——第t年的净现金流量；

n——计算期；

i_c——设定的折现率或基准收益率；

$\sum\limits_{t=1}^{n}$——项目整个寿命期年份之和。

财务净现值是评价项目财务盈利能力的绝对指标，它除了反映建设项目在满足国家部门或行业规定的基准收益率或按设定的折现率要求达到的盈利水平外，还能获得的超额盈利的现值。其判别标准为：财务净现值应大于或等于零。表明项目的盈利能力超过或达到部门（行业）规定的基准收益率（平均利润率），或某设定的折现率计算的盈利水平，则项目在财务收益上是可以接受的。一般只计算所得税前财务净现值。

例 25-28 某建设项目寿命（计算）期内历年的现金流入量和流出量以及财务净现值的计算结果如表 25-20 所示。

净现值计算表（人民币单位：万元）　　　　　　　　表 25-20

时期	年份	达产计划	现金流入量	现金流出量	净现金流量	$i_c=15\%$ 现值系数 $=(1+i_c)^{-t}$	净现值
			A	B	C=A−B	D	E=C×D
建设期	1			3300	−3300	0.8696	−2870
	2			5000	−5000	0.7561	−3780
投产期	3	55%	6875	7404	−529	0.6575	−348
	4	75%	9375	7613	1762	0.5718	1008
	5	80%	10000	7728	2272	0.4972	1130
达产期	6	100%	12500	9263	3237	0.4323	1399
	7	100%	12500	9000	3500	0.3759	1315
	8	100%	12500	11360	1140	0.3269	372
	9	100%	12500	10360	2140	0.2843	608
	10	100%	12500	10360	2140	0.2472	529
	11	100%	12500	10360	2140	0.2149	459
	12	100%	12500	10360	2140	0.1869	399
残值			3500	—	3500	0.1620	567
合计							788

计算结果表明，在折现率为 15% 的条件下，该项目的净现值为 788 万元，大于零。所以可认为该建设项目的投资方案是可取的，应该投资建设。

3. 投资回收期（P_t）

投资回收期亦称投资返本期，是指项目投产后用所获得的净收益偿还项目全部投资（包括固定资产投资和流动资金）所需要的时间。它是反映项目财务上投资回收能力的重要指标。投资回收期通常以年来表示，一般是从项目建设开始年份算起，也可以从投产开始年份算起，但应予以注明。计算公式如下：

$$\sum_{t=1}^{P_t}(CI-CO)_t=0,\qquad P_t\leqslant \text{基准投资回收期} \tag{25-115}$$

投资回收期可用项目投资现金流量表中累计净现金流量计算求得。详细计算公式是：

$$\text{投资回收期}(P_t)=\left[\begin{matrix}\text{累计净现金流量}\\\text{开始出现正值年份数}\end{matrix}\right]-1+\left[\begin{matrix}\text{上年累计净现金}\\\text{流量的绝对值}\\\text{当年净现金流量}\end{matrix}\right] \tag{25-116}$$

在评定和选择投资项目和方案时，应将求出的投资回收期（P_t）与部门或行业的基准回收期（或国家制定的定额投资回收期 P_c）比较，当 $P_t\leqslant P_c$ 时，该项目在财务上是可以考虑接受的，并选择回收期最短的方案为合适的投资方案。

例 25-29 根据表 25-21 中数据，计算该项目的投资回收期。如果基准投资回收期为 10 年，此方案是否可行？

投资回收期计算表（人民币单位：万元）　　　　　　　表 25-21

年　份	每年净现金流量	累计净现金流量
1	−27000	−27000
2	5200	−21800
3	5080	−16720
4	4960	−11760
5	4840	−6920
6	11720	4800

解析：投资回收期$(P_t) = \dfrac{累计净现金流量}{开始出现正值的年份} - 1 + \dfrac{上年累计净现金流量的绝对值}{当年净现金流量}$

$$= 6 - 1 + \frac{6920}{11720} = 5.6 \, 年 < P_c = 10 \, 年$$

计算结果项目投资回收期 5.6 年，小于基准投资回收期 10 年，此方案可行。

例 25-30 在投资方案财务评价中，获利能力较好的方案是：

A 内部收益率小于基准收益率，净现值大于零

B 内部收益率小于基准收益率，净现值小于零

C 内部收益率大于基准收益率，净现值大于零

D 内部收益率大于基准收益率，净现值小于零

解析：评价项目财务盈利能力时，采用内部收益率评价指标，项目财务内部收益率大于或等于基准收益率，则盈利能力满足要求；采用净现值评价指标，财务净现值大于或等于零，则盈利能力满足要求。

答案：C

4. 总投资收益率（ROI）

总投资收益率一般是指项目在计算期内达到设计生产能力后的正常生产年份的年息税前利润（$EBIT$）与项目总投资（TI）的比率。对生产期内各年的利润总额变化幅度较大的项目，应计算生产期年平均息税前利润与项目总投资的比率。它是考察单位投资盈利能力的静态指标，表示总投资的盈利水平。可根据"利润与利润分配表"按下式计算：

$$总投资收益率(ROI) = \frac{年息税前利润或年平均息税前利润(EBIT)}{总投资(TI)} \times 100\%$$

$$= \frac{年利润总额 + 年借款利息}{项目总投资} \times 100\% \qquad (25\text{-}117)$$

$\geqslant$部门（行业）平均投资收益率参考值

$$息税前利润 = 利润 + 利息 \qquad (25\text{-}118)$$

当总投资收益率大于或等于同行业平均投资收益率参考值（或基准投资收益率）时，表明项目总投资盈利能力满足要求，项目在财务上才可考虑被接受。

5. 项目资本金净利润率（ROE）

资本金净利润率是指项目生产经营期内正常生产年份或年平均所得税后利润（年净利润）（NP）与项目资本金（EC）的比率。计算公式为：

$$资本金净利润率（ROE）= \frac{年税后利润（年净利润）或年平均税后利润（净利润）（NP）}{项目资本金（EC）} \times 100\%$$

$$≥投资者期望的最低利润率（同行业的净利润率）参考值 \qquad (25-119)$$

6. 投资报酬率

投资报酬率是指项目建成投产后正常生产年份的年税后利润和年借款利息之和与项目总投资的比率，其计算公式为：

$$投资报酬率 = \frac{年税后利润＋年利息}{总投资} \times 100\%$$

$$≥部门（行业）平均投资报酬率参考值 \qquad (25-120)$$

在财务评价中，当投资报酬率大于或等于行业平均投资报酬率参考值时，项目在财务上可予以接受。

> **例 25-31** 某建设项目总投资为 2400 万元，其中资本金为 1900 万元，项目正常生产年份的销售收入 1800 万元，总成本费用 924 万元（含利息支出 60 万元），销售税金及附加 192 万元，所得税率 33%，年折旧费 152 万元。试计算该项目的总投资收益率、投资报酬率和资本金净利润率。
>
> **解析：** 年利润总额＝1800－924－192＝684（万元）
>
> 年应纳所得税＝684×33%＝225.72（万元）
>
> 年税后利润＝684－225.72＝458.28（万元）
>
> 据此计算：
>
> $$总投资收益率 = \frac{684＋60＋152}{2400} \times 100\% = 37.3\% ＞行业平均收益率$$
>
> $$投资报酬率 = \frac{458.28＋60}{2400} \times 100\% = 21.6\% ＞行业平均报酬率参考值$$
>
> $$资本金净利润率 = \frac{税后利润}{资本金} \times 100\% = \frac{458.28}{1900} \times 100\%$$
>
> $$= 24.12\% ＞期望收益率（同行业净利润率）参考值$$
>
> 上述计算结果表明，该项目的总投资收益率、资本金净利润率和投资报酬率三项指标均超过了同行业的平均盈利水平，证明该项目的盈利水平较高，满足了投资者的要求和行业的盈利基准水平。因此项目在财务上可予以接受。

（二）偿债能力分析

项目偿债能力分析评价是在财务盈利能力分析评价的基础上，根据借款还本付息计划表和资产负债表等财务报表，计算借款偿还期、利息备付率与偿债备付率，以及资产负债率、流动比率和速动比率等评价指标，评价项目的借款偿债能力。

1. 借款偿还期（P_d）

借款偿还期是指在国家财政规定及项目具体财务条件下，以项目投产后获得的可用于还本付息的资金（包括利润＋折旧费＋摊销费＋其他项目收益）来偿还借款本息所需要花费的时间（以年为单位），它是反映工程项目偿还借款能力和经济效益好坏的一个综合性评价指标，可按借款还本付息计划表，按下列公式推算：

$$I_d = \sum_{t=1}^{P_d} (R_p + D' + R_0 - R_t)_t \tag{25-121}$$

式中　　　　　　I_d——固定资产投资借款本息之和；

P_d——借款偿还期（从建设开始年计算）；

R_p——可用于还款的年利润；

D'——可用于还款的年折旧和摊销费；

R_0——可用于还款的年其他收益；

R_t——还款期间的年企业留利；

$(R_p + D' + R_0 - R_t)_t$——第 t 年可用于还款的资金额。

借款偿还期亦可通过"借款还本付息计划表"直接推算求得，以年表示，计算公式为：

$$\begin{matrix} 借款 \\ 偿还期 \end{matrix} = \left[\begin{matrix} 借款偿还后开 \\ 始出现盈余年份数 \end{matrix} \right] - \begin{matrix} 开始借 \\ 款年份 \end{matrix} + \left[\dfrac{当年应偿还借款额}{当年可用于还款的资金额} \right] \tag{25-122}$$

借款偿还期能满足贷款机构的期限要求时，就可认为该项目具有偿还债务的能力。对于涉及外资借款项目，其国外借款部分的还本付息应按照已经明确的或预计可能的借款偿还条件（包括偿还方式及偿还期限）计算。

借款偿还期指标旨在计算最大偿还能力，适用于尽快还款的项目，不适用于已约定借款偿还期限的项目。对于已约定借款偿还期限的项目，应采用利息备付率和偿债备付率指标分析项目的偿债能力。

2. 利息备付率（ICR）

利息备付率是指项目在借款偿还期内，各年可用于支付利息的息税前利润（$EBIT$）与当期应付利息费用（PI）的比值，即：

$$利息备付率(ICR) = 息税前利润(EBIT) / 当期应付利息费用(PI) \tag{25-123}$$

其中　　　　息税前利润 ＝ 利润总额＋计入总成本费用的利息费用　　　(25-124)

当期应付利息是指计入总成本费用的全部利息。

利息备付率可以按年计算，也可以按整个借款期计算。利息备付率表示以项目的息税前利润偿付利息的保证倍率。对于正常运营的企业，利息备付率应当大于1，并结合债权人的要求确定。否则，表示付息能力保障程度不足。

3. 偿债备付率（DSCR）

偿债备付率是指项目在借款偿还期内，各年可用于还本付息资金（$EBITDA - T$，即偿债资金）与当期应还本付息金额（PD）的比值，即：$DSCR = (EBITDA - T)/PD$

$$偿债备付率 ＝ 可用于还本付息资金 / 当期应还本付息金额 \tag{25-125}$$

可用于还本付息的资金，包括息税前利润（*EBIT*）加上可用于还款的折旧和摊销（*DA*）*EBITDA* 减去企业所得税（*T*）等。当期应还本付息金额（*PD*）包括当期应还贷款本金及计入成本的利息。融资租赁费用可视同借款偿还，运营期内的短期借款本息也应纳入计算。

偿债备付率可以按年计算，也可以按整个借款期计算。偿债备付率表示可用于还本付息的资金偿还借款本息的保证倍率。偿债备付率在正常情况应当大于1，并结合债权人的要求确定，一般不宜低于 1.3。当指标小于 1 时，表示当年资金来源不足以偿付当期债务，需要通过短期借款偿付已到期债务。

如果采用借款偿还期指标，可不再计算利息备付率和偿债备付率；如果计算了备付率，则不需再计算借款偿还期指标。

4. 资产负债率（LOAR）

系指各期末负债总额（*TL*）与资产总额（*TA*）的比率，它反映了总资产中有多大比例是通过借债来筹集的，可用于衡量企业在清算时对债权人利益的保护程度。可通过资产负债表按下列公式计算：

$$资产负债率（LOAR）= \frac{负债总额（TL）}{资产总额（TA）} \times 100\% \quad (25\text{-}126)$$

这项指标亦是反映项目各年所面临的财务风险程度及偿债能力的指标，衡量投资者承担风险程度的尺度。这一比率越小，说明回收借款的保障越大，反之则投资风险就越高。因此投资者希望这一比率接近于 1。在长期债务还清后，可不再计算资产负债率。

5. 流动比率（CR）

是反映项目偿还流动负债能力的评价指标，即流动资产与流动负债的比值，它表示项目短期负债和随时间可变为支付手段的资金之间的关系，可按下式计算：

$$流动比率 = \frac{流动资产}{流动负债} \quad (25\text{-}127)$$

这指标显示出每一单位货币的流动负债（即短期借款）需要有多少企业流动资产来做偿债担保，一般标准比率可取 1.2~2.0 较为适宜。此指标还应与同行业的平均水平相对比才能分辨高低。

6. 速动比率（QR，亦称酸性测验比率）

它是反映项目快速偿付流动负债能力的指标，即为速动资产（扣除存货和预付支出后的流动资产）与流动负债的比率。速动资产是指容易转变为现金的流动资产（如现金、有价证券和应收账款等），此项指标表明项目流动负债可用容易转变为现金的速动资产来偿还的倍数。按下式计算：

$$速动比率 = \frac{流动资产 - 存货}{流动负债} = \frac{速动资产}{流动负债}$$
$$= \frac{现金 + 有价证券 + 应收账款净额}{流动负债} \quad (25\text{-}128)$$

速动比率最好保持在 1.0 至 1.2 之间较符合要求，它是衡量企业资金短期流动性的尺度，并反映出项目在资产流动性方面所面临的风险程度。

流动比率和速动比率都是反映企业短期偿债能力的指标。

例 25-32　某建设项目在某年末的流动资产为 9560 万元（其中存货为 2983 万元），流动负债 5980 万元，长期负债 6730 万元，资产总额为 13680 万元。试求资产负债率、流动比率和速动比率。

解析：根据已知条件可计算：

$$资产负债率 = \frac{负债总额}{资产总额} \times 100\%$$

$$= \frac{5980 + 6730}{13680} \times 100\% = 93\%$$

$$流动比率 = \frac{9560}{5980} = 1.6$$

$$速动比率 = \frac{9560 - 2983}{5980} = 1.1$$

计算结果表明，该项目的资产负债率较为合理，并具有良好的短期偿债能力和快速偿债能力。

七、项目不确定性分析和风险分析

鉴于项目财务评价所采用的基础数据和参数大部分来自估算和预测，在项目实施过程中可能会发生变化，与客观实际偏离，有一定程度的不确定性。为了分析计算不确定因素对项目财务效益评价指标的影响及其影响程度，需要进行不确定性分析，估计项目可能存在的风险，有针对性地采取有效措施，提高项目财务评价的完整性、可靠性和有效性，增强建设项目投资的抗风险能力，进一步考察项目在财务上的可行性。

根据建设项目类型、特点和实际需要，有选择地分别进行盈亏平衡分析、敏感性分析、概率风险分析等不确定性分析。

（一）盈亏平衡分析

盈亏平衡分析是研究产品产量、生产成本、销售收入等因素的变化对项目盈亏的影响，它是反映项目对市场需求变化的适应能力进行分析的方法。一般根据建设项目正常生产年份的产品产量（或销售量）、成本、价格、销售收入和税金等数据计算项目的盈亏平衡点。它是项目盈利与亏损的分界点，亦称盈亏临界点，在这临界点上销售收入扣除销售税金及附加等于生产成本。根据收入、成本与产量存在着的不同函数关系，盈亏平衡分析又可分为线性与非线性盈亏分析。

盈亏平衡点通常用产量或最低生产能力利用率表示，也可用最低销售收入、生产成本或保本价格来表示。盈亏平衡点越低，表示项目适应市场变化的能力越强，项目的抗风险能力也越强。

1. 线性盈亏平衡分析的计算

线性盈亏分析是指项目投产后正常年份的产量、成本、盈利三者之间的关系均呈线性的函数关系，说明项目的收益和成本都随着产品产量的增减呈正比直线升降，可采用图解法和数学计算法确定。项目评价中通常使用盈亏分析图（又称量本利图）表示分析结果，如图 25-27 所示。

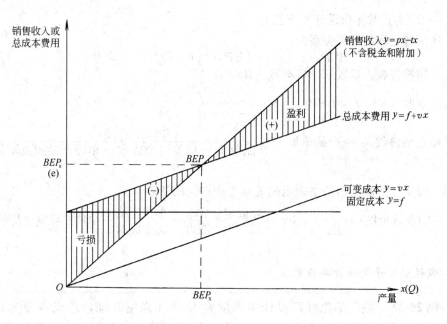

图 25-27　盈亏平衡分析图

根据盈亏平衡的原理，在平衡点上产品的生产总成本等于销售收入扣除税金，因而可得到下列数学公式。

设：生产总成本函数式为：$y_1 = f + vx$

销售收入扣除税金函数式为：$y_2 = px - tx = px(1 - t\%)$

当 $y_1 = y_2$ 时：$f + vx = px - tx = px(1 - t\%)$

式中　y_1——正常生产年份的生产总成本；

　　　　f——总固定成本；

　　　　v——单位产品可变成本；

　　　　y_2——项目投产后正常年份扣除销售税金及附加后的销售收入；

　　　　p——单位产品价格；

　　　　x——正常年份内产品产量；

　　　　t——单位产品的销售税金及附加和增值税；

　　　$t\%$——单位产品的税率。

（1）用实际产量（或销售量）表示的盈亏平衡点（BEP_X）

$$\left. \begin{aligned} BEP_X(产量) &= \frac{f}{p - v - t} = \frac{f}{p(1 - t\%) - v} \\[2mm] 平衡点产量(销售量) &= \frac{年固定总成本}{产品单价 - 单位可变成本 - 单位产品税金} \end{aligned} \right\} \quad (25\text{-}129)$$

（2）以生产能力利用率表示的盈亏平衡点（BEP_R）

$$BEP_R(生产能力利用率) = \frac{BEP_X}{R_X} \times 100\% = \frac{f}{p - v - t} \times \frac{1}{R_X} \times 100\%$$

$$= \frac{年固定总成本}{年销售收入 - 年可变总成本 - 年税金及附加} \times 100\% \quad (25\text{-}130)$$

式中 R_X 为正常年份设计生产能力。

上述两者之间的换算关系为：

$$BEP_X(产量) = BEP_R(\%) \times 设计生产能力 \qquad (25\text{-}131)$$

（3）用销售收入量表示的平衡点（BEP_S）

$$\left. \begin{array}{l} BEP_S(收入) = p \times BEP_X = p \times \dfrac{f}{p-v-t} \\[4mm] 平衡点销售收入 = 产品单价 \times \dfrac{年固定总成本}{产品单价 - 单位可变成本 - 单位产品税及附加} \end{array} \right\}$$

$$(25\text{-}132)$$

（4）以单位产品保本价格表示的盈亏平衡点（BEP_P）

$$BEP_P(保本价格) = \frac{f}{R_X} + v + t = \frac{年固定总成本}{设计生产能力} + \frac{单位产品}{可变成本} + 单位产品税金及附加$$

$$(25\text{-}133)$$

2. 线性盈亏平衡分析的应用

例 25-33 假设某化纤厂设计年产量为 18 万 t 涤纶纤维，总成本为 8.32 亿元，其中总固定成本为 1.12 亿元，单位可变成本为 4000 元/t，销售单价为 7000 元/t。试用实际生产量、生产能力利用率、销售收入和保本价格计算盈亏平衡点（此例设定产品免税）。

解析： 按上述公式计算：

（1）用实际产量表示（BEP_X）：

$$BEP_X = \frac{f}{p-v} = \frac{11200}{(7000-4000)} = 3.73（万 t）$$

说明产量达到 3.73 万 t 时，该项目即可保本。

（2）用销售收入表示（BEP_S）：

$$BEP_S = p \times \frac{f}{p-v} = 7000 \times 3.73 = 2.61（亿元）$$

说明当销售收入为 2.61 亿元时，企业即可保本。

（3）用生产能力利用率表示（BEP_R）：

$$BEP_R = \frac{f}{p-v} \times \frac{1}{R_X} \times 100\% = 3.73 \times \frac{1 \times 100\%}{18}$$
$$= 0.21 \times 100\% = 21\%$$

说明当生产能力为设计能力的 21% 时，企业即可不亏不盈。

（4）用销售单价表示（BEP_P）：

$$BEP_P = \frac{f}{R_X} + v = \frac{11200}{18} + 4000 = 4622（t/元）$$

说明能保本的最低销售价格为 4622 元/t。

计算结果说明，涤纶纤维产量达到 3.73 万 t，生产能力利用率达到设计年产量的 21%，销售收入为 2.61 亿元，每吨售价为 4622 元时，企业即可保本，不会产生亏损。因此，该项目具有较大的承担风险的能力。

(二) 敏感性分析

敏感性分析是预测和分析项目不确定变量因素发生变动时，对项目经济效益评价指标发生变动的敏感程度，从中找出敏感因素，确定其影响程度与影响正负方向；分析该因素达到临界值时项目的承受能力；预测项目财务评价指标达到临界点时，主要不确定变量因素允许变化的最大幅度（极限值）。如果超过此极限，就认为项目在财务效益上不可行。

在项目财务评价中主要不确定变量因素有产品价格、产量、主要原材料价格、建设投资、生产成本、汇率和建设工期等；而主要评价指标为投资收益率、投资回收期和贷款偿还期等静态指标，还有财务内部收益率和财务净现值等动态指标，其中财务内部收益率是必选的指标。敏感性分析的主要作用是为了提高对项目评价的准确性和可靠性，降低投资风险。

敏感性分析可采用单因素变化分析和多因素变化分析，通常只要求进行单因素敏感性分析。

1. 单因素敏感性分析的步骤与方法

(1) 第一步，确定敏感性分析的经济评价指标。应根据建设项目的特点和项目评价的实际需要，选择最能反映项目经济效益的综合评价指标，作为敏感分析的具体分析对象。

(2) 第二步，选取不确定变量因素，设定变量因素的变化幅度和范围。选择对项目评价指标有较大影响的主要变量因素。

(3) 第三步，计算敏感度系数（变化率），找出敏感因素。即计算每个不确定变量因素的变动对评价指标影响的敏感程度。在固定其他变量因素不变的条件下，依次分别按预先设定的变化幅度（如±10%，±20%）来变动某一个不确定因素，计算出变量因素变动对评价指标的影响程度（变化率）。这样将各个不确定变量因素变化计算得出的对同一个评价指标变化的不同敏感度系数（变化率）进行对比，选择其中敏感度系数（变化率）最大的变量因素为建设项目的敏感因素，变化率小的为不敏感因素。可按下列公式计算变化率：

$$敏感度系数（变化率）(\beta) = \left| \frac{\Delta y_j}{\Delta x_i} \right| = \frac{|\text{效果指标变化幅度}|\%}{|\text{变量因素变化幅度}|\%}$$

$$= \frac{y_{j_1} - y_{j_0}}{\Delta x_i} \tag{25-134}$$

式中　y_{j_0}——第 j 个指标原方案的指标值；

$\quad\quad y_{j_1}$——第 j 个指标由于变量因素 x_i 变化后所得的效果指标值。

(4) 第四步，绘制敏感性分析图和敏感性分析表，求出变量因素变化极限值（临界点）。

作图表示各变量因素的变化规律，可以更直观地反映出各个变量因素的变化对经济评价指标的影响，而且可以求出内部收益率等经济评价指标达到临界点（指财务内部收益率等于财务基准收益率或财务净现值等于零）时，各种变量因素允许变化的最大幅度。作图的具体方法如图25-28。

纵坐标表示项目投资内部收益率；横坐标表示几种不确定变量因素的变化幅度（%），图上按敏感性分析计算结果画出各种变量因素的变化曲线，选择其中与横坐标相交的角度量大的曲线为敏感性因素变化曲线。同时，在图上还应标出财务基准收益率。从某个因素对投资财务内部收益率的影响曲线与基准收益率线的交点（临界点），可以得知该变量因

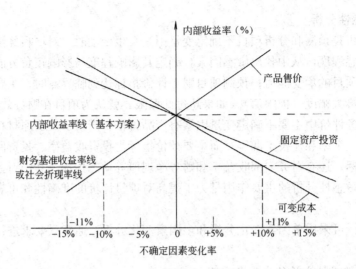

图 25-28 敏感性分析图

素允许变化的最大幅度,即变量因素盈亏界限的极限变化值。变化幅度超过这个极限值时,项目评价指标就不可行。如果发生这种极限变化的可能性很大,则表明项目承担的风险很大。因此,这个极限值对于项目决策十分重要。

敏感性分析表如表 25-22 所示。表中所列的不确定因素就是对项目评价指标产生影响的变量因素,分析时可选用一个或多个变量因素。不确定因素的变化幅度可自行设定。并根据项目类型、特点和评价需要选用项目评价指标,例如财务内部收益率或财务净现值指标,借款项目可选用借款偿还期(P_d)指标。

敏 感 性 分 析 表 表 25-22

序号	不确定因素	变化幅度(%)	内部收益率	敏感度系数	临界点(%)	临界值
1	基本方案					
2	产品产量(生产负荷)					
3	产品价格					
4	主要原材料价格					
5	建设投资					
6	汇 率					
7	建设工期					

(5) 第五步,临界值的确定和风险估计。

1) 变量因素盈亏界限的极限变化值(即临界值)的确定,可用下列表达式表明:

$$V(X_k^*) = V_0 \qquad (25-135)$$

上述表达式说明，当评估指标与其评估基准值相等时，对应的变量因素变化幅度允许的极限值，即为变量因素盈亏界限的极限变化值（即临界值）。式中的 V_0 即为评估指标 V 的基准值。例如，评估指标为净现值（NPV）时，则 $V_0=0$；当评估指标为内部收益率时，则 V_0 取基准收益率 i 值。而 X_k^* 称为变量因素相对变化 X_k 的盈亏界限的极限变化值（临界值）。

2）根据变量因素的变化率（β）和盈亏界限的极限值（X_k^*）就可以对投资项目作出风险（R）估计。可用下式估计：

$$R = \frac{|\beta|}{|X_k^*|} = \left|\frac{敏感度系数(变化率)}{\begin{array}{c}盈亏界限的极限值\\(临界值)\end{array}}\right| \tag{25-136}$$

这表明，变量因素变化给评估指标带来的风险取决于评估指标对变量因素变化的敏感性〔即敏感度系数（变化率）大小〕和变量的盈亏极限临界值。并由上式可见，项目的风险性与变量因素的敏感性成正比，即敏感度系数（变化率）（β）大的敏感因素对项目风险影响大；而与变量因素盈亏界限的临界值成反比，即临界值越小项目风险性越高。

2. 单因素敏感性分析案例

例 25-34 假设某钢铁厂的建设规模为年产钢材 10 万吨，预测钢材平均售价为 550 元/吨，估算不含折旧的单位产品生产成本为 350 元/吨（其中固定费用约占 30%），建设投资估算为 6000 万元，流动资金为销售收入的 25%。建设期为 2 年，使用寿命期为 5 年，投产后上交商品税的年税率 8%。试进行该项目的敏感性分析。

解析：（1）确定分析对象和选择变量因素

由于在项目可行性研究的规划阶段进行敏感性分析，故采用投资收益率指标进行评价分析，分析的主要变量因素选择产品价格、投资、成本和产量四个因素。

（2）根据假设条件计算各项基本指标数值

年销售收入＝单价×产量＝550×10＝5500（万元）

年税金＝年销售收入×8%＝5500×0.08＝440（万元）

流动资金＝销售收入×25%＝5500×0.25＝1375（万元）

年总成本＝10×350＝3500（万元）

净利润＝年销售收入－年总成本－年税金＝5500－3500－440＝1560（万元）

按上述基本数据计算出规划方案的投资收益率：

$$投资收益率 = \frac{年销售收入－年总成本－年税金}{建设投资＋流动资金} \times 100\%$$

$$= \frac{5500-3500-400}{6000+1375} \times 100\% = 21.15\%$$

（3）列表计算各变量因素的敏感度系数（变化率）

对产品价格、投资、成本与产量等四个变量因素，按±10%、±20%的变动幅度，分别计算出投资收益率敏感度系数（变化率）（表25-23）。

不确定性因素对静态投资收益率的影响

（人民币单位：万元） 表 25-23

序号	项目	规划方案	价格因素变动				投资因素变动				成本因素变动				产量因素变动			
			-20%	-10%	+10%	+20%	-20%	-10%	+10%	+20%	-20%	-10%	+10%	+20%	-20%	-10%	+10%	+20%
1	年销售收入	5500	4400	4950	6050	6600	5500	5500	5500	5500	5500	5500	5500	5500	4400	4950	6050	6600
2	年总成本	3500	3500	3500	3500	3500	3500	3500	3500	3500	2800	3150	3850	4200	3010	3255	3745	3990
3	年税金	440	352	396	484	528	440	440	440	440	440	440	440	440	352	396	484	528
4	净利	1560	548	1054	2066	2572	1560	1560	1560	1560	2260	1910	1210	860	1038	1299	1821	2082
5	建设投资	6000	6000	6000	6000	6000	4800	5400	6600	7200	6000	6000	6000	6000	6000	6000	6000	6000
	流动资金	1375	1100	1238	1538	1650	1375	1375	1375	1375	1375	1375	1375	1375	1100	1238	1513	1650
	全部投资	7375	7100	7238	7513	7650	6175	6775	7975	8575	7375	7375	7375	7375	7100	7238	7513	7650
6	投资收益率（%）	21.15	7.72	14.56	27.50	33.62	25.26	23.03	19.56	18.19	30.64	25.90	16.41	11.66	14.62	17.95	24.24	27.22
7	因素变动1%时的投资收益率敏感度系数（变化率）（%）		-0.67	-0.66	+0.64	+0.62	+0.20	+0.19	-0.16	-0.15	+0.47	+0.48	-0.47	-0.47	-0.33	-0.32	+0.31	+0.30

注：年总成本中，固定成本占 30%时：产量降低 10%的总成本=10×350×0.7×0.9+10×350×0.3=2205+1050=3255（万元）

产量降低 20%的总成本=10×350×0.7×0.8+10×350×0.3=1960+1050=3010（万元）

产量增加 10%的总成本=10×350×0.7×1.1+10×350×0.3=2695+1050=3745（万元）

产量增加 20%的总成本=10×350×0.7×1.2+10×350×0.3=2940+1050=3990（万元）

从表 25-23 中可以看出：当产品价格变动±1%时，投资收益率敏感度系数（变化率）为+0.61～−0.67；当产量变动±1%时，投资收益率敏感度系数为+0.31～−0.33；当投资变动±1%时，投资收益率敏感度系数为−0.16～+0.20；当成本变动±1%时，投资收益率敏感度系数为−0.47～+0.48，由此得出，产品价格的敏感度系数（变化率）最大，为最敏感因素；其次是成本和产量；而投资的敏感度系数最小，为不敏感因素。

（4）根据上述表中列示数据，绘制敏感性分析曲线，如图 25-29 所示：

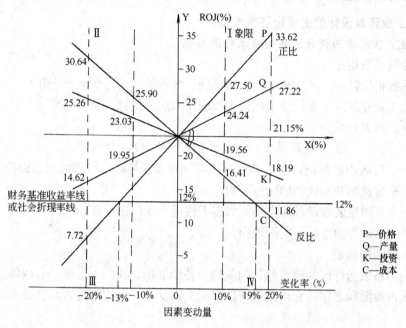

图 25-29　敏感性分析曲线图

图 25-29 表明，产品价格（P）和产量（Q）的提高可使项目投资收益率上升，这两条曲线是处于坐标的第Ⅰ、Ⅲ象限，因而与投资收益率成正比关系；而投资（K）与成本（C）的增加就会导致项目投资收益率的下降，这两条曲线处于坐标的第Ⅱ、Ⅳ象限，它们与投资收益率成反比关系。由于产品价格的变动对投资收益率指标的影响最大，其敏感曲线与横轴的夹角最大，故为最敏感因素；而投资变动的影响最小。这一结论与表中计算分析的结果一致。

（5）评价指标达到临界点的极限分析和风险估计

假设该项目的行业财务基准收益率为 12%，则从图 25-29 中可以看出，当项目投资收益率达到财务基准收益率 12%时，允许变量因素变化的最大幅度（即极限变化临界点）是：产品价格的下降不超过 13%，生产成本的增加不超过 19%。如果这两项变量变化幅度超过了上述极限，项目就不可接受；如果发生这种情况的可能性很大，说明项目投资的风险很大。

$$\text{产品价格的风险估计} = \frac{\left|0.65\%\right|}{\left|-13\%\right|} = 0.05$$

$$生产成本的风险估计 = \frac{|0.47\%|}{|+19\%|} = 0.025$$

计算结果亦说明产品价格的变化对项目投资的风险最大。

第九节　建筑工程技术经济指标及部分建筑材料价格（参考）

一、建筑工程主要技术经济指标和工程量表

（一）工业建筑设计的主要经济技术指标

1. 工业厂区总平面设计方案的技术经济指标

（1）建筑系数指标

建筑系数指标是指厂区内建筑物、构筑物、各种堆场的占地面积之和与厂区占地面积之比，它是工业建筑总平面设计中比较重要的技术经济指标，反映总平面设计中，用地是否合理紧凑。其表达式为：

$$建筑系数 = [(F_2 + F_3) \div F_1] \times 100\% \tag{25-137}$$

式中　F_1——厂区用地面积，m^2，指厂区围墙（或规定界限）以内的用地面积；

　　　F_2——建筑物和构筑物的用地面积，m^2；

　　　F_3——有固定装卸设备的堆场（如露天栈桥、龙门吊堆场）和露天堆场（如原材料燃料等的堆场）的用地面积，m^2。

（2）土地利用系数

土地利用系数指厂区的建筑物、构筑物、各种堆场、铁路、道路、管线等的占地面积之和与厂区占地面积之比，它比建筑密度更能全面反映厂区用地是否经济合理的情况。其表达式为：

$$土地利用系数 = [(F_2 + F_3 + F_4) \div F_1] \times 100\% \tag{25-138}$$

式中　F_4——铁路、道路、管线和绿化用地面积，m^2。

（3）绿地率

$$绿地率 = (绿化面积 \div 厂区用地总面积) \times 100\% \tag{25-139}$$

（4）工厂厂区主要技术经济指标和工程量表（表25-24）

工厂厂区主要技术经济指标和工程量表　　　　　　　　　　表25-24

序号	名　称	单位	数量	备　注
1	用地面积	hm^2		
2	建筑物用地面积	hm^2		
3	构筑物用地面积	hm^2		
4	露天仓库及露天操作场面积	hm^2		
5	堆场面积	hm^2		
6	道路、广场及停车场面积	hm^2		
7	标准(窄)轨铁路用地面积	hm^2		
8	绿化面积	hm^2		指集中绿化面积
9	建筑系数	%		[(2)+(3)+(4)]/(1)

序 号	名 称		单 位	数 量	备 注
10	绿地率		%		
	工程量				
11	拆迁房屋		m²		
12	排水沟长度		m		
13	围墙长度		m		注明材料和高度
14	挡土墙长度		m		注明材料和平均高度
15	土方量	填土	m³		
		挖土	m³		

注：1. 表列项目随工程内容增减；

2. 露天仓库系指堆存原料、燃料或成品等固定的堆置场；

3. 堆场系指堆存零星物件或废料等非专用性的堆置场。

2. 单项工业建筑设计方案的技术经济指标

单项工业建筑设计方案的技术经济指标除占地（用地）面积、建筑面积、建筑体积指标外，还考虑以下指标：

（1）生产面积、辅助面积和服务面积之比。

（2）单位设备占用面积。

（3）平均每个工人占用的生产面积。

（二）民用建筑主要技术经济指标和工程量表

1. 民用建筑主要技术经济指标和工程量表（表25-25）

民用建筑主要技术经济指标和工程量表　　　　　　表25-25

序 号	名 称	单 位	数 量	备 注
1	用地面积	hm²		
2	建筑物用地面积	hm²		
3	构筑物用地面积	hm²		
4	露天专用堆场面积	hm²		如煤、灰堆场
5	体育用地面积	hm²		
6	道路广场及停车场面积	hm²		
7	绿化面积	hm²		
8	总建筑面积	m²		
9	建筑系数	%		[(2)+(3)+(4)]/(1)
10	建筑容积率			(8)／(1)
11	绿地率	%		(7)／(1)
12	单位综合指标			如：医院 m²/床，学校 m²/学生
	工程量			
13	拆迁房屋	m²		
14	排水沟长度	m		

序 号	名 称		单 位	数 量	备 注
15	围墙长度		m		注明材料和高度
16	挡土墙长度		m		注明材料和平均高度
17	土方量	填土	m³		
		挖土	m³		

注：1. 表列项目随工程内容增减；
　　2. 体育用地系指田径、球类、器械等用地面积。

2. 居住建筑设计方案的技术经济指标

（1）适用性指标

1）居住面积系数（K）

$$K=(标准层的居住面积÷建筑面积)×100\%　　　　(25-140)$$

居住面积系数反映居住面积与建筑面积的比例，$K>50\%$为佳，$K<50\%$为差。

2）辅助面积系数（K_1）

$$K_1=(标准层的辅助面积÷使用面积)×100\%　　　　(25-141)$$

使用面积也称作有效面积。它等于居住面积加上辅助面积。辅助面积系数 K_1，一般在 20% 至 27% 之间。

3）结构面积系数（K_2）

$$K_2=(墙体等结构所占面积÷建筑面积)×100\%　　　　(25-142)$$

结构面积系数，反映结构面积与建筑面积之比，一般在 20% 左右。

4）建筑周长系数（K'）

$$K'=(建筑周长÷建筑占地面积)(m/m^2)　　　　(25-143)$$

建筑周长系数，反映建筑物外墙周长与建筑占地面积之比。

5）每户面宽

$$每户面宽=建筑物总长÷总户数 (m/户)　　　　(25-144)$$

6）平均每户建筑面积

$$平均每户建筑面积=建筑总面积÷总户数 (m^2/户)　　　　(25-145)$$

7）平均每户居住面积

$$平均每户居住面积=居住总面积÷总户数 (m^2/户)　　　　(25-146)$$

8）平均每人居住面积

$$平均每人居住面积=居住总面积÷总人数 (m^2/人)　　　　(25-147)$$

9）平均每户居室及户型比

$$平均每户居室数=总居室数/总户数　　　　(25-148)$$
$$户型比=某户型的户数÷总户数　　　　(25-149)$$

10）通风

主要以自然通风组织的通畅程度为准。评价时以通风路线短直、通风流畅为佳；对角通风次之；路线曲折、通风受阻为差。

11）保温隔热

根据建筑外围护结构的热工性能指标来评价。

12）采光

居住建筑的采光面积，应保证居室有适宜的阳光和照度。采光面积过小，不仅不符合卫生要求，而且视觉、感觉上也感到不适；但若窗口面积过大，对隔声、隔热、保温也是不利的。

（2）经济性指标

1）工期

工期指工程从开工到竣工的全部日历天数。评价工期应以法定的定额工期（或计算工期）为标准。

2）投资及总造价

① 工程总造价（万元）；

② 每平方米建筑面积造价（元/m²）；

③ 每平方米居住面积造价（元/m²）；

④ 平均每户造价，公式为：平均每户造价＝工程总造价÷总户数（元/户）；

⑤ 平均每人造价，公式为：平均每人造价＝工程总造价÷总居住人数（元/人）；

⑥ 一次性投资：是指为发展某一建筑体系而必须设置的制造厂、生产线及专用生产设备、施工设备所需的基建投资。

3）主要材料消耗量

指用于建设工程中的主要材料（如钢材、木材、水泥、普通砖等）的总消耗量及单方耗用量。

4）其他材料消耗量

其他材料耗用量指用于建设工程中的其他材料（如平板玻璃、卫生陶瓷、沥青、装饰材料等）的消耗数量。

5）劳动耗用量

劳动耗用量指工程建设过程中直接耗用的各工种劳动量之和。

6）土地占用量

土地占用量指建筑红线范围内的占用面积。

（3）使用阶段评价指标

1）经常使用费

经常使用费是指建筑物投入使用后每年所支出的费用。如维修费、折旧费等费用。

2）能源耗用量

能源耗用量指建筑物用于采暖、电梯等方面能源的耗用量。

3）使用年限

使用年限是指建筑物从投入使用到报废的全部日历天数。

3. 公共建筑设计方案的技术经济指标

（1）适用性指标

1）平均单位建筑面积

单位建筑面积＝总建筑面积÷使用单位（人、座、床位）总数（m²/人、座、床）

(25-150)

教学楼、办公楼等按人数计算建筑面积；体育馆、影剧院、餐馆等按座位计算；旅馆、医院等按床位计算。

2）平均单位使用面积

单位使用面积＝总使用面积÷使用单位（人、座、床位）总数（m^2/人、座、床）

(25-151)

公共建筑中的使用面积包括主要使用房间面积（如教室、实验室、病房、营业厅、观众厅等的面积）和辅助房间面积（如厕所、储藏室、电气和设备用房的面积）。

3）建筑平面系数

建筑平面系数＝使用部分面积÷建筑面积 (25-152)

使用部分面积＝使用房间面积＋辅助房间面积，平面系数越大，说明方案的平面有效利用率越高。

4）辅助面积系数

辅助面积系数＝辅助面积÷使用面积 (25-153)

辅助面积系数小，则方案在辅助面积上的浪费少，也说明方案的平面有效利用率高。

5）结构面积系数

结构面积系数＝结构面积÷建筑面积 (25-154)

结构面积系数越小，说明有效使用面积增加，这是评价采用新材料、新结构的重要指标。

（2）经济性指标

1）反映建设期经济性的指标

反映建设期经济性的指标主要有：工程工期、工程造价、单位造价、主要工程材料耗用量、劳动消耗量等指标。

2）反映使用期内经济性的指标

反映使用期内经济性的指标主要有：土地占用量、年度经常使用费、能源耗用量等指标。

3）经济效果指标

① 对于生产性项目可采用内部投资收益率、投资回收期等指标；

② 对于非生产性项目可采用效益费用比的指标。

（三）居住小区（或工矿生活区）主要技术经济指标和工程量表

1. 居住小区（或工矿生活区）主要技术经济指标和工程量表（表 25-26）

居住小区（或工矿生活区）主要技术经济指标和工程量表　　　表 25-26

序　号	名　　称	单　位	数　量	备　注
1	总用地面积	hm^2		
	其中：居住建筑用地	hm^2		
	公共建筑用地	hm^2		
	道路广场用地	hm^2		
	集中绿化用地	hm^2		
2	总建筑面积	m^2		
	其中：居住建筑用地	m^2		

序 号	名 称		单 位	数 量	备 注
	公共建筑面积		m²		
3	总建筑用地面积		m²		
4	总居住户数		户		
5	总居住人口		人		注明户均人口
6	住宅平均层数		层		
7	居住建筑面积毛密度		m²/hm²		（居住建筑面积）/（总用地面积）
8	容积率		m²/hm²		（建筑面积）/（用地面积）
9	居住建筑面积净密度		m²/hm²		（居住建筑面积）/（居住建筑用地）
10	建筑系数		%		（总建筑占地面积）/（总用地面积）
11	人口毛密度		人/hm²		（总居住人口）/（总用地面积）
12	人口净密度		人/hm²		（总居住人口）/（居住建筑用地）
13	人均居住建筑用地		m²/人		
14	人均公共建筑用地		m²/人		
15	人均道路、广场用地		m²/人		
16	人均绿化用地		m²/人		
	工程量				
17	拆迁房屋		m²		
18	排水沟长度		m		
19	围墙长度		m		注明材料和高度
20	挡土墙长度		m		注明材料和平均高度
21	土方量	填土	m³		
		挖土	m³		

注：表列项目随工程内容增减。

2. 居住小区设计方案的技术经济指标

居住小区设计方案的技术经济指标，核心问题是提高土地的利用率、降低造价。

（1）居住区用地

城市居住区的住宅用地、配套设施用地、公共绿地以及城市道路用地的总称。

（2）居住总人口

居住总人口是指居住区内常住人口的总人数。

（3）人口密度

1）人口毛密度

$$人口毛密度＝居住总人口÷居住区用地面积（人/hm²）\qquad(25\text{-}155)$$

2）人口净密度

$$人口净密度＝居住总人口÷住宅用地面积（人/hm²）\qquad(25\text{-}156)$$

（4）住宅建筑套密度

1）住宅建筑套毛密度

      住宅建筑套毛密度＝住宅建筑套数÷居住区用地面积（套/hm²）   （25-157）

2）住宅建筑套净密度

      住宅建筑套净密度＝住宅建筑套数÷住宅用地面积（套/hm²）   （25-158）

（5）住宅面积密度

1）住宅面积毛密度

      住宅面积毛密度＝住宅建筑面积÷居住区用地面积（m²/hm²）   （25-159）

2）住宅面积净密度

      住宅面积净密度＝住宅建筑面积÷住宅用地面积（m²/hm²）   （25-160）

住宅面积净密度也称住宅容积率。

（6）建筑面积毛密度

    建筑面积毛密度＝各类建筑的建筑面积之和÷居住区用地面积（m²/hm²）

（25-161）

建筑面积毛密度也称容积率。

（7）住宅建筑净密度

      住宅建筑净密度＝（住宅建筑基底面积÷住宅用地面积）×100%   （25-162）

式中   住宅建筑基底面积——住宅建筑的占地面积总和。

（8）建筑密度

    建筑密度＝［各类建筑的基底（即占地）面积之和÷居住区用地面积］×100%

（25-163）

（9）绿地率

      绿地率＝（各类绿地面积之和÷居住区用地面积）×100%   （25-164）

（10）工程造价及投资

1）土地开发费。土地开发费指每公顷居住区用地开发所需的前期工程的测算投资。包括征地、拆迁、各种补偿、平整土地、敷设外部市政管线设施、绿化道路工程等各项费用。

2）工程总投资、住宅单方综合造价。

（11）主要材料及资源消耗量

主要材料及资源消耗量是指居住小区建设中所需用的各种材料、人工、机械等的数量。

（12）居住区分级控制规模

居住区按照居民在合理的步行距离内满足基本生活需求的原则，可分为十五分钟生活圈居住区、十分钟生活圈居住区、五分钟生活圈居住区及居住街坊四级，其分级控制规模应符合表 25-27 的规定。

居住区分级控制规模   表 25-27

距离与规模	十五分钟生活圈居住区	十分钟生活圈居住区	五分钟生活圈居住区	居住街坊
步行距离（m）	800～1000	500	300	—
居住人口（人）	50000～100000	15000～25000	5000～12000	1000～3000
住宅数量（套）	17000～32000	5000～8000	1500～4000	300～1000

例 25-35 （2010、2013）居住区的技术经济指标中，人口毛密度是指：

A 居住总户数/住宅建筑基底面积

B 居住总人口/住宅建筑基底面积

C 居住总人口/住宅用地面积

D 居住总人口/居住区用地面积

解析：人口毛密度是指居住区的居住总人口与居住区用地面积之比。

答案：D

例 25-36 （2021）某住宅用地占小区用地的 60%，住宅建筑基底面积 15000m²，住宅建筑净密度 12%，绿化率 10%，总建筑面积 320000m²，容积率是多少？

A 0.79　　　　B 1.39　　　　C 1.54　　　　D 1.67

解析：住宅建筑净密度＝住宅建筑基底总面积（m²）/住宅用地总面积（m²）

住宅用地面积＝住宅建筑基底总面积/住宅建筑净密度＝15000/12%＝125000m²

居住区用地面积＝住宅用地面积÷60%＝125000÷60%＝208333.33m²

容积率＝各类建筑的建筑面积之和÷居住区用地面积＝320000÷208333.33＝1.54

答案：C

（四）单项工程经济指标表（表 25-28）

单项工程经济指标表　　　　表 25-28

序号	项目名称		综合造价（元）						100m²建筑面积造价（元）	占合计价（%）	经济指标（元）			备注
			造价	其中							单位	数量	单位指标	
				分项造价	人工费	材料费	机械费	设备价						
1	其中	土建工程												
		建筑工程									m³			
		结构工程									m³（混凝土）			
		二次装修												
2	其中	给水排水工程												
		一般给水排水									m³/h			
		热水、饮水供应									m³/h			
		消防系统									套			
		中水处理系统									m³/h			
3	其中	暖通工程												
		采暖工程									kJ/h			
		通风工程									m³/h			
		空调工程									kJ/h			
4	其中	强电工程												
		照明工程									kW			
		变配电工程									kW			

序号	项目名称		综合造价（元）						100m²建筑面积造价（元）	占合计价（%）	经济指标（元）			备注
			造价	其中							单　位	数量	单位指标	
				分项造价	人工费	材料费	机械费	设备价						
	弱电工程													
5	其中	通信及电报电传系统									部			
		广播及音响系统									个			
		电视天线系统									户			
		消防报警系统									个			
		监控系统									个			
		电脑管理系统									终端			
6	电梯工程													
	其中	一般客梯									部			
		一般货梯									部			
		自动扶梯									部			
7	煤气工程										m³/h			
8	其　他													
9	合　计									100				

二、全国部分城市建筑工程造价参考资料（表25-29、表25-30）

全国部分城市建筑工程造价参考资料（一）（元/m²）

（1999年10月）　　　　　　　　　　　　　　　　　　　表 25-29

工程类别 ＼ 造价城市	北京	上海	天津	重庆	沈阳	南宁	广州
1. 住宅							
低层一般标准	—	—	—	1000～1200	1000～1150	800～900	—
低层高标准	1400～1500	1250～1400	1250～1450	1150～1300	1300～1500	——	1400～1530
多层一般标准	1200～1500	1200～1400	1150～1400	1100～1400	1050～1350	1000～1100	1000～1200
多层高标准	1500～1800	1400～1600	1350～1550	1300～1600	1400～1600		1400～1600
高层一般标准	1500～1700	1500～1700	1400～1500	1300～1500	1250～1450	1250～1400	1450～1500
高层高标准	2200～2500	2200～2600	1800～2200	1900～2400	1600～1800	—	1800～2000
2. 宿舍							
多层一般标准	1000～1200	1100～1200	1000～1200	850～1100	1000～1100	800～1000	1000～1200
高层一般标准	1300～1500	1250～1500	1200～1400	1150～1400	1200～1300	1100～1300	1200～1400

工程类别 ＼ 城市 ＼ 造价	北京	上海	天津	重庆	沈阳	南宁	广州
3. 办公楼出租写字楼							
多层一般标准	1500～1800	1400～1600	1350～1600	1300～1500	1350～1500	1250～1400	1400～1500
多层高标准	1600～2000	1500～1800	1400～1700	1450～1650	1450～1600	1400～1600	1500～1800
高层一般标准	2500～3500	2400～3200	2200～3000	2000～3000	1800～2000	—	1600～2250
高层高标准	4000～5000	4200～5000	3500～4000	3000～4000	3000～3500	—	2500～3500
4. 旅游酒店							
多层一般标准	2800～3300	2600～3200	2500～3000	2400～2800	2200～2500	1550～1800	2000～2500
高层一般标准	3500～4100	3200～3800	3200～3500	3000～3300	3000～3500	—	2500～3000
三星级	4000～4600	4500～5000	3500～4500	3300～4000	3500～4000	3000～4000	3500～4500
五星级	5500～6500	5000～8000	5000～6000	4500～5500	4600～5500	—	4500～5500
5. 商店							
多层一般标准	2000～2500	2100～2800	1800～2200	1650～2150	1500～1800	1300～1400	1450～1800
多层高标准	3000～3800	3100～4000	2500～3500	2500～3300	2500～3000	1500～1900	2100～2410
高层高标准	4000～4900	4500～4800	3800～4300	3500～4000	3000～3500	—	2800～3500
高层一般标准	2500～3000	2600～3000	2300～2900	2200～2600	2000～2500	—	—
6. 中小学校							
多层一般标准	1200～1500	1300～1500	1100～1200	1100～1200	1050～1200	800～900	800～1000
多层高标准	1800～2500	1600～2000	1400～2000	1400～2000	1300～1800	1200～1300	1200～1400
7. 医院							
多层一般标准门诊部	2000～2200	2200～2500	2000～2300	1800～2000	1600～1800	1400～1500	1450～1800
多层一般标准医技楼	2300～2600	2500～3200	2200～2500	2000～2500	1800～2200	—	1600～2200
多层一般标准院部	2100～2400	2500～3000	2100～2600	2000～2600	1850～2300	1350～1600	1500～2000
高层一般标准院部	2900～3300	3000～3500	2600～3000	2500～3000	2000～2500		
8. 厂房							
钢筋混凝土轻负荷厂房（7.5kPa）	1300～1600	1200～1500	1200～1400	1100～1300	1000～1200	800～900	—
单层钢筋混凝土普通厂房	1500～1800	1350～1700	1300～1500	1150～1450	1050～1350	800～1100	900～1200
单层钢结构普通厂房	1650～2200	1500～2000	1500～1800	1400～1600	1350～1500	—	—
多层钢筋混凝土厂房	1600～1900	1500～2000	1500～1650	1400～1500	1300～1400	1200～1400	950～1200
多层钢结构厂房	2000～2650	1900～2800	1850～2400	1700～2200	1500～2000	—	—

全国部分城市建筑工程造价参考资料（二）（2000年12月）

表 25-30

工程类别	北京	天津	广州	石家庄	呼和浩特	沈阳	长春	哈尔滨	福州	长沙	成都	南宁	贵州	西安	宁夏	青岛	郑州
1. 住宅																	
低层一般标准	1000~1200	620	650~850			750~900	650~700		700~800	700~800	700				550		
低层高标准	1100~1400																
多层一般标准	1600~2150	650	800~1000	600~750	600~750	600~700	590~660	650~750	750~900	680~780	800		550~600	650~800	650	700	552
多层高标准	1500~2000	720	1100~1300	750~1000	700~750	850~950	650~750	750~850		1100~1200	1000~1200		700~800	750~900	1200		
高层一般标准	2800~3700	1380	1050~1300	1350~1500	900~1100	1400~1500	1100~1700	1100~1300	1600~1800	1350~1500	1300		1200~1400	1300~1500	1500		932
高层高标准		1520	1300~1600	1600~2000	800~1000 / 1000~1200	1800~2000	1850	1300~1750		1700~2100	1700		1700~2100	1500~1800	1800		
2. 宿舍																	
多层一般标准	1000	630	800~1000	550~700	550~650	650~750	650~850	750~850（低层）	750~850（低层）	600~650	700~800		600~700	1000~1200	600	600	
高层一般标准	1200~1400	750	900~1100	1300~1500	700~750	1300~1400	1200~1750	1200~1400		1000~1300 / 1200~1400	1200~1400	750~850	1200~1400				
3. 办公楼出租写字楼																	
多层一般标准	2000~4500		950~1200	650~870	850~1200	800~900	950~1120	1000~1200	1000~1200	950~1250	800~1000		800~1000				
多层高标准	3000~6500		1200~1500	850~1100	1800~2000	1500~1600	1200~1400	1200~1400		1300~1500	1300~1500		1400~1600	1600~1800			
高层一般标准	4000~6000	1560	1100~1300		1600~1800	1500~1600	1200~1600	1400~1800	1800~2000	1600~2100	1800		1800~2000	2100~2300		2960	1070
高层高标准	5000~7000	1839	1300~1600		2500~3000	1900~2100	1600~2200	1800~3130		2300~2800	2300						
4. 旅游酒店																	
多层高标准	2700~4600				1300~1500	1600~1700	1000~1200	1900（多层高标准）	2100~2300	1800~2000	1500				1500		
高层一般标准							1200~1800										
三星级	2900~5000 / 4200~6000				1800~2000 / 3500~4000				3500~2800	2200~2500 / 2800~3000	1900		2800~3000	1800~2000	1800 / 2500		
五星级	5600~8000				4500~5000				3000~3500	3500~3800	2600				3500		
5. 商店																	
多层一般标准	1400~1800		1200~1400		800~1000	600~700	800~1100		1200~1500	1000~1300	700~850	850~950	700~900	1100~1300	1200		
高层高标准	2000~4200 / 2500~5000	1250	1300~1600 / 1600~2000		1200~1500 / 2500~3500	1500~1600			1500~1800	1800~2500 / 3000~3500	1400~1600 / 2400	900~1000 / 950~1100			2500 / 3000		
6. 中小学校																	
多层一般标准	1200~1800	870	900~1100		650~750	650~750	780~980	700~850	800~900	850~1100	800	900~1000		1100~1300	800	665	
多层高标准	1900~2600	1222	1050~1250		800~1000	800~1000	1000~1240	850~1100	1100~1300	1300~1400	1300	950~1100			2500		
7. 医院																	
多层一般标准门诊部	2000~3300	985	850~1050		1200~1500				1200~1500	1200~1500	1160			1200~1400			
一般标准医技楼	3000~3200	1182	950~1150		1500~1800				2100~2300	2100~2300	1100			2100~2600			
多层一般标准医院部	1600~2500	1250	950~1150		1800~2000			1600~2200	1200~1500		1000~1200	2700~2850		1200~1400			
高层一般标准院部	2000~4500		1100~1300		2000~2500				1500~1800		1800						
8. 厂房																	
钢筋混凝土轻负荷厂房(7.5kPa)	1500		600~750		700~900		700~900		900~1000								
单层钢筋混凝土普通厂房	1700	718	620~750		800~1000		800~1300	1100~1300	700~800	1000~1300	1200~1500	900~1000	1200~1400	2100~2600	1500		
单层钢筋结构普通厂房	2000				900~1100			1150~1350	700~800	1150~1350		950~1100	1200~1400	950~1100	1500		
多层钢筋混凝土厂房	1700		250~900		750~850				600~700		1200~1500				1300		
多层钢结构厂房	3000				1300~1500		1200~1400（装配式彩钢压型板）		600~700	1200~1400	1000				1000		

114

三、建筑技术经济指标

(一)部分住宅建筑技术经济指标(表 25-31)

住宅建筑技术经济指标 　　　　　　　　　　　　　　　　　表 25-31

序号	项目 / 内容及数量 编号	1	2	3	4
1	工程名称	北京某兵团住宅楼	天津永基花园 A₂ 住宅	河北省计经委住宅楼	沧州市化工厂高层住宅
2	建设地点	北京	天津市	石家庄	河北省沧州市
3	建设时间	1993 年 3 月	1993 年 11 月	1994 年	1994 年 9 月
4	建筑面积	1437.16m²	17284.42m²	5076.44m²	17762.91m²
5	居住套数	6 套	230 套	54 套	162 套
6	层数	6 层	33 层	7 层	19 层
	其中:地上	6 层	32 层	6 层	18 层
	地下	0 层	1 层	1 层	1 层
7	标准层层高	3m	2.7m	3m	2.9m
8	结构类型	砖混	滑模	砖混	剪力墙
9	抗震设防烈度	8 度	7 度	7 度	7 度
10	户(套)均建筑面积	218.25m²/套	75.15m²/套	81.08m²/套	109.65m²/套
11	户(套)均使用面积	157.17m²/套	53.38m²/套	58.383m²/套	74.51m²/套
12	卧室使用面积	71.03m²/套	15.94m²/套	25.583m²/套	31.39m²/套
13	起居、餐厅、过厅使用面积	62.4m²/套	26.09m²/套	23.30m²/套	19.10m²/套
14	厨房使用面积	12.58m²/套	6.53m²/套	5.59m²/套	7.54m²/套
15	卫生间使用面积	11.18m²/套	3.30m²/套	2.93m²/套	3.36m²/套
16	其他使用面积		1.52m²/套	0.98m²/套	13.12m²/套
17	户外公用建筑面积	61.08m²/套	12.42m²/套		18.46m²/套
	主要经济指标				
18	土建　　　　(元/m²)	852.40	1292.96	456.3	871.78
19	给水排水　　(元/m²)	65.03	67.63	30.98	31.67
20	采暖　　　　(元/m²)	73.23	31.30	15.56	24.04
21	通风空调　　(元/m²)			0	
22	照明　　　　(元/m²)	57.58	68.81	21.67	31.11
23	电话　　　　(元/m²)	1.26	5.08	2.58	1.28
24	电视天线　　(元/m²)	2.24	0.51	7.36	2.46
25	煤气　　　　(元/m²)				
26	电梯　　　　(元/m²)				45.97
27	变配电　　　(元/m²)				
28	其他　　　　(元/m²)				7.96
29	合计　　　　(元/m²)	1051.79	1466.29	534.45	1016.27

序号	内容及数量 编号 项目	1	2	3	4
	每100m² 主要材料消耗量				
30	水泥　　　　　（t）	22.26	22.86	14.5	23.3
31	钢筋　　　　　（t）	4.16	5.44	2.25	6.08
32	型钢　　　　　（t）	0.38	0.17	0.029	0.06
33	原木　　　　　（m³）	3.62	0.98	4.92	2.92

（二）综合楼建筑技术经济指标（表25-32）

综合楼建筑技术经济指标　　　　　　　　　　　　表 25-32

序号	指标 编号 项目	1. 北京阳光广场	2. 北京中环广场	3. 北京银都花园	4. 北京南银大厦
1	建设地点	北京安慧北里	北京市西城区 白纸坊北侧	北京海淀区 索家坟二号	北京市三元立交桥
2	占地面积	28800m²	23500m²	40200m²	
3	建筑总面积	149737m²	140684m²	175084m²	68920.24m²
4	地上	82523m²	62700m²	140402m²	58120m²
5	地下	42737m²	51673m²	34482m²	10800m²
6	裙房	24416m²	26311m²	67261m²	
7	公寓用房自然套数	664 套	134 户		
8	商业及辅助用房面积	69214m²	45215m²		
9	每套公寓用房面积	225.50m²	113.36m²		
10	建设起止时间		1995 年 1 月～ 1997 年 12 月	1994 年 10 月～ 1998 年 3 月	1994 年 10 月～ 1996 年
11	总投资　　　（万元）	79000.3	80023.12	77936.61	23045.5
12	造价指标　　（元/m²）	5275.94	5688.15	4451.38	3343.79
13	造价指标　　（元/套）	1189764			
14	檐高	95.6m	60.4m	58.8m	83m
15	层数　地下	3 层	3 层	2 层	3 层
16	地上	31 层	18 层	18 层	29 层
17	层高　首层	5.35m	5.5m	5.0m	5.0m
18	标准层	2.7m	3.45m	3.30m	3.3m
19	开间×进深	4m×7m	8m×8m, 3m×4.2m	3.6m×5.7m	8.5m×8.5m
20	抗震设防烈度	8 度	8 度	8 度	7 度
21	地基承载力	180kPa	350kPa	210kPa	180kPa
22	结构形式	框架剪力墙	框架剪力墙	框架剪力墙	框架剪力墙

序号	指标编号 项目	1. 北京阳光广场	2. 北京中环广场	3. 北京银都花园	4. 北京南银大厦
23	建筑技术经济指标	5275.94 元/m²	5688.15 元/m²	4451.38 元/m²	3343.79 元/m²
24	土 建	2692.99 元/m²	2943.87 元/m²	2475.12 元/m²	2105.82 元/m²
25	给水排水	316.58 元/m²	344.0 元/m²	171.35 元/m²	243.39 元/m²
26	暖 气	66.11 元/m²	60.96 元/m²	31.72 元/m²	
27	空 调	384.25 元/m²	506.3 元/m²	373.87 元/m²	581.42 元/m²
28	强 电	217.56 元/m²	447.17 元/m²	546.97 元/m²	343.75 元/m²
29	弱 电	153.35 元/m²	595.09 元/m²	221.53 元/m²	65.39 元/m²
30	电 梯	235.63 元/m²	439.75 元/m²	350.58 元/m²	
31	其 他	1209.45 元/m²	338.98 元/m²	251.97 元/m²	4.03 元/m²
32	每平方米主材指标				
33	水 泥	432kg	436kg	384kg	379kg
34	钢 材	122kg	147.14kg	127.42kg	131.9kg
35	木 材	0.032m³	0.05m³	0.042m³	0.03m³
36	混凝土每平方米折算厚度	0.673m³/m²	0.846m³/m²	0.713m³/m²	0.629m³/m²

（三）商厦建筑技术经济指标（表25-33）

商厦建筑技术经济指标　　　　表 25-33

序号	指标编号 项目	1. 北京西客站购物中心	2. 北京新东安市场	3. 北京丰台东安街商场	4. 北京朝外商业中心
1	建设地点	北京西客站南广场	北京王府井大街	北京丰台区东安街	北京市日坛路
2	占地面积	14727.17m²	21400m²	1444.75m²	6783.7m²
3	建筑总面积	167.256m²	202882m²	6654.30m²	76905.94m²
4	地上	97566m²	145801m²	5083.92m²	59211.45m²
5	地下	69690m²	57081m²	1570.38m²	17694.49m²
6	商业经营建筑面积	85076m²	122194m²	5083.92m²	51225.14m²
7	总投资（万元）	47818.87 万元	123032 万元	1374.71 万元	32469.88 万元
8	建筑面积指标（元/m²）	2859.02 元/m²	6064.23 元/m²	2065.91 元/m²	4222.02 元/m²
9	经营建筑面积指标（元/m²）	5627.72 元/m²	10068 元/m²	2704.04 元/m²	6338.67 元/m²
10	施工起止日期	1996 年 3 月～1999 年 3 月	1994 年 4 月～1997 年 6 月	1996 年 12 月～1997 年 5 月	1995 年 12 月～1997 年 12 月
11	檐高（m）	30.75m	45.8m	14.1m	83.1m
12	层数 地下	5 层	3 层	1 层	3 层
13	地上	7 层	11 层(1～6 层商业、7～11 层写字楼)	3 层	20 层

序号	指标编号 项目	1. 北京西客站 购物中心	2. 北京 新东安市场	3. 北京丰台 东安街商场	4. 北京朝外 商业中心
14	层高　首层	5.1m	5.5m	4.8m	5.1m
15	标准层	5.1m	4.5m	4.5m	4、5、3、4m
16	开间×进深	8m×8m	8.4m×8.4m	7.8m×7.8m	10.5m×10.5m
17	抗震设防	8度	8度	8度	8度
18	地基承载力	200kPa	400kPa	200kPa	350kPa
19	结构形式	框架	框架	框架	框架剪力墙
20	建筑技术经济指标	2859.02 元/m²	6064.23 元/m²	2065.91 元/m²	4222.02 元/m²
21	土　建	1350.01 元/m²	3646.53 元/m²	1568.68 元/m²	2405.82 元/m²
22	给水排水	101.01 元/m²	117.46 元/m²	62.2 元/m²	132.94 元/m²
23	暖　气	28.25 元/m²		28.66 元/m²	
24	空　调	360.76 元/m²	695.64 元/m²		517.56 元/m²
25	强　电	429.85 元/m²	577.52 元/m²	24.57 元/m²	512.89 元/m²
26	弱　电		290.77 元/m²	35.47 元/m²	132.60 元/m²
27	电　梯	454.06 元/m²	734.08 元/m²	79.35 元/m²	445.79 元/m²
28	其　他	135.07 元/m²	2.24 元/m²	266.98 元/m²	74.75 元/m²
29	每平方米主材指标水泥	301.91kg	387kg	303.28kg	399kg
30	钢　材	99.52kg	162kg	62.36kg	135.24kg
31	木　材	0.01m³	0.03m³	0.0064m³	0.026m³
32	混凝土每平方米折算厚度	0.481m³/m²	0.708m³/m²	0.54m³/m²	0.73m³/m²

（四）住宅建筑工程造价参考指标（表25-34）

住宅建筑工程造价参考指标　　　　　　　　　　　　　　　　　　表 25-34

宿舍			
工程名称	结构类别	单方造价（元/m²）	备　注
板式多层住宅	砖混结构	930～1000	一般标准
板式多层住宅	内大模外小砖	960～1050	一般标准
板式多层住宅	内大模外挂板	1300～1450	一般标准
塔式多层住宅	砖混结构	960～1050	一般标准
多层小天井住宅	砖混结构	1050～1150	一般标准
多层装配壁板住宅	全装配	1300～1400	一般标准
多层住宅	砖混结构	1270～1350	室内装饰标准略高
塔式高层住宅	内大模外挂板	1531～1644	一般标准
塔式高层住宅	内轻质墙外挂板	1784～1848	一般标准
塔式高层住宅	滑升	1890～1950	一般标准
塔式高层装配壁板住宅	全装配	1701～1760	一般标准
板式高层住宅	内大模外挂板	1480～1550	一般标准
板式高层住宅	框架外挂板	1680～1740	一般标准
板式高层装配壁板住宅	全装配	1620～1680	一般标准
板式高层住宅	内大模外挂板	1753～1890	室内装饰标准略高
塔式高层住宅	内大模外挂板	1820～1920	室内装饰标准略高

表 25-35

（五）近年部分建筑工程技术经济指标（设计阶段）（表 25-35）

近年部分建筑工程技术经济指标（设计阶段）

序号	名称	建筑类型	建设地点	建筑面积（m²）	结构形式	层数	概算编制时间	单方造价（元/m²）	土建	给排水	暖通空调	电气	弱电	其他
									其中（元/m²）					
1	某医院门诊楼	公建	北京	45800	框剪	22	2009.9	5721	3724	309	567	485	400	236
2	某医院病房楼	公建	济南	56300	框剪	23	2008.5	3123	2004	218	370	244	128	159
3	某医院内科医疗楼	公建	北京	96000	框剪	12	2010.4	5380	3255	334	648	410	296	437
4	某医院外科住院楼	公建	大同	52000	框剪	25	2008.5	3788	2190	153	425	434	338	248
5	某地下车库	公建	兰州	8400	框架	2	2008.4	2936	2421	133	82	180	70	50
6	某肿瘤医院	公建	兰州	46000	框剪	11	2008.8	3531	2000	249	422	390	180	290
7	某医院病房楼门诊楼	公建	石家庄	88000	框剪	22	2008.8	3111	1730	213	442	366	220	140
8	某中学教学楼	公建	长春	3600	框架	4	2008.7	2600	2340	19	112	94	35	
9	某医院门诊楼	公建	北京	22000	框剪	5	2008.7	5300	3060	360	700	500	280	400
10	某重型厂房	工业	北京	6400	框架	1	2008.11	4527	3570	33	500	400		24
11	某科研楼（改造）	公建	北京	6500	框架	5	2008.1	4427	1857	510	1390	430	240	
12	某办公楼	公建	北京	39000	框剪	11	2009.6	7331	3500	186	625	2040	870	110
13	某锅炉房	工业	北京	3600	框架	1	2009.5	3870	3450	240	70	110		
14	某供热厂主厂房	工业	北京	9400	框架	3	2009.5	4403	3360	65	138	800	40	
15	综合医疗楼	公建	昆明	160000	框剪	23	2009.3	4287	2820	165	420	330	300	252
16	某医院病房楼	公建	郑州	11800	框剪	22	2009.4	4331	2840	290	430	300	120	351
17	外科医技病房楼	公建	安徽	60000	框剪	17	2009.12	3960	2260	330	570	420	180	200

四、部分建筑工程造价比
（一）民用建筑土建工程中建筑与结构的造价比（表 25-36）

民用建筑土建工程中建筑与结构的造价比 　　　　表 25-36

序号	结 构 类 型	建筑造价：结构造价	备　　注
1	一般砖混结构	3.5：6.5	系指建筑标准
2	框架结构（一般标准）	4：6	
3	框架结构（略高标准）	5~6：5~4	
4	砖混结构别墅	7.5~8：2.5~2	
5	框架结构体育馆	4.5：5.5	

（二）住宅建筑中各单位工程造价比（表 25-37）

住宅建筑中各单位工程造价比 　　　　表 25-37

序号	单位工程名称	造价比率（%）		附　　注
		多层	高层	
1	土建工程	81.2~82.4	80.0~81.6	通风系指有人防 弱电系指共用天线
2	水卫工程	4.8~5.4	3.2~5.2	
3	暖通工程	3.6~4.4	2.0~3.6	
4	电气工程	5.2~5.6	2.0~3.0	
5	弱电工程	1.5~1.7	0.3~0.5	
6	煤气工程	1.7~1.9	0.7~0.8	
7	电梯工程	—	8.0~9.0	
	合　　计	100	100	

（三）公用建筑中各单位工程造价比（表 25-38）

公用建筑中各单位工程造价比 　　　　表 25-38

序号	单位工程	造价比（%）	附　　注
1	土建工程 其中：建筑装修 　　　结　　构	65~66 34~35 30~31	
2	给水排水工程	7~8	含消防喷淋
3	采暖及空调	11~12	
4	强电工程	8~9	
5	弱电工程	4~5	
6	电　　梯	2~3	
	合　　计	100	

（四）高级旅馆建筑造价构成比（表 25-39）

高级旅馆建筑造价构成比 表 25-39

序　号	项　目	造价比率（％）	附　注
1	±0 以下基础或地下室	5～15	
2	主体结构	20～30	
3	建筑装修	20～30	
4	机电设备	30～50	
5	建筑安装工程合计	50～80	
6	其他投资	20～50	用于征地、拆迁、市政及公用设施、园林绿化、家具陈设、炊事用具、职工培训等

（五）土建工程直接费中人工、材料、机械费构成比（表 25-40）

土建工程直接费中人工、材料、机械费构成比 表 25-40

序　号	项目名称	构成比例（％）	备　注
1	人　工　费	10～15	或称土建工程直接费中，人工工资占 15％左右；材料及机械使用费占 85％左右
2	材　料　费	70～80	
3	机械使用费	5～10	

五、地震、层数、层高等因素对造价的影响

（一）地震烈度对土建工程造价的影响（表 25-41）

地震烈度对土建工程造价的影响 表 25-41

建、构筑物类别		5度	6度	7度	8度	9度	备　注
民用建筑	砖　混	100		105	110	—	住宅、宿舍、办公楼等
	框　架	100		106	110	115	
厂　房	砖　混	100	略低于7度	102	105	108	多跨重型厂房
	排　架	100		104	107	112	
构筑物	设备基础	100		103	110	120	
	水　塔	100		110	120	140	
	砖烟囱	100		102	108	—	
	钢筋混凝土烟囱	100		106	111	122	
	管道支架	100		102	108	110	

注：本表原系根据老的抗震设计规范设计的工程测算资料，6度为不设防。

（二）多层建筑层数不同对土建工程造价的影响（表 25-42）

多层建筑层数不同对土建工程造价的影响 表 25-42

层　数	1	2	3	4	5	6
造价比（％）	100	90	84	80	85	85

（三）多层建筑层高不同对土建工程造价的影响（表 25-43）

多层建筑层高不同对土建工程造价的影响 表 25-43

层　高（m）	3.6	4.2	4.8	5.4	6.2
造价比（％）	100	108	117	125	133

注：每±10cm 层高约增减造价 1.33％～1.50％。

六、材料消耗参考指标

(一) 民用建筑主要材料消耗参考指标 (表 25-44)

民用建筑主要材料消耗参考指标 (不包括室外工程)

表 25-44

工程名称	结构类别	每平方米材料消耗			
		钢材 (kg)	水泥 (kg)	木材 (m³)	砖块 (块)
多层住宅	砖 混	20～22	135～145	0.04～0.05	245～255
多层住宅	内浇外砌	26～27	175～185	0.04～0.05	125～135
多层住宅	全 装 配	32～33	225～235	0.04～0.05	40～45
多层住宅	灌注桩基础	(＋) 1～2	(＋) 20～25		(－) 25～30
多层住宅	预制桩基础	(＋) 6～7	(＋) 15～20		(－) 25～30
多层住宅	满堂基础	(＋) 3～4	(＋) 10～15		(－) 25～30
高层住宅	内浇外挂	44～49	215～225	0.03～0.04	10～20
高层住宅	框 架	39～44	205～215	0.04～0.05	10～20
高层住宅	滑 升	49～54	215～225	0.04～0.05	10～20
高层住宅	全 装 配	60～65	220～230	0.03～0.04	10～20
多层单宿	砖 混	18～20	120～130	0.04～0.05	240～250
托 幼	砖 混	18～20	140～150	0.04～0.05	280～290
中小学	砖 混	20～23	150～160	0.04～0.05	240～250
教学楼	砖 混	23～26	160～170	0.04～0.05	250～260
教学楼	框 架	45～50	210～230	0.04～0.05	10～20
图书馆	框 架	40～50	210～230	0.05～0.06	50～70
办公楼	砖 混	25～27	160～170	0.04～0.05	270～280
办公楼	框 架 15 层以下	55～65	210～220	0.05～0.06	10～20
办公楼	框 架 16～20 层	65～80	230～250	0.07～0.08	10～15
办公楼	框 架 21～25 层	80～95	260～280	0.08～0.09	5～10
办公楼	框 架 26～30 层	95～100	280～300	0.10～0.12	5～10
实验楼	砖 混	27～30	170～180	0.05～0.06	260～270
实验楼	框 架	50～55	220～240	0.06～0.07	10～20
食 堂	砖 混	20～24	170～180	0.04～0.05	280～290
计算机房	砖 混	20～22	190～200	0.06～0.07	280～290
医 院	砖 混	25～26	240～260	0.05～0.06	300～320
医 院	框 架	55～60	260～270	0.08～0.09	15～20
冷 库	框 架	85～90	320～340	0.03～0.04	
商业楼	砖 混	26～28	160～180	0.05～0.06	220～240
商业楼	框 架	50～55	230～250	0.06～0.07	15～20
书 店	砖 混	26～30	210～220	0.05～0.06	250～260
书 库	砖 混	28～30	150～160	0.04～0.05	120～130
邮 局	砖 混	20～22	180～190	0.04～0.05	280～300
商 店	砖 混	18～20	180～190	0.04～0.05	270～280
旅 馆	砖 混	22～24	150～160	0.04～0.05	220～230
旅 馆	框 架	60～65	220～240	0.08～0.09	20～30
高层饭店	框 架	85～95	270～300	0.09～0.10	10～15
浴 池	砖 混	24～26	150～170	0.04～0.05	280～300
淋 浴	砖 混	20～22	150～160	0.04～0.05	280～300

工程名称	结构类别	每平方米材料消耗			
		钢材（kg）	水泥（kg）	木材（m³）	砖块（块）
外交公寓	砖　混	25～28	170～190	0.07～0.08	240～260
外交公寓	高层大楼	40～45	220～230	0.08～0.09	15～20
小型使馆	砖　混	30～35	250～280	0.10～0.12	300～320
礼　堂		40～45	180～200	0.10～0.12	180～190
剧　场		45～50	200～220	0.11～0.13	160～180
电影院		40～50	180～200	0.08～0.09	180～190
排演场		30～35	160～180	0.07～0.08	300～310
一般体育馆		55～65	220～240	0.08～0.09	160～180
游泳馆		35～45	230～250	0.10～0.12	180～200
展览馆		45～50	280～300	0.10～0.11	150～160
俱乐部		35～40	170～180	0.07～0.08	160～170
洗衣房		14～16	100～120	0.04～0.05	280～300
汽车库		16～20	160～180	0.03～0.04	240～250
一般仓库		15～18	120～140	0.03～0.04	160～180
多层仓库		30～35	180～190	0.04～0.05	60～80
锅炉房		18～20	170～190	0.03～0.04	400～500
变电室		16～18	180～190	0.04～0.05	350～400
热力点		20～22	190～200	0.03～0.04	240～260
水泵房		10～12	110～120	0.02～0.03	320～350
深水泵房		25～28	170～180	0.07～0.08	650～700
加油站		55～60	300～320	0.09～0.10	500～600
汽车过磅房		15～18	140～160	0.04～0.05	350～400
五级人防	钢筋混凝土墙及顶板	140～150	530～540	0.13～0.14	10～15
五级人防	砖墙和钢筋混凝土顶板	40～45	260～270	0.06～0.07	440～450

（二）一般工业建筑主要材料消耗参考指标（表25-45）

一般工业建筑主要材料消耗参考指标（不包括室外工程）　　　　　表25-45

工程名称	结构类别	每平方米材料消耗		
		钢材（kg）	水泥（kg）	木材（m³）
铸工车间	吊车20t以内	45～50	200～220	0.04～0.05
铸钢车间	吊车30t以内	55～60	140～150	0.06～0.07
铸钢车间	吊车75t以内	75～80	150～160	0.07～0.08
铸铁车间	吊车30t以内	50～55	140～150	0.06～0.07
锻工车间	吊车20t以内	45～55	180～200	0.05～0.06
机加工装配车间	吊车10t以内	40～45	180～200	0.05～0.06
金工车间	吊车30t以内	40～45	180～200	0.05～0.06
金工车间	吊车10t以内	30～35	150～160	0.04～0.05
冲压冷轧车间	吊车15t以内	35～40	170～190	0.05～0.06
汽车保养车间	吊车15t以内	35～45	180～200	0.05～0.06
热处理车间	吊车15t以内	40～45	140～150	0.05～0.06
热处理车间	吊车30t以内	55～60	150～160	0.06～0.07

工程名称	结构类别	每平方米材料消耗		
		钢材（kg）	水泥（kg）	木材（m³）
机修车间	吊车 10t 以内	35～45	160～170	0.05～0.06
焊接车间	吊车 20t 以内	45～50	160～170	0.05～0.06
电镀车间		35～45	150～160	0.04～0.05
仪表车间		30～35	150～160	0.05～0.06
烤漆车间		35～40	180～200	0.04～0.05
木工车间		20～25	120～140	0.04～0.05
纺织车间	框架	40～45	170～190	0.06～0.07
印染车间	框架	65～70	320～340	0.08～0.09
印刷车间	框架	45～50	220～240	0.06～0.07
服装加工车间		25～30	160～180	0.05～0.06
食品加工车间	框架	45～50	220～240	0.05～0.06
化工多层车间		35～40	180～200	0.06～0.07
轻工业车间	砖混	20～25	130～140	0.04～0.05
轻工业车间	框架	40～45	170～180	0.05～0.06

七、砂浆、混凝土配合比
（一）水泥砂浆配合比（抹灰）（表 25-46）

水泥砂浆配合比（抹灰）　　　　　　　　　表 25-46

项　目	单　位	1：1	1：2	1：2.5	1：3	1：3.5	1：4
单　价	元/m³	295.45	225.17	198.93	182.36	165.79	159.65
水　泥	kg	792	544	458	401	350	322

（二）砌筑砂浆配合比（表 25-47）

砌筑砂浆配合比　　　　　　　　　表 25-47

项　目	单　位	混 合 砂 浆			水 泥 砂 浆		
		M10	M7.5	M5	M10	M7.5	M5
单　价	元/m³	155.05	139.09	123.2	165.27	141.37	119.79
水　泥	kg	304	248	190	346	274	209

（三）混凝土配合比（表 25-48）

混 凝 土 配 合 比　　　　　　　　　表 25-48

项　目	单　位	C10	C15	C20	C25	C30	C35
单　价	元/m³	139.1	153.62	169.20	187.28	200.46	213.06
水　泥	kg	231	280	330	388	432	474

习　题

25-1 (2017) 核定建设项目资产实际价值的依据是(　　)。

A 投资估算　　　　　　　　　　　B 设计概算

C 施工图预算　　　　　　　　　　D 竣工决算

25-2 (2019) 核定建设项目交付资产实际价值依据的是(　　)。

A 工程项目竣工结算价　　　　　　B 经修正的设计总概算

C 工程项目竣工决算价　　　　　　D 工程项目承发包合同价

25-3 (2019) 关于初步设计阶段限额设计的说法正确的是(　　)。

A 限额的分配一般是根据类似工程的经验分配的，确保了分配的合理性

B 限额设计必须考虑项目全生命周期的成本，因此限额一般较高

C 限额设计应以批准的投资估算作为设计的总限额

D 若不能在分配的限额内完成设计，设计人员一般会采取降低技术标准的做法

25-4 某办公楼的建筑安装工程费用为 800 万元，设备及工器具购置费用为 200 万元，工程建设其他费用为 100 万元，建设期贷款利息为 100 万元，项目基本预备费率为 5%，则该项目的基本预备费为(　　)。

A 40 万元　　　　　　　　　　　　B 50 万元

C 55 万元　　　　　　　　　　　　D 60 万元

25-5 (2017) 根据《建筑安装工程费用项目组成》(建标〔2013〕44 号) 文件的规定，工程施工中所使用的仪器仪表维修费应计入(　　)。

A 施工机具使用费　　　　　　　　B 工具用具使用费

C 固定资产使用费　　　　　　　　D 企业管理费

25-6 (2017) 施工现场设立的安全警示标志、现场围挡等所需要的费用应计入(　　)。

A 分部分项工程费　　　　　　　　B 规费项目费

C 措施项目费　　　　　　　　　　D 其他项目费

25-7 (2017) 关于国产设备运杂费估算的说法，正确的是(　　)。

A 国产设备运杂费包括由设备制造厂交货地点运至工地仓库所发生的费用

B 国产设备运至工地后发生的装卸费不应包括在运杂费中

C 运杂费在计取时不区分沿海和内陆，统一按运输距离估算

D 工程承包公司采购的相关费用不应计入运杂费

25-8 (2019) 估算工程项目总投资时，预留的基本预备费可以用于哪些增加的费用?(　　)

A 局部地基处理　　　　　　　　　B 汇率变化

C 材料价格上涨　　　　　　　　　D 人工工资上涨

25-9 (2017、2019) 设计院收取的设计费一般应计入建设投资的哪项费用中?(　　)

A 建设单位管理费　　　　　　　　B 建筑安装工程费

C 工程建设其他费　　　　　　　　D 预备费

25-10 (2019) 编制投资估算时，成套设备费是(　　)。

A 设备原价＋设备运杂费　　　　　B 设备出厂价

C 进口设备原价＋设备运杂费　　　D 进口设备到岸价

25-11 (2017) 某项目建筑安装工程、设备及工具购置费合计为 7000 万元，分期投入 4000 万元和 3000 万元。建设期内预计平均价格总水平上浮为 5%，建设期贷款利息为 735 万元。工程建设其他费用为 400 万元。基本预备费率为 10%，流动资金为 800 万元，则该项目静态投资为(　　)万元。

A	8948.50	B	8140
C	8940	D	9748.50

25-12 (2017)编制概、预算的过程和顺序是(   )。

A 单项工程造价—单位工程造价—分部分项工程造价—建设项目总造价

B 单位工程造价—单项工程造价—分部分项工程造价—建设项目总造价

C 分部分项工程造价—单位工程造价—单项工程造价—建设项目总造价

D 单位工程造价—分项工程造价—单项工程造价—建设项目总造价

25-13 (2017)当初步设计达到一定深度,建筑结构比较明确,并能够较准确地计算出概算工程量时,编制概算可采用(   )。

A 概算定额法   B 概算指标法

C 类似工程预算法   D 预算定额法

25-14 (2017)设计概算审查时,对图纸不全的复杂建筑安装工程投资,通过向同类工程的建设、施工企业征求意见判断其合理性,这种审查方法属于(   )。

A 对比分析法   B 专业意见法

C 查询核实法   D 联合会审法

25-15 (2019)政府投资建设项目造价控制的最高限额是(   )。

A 承发包价格   B 经批准的设计总概算

C 设计单位编制的初步概算   D 经审查批准的施工图预算

25-16 (2019)关于设计概算编制的说法,正确的是(   )。

A 采用两阶段设计的建设项目,初步设计可以编制设计概算,也可以不编制设计概算

B 采用三阶段设计的建设项目,技术设计可以修正概算,也可以不修正概算

C 施工图设计突破总概算的建设项目,需要按规定程序报经审批

D 竣工决算超过了批准的设计概算,一定是设计概算编制的质量有问题

25-17 (2019)当初步设计内容不够深入,不能准确计算工程量时,若工程采用的技术比较成熟,又有类似概算指标可以运用,则编制概算适用的方法是(   )。

A 概算指标法   B 扩大单价法

C 综合单价法   D 类似工程预算法

25-18 (2019)某专业的设计人员在设计方案初步完成后,发现超过了事先分配的设计限额,首先应采取的做法是(   )。

A 向其他限额没有用完的专业人员申请借用限额

B 修改设计方案以达到限额设计的要求

C 如果不超过设计限额的 10%,则不用修改

D 向项目经理要求提高限额

25-19 (2019)反映工程项目造价控制效果的"两算对比"指的是哪两个指标的对比?(   )

A 设计概算和投资估算   B 施工图预算和设计概算

C 竣工结算和投资估算   D 竣工决算和设计概算

25-20 (2019)编制施工图预算时,应依据的定额是(   )。

A 预算定额   B 投资估算指标

C 概算定额   D 有代表性的企业定额

25-21 (2017)根据《建设工程工程量清单计价》GB 50500—2013,建设工程投标报价中,不得作为竞争性费用的是(   )。

A 总承包服务费   B 夜间施工增加费

C 分部分项工程费   D 规费

25-22 (2017)根据《建设工程工程量清单计价》GB 50500—2013 编制分部分项清单时，编制人员须确定项目名称、计量单位、工程数量和(　　)。

A 填报须知　　　　　　　　　　　B 项目特征

C 项目总说明　　　　　　　　　　D 项目工程内容

25-23 (2017)根据《建设工程工程量清单计价》GB 50500—2013，已标价工程量清单中没有适用也没有类似变更工程项目的，变更工程单价应由(　　)提出。

A 承包人　　　　　　　　　　　　B 监理人

C 发包人　　　　　　　　　　　　D 设计人

25-24 (2017)根据《建设工程工程量清单计价》GB 50500—2013，编制工程量清单时，计日工表中的人应按以下哪项列项目?(　　)

A 工种　　　　　　　　　　　　　B 职称

C 职务　　　　　　　　　　　　　D 技术等级

25-25 (2017)根据《建设工程工程量清单计价》GB 50500—2013，工程发包时，招标人要求压缩的工期天数超过定额工期(　　)时，应在招标文件中明确增加赶工费用。

A 5%　　　　　　　　　　　　　　B 10%

C 15%　　　　　　　　　　　　　　D 20%

25-26 (2012、2019)根据《建设工程工程量清单计价规范》GB 50500—2013，工程量清单的编制阶段是在(　　)。

A 施工招标后　　　　　　　　　　B 设计方案确定前

C 施工图完成后　　　　　　　　　D 初步设计审查前

25-27 (2019)工程量清单是由招标人负责提供的，但从设计人员的角度来说，为提高工程量清单编制质量应(　　)。

A 避免设计图纸中的错误　　　　　B 仔细计算工程数量

C 设计时要考虑施工的难易程度　　D 设计时尽量考虑业主的要求

25-28 (2019)根据《建筑工程建筑面积计算规范》GB/T 50353—2013，对于形成建筑空间的坡屋顶，应计算全面积的部位是(　　)。

A 结构层高在 2.10m 及以上的部位　　B 结构层高在 1.20m 及以上的部位

C 结构净高在 1.20m 及以上的部位　　D 结构净高在 2.10m 及以上的部位

25-29 两栋多层建筑物之间在第四层和第五层设两层架空走廊，其中第五层走廊有顶盖和围护结构，第四层走廊有围护设施但无围护结构；两层走廊层高均为 3.9m，结构底板面积均为 30m²。则两层走廊的建筑面积应为(　　)。

A 30m²　　　　　　　　　　　　　B 45m²

C 60m²　　　　　　　　　　　　　D 75m²

25-30 (2017)根据《建筑工程建筑面积计算规范》，下列建筑物门厅建筑面积计算正确的是(　　)。

A 净高 3.0m 的门厅按一层计算建筑面积

B 门厅内回廊应按自然层面积计算建筑面积

C 门厅内回廊净高在 2.2m 及以上者应计算 1/2 面积

D 门厅内回廊净高不足 2.2m 者应不计算面积

25-31 (2017)根据《建筑工程建筑面积计算规范》，结构净高 2.2m 的有顶采光井，如何计算面积?(　　)

A 按照自然层计算面积　　　　　　B 应计算全面积

C 应计算 1/2 面积　　　　　　　　D 不计算建筑面积

25-32 (2017)根据《建筑工程建筑面积计算规范》，建筑物阳台的建筑面积计算规则正确的是(　　)。

A　主体结构内的阳台，按其结构外围水平面积计算 1/2 面积

B　主体结构内的阳台，按其结构外围水平面积计算全面积

C　在主体结构外的阳台，按其结构底板水平投影面积计算面积

D　在主体结构外的阳台，按其结构底板水平投影面积计算 3/4 面积

25-33　(2017)根据《建筑工程建筑面积计算规范》，关于变形缝建筑面积计算，下列(　　)错误。

A　与室内相通的变形缝，应按其自然层合并在建筑物建筑面积内计算

B　对于高低联跨的建筑物，当高低跨内部连通时，其变形缝应计算在高跨面积内

C　对于高低联跨的建筑物，当高低跨内部连通时，其变形缝应计算在低跨面积内

D　对于高低联跨的建筑物，当高低跨内部不连通时，其变形缝不应计算在建筑面积内

25-34　(2017)根据《建筑工程建筑面积计算规范》，以下项目应计算建筑面积的是(　　)。

A　骑楼

B　室外专用消防钢楼梯

C　窗台与室内地面高差在 0.45m 及以上的凸（飘）窗

D　建筑物外墙外保温

25-35　(2019)根据《建筑工程建筑面积计算规范》GB/T 50353—2013，建筑物外墙外保温层的建筑面积计算，正确的是(　　)。

A　应按其保温材料的水平截面积的 1.1 倍计算，并计入自然层建筑面积

B　应按其保温材料的水平截面积的 2/3 计算，并计入自然层建筑面积

C　应按其保温材料的水平截面积的 1/2 计算，并计入自然层建筑面积

D　应按其保温材料的水平截面积计算，并计入自然层建筑面积

25-36　(2019)根据《建筑工程建筑面积计算规范》GB/T 50353—2013，计算建筑面积时，对于向外倾斜的围护结构的楼层，计算其建筑面积应依据(　　)。

A　底板面的外墙外围水平面积和顶板面的外墙外围水平面积的平均值

B　底板面的外墙外围水平面积

C　顶板面的外墙外围水平面积

D　楼层层高 2/3 处的围护结构的外围水平面积

25-37　(2017)某项目建设投资 3000 万元，全部流动资金 450 万元。项目投产期年息税前利润总额 500 万元，运营期正常年份的平均息税前利润总额 800 万元，则该项目的总投资收益率为(　　)。

A　18.84%　　　　　　　　　　　B　26.67%

C　23.19%　　　　　　　　　　　D　25.25%

25-38　(2017)关于财务内部收益率的说法，正确的是(　　)。

A　财务内部收益率大于基准收益率时，技术方案在经济上可行

B　财务内部收益率是一个事先确定的基准折现率

C　财务内部收益率受项目外部参数的影响较大

D　独立方案用财务内部收益率评价与财务净现值评价，结论通常不一样

25-39　(2017)下列工程经济效果评价指标中，属于盈利能力分析的动态指标的是(　　)。

A　财务净现值　　　　　　　　　B　投资收益率

C　借款偿还期　　　　　　　　　D　流动比率

25-40　(2019)采用价值工程进行设计方案优化时，核心工作是(　　)。

A　功能分析　　　　　　　　　　B　优化工期

C　质量分析　　　　　　　　　　D　方案创新

25-41　(2019)可以反映项目内部潜在的最大盈利能力的指标是(　　)。

A　内部收益率　　　　　　　　　B　利润总额

25-42 **(2019)**某设计院就同一项目给出四个设计方案见下表,在功能均满足要求前提下,从成本因素角度,应选择的最优方案是(　　)。

	甲	乙	丙	丁
设计概算(万元)	8400	9500	9600	10000
建筑面积(m²)	12000	14800	13500	15000
单方造价(元/m²)	7000	6419	7111	6667

A 甲   B 乙

C 丙   D 丁

25-43 **(2019)**对于非盈利性项目,进行设计方案的经济效果比选时,可采用的指标是(　　)。

A 利润总额   B 财务净现值

C 费用效果比   D 内部收益率

25-44 **(2017)**以下工业厂区总平面设计方案的技术经济指标,能反映厂区用地是否经济合理情况的是(　　)。

A 建筑密度指标   B 土地利用系数

C 绿化系数   D 建筑容积率

25-45 **(2017)**土建工程直接费中,材料费所占的比例为(　　)。

A 40%～50%   B 50%～60%

C 70%～80%   D 80%～90%

25-46 **(2017)**下列各类建筑中,土建工程单方造价最高的是(　　)。

A 砖混结构车库   B 砖混结构锅炉房

C 框架结构停车棚   D 钢筋混凝土结构地下车库

25-47 **(2019)**仅考虑围护墙与建筑面积比率的因素,下列平面形式的建筑中最经济的是(　　)。

A 长方形建筑   B 正方形建筑

C L形建筑   D 圆形建筑

25-48 **(2019)**某厂区设计方案中,厂区占地面积14000m²。其中,厂房、办公楼占地面积8000m²,原材料和燃料堆场2000m²,厂区道路占地面积3000m²,绿化占地面积1000m²。则该厂区的建筑系数是(　　)。

A 57.14%   B 71.43%

C 78.57%   D 92.86%

25-49 **(2019)**下列建设设计指标中,能全面反映工业建筑厂区用地是否经济合理的指标是(　　)。

A 容积率   B 土地利用系数

C 绿化率   D 建筑周长系数

25-50 **(2019)**居住区的技术经济指标中,人口净密度是指(　　)。

A 居住总户数/居住区用地面积   B 居住总人口/居住区用地面积

C 居住总户数/住宅用地面积   D 居住总人口/住宅用地面积

参考答案及解析

25-1 **解析**:竣工决算是建设单位根据建设项目发生的实际费用编制的文件,竣工决算确定的竣工决算价是该工程项目的实际工程造价,竣工决算是核定建设项目实际价值的依据。

    答案:D

25 - 2 **解析：** 工程项目通过竣工验收交付使用时，建设单位需编制竣工决算书，其中确定的竣工决算价是整个建设项目的实际工程造价。

　　竣工决算是核定建设项目资产实际价值的依据。反映建设项目建成后交付使用的固定资产和流动资产的实际价值。

答案：C

25 - 3 **解析：** 批准的投资估算应作为工程造价的最高限额，不得任意突破。

答案：C

25 - 4 **解析：** 基本预备费＝（建安工程费＋设备及工器具购置费＋工程建设其他费用）×基本预备费率＝（800＋200＋100）×5%＝55 万元。

答案：C

25 - 5 **解析：** 根据《建筑安装工程费用项目组成》（建标［2013］44 号）的规定，施工机具使用费包括施工机械使用费和仪器仪表使用费，其中仪器仪表使用费是指工程施工所需使用的仪器仪表的摊销及维修费用。

答案：A

25 - 6 **解析：** 措施项目费是指为完成建设工程施工，发生于该工程施工前和施工过程中的技术、生活、安全、环境保护方面的费用。包括安全文明施工费、夜间施工增加费等，施工现场设立的安全警示标志、现场围挡等所需要的费用应计入安全文明施工费，属于措施项目费。

答案：C

25 - 7 **解析：** 设备运杂费的组成中，包括国产标准设备由设备制造厂交货地点起至工地仓库（或施工组织设计指定的需要安装设备的堆放地点）止所发生的运费和装卸费。

答案：A

25 - 8 **解析：** 基本预备费是在项目实施中可能发生的、难以预料的支出，需要预留的费用，又称不可预见费。基本预备费包括：①在批准的初步设计范围内，技术设计、施工图设计及施工过程中所增工程费用；因设计变更、局部地基处理等增加的费用；②一般自然灾害造成的损失和预防灾害采取的措施费用；③竣工验收为鉴定工程质量，对隐蔽工程进行必要的挖掘和修复费用。

答案：A

25 - 9 **解析：** 工程建设其他费用包括土地使用费、与项目建设有关的其他费用、与未来生产经营有关的其他费用，勘察设计费属于工程建设其他费用中与项目建设有关的其他费用。

答案：C

25-10 **解析：** 设备购置费为设备原价与设备运杂费之和，即，设备购置费＝设备原价＋设备运杂费。

答案：A

25-11 **解析：** 基本预备费＝（建筑安装工程费＋设备及工器具购置费＋工程建设其他费用）×基本预备费率＝（7000＋400）×10%＝740 万元。

　　建设项目静态投资＝建筑工程安装费＋设备及工具购置费＋工程建设其他费用＋基本预备费＝7000＋400＋740＝8140 万元。

答案：B

25-12 **解析：** 编制设计概算和预算的编制过程和顺序应如下依次确定：分部分项工程造价→单位工程造价→单项工程造价→建设项目总造价。

答案：C

25-13 **解析：** 当初步设计达到一定深度，建筑结构比较明确，并能够较准确地计算出概算工程量时，可以采用概算定额法（扩大单价法、扩大结构单价法）编制设计概算。由于可以较准确地算出概算工程量，套用概算定额计算出的建筑工程概算比较准确。

答案：A

25-14 **解析**：设计概算常用的审查方法有对比分析法、主要问题复核法、查询核实法、分类整理法、联合会审法，其中查询核实法是对一些关键设备和设施、重要装置以及图纸不全、难以核算的较大投资进行多方查询核对，逐项落实，对复杂的建筑安装工程向同类工程的建设、承包、施工单位征求意见。

答案：C

25-15 **解析**：对于政府投资建设项目，经批准的建设项目设计总概算的投资额，是该工程建设投资的最高限额。

答案：B

25-16 **解析**：设计单位必须按经批准的初步设计和总概算进行施工图设计，施工图预算不得突破设计概算。如确需突破，应按规定程序报经审批。

答案：C

25-17 **解析**：当初步设计深度不够，不能准确计算工程量，但工程设计采用的技术比较成熟，又有类似概算指标可以利用时，可采用概算指标法编制概算。

答案：A

25-18 **解析**：设计方案的工程造价不应超过限额设计的要求，故应先修改设计方案。

答案：B

25-19 **解析**：通常所说的"两算对比"是指施工企业施工图预算与施工预算的对比，反映了施工企业成本控制的效果。对于反映工程项目造价控制效果的"两算对比"，应当是指竣工决算与设计概算的对比，设计概算是设计阶段确定的工程项目造价，反映了设计所确定的建设项目从筹建到竣工交付使用所需全部费用；竣工决算所确定的竣工决算价是整个建设项目的实际工程造价。通过竣工决算与设计概算的对比，可以反映工程项目的造价控制效果。

答案：D

25-20 **解析**：现行预算定额及单位估价表是编制施工图预算的依据之一。

答案：A

25-21 **解析**：《建设工程工程量清单计价规范》GB 50500—2013 第 3.1.6 条规定，规费和税金必须按国家或省级、行业建设主管部门的规定计算，不得作为竞争性费用。

答案：D

25-22 **解析**：根据《建设工程工程量清单计价规范》GB 50500—2013 第 4.2.1 条，分部分项工程项目清单应载明项目编码、项目名称、项目特征、计量单位和工程量。

答案：B

25-23 **解析**：根据《建设工程工程量清单计价规范》GB 50500—2013 第 9.3.1 条 3 款，已标价工程量清单中没有适用也没有类似于变更工程项目的，应由承包人根据变更工程资料、计量规则和计价办法、工程造价管理机构发布的信息价格和承包人报价浮动率提出变更工程项目的单价，并应报发包人确认后调整。

答案：A

25-24 **解析**：根据《建设工程工程量清单计价规范》GB 50500—2013 第 9.7.2 条 2 款，采用计日工计价的任何一项变更工作，在该项变更的实施过程中，承包人应按合同约定提交给发包人复核的报表和凭证包括：投入该工作所有人员的姓名、工种、级别和耗用工时等。

答案：A

25-25 **解析**：根据《建设工程工程量清单计价规范》GB 50500—2013 第 9.11.1 条，招标人应根据相关工程的工期定额合理计算工期，压缩的工期天数不得超过定额工期的 20%，超过者，应在招标文件中明示增加赶工费用。

答案：D

25-26 解析：根据《建设工程工程量清单计价规范》GB 50500—2013，招标工程量清单必须作为招标文件的组成部分，因此工程量清单应在施工图完成后、施工招标之前编制，并作为招标文件的组成部分。

答案：C

25-27 解析：从设计人员的角度来说，为提高工程量清单编制质量应避免设计图纸中的错误，因为设计图纸出现错误会导致工程量计算的错误。

答案：A

25-28 解析：根据《建筑工程建筑面积计算规范》GB/T 50353—2013 第 3.0.3 条，形成建筑空间的坡屋顶，结构净高在 2.10m 及以上的部位应计算全面积；结构净高在 1.20m 及以上至 2.10m 以下的部位应计算 1/2 面积；结构净高在 1.20m 以下的部位不应计算建筑面积。

答案：D

25-29 解析：根据《建筑工程建筑面积计算规范》GB/T 50353—2013 第 3.0.9 条，建筑物间的架空走廊，有顶盖和围护结构的，应按其围护结构外围水平面积计算全面积；无围护结构、有围护设施的，应按其结构底板水平投影面积计算 1/2 面积。

两层走廊的建筑面积＝30/2＋30＝45m² 。

答案：B

25-30 解析：根据《建筑工程建筑面积计算规范》GB/T 50353—2013 第 3.0.8 条，建筑物的门厅、大厅应按一层计算建筑面积，门厅、大厅内设置的走廊应按走廊结构底板水平投影面积计算建筑面积。结构层高在 2.20m 及以上的，应计算全面积；结构层高在 2.20m 以下的，应计算 1/2 面积。

答案：A

25-31 解析：根据《建筑工程建筑面积计算规范》GB/T 50353—2013 第 3.0.19 条，有顶盖的采光井应按一层计算面积，结构净高在 2.10m 及以上的，应计算全面积，结构净高在 2.10m 以下的，应计算 1/2 面积。

答案：B

25-32 解析：根据《建筑工程建筑面积计算规范》GB/T 50353—2013 第 3.0.21 条，在主体结构内的阳台，应按其结构外围水平面积计算全面积；在主体结构外的阳台，应按其结构底板水平投影面积计算 1/2 面积。

答案：B

25-33 解析：根据《建筑工程建筑面积计算规范》GB/T 50353—2013 第 3.0.25 条，与室内相通的变形缝，应按其自然层合并在建筑物建筑面积内计算。对于高低联跨的建筑物，当高低跨内部连通时，其变形缝应计算在低跨面积内。

答案：B

25-34 解析：根据《建筑工程建筑面积计算规范》GB/T 50353—2013 第 3.0.24 条，建筑物的外墙外保温层，应按其保温材料的水平截面积计算，并计入自然层建筑面积。

答案：D

25-35 解析：同 25-34 解析。

答案：D

25-36 解析：根据《建筑工程建筑面积计算规范》GB/T 50353—2013 第 3.0.18 条，围护结构不垂直于水平面的楼层，应按其底板面的外墙外围水平面积计算。结构净高在 2.10m 及以上的部位，应计算全面积；结构净高在 1.20m 及以上至 2.10m 以下的部位，应计算 1/2 面积；结构净高在 1.20m 以下的部位，不应计算建筑面积。

答案：B

25-37 解析：建设项目总投资＝3000＋450＝3450 万元；

$$总投资收益率＝\frac{正常年份的年息税前利润或运营期内年平均息税前利润}{项目总投资}\times100\%＝\frac{800}{3450}\times$$

$100\%＝23.19\%。$

答案：C

25-38 解析：技术方案在经济上可行的判定依据是其内部收益率是否大于或等于基准收益率。计算财务内部收益率不需要事先给定基准收益率（基准折现率），财务内部收益率可以反映投资过程的收益程度，不受外部参数的影响。对于独立方案，采用财务内部收益率指标和财务净现值指标的评价结论是相同的。

答案：A

25-39 解析：盈利能力分析中，如果考虑了资金的时间价值则属于动态指标。属于盈利能力分析的指标有财务净现值、财务净年值、财务内部收益率、投资收益率、项目资本金净利润率等指标，其中财务净现值、财务净年值、财务内部收益率等属于盈利能力分析的动态指标，总投资收益率、项目资本金净利润率等指标属于盈利能力分析的静态指标。借款偿还期、流动比率属于偿债能力分析指标。

答案：A

25-40 解析：价值工程，也可称为价值分析，是指以产品或作业的功能分析为核心，以提高产品或作业的价值为目的，力求以最低寿命周期成本实现产品或作业使用所要求的必要功能的一项有组织的创造性活动。

答案：A

25-41 解析：内部收益率是使项目在计算期内各年净现金流量的现值累计为零时的折现率。内部收益率的经济含义是项目投资占用的尚未回收资金的获利能力，取决于项目内部，反映了项目内部潜在的最大获利能力。

答案：A

25-42 解析：各设计方案功能均满足要求的前提下，从成本因素的角度应选择单方造价最低的方案。

答案：B

25-43 解析：费用效果分析也称为成本效果分析，是通过比较所达到的效果所付出的耗费，用以分析判断所付出的代价是否值得。利润总额、财务净现值、内部收益率都是计算项目盈利能力的参数或指标，对于非盈利项目，可采用费用效果比指标。

答案：C

25-44 解析：土地利用系数是指厂区的建筑物、构筑物、各种堆场、铁路、道路、管线等的占地面积之和与厂区占地面积之比，土地利用系数能全面反映厂区用地是否经济合理。

答案：B

25-45 解析：土建工程直接费中，材料费所占比例最大，约 70%～80%。

答案：C

25-46 解析：钢筋混凝土结构单方造价一般高于砖混结构单方造价；相同结构材料的结构，一般地下部分单方造价高于地上部分单方造价。

答案：D

25-47 解析：一般情况下，建筑物周长与建筑面积的比率越低，设计越经济，该比率按圆形、正方形、T 形、L 形的次序依次增大。

答案：D

25-48 解析：建筑系数＝(建筑物和构筑物的占地面积＋有固定装卸设备的堆场和露天堆场占地面积)÷厂区占地面积×100%＝（8000＋2000）÷14000×100%＝71.43%。

答案：B

25-49 **解析**：土地利用系数是指厂区的建筑物、构筑物、各种堆场、铁路、道路、管线等的占地面积之和与厂区占地面积之比，土地利用系数能全面反映厂区用地是否经济合理的情况。

答案：B

25-50 **解析**：根据居住小区设计方案技术经济指标中关于人口净密度的定义：人口净密度＝居住总人口÷住宅用地面积。

答案：D

第二十六章　建　筑　施　工

本章主要介绍砌体工程、混凝土工程、防水工程、装饰装修工程和地面工程的施工要点与质量要求。

第一节　砌　体　工　程

砌体工程是指用砂浆等胶结材料，将砖、石、砌块等块体垒砌成墙、柱等砌体的施工。在建筑工程中，砖、石砌筑历史悠久。由于具有取材方便、造价低廉、施工工艺简单等特点，有些地区仍较多应用。随着国家可持续发展战略的实施，非黏土砖及砌块占据了主要地位。

一、砌筑材料

砌筑工程所使用的材料包括块体和砂浆。块体为骨架材料，砂浆起粘结、衬垫和传力作用。砌筑所用的各种材料均应有产品合格证书、产品性能型式检验报告，质量应符合国家现行有关标准的要求。块体、水泥、钢筋、外加剂尚应有材料主要性能的进场复验报告，并应符合设计要求。严禁使用国家明令淘汰的材料。

（一）块体

砌筑工程常用的块体有砖、砌块和石块三大类。块体的强度等级必须符合设计要求及国家标准。进场时应进行抽样检验并合格。

1. 砖

砖的常用种类有烧结普通砖、烧结多孔砖、烧结空心砖、混凝土多孔砖、混凝土实心砖、蒸压灰砂砖、蒸压粉煤灰砖。烧结空心砖用于填充墙等。

砖进场时，按每一生产厂家，烧结普通砖、混凝土实心砖每 15 万块，烧结多孔砖、混凝土多孔砖、蒸压灰砂砖及蒸压粉煤灰砖每 10 万块各为一验收批，不足上述数量时按 1 批计，抽检数量为 1 组。

不同品种的砖不得在同一楼层混砌。用于清水墙、柱表面的砖应边角整齐、色泽均匀。多孔砖不得用于冻胀地区的地下部位，以免影响结构耐久性。

砌体砌筑时，混凝土砖、蒸压灰砂砖、蒸压粉煤灰砖等非烧结砖的产品龄期不应小于 28d，以免收缩变形造成砌体开裂。

对于烧结普通砖、烧结多孔砖、蒸压灰砂砖、蒸压粉煤灰砖，应在砌筑前的 1~2d 适度湿润，严禁用干砖或处于吸水饱和状态的砖砌筑，以免影响砂浆与砖的粘结力或砌体的稳定性及砌体的抗压强度。烧结砖的相对含水率宜为 60%~70%；蒸压砖的含水率宜为 40%~50%；混凝土砖不需浇水湿润，但在气候干燥炎热的情况下，宜在砌筑前喷水湿润。

2. 砌块

砌筑结构墙体常用普通混凝土小型空心砌块、轻骨料混凝土小型空心砌块、蒸压加气混凝土砌块等。砌块主规格的高度大于 115mm 且小于 380mm 的砌块为小型砌块，简称小砌块。砌块进场时，按每一生产厂家，每 1 万块小砌块为一验收批，不足 1 万块按一批计，抽检数量为 1 组；用于多层以上建筑的基础和底层的小砌块抽检数量不应少于 2 组。

施工时各种砌块的产品龄期均不应小于 28d。承重墙体使用的小砌块应完整、无破损、无裂缝。砌筑小砌块时，应清除表面污物，剔除外观质量不合格的小砌块。砌筑小砌块砌体，宜选用专用小砌块砌筑砂浆。

对于普通混凝土小型空心砌块砌筑时，不需浇水湿润；如遇天气干燥炎热，宜在砌筑前对其喷水湿润。对轻骨料混凝土小砌块，应提前浇水湿润，块体的相对含水率宜为 40%～50%；雨天及小砌块表面有浮水时，不得施工。

3. 石材

砌筑石砌体常用毛石、毛料石、粗料石、细料石等石材。毛石的中部厚度不得小于 150mm，料石的边长均不得小于 200mm。石材应质地坚实，无裂纹和无明显风化剥落。用于清水墙、柱表面的石材，尚应色泽均匀。石材的放射性应经检验合格，强度等级必须符合设计要求。进场时，对同一产地的同类石材抽检不应少于 1 组。

例 26-1 （2011）砖砌筑前浇水湿润是为了：

A 提高砖与砂浆间的粘结力　　　B 提高砖的抗剪强度

C 提高砖的抗压强度　　　　　　D 提高砖砌体的抗拉强度

解析：对于烧结普通砖、烧结多孔砖、蒸压灰砂砖、蒸压粉煤灰砖，应在砌筑前的 1～2d 浇水湿润；以免砌筑时，砖过多吸收砂浆中的水而影响砂浆的强度增长，进而影响砖与砂浆间的粘结力，影响砌体的抗压、抗剪强度。

答案：A

例 26-2 （2011）蒸压加气混凝土砌块和轻骨料混凝土小型空心砌块在砌筑时，其产品龄期应超过 28d，其目的是控制：

A 砌块的规格形状尺寸　　　　　B 砌块与砌体的粘结强度

C 砌体的整体变形　　　　　　　D 砌体的收缩裂缝

解析：采用保湿养护或蒸压养护的砌块，砌筑时，其龄期必须达到 28d 以上，以防止因块体收缩变形而引起砌体裂缝。

答案：D

（二）砌筑砂浆

1. 砂浆的种类与性能

砂浆是由胶结材料、细骨料及水等组成的混合物。常用的砌筑砂浆按强度分为 M15、M10、M7.5、M5 和 M2.5 五个等级，以边长为 7.07cm 的立方体试块经标准养护 28d 的抗压强度为准。按照组成成分的不同，砂浆分为水泥砂浆、石灰砂浆和混合砂浆等。按拌制地点不同，砂浆分为现拌砂浆和预拌砂浆，而预拌砂浆又分为湿拌砂浆和干混砂浆。按用途分为一般砂浆和专用砂浆。常用砂浆的性能与用途如下：

（1）水泥砂浆：强度高，属于水硬性材料，但流动性和保水性较差。常用于强度要求高、地下部位，以及处于潮湿环境的砌体。

（2）水泥混合砂浆：由于掺入塑性外掺料（如石灰膏、粉煤灰等），既可节约水泥，又可提高砂浆的可塑性，易提高砌体的砂浆饱满度，是一般砌体中最常使用的砂浆。

施工中不应采用强度等级小于 M5 水泥砂浆替代同强度等级水泥混合砂浆，如需替代，应将水泥砂浆提高一个强度等级，以免影响砌体强度。

砂浆应具有良好的流动性和保水性。流动性好的砂浆便于操作，易使灰缝平整、密实，从而可以提高砌筑效率、保证砌体质量。砂浆的流动性以稠度表示，要求见表 26-1。保水性差的砂浆易产生泌水和离析，从而降低其流动性，影响砌筑质量。砌筑砂浆的保水性用保水率衡量，保水率不得低于：水泥砂浆 80%、水泥混合砂浆 84%、预拌砌筑砂浆 88%。

砌筑砂浆的稠度 表 26-1

砌体种类	砂浆稠度（mm）
烧结普通砖砌体	70～90
烧结多孔砖及空心砖、轻骨料混凝土砌块、加气混凝土砌块砌体	60～80
混凝土砖、普通混凝土砌块、蒸压灰砂砖及粉煤灰砖砌体	50～70
石砌体	30～50

2. 砂浆原材料要求

（1）水泥。水泥的质量必须符合现行国家标准的有关规定。检验方法是检查产品合格证、出厂检验报告和进场复验报告。

1）进场时应对其品种、等级、包装或散装仓号、出厂日期等进行检查，并抽样复验其强度、安定性。抽检数量：按同一生产厂家、同品种、同等级、同批号连续进场的水泥，袋装水泥不超过 200t 为一批，散装水泥不超过 500t 为一批，每批抽样不少于一次。

2）当在使用中对水泥质量有怀疑或水泥出厂超过三个月（快硬硅酸盐水泥超过一个月）时，应复查试验，并按复验结果使用。

3）不同品种的水泥，不得混合使用。

（2）砂。宜采用过筛中砂，并应满足下列要求：

1）不应混有草根、树叶、树枝、塑料、煤块、炉渣等杂物。

2）含泥量限制。配制水泥砂浆和强度等级大于或等于 M5 的水泥混合砂浆时，砂的含泥量不应超过 5%；配制强度等级小于 M5 的水泥混合砂浆时，含泥量不应超过 10%。

3）人工砂、山砂及特细砂应经试配能满足砌筑砂浆的技术条件要求。

（3）水。不得含有害物质。

（4）外掺料。拌制水泥混合砂浆的粉煤灰、建筑生石灰、建筑生石灰粉的品质指标应符合现行行业标准。建筑生石灰、建筑生石灰粉应熟化为石灰膏，其熟化时间分别不得少于 7d 和 2d；沉淀池中储存的石灰膏，应防止干燥、冻结和污染，严禁采用脱水硬化的石灰膏；不得用建筑生石灰粉、消石灰粉替代石灰膏使用，否则将不能起塑化作用且影响砂浆强度。

（5）外加剂。技术性能应符合有关标准，其品种和用量应经有资质的检测单位检验和试配确定。

3. 砂浆的拌制与使用

砌筑砂浆应进行配合比设计，采用重量比。在拌制砂浆时应称量配料，水泥及各种外加剂的允许偏差为±2%；砂、粉煤灰、石灰膏等为±5%。应采用机械搅拌，搅拌时间自投料完起算：水泥砂浆和混合砂浆不得少于120s；对预拌砂浆和掺粉煤灰、外加剂、保水增稠材料的砂浆不得少于180s。

加水拌制的砂浆应随拌随用，以免影响强度和性能。拌制后应在3h内用完；当气温超过30℃时，应在2h内用完。预拌砂浆及加气块专用砂浆干料的储存期不应超过3个月，否则应重新检验，合格后再用；加水搅拌后的使用时间应按照产品说明书确定。砂浆在存放和使用过程中严禁随意加水。

4. 砂浆的检验与验收

每一检验批且不超过250m³砌体的各类、各强度等级的砌筑砂浆，每台搅拌机应至少抽检一次。同一验收批砂浆试块的数量不得少于3组，对预拌或专用砂浆抽检可为3组。同一验收批砂浆试块强度平均值应不小于设计强度等级值的1.1倍，且最小一组的强度值应不低于设计强度等级值的85%。砂浆试块应在砂浆搅拌机或储存容器出料口随机取样制作。搅拌的每盘砂浆只应制作1组试块。预拌砂浆中湿拌砂浆稠度应在进场时取样检验。

当施工中或验收时出现下列情况，可采用现场检验的方法对砂浆或砌体强度进行实体检测，并判定其强度：

（1）砂浆试块缺乏代表性或试块数量不足。

（2）对砂浆试块的试验结果有怀疑或有争议。

（3）砂浆试块的试验结果，不能满足设计要求。

（4）发生工程事故，需要进一步分析事故原因。

例26-3 （2013）关于砌筑砂浆的说法，错误的是：

A 施工中不可以用强度等级小于M5的水泥砂浆代替同强度等级的水泥混合砂浆

B 配置水泥石灰砂浆时，不得采用脱水硬化的石灰膏

C 砂浆现场拌制时，各组分材料应采用体积计量

D 砂浆应随拌随用，气温超过30℃时应在拌成后2h内用完

解析：《砌体结构工程施工质量验收规范》GB 50203—2011 第4.0.8条规定："配制砌筑砂浆时，各组分材料应采用质量计量"，即砌筑砂浆的配合比为质量比。故C选项说法错误。

答案：C

二、砌体工程施工

砌体工程包括砖砌体工程、混凝土小型空心砌块工程、石砌体工程、配筋砌体工程、填充墙砌体工程等。砌体施工质量控制分为三个等级，其划分见表26-2。

施工质量控制等级 表 26-2

项目	施工质量控制等级		
	A	B	C
现场质量管理	监督检查制度健全，并严格执行； 施工方有在岗专业技术管理人员，人员齐全，并持证上岗	监督检查制度基本健全，并能执行； 施工方有在岗专业技术管理人员，人员齐全，并持证上岗	有监督检查制度； 施工方有在岗专业技术管理人员
砂浆、混凝土强度	试块按规定制作；强度满足验收规定；离散性小	试块按规定制作；强度满足验收规定；离散性较小	试块按规定制作；强度满足验收规定；离散性大
砂浆拌合	机械拌合；配合比计量控制严格	机械拌合；配合比计量控制一般	机械或人工拌合；配合比计量控制较差
砌筑工人	中级工以上；其中，高级工不少于 30%	高、中级工不少于 70%	初级工以上

注：1. 砂浆、混凝土强度离散性大小根据强度标准差确定；
    2. 配筋砌体不得为 C 级施工。

施工前，应编制砌体结构工程施工方案。放线时，标高、轴线应从基准控制点引出；砌筑基础前，应校核放线尺寸。

基底标高不同时，应从低处砌起，并应由高处向低处搭砌。当设计无要求时，搭接长度 L 不应小于基础底的高差 H，搭接长度范围内，下层基础应扩大砌筑（图 26-1）。

砌体的转角处和交接处应同时砌筑，当不能同时砌筑时应按规定留槎、接槎。砌筑墙体时应设置皮数杆。

在墙上留置临时施工洞口时，洞口的净宽不应超过 1m，其侧边离交接处墙面不应小于 500mm。设防烈度为 9 度地区的施工洞口位置，应会同设计单位确定。临时施工洞口应做好补砌。

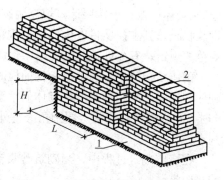

图 26-1 基础标高不同时的搭砌示意
1—混凝土垫层；2—基础扩大部分

设计要求的洞口、沟槽、管道应于砌筑时正确留出或预埋，未经设计同意，不得打凿墙体和在墙体上开凿水平沟槽。宽度超过 300mm 的洞口上部，应设置钢筋混凝土过梁。不应在截面长边小于 500mm 的承重墙体、独立柱内埋设管线。

当需搭设单排脚手架时，不得在下列墙体或部位设置脚手眼：

（1）120mm 厚墙、清水墙、料石墙、独立柱和附墙柱、轻质墙、夹芯复合墙的外叶墙。

（2）过梁上与过梁呈 60°角的三角形范围及过梁净跨度 1/2 的高度范围内。

（3）宽度小于 1m 的窗间墙。

（4）门窗洞口两侧 200mm（石砌体为 300mm）和转角处 450mm（石砌体为 600mm）范围内。

（5）梁或梁垫下及其左右 500mm 范围内。

施工时应控制墙体的自由高度。尚未施工楼面或屋面的墙或柱，当其高度超过抗风允许自由高度的限值时，必须采用临时支撑等有效措施，防止大风造成危害。

砌筑完基础或每一楼层后，应校核砌体的轴线和标高。在允许偏差范围内，轴线偏差可在基础顶面或楼面上校正，标高偏差宜通过调整上部砌体灰缝厚度校正。

搁置预制梁、板的砌体顶面应平整，标高一致。安装时应坐浆（宜用1：3水泥砂浆）。

砌体结构中钢筋的防腐，应符合设计规定。

雨天不宜在露天砌筑墙体，对下雨当日砌筑的墙体应进行遮盖。继续施工时，应复核墙体的垂直度，若其超过允许偏差时，应拆除重新砌筑。

砌体施工时，楼面和屋面堆载不得超过楼板的允许荷载值。当施工层进料口处施工荷载较大时，楼板下宜采取临时支撑措施。

正常施工条件下，砖砌体、小砌块砌体每日砌筑高度宜控制在1.5m或一步脚手架高度内；石砌体不宜超过1.2m。

砌体结构分段施工时，分段位置宜设在结构缝、构造柱或门窗洞口处。相邻施工段间的砌筑高度差不得超过一个楼层的高度，也不宜大于4m。砌体临时间断处的高度差不得超过一步脚手架的高度。

砌体结构工程检验批，是以同类型同强度等级材料每250m³砌体、主体结构每个楼层（基础砌体可按一个楼层计，填充墙砌体量少时可多个楼层合并）作为一个检验批。检验批验收时，其主控项目应全部符合规范的规定；一般项目应有80%及以上的抽检处符合规范的规定；有允许偏差的项目，最大超差值为允许偏差值的1.5倍。

砌体结构分项工程中检验批抽检时，各抽检项目的样本最小容量除有特殊要求（如砖砌体和混凝土小型空心砌块砌体的承重墙、柱的轴线位移应全数检查；外墙阳角数量小于5时，垂直度检查应为全部阳角等）外，按不应小于5确定，以便于检验批的统计和质量判定。

在墙体砌筑过程中，当砌筑砂浆初凝后，块体被撞动或需移动时，应将砂浆清除后再铺浆砌筑。

例26-4　（2010）砌筑施工质量控制等级分为A、B、C三级，其中对砂浆配合比计量控制严格的是：

A　A级　　　　　B　B级　　　　　C　C级　　　　　D　A级和B级

解析：《砌体结构工程施工质量验收规范》GB 50203—2011第3.0.15条表3.0.15规定：A级对砂浆配合比计量控制严格。

答案：A

例26-5　（2021）下列砌体结构建筑的施工工况中，非必须征得设计单位同意的是：

A　抗震设防烈度9度地区砌体墙上临时施工洞口位置

B　在240mm厚，宽度大于1m的窗间墙上设置脚手眼

C　在已砌筑完成的墙体上后开凿永久洞口

D 在已砌筑完成的墙体上后开凿水平沟槽埋设管道

解析：《砌体结构工程施工质量验收规范》GB 50203—2011 第 3.0.8 条规定：抗震设防烈度为 9 度地区建筑物的临时施工洞口位置，应会同设计单位确定。故 A 做法须征得设计同意。第 3.0.9 条第 3 款规定，不得在宽度小于 1m 的窗间墙设置脚手眼（即宽度大于 1m 的窗间墙上可以留设）。故 B 做法被允许且不必征得设计同意。第 3.0.11 条规定：设计要求的洞口、沟槽、管道应于砌筑时正确留出或预埋，未经设计同意，不得打凿墙体和在墙体上开凿水平沟槽。故 C 做法不被允许，D 做法须征得设计同意。选 B。

答案： B

（一）砖砌体工程

砖砌体工程指烧结普通砖、烧结多孔砖、蒸压灰砂砖、粉煤灰砖等砌体施工工程。

1. 砌筑工艺

砌筑砖墙的工艺顺序一般为：抄平→弹线→摆砖样→立皮数杆→盘角、挂线→铺灰砌砖→清理及勾缝。

（1）抄平。砌墙前，应在基础顶面或楼面上定出各层标高，并用水泥砂浆或细石混凝土（厚度在 30mm 以上时）找平，使砖墙底部标高符合设计要求。

（2）弹线。根据龙门板、外引桩或墙上给出的轴线及图纸上标注的墙体尺寸，在基础顶面或每层楼面上用墨线弹出墙的轴线和边线及门窗洞口位置。

（3）摆砖样。在弹线的基面上，按选定的组砌方式用"干砖"试摆，以尽可能减少砍砖，且使砌体灰缝均匀、组砌合理有序。

（4）立皮数杆。皮数杆是划有每皮砖和灰缝的厚度，以及门窗洞口、过梁、楼板、预埋件等的标高位置的一种木制标杆（图 26-2）。它是砌筑时控制砌体水平灰缝厚度和竖向尺寸位置的标志。

皮数杆常立于房屋的四大角、内外墙交接处等位置，其间距一般为 10～15m。皮数杆应抄平竖立，用锚钉或斜撑固定牢固，并保证垂直。

（5）盘角、挂线。按照干砖试摆位置挂好通线，砌好第一皮砖，接着就进行盘角。盘角是先由高水平技工砌筑大角或交接部位，为挂准线和大墙面的砌筑提供依据。

盘角后，应在其侧面挂线。对厚度为 240mm 及以下的墙体可单面挂线，370mm 及以上的墙体应双面挂线。

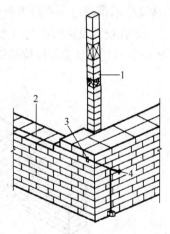

图 26-2　皮数杆及挂线示意图
1—皮数杆；2—准线；3—竹片；
4—圆钉

（6）砌砖。砌砖的常用方法有"三一"砌筑法和铺浆法两种。"三一"砌筑法是指一铲灰、一块砖、一揉压的砌筑方法，该法利于提高砂浆饱满度，砌筑质量高于铺浆法。铺浆法是摊铺一定长度砂浆后，放砖并挤出砂浆。其铺浆长度不得超过 750mm；当施工期间气温超过 30℃时，不得超过 500mm。

240mm厚承重墙的每层墙的最上一皮砖，砖砌体的阶台水平面上及挑出层的外皮砖，应整砖丁砌。多孔砖的孔洞应垂直于受压面砌筑。半盲孔多孔砖的封底面应朝上砌筑。

弧拱式及平拱式过梁的灰缝应砌成楔形缝，拱底灰缝宽度不宜小于5mm，拱顶不应大于15mm。平拱式过梁拱脚下面应伸入墙内不小于20mm，过梁底应有1‰的起拱。砖过梁底部的模板及其支架拆除时，灰缝砂浆强度不应低于设计强度的75%。

（7）清理及勾缝。砌筑混水墙时，应随砌随清扫墙面。对清水墙，应及时将灰缝划出10mm深的沟槽，以便于勾缝施工。勾缝宜采用1∶1.5的水泥砂浆，填压密实、深浅一致。

2. 质量要求

（1）灰缝应横平竖直，厚薄均匀。水平灰缝厚度及竖向灰缝宽度宜为10mm，但不应小于8mm和大于12mm。检查时，水平灰缝厚度用尺量10皮砖砌体高度折算；竖向灰缝宽度用尺量2m砌体长度折算。

（2）砂浆应密实饱满。砖墙水平灰缝的砂浆饱满度不得低于80%，竖缝不得出现透明缝、瞎缝和假缝；砖柱的水平、竖向灰缝均不得低于90%。检查时，用百格网检查砖底面与砂浆的粘结痕迹面积，每处检测3块砖，取其平均值。每检验批至少抽查5处。

（3）组砌方法应正确，内外搭砌，上、下错缝，其长度不小于60mm。清水墙、窗间墙无通缝；混水墙中不得有长度大于300mm的通缝，长度200～300mm的通缝每间不超过3处，且不得位于同一面墙体上。砖柱不得采用包心砌法。

（4）留槎合理，接槎可靠。

1）砖砌体的转角处和交接处应同时砌筑，严禁无可靠措施的内外墙分砌施工。

2）在抗震设防烈度8度及以上地区，对不能同时砌筑的临时间断处应砌成斜槎[图26-3（a）]。斜槎的水平投影长度，砌普通砖时不应小于高度的2/3，多孔砖不小于1/2。斜槎高度不得超过一步脚手架的高度。

3）在抗震设防烈度为6度、7度地区，当不能留斜槎时，除转角处外，可留凸直槎[图26-3（b）]，且应加设拉结钢筋。其数量为：沿墙高每500mm设一道，每道不少于2根

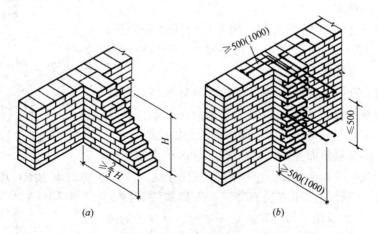

(a) (b)

图 26-3　砖墙留槎要求

(a) 斜槎；(b) 直槎

（括号内尺寸用于设防烈度为6度、7度地区）

$\phi6$，且按每 120mm 墙厚 1 根放置；埋入长度从留槎处算起每边均不应小于 0.5m 或 1m（抗震设防者）；钢筋末端应有 90°弯钩。砌体外露面钢筋的砂浆保护层厚度应不小于 15mm。

接槎处补砌时，必须将表面清理干净，洒水湿润，并填实砂浆，保持灰缝平直。

（5）偏差在允许范围内。砖砌体尺寸、位置的允许偏差及检验方法见表 26-3。

砖砌体、混凝土小型空心砌块砌体尺寸、位置的允许偏差及检验方法　　表 26-3

项次	项　目			允许偏差（mm）	检验方法	抽检数量
1	轴线位移			10	用经纬仪和尺或用其他测量仪器检查	承重墙、柱全数检查
2	基础、墙、柱顶面标高			±15	用水准仪和尺检查	不应小于 5 处
3	墙面垂直度	每层		5	用 2m 托线板检查	不应小于 5 处
		全高	≤10m	10	用经纬仪、吊线和尺或其他测量仪器检查	外墙全部阳角
			>10m	20		
4	表面平整度	清水墙、柱		5	用 2m 靠尺和楔形塞尺检查	不应小于 5 处
		混水墙、柱		8		
5	水平灰缝平直度	清水墙		7	拉 5m 线和尺检查	不应小于 5 处
		混水墙		10		
6	门窗洞口高、宽（后塞口）			±10	用尺检查	不应小于 5 处
7	外墙上下窗口偏移			20	以底层窗口为准，用经纬仪或吊线检查	不应小于 5 处
8	清水墙游丁走缝			20	以每层第一皮砖为准，用吊线和尺检查	不应小于 5 处

例 26-6　（2004）砖砌体砌筑时，下列哪条不符合规范要求？

A　砖提前 1～2d，浇水湿润

B　常温时，多孔砖可用于防潮层以下的砌体

C　多孔砖的孔洞垂直于受压面砌筑

D　竖向灰缝无透明缝、瞎缝和假缝

解析：《砌体结构工程施工质量验收规范》GB 50203—2011 第 5.1.4 规定：有冻胀环境和条件的地区，地面以下或防潮层以下的砌体，不应采用多孔砖。故 B 选项不符合规范要求。

答案：B

例 26-7　（2010）当基底标高不同时，砖基础砌筑顺序正确的是：

A　从低处砌起，由高处向低处搭砌

B　从低处砌起，由低处向高处搭砌

C　从高处砌起，由低处向高处搭砌

D　从高处砌起，由高处向低处搭砌

解析：《砌体结构工程施工质量验收规范》GB 50203—2011 第 3.0.6 条 1 款规定：基底标高不同时，应从低处砌起，并应由高处向低处搭砌。当设计无要求时，搭接长度不应小于基础底的高差。故 A 选项的顺序正确。

答案：A

（二）混凝土小型空心砌块砌体工程

砌块砌体施工前，应按房屋设计图编绘砌块平、立面排块图，并按排块图施工。砌块排列应错缝搭接，并以主规格砌块为主，不得与其他块体或不同强度等级的块体混砌。

砌块砌体施工的主要工艺包括：抄平弹线、基层处理、立皮数杆、挂线砌筑、勾缝。

1. 基本要求

（1）底层室内地面以下或防潮层以下应采用水泥砂浆砌筑，且用不低于 C20（或 Cb20）的混凝土灌实小砌块的孔洞。

（2）小砌块墙体应孔对孔、肋对肋错缝搭砌。单排孔小砌块的搭接长度应为块体长度的 1/2；多排孔小砌块的搭接长度可适当调整，但不宜小于小砌块长度的 1/3，且不应小于 90mm。墙体的个别部位不能满足上述要求时，应在灰缝中设置拉结钢筋或钢筋网片，但竖向通缝（不满足搭砌长度者）仍不得超过两皮。

（3）小砌块应将生产时的底面朝上反砌于墙上，并逐块铺浆砌筑，以利于砂浆饱满。

（4）在散热器、厨房和卫生间等设备的卡具安装处砌的小砌块，宜在施工前用不低于 C20（或 Cb20）的混凝土将其孔洞灌实。

（5）在固定门窗框处应砌入实心混凝土砌块或灌孔形成芯柱；水电管线、孔洞、预埋件等应与砌筑及时配合进行，不得事后凿槽打洞。

（6）每步架墙（柱）砌筑完后，应随即刮平墙体灰缝。

（7）芯柱处，每一楼层第一皮应采用开口小砌块砌筑，以便于灌注芯柱前清扫；砌筑时应随砌随清除小砌块孔内的毛边，并将灰缝中挤出的砂浆刮净，以保证芯柱的断面尺寸。

（8）芯柱混凝土宜选用专用小砌块灌孔混凝土。浇筑芯柱混凝土应符合下列规定：

1）每次连续浇筑的高度宜为半个楼层，但不应大于 1.8m；

2）浇筑芯柱混凝土时，砌筑砂浆强度应大于 1MPa；

3）清除孔内掉落的砂浆等杂物，并用水冲淋孔壁；

4）浇筑芯柱混凝土前，应先注入适量与芯柱混凝土成分相同的去石砂浆；

5）每浇筑 400～500mm 高度捣实一次，或边浇筑边捣实。

2. 验收要求

小砌块和芯柱混凝土、砌筑砂浆的强度等级必须符合设计要求。对砌体进行各项检查时，每检验批抽查均不应少于 5 处。

（1）砌体水平灰缝和竖向灰缝的砂浆饱满度，按净面积计算不得低于 90%。

（2）墙体转角处和纵横交接处应同时砌筑。临时间断处应砌成斜槎，斜槎水平投影长度不应小于斜槎高度［图 26-4（a）］。施工洞口可预留直槎，但在洞口砌筑和补砌时，应在直槎上下搭砌的小砌块孔洞内用强度等级不低于 C20（或 Cb20）的混凝土灌实［图 26-4（b）］。

（3）小砌块砌体的芯柱在楼盖处应贯通，不得削弱芯柱截面尺寸；芯柱混凝土不得漏灌。

（4）砌体的水平灰缝厚度和竖向灰缝宽度宜为 10mm，但不应小于 8mm，也不应大于 12mm。检验方法：水平灰缝厚度用尺量 5 皮小砌块的高度折算；竖向灰缝宽度用尺量

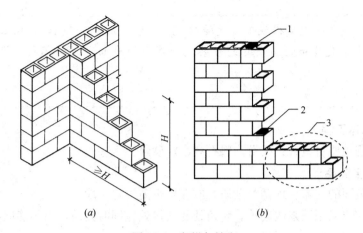

图 26-4　留槎与补砌
(a) 墙体斜槎留设；(b) 施工临时洞口留直槎的补砌
1—留洞时随砌随灌的混凝土；2—补洞时随砌随灌的混凝土；3—补洞砌块

2m 砌体长度折算。

（5）小砌块砌体尺寸、位置的允许偏差见表 26-3。

例 26-8　**（2021）**蒸压加气混凝土砌块在砌筑时，其产品龄期应超过 28d，其目的是控制：

A　砌块的形状尺寸　　　B　砌块与砂浆的粘结强度

C　砌体的整体变形　　　D　砌体的收缩裂缝

解析：《砌体结构工程施工质量验收规范》GB 50203—2011 第 6.1.3 条文说明规定：小砌块龄期达到 28d 之前，自身收缩速度较快，其后收缩速度减慢，且强度趋于稳定。为有效控制砌体收缩裂缝，检验小砌块的强度，规定砌体施工时所用的小砌块产品龄期不应少于 28d。可见，D 选项说法正确。

答案：D

例 26-9　**（2009）**为混凝土小型空心砌块砌体浇筑芯柱混凝土时，其砌筑砂浆强度应大于：

A　2MPa　B　1.2MPa　　C　1MPa　　　D　0.8MPa

解析：《砌体结构工程施工质量验收规范》GB 50203—2011 第 6.1.15 规定：芯柱混凝土宜选用专用小砌块灌孔混凝土。浇筑芯柱混凝土应符合下列规定：①每次连续浇筑的高度宜为半个楼层，但不应大于 1.8m。②浇筑芯柱混凝土时，砌筑砂浆强度应大于 1MPa。故选 C。

答案：C

例 26-10　**（2012）**混凝土小型空心砌块砌体的水平灰缝砂浆饱满度按净面积计算不得低于：

A　50%　　B　70%　　　C　80%　　D　90%

（三）石砌体工程

石砌体工程主要材料有：毛石、料石和水泥砂浆。

1. 施工的主要要求

（1）石材表面的泥垢、水锈等杂质，应在砌筑前清除干净。

（2）石砌体应采用铺浆法砌筑。转角处和交接处应同时砌筑，对不能同时砌筑而又必须留置的临时间断处应砌成斜槎。

（3）砌筑毛石基础的第一皮石块应坐浆，并将大面向下；砌筑料石基础的第一皮石块应用丁砌层坐浆砌筑。毛石砌体的第一皮及转角处、交接处和洞口处，应用较大的平毛石砌筑。每个楼层（包括基础）砌体的最上一皮，宜选用较大的毛石砌筑。

（4）毛石砌筑时，对石块间存在较大缝隙的应先向缝内填灌砂浆并捣实，然后再用小石块嵌填。不得先填小石块后填灌砂浆，石块间不得出现无砂浆而相互接触现象。

（5）石砌体灰缝厚度应均匀。毛石砌体外露面的灰缝厚度不宜大于 40mm；毛料石和粗料石的灰缝厚度不宜大于 20mm；细料石的灰缝厚度不宜大于 5mm。

（6）石砌体每天的砌筑高度不宜超过 1.2m。

（7）挡土墙施工：

1）毛石挡土墙应按分层高度砌筑，每砌 3～4 皮为一个分层高度，每个分层高度应将顶层石块砌平；两个分层高度间分层处的错缝不得小于 80mm。

2）料石挡土墙，当中间部分用毛石砌筑时，丁砌料石伸入毛石部分的长度不应小于 200mm，以加强拉结，提高整体性和稳定性。

3）挡土墙应设置足够的泄水孔，以防止地面水渗入而造成挡土墙基础沉陷，或墙体受附加水压作用而产生破坏、倒塌。当设计无规定时，施工应符合下列规定：

①泄水孔应均匀设置，在每米高度上间隔 2m 左右设置一个泄水孔；

②泄水孔与土体间铺设长宽各为 300mm、厚 200mm 的卵石或碎石作为疏水层。

4）挡土墙内侧回填土必须分层夯填，每层松土厚度宜为 300mm，确保压实，以提高挡土墙的可靠性。墙顶土面应有适当坡度使流水流向挡土墙外侧面，避免渗水而导致挡土墙内侧土含水量和墙的侧向土压力明显变化，以确保挡土墙的安全。

（8）砌筑毛石和实心砖的组合墙时，毛石与砖应同时砌筑，并每隔 4～6 皮砖用 2～3 皮丁砖与毛石拉结砌合；两种砌体间的空隙应填实砂浆。毛石墙和砖墙相接的转角处和交接处应同时砌筑，且应自纵墙（或横墙）每隔 4～6 皮砖高度引出不小于 120mm 与横墙（或纵墙）相接。

2. 质量要求与验收

石材及砂浆强度等级必须符合设计要求。料石检查产品质量证明书，石材、砂浆检查试块试验报告。

石砌体的组砌应内外搭砌、上下错缝；拉结石、丁砌石应交错设置；毛石墙拉结石每0.7m²墙面不应少于1块。灰缝的砂浆饱满度不应小于80%。每检验批抽查不应少于5处，采用观察检查。

例 26-11　（2013）关于石砌体工程的说法，错误的是：

A　料石砌体采用铺浆法砌筑

B　石砌体每天的砌筑高度不宜超过 1.2m

C　石砌体勾缝一般采用 1∶1 水泥砂浆

D　料石基础的第一皮石块应采用丁砌层坐浆砌筑

解析：石砌体勾缝所用砂浆取决于设计要求，如无要求，一般采用 1∶1.5 水泥砂浆。

答案：C

（四）配筋砌体工程

配筋砌体工程是指为加强砌体强度和整体性而采取的构造柱、芯柱、组合砌体构件、配筋砌体剪力墙构件等构造加固措施，即在砌体中加入钢筋。

1. 对配筋砌体的要求

钢筋的品种、规格、数量和设置部位应符合设计要求（检查钢筋的合格证书、复验报告和隐蔽工程记录）。构造柱、芯柱、组合砌体构件、配筋砌体剪力墙构件的混凝土及砂浆的强度等级应符合设计要求（抽检数量按每检验批砌体试块不少于 1 组，验收批不少于3 组，检验试验报告）。配筋砌体中受力钢筋的连接方式及锚固长度、搭接长度应符合设计要求（每检验批抽查不应少于 5 处）。

设置在砌体水平灰缝内的钢筋，应居中置于灰缝中。水平灰缝厚度应大于钢筋直径4mm 以上。砌体外露面砂浆保护层的厚度不应小于 15mm。

配筋小砌块砌体剪力墙，应采用专用的小砌块砌筑砂浆砌筑，专用小砌块灌孔混凝土浇筑芯柱。

砌体灰缝中的钢筋设置防腐保护应符合规范要求，防腐涂料无漏刷（喷浸），且钢筋防护层完好，不应有肉眼可见的裂纹、剥落和擦痕等缺陷。

网状配筋砖砌体中，钢筋网规格及放置间距应符合设计规定。每一构件钢筋网沿砌体高度位置偏差超过设计规定一皮砖厚处，不得多于一处（每检验批抽查不少于 5 处）。

2. 构造柱施工及质量要求

构造柱也称组合柱，通过与墙体、圈梁、楼板等连成整体而对砌体结构起到加固作用，是重要的抗震措施。为了保证连接可靠，构造柱与墙体的连接处应砌成马牙槎。马牙槎应先退后进，对称砌筑；沿高度方向不超过300mm，凹凸尺寸不少于 60mm。砌筑时，沿墙高每 500mm 设置 2φ6 水平拉结钢筋，每边伸入墙内不宜小于 600mm，如图 26-5 所示。

构造柱混凝土应在砌墙砂浆达到一定强度

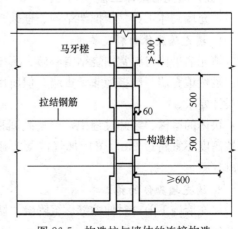

图 26-5　构造柱与墙体的连接构造

后浇筑。支模前，应清除落地灰、砖渣等杂物，浇水湿润砌体槎口。浇筑混凝土时，先在底部注入 20～30mm 厚与构造柱混凝土浆液成分相同的水泥砂浆，再分层浇筑混凝土，并振捣密实，振捣时严禁触碰墙体。

马牙槎尺寸偏差，每一构造柱不应超过 2 处；钢筋的竖向移位不应超过 100mm，且竖向移位每一构造柱不得超过 2 处；施工中不得任意弯折拉结钢筋。构造柱一般尺寸允许偏差及检验方法应符合表 26-4 的规定。

构造柱一般尺寸允许偏差及检验方法   表 26-4

项次	项 目		允许偏差（mm）	检 验 方 法
1	中心线位置		10	用经纬仪和尺检查或用其他测量仪器检查
2	层间错位		8	用经纬仪和尺检查或用其他测量仪器检查
3	垂直度	每层	10	用 2m 托线板检查
		全高 ≤10m	15	用经纬仪、吊线和尺检查或其他测量仪器检查
		>10m	20	

例 26-12 **（2013）** 构造柱与墙体的连接处应砌成马牙槎，其表述错误的是：

A 每个马牙槎的高度不应超过 300mm

B 马牙槎凹凸尺寸不宜小于 60mm

C 马牙槎应先进后退

D 马牙槎应对称砌筑

解析：《砌体结构工程施工质量验收规范》GB 50203—2011 第 8.2.3 条规定："墙体应砌成马牙槎。马牙槎凹凸尺寸不宜小于 60mm，高度不应超过 300mm，马牙槎应先退后进，对称砌筑"。马牙槎"先退后进"，可使构造柱柱根增大，且与地梁或圈梁的连接面积大，对结构有利。故 C 选项表述错误。

答案：C

（五）填充墙砌体工程

填充墙砌体工程是指框架结构、框架-剪力墙结构等房屋的围护墙、隔墙的砌筑施工。

1. 填充墙砌体材料及要求

填充墙砌体材料常用烧结空心砖、蒸压加气混凝土砌块、轻骨料混凝土小型空心砌块等。虽然填充墙一般多为非承重墙，但所用空心砖、小砌块及砌筑砂浆的强度等级必须符合设计要求。

块体的运输、装卸过程中，严禁抛掷和倾倒；进场后应按品种、规格分别堆放整齐，堆置高度不宜超过 2m。蒸压加气混凝土砌块，含水率宜小于 30%，运输及存放应防止雨淋。

2. 填充墙砌体的施工

填充墙施工前，对伸缩缝、沉降缝、防震缝中的模板应拆除干净，不得夹有砂浆、块体及碎渣等杂物。

在厨房、卫生间、浴室等处采用轻骨料混凝土小型空心砌块、蒸压加气混凝土砌块砌筑墙体时，墙底部宜现浇混凝土坎台，其高度宜为150mm，以利于提高墙底的防水效果和踢脚线施工。

蒸压加气混凝土砌块、轻骨料混凝土小型空心砌块不应与其他块体混砌。不同强度等级的同类块体也不得混砌。但窗台处和因安装门窗需要，可采用其他块体局部嵌砌；填塞墙顶缝隙可采用其他块体。

填充墙拉结筋处的下皮小砌块宜采用半盲孔小砌块或用混凝土灌孔小砌块；薄灰砌筑法施工的蒸压加气混凝土砌块砌体，拉结筋应放置在砌块上表面设置的沟槽内。

填充墙砌筑时应错缝搭砌，蒸压加气混凝土砌块搭砌长度不小于砌块长度的1/3；轻骨料混凝土小型空心砌块搭砌长度不应小于90mm；竖向通缝长度不应大于2皮厚。

填充墙砌体的灰缝厚度和宽度应正确，空心砖、轻骨料混凝土小型空心砌块的砌体灰缝应为8～12mm。蒸压加气块砌体的水平、竖向灰缝，当采用水泥砂浆、水泥混合砂浆或其专用砌筑砂浆时不应超过15mm；当采用专用粘结砂浆时宜为3～4mm。

填充墙砌体的灰缝砂浆应饱满，空心砖砌体的饱满度同砖砌体，砌块砌体的竖向、水平灰缝的饱满度均应达到80%以上。

填充墙砌体砌筑，应待承重主体结构检验批验收合格后进行。填充墙与承重主体结构间的空（缝）隙部位施工，应在填充墙砌筑14d后进行，以利于结构变形，避免墙体干缩和沉降裂缝。

3. 质量要求

填充墙砌体应与主体结构可靠连接，其连接构造应符合设计要求。拉结钢筋或网片的位置应与块体皮数相符合，且应置于灰缝中；埋置长度应符合设计要求，竖向位置偏差不应超过一皮块体高度。

填充墙与承重墙、柱、梁的连接钢筋，当采用化学植筋的连接方式时，应进行实体检测。锚固钢筋拉拔试验的轴向受拉非破坏承载力检验值应为6kN，此时基材应无裂缝、钢筋无滑移裂损现象；持荷2min荷载值降低不大于5%。应按规范填写植筋锚固力检测记录。

> **例26-13　（2010）** 关于填充墙砌体工程，下列表述错误的是：
>
> A　填充墙砌筑前块材应提前2d浇水
>
> B　蒸压加气混凝土砌块砌筑时的产品龄期为28d
>
> C　空心砖的临时堆放高度不宜超过2m
>
> D　填充墙砌至梁、板底时，应及时用细石混凝土填补密实
>
> **解析：**《砌体结构工程施工质量验收规范》GB 50203—2011第9.1.2条规定：蒸压加气空心砖、混凝土砌块砌筑时的产品龄期不应小于28d。第9.1.3条规定：空心砖进场后应按品种、规格堆放整齐，堆置高度不宜超过2m。第9.1.5条规定：砌筑填充墙时，混凝土小型空心砌块应提前1～2d浇水湿润。第9.1.9条规定：填充墙与承重主体结构间空（缝）隙部位施工，应在填充墙砌筑14d后进行。故D选项表述错误。
>
> **答案：**D

三、砌体冬期施工

根据当地气象资料，当室外日平均气温连续 5d 稳定低于 5℃时，砌体工程应采取冬期施工措施。此外，当日最低气温低于 0℃时，也应按冬期施工执行。

1. 冬期施工对材料的要求

（1）砖、砌块在砌筑前，应清除表面污物、冰雪等，不得使用遭水浸泡和受冻后表面结冰、污染的砖或砌块。

（2）烧结砖、蒸压灰砂砖及粉煤灰砖、吸水率较大的轻骨料混凝土小型空心砌块在气温高于 0℃条件下砌筑时，应浇水湿润，且应即时砌筑；气温在 0℃及以下时可不浇水，但应增大砂浆稠度。普通混凝土砖及小型空心砌块、采用薄灰砌筑法的蒸压加气块施工时，不应对其浇（喷）水湿润。抗震设防烈度为 9 度的建筑物，对需浇水块体无法浇水湿润时，如无特殊措施，不得砌筑。

（3）砌筑砂浆宜采用普通硅酸盐水泥配制，不得使用无水泥拌制的砂浆。

（4）现场拌制砂浆所用砂中不得含有冰块或直径大于 10mm 的冻结块。

（5）石灰膏、电石渣膏等材料应有保温措施，如遭冻结应经融化后使用。

（6）拌合砂浆时，水温不得超过 80℃，砂的温度不得超过 40℃，且任何情况下，水泥都不得与 80℃以上的热水直接接触，以避免水泥假凝而影响施工和强度。

2. 冬期施工的砌筑要求

砌体工程冬期施工应有完整的冬期施工方案，并应采取相应措施。

冬期施工时，砖砌体应采用"三一"砌筑法施工；砌块砌体应随铺灰随砌筑。每日砌筑高度不宜超过 1.2m。

砌筑施工时，砂浆温度不应低于 5℃。以便于操作和达到受冻临界强度。

冬期施工砌筑间歇期间，宜及时在砌体表面进行保护性覆盖，砌体面层不得留有砂浆。继续砌筑前，应将砌体表面清理干净。

砂浆试块的留置，除应按常温规定要求外，尚应增设一组与砌体同条件养护的试块，用于检验转入常温 28d 的强度。如有特殊需要，可另外增加相应龄期的同条件试块。

3. 砌体工程冬期施工方法与要求

砌体工程冬期施工主要方法有外加剂法和暖棚法。

（1）外加剂法

外加剂法又称为掺盐砂浆法，即采用掺入盐类等抗冻早强剂砂浆砌筑砌体的方法。砌筑工程的冬期施工宜选用该法。

由于氯盐对钢材具有较强的腐蚀作用，因此，应预先对需埋设的钢筋及钢埋件进行防腐处理；配筋砌体不得采用掺氯盐的砂浆施工。此外，掺氯盐的砂浆还会使砌体产生析盐、吸湿现象，故不得在以下工程中使用：①可能影响装饰效果的建筑物；②使用湿度大于 80% 的建筑物；③热工要求高的工程；④变电所、发电站等接近高压电线的建筑物；⑤地下水位经常变化且无防水措施的基础；⑥经常受 40℃以上高温影响的建筑物。

当设计无要求，最低气温在 −15℃及以下时，砂浆强度等级应较常温施工提高一级。

（2）暖棚法

该法是利用简易结构和廉价的保温材料，将需要砌筑的空间临时封闭，并在棚内加热，使砌体在正温条件下砌筑和养护。适用于地下工程、基础工程以及工期紧迫的砌体结构。

用暖棚法施工时，块体和砂浆在砌筑时的温度均不得低于5℃。距所砌结构底面0.5m处的棚内温度也不得低于5℃。砌体在暖棚内的养护时间，应根据表26-5确定。

暖棚法砌体的养护时间   表 26-5

暖棚内温度（℃）	5	10	15	20
养护时间不少于（d）	6	5	4	3

四、砌体子分部工程验收

1. 砌体工程验收前，应提供的文件和记录

（1）设计变更文件。

（2）施工执行的技术标准。

（3）原材料出厂合格证书、产品性能检测报告和进场复验报告。

（4）混凝土及砂浆配合比通知单。

（5）混凝土及砂浆试件抗压强度试验报告单。

（6）砌体工程施工记录。

（7）隐蔽工程验收记录。

（8）分项工程检验批的主控项目、一般项目验收记录。

（9）填充墙砌体植筋锚固力检测记录。

（10）重大技术问题的处理方案和验收记录。

（11）其他必要的文件和记录。

2. 砌体子分部工程验收时，应对砌体工程的观感质量作出总体评价。

3. 当砌体工程质量不符合要求时，应按现行国家标准《建筑工程施工质量验收统一标准》GB 50300有关规定执行。

4. 有裂缝的砌体验收方法

（1）对不影响结构安全性的砌体裂缝，应予以验收，对明显影响使用功能和观感质量的裂缝，应进行处理。

（2）对有可能影响结构安全性的砌体裂缝，应由有资质的检测单位检测鉴定，需返修或加固处理的，待返修或加固处理满足使用要求后进行二次验收。

第二节　混凝土结构工程

混凝土结构是以混凝土为主制成的结构，包括素混凝土结构、钢筋混凝土结构和预应力混凝土结构等，按施工方法可分为现浇结构和装配式结构。

混凝土结构子分部工程可划分为模板、钢筋、预应力、混凝土、现浇结构和装配式结构等分项工程。各分项工程可根据与生产和施工方式相一致且便于控制施工质量的原则，按进场批次、工作班、楼层、结构缝或施工段划分为若干检验批。

混凝土工程的验收程序为：检验批验收→分项工程验收→子分部工程验收。验收方法及要求如下：

（1）检验批的质量验收。包括实物检查和资料检查，并应符合下列规定。

1）主控项目的质量经抽样检验均应合格。

2）一般项目的质量经抽样检验应合格；一般项目当采用计数抽样检验时，其合格点率应达到80%及以上，且不得有严重缺陷。

3）应具有完整的质量检验记录，重要工序应具有完整的施工操作记录。

（2）检验批验收时，抽样样本应随机抽取，并应满足分布均匀、具有代表性的要求。不合格检验批的处理应符合下列规定：

1）材料、构配件、器具及半成品检验批不合格时不得使用；

2）混凝土浇筑前施工质量不合格的检验批，应返工、返修，并应重新验收；

3）混凝土浇筑后施工质量不合格的检验批，应按规范有关规定进行处理。

获得认证的产品或来源稳定且连续三批均一次检验合格的产品，进场验收时检验批的容量可按规范的有关规定扩大一倍。扩大后出现不合格情况时，应按扩大前的检验批容量重新验收，且该产品不得再次扩大检验批容量。

混凝土结构工程采用的材料、构配件、器具及半成品，应按进场批次进行检验。属于同一工程项目且同期施工的多个单位工程，对同一厂家生产的同批产品，可统一划分检验批进行验收。

（3）分项工程的质量验收。应在所含检验批验收合格的基础上，进行质量验收记录检查。

（4）混凝土结构子分部工程的质量验收。应在钢筋、预应力、混凝土、现浇结构和装配式结构等相关分项工程验收合格的基础上，进行质量控制资料检查、观感质量验收及结构实体检验。

一、模板工程

模板系统是使新浇的混凝土成型的模型，由模板、支架及连接件组成（图26-6）。模板系统中与混凝土直接接触的部分称为模板，它决定了混凝土结构的几何尺寸及表面效果。而支承模板的部分称为支架，它保持模板位置及形状的正确并承受模板、混凝土等的重量、压力及施工中产生的荷载。

（一）对模板的基本要求

（1）要保证结构和构件的形状、尺寸、位置和饰面效果。

（2）具有足够的承载力、刚度和整体稳定性。

（3）构造简单、装拆方便，且便于钢筋安装和混凝土浇筑、养护。

（4）表面平整、拼缝严密，能满足混凝土内部及表面质量要求。

（5）材料轻质、高强、耐用、环保，利于周转使用。

（二）模板的分类

（1）按材料分有：木、钢、钢木、铝合金、胶合板、塑料、玻璃钢模板等。

（2）按结构类型分有：基础、柱、墙、梁、楼板、楼梯模板等。

（3）按构造及施工方法分有：①拼装式（如木模板、胶合板模板）；②组合式（如定型组合式钢模板、铝合金模板、钢框胶合板模板）；③工具式（如大模、台模）；④爬升式模板（如爬模、滑模）；⑤永久式（如压型钢板模板、预应力混凝土薄板、叠合板）。

（4）按作用及承载种类分有：侧模板、底模板。

（三）常用模板的特点

（1）胶合板模板。包括竹胶合板和木胶合板（也称多层板），其单块面积大、表面平整、重量较轻、可锯可钉拼装方便；但周转次数少，环境负荷大。主要用于楼板模板（图26-6）。可减少接缝，提高平整度，免除顶棚抹灰。

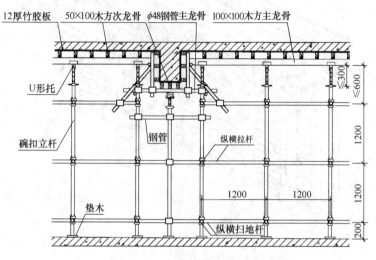

图 26-6　现浇梁及楼板模板（胶合板模板）

（2）组合式模板。包括定型组合式钢模板、铝合金模板、钢框胶合板模板等。该类模板按照一定模数有多种规格、型号，可根据需要组合拼装成各种构件、各种尺寸的模板。其特点是通用性强、周转率高、安装方便；但拼缝多、构件表面平整度较差，机械化作业程度低（图26-7）。

（3）大模板。它是用于墙体施工的钢制大型工具式模板，两块对拼即可浇筑一片墙体。具有装拆速度快、机械化程度高、刚度大、混凝土表观质量好等优点；但其造价较高、通用性较差。在剪力墙结构施工中应用广泛（图26-8）。

图 26-7　组合式铝合金模板支设的墙、板模板

（4）滑升模板。简称滑模（图26-9），它是随着混凝土的浇筑，通过千斤顶或提升机等设备，使模板沿着混凝土表面向上滑动而逐步完成浇筑的模板系统（每次滑升浇筑300mm左右）。滑模不需频繁安装和拆除模板及脚手架，且模板用量少，施工进度快；但一次性投资较大，需要不间断作业，对施工技术和管理水平要求较高，工程质量控制难度较大。主要用于现浇高耸的构筑物，如烟囱、水塔、筒仓、桥墩等。对有较多水平构件的建筑墙体效果较差，目前已较少使用。

（5）爬升模板。简称爬模（图26-10），它是将大块模板与爬升或提升系统结合而形成的模板体系（每次爬升一个楼层高度）。具有大模板和滑升模板共同的优点，是新型、

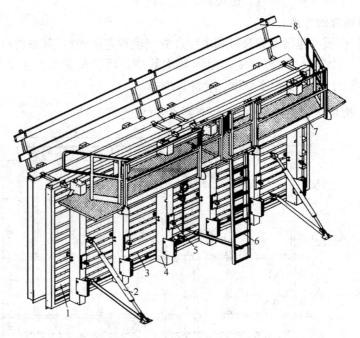

图 26-8　大模板构造与组装

1—面板；2—稳定机构；3—次肋；4—主肋；5—穿墙螺栓；6—爬梯；
7—操作平台；8—栏杆

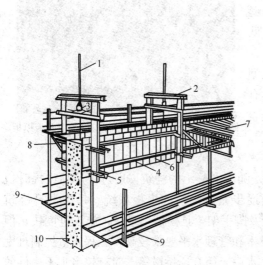

图 26-9　液压滑升模板组成示意图

1—支承杆；2—提升架；3—液压千斤顶；4—围圈；
5—围圈支托；6—模板；7—操作平台；8—外挑三角
架；9—下吊脚手架；10—混凝土墙体

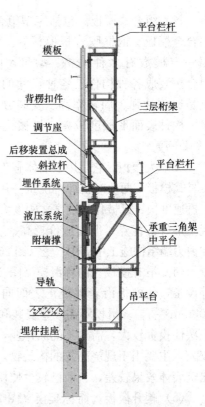

平台栏杆

模板

背楞扣件

调节座

后移装置总成

斜拉杆

埋件系统

液压系统

附墙撑

导轨

埋件挂座

三层桁架

平台栏杆

承重三角架

中平台

吊平台

图 26-10　液压爬升模板构造

快速发展的模板系统。它可以加快施工速度，减少塔吊的工作量，不需搭设脚手架，垂直度和平整度易于调整控制而避免误差累积。但由于安装位置固定造成周转率低，配置量多于大模板。适用于现浇高层、超高层建筑的墙体、核心筒以及桥墩、塔柱等竖直或倾斜结构的施工。目前已逐步形成"单块爬升""整体爬升"等工艺。前者主要用于较大面积房屋的墙体施工，后者多用于筒、柱、墩的施工。

（四）一般规定

（1）模板工程应编制施工方案。爬升式模板工程、工具式模板工程及高大模板支架工程的施工方案，应按有关规定进行技术论证。

（2）模板及支架应根据安装、使用和拆除的工况进行设计，并应满足承载力、刚度和整体稳固性要求。

（3）现浇混凝土结构模板及支架的安装质量、模板及支架的拆除均应符合施工规范规定和施工方案的要求。

（五）模板安装要求

（1）模板及支架所用材料的技术指标应符合国家标准的规定，进场时应抽样检验材料的外观、规格和尺寸。

（2）现浇混凝土结构模板及支架的安装质量，应符合国家标准的规定和施工方案的要求。

（3）后浇带处模板及支架应独立设置，以便持续支撑，防止因两侧模板拆除而造成结构损伤或坍塌。

（4）支架竖杆和竖向模板安装在土层上时，应符合下列规定：

1）土层应坚实、平整，其承载力或密实度应符合施工方案的要求。

2）应有防水、排水措施，对冻胀性土，应有预防冻融措施。

3）支架竖杆下应有底座或垫板。

（5）模板表面应平整、清洁，接缝应严密。浇混凝土前，模板内杂物应清理干净，且不得有积水或冰雪等。对清水混凝土及装饰混凝土构件，应使用能达到设计效果的模板。

（6）模板隔离剂的品种和涂刷方法应符合施工方案的要求。隔离剂不得影响结构性能及装饰施工；不得沾污钢筋、预应力筋、预埋件和混凝土接槎处；不得对环境造成污染。

（7）梁、板的跨度在4m及以上时，底模的跨中应起拱。设计无规定时，起拱高度应符合规范及施工方案的要求，一般为跨度的1‰～3‰，以抵消模板和支架在钢筋及新浇混凝土荷载作用下压缩变形而产生的挠度。对梁，跨度大于18m时应全数检查，跨度不大于18m时应抽查构件数量的10%且不少于3件；对板，应按有代表性的自然间抽查10%且不少于3间。

（8）现浇混凝土结构多层连续支模应符合施工方案的规定。上下层模板支架的竖杆宜对准，以利于荷载的传递与分散。竖杆下垫板的设置应符合施工方案的要求。

（9）固定在模板上的预埋件和预留孔洞不得遗漏，且应安装牢固。其位置应满足设计和施工方案的要求。当设计无具体要求时，其位置偏差应符合表26-6的规定。

预埋件和预留孔洞的安装允许偏差 表 26-6

预埋件和预留孔洞的安装允许偏差 表 26-6

项　　目		允许偏差（mm）
预埋板中心线位置		3
预埋管、预留孔中心线位置		3
插筋	中心线位置	5
	外露长度	+10，0
预埋螺栓	中心线位置	2
	外露长度	+10，0
预留洞	中心线位置	10
	尺寸	+10，0

（10）现浇结构模板安装偏差及检验方法应符合规范规定（表26-7）。

现浇结构模板允许偏差和检查方法 表 26-7

项　　目		允许偏差（mm）	检　查　方　法
轴线位置		5	尺量
底模上表面标高		±5	水准仪或拉线、尺量
模板内部尺寸	基础	±10	尺量
	柱、墙、梁	±5	尺量
	楼梯相邻踏步高差	5	尺量
柱、墙垂直度	层高≤6m	8	经纬仪或吊线、尺量
	层高>6m	10	经纬仪或吊线、尺量
相邻模板表面高差		2	尺量
表面平整度		5	2m靠尺和塞尺量测

（六）模板的拆除

模板拆除时，可采取先支的后拆、后支的先拆，先拆非承重模板、后拆承重模板的顺序，并应自上而下进行拆除。现浇结构模板拆模时应符合下列规定：

（1）侧模应在混凝土强度能保证其表面及棱角不受损伤后，方可拆除。

（2）底模及其支架应在混凝土的强度达到设计要求后再拆除。当设计无具体要求时，与结构构件同条件养护的混凝土试件的抗压强度应满足：跨度小于等于2m的板，达到设计强度标准值的50%以上；跨度2～8m的板和跨度小于等于8m的梁、拱、壳，应达到75%；跨度大于8m的板、梁、拱、壳以及任何跨度的悬臂构件，应达到100%。

（3）多个楼层的梁板支架拆除，宜保持在施工层下有2～3个楼层的连续支撑，以分散和传递较大的施工荷载。

（4）对后张法施工的预应力混凝土构件，侧模宜在预应力筋张拉前拆除，底模及支架应在预应力建立后拆除。

（5）后浇带处的模板及支架拆除应按施工技术方案执行。

例 26-14 （2021）模板及其支架应根据安装、使用和拆除工况进行设计，应满足的基本要求不包括：

A　承载力要求　　　　　　　B　刚度要求

C　经济性要求　　　　　　　D　整体稳固性要求

解析：《混凝土结构工程施工质量验收规范》GB 50204—2015 第 4.1.2 条规定：模板及支架应根据安装、使用和拆除工况进行设计，并应满足承载力、刚度和整体稳固性要求。可见，基本要求中不包括 C。

答案： C

例 26-15 （2012）混凝土结构施工时，后浇带模板的支顶与拆除应按：

A　施工图设计要求执行　　　B　施工组织设计执行

C　施工技术方案执行　　　　D　监理工程师的指令执行

解析：后浇带模板及支架施工中留置时间较长，且对相邻的两侧结构起临时支撑作用，故不能与相邻结构的模板及支架同时拆除，也不宜拆除后进行二次支撑，故制定施工方案时应考虑独立设置，以使其装拆方便，且避免影响或损坏相邻结构。

答案： C

例 26-16 （2007）混凝土结构工程施工中，固定在模板上的预埋件和预留孔洞的尺寸允许偏差必须为：

A　正偏差　　　　B　零偏差　　　　C　负偏差　　　　D　正负偏差

解析：据《混凝土结构工程施工质量验收规范》GB 50204—2015 表 4.2.9（本教材表 26-6）可见：固定在模板上的预埋件和预留孔洞的尺寸允许偏差均为"正偏差"。

答案： A

二、钢筋工程

（一）建筑用钢筋的种类

混凝土结构用的普通钢筋，可分为热轧钢筋、热处理钢筋和冷加工钢筋。热轧钢筋包括低碳钢（牌号 HPB、光圆）、低（微）合金钢（牌号 HRB、带肋）钢筋。热处理钢筋包括用余热处理（RRB）或晶粒细化（HRBF）等工艺加工的钢筋；该类钢筋强度较高，但强屈比低且焊接性能不佳。冷加工钢筋强度较高但脆性大，已很少使用。热轧或热处理钢筋按屈服强度分为 300、335、400、500（MPa）级四个等级，按表面形状分为光圆钢筋和带肋钢筋。

预应力钢筋按材料类型可分为：预应力用钢丝、螺纹钢筋、钢绞线等。螺纹钢筋的屈服强度为 785～1080MPa；消除应力钢丝和钢绞线为硬钢，无屈服强度，极限强度为 1570～1960MPa。

钢筋的强度标准值应具有不小于 95％的保证率。

（二）钢筋进场检验

钢筋进场时，应检查质量证明文件（产品合格证、出厂检验报告）和钢筋外观质量，并抽样检验力学性能和单位长度重量偏差。

1. 钢筋外观检查

原料钢筋外观应全数检查，要求钢筋平直、无损伤，表面不得有裂纹、油污、颗粒状或片状老锈。

成型钢筋按同一厂家、同一类型的成型钢筋，不超过 30t 为一批，每批随机抽取 3 个成型钢筋进行检查，其外观质量和尺寸偏差应符合国家现行有关标准的规定。

2. 力学性能与重量偏差

（1）一般钢筋

钢筋进场时，应按国家现行相关标准的规定抽取试件作屈服强度、抗拉强度、伸长率、弯曲性能和重量偏差检验；对成型钢筋应作屈服强度、抗拉强度、伸长率和重量偏差检验。检验结果应符合相应标准的规定。

检查数量：对原料钢筋，按进场的批次和产品的抽样检验方案确定。对成型钢筋，按同一厂家、同一类型、同一钢筋来源的成型钢筋，不超过 30t 为一批，每批中每种钢筋牌号、规格均应至少抽取 1 个钢筋试件，总数不应少于 3 个。

检验方法：检查质量证明文件和抽样检验报告。

（2）抗震钢筋

对按一、二、三级抗震等级设计的框架和斜撑构件（含梯段）中的纵向受力普通钢筋应采用 HRB400E、HRB500E、HRBF400E 或 HRBF500E 钢筋，其强度和最大力下总伸长率的实测值应符合下列规定：

1）抗拉强度实测值与屈服强度实测值的比值不应小于 1.25；

2）屈服强度实测值与屈服强度标准值的比值不应大于 1.30；

3）最大力下总伸长率不应小于 9％。

检查数量：按进场的批次和产品的抽样检验方案确定。

检验方法：检查抽样检验报告。

3. 钢筋机械连接套筒、钢筋锚固板以及预埋件

检查数量按国家现行有关标准的规定确定。其外观质量应符合国家现行有关标准的规定。检验方法为检查产品质量证明文件、观察和尺量。

（三）钢筋加工

包括调直、除锈、接长、下料切断、弯曲成型。

1. 加工方法

（1）钢筋调直方法主要根据设备条件决定：对于直径小于 12mm 的盘圆钢筋，一般用卷扬机或调直机调直；大直径钢筋来料为直条，一般不需调直，个别可用弯曲机扳直。

（2）加工中的接长常用闪光对焊，连接直条粗钢筋，以满足长度要求和减少料头。

（3）切断钢筋的方法有：手动剪断器，用于切断直径小于 12mm 的钢筋；钢筋切断机，用于切断直径 6～40mm 的钢筋；切割机可切断各种钢筋，能使切面平整，满足机械连接要求。

（4）钢筋弯曲成型有两种方法：一般在工作平台上手工弯曲成型；对大量钢筋加工可

用钢筋弯曲机加工。

2. 加工要求

(1) 钢筋弯折的弯弧内直径应符合下列规定，以免弯弧外侧裂缝。

1) 光圆钢筋（HPB300），不应小于 $2.5d$（d 为钢筋直径）；

2) 335MPa 级、400MPa 级带肋钢筋，不应小于 $4d$；

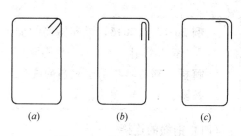

图 26-11　绑扎箍筋的形式
(a) 135°/135°；(b) 90°/180°；(c) 90°/90°

3) 500MPa 级带肋钢筋，当直径为 28mm 以下时，不应小于 $6d$；当直径为 28mm 及以上时，不应小于 $7d$；

4) 箍筋弯折处尚不应小于纵向受力钢筋直径，使其能与纵筋贴合以箍紧。

(2) 纵向受力钢筋弯折后平直段长度应符合设计要求，从而满足锚固要求。光圆钢筋末端做 180°弯钩时，弯钩的平直段长度不应小于钢筋直径的 3 倍。

(3) 箍筋的末端应按设计要求做弯钩。形式见图 26-11。

对一般结构构件，箍筋弯钩的弯折角度不应小于 90°，弯折后平直段长度不应小于 $5d$（d 为箍筋直径）；对有抗震设防要求的结构构件，不应小于 135°和 $10d$。

3. 盘卷钢筋调直后的检验

盘卷钢筋调直后应进行力学性能和重量偏差检验。检验时应对 3 个试件先进行重量偏差检验，再取其中 2 个试件进行力学性能检验。其强度应符合国家标准的规定，其断后伸长率、重量偏差应符合表 26-8 的规定。对采用无延伸功能的机械设备调直的钢筋，可不进行此项检验。

盘卷钢筋调直的断后伸长率、重量偏差要求　　　表 26-8

钢筋牌号	断后伸长率 A（%）	重量偏差（%）	
		直径 6~12mm	直径 14~16mm
HPB300	≥21	≥-10	—
HRB335、HRBF335	≥16	≥-8	≥-6
HRB400、HRBF400	≥15		
RRB400	≥13		
HRB500、HRBF500	≥14		

注：断后伸长率 A 的量测标距为 5 倍钢筋直径。

检验重量偏差时，试件切口应平滑并与长度方向垂直，其长度不应小于 500mm；长度和重量的量测精度分别不应低于 1mm 和 1g。检查数量按同一设备加工的同一牌号、同一规格的调直钢筋，重量不大于 30t 为一批，每批见证抽取 3 个试件。

4. 钢筋加工质量的检验

钢筋加工的形状、尺寸应符合设计要求。同一设备加工的同一类型钢筋，每工作班抽查不应少于 3 件。其偏差应符合表 26-9 的规定。

钢筋加工的允许偏差　　　表 26-9

项目	允许偏差（mm）
受力钢筋沿长度方向的净尺寸	±10
弯起钢筋的弯折位置	±20
箍筋外廓尺寸	±5

例 26-17 （2013）纵向钢筋的加工不包括：

A 钢筋绑扎　　　B 钢筋调直　　　C 钢筋除锈　　　D 钢筋剪切与弯曲

解析： 钢筋绑扎属于钢筋的安装，不属于钢筋的加工。

答案： A

（四）钢筋的连接

1. 连接方法

钢筋连接常采用焊接、机械连接和绑扎搭接。钢筋的连接方式应符合设计要求，接头位置应符合设计和施工方案要求。

（1）焊接连接

焊接是利用热能熔化钢筋的待连接处，使其熔融而连成一体。当环境温度低于－5℃时应调整焊接参数或工艺，低于－20℃时不得进行焊接，雨、雪及大风天气应采取遮挡措施。常用焊接方法如下。

1）闪光对焊

它是在对焊机上，将两根相互经接触的钢筋通以低电压的强电流，闪光熔化后，轴向加压顶锻，使两钢筋连接的压焊方法。该法焊接质量好、适用范围广、价格低廉，用于粗钢筋下料前的接长或制作闭口箍筋。焊接工艺有连续闪光焊、预热闪光焊和闪光-预热闪光焊三种。

2）电弧焊

它是利用弧焊机使焊条与焊件之间产生高温电弧，熔化焊条和焊件金属，待其凝固后便形成焊缝或接头。电弧焊广泛用于各种钢筋接头、焊制钢筋骨架、钢筋与钢板的焊接及结构安装的焊接。钢筋接头的常用形式有搭接焊、帮条焊、剖口焊等。

3）电渣压力焊

电渣压力焊是利用强电流将埋在焊药中的两钢筋端头熔化，然后施加压力使其熔合。用于柱、墙等竖向钢筋的接长。它比电弧焊工效高、成本低、质量好。

4）电阻点焊

电阻点焊是利用钢筋交叉点电阻较大，在通电瞬间受热而熔化，并在电极的压力下焊合。用于钢丝或较细钢筋的交叉连接，常用来制作钢筋骨架或网片。

（2）机械连接

钢筋机械连接是利用与连接件的咬合作用来传力的连接方法。具有接头强度高（可与母材等强）、不受气候及环境条件影响、无火灾隐患等优点，可用于柱、梁、板、墙等构件的竖向、水平或任何倾角的粗钢筋连接。常用机械连接方法有螺纹连接和冷挤压连接。

1）冷挤压连接

它是将两根待连接的钢筋插入套筒，再利用千斤顶挤压，使套筒变形而与钢筋咬合，将两钢筋连接在一起［图 26-12 (a)］。只能连接带肋钢筋，且直径 16mm 以上。由于所用套筒大且对钢材要求高，故价格较高。

2）螺纹连接

螺纹连接是采用专用设备将钢筋端部做出螺纹，拧入套筒而连接。包括锥螺纹（基本淘汰）、镦粗直螺纹和滚轧直螺纹连接。滚轧直螺纹［图 26-12 (b)］是用机床的滚轮将钢筋端部轧出直径相同的螺纹丝扣，利用钢材"变形硬化"的特性，使接头可与母材等强。施工速度快、费用低，可用于直径 16mm 以上的光圆、带肋钢筋，得到广泛应用。

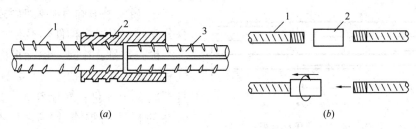

图 26-12　钢筋机械连接形式
(*a*) 冷挤压连接；(*b*) 直螺纹连接
1—钢筋；2—钢套筒；3—待挤压的钢筋

2. 连接的要求

（1）接头位置

钢筋接头宜设置在受力较小处；有抗震设防要求的结构中，梁端、柱端箍筋加密区范围内不宜设置钢筋接头，且不应进行钢筋搭接。同一纵向受力钢筋不宜设置两个或两个以上接头。接头末端至钢筋弯起点的距离，不应小于钢筋直径的 10 倍。

（2）钢筋机械连接及焊接要求

1）钢筋采用机械连接或焊接连接时，接头的外观质量应符合现行行业标准的规定；接头的力学性能、弯曲性能应符合国家现行有关标准的规定；试件应从工程实体中截取。

2）当纵向受力钢筋采用机械连接接头或焊接接头时，同一连接区段（指长度为 $35d$ 且不小于 500mm 的区段，d 为相互连接的两根钢筋的直径较小值）内纵向受力钢筋的接头面积百分率：当设计无具体要求时，受拉接头不宜大于 50%；受压接头可不受限制。直接承受动力荷载的结构构件中，不宜采用焊接；当采用机械连接时，不应超过 50%。

检查数量：在同一检验批内，对梁、柱和独立基础，应抽查构件数量的 10%，且不应少于 3 件；对墙和板，应按有代表性的自然间抽查 10%，且不应少于 3 间；对大空间结构，墙可按相邻轴线间高度 5m 左右划分检查面，板可按纵横轴线划分检查面，抽查10%，且均不应少于 3 面。

例 26-18　（2013）用焊条作业连接钢筋接头的方法称为：
A　闪光对焊　　　　B　电渣压力焊　　　　C　电弧焊　　　　D　套筒挤压连接
解析：焊条是用于焊接的主要材料，而钢筋的焊接中只有电弧焊使用焊条。
答案：C

（3）绑扎搭接要求

绑扎搭接是利用搭接段的混凝土将钢筋中的力予以传递。由于混凝土的抗拉强度远低于钢筋，故需有足够的搭接长度，并错开搭接位置。纵向受力筋搭接接头应符合下列规定。

1）接头处钢筋的净间距不应小于钢筋直径，且不应小于 25mm。

2）同一连接区段（搭接长度 l_l 的 1.3 倍）内，纵向受拉钢筋的接头面积百分率，当设计无具体要求时，应符合下列规定：

① 梁类、板类及墙类构件，不宜超过25%；

② 柱类构件、基础筏板，不宜超过50%，如图26-13；

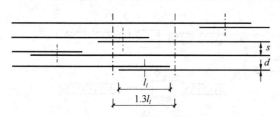

图 26-13 钢筋搭接位置错开及净距示意图

注：图中所示 1.3l_l 区段内，有接头的钢筋面积按两根计

③ 当工程中确有必要增大接头面积百分率时，对梁类构件，不应大于50%；

检查数量：在同一检验批内，对梁、柱和独立基础，应抽查构件数量的10%，且不应少于3件；对墙和板，应按有代表性的自然间抽查10%，且不应少于3间。

3）梁、柱纵筋搭接长度范围内箍筋的设置，当设计无具体要求时应符合下列规定：

① 箍筋直径不应小于搭接钢筋较大直径的1/4；

② 受拉搭接区段的箍筋间距不应大于搭接钢筋较小直径的5倍，且不应大于100mm；

③ 受压搭接区段的箍筋间距不应大于搭接钢筋较小直径的10倍，且不应大于200mm；

④ 当柱纵筋直径大于25mm时，应在搭接接头两个端面外100mm范围内各设置二道箍筋，其间距宜为50mm。

（五）钢筋安装

钢筋安装时，受力钢筋的牌号、规格和数量必须符合设计要求。全数检查。

钢筋应安装牢固。受力钢筋的安装位置、锚固方式应符合设计要求。全数检查。

钢筋安装允许偏差及检验方法应符合表26-10的规定，受力钢筋保护层厚度的合格点率应达到90%及以上，且不得有超过表中数值1.5倍的尺寸偏差。检查10%且不应少于3件或3间。

钢筋安装允许偏差和检验方法　　　　　　表 26-10

项　　　目		允许偏差（mm）	检验方法
绑扎钢筋网	长、宽	±10	尺量
	网眼尺寸	±20	尺量连续三档，取最大偏差值
绑扎钢筋骨架	长	±10	尺量
	宽、高	±5	尺量
纵向受力钢筋	锚固长度	−20	尺量
	间距	±10	尺量两端、中间各一点，取最大偏差值
	排距	±5	
纵向受力钢筋、箍筋的混凝土保护层厚度	基础	±10	尺量
	柱、梁	±5	尺量
	板、墙、壳	±3	尺量
绑扎箍筋、横向钢筋间距		±20	尺量连续三档，取最大偏差值
钢筋弯起点位置		20	尺量
预埋件	中心线位置	5	尺量
	水平高差	+3，0	塞尺量测

注：检查中心线位置时，沿纵、横两个方向量测，并取其中偏差的较大值。

（六）钢筋隐蔽工程验收

浇筑混凝土之前，应进行钢筋隐蔽工程验收。隐蔽工程验收应包括下列主要内容：

（1）纵向受力钢筋的牌号、规格、数量、位置。

(2) 钢筋的连接方式，接头的位置、质量及面积百分率，搭接长度，锚固方式及长度。

(3) 箍筋、横向钢筋的牌号、规格、数量、间距、位置，箍筋弯钩角度及平直段长度。

(4) 预埋件的规格、数量和位置。

例 26-19 （2021） 在混凝土浇筑之前进行钢筋隐蔽验收时，无需对钢筋牌号进行隐蔽验收的是：

A 纵向受力钢筋　　B 箍筋　　　　C 横向钢筋　　　　D 马凳筋

解析：《混凝土结构工程施工质量验收规范》GB 50204—2015 第 5.1.1 条规定：浇筑混凝土之前，应进行钢筋隐蔽工程验收。隐蔽工程验收应包括下列主要内容：①纵向受力钢筋的牌号、规格、数量、位置……③箍筋、横向钢筋的牌号、规格、数量、间距、位置，箍筋弯钩的弯折角度及平直段长度。可见，对马凳等定位用钢筋无严格的牌号要求。故选 D。

答案： D

例 26-20 （2009） 混凝土结构工程施工中，受动力荷载作用的结构构件，当设计无具体要求时，其纵向受力钢筋的接头不宜采用：

A 绑扎接头　　B 焊接接头　　C 冷挤压套筒接头　　D 螺纹套筒接头

解析：《混凝土结构工程施工质量验收规范》GB 50204—2015 第 5.4.6 条关于"纵向受力钢筋采用机械连接接头或焊接接头"的规定中，第 2 款明确规定："直接承受动力荷载的结构构件中，不宜采用焊接"。

答案： B

三、预应力工程

预应力工程施工主要分先张法和后张法，先张法适用于构件厂生产的中小型构件；后张法适用于现场施工及构件厂制作的大型预应力构件。

(一) 一般要求

1. 隐蔽工程验收

浇筑混凝土前，应进行预应力隐蔽工程验收。隐蔽工程验收应包括下列主要内容：

1) 预应力筋的品种、规格、级别、数量和位置；

2) 成孔管道的规格、数量、位置、形状、连接以及灌浆孔、排气兼泌水孔；

3) 局部加强钢筋的牌号、规格、数量和位置；

4) 预应力筋锚具和连接器及锚垫板的品种、规格、数量和位置。

2. 材料进场检查

(1) 预应力筋

1) 应全数进行外观检查。质量应符合：①有粘结预应力筋的表面不应有裂纹、小刺、机械损伤、氧化铁皮和油污等，展开后应平顺、不应有弯折。②无粘结预应力钢绞线护套应光滑、无裂缝，无明显褶皱；轻微破损处应外包防水塑料胶带修补，严重破损者不得使用。

2) 应按国家现行标准的规定抽取试件做抗拉强度、伸长率检验；对无粘结预应力钢绞线，还应进行防腐润滑脂量和护套厚度的检验，其检验结果应符合标准规定。

（2）锚具、夹具和连接器

1）预应力筋用锚具应和锚垫板、局部加强钢筋配套使用。

2）应全数进行外观检查，其表面应无污物、锈蚀、机械损伤和裂纹。

3）应按现行行业标准对其性能进行检验。当用量不足检验批规定数量的50%，且供货方提供有效的检验报告时，可不做静载锚固性能检验。

4）处于三a、三b类环境条件下的无粘结预应力筋用锚具系统，应检验其防水性能，检验结果应符合相关标准的规定。检查数量：同一品种、同一规格的锚具系统为一批，每批抽取3套。

（3）预应力成孔管道

应全数检查管道外观质量，并抽样检验径向刚度和抗渗漏性能。其检验结果应符合下列规定：

1）金属管道外观应清洁，内外表面应无锈蚀、油污、附着物、孔洞；金属波纹管不应有不规则褶皱，咬口应无开裂、脱扣；钢管焊缝应连续；

2）塑料波纹管的外观应光滑、色泽均匀，内外壁不应有气泡、裂口、硬块、油污、附着物、孔洞及影响使用的划伤；

3）径向刚度和抗渗漏性能应符合现行行业标准的规定。

3. 预应力筋的安装与张拉

（1）预应力筋安装时，其品种、规格、级别、数量以及安装位置必须符合设计要求。安装后须全数检查。预应力筋应平顺，并应与定位支撑钢筋绑扎牢固。定位控制点的竖向位置偏差合格点率应达到90%及以上，且不得有超过允许偏差值1.5倍的尺寸偏差。

（2）张拉机具及压力表应定期维护。张拉设备和压力表应配套标定和使用，标定期限不应超过半年。

（3）采用应力控制方法张拉预应力筋时，应校核最大张拉力下预应力筋的伸长值。实测伸长值与计算伸长值的相对允许偏差为6%。

例 26-21 （2012）下列对预应力筋张拉机具设备及仪表的技术要求，哪项不正确？

A 应定期维护和校验　　　　　　　B 张拉设备应配套使用且分别标定

C 张拉设备的标定期限不应超过半年　　D 使用过程中千斤顶检修后应重新标定

解析：《混凝土结构工程施工质量验收规范》GB 50204—2015 第 6.1.3 条规定："预应力筋张拉机具及压力表应定期维护和标定。张拉设备和压力表应配套标定和使用，标定期限不应超过半年。"《混凝土结构工程施工规范》GB 50666—2011 第 6.4.2 条还规定，"当使用过程中出现反常现象时或张拉设备检修后，应重新标定"。可见，B 选项说法不正确。

答案：B

例 26-22 （2007）采用应力控制方法张拉预应力筋时，应校核预应力筋的：

A 最大张拉应力值　　　　　　　B 实际建立的预应力值

C 最大伸长值　　　　　　　　　D 实际伸长值

(二)先张法施工

先张法是在浇筑构件混凝土之前,张拉预应力筋,将其临时锚固在台座或钢模上,然后浇筑混凝土构件,待混凝土达到一定强度后,切断预应力筋放张,钢筋弹性回缩,对混凝土产生预压应力(图 26-14)。

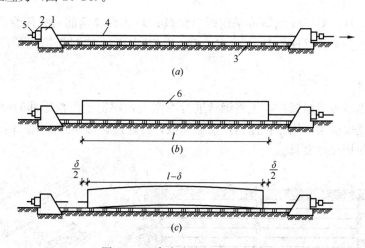

图 26-14 先张法施工过程示意图

(a)张拉、固定预应力筋;(b)浇筑、养护混凝土构件;(c)切断预应力筋

1—台座;2—横梁;3—台面;4—预应力筋;5—锚固夹具;6—混凝土构件

1. 张拉设备

(1)台座

台座是临时撑住预应力筋的设备,应有足够的强度、刚度和稳定性。

(2)张拉机具和夹具

张拉常采用液压千斤顶作为主要设备,并使用悬吊、支撑、连接等配套组件。夹具是在先张法施工中用于夹持或固定预应力筋的工具,可重复使用。分为张拉夹具和锚固夹具。应根据预应力筋的种类、数量以及张拉与锚固方式的不同,选用相应的机具和夹具。

1)单根钢筋张拉

单根螺纹钢筋的张拉常用拉杆式千斤顶(图 26-15),随张拉用螺母锚具(图 26-16)锚固于台座横梁。

2)多根钢筋成组张拉

张拉成组的多根钢筋或钢绞线时,可采用三横梁装置,通过台座式液压千斤顶顶推张拉横梁进行张拉,见图 26-17。其张拉夹具固定于张拉横梁上。张拉后,将锚固夹具锁固于前横梁上。

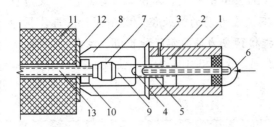

图 26-15 拉杆式千斤顶张拉单根粗钢筋原理图
1—主缸；2—主缸活塞；3—主缸进油孔；4—副缸；5—副
缸活塞；6—副缸进油孔；7—连接器；8—传力架；9—拉
杆；10—螺母；11—台座横梁；12—钢板；13—螺纹筋

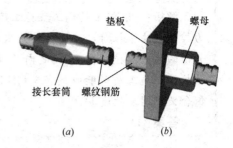

图 26-16 螺纹钢筋的锚固与接长装配
（a）接长；（b）锚固

所用锚固夹具，对螺纹钢筋可采用螺母锚具；对非螺纹钢筋可采用套筒夹片式锚具
（图 26-18），通过楔形原理夹持住预应力筋。施工中应使各钢筋锚固长度及松紧程度
一致。

3）钢丝张拉

钢丝常采用多根成组张拉。先将钢丝进行冷镦头，固定于模板端部的梳筋板夹具上，
用千斤顶依托钢模横梁，用张拉抓钩拉动梳筋板，再通过螺母锚固于钢模横梁。当采取单
根张拉时，可使用夹片夹具。

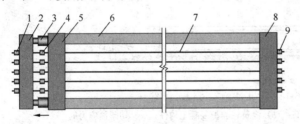

图 26-17 三横梁张拉装置示意图（张拉中）
1—张拉夹具；2—张拉横梁；3—台座式千斤顶；4—待锁紧锚固夹具；
5—前横梁；6—台座传力柱；7—预应力筋；8—后横梁；9—固定锚具

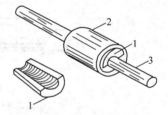

图 26-18 圆套筒二片式夹具
1—夹片；2—套筒；3—预应力筋

2. 预应力筋张拉

预应力筋的张拉应根据设计要求严格按张拉程序进行。

（1）张拉控制应力

根据《混凝土结构设计规范》GB 50010 的规定，预应力筋的张拉控制应力 σ_{con} 应满足
表 26-11 要求。

张拉控制应力和超张拉允许最大应力   表 26-11

项次	预应力筋种类	张拉控制应力 σ_{con}	调整后的最大应力限值 σ_{max}
1	消除应力钢丝、钢绞线	$0.75 f_{ptk}$	$0.80 f_{ptk}$
2	中强度预应力钢丝	$0.70 f_{ptk}$	$0.75 f_{ptk}$
3	预应力螺纹钢筋	$0.85 f_{pyk}$	$0.90 f_{pyk}$

注：f_{ptk} 为预应力筋极限抗拉强度标准值；f_{pyk} 为预应力筋屈服强度标准值。

（2）张拉程序

预应力筋张拉一般可按下列程序进行：

$$0 \to 1.05\sigma_{con} \xrightarrow{\text{持荷 2min}} \sigma_{con} \to \text{固定}；\text{或} \ 0 \to 1.03\sigma_{con} \to \text{固定}。$$

上述张拉程序中，都有超过张拉控制应力的步骤，其目的是减少预应力筋松弛造成的预应力损失。前者建立的预应力值较为准确，但工效较低；后者将 $3\%\sigma_{con}$ 作为松弛损失的补偿，其特点则与前一张拉程序相反。

（3）张拉要点

预应力筋的张拉应根据设计要求的控制应力及施工方案确定的程序进行。张拉要点如下：

1）单根张拉时，应从台座中间向两侧对称进行，以防偏心损坏台座。多根成组张拉时，应用测力计抽查钢筋的应力，保证各预应力筋的初应力一致。

2）张拉要缓慢进行；顶紧夹片时，用力不要过猛，以防钢丝折断；在拧紧螺母时，应注意压力表读数始终保持所需的张拉力。

3）预应力筋张拉完毕后，与设计位置的偏差不得大于 5mm，也不得大于构件截面最短边长的 4%。

4）冬期施工张拉时，环境温度不得低于 -15℃。

3. 混凝土施工

预应力筋张拉完成后应及时浇筑混凝土。混凝土浇筑必须一次完成，不留施工缝。

混凝土可采用自然养护或蒸汽养护。若进行蒸汽养护，应采用二次升温法。

4. 预应力筋放张

（1）放张要求。放张预应力筋时，混凝土强度必须达到设计要求值。设计无要求时，不得低于 75%；对采用消除应力钢丝或钢绞线的构件，还不得低于 30MPa。

（2）放张顺序。应按设计规定的顺序进行。若设计无规定，可按下列要求进行：

1）轴心受预压的构件（如拉杆、桩等），所有预应力筋应同时放张；

2）偏心受预压的构件（如梁等），应先同时放张预压力较小区域的预应力筋，再同时放张预压力较大区域的预应力筋；

3）如不能满足前两项要求时，应分阶段，对称、交错地放张，以防止在放张过程中构件产生弯曲、裂纹和预应力筋断裂。

（3）放张方法。板类构件应对每一块板，从外向内对称放张，以免构件扭转而端部开裂；对钢丝或细钢筋，可直接用钢丝钳剪断或切割机锯断。粗钢筋放张应缓慢进行，以防击碎构件端部的混凝土；常采用千斤顶放张。

（三）后张法施工

后张法是先制作结构或构件，待其混凝土达到一定强度后，张拉预应力筋的方法（图 26-19）。该法直接在结构构件上进行预应力张拉，不需要台座，灵活性大；但锚具需留在结构体上，费用较高，工艺较复杂。按钢筋与混凝土之间的关系，分为有粘结和无粘结。

1. 机具设备

（1）锚具

锚具是在后张法结构或构件中，为保持预应力筋拉力并将其传递给混凝土的永久性锚

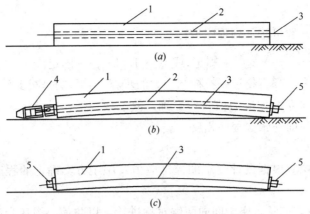

图 26-19 后张法施工过程示意图

(a) 制作混凝土构件；(b) 张拉预应力筋；(c) 锚固及孔道灌浆

注：图示为有粘结的施工过程，无粘结则无需留孔与灌浆

1—混凝土构件；2—预留孔道；3—预应力筋；4—千斤顶；5—锚具

固装置。锚具的类型应根据预应力筋的种类选用（表 26-12）。

1）螺纹钢筋锚具

常用锚具的选用 表 26-12

预应力筋品种	张拉端	固定端	
		安装在结构外部	安装在结构内部
钢绞线	夹片锚具 压接锚具	夹片锚具 挤压锚具 压接锚具	压花锚具 挤压锚具
钢丝束	镦头锚具 冷（热）铸锚	冷（热）铸锚	镦头锚具
精轧螺纹钢筋	螺母锚具	螺母锚具	螺母锚具

采用精轧螺纹钢筋作为预应力筋者，其张拉端和非张拉端均可使用螺母锚具（图 26-16）。

2）钢绞线锚具

① 张拉端。钢绞线作预应力筋时，张拉端常用夹片式锚具。根据锚固钢绞线的数量分为单孔式（图 26-20）和多孔式（图 26-21）。

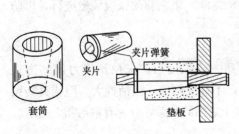

图 26-20 单孔三夹片锚具构成与装配图

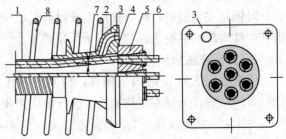

图 26-21 多孔夹片锚固体系

1—波纹管；2—喇叭管锚垫板；3—灌浆孔；4—对中止口；
5—锚板；6—钢绞线；7—钢绞线折角；8—螺旋箍筋

168

② 非张拉端。钢绞线的非张拉端（固定端）的锚固，有挤压式和压花式锚具。挤压锚具挤压完成后，预应力筋外端露出挤压套筒的长度不应小于 1mm；压花锚具的梨形头尺寸和直线锚固段长度不应小于设计值。

3）钢丝锚具

钢丝常用镦头锚具、锥锚式锚具和铸锚。高强钢丝的镦头宜采用冷镦，镦头不得出现横向裂纹、强度不得低于钢丝强度标准值的 98%。镦头锚具构造见图 26-22。

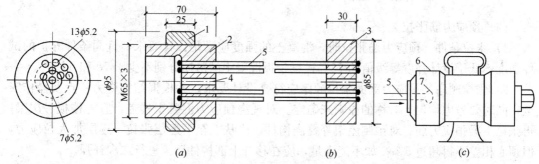

图 26-22　镦头锚具构造与镦头机
(a) 张拉端锚杯与固定螺母；(b) 固定端锚板；(c) 液压冷镦器
1—螺母；2—锚杯；3—锚板；4—排气注浆孔；5—钢丝；6—冷镦器；7—镦粗头

（2）张拉设备

后张法的张拉设备由液压千斤顶、高压油泵、悬吊支架和控制系统组成。常用的液压千斤顶有穿心式、拉杆式、锥锚式和前置内卡式。

2. 后张法施工与要求

（1）孔道留设

孔道留设位置应准确、内壁光滑，端部预埋钢板应与孔道中心线垂直。留设方法有抽芯法及埋管法，抽芯法仅用于预制构件。

抽芯法是通过预埋钢管或胶管，抽出后形成孔道。钢管抽芯法仅适用于留设直线孔道，待混凝土初凝后、终凝前将钢管旋转抽出而成孔。胶管抽芯法既可以留设直线孔道，也可以留设曲线孔道，需待混凝土终凝后拔出。

埋管法是预埋金属或塑料波纹管（图 26-23），无需抽出。这种留设方法施工方便、质量可靠、张拉阻力小，常用于现场施工或大型预应力构件的制作。

成孔管道的安装质量应符合下列规定：

① 成孔管道的连接应密封；

② 成孔管道应平顺，并应与定位支撑钢筋绑扎牢固；

③ 锚垫板的承压面应与预应力筋或孔道曲线末端垂直，预应力筋或孔道曲线末端应有 400～600mm 的直线段长度；

④ 成孔管道定位控制点的竖向位置偏差合格点率应达到 90% 及以上，且不得有超过允许偏差值 1.5 倍的尺寸偏差。

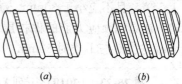

图 26-23　波纹管
(a) 单波纹管；(b) 双波纹管

此外，当孔道较长时，需在中部增设灌浆孔和排气孔，其间距不宜大于 12m。曲线孔道波峰和波谷的高差大于300mm，且采用普通灌浆工艺时，应在孔道波峰设置排气孔（图26-24）。

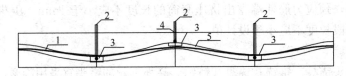

图 26-24　排气孔设置及做法

1—预应力筋；2—泌水、排气孔管；3—弧形盖板；4—塑料管；5—波形管孔道

（2）预应力筋张拉

1）张拉条件。预应力筋张拉时，混凝土的强度应满足设计要求，且同条件养护的试件强度不低于设计强度等级值的75%；梁、板混凝土的龄期分别不少于7d和5d。

2）张拉顺序。预应力筋的张拉顺序应符合设计要求，并根据结构受力特点及操作安全，同时要考虑均匀、对称的原则来确定。对现浇预应力混凝土楼盖，宜先楼板、次梁，再张拉主梁预应力筋。对预制屋架等叠浇构件，应从上至下逐层张拉，逐层加大拉应力，但顶底相差不得超过5%；如不能满足，应在移开上部构件后，进行二次补强。

3）张拉方式。较短的预应力筋可一端张拉；对长度大于20m的曲线预应力筋和长度大于35m的直线预应力筋，应两端张拉，以减少预应力损失。两端张拉可两端同时进行，也可一端张拉锚固后，在另一端补足。当筋长超过50m时，宜采取分段张拉和锚固措施。

4）对后张法的结构构件，钢绞线断裂或滑脱量不应超过同一截面总根数的3%，且每根断裂的钢绞线断丝不得超过一丝。对多跨双向连续板，同一截面按每跨计算。

（3）孔道灌浆

预应力筋张拉后，对腐蚀极为敏感，应尽早进行孔道灌浆，以防止预应力筋锈蚀；并通过预应力筋与混凝土粘结，提高结构的整体性和耐久性。灌浆应饱满、密实。

配制水泥浆应采用硅酸盐或普通硅酸盐水泥（泌水率小），水灰比不得大于0.45，常掺加膨胀剂和减水剂。水泥浆试件的抗压强度不应低于30MPa。其他性能应符合下列规定：

1）3h自由泌水率宜为0，且不应大于1%，泌水应在24h内全部被水泥浆吸收；

2）水泥浆中氯离子含量不应超过水泥重量的0.06%；

3）采用普通灌浆工艺时，24h自由膨胀率不应大于6%；真空灌浆时不大于3%。

灌浆顺序宜先灌下层孔道，后灌上层孔道，以免漏浆堵塞。直线孔道灌浆，应从构件的一端到另一端；曲线孔道灌浆，应从孔道最低处开始向两端进行。

（4）封锚

张拉后，多余预应力筋宜采用机械切割。锚具外预应力筋的外露长度不应小于其直径的1.5倍，且不应小于30mm。灌浆后，应按照设计要求进行封端处理；当设计无具体要求时，锚具和预应力筋的保护层厚度不应小于：环境为一类时20mm，二a、二b类时50mm，三a、三b类时80mm。

例 26-23　（2010）下列关于预应力施工的表述中，正确的是：

A　锚具使用前，预应力筋均应做静载锚固性能试验

四、混凝土工程

混凝土工程包括配料、搅拌、运输、浇灌、振捣和养护等工序。各工序具有紧密的联系和影响，必须保证每一工序的质量，以确保混凝土的强度、刚度、密实性和整体性。

（一）混凝土的制备

混凝土结构施工宜采用预拌混凝土。

1. 原材料质量与检查

（1）水泥

水泥品种与强度等级应根据设计、施工要求，以及工程所处环境条件确定。

水泥进场时，应对其品种、代号、强度等级、包装或散装编号、出厂日期等进行检查，并应对水泥的强度、安定性和凝结时间进行抽样检验。检查数量，按同一厂家、同一品种、同一代号、同一强度等级、同一批号且连续进场的水泥，袋装不超过200t为一批，散装不超过500t为一批，每批抽样不少于一次。检验方法：检查质量证明文件和抽样检验报告。

当使用中水泥质量受不利环境影响或水泥出厂超过3个月（快硬硅酸盐水泥超过1个月）时，应进行复验，并按复验结果使用。

（2）外加剂

外加剂的选用应根据设计、施工要求，以及工程所处环境条件确定，其掺量应通过试验确定。不同品种外加剂首次复合使用时，应检验混凝土外加剂的相容性。

外加剂进场时，应对其品种、性能、出厂日期等进行检查，并应对外加剂的相关性能指标进行检验。检查数量，按同一厂家、同一品种、同一性能、同一批号且连续进场的混凝土外加剂，不超过50t为一批，每批抽样数量不应少于一次。

（3）矿物掺合料

矿物掺合料的选用应根据设计、施工要求，以及工程所处环境条件确定。

矿物掺合料进场时，应对其品种、技术指标、出厂日期等进行检查，并应对矿物掺合料的相关技术指标进行检验。检查数量，按同一厂家、同一品种、同一技术指标、同一批号且连续进场的矿物掺合料，粉煤灰、石灰石粉、磷渣粉和钢铁渣粉不超过200t为一批，粒化高炉矿渣粉和复合矿物掺合料不超过500t为一批，沸石粉不超过120t为一批，硅灰不超过30t为一批，每批抽样数量不应少于一次。

（4）粗、细骨料

宜选用粒形良好、质地坚硬的洁净碎石或卵石。粗骨料的最大粒径不应超过构件截面最小尺寸的 1/4 和钢筋最小净距的 3/4；对于实心混凝土板，则不宜超过板厚的 1/3 和 40mm。

普通砂石骨料、经净化处理的海砂、再生骨料均按相应国家标准检查。含泥量应满足施工规范要求。

（5）混凝土拌制及养护用水采用饮用水时，可不检验；采用中水、搅拌站清洗水、施工现场循环水等其他水源时，应对其成分进行检验。同一水源检查不应少于一次。未经处理的海水严禁用于钢筋混凝土、预应力混凝土的拌制和养护。

2. 混凝土配制强度的确定

混凝土配合比设计应经试验确定。由于施工中干扰因素较多，为使混凝土强度保证率达到 95% 以上，实验室在进行配合比计算和确定时，对低于 C60 的混凝土应按下式确定配制强度：

$$f_{cu,0} = f_{cu,k} + 1.645\sigma \qquad (26\text{-}1)$$

式中　$f_{cu,0}$——混凝土的配制强度（MPa）；

　　　$f_{cu,k}$——混凝土立方体抗压强度标准值（MPa）；

　　　σ——混凝土强度标准差（MPa）。

当不具备 30 组以上的近期同品种混凝土强度资料时，强度标准差 σ 可按表 26-13 取用。

混凝土强度标准差 σ 值（MPa）　　　　　表 26-13

混凝土强度等级	≤C20	C25～C45	≥C50～C55
σ	4.0	5.0	6.0

当配置 C60 及以上强度的混凝土时，配制强度应按下式确定：

$$f_{cu,0} \geqslant 1.15 f_{cu,k} \qquad (26\text{-}2)$$

3. 混凝土的施工配料

混凝土应按国家现行标准《普通混凝土配合比设计规程》JGJ 55 的有关规定，根据混凝土强度等级、耐久性和工作性等要求，进行配合比设计。

影响施工配料的因素有两个方面：一是称量不准；二是未按砂、石骨料实际含水率的变化进行施工配合比的换算。所以，为确保混凝土的质量，在施工中必须及时进行施工配合比的换算和严格控制称量。

计量设备的精度应符合现行国家标准，并应定期校准。使用前设备应归零。原材料的计量应按重量计，水和外加剂溶液可按体积计，其偏差不得超过：水泥、矿物掺合料±2%，粗细骨料±3%，水、外加剂±1%，以保证拌合物的质量。

4. 混凝土搅拌机的选择

混凝土搅拌机按其工作原理，可分为自落式和强制式两大类。自落式搅拌机适用于骨料较粗重、流动性较强的混凝土拌制。强制式搅拌机适于搅拌各种混凝土，对于干硬性混凝土、轻骨料混凝土及高性能混凝土必须采用强制式搅拌机拌制。

5. 搅拌时间的确定

搅拌时间是指从原材料全部投入搅拌筒时起，到开始卸料时为止所经历的时间。搅拌时间与搅拌机的类型、鼓筒尺寸、骨料品种、粒径以及混凝土的坍落度等有关。一般来说，轻骨料混凝土比重骨料混凝土搅拌时间长，坍落度小的混凝土比坍落度大的混凝土搅拌时间长，搅拌筒容量大的搅拌时间长，自落式搅拌机比强制式搅拌机的搅拌时间长。表26-14为强制式搅拌机的最短搅拌时间限值。当使用自落式搅拌机时，应各增加30s。搅拌C60以上混凝土也应适当延长。

强制式搅拌机搅拌混凝土的最短时间限值（s）   表 26-14

混凝土坍落度 (mm)	搅拌机出料量（L）		
	<250	250~500	>500
≤40	60	90	120
>40 且<100	60	60	90
≥100	60		

6. 开盘鉴定

首次使用的混凝土配合比应进行开盘鉴定，其原材料、强度、凝结时间、稠度等均应满足设计配合比的要求，并保存开盘鉴定资料和强度试验报告。

例 26-24 （2010）混凝土中原材料每盘称量允许偏差±3%的材料是：

A 水泥　　　　　B 掺合料　　　　C 粗细骨料　　　　D 水与外加剂

解析：《混凝土结构工程施工规范》GB 50666—2011 第 7.4.2 条规定：混凝土搅拌时应对原材料用量准确计量。表 7.4.2 规定了原材料每盘计量允许偏差：水泥、矿物掺合料为±2%，水、外加剂为±1%，粗细骨料为±3%。故选C。

答案：C

例 26-25 （2012）混凝土结构施工时，对混凝土配合比的要求，下列哪项是不正确的？

A 混凝土应根据实际采用的原材料进行配合比设计并进行试配

B 首次使用的混凝土配合比应进行开盘鉴定

C 混凝土拌制前应根据砂石含水率测试结果提出施工配合比

D 进行混凝土配合比设计的目的完全是为了保证混凝土强度

解析：进行混凝土配合比设计不仅是为了保证混凝土强度，还需满足耐久性和工作性等要求。

答案：D

（二）混凝土的运输

1. 对混凝土运输的基本要求

（1）在运输中应避免产生分层离析现象，否则要在浇筑前进行二次搅拌。

（2）运输容器及管道、溜槽应严密、不漏浆、不吸水，保证通畅，并满足环境要求。

（3）尽量缩短运输时间，以减少混凝土性能的变化。

（4）连续浇筑时，运输能力应能保证浇筑强度（单位时间浇筑量）的要求。

2. 运输工具的选择

混凝土的运输可分为地面水平运输、垂直运输和楼面水平运输。

（1）地面水平运输。当采用预拌混凝土或运距较远时，最好采用混凝土搅拌运输车。

（2）垂直运输。当混凝土量较大时，宜采用混凝土泵送输送。也可采用塔式起重机配合混凝土吊斗运输并完成浇灌。

（3）楼面水平运输。多采用混凝土泵通过布料杆运输布料，塔式起重机亦可兼顾楼面水平运输，少量时可用双轮手推车。

（三）混凝土的浇筑

1. 浇筑的一般规定

（1）混凝土浇筑倾落高度：当骨料粒径在 25mm 及以下时不得超过 6m，骨料粒径大于 25mm 时不得超过 3m；否则应使用串筒、溜管、溜槽等，以防下落动能大的粗骨料积聚在结构底部，造成混凝土分层离析。

（2）不宜在降雨雪时露天浇筑；必须浇筑时，应采取确保混凝土质量的有效措施。

（3）混凝土必须分层浇灌、分层捣实。每层浇筑的厚度依振捣方法而定：采取插入式振动器振捣时，不超过振动棒长度的 1.25 倍；采用表面式振动器振捣时，不超过200mm。

（4）混凝土运输、输送入模的过程应保证混凝土连续浇筑。按规范要求，混凝土运输、输送入模及其间歇总的延续时间限值见表 26-15。

混凝土运输、输送入模及其间歇总的延续时间限值（min）　　　表 26-15

条　件	气　温	
	≤25℃	>25℃
不掺外加剂	180	150
掺外加剂	240	210

（5）同一结构或构件混凝土宜连续浇筑，即各层、块之间不得出现初凝现象。如分层浇筑时，上层混凝土应在下层混凝土初凝之前浇筑完毕。当预计超过时应留置施工缝。

2. 施工缝与后浇带

规范规定，后浇带的留设位置应符合设计要求。后浇带和施工缝的留设及处理方法应符合施工方案要求。

（1）施工缝

施工缝是指由于设计要求或施工需要分段浇筑而在先、后浇筑的混凝土之间形成的接缝。施工缝处由于连接较差，特别是粗骨料不能相互嵌固，抗剪强度受到很大影响。

施工缝应在混凝土浇筑之前确定，并宜留置在结构受剪力较小且便于施工的部位。施工缝的留置位置规定如下：

1）柱的水平施工缝宜留置在基础的顶面、梁或柱帽下的50mm范围内（图26-25）。

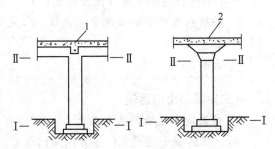

图 26-25　浇筑柱的施工缝位置

Ⅰ-Ⅰ、Ⅱ-Ⅱ表示施工缝位置

1—肋形楼盖；2—无梁楼盖

2）梁与板应同时浇筑，但当梁断面过大时可先浇筑梁，将水平施工缝留置在板底面以下20mm内。

3）单向板的垂直施工缝可留置在平行于短边的任何位置。

4）有主次梁的楼盖宜顺着次梁方向浇筑，垂直施工缝应留置在次梁中间的1/3跨度范围内（图26-26）。

施工缝留设方法：水平施工缝应在浇筑混凝土前，在钢筋或模板上弹出浇筑控制线。垂直施工缝应采取支模板或固定快易收口网、钢丝网等封挡，以保证缝口垂直。

接缝应在先期浇筑的混凝土强度不低于1.2MPa时进行。先在结合面进行粗糙处理和清理润湿，再铺厚度不大于30mm的水泥砂浆接浆层，随即浇筑混凝土并细致捣实。

（2）后浇带

后浇带是大面积混凝土结构的刚性接缝，用于不允许设置变形缝且后期变形趋于稳定的结构。包括收缩后浇带和沉降后浇带。前者是为了避免面积或体形原因造成混凝土收缩开裂，后者是为了避免高度或重量差异过大而造成沉降开裂。

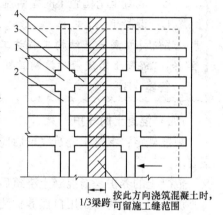

图26-26 有主次梁楼盖的施工缝位置
1—柱；2—主梁；3—次梁；4—楼板

后浇带宽度一般为0.7～1.2m，钢筋不断。常留在梁、板的1/3跨度处，可采用支竖向模板留出。后浇带处梁板的底模应单独支设，以便既不妨碍其他部位拆模，又能使后浇带部位保持支撑，而防止其两侧结构受到损伤。

后浇带的混凝土浇筑应待结构变形基本完成后进行。按施工缝处理后，浇筑高一个等级的减缩混凝土，并加强养护。

3. 混凝土的密实成型

混凝土只有经密实成型才能达到设计的强度、抗冻性、抗渗性和耐久性。密实成型的主要方法是机械振捣。振动捣实的机械有：内部（插入式）振动器、表面（平板式）振动器、外部（附着式）振动器和振动台（图26-27）。

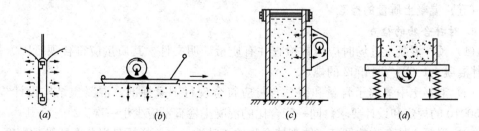

（a）　　　　（b）　　　　（c）　　　　（d）

图26-27 振捣机械类型与原理
（a）内部振动器；（b）表面振动器；（c）外部振动器；（d）振动台

施工现场，主要是应用插入式振动器和平板式振动器。前者主要用于厚度较大的基础、柱、墙、梁等结构构件，后者主要用于面积大而厚度小的板类构件。外部振动器对模板要求较高，主要用于厚度较小且钢筋过密的构件；振动台用于构件厂制作构件。

例 26-26　（2009） 混凝土浇筑留置后浇带主要是为了避免：

A　混凝土凝固时化学收缩引发的裂缝

B　混凝土结构温度收缩引发的裂缝

C　混凝土结构施工时留置施工缝

D　混凝土膨胀

解析：《混凝土结构工程施工质量验收规范》GB 50204—2015 说明第 7.4.2 条解释："混凝土后浇带对控制混凝土结构的温度、收缩裂缝有较大作用"。故选 B。

答案： B

（四）混凝土的养护

规范规定：混凝土浇筑完毕后应及时进行养护，养护时间以及养护方法应符合施工方案要求。

混凝土的养护是指混凝土浇筑后，在硬化过程中进行温度和湿度的控制，使其达到设计强度。施工现场多采用自然养护法，蒸汽养护法主要用于构件厂。

自然养护是通过洒水、覆盖、喷涂养护剂等方式，使混凝土在规定的时间内保持足够的温湿状态，使其强度得以增长。养护方式应综合考虑现场条件、环境温湿度、构件特点、技术要求、施工操作等因素合理选择，可单独使用或同时使用。

混凝土的自然养护应符合如下规定：

（1）混凝土终凝后应及时进行养护，防止失水开裂。

（2）混凝土的养护时间：硅酸盐水泥、普通硅酸盐水泥或矿渣硅酸盐水泥拌制的混凝土，不得少于 7d；采用缓凝型外加剂或大掺量矿物掺合料配制的混凝土、大体积混凝土、后浇带、抗渗混凝土以及 C60 以上混凝土不得少于 14d。

（3）洒水养护的洒水次数应能保持混凝土始终处于湿润状态。当日最低温度低于 5℃ 时，不应采用洒水养护。

（4）采用塑料薄膜覆盖养护时，应覆盖严密，并应保持薄膜内有凝结水。

（5）喷涂养护剂养护时，其保湿效果应通过试验检验。喷涂应均匀无遗漏。

（6）混凝土强度达到 1.2MPa 前，不得上人施工或堆放物料。

（五）混凝土质量的检查

1. 对拌合物的检查

（1）预拌混凝土进场时应全数检查并有质量证明文件，其质量应符合现行国家标准《预拌混凝土》GB/T 14902 的规定。

（2）混凝土中氯离子含量和碱总含量应符合现行国家标准《混凝土结构设计规范》GB 50010 的规定和设计要求。同一配合比的混凝土检查不应少于一次。

（3）混凝土拌合物的稠度（体现拌合物的流动性，主要指标是坍落度和维勃稠度，对输送及成型影响颇大）应满足施工方案的要求。

检查数量：对同一配合比混凝土，取样应符合下列规定，并做好稠度抽样检验记录。

1）每拌制 100 盘且不超过 100m³ 时，取样不得少于一次；

2）每工作班拌制不足 100 盘时，取样不得少于一次；

3) 连续浇筑超过 1000m³ 时，每 200m³ 取样不得少于一次；

4) 每一楼层取样不得少于一次。

允许偏差见表 26-16。

混凝土坍落度、维勃稠度的允许偏差 表 26-16

坍落度			
设计值（mm）	≤40	50~90	≥100
允许偏差（mm）	±10	±20	±30
维勃稠度			
设计值（s）	≥11	10~6	≤5
允许偏差（s）	±3	±2	±1

（4）混凝土有耐久性指标要求时，应在施工现场随机抽取试件进行耐久性检验；混凝土有抗冻要求时，应在施工现场进行混凝土含气量检验。其检验结果应符合国家现行有关标准的规定和设计要求。同一配合比的混凝土，取样不应少于一次。

2. 混凝土强度检查

混凝土强度应按现行国家标准《混凝土强度检验评定标准》GB/T 50107 的规定分批检验评定。划入同一检验批的混凝土，其施工持续时间不宜超过 3 个月。检验评定混凝土强度时，应采用 28d 或设计规定龄期的标准养护试件。

对于采用蒸汽养护的构件，其试件应先随构件同条件养护，然后再置入标准养护条件下继续养护至 28d 或设计规定龄期。

混凝土的强度是根据 150mm 边长的标准立方体试块在标准条件下（20±2℃的温度和相对湿度 95％以上）养护 28d 的抗压强度来确定。当采用非标准尺寸试件时，应将其抗压强度乘以尺寸换算系数（表 26-17），换算成边长为 150mm 的标准尺寸试件抗压强度。

混凝土试件尺寸及强度的尺寸换算系数 表 26-17

骨料最大粒径（mm）	试件尺寸（mm）	强度的尺寸换算系数
≤31.5	100×100×100	0.95
≤40	150×150×150	1.00
≤63	200×200×200	1.05

注：对 C60 及以上的混凝土试件，其强度的尺寸换算系数可通过试验确定。

（1）试件取样

混凝土的强度等级必须符合设计要求。用于检验混凝土强度的试件应在浇筑地点随机抽取。

检查数量：对同一配合比混凝土，取样与试件留置应符合下列规定：

1) 每拌制 100 盘且不超过 100m³ 时，取样不得少于一次；

2) 每工作班拌制不足 100 盘时，取样不得少于一次；

3) 连续浇筑超过 1000m³ 时，每 200m³ 取样不得少于一次；

4）每一楼层取样不得少于一次；

5）每次取样应至少留置一组试件。

（2）混凝土强度的评定

1）每组试块强度代表值的确定

混凝土强度应分批进行验收。同一验收批的混凝土应由强度等级、龄期、生产工艺和配比相同的混凝土组成。每一验收批的混凝土强度，应以同批内各组标准试件的强度代表值来评定。每组试块的强度代表值按以下规定确定：

① 取三个试块试验结果的平均值，作为该组试块的强度代表值；

② 当三个试块中的最大或最小强度值，与中间值相比超过15％时，取中间值；

③ 当三个试块中的最大和最小强度值，与中间值相比均超过15％时，该组试件作废。

2）混凝土强度评定方法

根据混凝土生产情况，在混凝土强度检验评定时，有以下三种评定方法。

① 标准差已知统计法

当混凝土的生产条件在较长时间内能保持一致，且同一品种混凝土的强度变异性能保持稳定时，由连续的三组试块代表一个验收批进行评定。

② 标准差未知统计法

当混凝土的生产条件不能满足上述规定，或在前一个检验期内的同一品种混凝土没有足够的数据用以确定标准差时，应由不少于10组的试块代表一个验收批，进行强度评定。

③ 非统计法

对零星生产的预制构件的混凝土或现场搅拌的批量不大的混凝土，可采用非统计法评定。此时，验收批混凝土的强度必须满足：同一验收批混凝土立方体抗压强度平均值不低于1.15倍设计标准值，且其中最小值不低于0.95倍设计标准值。

五、现浇结构施工

现浇混凝土结构是在设计位置支模、浇筑混凝土而成的结构。现浇结构的施工特点是工期较长，湿作业多，劳动条件较差；但结构整体性和抗震性好、耗钢量较少、施工方法较简单，能适应体形复杂的结构。因此，长期以来得到广泛采用。常见现浇钢筋混凝土结构有框架结构、剪力墙结构（常用大模板施工）、框架-剪力墙结构、筒体结构（多用滑升模板、爬升模板施工）。

（一）混凝土浇筑前应完成的工作

（1）隐蔽工程验收和技术复核。

（2）对操作人员进行技术交底。

（3）根据施工方案中的技术要求，检查并确认施工现场具备实施条件。

（4）施工单位填报浇筑申请单，并经监理单位签认。

（二）现浇结构施工要求

（1）混凝土拌合物入模温度不应低于5℃，且不应高于35℃。

（2）混凝土运输、输送、浇筑过程中严禁加水；混凝土运输、输送、浇筑过程中散落的混凝土严禁用于混凝土结构构件的浇筑。

（3）混凝土应布料均衡。应对模板及支架进行观察和维护，发生异常情况应及时进行处理。混凝土浇筑和振捣应采取防止模板、钢筋、钢构件、预埋件及其定位件移位的措施。

（4）同一施工段内每排柱子应由外向内对称地顺序浇筑，不应自一端向另一端顺序推进，以防止柱子模板向一侧推移倾斜，造成误差积累过大而难以纠正。

（5）为防止混凝土墙、柱"烂根"（根部出现蜂窝、麻面、漏筋、漏石、孔洞等现象），在浇筑混凝土前，除了对模板根部缝隙进行封堵外，还应在底部先浇筑 20~30mm 厚与所浇筑混凝土浆液同成分的水泥砂浆，然后再分层浇筑混凝土，并加强根部振捣。

（6）梁、板支模起拱，不得减少结构构件的断面高度。

（7）竖向构件（柱子、墙体）与水平构件（梁、板）宜分两次浇筑，做好施工缝留设与处理。若欲将柱墙与梁板一次浇筑完毕，不留施工缝时，则应在柱墙浇筑完毕后停歇 1~1.5h，待其混凝土初步沉实后，再浇筑上面的梁板结构，以防止柱墙与梁板之间由于沉降、泌水不同而产生缝隙。

（8）对有窗口的剪力墙，在窗口下部应薄层慢浇、加强振捣、排净空气，以防出现孔洞。窗口两侧应对称下料，以防压斜窗口模板。

（9）当柱、墙混凝土强度比梁、板混凝土高两个等级及以上时，必须保证节点为高强度等级混凝土。施工时，应在距柱、墙边缘不少于 500mm 的梁、板内，用快易收口网或钢丝网等进行分隔。然后先浇节点的高强度等级混凝土，在其初凝前，及时浇筑梁板混凝土。

（10）梁混凝土宜自两端节点向跨中用赶浆法浇筑。楼板混凝土浇筑应拉线控制厚度和标高。在混凝土初凝前和终凝前，应分别对混凝土裸露表面进行抹面处理。

（11）对最小边长在 1m 及以上的结构构件，应按大体积混凝土施工。包括：①制定整体连续浇筑的施工方案。如全面分层，用于面积小的工程；斜面分层，用于面积大的工程；分段分层，用于面积大但厚度较小的工程。②采取防止温度变形造成开裂的措施。如使用低水化热水泥，掺加粉煤灰替代部分水泥，掺减水剂、缓凝剂，冰水搅拌，低温时浇筑，埋冷却水管等。控制混凝土内外温差不超过 25℃，以防表面开裂。

（12）当室外日平均气温连续 5d 稳定低于 5℃时，应采取冬期施工措施，确保混凝土达到受冻临界强度前免遭冻结。

例 26-27　（2013）关于大体积混凝土施工的说法，错误的是：

A　混凝土中掺入适量的粉煤灰　　　　B　尽量选用水化热低的水泥

C　可在混凝土内埋设冷却水管　　　　D　混凝土内外温差宜超过 30℃以利散热

解析：大体积混凝土结构的内外温差超过 25℃时，形成的应力差将造成表面开裂。

答案：D

（三）现浇钢筋混凝土施工质量验收要求

（1）现浇结构质量验收应符合下列规定：

1）现浇结构质量验收应在拆模后、混凝土表面未作修整和装饰前进行，并应做记录；

2）已经隐蔽的不可直接观察和量测的内容，可检查隐蔽工程验收记录；

3）修整或返工的结构构件或部位应有实施前后的文字及图像记录。

（2）现浇结构的外观质量缺陷应由监理单位、施工单位等各方根据其对结构性能和使用功能影响的严重程度按表 26-18 确定。

现浇结构外观质量缺陷 表 26-18

名称	现象	严重缺陷	一般缺陷
露筋	构件内钢筋未被混凝土包裹而外露	纵向受力钢筋有露筋	其他钢筋有少量露筋
蜂窝	混凝土表面缺少水泥砂浆而形成石子外露	构件主要受力部位有蜂窝	其他部位有少量蜂窝
孔洞	混凝土中孔穴深度和长度均超过保护层厚度	构件主要受力部位有孔洞	其他部位有少量孔洞
夹渣	混凝土中夹有杂物且深度超过保护层厚度	构件主要受力部位有夹渣	其他部位有少量夹渣
疏松	混凝土中局部不密实	构件主要受力部位有疏松	其他部位有少量疏松
裂缝	缝隙从混凝土表面延伸至混凝土内部	构件主要受力部位有影响结构性能或使用功能的裂缝	其他部位有少量不影响结构性能或使用功能的裂缝
连接部位缺陷	构件连接处混凝土有缺陷及连接钢筋、连接件松动	连接部位有影响结构传力性能的缺陷	连接部位有基本不影响结构传力性能的缺陷
外形缺陷	缺棱掉角、棱角不直、翘曲不平、飞边凸肋等	清水混凝土构件有影响使用功能或装饰效果的外形缺陷	其他混凝土构件有不影响使用功能的外形缺陷
外表缺陷	构件表面麻面、掉皮、起砂、沾污等	具有重要装饰效果的清水混凝土构件有外表缺陷	其他混凝土构件有不影响使用功能的外表缺陷

（3）现浇结构的外观质量不应有严重缺陷。对已经出现的严重缺陷，应由施工单位提出技术处理方案，并经监理单位认可后进行处理；对裂缝或连接部位的严重缺陷及其他影响结构安全的严重缺陷，技术处理方案尚应经设计单位认可。对经处理的部位应重新验收。

（4）现浇结构的外观质量不应有一般缺陷；对已经出现的一般缺陷，应由施工单位按技术处理方案进行处理。对经处理的部位应重新验收。

（5）现浇结构不应有影响结构性能或使用功能的尺寸偏差；混凝土设备基础不应有影响结构性能或设备安装的尺寸偏差。对超过尺寸允许偏差且影响结构性能或安装、使用功能的部位，应由施工单位提出技术处理方案，并经监理、设计单位认可后进行处理。对经处理的部位应重新验收。

（6）现浇结构的位置和尺寸偏差及检验方法应符合表 26-19 的规定。

检查数量：按楼层、结构缝或施工段划分检验批。在同一检验批内，对梁、柱和独立基础，应抽查构件数量的 10%，且不应少于 3 件；对墙和板，应按有代表性的自然间抽查 10%，且不应少于 3 间；对大空间结构，墙可按相邻轴线间高度 5m 左右划分检查面，板可按纵、横轴线划分检查面，抽查 10%，且均不应少于 3 面；对电梯井，应全数检查。

现浇结构位置和尺寸允许偏差及检验方法

表 26-19

项　　目			允许偏差（mm）	检验方法
轴线位置	整体基础		15	经纬仪及尺量
	独立基础		10	经纬仪及尺量
	柱、墙、梁		8	尺量
垂直度	柱、墙层高	≤6m	10	经纬仪或吊线、尺量
		>6m	12	经纬仪或吊线、尺量
	全高（H）≤300m		$H/30000+20$	经纬仪、尺量
	全高（H）>300m		$H/10000$ 且≤80	经纬仪、尺量
标高	层高		±10	水准仪或拉线、尺量
	全高		±30	水准仪或拉线、尺量
截面尺寸	基础		+15，−10	尺量
	柱、梁、板、墙		+10，−5	尺量
	楼梯相邻踏步高差		6	尺量
电梯井洞	中心位置		10	尺量
	长、宽尺寸		+25，0	尺量
表面平整度			8	2m靠尺和塞尺量测
预埋件中心位置	预埋板		10	尺量
	预埋螺栓		5	尺量
	预埋管		5	尺量
	其他		10	尺量
预留洞、孔中心线位置			15	尺量

注：1. 检查柱轴线、中心线位置时，沿纵、横两个方向测量，并取其中偏差的较大值；

　　2. H 为全高，单位为 mm。

（7）现浇设备基础的位置和尺寸应符合设计和设备安装的要求。其位置和尺寸偏差及检验方法应符合表 26-20 的规定。且应全数检查。

现浇设备基础位置和尺寸允许偏差及检验方法

表 26-20

项　　目		允许偏差（mm）	检验方法
坐标位置		20	经纬仪及尺量
不同平面标高		0，−20	水准仪或拉线、尺量
平面外形尺寸		±20	尺量
凸台上平面外形尺寸		0，−20	尺量
凹槽尺寸		+20，0	尺量
平面水平度	每米	5	水平尺、塞尺量测
	全长	10	水准仪或拉线、尺量
垂直度	每米	5	经纬仪或吊线、尺量
	全高	10	经纬仪或吊线、尺量

项　　目		允许偏差（mm）	检验方法
预埋地脚螺栓	中心位置	2	尺量
	顶标高	+20,0	水准仪或拉线、尺量
	中心距	±2	尺量
	垂直度	5	吊线、尺量
预埋地脚螺栓孔	中心线位置	10	尺量
	截面尺寸	+20,0	尺量
	深度	+20,0	尺量
	垂直度	$h/100$ 且≤10	吊线、尺量
预埋活动地脚螺栓锚板	中心线位置	5	尺量
	标高	+20,0	水准仪或拉线、尺量
	带槽锚板平整度	5	直尺、塞尺量测
	带螺纹孔锚板平整度	2	直尺、塞尺量测

注：1. 检查坐标、中心线位置时，应沿纵、横两个方向测量，并取其中偏差的较大值；

2. h 为预埋地脚螺栓孔孔深，单位为 mm。

例 26-28　（2005） 混凝土表面缺少水泥砂浆而形成石子外露，这种外观质量缺陷称为：

A　疏松　　　　　B　蜂窝　　　　　C　外形缺陷　　　　　D　外表缺陷

解析： 据《混凝土结构工程施工质量验收规范》GB 50204—2015 表 8.1.2（本教材表 26-18）第二行可见：混凝土表面缺少水泥砂浆而形成石子外露，这种外观质量缺陷称为"蜂窝"。

答案： B

六、装配式混凝土结构工程

建筑施工装配化是建筑工业发展的重要途径之一，主要包括建筑设计、构件生产和现场装配等内容。它施工速度快、机械化程度高，可大大改善劳动条件、减轻劳动强度、提高劳动生产率；有益于绿色、环保；既有利于科学管理和文明施工，又可加快建设速度。

（一）装配式结构施工特点

（1）安装施工受预制构件的类型和质量影响大。

（2）正确选择起重运输机械是完成施工任务的主导因素。

（3）构件受力情况变化多。

（4）高空作业多，容易发生事故，因此应加强安全技术措施。

（二）结构吊装前的准备

包括：制定安装方案，场地清理与道路铺设，人员、机具的准备，构件的检验与清理，构件的弹线与编号，安装支座的准备，构件运输，构件的堆放，构件的临时加固等。

（三）构件吊装工艺

预制构件的吊装工艺过程：绑扎→起吊→就位→临时固定→校正→最后固定。

吊装梁、板、屋架等跨度较大的构件时，吊索与水平面夹角不宜小于60°，不应小于45°。必要时使用铁扁担，以防构件受到过大压力而损坏（图26-28）。

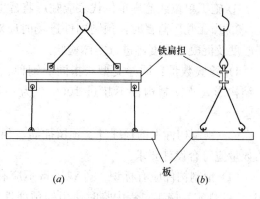

图26-28　薄板吊装绑扎
(a) 正面图；(b) 侧面图

（四）结构吊装方案

1. 起重机的选择

起重机选择包括类型、型号和数量三方面。

（1）起重机的类型。对五层以下的建筑结构吊装，可选用自行杆式起重机（履带式、汽车式、轮胎式），对较高建筑一般需使用塔式起重机。

（2）起重机的型号。应根据所吊装构件尺寸、重量以及吊装位置来选择确定。所选起重机的三个工作参数——起重量 Q、起重高度 H 和起重半径 R，均应满足结构吊装的要求。当起重机的起重杆跨过已安好的结构去吊装构件时，对自行杆式起重机还需求出起重机的最小臂长，避免起重臂碰撞结构。求最小臂长可用数解法或图解法。

（3）起重机的数量。起重机台数应根据吊装工程量、工期和起重机的台班产量来确定。

2. 结构吊装方法

（1）分件吊装法。起重机每次开行一次，仅吊装一种类型的构件，经多次开行，完成全部构件吊装。该法不需频繁更换吊装索具，作业效率高，校正和固定时间较充裕，是常用方法。

（2）综合吊装法。一个节间、一个节间地吊装。起重机一次开行，就吊完全部构件。该法机械开行路线短，能及早形成稳定的封闭空间；但现场存放构件种类多，作业效率低。可用于已经安装了大型设备而不便于跨内多次开行的工程，或机械仅能在跨内退后安装的多层结构吊装工程。

（五）装配式结构工程施工质量要求

1. 预制构件

（1）预制构件的质量应符合国家规范、标准的规定和设计要求。

（2）专业企业生产的预制构件进场时，预制构件结构性能检验应符合下列规定。

1）梁板类简支受弯预制构件进场时应进行结构性能检验，并应符合下列规定：

① 钢筋混凝土构件和允许出现裂缝的预应力混凝土构件应进行承载力、挠度和裂缝宽度检验；不允许出现裂缝的预应力混凝土构件应进行承载力、挠度和抗裂检验；

② 对大型构件及有可靠应用经验的构件，可只进行裂缝宽度、抗裂和挠度检验；

③ 对使用数量较少的构件，当能提供可靠依据时，可不进行结构性能检验。

2）对其他预制构件，除设计有专门要求外，进场时可不做结构性能检验。

3）对进场时不做结构性能检验的预制构件，应采取下列措施：

① 施工单位或监理单位代表应驻厂监督生产过程；

② 当无驻厂监督时，预制构件进场时应对其主要受力钢筋数量、规格、间距、保护层厚度及混凝土强度等进行实体检验。

4）检验数量：同一类型（指同一钢种、同一混凝土强度等级、同一生产工艺和同一结构形式）预制构件不超过 1000 个为一批，每批随机抽取 1 个构件进行结构性能检验。

（3）预制构件上的预埋件、预留插筋、预埋管线等的规格和数量以及预留孔、预留洞的数量应符合设计要求。

（4）预制构件应有标识。外观质量不应有一般缺陷。尺寸偏差及检验方法应符合表 26-21 的规定。施工过程中临时使用的预埋件，其中心线位置允许偏差可取表 26-21 中规定数值的 2 倍。检查数量：同一类型的构件，不超过 100 个为一批，每批应抽查构件数量的 5％，且不应少于 3 个。

预制构件尺寸允许偏差及检验方法　　　　　　　　　　表 26-21

项　　目			允许偏差（mm）	检验方法
长度	楼板、梁、柱、桁架	＜12m	±5	尺量
		≥12m 且＜18m	±10	
		≥18m	±20	
	墙板		±4	
宽度、高（厚）度	楼板、梁、柱、桁架		±5	尺量一端及中部，取其中偏差绝对值较大处
	墙板		±4	
表面平整度	楼板、梁、柱、墙板内表面		5	2m 靠尺和塞尺量测
	墙板外表面		3	
侧向弯曲	楼板、梁、柱		$L/750$ 且≤20	拉线、直尺量测最大侧向弯曲处
	墙板、桁架		$L/1000$ 且≤20	
翘曲	楼板		$L/750$	调平尺在两端量测
	墙板		$L/1000$	
对角线	楼板		10	尺量两个对角线
	墙板		5	
预留孔	中心线位置		5	尺量
	孔尺寸		±5	
预留洞	中心线位置		10	尺量
	洞口尺寸、深度		±10	
预埋件	预埋板中心线位置		5	尺量
	预埋板与混凝土面平面高差		0，−5	
	预埋螺栓		2	
	预埋螺栓外露长度		+10，−5	
	预埋套筒、螺母中心线位置		2	
	预埋套筒、螺母与混凝土面平面高差		±5	

项　目		允许偏差（mm）	检验方法
预留插筋	中心线位置	5	尺量
	外露长度	+10，−5	
键槽	中心线位置	5	尺量
	长度、宽度	±5	
	深度	±10	

注：1. L 为构件长度，单位为 mm；

2. 检查中心线、螺栓和孔道位置偏差时，沿纵、横两个方向量测，并取其中偏差较大值。

（5）预制构件的粗糙面的质量及键槽的数量应符合设计要求。

2. 安装与连接

（1）装配式结构连接部位及叠合构件浇筑混凝土之前，应进行隐蔽工程验收。隐蔽工程验收应包括下列主要内容：

1）混凝土粗糙面的质量，键槽的尺寸、数量、位置；

2）钢筋的牌号、规格、数量、位置、间距，箍筋弯钩的弯折角度及平直段长度；

3）钢筋的连接方式、接头位置、接头数量、接头面积百分率、搭接长度、锚固方式及锚固长度；

4）预埋件、预留管线的规格、数量、位置。

（2）装配式结构的接缝施工质量及防水性能应符合设计要求和国家现行相关标准的要求。预制构件临时固定措施应符合施工方案的要求。

（3）钢筋采用套筒灌浆连接时，灌浆应饱满、密实，其材料及连接质量应符合国家现行行业标准《钢筋套筒灌浆连接应用技术规程》JGJ 355 的规定。

（4）钢筋采用焊接、机械连接时，其接头质量应符合现行行业标准《钢筋焊接及验收规程》JGJ 18、《钢筋机械连接技术规程》JGJ 107 的规定。

（5）预制构件采用焊接、螺栓连接等连接方式时，其材料性能及施工质量应符合国家现行标准《钢结构工程施工质量验收规范》GB 50205 和《钢筋焊接及验收规程》JGJ 18 的相关规定。

（6）装配式结构采用现浇混凝土连接构件时，构件连接处后浇混凝土的强度应符合设计要求。

（7）装配式结构施工后，其外观质量不应有严重缺陷和一般缺陷，且不应有影响结构性能和安装及使用功能的尺寸偏差。

（8）装配式结构施工后，预制构件位置、尺寸偏差及检验方法应符合设计要求；当设计无具体要求时，应符合表 26-22 的规定。预制构件与现浇结构连接部位的表面平整度应符合表 26-22 的规定。

检查数量：按楼层、结构缝或施工段划分检验批。在同一检验批内，对梁、柱和独立基础，应抽查构件数量的 10%，且不应少于 3 件。对墙和板，应按有代表性的自然间抽查 10%，且不应少于 3 间。对大空间结构，墙可按相邻轴线间高度 5m 左右划分检查面；板可按纵、横轴线划分检查面，抽查 10%，且均不应少于 3 面。

项　　目		允许偏差（mm）	检验方法
构件轴线位置	竖向构件（柱、墙板、桁架）	8	经纬仪及尺量
	水平构件（梁、楼板）	5	
标高	梁、柱、墙板、楼板底面或顶面	±5	水准仪或拉线、尺量
构件垂直度	柱、墙板安装后的高度　≤6m	5	经纬仪或吊线、尺量
	>6m	10	
构件倾斜度	梁、桁架	5	经纬仪或吊线、尺量
相邻构件平整度	梁、楼板底面　外露	3	2m靠尺和塞尺量测
	不外露	5	
	柱、墙板　外露	5	
	不外露	8	
构件搁置长度	梁、板	10	尺量
支座、支垫中心位置	板、梁、柱、墙板、桁架	10	尺量
墙板接缝宽度		±5	尺量

> **例 26-29　（2004）** 不允许出现裂缝的预应力混凝土构件进行结构性能检验时，其中哪个内容无须进行检验？
>
> A　承载力　　　　　B　挠度　　　　　C　抗裂检验　　　　D　裂缝宽度检验
>
> **解析：** 据《混凝土结构工程施工质量验收规范》GB 50204—2015 第 9.2.2 条第 1.2 款规定：钢筋混凝土构件和允许出现裂缝的预应力混凝土构件应进行承载力、挠度和裂缝宽度检验；不允许出现裂缝的预应力混凝土构件应进行承载力、挠度和抗裂检验。可见，对不允许出现裂缝的预应力混凝土构件，无须（也不可能）进行裂缝宽度检验。
>
> **答案：** D

七、混凝土结构子分部工程的实体检验与验收

1. 结构实体检验

（1）对涉及混凝土结构安全的有代表性的部位应进行结构实体检验。结构实体检验应包括混凝土强度、钢筋保护层厚度、结构位置与尺寸偏差，以及合同约定的项目；必要时可检验其他项目。

结构实体检验应由监理单位组织施工单位实施，并见证实施过程。施工单位应制定结构实体检验专项方案，并经监理单位审核批准后实施。除结构位置与尺寸偏差外，结构实体检验项目，应由具有相应资质的检测机构完成。

（2）结构实体混凝土强度应按不同强度等级分别检验，检验方法宜采用同条件养护试件方法；当未取得同条件养护试件强度，或同条件养护试件强度不符合要求时，可采用回弹-取芯法进行检验。

混凝土强度检验时的等效养护龄期可取日平均温度逐日累计达到 $600℃ \cdot d$ 时所对应

的龄期，且不应小于14d。日平均温度为0℃及以下的龄期不计入。

冬期施工时，等效养护龄期计算时温度可取结构构件实际养护温度；也可根据实际养护条件，按照同条件养护试件强度与在标准养护条件下28d龄期试件强度相等的原则，由监理、施工等各方共同确定。

（3）钢筋保护层厚度检验、结构位置与尺寸偏差检验均应符合《混凝土结构工程施工质量验收规范》GB 50204—2015相关附录的规定。

（4）结构实体检验中，当混凝土强度或钢筋保护层厚度检验结果不满足要求时，应委托具有资质的检测机构按国家现行有关标准的规定进行检测。

2. 混凝土结构子分部工程验收

（1）混凝土结构子分部工程施工质量验收合格应符合下列规定：

1）所含分项工程质量验收应合格；

2）应有完整的质量控制资料；

3）观感质量验收应合格；

4）结构实体检验结果应符合规范要求。

（2）当混凝土结构施工质量不符合要求时，应按下列规定进行处理：

1）经返工、返修或更换构件、部件的，应重新进行验收；

2）经有资质的检测机构按国家现行有关标准检测鉴定达到设计要求的，应予以验收；

3）经有资质的检测机构按国家现行有关标准检测鉴定达不到设计要求，但经原设计单位核算并确认仍可满足结构安全和使用功能的，可予以验收；

4）经返修或加固处理能够满足结构可靠性要求的，可根据技术处理方案和协商文件进行验收。

（3）混凝土结构子分部工程施工质量验收时，应提供以下文件和记录：

1）设计变更文件；

2）原材料质量证明文件和抽样检验报告；

3）预拌混凝土的质量证明文件；

4）混凝土、灌浆料的性能检验报告；

5）钢筋接头的试验报告；

6）预制构件的质量证明文件和安装验收记录；

7）预应力筋用锚具、连接器的质量证明文件和抽样检验报告；

8）预应力筋安装、张拉的检验记录；

9）钢筋套筒灌浆连接及预应力孔道灌浆记录；

10）隐蔽工程验收记录；

11）混凝土工程施工记录；

12）混凝土试件的试验报告；

13）分项工程验收记录；

14）结构实体检验记录；

15）工程的重大质量问题的处理方案和验收记录；

16）其他必要的文件和记录。

（4）混凝土结构工程子分部工程施工质量验收合格后，应按规定将验收文件存档备案。

第三节 防 水 工 程

防水工程包括地下防水工程和屋面防水工程。施工的基本规定如下：

（1）防水工程必须由持有资质等级证书的防水专业队伍进行施工，主要施工人员应持有省级及以上建设行政主管部门或其指定单位颁发的执业资格证书或防水专业岗位证书。

（2）防水工程施工前，施工单位应编制防水工程专项施工方案，并应经监理单位或建设单位审查批准后执行。

（3）防水材料的品种、规格、性能等必须符合现行国家或行业产品标准和设计要求。防水材料必须经具备相应资质的检测单位进行抽样检验，并出具产品性能检测报告。

（4）防水材料的进场验收应符合下列规定：

1）对材料的外观、品种、规格、包装、尺寸和数量等进行检查验收，并经监理单位或建设单位代表检查确认，形成相应的验收记录；

2）对材料的质量证明文件进行检查，并经监理单位或建设单位代表检查确认，纳入工程技术档案；

3）材料进场后应按规范的规定抽样检验，检验应执行见证取样送检制度，并出具检验报告；

4）材料的物理性能检验项目全部指标达到标准规定时，即为合格；若有一项指标不符合标准规定，应在受检产品中重新取样进行该项指标复验。

（5）防水材料及其配套材料，应符合现行行业标准的规定，不得对周围环境造成污染。

（6）防水工程的施工，应建立各道工序的自检、交接检和专职人员检查的制度，并有完整的检查记录。每道工序施工完成后，应经监理单位或建设单位检查验收，并应在合格后再进行下道工序的施工。防水工程隐蔽前，应由施工单位通知有关单位进行验收，并形成隐蔽工程验收记录；未经监理单位或建设单位代表的检查确认，不得进行下道工序的施工。

（7）防水工程不得在雨天、雪天和五级风及其以上时施工。防水材料施工环境气温条件宜符合表 26-23 的规定。

防水材料施工环境气温条件 表 26-23

防水材料	施工环境气温条件
高聚物改性沥青防水卷材	冷粘法、自粘法不低于 5℃，热熔法不低于 -10℃
合成高分子防水卷材	冷粘法、自粘法不低于 5℃，焊接法不低于 -10℃
有机防水涂料	溶剂型 $-5\sim35$℃，反应型、水乳型 $5\sim35$℃
无机防水涂料	$5\sim35$℃
防水混凝土、防水砂浆	$5\sim35$℃
膨润土防水材料	不低于 -20℃

例 26-30　（2013）下列防水材料施工环境温度可以低于 5℃的是：

A　采用冷粘法的合成高分子防水卷材

B　溶剂型有机防水涂料

C　防水砂浆

D　采用自粘法的高聚物改性沥青防水卷材

解析：由《地下防水工程质量验收规范》GB 50208—2011 第 3.0.11 条表 3.0.11（本教材表 26-23）可见：可在环境温度低于−10℃施工的仅有膨润土防水材料；可在环境温度低于−5℃施工的是膨润土防水材料、采用热熔法的高聚物改性沥青防水卷材、采用焊接法合成高分子防水卷材、溶剂型有机防水涂料四种，而在题目选项中，仅含有"溶剂型有机防水涂料"，故选 B。

答案：B

一、地下防水工程

（一）概述

1. 设计、施工原则与施工特点

地下防水是防止地下水对地下构筑物或建筑基础的浸透，保证地下空间使用功能正常发挥的一项重要工程。地下工程对防水的设计应遵循"防、排、截、堵相结合，刚柔相济，因地制宜，综合治理"的原则。地下防水工程的设计与施工原则为：①杜绝防水层对水的吸附和毛细渗透；②接缝严密，形成封闭的整体；③消除所留孔洞、缝隙造成的渗漏；④防止不均匀沉降而拉裂防水层；⑤防水层做至可能渗漏范围以外。

由于地下水是具有一定压力的长期作用，而结构又存在变形缝、施工缝等众多薄弱部位，因此对施工质量要求高。此外，地下防水施工的环境较差，敞露及拖延时间长，受气候及水文条件影响大，成品保护难，因此加大了技术和保证质量的难度。

2. 地下防水工程的范围

地下防水子分部工程又分为 5 个子分部，包括：主体结构防水工程、细部构造防水工程、特殊施工法防水工程、排水工程、注浆工程。其分部分项工程划分见表 26-24。

地下防水工程的分项工程　　　　　　　　　　　　　　　　　表 26-24

子分部工程		分 项 工 程
地下防水工程	主体结构防水	防水混凝土、水泥砂浆防水层、卷材防水层、涂料防水层、塑料防水板防水层、金属板防水层、膨润土防水材料防水层
	细部构造防水	施工缝、变形缝、后浇带、穿墙管、埋设件、预留通道接头、桩头、孔口、坑、池
	特殊施工法结构防水	锚喷支护、地下连续墙、盾构隧道、沉井、逆筑结构
	排水	渗排水、盲沟排水、隧道排水、坑道排水、塑料排水板排水
	注浆	预注浆、后注浆、结构裂缝注浆

3. 地下防水工程的防水等级

地下防水工程的防水等级是根据地下工程的重要性和使用中对防水的要求，所确定结

构允许渗漏水量的等级标准。它共分为 4 级，见表 26-25。

地下工程防水等级标准及适用范围（主要部分）　　　　　表 26-25

防水等级	防水标准	适用范围
一级	不允许渗水，结构表面无湿渍	人员长期停留的场所；极重要的战备工程、地铁车站等
二级	不允许漏水，结构表面可有少量湿渍； 房屋建筑地下工程：总湿渍面积不大于总防水面积的 1‰，任意 100m² 防水面积上的湿渍不超过 2 处，单个湿渍面积不大于 0.1m²； 其他地下工程：湿渍总面积不大于总防水面积的 2‰，任意 100m² 防水面积上的湿渍不超过 3 处，单个湿渍面积不大于 0.2m²	人员经常活动的场所；重要的战备工程等
三级	有少量漏水点，不得有线流和漏泥沙； 任意 100m² 防水面积上的漏水或湿渍点数不超过 7 处，单个漏水点的最大漏水量不大于 2.5L/d，单个湿渍面积不大于 0.3m²	人员临时活动的场所；一般战备工程
四级	有漏水点，不得有线流和漏泥沙； 整个工程平均漏水量不大于 2L/（m²·d），任意 100m² 防水面积上的平均漏水量不大于 4L/（m²·d）	对渗漏水无严格要求的工程

4. 地下水位要求与检验

（1）地下防水工程施工期间，必须保持地下水位稳定在工程底部最低高程 500mm 以下，必要时应采取降水措施。对采用明沟排水的基坑，应保持基坑干燥。

（2）地下防水工程的分项工程检验批和抽样检验数量应符合下列规定：

1）主体结构防水工程和细部构造防水工程应按结构层、变形缝或后浇带等施工段划分检验批；

2）特殊施工法结构防水工程应按隧道区间、变形缝等施工段划分检验批；

3）排水工程和注浆工程应各为一个检验批；

4）各检验批的抽样检验数量，细部构造应为全数检查，其他按规范的规定。

> **例 26-31**　**（2012）** 防水工程施工中，防水细部构造的施工质量检验数量是：
> A　按总防水面积每 10m² 一处　　　　B　按防水施工面积每 10m² 一处
> C　按防水细部构造数量的 50%　　　　D　按防水细部构造数量的 100%
> **解析：** 据《地下防水工程质量验收规范》GB 50208—2011 第 3.0.13 条 4 款规定："各检验批的抽样检验数量：细部构造应为全数检查，其他按规范的规定"。即防水细部构造应 100% 检查。
> **答案：** D

（二）主体结构防水工程

地下主体结构工程的防水多采用防水混凝土结构自防水加卷材或（和）涂膜柔性防水层的刚柔结合做法。建筑物的地下室多为一、二级防水，常采用二道或多道设防的防水构造（图 26-29）。

1. 防水混凝土结构施工

防水混凝土是通过调整配合比或掺加外加剂、掺合料，以提高自身密实性和抗渗性的特种混凝土。它兼有承重、围护和防水等功能，且耐久性、耐腐蚀性强，造价增加少，也是其他防水层的刚性依托。防水混凝土结构的厚度不得少于 250mm，裂缝宽度应控制在 0.2mm 以内且不贯通；迎水面钢筋的保护层厚度不应小于 50mm。防水混凝土不适用于环境温度高于 80℃的地下工程。

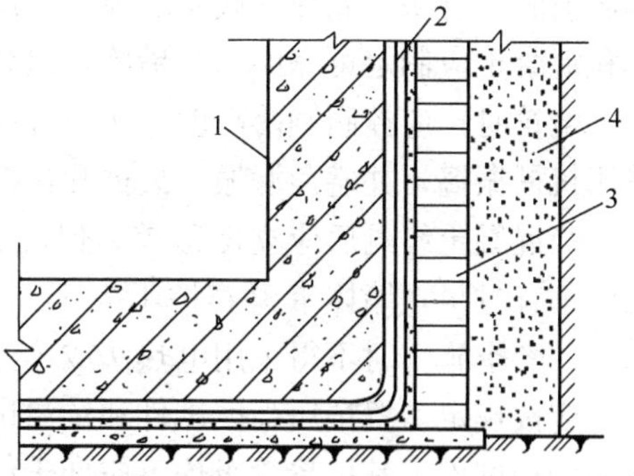

图 26-29　地下室多道防水剖面示例
1—防水混凝土底板与墙体；2—卷材或涂膜防水层；
3—保护层；4—灰土减压层

（1）防水混凝土的抗渗等级

防水混凝土的抗渗能力用抗渗等级表示，它反映了混凝土在不渗漏时的允许水压值。其设计抗渗等级依据工程埋置深度而定（表 26-26），最低为 P6（即抗渗压力 0.6MPa）。

防水混凝土的设计抗渗等级　　　　　　　　　　表 26-26

工程埋置深度 H（m）	$H<10$	$10{\leqslant}H<20$	$20{\leqslant}H<30$	$H{\geqslant}30$
设计抗渗等级	P6	P8	P10	P12

（2）防水混凝土配制要求

防水混凝土的配合比应通过试验确定。为了保证施工后的可靠性（抗渗压力保证率在 95％以上），在进行防水混凝土试配时，其抗渗等级应比设计要求提高 0.2MPa。

1）材料：水泥品种宜采用普通硅酸盐水泥或硅酸盐水泥，采用其他品种水泥时应经试验确定。碎石或卵石的粒径宜为 5～40mm，含泥量不大于 1％，泥块含量不宜大于 0.5％。砂宜采用中粗砂，含泥量不大于 3％，泥块含量不宜大于 1％。不宜使用海砂；在没有使用河砂的条件时，应对海砂进行处理后才能使用，且控制氯离子含量不得大于 0.06％。对长期处于潮湿环境的重要结构，所用砂、石，应进行碱活性检验。水应洁净，不含有害物质。

2）配比：胶凝材料总用量不宜小于 320kg/m³，其中水泥用量不得少于 260kg/m³；砂率宜为 35％～40％，泵送时可增至 45％；灰砂比宜为 1：1.5～1：2.5；水胶比不得大于 0.50；预拌混凝土的入泵坍落度宜为 120～160mm；预拌混凝土的初凝时间宜为6～8h。

（3）防水混凝土施工要求

钢筋绑扎安装时，应留足保护层，不得有负误差。留设保护层必须采用与防水混凝土成分相同的细石混凝土或砂浆垫块。固定钢筋拉钩及绑丝、钢筋焊接的镦粗点及机械式连接的套筒等，不得碰触模板，且均应有足够的保护层。

防水混凝土应配比准确、搅拌均匀、运输应及时、快捷，若有离析现象应进行二次搅拌。当坍落度损失导致其不能满足浇筑要求时，应加入原水胶比的水泥浆或掺加同品种的减水剂进行搅拌，严禁直接加水。

防水混凝土应尽量连续浇筑，使其成为封闭的整体。竖向结构与水平结构难以实现连续浇筑时，宜采用底板→底层墙体→底层顶板→墙体→……分几个部位浇筑的程序。对大体积混凝土应制定可靠的综合措施，以防开裂，确保其抗渗性能。

浇筑时，应控制倾落高度，防止分层离析；应分层浇筑，每层厚度不得大于 500mm；采用机械振捣，并避免漏振、欠振和过振。

当混凝土终凝后应立即覆盖、保湿养护，养护温度不得低于 5℃，时间不少于 14d。拆模不宜过早，墙体带模养护不少于 3d。拆模时混凝土表面与环境温差不得超过 15～20℃。冬季施工时不得采用电热法或蒸汽直接加热养护，应采取保湿保温措施。

应按规定留置抗压强度试件和抗渗试件。除留置标准养护抗渗试件外，还应留同条件下的养护试件，其抗渗等级均不应低于设计等级。

（4）质量要求与检验

1）防水混凝土的原材料、配合比及坍落度必须符合设计要求。拌制混凝土所用材料的品种、规格和用量，每工作班检查不应少于两次。允许重量偏差见表 26-27。

混凝土组成材料计量结果的允许偏差（％）   表 26-27

混凝土组成材料	每盘计量	累计计量
水泥、掺合料	±2	±1
粗、细骨料	±3	±2
水、外加剂	±2	±1

注：累计计量仅适用于微机控制计量的搅拌站。

2）混凝土在浇筑地点的坍落度，每工作班至少检查两次，偏差应在规范允许范围内（表 26-28）。

混凝土入泵时的坍落度允许偏差   表 26-28

规定坍落度	允许偏差（mm）
≤40	±10
50～90	±15
>90	±20

3）防水混凝土抗压强度试件、抗渗性能试件均应在混凝土浇筑地点随机取样制作。抗渗性能应采用标准条件下养护混凝土抗渗试件的试验结果评定。抗渗试件取样应按连续浇筑混凝土每 500m³ 应留置一组（6 个）抗渗试件，且每项工程不得少于两组；采用预拌混凝土的抗渗试件，留置组数应视结构的规模和要求而定。

4）大体积防水混凝土的施工应采取材料选择、温度控制、保温保湿等技术措施。在设计许可的情况下，掺粉煤灰混凝土设计强度等级的龄期宜为 60d 或 90d。

5）防水混凝土分项工程检验批的抽样检验数量，应按混凝土外露面积每 100m² 抽查 1 处，每处 10m²，且不得少于 3 处。

6）防水混凝土的抗压强度和抗渗性能必须符合设计要求。结构表面应坚实、平整，不得有露筋、蜂窝等缺陷；埋设件位置应准确。防水混凝土结构表面的裂缝宽度不应大于 0.2mm，且不得贯通。防水混凝土结构厚度不应小于 250mm，其允许偏差应为 +8mm、

－5mm；主体结构迎水面钢筋保护层厚度不应小于50mm，其允许偏差应为±5mm。

2. 防水层施工

（1）水泥砂浆防水层

水泥砂浆防水层适用于地下工程主体结构的迎水面或背水面。不适用于受持续振动或环境温度高于80℃的地下工程。水泥砂浆防水层应采用聚合物水泥防水砂浆、掺外加剂或掺合料的防水砂浆。

1）材料要求

水泥应使用普通硅酸盐水泥、硅酸盐水泥或特种水泥，不得使用过期或受潮结块的水泥。砂宜采用中砂，含泥量不应大于1.0%，硫化物及硫酸盐含量不应大于1%。拌制用水应为不含有害物质的洁净水。聚合物乳液的外观为均匀液体，无杂质、无沉淀、不分层。外加剂的技术性能应符合相关标准。

2）基层要求

基层表面应平整、坚实、清洁，并应充分湿润、无明水。孔洞、缝隙应采用与防水层相同的水泥砂浆堵塞并抹平。施工前应在埋设件、穿墙管预留凹槽内嵌填密封材料后，再进行水泥砂浆防水层施工。

3）水泥砂浆防水层施工

水泥砂浆的配制，应按所掺材料的技术要求准确计量。分层铺抹或喷涂，铺抹时应压实、抹平，最后一层表面应提浆压光。各层应紧密粘合，每层宜连续施工；必须留设施工缝时，应采用阶梯坡形槎（图26-30），但与阴阳角处的距离不得小于200mm。终凝后应及时进行湿养护，养护温度不宜低于5℃，时间不得少于14d。聚合物水泥防水砂浆未达到硬化状态时，不得浇水养护或直接受雨水冲刷，硬化后应采用干湿交替的养护方法；潮湿环境中，可在自然条件下养护。

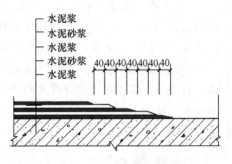

图26-30　水泥砂浆防水层留槎与接槎示意

4）质量检查与要求

检验批的抽样检验数量，应按施工面积每100m²抽查1处，每处10m²，且不得少于3处。防水砂浆的原材料及配合比、防水砂浆的粘结强度和抗渗性能必须符合设计规定。

水泥砂浆防水层与基层之间应结合牢固、无空鼓现象；表面应密实、平整，不得有裂纹、起砂、麻面等缺陷；施工缝留槎位置应正确，接槎应按层次顺序操作，层层搭接紧密；水泥砂浆防水层的平均厚度应符合设计要求，最小厚度不得小于设计厚度的85%；表面平整度偏差不大于5mm。

例26-32 （2010）下列地下防水工程水泥砂浆防水层做法中，正确的是：

A　基层混凝土强度必须达到设计强度

B　采用素水泥浆和水泥砂浆分层交叉抹面

C　防水层各层应连续施工，不得留施工缝

D　防水层最小厚度不得小于设计厚度

解析：据《地下防水工程技术规范》GB 50108—2008 第 4.2.6 条 6 规定，水泥砂浆防水层的基层混凝土或砌体用的砂浆强度均不应不低于设计值的 80%，故 A 选项说法不正确。

据《地下防水工程质量验收规范》GB 50208—2011（下文简称《质量验收规范》）第 4.2.5 条第 2 款规定，水泥砂浆防水层应"分层铺抹或喷涂，铺抹时应压实、抹平，最后一层表面应提浆压光"。按《建筑工程防水施工手册》（中国建筑工业出版社出版，叶林标等编著）水泥砂浆防水层施工操作要点要求：施工时，务必做到分层交替抹压密实，以使每层的毛细孔道大部分切断，使残留的少量毛细孔无法形成连通的渗水孔网，以达到抗渗防水性能。对于背水面可采用四层抹灰做法，即第一层刮素水泥砂浆层 2mm 厚（分 2 次）；初凝时抹第二层水泥砂浆层 4～5mm 厚；水泥砂浆层初凝并有一定强度后（一般隔 24h）刮第三层素水泥浆层 2mm 厚（分 2 次）；抹第四层水泥砂浆层 4～5mm 厚，在 10～12h 内抹压 5～6 遍，最后压光。对于迎水面应采用五层抹灰做法，它是在四层做法的第四层砂浆抹压两遍后，再涂刷一层素水泥浆并随第四层抹压压光。故 B 选项说法正确。

《质量验收规范》第 4.2.5 条第 3 款规定："防水层应紧密粘合，每层宜连续施工；必须留设施工缝时，应采用阶梯坡形槎，但与阴阳角处的距离不得小于 200mm"。可见 C 选项"不得留施工缝"的说法不正确。

《质量验收规范》第 4.2.12 条规定："水泥砂浆防水层的平均厚度应符合设计要求，最小厚度不得小于设计厚度的 85%"，因此，D 选项"不得小于设计厚度"的说法不正确。故选 B。

答案：B

（2）卷材防水层

卷材防水层适用于受侵蚀性介质作用或受振动作用的地下工程。卷材防水层应铺设在主体结构的迎水面——即外防做法，以起到保护结构不受侵蚀、减轻钢筋锈蚀和混凝土碱骨料反应、克服卷材与混凝土基面粘结力不足等作用。按卷材铺贴与结构墙体的施工顺序，分为外贴法（先做结构墙体，后铺贴卷材，再做保护层）和内贴法（先铺贴卷材于保护层上，再做结构墙体）两种施工方法。由于外防外贴法的防水效果优于外防内贴法，所以在施工场地和条件不受限制时一般均采用外防外贴法。

1）材料要求

卷材防水层应采用高聚物改性沥青类防水卷材和合成高分子类防水卷材。所选用的基层处理剂、胶粘剂、密封材料等均应与铺贴的卷材相匹配，并在进场材料检验的同时，按规范进行剪切性能、剥离性能检验。

2）基层处理

铺贴防水卷材前，基面应干净、干燥，并应涂刷基层处理剂。当基面潮湿时，应涂刷湿固化型胶粘剂或潮湿界面隔离剂。

基层阴阳角应做成圆弧或 45°坡角，圆弧半径应根据卷材品种确定，当铺贴高聚物改性沥青防水卷材时不应小于 50mm，铺贴合成高分子防水卷材时不应小于 20mm。在转角处、变形缝、施工缝、穿墙管等部位应铺贴卷材加强层，其宽度不应小于 500mm。

3）防水卷材的搭接

防水卷材的搭接宽度应符合表 26-29 的要求。铺贴双层卷材时，上下两层和相邻两幅卷材的接缝应错开 1/3～1/2 幅宽，且两层卷材不得相互垂直铺贴。

防水卷材的搭接宽度　　　　　　　　　　　　　　　　表 26-29

卷材品种	搭接宽度（mm）
弹性体改性沥青防水卷材	100
改性沥青聚乙烯胎防水卷材	100
自粘聚合物改性沥青防水卷材	80
三元乙丙橡胶防水卷材	100/60（胶粘剂/胶粘带）
聚氯乙烯防水卷材	60/80（单焊缝/双焊缝）
	100（胶粘剂）
聚乙烯丙纶复合防水卷材	100（粘结料）
高分子自粘胶膜防水卷材	70/80（自粘胶/胶粘带）

4）防水卷材的铺贴方法与要求

按与基体粘结的形式，地下防水卷材的铺贴方法分为冷粘法、热熔法、自粘法等。

① 冷粘法铺贴

冷粘法是采用适当的胶粘剂在常温下粘贴卷材，适用于各种卷材的铺贴。要求：

胶粘剂应涂刷均匀，不得露底、堆积；依据胶粘剂的性能控制胶粘剂涂刷与卷材铺贴的间隔时间；铺贴时不得用力拉伸卷材，排除卷材下面的空气，辊压粘贴牢固；卷材接缝部位应采用专用胶粘剂或胶粘带满粘；接缝口应用密封材料封严，其宽度不应小于 10mm。

② 热熔法铺贴

热熔法是利用火焰加热使卷材表面熔化形成的胶结料粘贴卷材，适用于高聚物改性沥青类卷材的铺贴。要求：

火焰加热器加热卷材应均匀，不得加热不足或烧穿卷材；卷材表面热熔后应立即滚铺，排除卷材下面的空气，并粘贴牢固；卷材接缝部位应溢出热熔的改性沥青胶料，并粘贴牢固，封闭严密。

③ 自粘法铺贴

自粘法是将带有胶粘剂的卷材揭去隔离纸或隔离膜后直接粘贴的方法，适用于自带胶膜的各种卷材铺贴。要求：

铺贴卷材时，应将有黏性的一面朝向主体结构；外墙、顶板铺贴时，排除卷材下面的空气，辊压粘贴牢固；立面卷材铺贴完成后，应将卷材端头固定，并应用密封材料封严；低温施工时，宜对卷材和基面采用热风适当加热，然后铺贴卷材。

④ PVC 卷材的接缝焊接

焊接法是采用热风焊机或焊枪，对 PVC 等热塑性卷材的搭接缝进行焊接连接的施工方法。要求：

焊接前卷材应铺放平整，搭接尺寸准确，焊接缝的结合面应清扫干净；焊接时应先焊长边搭接缝，后焊短边搭接缝；控制热风加热温度和时间，焊接处不得漏焊、跳焊或焊接不牢；焊接时不得损害非焊接部位的卷材。

⑤ 聚乙烯丙纶复合防水卷材的铺贴

该种卷材为湿作业施工。应采用配套的聚合物水泥防水粘结材料；卷材与基层粘贴应采用满粘法，粘结面积不应小于90%；刮涂粘结料应均匀，不得露底、堆积、流淌；固化后的粘结料厚度不应小于1.3mm；卷材接缝部位应挤出粘结料，接缝表面处应涂刮1.3mm厚50mm宽的聚合物水泥粘结料封边；粘结料固化前，不得在其上行走或进行后续作业。

⑥ 高分子自粘胶膜防水卷材的铺贴

该种卷材宜采用预铺反粘法施工。施工时，卷材宜单层铺设；在潮湿基面铺设时，基面应平整坚固、无明水；卷材长边应采用自粘边搭接，短边应采用胶粘带搭接，卷材端部搭接区应相互错开；立面施工时，在自粘边位置距卷材边缘10～20mm，每隔400mm、600mm应进行机械固定，并应保证固定位置被卷材完全覆盖；浇筑结构混凝土时不得损伤防水层。

5）保护层施工

卷材防水层完工并经验收合格后应及时做保护层。顶板的细石混凝土保护层与防水层之间宜设置隔离层。细石混凝土保护层厚度：机械回填时不宜小于70mm，人工回填时不宜小于50mm；底板的细石混凝土保护层厚度不应小于50mm；侧墙宜采用软质保护材料或铺抹20mm厚1：2.5水泥砂浆。

6）卷材防水层的检验与要求

检验批的抽样检验数量，应按铺贴面积每100m²抽查1处，每处10m²，且不少于3处。

卷材防水层所用卷材及其配套材料必须符合设计要求。转角处、变形缝、施工缝、穿墙管等部位做法必须符合设计要求。卷材应平整、顺直，搭接尺寸准确，搭接缝应粘贴或焊接牢固，密封严密，不得有扭曲、折皱、翘边和起泡等缺陷。搭接宽度的允许偏差为－10mm。

采用外防外贴法铺贴卷材防水层时，立面卷材接槎的搭接宽度：高聚物改性沥青类卷材应为150mm，合成高分子类卷材应为100mm，且上层卷材应盖过下层卷材（图26-31）。

侧墙卷材防水层的保护层与防水层应结合紧密，保护层厚度应符合设计要求。

（3）涂料防水层

涂料防水层适用于受侵蚀性介质作用或受振动作用的地下工程。有机防水涂料能与结构刚柔互补，但粘结力较差，宜用于主体结构的迎水面；无机防水涂料凝固快且与基面有较强的粘结力，宜用于主体结构的迎水面或背水面。

1）材料要求

有机防水涂料应采用反应型、水乳型、聚合物水泥等涂料；无机防水涂料应采用掺外加剂、掺合料的水泥基防水涂料或水泥基渗透结晶型防水涂料。

2）基层要求

有机防水涂料基面应干燥。当基面较潮湿

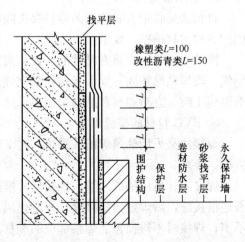

图26-31　墙面卷材防水层错槎接缝示意图

时，应涂刷湿固化型胶结剂或潮湿界面隔离剂；无机防水涂料施工前，基面应充分润湿，但不得有明水。

3）涂料防水层及保护层的施工要求

① 多组分涂料应按配合比准确计量，搅拌均匀，并应根据有效时间确定每次配制量；

② 涂料应分层涂刷或喷涂，涂层应均匀，涂刷应待前遍涂层干燥成膜后进行；每遍涂刷时应交替改变涂层的涂刷方向，同层涂膜的先后搭压宽度宜为 30～50mm，甩槎处接槎宽度不应小于 100mm，接涂前应将其甩槎表面处理干净；

③ 采用有机防水涂料时，基层阴阳角处应做成圆弧；在转角处、变形缝、施工缝、穿墙管等部位应加铺胎体材料和增涂防水涂料，宽度不应小于 500mm；

④ 大面积使用胎体增强时，胎体材料的搭接宽度不应小于 100mm；上下两层和相邻两幅胎体的接缝应错开 1/3 幅宽，且上下两层胎体不得相互垂直铺贴；

⑤ 涂料防水层完工并经验收合格后应及时做保护层，保护层做法与要求同卷材防水。

4）涂料防水层的检验与要求

涂料防水层分项工程检验批的抽样检验数量，应按涂层面积每 100m² 抽查 1 处，每处 10m²，且不得少于 3 处。

涂料防水层所用的材料及配合比必须符合设计要求。涂料防水层的平均厚度应符合设计要求，最小厚度不得小于设计厚度的 90%。用针测法检查。涂料防水层应与基层粘结牢固，涂刷均匀，不得流淌、鼓泡、露槎。有胎体增强材料时，应使防水涂料浸透胎体，覆盖完全。

（4）塑料防水板防水层

塑料防水板防水层适用于经常承受水压、侵蚀性介质或有振动作用的地下工程。塑料防水板宜铺设在地下工程复合式衬砌的初期支护与二次衬砌之间。

1）基层要求

① 塑料防水板防水层的基面应平整，无尖锐突出物，基面平整度 D/L 不应大于 1/6（注：D 为初期支护基面相邻两凸面间凹进去的深度；L 为初期支护基面相邻两凸面间的距离）。

② 初期支护的渗漏水，应在塑料防水板防水层铺设前封堵或引排。

2）基本要求

塑料防水板的铺设应超前二次衬砌混凝土施工，超前距离宜为 5～20m。塑料防水板应采用无钉孔铺设，并牢固地固定在基面上。固定点间距应根据基面平整情况确定，拱部宜为 0.5～0.8m，边墙宜为 1.0～1.5m，底部宜为 1.5～2.0m；局部凹凸较大时，应在凹处加密固定点。铺设应符合下列规定。

① 铺设塑料防水板前应先铺缓冲层，缓冲层应用暗钉圈固定在基面上；缓冲层搭接宽度不应小于 50mm；铺设塑料防水板时，应边铺边用压焊机将塑料防水板与暗钉圈焊接。

② 两幅塑料防水板的搭接宽度不应小于 100mm，下部塑料防水板应压住上部塑料防水板。接缝焊接时，塑料防水板的搭接层数不得超过 3 层。

③ 塑料防水板的搭接缝应采用双焊缝，每条焊缝的有效宽度不应小于 10mm。

④ 塑料防水板铺设时宜设置分区预埋注浆系统。

⑤ 分段设置塑料防水板防水层时，两端应采取封闭措施。

3）验收要求

塑料防水板防水层分项工程检验批的抽样检验数量，应按铺设面积每 $100m^2$ 抽查 1 处，每处 $10m^2$，且不得少于 3 处。焊缝检验应按焊缝条数抽查 5％，每条焊缝为 1 处，且不得少于 3 处。

① 塑料防水板及其配套材料必须符合设计要求。检验时，应检查产品合格证、产品性能检测报告和材料进场检验报告。

② 塑料防水板搭接宽度的允许偏差应为 −10mm。搭接缝必须采用双缝热熔焊接，每条焊缝的有效宽度不应小于 10mm，检验方法：双焊缝间空腔内充气检查和尺量检查。

③ 塑料防水板与暗钉圈应焊接牢靠，不得漏焊、假焊和焊穿。铺设应平顺，不得有下垂、绷紧和破损现象。

（5）金属板防水层

金属板防水层适用于抗渗性能要求较高的地下工程。金属板应铺设在主体结构迎水面。

1）基本要求

① 金属板防水层所采用的金属材料和保护材料应符合设计要求。金属板及其焊接材料的规格、外观质量和主要物理性能，应符合国家现行有关标准的规定。

② 金属板表面有锈蚀、麻点或划痕等缺陷时，其深度不得大于该板材厚度的负偏差值。

③ 金属板的拼接及金属板与工程结构的锚固件连接应采用焊接。金属板的拼接焊缝应进行外观检查和无损检验。

2）验收要求

① 金属板防水层分项工程检验批的抽样检验数量，应按铺设面积每 $10m^2$ 抽查 1 处，每处 $1m^2$，且不得少于 3 处。焊缝表面缺陷检验应按焊缝的条数抽查 5％，且不得少于 1 条焊缝；每条焊缝检查 1 处，总抽查数不得少于 10 处。

② 焊工应持有有效的执业资格证书。

③ 金属板表面不得有明显凹面和损伤。

④ 焊缝不得有裂纹、未熔合、夹渣、焊瘤、咬边、烧穿、弧坑、针状气孔等缺陷。焊缝的焊波应均匀，焊渣和飞溅物应清除干净。

⑤ 保护涂层不得有漏涂、脱皮和反锈现象。

（6）膨润土防水层

膨润土吸收淡水后能变成胶状体，膨胀为自身重量的 5 倍、自身体积的 13 倍左右，依靠粘结性和膨胀性发挥止水功能。常用的膨润土防水材料有针刺法钠基膨润土防水毯、针刺覆膜法钠基膨润土防水毯和胶粘法钠基膨润土防水板三种。

膨润土防水材料防水层适用于 pH 值为 4～10（淡水）的地下环境中，应用于复合式衬砌的初期支护与二次衬砌之间，以及明挖法地下工程主体结构的迎水面。要求防水层两侧必须具有一定的夹持力。

1）材料与基层要求

① 膨润土防水材料中的膨润土颗粒应采用钠基膨润土，不应采用钙基膨润土。

② 铺设防水层的基面应坚实、清洁，不得有明水，基面平整度要求同塑料防水板基面；基层阴阳角应做成圆弧或坡角。

2）基本要求

① 膨润土防水毯的织布面和膨润土防水板的膨润土面，均应与结构外表面密贴。

② 膨润土防水材料应采用水泥钉和垫片固定；立面和斜面上的固定间距宜为400~500mm，平面上应在搭接缝处固定。

③ 膨润土防水材料的搭接宽度应大于100mm；搭接部位的固定间距宜为200~300mm，固定点与搭接边缘的距离宜为25~30mm，搭接处应涂抹膨润土密封膏。平面搭接缝处可干撒膨润土颗粒，其用量宜为0.3~0.5kg/m。

④ 膨润土防水材料的收口部位应采用金属压条和水泥钉固定，并用膨润土密封膏覆盖。

⑤ 转角处和变形缝、施工缝、后浇带等部位均应设置宽度不小于500mm的加强层，加强层应设置在防水层与结构外表面之间。穿墙管件部位宜采用膨润土橡胶止水条、膨润土密封膏进行加强处理。

⑥ 膨润土防水材料分段铺设时，应采取临时遮挡防护措施。

3）验收要求

① 膨润土防水材料防水层分项工程检验批的抽样检验数量，应按铺设面积每100m²抽查1处，每处10m²，且不得少于3处。

② 膨润土防水材料必须符合设计要求。

③ 膨润土防水材料防水层在转角处和变形缝、施工缝、后浇带、穿墙管等部位做法必须符合设计要求。

④ 膨润土防水毯的织布面或防水板的膨润土面，应朝向工程主体结构的迎水面。

⑤ 立面或斜面铺设的膨润土防水材料应上层压住下层，防水层与基层、防水层与防水层之间应密贴，并应平整无折皱。

⑥ 膨润土防水材料的搭接和收口部位应符合要求。搭接宽度的允许偏差应为—10mm。

例 26-33 （2009）受侵蚀性介质或受振动作用的地下建筑防水工程应选择：

A 卷材防水层　B 防水混凝土　C 水泥砂浆防水层　D 金属板防水层

解析：据《地下防水工程质量验收规范》GB 50208—2011 第4.3.1条规定："卷材防水层适用于受侵蚀性介质作用或受振动作用的地下工程。卷材防水层应铺设在主体结构的迎水面"，故选A。

答案：A

---

3. 防水细部处理

防水混凝土结构的混凝土施工缝、结构变形缝、后浇带、穿墙管以及穿墙螺栓等埋设件是防水薄弱部位，其设置和构造必须符合设计要求。施工中应认真做好这些细部的处理，并进行全数检查验收，以保证整个防水工程的质量。

（1）混凝土施工缝

防水混凝土应尽量连续浇筑，宜少留施工缝。底板与墙体间的施工缝应留设在高出底板表面不小于 300mm 的墙体上。拱、板与墙结合的水平施工缝，宜留在拱、板与墙交接处以下 150~300mm 处；垂直施工缝应避开地下水和裂隙水较多的地段，并宜与变形缝相结合。施工缝距预留孔洞的边缘不小于 300mm。

施工缝防水构造，所用止水带、遇水膨胀止水条或止水胶、水泥基渗透结晶型防水涂料和预埋注浆管均必须符合设计要求。常用做法如图 26-32。

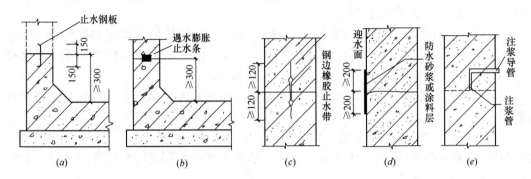

图 26-32　防水混凝土施工缝的留设位置及防水措施
(a) 加止水板；(b) 加止水条；(c) 加止水带；(d) 贴防水层；(e) 预埋注浆管

中埋式止水带及外贴式止水带埋设位置应准确，固定应牢靠。

遇水膨胀止水条应具有缓膨胀性能；止水条与施工缝基面应密贴，中间不得有空鼓、脱离等现象；止水条应牢固地安装在缝表面或预留凹槽内；止水条采用搭接连接时，搭接宽度不得小于 30mm。

遇水膨胀止水胶应采用专用注胶器挤出粘结在施工缝表面，并做到连续、均匀、饱满，无气泡和孔洞，挤出宽度及厚度应符合设计要求；止水胶挤出成型后，固化期内应采取临时保护措施；止水胶固化前不得浇筑混凝土。

预埋注浆管应设置在施工缝断面中部，注浆管与施工缝基面应密贴并固定牢靠，固定间距宜为 200~300mm。注浆导管与注浆管的连接应牢固、严密，导管埋入混凝土内的部分应与结构钢筋绑扎牢固，导管的末端应临时封堵严密。

施工缝处继续浇筑混凝土时，已浇筑的混凝土抗压强度不应小于 1.2MPa。水平施工缝浇筑前，应将其表面浮浆和杂物清除，然后铺设净浆，涂刷混凝土界面处理剂或水泥基渗透结晶型防水涂料，再铺 30~50mm 厚的 1:1 水泥砂浆，并及时浇筑混凝土。垂直施工缝浇筑混凝土前，应将其表面清理干净，再涂刷混凝土界面处理剂或水泥基渗透结晶型防水涂料，并及时浇筑混凝土。

（2）结构变形缝

变形缝一般包括伸缩缝和沉降缝。为满足变形要求且能密封防水，常采用埋入橡胶、塑料、金属止水带的方法，其构造如图 26-33。

变形缝防水构造必须符合设计要求。变形缝用止水带、填缝材料和密封材料必须符合设计要求。

中埋式止水带埋设位置应准确，中间空心圆环与变形缝的中心线应重合。其接缝应设在边墙较高位置上，不得设在结构转角处；接头宜采用热压焊接，接缝应平整、牢固，不

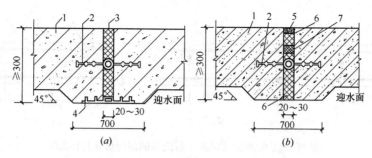

图 26-33 常见变形缝防水构造示意

(a) 中埋式止水带与防水层复合；(b) 中埋式止水带与止水条复合

1—混凝土结构；2—止水带；3—填缝材料；4—外贴防水层；5—嵌缝材料；6—背衬材料；7—遇水膨胀止水条

得有裂口和脱胶现象。止水带安装时，在转弯处应做成圆弧形；顶板、底板内止水带应安装成盆状，并宜采用专用钢筋套或扁钢固定（图 26-34）。

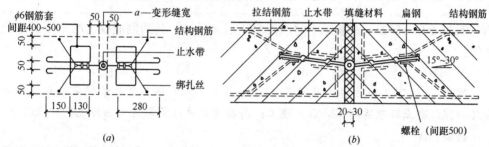

图 26-34 止水带固定方法示意图

(a) 钢筋套固定；(b) 扁钢拉筋固定

外贴式止水带在变形缝与施工缝相交部位宜采用十字配件；外贴式止水带在变形缝转角部位宜采用直角配件。止水带埋设位置应准确，固定应牢靠，并与固定止水带的基层密贴，不得出现空鼓、翘边等现象。

安设于结构内侧的可卸式止水带所需配件应一次配齐，转角处应做成 45°坡角，并增加紧固件的数量。

嵌填密封材料的缝内两侧基面应平整、洁净、干燥，并应涂刷基层处理剂；嵌缝底部应设置背衬材料；密封材料嵌填应严密、连续、饱满，粘结牢固。

变形缝处表面粘贴卷材或涂刷涂料前，应在缝上设置隔离层和加强层。

（3）后浇带

后浇带是大面积混凝土结构的刚性接缝，用于不允许设置变形缝且后期变形趋于稳定的结构。包括收缩后浇带和沉降后浇带。防水混凝土后浇带的构造形式见图 26-35。

后浇带留设的位置、宽度、形式以及防水构造应符合设计要求。留置时应采取支模或固定快易收口网等措施，保证留缝位置准确、断口垂直、边缘密实。留缝后应做封挡和遮盖保护，防止后浇带部位和外贴式止水带损坏或缝内进水及垃圾杂物。

后浇混凝土的浇筑时间应符合设计要求。浇筑时，应先做好清理工作，接合面涂刷界面处理剂或水泥基渗透结晶型防水涂料；浇筑补偿收缩混凝土，并细致捣实。后浇带混凝土应一次浇筑，不得留设施工缝；混凝土浇筑后应及时养护，时间不得

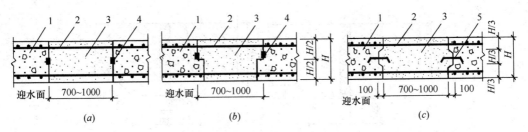

图 26-35　常用防水混凝土后浇带的留缝形式与构造

(*a*) 平接式；(*b*) 台阶式；(*c*) 企口式

1—先浇混凝土；2—结构主筋；3—后浇补偿收缩混凝土；4—遇水膨胀止水条；5—止水钢板

少于 28d。

补偿收缩混凝土的原材料及配合比必须符合设计要求。采用掺膨胀剂的补偿收缩混凝土，其抗压强度、抗渗性能和限制膨胀率必须符合设计要求。

例 26-34　**（2021）**浇筑地下防水混凝土后浇带时，其两侧混凝土的最小龄期应达到：

　　A　42d　　　　　　　B　28d　　　　　　　C　14d　　　　　　　D　7d

　　解析：《地下工程防水技术规范》GB 50108—2008 第 5.2.2 条规定：后浇带应在其两侧混凝土龄期达到 42d 后再施工；高层建筑的后浇带施工应按规定时间进行。

　　答案：A

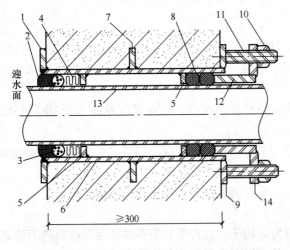

图 26-36　套管式穿墙管的构造做法

1—翼环；2—嵌缝密封材料；3—衬垫条；4—填缝材料；
5—挡圈；6—套管；7—止水环；8—橡胶圈；9—套管翼盘；
10—螺母；11—双头螺栓；12—短管；13—主管；14—法兰盘

（4）穿墙管

穿墙管防水构造及所用遇水膨胀止水条和密封材料必须符合设计要求。

固定式穿墙管应加焊止水环或环绕遇水膨胀止水圈，并做好防腐处理；穿墙管应在主体结构迎水面预留凹槽，槽内应用密封材料嵌填密实。

套管式穿墙管的套管与止水环及翼环应连续满焊，并做好防腐处理；套管内表面应清理干净，穿墙管与套管之间应用密封材料和橡胶密封圈进行密封处理，并采用法兰盘及螺栓进行固定（图 26-36）。

穿墙盒的封口钢板与混凝土结构墙上预埋的角钢应焊严，并从钢板上的预留浇注孔注入改性沥青密封材料

或细石混凝土，封填后将浇注孔口用钢板焊接封闭。

当主体结构迎水面有柔性防水层时，防水层与穿墙管连接处应增设加强层。密封材料嵌填应密实、连续、饱满，粘结牢固。

（5）埋设件、桩头

埋设件应进行防腐处理。埋设件端部或预留孔、槽底部的混凝土厚度不得小于250mm；当混凝土厚度小于250mm时，应局部加厚或采取其他防水措施。结构迎水面的埋设件周围应预留凹槽，凹槽内应用密封材料填实。

用于固定模板的螺栓必须穿过混凝土结构时，可采用工具式螺栓或螺栓加堵头，螺栓上应加焊止水环。拆模后留下的凹槽应用密封材料封堵密实，并用聚合物水泥砂浆抹平。

桩头顶面和侧面裸露处应涂刷水泥基渗透结晶型防水涂料，并延伸到结构底板垫层150mm处；桩头四周300mm范围内应抹聚合物水泥防水砂浆过渡层。

（6）预留通道接头

预留通道接头的防水构造及使用的材料（中埋式止水带、遇水膨胀止水条或止水胶、预埋注浆管、密封材料和可卸式止水带）均应符合设计要求。

中埋式止水带埋设位置应准确，其中间空心圆环与通道接头中心线应重合。对先浇的混凝土结构、中埋式止水带和预埋件应及时保护，预埋件应进行防锈处理。

用膨胀螺栓固定可卸式止水带时，止水带与紧固件压块以及止水带与基面之间应结合紧密。采用金属膨胀螺栓时，应选用不锈钢材料或进行防锈处理。

密封材料嵌填应密实、连续、饱满，粘结牢固。预留通道接头外部应设保护墙。

（7）孔口

孔口防水构造及所用防水卷材、防水涂料和密封材料均应符合设计要求。

人员出入口高出地面不应小于500mm；汽车出入口设置明沟排水时，其高出地面宜为150mm，并应采取防雨措施。

窗井的底部在最高地下水位以上时，窗井的墙体和底板应作防水处理，并宜与主体结构断开；窗井或窗井的一部分在最高地下水位以下时，窗井应与主体结构连成整体，其防水层也应连成整体，并应在窗井内设置集水井。窗台下部的墙体和底板应做防水层。

窗井内的底板应低于窗下缘300mm。窗井墙高出室外地面不得小于500mm；窗井外地面应做散水，散水与墙面间应采用密封材料嵌填。嵌填应密实、连续、饱满，粘结牢固。

（8）坑、池

坑、池的防水构造及所用防水混凝土的原材料、配合比及坍落度必须符合设计要求。池底板的混凝土厚度不应小于250mm；当底板的厚度小于250mm时，应采取局部加厚措施，并应使防水层保持连续；施工完后，应及时遮盖和防止杂物堵塞。

坑、池、储水库宜采用防水混凝土整体浇筑，混凝土表面应坚实、平整，不得有露筋、蜂窝和裂缝等缺陷；内部防水层完成后，应进行蓄水试验。

4. 特殊施工方法结构防水

（1）地下连续墙

地下连续墙是指采用机械施工方法成槽、浇灌钢筋混凝土，形成具有截水、防渗、挡土和承重作用的地下墙体。常用作地下工程的主体结构、支护结构以及复合式衬砌的初期支护。

地下连续墙应采用防水混凝土。防水混凝土的原材料、配合比及坍落度必须符合设计要求，且胶凝材料用量不应小于400kg/m³，水胶比不得大于0.55，坍落度不得小于180mm。

为避免坍塌，地下连续墙常采用分单元槽段施工，但应根据工程要求和施工条件尽量减少槽段数量以减少接缝，且槽段接缝应避开拐角部位。叠合式侧墙的地下连续墙与内衬结构连接处，应凿毛并清洗干净，必要时应作特殊防水处理。

地下连续墙施工时，混凝土应按每一个单元槽段留置一组抗压试件，每 5 个槽段留置一组抗渗试件。工程开挖后，若发现地下连续墙有裂缝、孔洞、露筋等缺陷，应采用聚合物水泥砂浆修补；槽段接缝如有渗漏，应采用引排或注浆封堵。

地下连续墙分项工程检验批的抽样检验数量，应按每连续 5 个槽段抽查 1 个槽段，且不得少于 3 个槽段。防水混凝土的抗压强度和抗渗性能必须符合设计要求。槽段接缝构造应符合设计要求，墙面不得有露筋、露石和夹泥现象；墙体表面平整度，临时支护墙体允许偏差应为 50mm，单一或复合墙体允许偏差应为 30mm。地下连续墙的渗漏水量必须符合设计要求，通过观察和渗漏水检测记录进行检查。

（2）逆筑结构

逆筑结构是指以地下连续墙兼作墙体及混凝土灌注桩等兼作承重立柱，自上而下进行顶板、中楼板和底板施工的主体结构。按地下围护结构的形式分为直接将地下连续墙作为围护结构的逆筑结构和由地下连续墙与内衬构成复合式衬砌的逆筑结构。

直接采用地下连续墙作为围护结构的逆筑结构，有利于降低工程造价、缩短工期和充分利用地下空间。但由于钢筋混凝土是在泥浆中浇筑，质量影响因素多，对耐久性不利，故不能用于一级防水的墙体。施工应符合下列规定：

1）地下连续墙墙面应凿毛、清洗干净，并宜做水泥砂浆防水层；

2）地下连续墙与顶板、中楼板、底板接缝部位应凿毛处理，施工缝的施工应符合相关规定；

3）钢筋接驳器处宜涂刷水泥基渗透结晶型防水涂料。

采用地下连续墙与内衬构成复合式衬砌的逆筑结构，内衬墙垂直施工缝应与地下连续墙的槽段接缝相互错开 2.0～3.0m。施工时除应符合上述规定外，为确保达到一、二级防水标准，尚应注意做好后浇接缝处理，要求如下：

1）顶板及中楼板下部 500mm 内衬墙应同时浇筑，内衬墙下部应做成斜坡形；斜坡形下部应预留 300～500mm 空间，并应待下部先浇混凝土施工 14d 后再行浇筑；

2）浇筑混凝土前，内衬墙的接缝面应凿毛、清洗干净，并应设置遇水膨胀止水条或止水胶和预埋注浆管；

3）内衬墙的后浇筑混凝土应采用补偿收缩混凝土，浇筑口宜高于斜坡顶端 200mm 以上。

底板混凝土应连续浇筑，不宜留设施工缝。底板混凝土达到设计强度后方可停止降水，并应将降水井封堵密实。

5. 排水工程

对无自流排水条件且防水要求较高的地下工程，可采用渗排水、盲沟排水、盲管排水、塑料排水板或机械抽水等排水方法，将地下水有组织地经过排水系统排走，以削弱水对地下结构的压力，减小水对结构的渗透作用，从而辅助地下工程达到降低地下水位和防水目的。

（1）渗排水及盲沟排水

渗排水是将地下工程结构底板下排水层渗出的水通过集水管流入集水井内，然后采用专用水泵机械排水。适用于无自流排水条件、防水要求较高且有抗浮要求的地下工程。渗排水应符合下列规定：

1）渗排水层用砂、石应洁净，含泥量不应大于 2.0%；

2）粗砂过滤层总厚度宜为 300mm，如较厚时应分层铺填；过滤层与基坑土层接触处，应采用厚度为 100～150mm、粒径为 5～10mm 的石子铺填；

3）集水管应设置在粗砂过滤层下部，坡度不宜小于 1%，且不得有倒坡现象。集水管之间的距离宜为 5～10m，并与集水井相通；

4）工程底板与渗排水层之间应做隔浆层，建筑周围的渗排水层顶面应做散水坡。以防止渗排水层堵塞。

盲沟排水一般设在建筑物周围，使地下水流入盲沟内，利用地形使水自动排走。如受地形限制没有自流排水条件时，可将水引到集水井中用泵抽出。盲沟排水适用于地基为弱透水性土层、地下水量不大或排水面积较小、地下水位在结构底板以下或在丰水期地下水位高于结构底板的地下工程。盲沟排水应符合下列规定：

1）盲沟成型尺寸和坡度应符合设计要求；

2）盲沟的类型及盲沟与基础的距离应符合设计要求；

3）盲沟用砂、石应洁净，含泥量不应大于 2.0%；

4）盲沟反滤层的层次和粒径组成应符合表 26-30 的规定；

盲沟反滤层的层次和粒径组成　　　　　　表 26-30

反滤层的层次	建筑物地区地层为砂性土时（塑性指数 $I_P < 3$）	建筑地区地层为黏性土时（塑性指数 $I_P > 3$）
第一层（贴天然土）	用 1～3mm 粒径砂子组成	用 2～5mm 粒径砂子组成
第二层	用 3～10mm 粒径小卵石组成	用 5～10mm 粒径小卵石组成

5）盲沟在转弯处和高低处应设置检查井，出水口处应设置滤水箅子。

渗排水、盲沟排水均应在地基工程验收合格后进行施工。集水管宜采用无砂混凝土管、硬质塑料管或软式透水管，埋置深度和坡度必须符合设计要求，接口应连接牢固，不得扭曲变形和错位。渗排水构造应符合设计要求，铺设应分层、铺平、拍实。盲沟排水构造、反滤层的层次和粒径组成均必须符合设计要求。

（2）塑料排水板排水

塑料排水板可用于地下工程底板与侧墙的室内明沟、架空地板排水以及地下工程种植顶板排水，还可用于隧道或坑道排水。塑料排水板与土工布结合，可替代传统的陶粒或卵石滤水层，并具有较高的抗压强度和排水、透气等功能。

塑料排水板是以 HDPE 为主要原料，通过三层共挤在焙融状态下经真空吸塑和对辊辊压成型工艺制成的新型材料，具有立体空间和一定支撑高度的新型排水材料。塑料排水板的单位面积质量和支点高度应根据设计荷载和流水通量来确定。

塑料排水板应选用抗压强度大且耐久性好的凹凸型排水板。排水构造应符合设计要求，并宜符合以下工艺流程：

1）室内底板排水按混凝土底板→铺设塑料排水板（支点向下）→混凝土垫层→配筋混凝土面层等顺序进行；

2）室内侧墙排水按混凝土侧墙→粘贴塑料排水板（支点向墙面）→钢丝网固定→水泥砂浆面层等顺序进行（注：将排水板支点朝下或朝内墙，支点内灌入混凝土，可起到永久性模板作用；同时，塑料排水板与底板或内墙形成一个密封的空间，能及时地排出底板或内墙渗出的水分，起到防潮、排水、隔热、保温的作用）；

3) 种植顶板排水按混凝土顶板→找坡层→防水层→混凝土保护层→铺设塑料排水板（支点向上）→铺设土工布→覆土等顺序进行（注：将塑料排水板支点朝上，并在排水板上面覆一层土工布，可防止泥水流到排水板内，保持排水畅通）；

4) 隧道或坑道排水按初期支护→铺设土工布→铺设塑料排水板（支点向初期支护）→二次衬砌结构等顺序进行（注：在初期衬砌洞壁上先铺设一层土工布，防止泥水流到排水板内，保持排水畅通；将塑料排水板支点朝向洞壁，连续的排水板形成的密闭排水层，可将隧道或坑道围岩的裂隙水顺畅地引入排水盲沟）。

铺设塑料排水板应采用搭接法施工，长短边搭接宽度均不应小于100mm。塑料排水板的接缝处宜采用配套胶粘剂粘结或热熔焊接，以使排水板形成一个整体。

地下工程种植顶板种植土若低于周边土体，塑料排水板排水层必须结合排水沟或盲沟分区设置，并保证排水畅通，以防因降水滞水浸没植物根系而造成腐烂。

塑料排水板应与土工布复合使用。土工布宜采用$200\sim400\mathrm{g/m^2}$的聚酯无纺布。土工布应铺设在塑料排水板的凸面上，相邻土工布搭接宽度不应小于200mm，搭接部位应采用粘合或缝合。

塑料排水板和土工布必须符合设计要求。塑料排水板排水层必须与排水系统连通，不得有堵塞现象。

6. 注浆工程

注浆是利用配套的机械设备，采用合理的注浆工艺，将适宜的注浆材料注入工程对象，以达到填充、加固、堵水、抬升以及纠偏等目的。注浆施工中，按浆液在地层中的作用方式可分为：渗透扩散、劈裂扩散、裂隙填充、挤压填充。

注浆防水工程，主要包括在岩土中注浆（按施工顺序分为预注浆、后注浆）和结构裂缝注浆。

（1）预注浆、后注浆

预注浆是在工程开挖前预计涌水量较大的地段或软弱地层中填充、封堵，后注浆是在工程开挖后处理围岩渗漏及初期壁后的空隙回填。

1) 注浆方案

应根据工程地质及水文地质条件，按下列规定选择：

① 在工程开挖前，预计涌水量较大的地段、软弱地层，宜采用预注浆；

② 开挖后有大股涌水或大面积渗漏水时，应采用衬砌前围岩注浆；

③ 衬砌后渗漏水严重或充填壁后空隙的地段，宜进行回填注浆；

④ 回填注浆后仍有渗漏水时，宜采用衬砌后围岩注浆。

上述所列方法可单独进行，也可按工程情况综合采用，确保地下工程达到设计的防水等级标准。

2) 注浆材料

应根据工程地质、水文地质条件、注浆目的、注浆工艺、设备和成本等因素加以选择。注浆材料应符合下列规定：

① 具有较好的可注性；

② 具有固结体收缩小的特性，具有良好的粘结性、抗渗性、耐久性和化学稳定性；

③ 低毒并对环境污染小；

④ 注浆工艺简单，施工操作方便，安全可靠。

3）注浆方法

在砂卵石层中宜采用渗透注浆法，在黏土层中宜采用劈裂注浆法，在淤泥质软土中宜采用高压喷射注浆法。

① 渗透注浆法。渗透注浆不破坏原土的颗粒排列，使浆液渗透扩散到土粒间的孔隙，孔隙中的气体和水分被浆液固结体排除，从而使土壤密实，达到加固防渗的目的。渗透注浆一般用于渗透系数大于 10^{-5}cm/s 的砂或砂卵石土层。

② 劈裂注浆法。劈裂注浆是在较高的注浆压力下，把浆液渗入渗透性小的土层中，并形成不规则的脉状固结物。由注浆压力而挤密的土体与不受注浆影响的土体构成复合地基，具有一定的密实性和承载能力。劈裂注浆一般用于渗透系数不大于 10^{-6}cm/s 的黏土层。

③ 高压喷射注浆法。高压喷射注浆是利用钻机把带有喷嘴的注浆管钻至土中的预定位置，以高压设备使浆液成为高压流从喷嘴喷出，土粒在喷射流的作用下与浆液混合形成固结体。高压喷射注浆的浆液以水泥类材料为主、化学材料为辅。高压喷射注浆可用于加固软弱地层。

4）注浆浆液选择

① 预注浆宜采用水泥浆液、黏土水泥浆液或化学浆液；

② 后注浆宜采用水泥浆液、水泥砂浆或掺有石灰、黏土、膨润土、粉煤灰的水泥浆液；

③ 注浆浆液配合比应经现场试验确定。

5）注浆过程控制要求

① 根据工程地质条件、注浆目的等控制注浆压力和注浆量；

② 回填注浆应在衬砌混凝土达到设计强度的 70% 后进行，衬砌后围岩注浆应在充填注浆固结体达到设计强度的 70% 后进行；

③ 浆液不得溢出地面和超出有效注浆范围，地面注浆结束后注浆孔应封填密实；

④ 注浆范围和建筑物的水平距离很近时，应加强对邻近建筑物和地下埋设物的现场监控；

⑤ 注浆点距离饮用水源或公共水域较近时，注浆施工如有污染应及时采取相应措施。

6）质量要求

配制浆液的原材料和配合比、注浆效果必须符合设计要求。注浆孔的数量、布置间距、钻孔深度及角度，以及注浆各阶段的控制压力和注浆量均应符合设计要求。注浆时浆液不得溢出地面和超出有效注浆范围。注浆对地面产生的沉降量不得超过 30mm，地面的隆起不得超过 20mm。

（2）结构裂缝注浆

混凝土结构裂缝严重影响工程结构的耐久性，通过注浆可满足结构正常使用和工程的耐久性要求。结构裂缝的堵水注浆适用于宽度大于 0.2mm 的混凝土结构静止裂缝、贯穿性裂缝。注浆应待结构基本稳定和混凝土达到设计强度后进行，以避免破坏原结构及加固部分。

化学浆材按其功能与用途可分为防渗堵漏型和加固补强型。结构裂缝堵水注浆宜选用聚氨酯、丙烯酸盐等化学浆液；补强加固的结构裂缝注浆宜选用改性环氧树脂、超细水泥等浆液。

正确选用注浆工艺和设备是结构裂缝注浆的关键，应符合下列规定：

① 施工前，应沿缝清除基面上油污杂质；

② 浅裂缝应骑缝粘埋注浆嘴，必要时沿缝开凿"U"形槽并用速凝水泥砂浆封缝；

③ 深裂缝应骑缝钻孔或斜向钻孔至裂缝深部，孔内安设注浆管或注浆嘴，间距应根据裂缝宽度而定，但每条裂缝至少有一个进浆孔和一个排气孔；

④ 注浆嘴及注浆管应设在裂缝的交叉处、较宽处及贯穿处等部位；对封缝的密封效果应进行检查；

⑤ 注浆后，应待缝内浆液固化完成，方可拆下注浆嘴并进行封口抹平。

注浆材料及其配合比、注浆效果均必须符合设计要求。注浆孔的数量、布置间距、钻孔深度及角度以及注浆各阶段的控制压力和注浆量均应符合设计要求。

7. 地下防水子分部工程的质量验收

地下防水工程质量验收的程序和组织，应符合现行国家标准《建筑工程施工质量验收统一标准》GB 50300 的有关规定。

（1）检验批的合格判定应符合以下规定。

1）主控项目的质量经抽样检验全部合格。

2）一般项目的质量经抽样检验 80％以上检测点合格，其余不得有影响使用功能的缺陷；对有允许偏差的检验项目，其最大偏差不得超过规范规定允许偏差的 1.5 倍。

3）施工具有明确的操作依据和完整的质量检查记录。

（2）分项工程质量验收合格应符合：分项工程所含检验批的质量均应验收合格，且质量验收记录完整。

（3）子分部工程质量验收合格应符合以下规定。

1）子分部所含分项工程的质量均应验收合格；

2）质量控制资料应完整；

3）地下工程渗漏水检测应符合设计的防水等级标准要求；

4）观感质量检查应符合要求。

（4）地下防水工程竣工和记录资料要求见表 26-31。

地下防水工程竣工和记录资料   表 26-31

序号	项目	竣工和记录资料
1	防水设计	施工图、设计交底记录、图纸会审记录、设计变更通知单和材料代用核定单
2	资质、资格证明	施工单位资质及施工人员上岗证复印证件
3	施工方案	施工方法、技术措施、质量保证措施
4	技术交底	施工操作要求及安全等注意事项
5	材料质量证明	产品合格证、产品性能检测报告、材料进场检验报告
6	混凝土、砂浆质量证明	试配及施工配合比，混凝土抗压强度、抗渗性能检验报告、砂浆粘结强度、抗渗性能检验报告
7	中间检查记录	施工质量验收记录、隐蔽工程验收记录、施工检查记录
8	检验记录	渗漏水检测记录、观感质量检查记录
9	施工日志	逐日施工情况
10	其他资料	事故处理报告、技术总结

（5）地下防水工程应对下列部位作好隐蔽工程验收记录：

1）防水层的基层；

2）防水混凝土结构和防水层被掩盖的部位；

3）施工缝、变形缝、后浇带等防水构造做法；

4）管道穿过防水层的封固部位；

5）渗排水层、盲沟和坑槽；

6）结构裂缝注浆处理部位；

7）衬砌前围岩渗漏水处理部位；

8）基坑的超挖和回填。

（6）地下防水工程的观感质量检查应符合下列规定。

1）防水混凝土应密实，表面应平整，不得有露筋、蜂窝等缺陷；裂缝宽度不得大于0.2mm，并不得贯通。

2）水泥砂浆防水层应密实、平整，粘结牢固，不得有空鼓、裂纹、起砂、麻面等缺陷。

3）卷材防水层接缝应粘贴牢固，封闭严密，防水层不得有损伤、空鼓、折皱等缺陷。

4）涂料防水层应与基层粘结牢固，不得有脱皮、流淌、鼓泡、露胎、折皱等缺陷。

5）塑料防水板防水层应铺设牢固、平整，搭接焊缝严密，不得有下垂、绷紧破损现象。

6）金属板防水层焊缝不得有裂纹、未熔合、夹渣、焊瘤、咬边、烧穿、弧坑、针状气孔等缺陷。

7）施工缝、变形缝、后浇带、穿墙管、埋设件、预留通道接头、桩头、孔口、坑、池等防水构造应符合设计要求。

8）锚喷支护、地下连续墙、盾构隧道、沉井、逆筑结构等防水构造应符合设计要求。

9）排水系统不淤积、不堵塞，确保排水畅通。

10）结构裂缝的注浆效果应符合设计要求。

（7）地下工程出现渗漏水时，应及时进行治理，符合设计的防水等级标准要求后方可验收。

（8）地下防水工程验收后，应填写子分部工程质量验收记录，随同工程验收资料分别由建设单位和施工单位存档。

二、屋面防水工程

（一）概述

1. 屋面防水等级与一般构造

屋面防水是防止雨水、雪水对屋面的间歇性浸透，保证建筑物的寿命及使用功能正常发挥的一项重要工程。根据建筑物的性质、重要程度、使用功能要求等，屋面防水分为两个等级，见表 26-32。工程中按不同的等级进行设防，对防水有特殊要求的建筑屋面应进行专项防水设计。

防水等级	建筑类别	设防要求	做法要求	
			卷材、涂膜防水屋面	瓦屋面防水
Ⅰ级	重要建筑和高层建筑	两道防水设防	卷材＋卷材 卷材＋涂膜 复合防水层	瓦＋防水层
Ⅱ级	一般建筑	一道防水设防	卷材 涂膜 复合防水层	瓦＋防水垫层

　　防水屋面的种类包括卷材防水屋面、涂膜防水屋面、瓦屋面等。下面介绍常用的卷材、涂膜防水屋面的施工。该类防水屋面按防水层与保温层设置位置的不同，分为正置式和倒置式屋面，其构造见图 26-37。

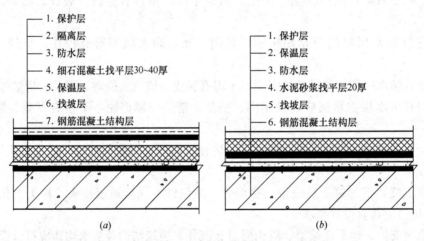

图 26-37　卷材、涂膜防水屋面构造做法
(a) 正置式屋面；(b) 倒置式屋面

2. 施工的基本规定

　　在前述防水工程施工基本规定之外，对屋面工程施工还有如下规定。

　　(1) 屋面工程各构造层的组成材料，应分别与相邻层次的材料相容。

　　(2) 当进行下道工序或相邻工程施工时，应对屋面已完成部分采取保护措施。伸出屋面的管道、设备或预埋件等，应在保温层和防水层施工前安设完毕。屋面保温层和防水层完工后，不得进行凿孔、打洞或重物冲击等有损屋面的作业。

　　(3) 屋面防水工程完工后，应进行观感质量检查和雨后观察或淋水、蓄水试验，不得有渗漏和积水现象。

　　(4) 屋面工程各分项工程宜按屋面面积每 500～1000m² 划分为一个检验批，不足 500m² 应按一个检验批。

3. 屋面工程分部、分项工程的划分

　　屋面工程各子分部工程和分项工程的划分见表 26-33。

屋面工程各子分部工程和分项工程的划分　　　　　　　表 26-33

分部工程	子分部工程	分项工程
屋面工程	基层与保护	找坡层，找平层，隔汽层，隔离层，保护层
	保温与隔热	板状材料保温层，纤维材料保温层，喷涂硬泡聚氨酯保温层，现浇泡沫混凝土保温层，种植隔热层，架空隔热层，蓄水隔热层
	防水与密封	卷材防水层，涂膜防水层，复合防水层，接缝密封防水
	瓦面与板面	烧结瓦和混凝土瓦铺装，沥青瓦铺装，金属板铺装，玻璃采光顶铺装
	细部构造	檐口，檐沟和天沟，女儿墙和山墙，水落口，变形缝，伸出屋面管道，屋面出入口，反梁过水孔，设施基座，屋脊，屋顶窗

（二）基层与保护工程

防水层的基层与保护工程涉及与屋面保温层、防水层相关的找坡层、找平层、隔汽层、隔离层和保护层。屋面找坡应满足设计排水坡度要求，结构找坡不应小于 3%，材料找坡宜为 2%；檐沟、天沟纵向找坡不应小于 1%，沟底水落差不得超过 200mm。

上人屋面或其他使用功能屋面，其保护及铺面的施工除应符合《屋面工程质量验收规范》GB 50207 外，还应符合《建筑地面工程施工质量验收规范》GB 50209 等的有关规定。

基层与保护工程各分项工程每个检验批的抽检数量，应按屋面面积每 100m² 抽查一处，每处应为 10m²，且不得少于 3 处。

1. 找坡层与找平层施工

（1）若屋面板为装配式钢筋混凝土板，则其板缝嵌填混凝土时，板缝内应清理干净，并应保持湿润；当板缝宽度大于 40mm 或上窄下宽时，板缝内应按设计要求配置钢筋；嵌填细石混凝土的强度等级不应低于 C20，嵌填深度宜低于板面 10~20mm，且应振捣密实和浇水养护；板端缝应按设计要求增加防裂的构造措施。

（2）找坡层宜采用轻骨料混凝土；找坡材料应分层铺设和适当压实，表面应平整。

（3）找平层宜采用水泥砂浆或细石混凝土。对整体式基层可抹水泥砂浆，对板块式基层宜浇筑细石混凝土，其厚度与技术要求见表 26-34。找平层的抹平工序应在初凝前完成，压光工序应在终凝前完成，终凝后应进行养护。

找平层厚度和技术要求　　　　　　　表 26-34

找平层分类	适用的基层	厚度（mm）	技术要求
水泥砂浆	整体现浇混凝土板	15~20	1：2.5 水泥砂浆
	整体材料保温层	20~25	
细石混凝土	装配式混凝土板	30~35	C20 混凝土，宜加钢筋网片
	板状材料保温层		C20 混凝土

（4）为避免大面积找平层开裂而拉裂防水层，找平层应设置分格缝。分格缝的纵横间距均不宜大于 6m，分格缝的宽度宜为 5~20mm。具体留设的间距与宽度应符合设计要求。

（5）找坡层和找平层所用材料的质量、配合比及排水坡度均应符合设计要求。找平层应抹平、压光，不得有酥松、起砂、起皮现象。

（6）在突出屋面结构的根部、基层的转角处，找平层应做成圆弧形，且应整齐平顺。

（7）表面平整度的允许偏差，找坡层为 7mm，找平层为 5mm。用 2m 靠尺和塞尺检查。

2. 隔汽层

（1）基本要求

隔汽层应设置在结构层与保温层之间，隔汽层应选用气密性、水密性好的材料。

铺设时，隔汽层的基层应平整、干净、干燥。隔汽层采用卷材时宜空铺，卷材搭接缝应满粘，其搭接宽度不应小于 80mm；隔汽层采用涂料时，应涂刷均匀。穿过隔汽层的管线周围应封严，转角处应无折损；凡有缺陷或破损的部位，均应进行返修。在屋面与墙的连接处，隔汽层应沿墙面向上连续铺设，高出保温层上表面不得小于 150mm。

（2）验收要求

1）隔汽层所用材料的质量，应符合设计要求。

2）隔汽层不得有破损现象。

3）卷材隔汽层应铺设平整，卷材搭接缝应粘结牢固，密封应严密，不得有扭曲、皱折和起泡等缺陷。

4）涂膜隔汽层应粘结牢固，表面平整，涂布均匀，不得有堆积、起泡和露底等缺陷。

3. 隔离层

（1）当采用块体材料、水泥砂浆或细石混凝土做防水层的保护层时，其与卷材、涂膜防水层之间，应设置隔离层。

（2）隔离层可采用干铺塑料膜、土工布、卷材或铺抹低强度砂浆，所用材料的质量及配合比应符合设计要求，不得有破损和漏铺现象。

（3）铺设时，塑料膜、土工布、卷材应铺设平整，其搭接宽度不应小于 50mm，不得有皱折；低强度等级砂浆表面应压实、平整，不得有起壳、起砂现象。

4. 保护层

（1）防水层上的保护层施工，应待卷材铺贴完成或涂料固化成膜，并经检验合格后进行。

（2）用块体材料做保护层时，宜设置分格缝，分格缝纵横间距不应大于 10m，分格缝宽度宜为 20mm。

（3）用水泥砂浆做保护层时，表面应抹平压光，并应设表面分格缝，分格面积宜为 1m²。

（4）用细石混凝土做保护层时，混凝土应振捣密实，表面应抹平压光，分格缝纵横间距不应大于 6m。分格缝的宽度宜为 10~20mm。

（5）块体材料、水泥砂浆或细石混凝土保护层与女儿墙和山墙之间，应预留宽度为 30mm 的缝隙，缝内宜填塞聚苯乙烯泡沫塑料，并应用密封材料嵌填密实。

（6）保护层所用材料的质量、配合比及强度等级、排水坡度应符合设计要求。浅色涂料保护层应与防水层粘结牢固，厚薄应均匀，不得漏涂。

（7）保护层的允许偏差和检验方法应符合表 26-35 的规定。

保护层的允许偏差和检验方法　　　　表 26-35

项　目	允许偏差（mm）			检验方法
	块体材料	水泥砂浆	细石混凝土	
表面平整度	4.0	4.0	5.0	2m靠尺和塞尺检查
缝格平直	3.0	3.0	3.0	拉线和尺量检查
接缝高低差	1.5	—	—	直尺和塞尺检查
板块间隙宽度	2.0	—	—	尺量检查
保护层厚度	设计厚度的10%，且不得大于5mm			钢针插入和尺量检查

例 26-35　（2001）屋面沥青防水卷材上用块体材料做保护层时，应留分格缝，下列哪条分格缝划分面积是正确的？

A　不宜大于 100m²　　　　　　B　不宜大于 250m²

C　不宜大于 150m²　　　　　　D　不宜大于 200m²

解析： 据《屋面工程质量验收规范》GB 50207—2012 第 4.5.2 条规定："用块体材料做保护层时，宜设置分格缝，分格缝纵横间距不应大于10m，分格缝宽度宜为20mm"，可见，块体材料保护层的分格缝划分面积应不大于100m²。

答案： A

例 26-36　（2009）屋面卷材防水层与哪种保护层之间应设置隔离层？

A　绿豆砂保护层

B　聚丙烯酸酯乳液保护层

C　细石混凝土保护层

D　三元乙丙橡胶溶液保护层

解析： 据《屋面工程质量验收规范》GB 50207—2012 第 4.4.1 条关于隔离层的规定："块体材料、水泥砂浆或细石混凝土与卷材、涂膜防水层之间，应设置隔离层"，即屋面卷材防水层与细石混凝土保护层之间应设置隔离层。

答案： C

（三）保温与隔热工程

屋面保温层分为板状材料、纤维材料、整体材料（喷涂硬泡聚氨酯、现浇泡沫混凝土）三种类型。屋面隔热层分为种植、架空、蓄水三种形式。

1. 一般要求

（1）铺设保温层的基层应平整、干燥和干净，以利于控制厚度、保温效果和铺平垫稳。

（2）保温材料在施工过程中应采取防潮、防水和防火等措施。

（3）保温与隔热工程的构造及选用材料应符合设计要求。

（4）保温与隔热工程质量验收除应符合《屋面工程质量验收规范》GB 50207 的规定外，尚应符合《建筑节能工程施工质量验收标准》GB 50411 的有关规定。

（5）保温材料使用时的含水率，应相当于该材料在当地自然风干状态下的平衡含水率。

（6）保温材料的导热系数、表观密度（或干密度）、抗压强度（或压缩强度）、燃烧性能，必须符合设计要求。

（7）种植、架空、蓄水隔热层施工前，防水层均应验收合格。

（8）保温与隔热工程各分项工程每个检验批的抽检数量，应按屋面面积每 100m² 抽查 1 处，每处应为 10m²，且不得少于 3 处。

2. 板状材料保温层

（1）基本要求

1）板状材料保温层采用干铺法施工时，板块应紧靠在基层表面上，应铺平垫稳；分层铺设的板块上下层接缝应相互错开，板间缝隙应采用同类材料的碎屑嵌填密实。

2）板状材料保温层采用粘贴法施工时，胶粘剂应与保温材料的材性相容，并应贴严、粘牢；板状材料保温层的平面接缝应挤紧拼严，不得在板块侧面涂抹胶粘剂，超过 2mm 的缝隙应采用相同材料板条或片填塞严实。

3）板状保温材料采用机械固定法施工时，应选择专用螺钉和垫片，固定件与结构层之间应连接牢固。

（2）验收要求

1）板状保温材料的质量，应符合设计要求。检验方法：检查出厂合格证、质量检验报告和进场检验报告。

2）板状材料保温层的厚度应符合设计要求，其正偏差应不限，负偏差应为 5%，且不得大于 4mm。采用钢针插入和尺量检查。

3）屋面热桥部位处理应符合设计要求。

4）板状保温材料铺设应紧贴基层，应铺平垫稳，拼缝应严密，粘贴应牢固。

5）固定件的规格、数量和位置均应符合设计要求，垫片应与保温层表面齐平。

6）板状材料保温层表面平整度的允许偏差为 5mm，接缝高低差的允许偏差为 2mm。用直尺和塞尺检查。

3. 纤维材料保温层

（1）基本要求

1）纤维保温材料应紧靠在基层表面上，平面接缝应挤紧拼严，上下层接缝应相互错开。

2）屋面坡度较大时，宜采用金属或塑料专用固定件将纤维保温材料与基层固定。

3）纤维材料填充后，不得上人踩踏。

4）装配式骨架纤维保温材料施工时，应先在基层上铺设保温龙骨或金属龙骨，龙骨之间应填充纤维保温材料，再在龙骨上铺钉水泥纤维板。金属龙骨和固定件应经过防锈处理，金属龙骨与基层之间应采取隔热断桥措施。

（2）验收要求

1）纤维保温材料的质量，应符合设计要求。

2）纤维材料保温层的厚度应符合设计要求，其正偏差应不限，毡不得有负偏差，板负偏差应为 4%，且不得大于 3mm。

3）屋面热桥部位处理应符合设计要求。

4）纤维保温材料铺设应紧贴基层，拼缝应严密，表面应平整。

5）固定件的规格、数量和位置应符合设计要求；垫片应与保温层表面齐平。

6）装配式骨架和水泥纤维板应铺钉牢固，表面应平整；龙骨间距和板材厚度应符合设计要求。

7）具有抗水蒸气渗透外覆面的玻璃棉制品，其外覆面应朝向室内，拼缝应用防水密封胶带封严。

4. 喷涂硬泡聚氨酯保温层

（1）基本要求

1）保温层施工前应对喷涂设备进行调试，并应制备试样进行硬泡聚氨酯的性能检测。

2）喷涂硬泡聚氨酯的配比应准确计量，发泡厚度应均匀一致。

3）喷涂时喷嘴与施工基面的间距应由试验确定。

4）一个作业面应分遍喷涂完成，每遍厚度不宜大于 15mm；当日的作业面应当日连续地喷涂施工完毕。

5）硬泡聚氨酯喷涂后 20min 内严禁上人；喷涂硬泡聚氨酯保温层完成后，应及时做保护层。

（2）验收要求

1）喷涂硬泡聚氨酯所用原材料的质量及配合比，应符合设计要求。

2）喷涂硬泡聚氨酯保温层的厚度应符合设计要求，其正偏差应不限，不得有负偏差。用钢针插入和尺量检查。

3）屋面热桥部位处理应符合设计要求。

4）硬泡聚氨酯应分遍喷涂，粘结应牢固，表面应平整，找坡应正确。

5）喷涂硬泡聚氨酯保温层表面平整度的允许偏差为 5mm。

5. 现浇泡沫混凝土保温层

（1）基本要求

1）在浇筑泡沫混凝土前，应将基层上的杂物和油污清理干净；基层应浇水湿润，但不得有积水。

2）保温层施工前应对设备进行调试，并应制备试样进行泡沫混凝土的性能检测。

3）泡沫混凝土的配合比应准确计量，制备好的泡沫加入水泥料浆中应搅拌均匀。

4）浇筑过程中，应随时检查泡沫混凝土的湿密度。

（2）验收要求

1）现浇泡沫混凝土所用原材料的质量及配合比，应符合设计要求。检验方法：检查原材料出厂合格证、质量检验报告和计量措施。

2）现浇泡沫混凝土保温层的厚度应符合设计要求，其正负偏差应为 5%，且不得大于 5mm。

3）屋面热桥部位处理应符合设计要求。

4）现浇泡沫混凝土应分层施工，粘结应牢固，表面应平整，找坡应正确。

5）现浇泡沫混凝土不得有贯通性裂缝，以及疏松、起砂、起皮现象。

6）现浇泡沫混凝土保温层表面平整度的允许偏差为 5mm。

6. 种植隔热层

（1）基本要求

1) 种植隔热层与防水层之间宜设细石混凝土保护层。

2) 种植隔热层的屋面坡度大于 20％时，其排水层、种植土层应采取防滑措施。

3) 排水层施工应符合下列要求：

① 陶粒的粒径不应小于 25mm，大粒径应在下，小粒径应在上；

② 凹凸形排水板宜采用搭接法施工，网状交织排水板宜采用对接法施工；

③ 排水层上应铺设过滤层土工布；

④ 挡墙或挡板的下部应设泄水孔，孔周围应放置疏水粗细骨料。

4) 过滤层土工布应沿种植土周边向上铺设至种植土高度，并应与挡墙或挡板粘牢；土工布的搭接宽度不应小于 100mm，接缝宜采用粘合或缝合。

5) 种植土的厚度及自重应符合设计要求。种植土表面应低于挡墙高度 100mm。

（2）验收要求

1) 种植隔热层所用材料的质量应符合设计要求。

2) 排水层应与排水系统连通。

3) 挡墙或挡板泄水孔的留设应符合设计要求，并不得堵塞。

4) 陶粒应铺设平整、均匀，厚度应符合设计要求。

5) 排水板应铺设平整，接缝方法应符合国家现行有关标准的规定。

6) 过滤层土工布应铺设平整、接缝严密，其搭接宽度的允许偏差为－10mm。

7) 种植土应铺设平整、均匀，其厚度的允许偏差为±5％，且不得大于 30mm。

7. 架空隔热层

（1）基本要求

1) 架空隔热层的高度应按屋面宽度或坡度大小确定。设计无要求时，高度宜为 180～300mm。

2) 当屋面宽度大于 10m 时，应在屋面中部设置通风屋脊，通风门处应设置通风箅子。

3) 架空隔热制品支座底面的卷材、涂膜防水层，应采取加强措施。

4) 架空隔热制品的质量应符合下列要求：

① 非上人屋面的砌块强度等级不应低于 MU7.5，上人屋面的砌块强度等级不应低于 MU10；

② 混凝土板的强度等级不应低于 C20，板厚及配筋应符合设计要求。

（2）验收要求

1) 架空隔热制品的质量应符合设计要求。

2) 架空隔热制品的铺设应平整、稳固，缝隙勾填应密实。

3) 架空隔热制品距山墙或女儿墙不得小于 250mm。

4) 架空隔热层的高度及通风屋脊、变形缝做法，应符合设计要求。

5) 架空隔热制品接缝高低差的允许偏差为 3mm。

8. 蓄水隔热层

（1）基本要求

1) 蓄水隔热层与屋面防水层之间应设隔离层。

2) 蓄水池的所有孔洞应预留，不得后凿；所设置的给水管、排水管和溢水管等，均应在蓄水池混凝土施工前安装完毕。

3）每个蓄水区的防水混凝土应一次浇筑完毕，不得留施工缝。

4）防水混凝土应用机械振捣密实，表面应抹平和压光，初凝后应覆盖养护，终凝后浇水养护不得少于14d；蓄水后不得断水。

（2）验收要求

1）防水混凝土所用材料的质量及配合比，应符合设计要求。检验方法：检查出厂合格证、质量检验报告、进场检验报告和计量措施。

2）防水混凝土的抗压强度和抗渗性能，应符合设计要求。

3）蓄水池不得有渗漏现象。检验方法：蓄水至规定高度观察检查。

4）防水混凝土表面应密实、平整，不得有蜂窝、麻面、露筋等缺陷。

5）防水混凝土表面的裂缝宽度不应大于0.2mm，并不得贯通。用刻度放大镜检查。

6）蓄水池上所留设的溢水口、过水孔、排水管、溢水管等，其位置、标高和尺寸均应符合设计要求。

7）蓄水池结构的允许偏差和检验方法见表26-36。

蓄水池结构的允许偏差和检验方法 表 26-36

项　　目	允许偏差（mm）	检验方法
长度、宽度	＋15，−10	尺量检查
厚度	±5	
表面平整度	5	2m靠尺和塞尺检查
排水坡度	符合设计要求	坡度尺检查

（四）屋面防水与密封

该子分部工程包括卷材防水层、涂膜防水层、复合防水层和接缝密封防水等分项工程。

1. 一般要求

（1）防水层施工前，基层应坚实、平整、干净、干燥。

（2）基层处理剂应配比准确，并应搅拌均匀；喷涂或涂刷基层处理剂应均匀一致，待其干燥后应及时进行卷材、涂膜防水层和接缝密封防水施工。

（3）防水层完工并经验收合格后，应及时做好成品保护。

（4）防水与密封工程各分项工程每个检验批的抽检数量，防水层应按屋面面积每100m²抽查一处，每处应为10m²，且不得少于3处；接缝密封防水应按每50m抽查一处，每处应为5m，且不得少于3处。

2. 卷材防水层

（1）屋面坡度大于25%时，卷材应采取满粘和钉压固定措施。

（2）卷材铺贴方向。卷材宜平行屋脊铺贴；上下层卷材不得相互垂直铺贴。

（3）卷材搭接缝（图26-38）应符合下列规定：

1）平行屋脊铺贴的卷材应顺流水方向搭接，垂直于屋脊铺贴时应顺主导风向搭接；卷材搭接宽度应符合表26-37的规定；

2）相邻两幅卷材短边搭接缝应错开不少于500mm；

3）上下层卷材长边搭接缝应错开，且不得小于幅宽的1/3。

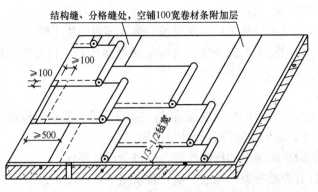

图 26-38　改性沥青防水卷材搭接形式与要求

卷材搭接宽度（mm）   表 26-37

卷 材 类 别		搭 接 宽 度
合成高分子防水卷材	胶粘剂	80
	胶粘带	50
	单缝焊	60，有效焊接宽度不小于 25
	双缝焊	80，有效焊接宽度 10×2＋空腔宽
高聚物改性沥青防水卷材	胶粘剂	100
	自粘	80

（4）铺贴方法与要求

1）冷粘法铺贴

胶粘剂涂刷应均匀，不应露底，不应堆积；应控制胶粘剂涂刷与卷材铺贴的间隔时间；卷材下面的空气应排尽，并应辊压粘贴牢固；卷材铺贴应平整顺直，搭接尺寸应准确，不得扭曲、皱折；接缝口应用密封材料封严，宽度不应小于 10mm。

2）热粘法铺贴

熔化热熔型改性沥青胶结料时，宜采用专用导热油炉加热，加热温度不应高于200℃，使用温度不宜低于 180℃；粘贴卷材的热熔型改性沥青胶结料厚度宜为 1.0～1.5mm；采用热熔型改性沥青胶结料粘贴卷材时，应随刮随铺，并应展平压实。

3）热熔法铺贴

火焰加热器加热卷材应均匀，不得加热不足或烧穿卷材；卷材表面热熔后应立即滚铺，排尽空气并应辊压粘贴牢固；卷材接缝部位应溢出热熔的改性沥青胶，溢出的改性沥青胶宽度宜为 8mm；厚度小于 3mm 的高聚物改性沥青防水卷材，严禁采用热熔法施工。

4）自粘法铺贴

铺贴卷材时，应将自粘胶底面的隔离纸撕净；接缝口应用密封材料封严，宽度不应小于 10mm；低温施工时，接缝部位宜采用热风加热，并应随即粘贴牢固。

5）焊接法铺贴

卷材焊接缝的结合面应干净、干燥，不得有水滴、油污及附着物；焊接时应先焊长边搭接缝，后焊短边搭接缝；控制加热温度和时间，焊接缝不得有漏焊、跳焊、焊焦或焊接不牢现象；焊接时不得损害非焊接部位的卷材。

6) 机械固定法铺贴

卷材应采用专用固定件进行机械固定；固定件应设置在卷材搭接缝内，外露固定件应用卷材封严；固定件应垂直钉入结构层有效固定，固定件数量和位置应符合设计要求；卷材搭接缝应粘结或焊接牢固，密封应严密；卷材周边800mm范围内应满粘。

(5) 卷材防水层的检验与要求

1) 防水卷材及其配套材料的质量，卷材防水层在檐口、檐沟、天沟、水落口、泛水、变形缝和伸出屋面管道处的防水构造，均应符合设计要求。防水层不得有渗漏和积水现象。

2) 卷材的搭接缝应粘结或焊接牢固，密封应严密，不得扭曲、皱折和翘边。卷材防水层的收头应与基层粘结，钉压应牢固，密封应严密。铺贴方向应正确，搭接宽度的允许偏差为−10mm。

3) 屋面排汽构造的排汽道应纵横贯通，不得堵塞；排汽管应安装牢固，位置应正确，封闭应严密。

例 26-37 （2010）当屋面坡度大于多少时，卷材防水层应采取固定措施？

A 10%　　　　B 15%　　　　C 20%　　　　D 25%

解析： 据《屋面工程质量验收规范》GB 50207—2012 第 6.2.1 条规定：当"屋面坡度大于25%时，卷材应采取满粘和钉压固定措施"。

答案： D

---

3. 涂膜防水层

(1) 防水涂料应多遍涂布，并应待前一遍涂布的涂料干燥成膜后，再涂布后一遍涂料，且前后两遍涂料的涂布方向应相互垂直。

(2) 胎体增强材料宜采用聚酯无纺布或化纤无纺布；胎体增强材料长边搭接宽度不应小于50mm，短边搭接宽度不应小于70mm；上下层胎体增强材料的长边搭接缝应错开，且不得小于幅宽的1/3；上下层胎体增强材料不得相互垂直铺设。

(3) 涂膜防水层的平均厚度应符合设计要求，且最小厚度不得小于设计厚度的80%。检验方法为针测法或取样量测。

(4) 涂膜防水层与基层应粘结牢固，表面应平整，涂布应均匀，不得有流淌、皱折、起泡和露胎体等缺陷。涂膜防水层的收头应用防水涂料多遍涂刷。

(5) 铺贴胎体增强材料应平整顺直，搭接尺寸准确，排除气泡，并应与涂料粘结牢固；胎体搭接宽度的允许偏差为−10mm。

例 26-38 （2009）屋面涂膜防水层的最小平均厚度不应小于设计厚度的：

A 95%　　　　B 90%　　　　C 85%　　　　D 80%

解析： 据《屋面工程质量验收规范》GB 50207—2012 第 6.3.7 条规定：屋面"涂膜防水层的平均厚度应符合设计要求，且最小厚度不得小于设计厚度的80%"。

答案： D

---

4. 复合防水层

(1) 卷材与涂料复合使用时，涂膜防水层宜设置在卷材防水层的下面。

（2）卷材与涂料复合使用时，防水卷材的粘结质量应符合表26-38的规定。

防水卷材的粘结质量

表26-38

项 目	自粘聚合物改性沥青防水卷材和带自粘层的防水卷材	高聚物改性沥青防水卷材胶粘剂	合成高分子防水卷材胶粘剂
粘结剥离强度（N/10mm）	≥10或卷材断裂	≥8或卷材断裂	≥15或卷材断裂
剪切状态下的粘合强度（N/10mm）	≥20或卷材断裂	≥20或卷材断裂	≥20或卷材断裂
浸水168h后粘结剥离强度保持率（%）	—	—	≥70

注：防水涂料作为防水卷材的粘结材料复合使用时，应符合相应的防水卷材胶粘剂的规定。

（3）卷材与涂膜应粘贴牢固，不得有空鼓和分层现象。防水层的总厚度应符合设计要求。

5. 接缝密封防水

1）密封防水部位的基层应牢固，表面应平整、密实，不得有裂缝、蜂窝、麻面、起皮和起砂现象；清洁、干燥，并应无油污、无灰尘；嵌入的背衬材料与接缝壁间不得留有空隙；宜涂刷基层处理剂，涂刷应均匀，不得漏涂。

2）密封材料嵌填完成后，在固化前应避免灰尘、破损及污染，且不得踩踏。

3）密封材料嵌填应密实、连续、饱满，粘结牢固，不得有气泡、开裂、脱落等缺陷。

4）接缝宽度和密封材料的嵌填深度应符合设计要求，接缝宽度的允许偏差为±10%。

5）嵌填的密封材料表面应平滑，缝边应顺直，应无明显不平和周边污染现象。

6. 瓦面与板面工程

瓦面与板面工程包括烧结瓦、混凝土瓦、沥青瓦和金属板、玻璃采光顶铺装等分项工程。瓦面与板面工程施工前，应对主体结构进行质量验收，并应符合现行国家标准《混凝土结构工程施工质量验收规范》GB 50204、《钢结构工程施工质量验收标准》GB 50205和《木结构工程施工质量验收规范》GB 50206的有关规定。

瓦面与板面工程所用材料的种类及质量、防水构造、铺装或安装尺寸，均应符合设计要求，不得有渗漏现象。各分项工程每个检验批的抽检数量，应按屋面面积每100m²抽查1处，每处应为10m²，且不得少于3处。

（1）一般规定

1）木质望板、檩条、顺水条、挂瓦条等构件，均应做防腐、防蛀和防火处理；金属顺水条、挂瓦条以及金属板、固定件，均应做防锈处理。

2）瓦材或板材与山墙及突出屋面结构的交接处，均应做泛水处理。

3）在大风及地震设防地区或屋面坡度大于100%时，瓦材应采取固定加强措施。

4）瓦材的下面应铺设防水层或防水垫层，其品种、厚度和搭接宽度均应符合设计要求。

5）严寒和寒冷地区的檐口部位，应采取防雪融冰坠的安全措施。

（2）烧结瓦和混凝土瓦铺装

1）平瓦和脊瓦应边缘整齐、表面光洁，不得有分层、裂纹和露砂等缺陷；平瓦的瓦爪与瓦槽的尺寸应配合。

2）基层、顺水条、挂瓦条的铺设应符合下列规定：

① 基层应平整、干净、干燥，持钉层厚度应符合设计要求；

② 顺水条应垂直正脊方向铺钉在基层上，顺水条间距不宜大于500mm；

③ 挂瓦条的间距应根据瓦片尺寸和屋面坡长经计算确定；

④ 挂瓦条应铺钉平整、牢固，上棱应成一直线。

3）挂瓦应符合下列规定：

① 挂瓦应从两坡的檐口同时对称进行。瓦后爪应与挂瓦条挂牢，并应与邻边、下面两瓦落槽密合；

② 檐口瓦、斜天沟瓦应用镀锌铁丝拴牢在挂瓦条上，每片瓦均应与挂瓦条固定牢固；

③ 整坡瓦面应平整，行列应横平竖直，不得有翘角和张口现象；

④ 正脊和斜脊应铺平挂直，脊瓦搭盖应顺主导风向和流水方向。

4）烧结瓦和混凝土瓦铺装的有关尺寸，应符合下列规定：

① 瓦屋面檐口挑出墙面的长度不宜小于300mm；

② 脊瓦在两坡面瓦上的搭盖宽度，每边不应小于40mm；

③ 脊瓦下端距坡面瓦的高度不宜大于80mm；

④ 瓦头伸入檐沟、天沟内的长度宜为50～70mm；

⑤ 金属檐沟、天沟伸入瓦内的宽度不应小于150mm；

⑥ 瓦头挑出檐口的长度宜为50～70mm；

⑦ 突出屋面结构的侧面瓦伸入泛水的宽度不应小于50mm。

5）烧结瓦和混凝土瓦铺装的质量验收有以下要求：

① 瓦片必须铺置牢固。在大风及地震设防地区或屋面坡度大于100％时，应按设计要求采取固定加强措施。

② 挂瓦条分档均匀，铺钉平整、牢固；瓦面平整，行列整齐，搭接紧密，檐口平直。

③ 脊瓦应搭盖正确，间距均匀，封固严密；正脊和斜脊应顺直，无起伏现象。

④ 泛水做法应符合设计要求，并应顺直整齐、结合严密。

（3）沥青瓦铺装

沥青瓦为薄而轻的片状材料，与基层固定应以钉为主、以粘为辅。沥青瓦下应铺设防水层或防水垫层。

1）基本要求

① 沥青瓦应边缘整齐，切槽应清晰，厚薄应均匀，表面应无孔洞、楞伤、裂纹、皱折和起泡等缺陷。

② 沥青瓦应自檐口向上铺设，起始层瓦应由瓦片经切除垂片部分后制得，且起始层瓦沿檐口平行铺设并伸出檐口10mm，并应用沥青基胶粘材料与基层粘结；第一层瓦应与起始层瓦叠合，但瓦切口应向下指向檐口；第二层瓦应压在第一层瓦上且露出瓦切口，但不得超过切口长度。相邻两层沥青瓦的拼缝及切口应均匀错开。

③ 铺设脊瓦时，宜将沥青瓦沿切口剪开分成3块作为脊瓦，并应用2个固定钉固定，同时应用沥青基胶粘材料密封；脊瓦搭盖应顺主导风向。

④ 沥青瓦的固定应符合下列规定：

a. 沥青瓦铺设时，每张瓦片不得少于4个固定钉，在大风地区或屋面坡度大于100％时，每张瓦片不得少于6个固定钉；

b. 固定钉应垂直钉入沥青瓦压盖面，钉入持钉层深度应符合设计要求，钉帽应与瓦片表面齐平；

c. 屋面边缘部位沥青瓦之间以及起始瓦与基层之间，均应采用沥青基胶粘材料满粘。

⑤ 沥青瓦铺装的有关尺寸应符合下列规定：

a. 脊瓦在两坡面瓦上的搭盖宽度，每边不应小于 150mm；

b. 脊瓦与脊瓦的压盖面不应小于脊瓦面积的 1/2；

c. 沥青瓦挑出檐口的长度宜为 10～20mm；

d. 金属泛水板与沥青瓦的搭盖宽度不应小于 100mm；

e. 金属泛水板与突出屋面墙体的搭接高度不应小于 250mm；

f. 金属滴水板伸入沥青瓦下的宽度不应小于 80mm。

2）验收要求

① 沥青瓦铺设应搭接正确，瓦片外露部分不得超过切口长度。

② 沥青瓦所用固定钉应垂直钉入持钉层，钉帽不得外露。

③ 沥青瓦应与基层粘钉牢固，瓦面应平整，檐口应平直。

④ 泛水做法应符合设计要求，并应顺直整齐、结合紧密。

（4）金属板铺装

1）基本要求

① 金属板材应边缘整齐，表面应光滑，色泽应均匀，外形应规则，不得有翘曲、脱膜和锈蚀等缺陷。

② 金属板材应用专用吊具安装，安装和运输过程中不得损伤金属板材。

③ 金属板材应根据要求板型和深化设计的排板图铺设，并应按设计图纸规定的连接方式固定。

④ 金属板固定支架或支座位置应准确，安装应牢固。

⑤ 金属板屋面铺装的有关尺寸应符合下列规定：

a. 金属板檐口挑出墙面的长度不应小于 200mm；

b. 金属板伸入檐沟、天沟内的长度不应小于 100mm；

c. 金属泛水板与突出屋面墙体的搭接高度不应小于 250mm；

d. 金属泛水板、变形缝盖板与金属板的搭接宽度不应小于 200mm；

e. 金属屋脊盖板在两坡面金属板上的搭盖宽度不应小于 250mm。

2）验收要求

① 金属板材及其辅助材料的质量，应符合设计要求。

② 金属板屋面不得有渗漏现象。

③ 金属板铺装应平整、顺滑；排水坡度应符合设计要求。

④ 压型金属板的咬口锁边连接应严密、连续、平整，不得扭曲和裂口。

⑤ 压型金属板的紧固件连接应采用带防水垫圈的自攻螺钉，固定点应设在波峰上；所有自攻螺钉外露的部位均应密封处理。

⑥ 金属面绝热夹芯板的纵向和横向搭接，应符合设计要求。

⑦ 金属板的屋脊、檐口、泛水，直线段应顺直，曲线段应顺畅。

⑧ 金属板材铺装的允许偏差和检验方法见表 26-39。

金属板铺装的允许偏差和检验方法　　　　　　表 26-39

项　　目	允许偏差（mm）	检验方法
檐口与屋脊的平行度	15	拉线和尺量检查
金属板对屋脊的垂直度	单坡长度的 1/800，且不大于 25	
金属板咬缝的平整度	10	
檐口相邻两板的端部错位	6	
金属板铺装的有关尺寸	符合设计要求	尺量检查

（5）玻璃采光顶铺装

玻璃采光顶按安装构造分为明框玻璃采光顶、隐框玻璃采光顶和点支承玻璃采光顶三种。

1）基本要求

① 玻璃采光顶的预埋件应位置准确、安装牢固。

② 采光顶玻璃及玻璃组件的制作，应符合现行行业标准《建筑玻璃采光顶》JG/T 231 的有关规定。

③ 采光顶玻璃表面应平整、洁净，颜色应均匀一致。

④ 玻璃采光顶与周边墙体之间的连接，应符合设计要求。

2）验收要求

① 采光顶玻璃及其配套材料的质量，应符合设计要求。

② 玻璃采光顶不得有渗漏现象。检验方法为雨后观察或淋水试验。

③ 硅酮耐候密封胶的打注应密实、连续、饱满，粘结应牢固，不得有气泡、开裂、脱落等缺陷。

④ 玻璃采光顶铺装应平整、顺直，排水坡度应符合设计要求。

⑤ 玻璃采光顶的冷凝水收集和排除构造，应符合设计要求。

⑥ 明框玻璃采光顶的外露金属框或压条应横平竖直，压条安装应牢固；隐框玻璃采光顶的玻璃分格拼缝应横平竖直、均匀一致。

⑦ 点支承玻璃采光顶的支承装置应安装牢固，配合应严密；支承装置不得与玻璃直接接触。

⑧ 采光顶玻璃的密封胶缝应横平竖直、深浅一致、宽窄均匀、光滑顺直。

⑨ 玻璃采光顶铺装的允许偏差和检验方法，应符合规范要求。

例 26-39　（2001）平瓦屋面施工中，下列哪条是不正确的？

A　瓦头挑出檐口的长度不宜大于 40mm

B　瓦头伸入天沟、檐沟内的长度为 50～70mm

C　在瓦材的下面应铺设防水层或防水垫层

D　脊瓦下端距坡面瓦的高度在 80mm 以内

解析：据《屋面工程质量验收规范》GB 50207—2012 第 7.2.4 条第 6 款规定：瓦头挑出檐口的长度宜为 50～70mm。A 选项说法不正确。

答案：A

（五）屋面细部工程

1. 一般要求

（1）细部构造工程各分项工程每个检验批均应全数进行检验。不得有渗漏和积水现象。

（2）屋面细部的防水构造、所使用的材料及热桥部位的保温处理，均应符合设计要求。

2. 施工要求

（1）檐口 800mm 范围内的卷材应满粘。卷材收头应在找平层的凹槽内用金属压条钉压固定，并应用密封材料封严。端部应抹聚合物水泥砂浆，其下端应做成鹰嘴和滴水槽。

（2）檐沟、天沟的防水层下应增设附加层，其伸入屋面的宽度不应小于 250mm。檐沟防水层应由沟底翻上至外侧顶部，卷材收头应用金属压条钉压固定，并应用密封材料封严；涂膜收头应用防水涂料多遍涂刷。卷材附加层应顺沟铺贴，以减少在沟内的搭接缝；屋面与天沟交角处宜采取空铺法，沟底则采用满粘法铺贴。外侧顶部及侧面均应抹聚合物水泥砂浆，其下端应做成鹰嘴或滴水槽。

（3）女儿墙和山墙的压顶向内排水坡度不应小于 5%，压顶内侧下端应做成鹰嘴或滴水槽。女儿墙和山墙的卷材应满粘，卷材收头应用金属压条钉压固定，并应用密封材料封严。女儿墙和山墙的涂膜应直接涂刷至压顶下，涂膜收头处应用防水涂料多遍涂刷。

（4）水落口周围直径 500mm 范围内坡度不应小于 5%。防水层及附加层伸入水落口杯内不应小于 50mm，并应粘结牢固。

（5）变形缝的泛水高度及附加层铺设应符合设计要求。防水层应铺贴或涂刷至泛水墙的顶部。等高变形缝顶部宜加扣混凝土或金属盖板。混凝土盖板的接缝应用密封材料封严；金属盖板应铺钉牢固，搭接缝应顺流水方向，并应做好防锈处理。高低跨变形缝在高跨墙面上的防水卷材封盖和金属盖板，应用金属压条钉压固定，并应用密封材料封严。

（6）伸出屋面管道周围的找平层应抹出高度不小于 30mm 的排水坡。卷材收头应用金属箍固定，并应用密封材料封严；涂膜防水层收头应用防水涂料多遍涂刷。

（7）屋面出入口的泛水高度不应小于 250mm。防水层收头，垂直出入口应压在压顶圈下，水平出入口应压在混凝土踏步下。

（8）反梁过水孔的防水构造、孔底标高、孔洞尺寸或预埋管管径均应符合设计要求。过水孔的孔洞四周应涂刷防水涂料；预埋管道两端周围与混凝土接触处应留凹槽，并应用密封材料封严。

（9）设施基座与结构层相连时，防水层应包裹设施基座的上部，并应在地脚螺栓周围做密封处理。设施基座直接放置在防水层上时，基座下应增设附加层，必要时应在其上浇筑厚度不小于 50mm 细石混凝土保护。需经常维护的设施基座周围和屋面出入口至设施之间的人行道，应铺设块体材料或细石混凝土保护层。

例 26-40　（2013） 关于屋面天沟、檐沟的细部防水构造的说法，错误的是：

A　应根据天沟、檐沟的形状要求设置防水附加层

B　在天沟、檐沟与屋面交接处的防水附加层宜空铺

C 防水层需从沟底做起至外檐的顶部

D 卷材附加层应顺沟铺贴

解析：规范要求"檐沟、天沟的防水层下应增设附加层"，即必须设置，而与"天沟、檐沟的形状"无关。

答案：A

（六）屋面防水工程验收

（1）检验批质量验收合格应符合下列规定：

1）主控项目的质量应经抽查检验合格；

2）一般项目的质量应经抽查检验合格；有允许偏差值的项目，其抽查点应有80％及其以上在允许偏差范围内，且最大偏差值不得超过允许偏差值的1.5倍；

3）应具有完整的施工操作依据和质量检查记录。

（2）检查屋面有无渗漏、积水和排水系统是否通畅，应在雨后或持续淋水2h后进行，并应填写淋水试验记录。具备蓄水条件的檐沟、天沟应进行蓄水试验，蓄水时间不得少于24h，并应填写蓄水试验记录。

三、建筑室内防水工程

建筑室内防水工程包括卫生间、厨房、阳台的防水工程施工。

1. 一般规定

（1）建筑室内防水施工，宜采用涂膜防水。防水施工人员应具备相应的岗位证书。防水工程应在地面、墙面隐蔽工程完毕并经检查验收后进行。其施工方法应符合有关规定和国家现行标准、规范。施工时应设置安全照明，并保持通风。

（2）施工环境温度应符合防水材料的技术要求，并宜在5℃以上。

（3）防水工程应做两次蓄水试验（《住宅装饰装修工程施工规范》GB 50327—2001）。即防水层完工后、封盖前和地面工程完工后，蓄水深度均不得少于10mm，蓄水24h后检查。

（4）室内防水材料的性能应符合国家现行有关标准的规定，并应有产品合格证书。

（5）基层表面应平整，不得有松动、空鼓、起砂、开裂等缺陷，含水率应符合防水材料的施工要求。地漏、套管、卫生洁具根部、阴阳角等部位，应先做防水附加层。

（6）防水层应从地面延伸到墙面，高出地面200～300mm；浴室墙面的防水层不得低于1800mm。

2. 施工质量要求

（1）防水砂浆

防水砂浆的配合比应符合设计或产品的要求，防水层应与基层结合牢固，表面应平整，不得有空鼓、裂缝和麻面起砂，阴阳角应做成圆弧形。

保护层水泥砂浆的厚度、强度应符合设计要求。

（2）涂膜防水

涂膜涂刷应均匀一致，不得漏刷。总厚度应符合产品技术性能要求。

玻纤布的接槎应顺流水方向搭接，搭接宽度应不小于100mm。两层以上玻纤布的防水施工，上、下搭接应错开1/2幅宽。

四、建筑外墙防水工程

（一）概述

建筑外墙防水应具有阻止雨水、雪水侵入墙体的基本功能，并应具有抗冻融、耐高低温、承受风荷载等性能。在正常使用和合理维护的条件下，有下列情况之一的建筑外墙，宜进行墙面整体防水。

（1）年降水量大于等于800mm地区的高层建筑外墙。

（2）年降水量大于等于600mm且基本风压大于等于0.50kN/m²地区的外墙。

（3）年降水量大于等于400mm且基本风压大于等于0.40kN/m²地区有外保温的外墙。

（4）年降水量大于等于500mm且基本风压大于等于0.35kN/m²地区有外保温的外墙。

（5）年降水量大于等于600mm且基本风压大于等于0.30kN/m²地区有外保温的外墙。

除上述建筑外，年降水量大于等于400mm地区的其他建筑外墙应采用节点构造防水措施。

（二）外墙防水材料

建筑外墙防水工程所用材料应与外墙相关构造层材料相容。主要包括防水材料、密封材料和配套材料三大类，主要品种及用途如下。

（1）防水材料：包括防水砂浆（普通防水砂浆、聚合物水泥防水砂浆）、防水涂料（聚合物水泥防水涂料、聚合物乳液防水涂料、聚氨酯防水涂料）和防水透气膜等。防水材料的主要作用是防止大面积墙体漏水。

（2）密封材料：硅酮建筑密封胶、聚氨酯建筑密封胶、聚硫建筑密封胶、内烯酸酯建筑密封胶等。密封材料用于堵塞结点和墙面分格缝。

（3）配套材料：耐碱玻璃纤维网布、界面处理剂、热镀锌电焊网、丁基橡胶防水密封胶粘带等。配套材料用来加固防水砂浆，使其平整、不裂缝，固定防水层。

（三）外墙防水施工

外墙防水施工主要分为无保温外墙防水工程施工和外保温外墙防水工程施工两部分。

1. 一般规定

（1）外墙防水工程应按设计要求施工，施工前应编制专项施工方案并进行技术交底。

（2）外墙防水应由有相应资质的专业队伍进行施工，作业人员应持证上岗。

（3）防水材料进场应抽样检验。

（4）每道工序完成后，应经检查合格后再进行下道工序的施工。

（5）外墙门框，窗框，伸出外墙的管道、设备或预埋件等，应在建筑外墙防水施工前安装完毕。

（6）外墙防水层的基层找平层应平整、坚实、牢固、干净，不得酥松、起砂、起皮。

（7）块材的勾缝应连续、平直、密实，无裂缝、空鼓。

（8）外墙防水工程严禁在雨天、雪天和五级风及其以上时施工。施工的环境气温宜为5～35℃。施工时应采取安全防护措施。

2. 无外保温外墙的防水施工

（1）施工的基本要求

1）外墙结构表面的油污、浮浆应清除，孔洞、缝隙应堵塞抹平；不同结构材料交接处的增强处理材料应固定牢固。

2）外墙结构表面宜进行找平处理，找平层施工应符合下列规定：

① 外墙基层表面应清理干净后再进行界面处理；

② 界面处理材料的品种和配比应符合设计要求，拌合应均匀，无粉团、沉淀等缺陷，涂层应均匀、不露底，并应待表面收水后再进行找平层施工；

③ 找平层砂浆的厚度超过 10mm 时，应分层压实、抹平。

3）外墙防水层施工前，宜先做好节点处理，再进行大面积施工。

（2）砂浆防水层施工的规定

1）基层表面应为平整的毛面，光滑表面应进行界面处理，并应按要求湿润。

2）防水砂浆的配合比应按照设计要求，拌合料搅拌均匀。

3）配制好的防水砂浆宜在 1h 内用完，施工中不得加水。

4）界面处理材料涂刷厚度应均匀，覆盖完全，收水后应及时进行砂浆防水层施工。

5）防水砂浆铺抹施工应符合下列规定：

① 厚度大于 10mm 时应分层施工，第二层应待前一层指触不粘时进行，各层应粘结牢固；

② 每层宜连续施工，留槎时，应采用阶梯坡形槎，接槎部位离阴阳角不得小于200mm；上下层接槎应错开 300mm 以上，接槎应依层次顺序操作，层层搭接紧密；

③ 喷涂施工时，喷枪的喷嘴应垂直于基面，合理调整压力及喷嘴与基面的距离；

④ 涂抹时应压实、抹平；遇气泡时应挑破，保证铺抹密实；

⑤ 抹平、压实应在初凝前完成。

6）窗台、窗楣和凸出墙面的腰线等部位上表面的排水坡度应准确，外口下沿的滴水线应连续、顺直。

7）分格缝的留设位置和尺寸应符合设计要求；嵌填密封材料前，应将分格缝清理干净；密封材料应嵌填密实。

8）转角宜抹成圆弧形，圆弧半径不应小于 5mm，转角抹压应顺直。

9）门框，窗框，伸出外墙的管道、预埋件等与防水层的交接处应留 8～10mm 宽的凹槽，并应按规定进行密封处理。

10）砂浆防水层未达到硬化状态时，不得浇水养护或直接受雨水冲刷；聚合物水泥防水砂浆硬化后应采用干湿交替的养护方法；普通防水砂浆防水层应在终凝后进行保湿养护。养护期间不得受冻。

（3）涂膜防水层施工的规定

1）施工前应对节点部位进行密封或增强处理。

2）涂料的配制和搅拌应满足下列要求：

① 双组分涂料配制前，应将液体组分搅拌均匀，配料应按照规定要求进行，不得任意改变配合比；

② 应采用机械搅拌，配制好的涂料应色泽均匀，无粉团、沉淀。

3）基层的干燥程度应根据涂料的品种和性能确定；防水涂料涂布前，宜涂刷基层处理剂。

4）涂膜宜多遍完成，后遍涂布应在前遍涂层干燥成膜后进行；挥发性涂料的每遍用量每平方米不宜大于 0.6kg。

5）每遍涂布应交替改变涂层的涂布方向；同一涂层涂布时，先后接槎宽度宜为 30～50mm。

6）涂膜防水层的甩槎部位不得污损，接槎宽度不应小于 100mm。

7）胎体增强材料应铺贴平整，不得有褶皱和胎体外露，胎体层充分浸透防水涂料；胎体的搭接宽度不应小于 50mm；胎体的底层和面层涂膜厚度均不应小于 0.5mm。

8）涂膜防水层完工并经检验合格后，应及时做好饰面层。

3. 外保温外墙的防水施工

（1）防水层的基层表面应平整、干净；防水层与保温层应相容。

（2）砂浆防水层和涂膜防水层的施工要求与无外保温外墙相同。防水透气膜施工应符合下列规定：

1）基层表面应干净、牢固，不得有尖锐凸起物；

2）铺设宜从外墙底部一侧开始，沿建筑立面自下而上横向铺设，并应顺流水方向搭接；

3）防水透气膜横向搭接宽度不得小于 100mm，纵向搭接宽度不得小于 150mm；相邻两幅膜的纵向搭接缝应相互错开，间距不应小于 500mm；搭接缝应采用密封胶粘带覆盖密封；

4）防水透气膜应随铺随固定，固定部位应预先粘贴小块密封胶粘带，用带塑料垫片的塑料锚栓将防水透气膜固定在基层上，固定点每平方米不得少于 3 处；

5）铺设在窗洞或其他洞口处的防水透气膜，应以"I"字形裁开，并应用密封胶粘带固定在洞口内侧；与门、窗框连接处应使用配套密封胶粘带满粘密封，四角用密封材料封严；

6）穿透防水透气膜的连接件周围应用密封胶粘带封严。

（四）外墙防水施工的质量检查与验收规定

（1）建筑外墙防水工程的质量应符合下列规定：

1）防水层不得有渗漏现象；

2）采用的材料应符合设计要求；

3）找平层应平整、坚固，不得有空鼓、疏松、起砂、起皮现象；

4）门窗洞口、伸出外墙管道、预埋件及收头等部位的防水构造，应符合设计要求；

5）砂浆防水层应坚固、平整，不得有空鼓、开裂、疏松、起砂、起皮现象；

6）涂膜防水层厚度应符合设计要求，无裂纹、皱褶、流淌、鼓泡和露胎体现象；

7）防水透气膜应铺设平整、固定牢固，不得有皱褶、翘边等现象；搭接宽度应符合要求，搭接缝和节点部位应密封严密。

（2）外墙防水层完工后应进行检验验收。防水层渗漏检查应在雨后或持续淋水 30min 后进行。

第四节　建筑装饰装修工程

建筑装饰装修是指为保护建筑物的主体结构、完善使用功能、协调结构与设备的关系和达到美化效果，采用装饰装修材料或饰物，对其内外表面及空间进行的各种处理过程。

装饰装修工程具有工序多、工艺复杂、工期长、造价高、用工多及质量要求高、成品保护难、环保要求高等特点。使用工厂化生产的构件与材料，用干作业代替湿作业，提高机械化施工程度，实行专业化施工等，是装饰装修施工的发展方向。这对于缩短工期、降低造价、提高质量、减轻劳动强度和保护环境有着重要意义。

建筑装饰装修分部工程分为抹灰、外墙防水、门窗、吊顶、轻质隔墙、饰面板、饰面砖、幕墙、涂饰、裱糊与软包、细部等共 11 个子分部工程；按用途可分为保护性装饰、功能装饰、饰面装饰和空间利用装饰；按部位可分为外墙装饰、内墙装饰、地面装饰和顶棚装饰。

一、基本规定

1. 设计方面

（1）建筑装饰装修工程必须进行设计，并应出具完整的施工图设计文件。

（2）建筑装饰装修设计应符合城市规划、消防、环保、节能、减排等有关规定，装饰装修耐久性应满足使用需求。

（3）承担建筑装饰装修工程设计的单位应对建筑物进行必要的了解和实地勘察，设计深度应满足施工要求。由施工单位完成的深化设计应经设计单位确认。

（4）当既有建筑装饰装修工程设计涉及主体和承重结构变动时，必须在施工前委托原结构设计单位或具有相应资质条件的设计单位提出设计方案，或由检测鉴定单位对建筑结构的安全性进行鉴定。

（5）建筑装饰装修工程的防火、防雷和抗震设计应符合现行国家标准的规定。

（6）当墙体或吊顶内的管线可能产生冰冻或结露时，应进行防冻或防结露设计。

2. 材料方面

（1）所用材料的品种、规格和质量应符合设计要求和国家现行标准的规定。当设计无要求时，应符合国家现行标准的规定。不得使用国家明令淘汰的材料。

（2）所用材料的燃烧性能应符合现行国家标准《建筑内部装修设计防火规范》GB 50222 和《建筑设计防火规范》GB 50016 的规定。

（3）所用材料应符合国家有关建筑装饰装修材料有害物质限量标准的规定。

（4）所有材料、构配件进场时应按批次对品种、规格、外观和尺寸进行验收。包装应完好，并应有产品合格证书、中文说明书及相关性能的检测报告；进口产品应按规定进行商品检验。

（5）进场后需要进行复验的材料种类及项目应符合标准的规定。同一厂家生产的同一品种、同一类型的进场材料应至少抽取一组样品进行复验，当合同另有更高要求时应按合同执行。

（6）当国家规定或合同约定应对材料进行见证检测时，或对材料的质量产生争议时，应进行见证检验。

(7) 所使用的材料在运输、储存和施工过程中，必须采取有效措施防止损坏、变质和污染环境。

(8) 所使用的材料应按设计要求进行防火、防腐和防虫处理。

3. 施工方面

(1) 施工单位应编制施工组织设计并应经过审查批准。施工单位应按有关的施工工艺标准或经审定的施工技术方案施工，并应对施工全过程实行质量控制。

(2) 承担建筑装饰装修工程施工的人员上岗前应进行培训。

(3) 施工中，不得违反设计文件擅自改动建筑主体、承重结构或主要使用功能；未经设计确认和有关部门批准，不得擅自拆改主体结构和水、暖、电、燃气、通信等配套设施。

(4) 施工单位应采取有效措施控制施工现场的各种粉尘、废气、废弃物、噪声、振动等对周围环境造成的污染和危害。

(5) 施工单位应建立有关施工安全、劳动保护、防火和防毒等管理制度，并应配备必要的设备、器具和标识。

(6) 应在基体或基层的质量验收合格后施工。对既有建筑进行装饰装修前，应对基层进行处理。

(7) 施工前应有主要材料的样板或做样板间（件），并应经有关各方确认。

(8) 墙面采用保温隔热材料的建筑装饰装修工程，所用保温隔热材料的类型、品种、规格及施工工艺应符合设计要求。

(9) 管道、设备等的安装及调试应在建筑装饰装修工程施工前完成，当必须同步进行时，应在饰面层施工前完成。装饰装修工程不得影响管道、设备等的使用和维修。涉及燃气管道和电气工程的建筑装饰装修工程必须符合有关安全管理的规定。

(10) 电器安装应符合设计要求。不得直接埋设电线。

(11) 隐蔽工程验收应有记录（包含隐蔽部位照片），检验批质量验收应有现场检查原始记录。

(12) 室内外装饰装修工程施工的环境条件应满足施工工艺要求。

(13) 建筑装饰装修工程施工过程中应做好半成品、成品的保护，防止污染和损坏。

(14) 建筑装饰装修工程验收前应将施工现场清理干净。

4. 安全、防火与防污染方面

(1) 装修工程施工中，严禁损坏房屋原有绝热设施；严禁损坏受力钢筋；严禁超荷载集中堆放物品；严禁在预制混凝土空心楼板上打孔安装埋件。

管道、设备工程的安装及调试应在装饰装修工程施工前完成，必须同步进行的应在饰面层施工前完成。装饰装修工程不得影响管道、设备的使用和维修。涉及燃气管道的装饰装修工程必须符合有关安全管理的规定。施工人员应遵守有关施工安全、劳动保护、防火、防毒的法律、法规。临时用电线路应避开易燃、易爆物品堆放地。暂停施工时应切断电源。

(2) 施工单位必须制定施工防火安全制度，施工人员必须严格遵守。易燃物品应相对集中放置在安全区域并应有明显标识。施工现场不得大量积存可燃材料。

施工现场动用电气焊等明火时，必须清除周围及焊渣滴落区的可燃物质，并设专人监督。严禁在施工现场吸烟。严禁在运行中的管道、装有易燃易爆物品的容器和受力构件上进行焊接和切割。

装饰装修不得遮挡消防设施、疏散指示标志及安全出口，并且不应妨碍消防设施和疏散通道的正常使用。不得擅自改动防火门。住宅内部火灾报警系统的穿线管、自动喷水灭火系统的水管线应用独立的吊管架固定，不得借用装饰装修用的吊杆或放置在吊顶上固定。喷淋管线、报警器线路、接线箱及相关器件宜暗装处理。

（3）按照《民用建筑工程室内环境污染控制标准》GB 50325—2020 规定，民用建筑工程及室内装饰装修工程竣工时应对室内环境质量进行验收。验收时，必须检测室内环境污染物浓度，其限量应符合表 26-40 的规定。检测应在工程完工不少于 7d 后、工程交付使用前进行。检测结果不合限量要求者，严禁交付投入使用。

民用建筑室内环境污染物浓度限量   表 26-40

污染物	Ⅰ类民用建筑工程	Ⅱ类民用建筑工程
氡（Bq/m³）	≤150	≤150
甲醛（mg/m³）	≤0.07	≤0.08
氨（mg/m³）	≤0.15	≤0.20
苯（mg/m³）	≤0.06	≤0.09
甲苯（mg/m³）	≤0.15	≤0.20
二甲苯（mg/m³）	≤0.20	≤0.20
TVOC（mg/m³）	≤0.45	≤0.50

例 26-41　（2013）关于装饰装修工程的说法，正确的是：

A　因装饰装修工程设计原因造成的工程变更，责任应由业主承担

B　对装饰材料的质量发生争议时，应由监理工程师调节并判定责任

C　在主体结构或基体、基层完成后便可进行装饰装修工程施工

D　装饰装修工程施工前应有主要材料的样板或做样板间，并经有关各方确认

解析： ①在《建筑装饰装修工程质量验收规范》GB 50210—2001 曾有规定：由于设计原因造成的质量问题应由设计单位负责；在《建筑装饰装修工程质量验收标准》GB 50210—2018（下文简称《验收标准》）中虽取消了此规定，但按建筑法等法律法规，上述规定依然成立。故 A 选项说法错误。②依据《验收标准》第 3.2.6 条规定："当国家规定或合同约定应对材料进行见证检验时，或对材料发生争议时，应进行见证检验"，故 B 选项说法错误。③依据《验收标准》第 3.3.7 条规定："建筑装饰装修工程应在基体或基层的质量验收合格后施工"，故 C 选项说法错误。④据《验收标准》第 3.3.8 条规定："建筑装饰装修工程施工前应有主要材料的样板或做样板间（件），并应经有关各方确认"。故 D 说法正确。

答案： D

二、抹灰工程

抹灰工程包括一般抹灰、保温层薄抹灰、装饰抹灰和清水砌体勾缝等分项工程。

(一) 构造组成与一般规定

1. 抹灰层的组成

抹灰施工一般需要分层进行，以利于粘结牢固、抹面平整和避免开裂。通常由底层、中层、面层三个层次构成，如图 26-39。

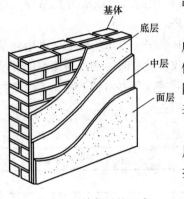

图 26-39　抹灰层的组成

底层的主要作用是与基体粘结，兼初步找平。其材料应与基体的强度及温度变形能力、环境相适应。如砖墙基体，室内宜采用石灰砂浆或水泥石灰砂浆；室外或室内有防潮要求者，则采用水泥砂浆。混凝土或加气混凝土基体，表面宜用水泥砂浆或混合砂浆打底，打底前先刷界面剂。

中层主要起找平作用。所用材料与底层基本相同（面层抹石膏灰者不得用水泥砂浆）；根据质量要求，可一次抹成，亦可分遍进行。

面层主要起装饰作用。室内墙面常用混合砂浆或石膏灰，室外抹灰常用水泥砂浆或水泥石碴类饰面层。对一般抹灰，中层、面层可一次成型；装饰抹灰则按工艺要求。

各抹灰层的厚度取决于基体的材料及表面平整度、砂浆的种类、抹灰质量要求和气候情况。抹水泥砂浆，每遍宜为 5～7mm 厚；石灰砂浆或水泥石灰混合砂浆宜为 7～9mm；罩面层抹麻刀灰、纸筋灰或石膏灰时，不得大于 2～3mm，以免裂缝和起壳而影响质量与美观。

例 26-42　(2013) 关于抹灰工程底层的说法，错误的是：

A　主要作用有初步找平及与基层的粘结

B　砖墙面抹灰的底层宜采用水泥砂浆

C　混凝土面的底层宜采用水泥砂浆

D　底层一般分数遍进行

解析：底层是抹灰与基层的结合层，只抹一遍即可完成。

答案：D

---

2. 抹灰的一般规定

(1) 抹灰所用材料的品种和性能、砂浆的配合比应符合设计要求。

(2) 外墙抹灰工程施工前应先安装钢木门窗框、护栏等，应将墙上的施工孔洞堵塞密实，并对基层进行处理。当门窗框与墙体间的缝隙较大时，应在砂浆中掺入少量麻刀嵌塞，以避免堵塞不严或产生收缩裂缝。

(3) 室内墙面、柱面和门洞口的阳角做法应符合设计要求。设计无要求时，应采用 M20 水泥砂浆做护角，其高度不应低于 2m，每侧宽度不应小于 50mm (图 26-40)。

(4) 抹灰工程应分层进行。当抹灰总厚度大于或等于 35mm 时，应采取加强措施（如挂网）。不同材料基体交接处表面的抹灰，应采取防止开裂的加强措施；当采用加强网时，加强网与各基体的搭接宽度不应小于 100mm，见图 26-41。

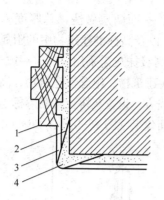

图 26-40　护角抹灰

1—门框；2—嵌缝砂浆；3—墙面
层砂浆；4—M20 水泥砂浆护角

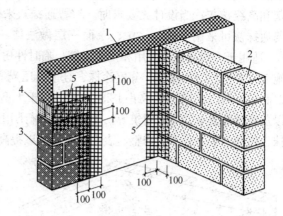

图 26-41　不同材料基体交接处的处理

1—混凝土墙；2—加气块；3—轻骨料砌块；
4—斜砌砖；5—加强网

(5) 当要求抹灰层具有防水、防潮功能时，应采用防水砂浆。

(6) 各种砂浆抹灰层，在凝结前应防止快干、水冲、撞击、振动和受冻；在凝结后应采取措施防止沾污和损坏。水泥砂浆抹灰层应在湿润条件下养护。

(7) 外墙和顶棚的抹灰层与基层之间及各抹灰层之间必须粘结牢固，以免脱落伤人。

(8) 抹灰工程验收时应检查下列文件和记录：

1) 抹灰工程的施工图、设计说明及其他设计文件；

2) 材料的产品合格证书、性能检验报告、进场验收记录和复验报告；

3) 隐蔽工程验收记录；

4) 施工记录。

(9) 抹灰工程应对下列材料及其性能指标进行复验：

1) 砂浆的拉伸粘结强度；

2) 聚合物砂浆的保水率。

(10) 抹灰工程应对下列隐蔽工程项目进行验收：

1) 抹灰总厚度大于或等于 35mm 时的加强措施；

2) 不同材料基体交接处的加强措施。

(11) 各分项工程的检验批应按下列规定划分：

1) 相同材料、工艺和施工条件的室外抹灰工程每 1000m² 应划分为一个检验批，不足 1000m² 时也应划分为一个检验批；

2) 相同材料、工艺和施工条件的室内抹灰工程每 50 个自然间应划分为一个检验批，不足 50 间也应划分为一个检验批，大面积房间和走廊可按抹灰面积每 30m² 计为 1 间。

(12) 检查数量应符合下列规定：

1) 室内每个检验批应至少抽查 10%，并不得少于 3 间，不足 3 间时应全数检查；

2) 室外每个检验批每 100m² 应至少抽查一处，每处不得小于 10m²。

（二）一般抹灰工程

一般抹灰是指用石灰砂浆、水泥砂浆、水泥混合砂浆、聚合物水泥砂浆以及麻刀石灰、纸筋石灰、粉刷石膏等作为面层的抹灰。一般抹灰工程按表面效果及质量要求分为普通抹灰和高级抹灰；当设计无要求时，按普通抹灰来验收。

普通抹灰可采用一底、一中、一面三层做法或一底、一面两层做法，总厚度不超过20mm；适用于一般居住、公用和工业建筑，临时性房屋，以及高标准建筑物中的附属用房等；施工时要进行阳角找方、分层涂抹、赶平、压光等。高级抹灰需采用一底、一或二中、一或二面多层做法，总厚度不超过25mm；适用于大型公共建筑物、纪念性建筑物、高级住宅，以及有特殊要求的高级建筑等；施工时要进行阴阳角找方、设置灰饼及标筋等标志、分层涂抹、按筋刮平、赶平、修整、表面压光等，以提高表面效果（图26-42～图26-44）。

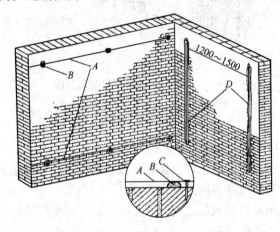
图 26-42　挂线做标志块及标筋

图 26-43　用托线板挂垂直做标志块

图 26-44　涂抹中层后，用刮杠按筋刮平

1. 墙面一般抹灰的施工工序

基层处理→贴灰饼→冲筋、做护角→抹底层→抹中层→抹面层。

2. 施工与验收要求

（1）抹灰前基层表面的尘土、污垢、油渍等应清除干净，并应洒水润湿以利于砂浆粘结。

（2）抹灰层与基层之间及各抹灰层之间必须粘结牢固，抹灰层应无脱层、空鼓，面层应无爆灰和裂缝。否则将会降低对结构的保护作用，且影响装饰效果。

（3）一般抹灰工程的表面质量应符合下列规定：

1）普通抹灰表面应光滑、洁净、接槎平整，分格缝应清晰；

2）高级抹灰表面应光滑、洁净、颜色均匀、无抹纹，分格缝和灰线应清晰美观。

（4）护角、孔洞、槽、盒周围的抹灰表面应整齐、光滑，管道后面的抹灰表面应平整。

（5）抹灰层的总厚度应符合设计要求；水泥砂浆不得抹在石灰砂浆层上；罩面石膏灰不得抹在水泥砂浆层上。

（6）抹灰分格缝的设置应符合设计要求，宽度和深度应均匀，表面应光滑，棱角应整齐。

（7）有排水要求的部位应做滴水线（槽）；滴水线（槽）应整齐顺直，滴水线应内高外低，滴水槽的宽度和深度均不应小于10mm。

（8）一般抹灰工程质量的允许偏差和检验方法应符合表26-41的规定。

一般抹灰的允许偏差和检验方法 表 26-41

项次	项 目	允许偏差（mm）		检验方法
		普通抹灰	高级抹灰	
1	立面垂直度	4	3	用2m垂直检测尺检查
2	表面平整度	4	3	用2m靠尺和塞尺检查
3	阴阳角方正	4	3	用200mm直角检测尺检查
4	分格条（缝）直线度	4	3	拉5m线，不足5m拉通线，用钢直尺检查
5	墙裙、勒脚上口直线度	4	3	拉5m线，不足5m拉通线，用钢直尺检查

注：1. 普通抹灰，本表第3项阴角方正可不检查；

　　2. 顶棚抹灰，本表第2项表面平整度可不检查，但应平顺。

例 26-43　（2013）关于抹灰工程的说法，错误的是：

A　墙面与墙护角的抹灰砂浆材料配比相同

B　水泥砂浆不得抹在石灰砂浆层上

C　罩面石膏灰不得抹在水泥砂浆层上

D　抹灰前基层表面应洒水湿润

解析：据《建筑装饰装修工程质量验收标准》GB 50210—2018 第 4.1.8 条规定："室内墙面、柱面和门洞口的阳角做法应符合设计要求。设计无要求时，应采用不低于 M20 水泥砂浆做护角，其高度不应低于 2m，每侧宽度不应小于 50mm。"可见，护角所用砂浆有明确的强度要求，且其强度一般都远高于墙面，故 A 选项配比相同的说法错误。

答案：A

（三）保温层薄抹灰工程

在寒冷地区较多采用外墙外保温系统，使得保温层薄抹灰工程做法得到大量应用。施工与验收要求如下。

（1）所用材料的品种和性能应符合设计要求及国家现行标准的规定。

（2）基层质量应符合设计和施工方案的要求。基层表面的尘土、污垢和油渍等应清除干净。基层含水率应满足施工工艺的要求。

（3）保温层薄抹灰及其加强处理应符合设计要求和国家现行标准的有关规定。验收时检查隐蔽工程验收记录和施工记录。

（4）抹灰层与基层之间及各抹灰层之间应粘结牢固，抹灰层应无脱层和空鼓，面层应无爆灰和裂缝。

（5）抹灰表面应光滑、洁净、颜色均匀、无抹纹，分格缝和灰线应清晰美观。

（6）护角、孔洞、槽、盒周围的抹灰表面应整齐、光滑，管道后面的抹灰表面应平整。

（7）保温层薄抹灰层的总厚度应符合设计要求。检验方法：检查施工记录。

（8）保温层薄抹灰分格缝的设置应符合设计要求，宽度和深度应均匀，表面应光滑，棱角应整齐。

（9）有排水要求的部位应做滴水线（槽）。滴水线（槽）应整齐顺直，滴水线应内高外低，滴水槽宽度和深度均不应小于 10mm。

（10）质量允许偏差和检验方法应符合表 26-41 中高级抹灰的规定。

（四）装饰抹灰工程

装饰抹灰包括以水刷石、斩假石、干粘石、假面砖等作为面层的抹灰。其底层做法与要求同一般抹灰。

水刷石面层，是在已经硬化的水泥砂浆底层表面弹分格线、粘贴分格条后，薄刮一层素水泥浆结合层，随即抹 10～20mm 厚 1∶（1～1.5）的水泥石粒浆面层，并用铁抹子反复拍平压实；当面层开始凝固时，用刷子蘸水刷掉表面水泥浆使石粒外露，再用喷雾器自上而下喷水冲洗至石粒表面清洁；起出分格条，用素灰修补缝格而成。水刷石有较好的装饰效果，但施工时浪费水资源，并对环境有污染，应尽量减少使用。

干粘石面层，是在已经硬化的水泥砂浆底层上弹分格线、粘分格条后，刮素水泥浆，抹 6～7mm 厚的 1∶2.5 的水泥砂浆找平层，随即抹 4～5mm 厚的 1∶0.5 水泥石灰膏粘结层，同时甩粘或机喷石渣、并拍平压实在粘结层上（压入深度不少于 1/2 粒径），起出分格条，用水泥浆勾缝而成。该做法省石渣、费用低，装饰效果接近水刷石，适用于不易碰触到的外墙面。

斩假石是获得具有天然石经雕琢后纹理质感的抹灰做法。施工时，在 1∶2 水泥砂浆找平层养护硬化后，先弹线分格并粘分格条，刮素水泥浆结合层，随即抹 10mm 厚的 1∶1.25 水泥石粒浆面层；抹平后用木抹子打磨拍实，用软毛刷蘸水顺待剁纹的方向将表面水泥浮浆轻轻刷掉，至均匀露出石粒为止。24h 后洒水养护 2～3d，待强度达 60%～70% 后，用剁斧斩剁，剁纹的深度一般为 1/3 石粒的粒径。

假面砖是在底层、中层砂浆硬化后，先抹 2～3mm 厚的 1∶1 水泥砂浆结合层，随即抹 3～4mm 厚、5∶1∶9（水泥石灰膏细砂）、颜色符合设计要求的面层砂浆；待面层砂浆稍收水后，根据所仿面砖的尺寸分格划线，用铁皮钩子按线依木靠尺划沟，深度以露出底灰为准，并及时将飞边砂粒清扫干净而成。

1. 装饰抹灰面层的施工工序

弹线分格→刮水泥浆或刷界面剂→面层施工→起出分格条→勾缝。

2. 施工与验收要求

（1）抹灰前基层表面的尘土、污垢、油渍等应清除干净，并应洒水润湿或进行界面处理。

（2）各抹灰层之间及抹灰层与基体之间必须粘接牢固，抹灰层应无脱层、空鼓和裂缝。

（3）装饰抹灰的表面质量应符合下列规定：

1）水刷石表面应石粒清晰、分布均匀、紧密平整、色泽一致，应无掉粒和接槎痕迹；

2）斩假石表面剁纹应均匀顺直、深浅一致，应无漏剁处；阳角处应横剁并留出宽窄一致的不剁边条，棱角应无损坏；

3）干粘石表面应色泽一致、不露浆、不漏粘，石粒应粘结牢固、分布均匀，阳角处应无明显黑边；

4）假面砖表面应平整、沟纹清晰、留缝整齐、色泽一致，应无掉角、脱皮、起砂等缺陷。

（4）装饰抹灰分格条（缝）的设置应符合设计要求，宽度和深度应均匀，表面应平整光滑，棱角应整齐。

（5）有排水要求的部位应做滴水线（槽）；滴水线（槽）应整齐顺直，滴水线应内高外低，滴水槽的宽度和深度均不应小于10mm。

（6）装饰抹灰工程质量的允许偏差和检验方法应符合表26-42。

装饰抹灰的允许偏差和检验方法　　　　表 26-42

项次	项　　目	允许偏差（mm）				检　验　方　法
		水刷石	斩假石	干粘石	假面砖	
1	立面垂直度	5	4	5	5	用2m垂直检测尺检查
2	表面平整度	3	3	5	4	用2m靠尺和塞尺检查
3	阳角方正	3	3	4	4	用200mm直角检测尺检查
4	分格条（缝）直线度	3	3	3	3	拉5m线，不足5m拉通线，用钢直尺检查
5	墙裙、勒脚上口直线度	3	3	—	—	拉5m线，不足5m拉通线，用钢直尺检查

（五）清水砌体勾缝工程

清水砌体勾缝工程包括砂浆勾缝和原浆勾缝工程。原浆勾缝是在砌体每砌筑一皮后，即对灰缝砌筑砂浆进行勾压而成。砂浆勾缝需在砌墙时将灰缝划出砖墙10～12mm、石墙15～20mm的深度（也可砌墙后剔凿开缝），待砌筑完成后，用溜子将勾缝砂浆填塞并压实，达到设计要求的深度和形状；砖墙常用1∶1水泥细砂砂浆、石墙常用1∶2水泥中砂砂浆。质量要求如下。

（1）清水砌体勾缝应无漏勾；勾缝材料应粘结牢固、无开裂。

（2）勾缝应横平竖直，交接处应平顺，宽度和深度应均匀，表面应压实抹平。

（3）灰缝应颜色一致，砌体表面应洁净。

例 26-44　（2013） 将彩色石子直接甩到砂浆层，并使它们粘结在一起的施工方法是：

　　A　水刷石　　　　B　斩假石　　　　C　干粘石　　　　D　弹涂

解析： 将彩色石子直接抛到粘结砂浆层上，使它们粘结在一起（并压入一半粒径的深度）的施工方法叫干粘石。

答案： C

例 26-45 **（2003）** 斩假石表面平整度的允许偏差值，下列哪个是符合规范规定的？

A 2mm   B 3mm   C 4mm   D 5mm

解析： 据《建筑装饰装修工程质量验收标准》GB 50210—2018 表 4.4.8（本教材表 26-42）规定：斩假石表面平整度的允许偏差值为 3mm。

答案： B

三、外墙防水工程的验收

外墙防水的验收主要包括外墙砂浆防水、涂膜防水和透气膜防水等分项工程。

（一）一般规定

（1）外墙防水工程验收时应检查的文件和记录。包括：

1）外墙防水工程的施工图、设计说明及其他设计文件；

2）材料的产品合格证书、性能检验报告、进场验收记录和复验报告；

3）施工方案及安全技术措施文件；

4）雨后或现场淋水检验记录；

5）隐蔽工程验收记录；

6）施工记录；

7）施工单位的资质证书及操作人员的上岗证书。

（2）应进行复验的材料及其性能指标包括：

1）防水砂浆的粘结强度和抗渗性能；

2）防水涂料的低温柔性和不透水性；

3）防水透气膜的不透水性。

（3）应进行隐蔽工程验收的项目有：

1）外墙不同结构材料交接处的增强处理措施的节点；

2）防水层在变形缝、门窗洞口、穿外墙管道、预埋件及收头等部位的节点；

3）防水层的搭接宽度及附加层。

（4）检验批的划分、检查数量与要求

相同材料、工艺和施工条件的外墙防水工程每 1000m² 应划分为一个检验批，不足 1000m² 时也应划分为一个检验批。

每个检验批每 100m² 应至少抽查一处，每处检查不得小于 10m²，节点构造应全数检查。

防水层所用砂浆品种及性能应符合设计要求及国家现行标准的有关规定。防水层在变形缝、门窗洞口、穿外墙管道和预埋件等部位的做法应符合设计要求。防水层不得有渗漏现象。

（二）砂浆防水工程

主要要求如下。

（1）砂浆防水层与基层之间、防水层各层之间均应粘结牢固，不得有空鼓。

（2）砂浆防水层表面应密实、平整，不得有裂纹、起砂和麻面等缺陷。

（3）砂浆防水层施工缝位置及施工方法应符合设计及施工方案要求。

（4）砂浆防水层厚度应符合设计要求。

（三）涂膜防水工程

主要要求如下。

（1）涂膜防水层与基层之间应粘结牢固。

（2）涂膜防水层表面应平整，涂刷应均匀，不得有流坠、露底、气泡、皱折和翘边等缺陷。

（3）涂膜防水层的厚度应符合设计要求。用针测法或割取 20mm×20mm 实样用卡尺测量检验。

（四）透气膜防水工程

主要要求如下。

（1）防水透气膜应与基层粘结固定牢固。

（2）透气膜防水层表面应平整，不得有皱折、伤痕、破裂等缺陷。

（3）防水透气膜的铺贴方向应正确，纵向搭接缝应错开，搭接宽度应符合设计要求。

（4）防水透气膜的搭接缝应粘结牢固、密封严密；收头应与基层粘结固定牢固，缝口应严密，不得有翘边现象。

例 26-46　（2021） 下列外墙防水工程的质量验收项目中，不宜采用观察法的是：

A　涂膜防水层的厚度

B　砂浆防水层与基层之间粘结牢固状况

C　砂浆防水层表面起砂和麻面等缺陷状况

D　涂膜防水层与基层之间粘结牢固状况

解析：《建筑装饰装修工程质量验收标准》GB 50210—2018 第 5.3.6 条规定：涂膜防水层的厚度应符合设计要求。检验方法：针测法或割取 20mm×20mm 实样用卡尺测量。需注意，通过尺寸数据来判定质量状况者（如涂膜厚度）需进行实测，不宜用观察法检验，故选 A。

第 5.2.4 条规定：砂浆防水层与基层之间及防水层各层之间应粘结牢固，不得有空鼓。检验方法：观察；用小锤轻击检查。第 5.2.5 条规定：砂浆防水层表面应密实、平整，不得有裂纹、起砂和麻面等缺陷。检验方法：观察。第 5.3.4 条规定：涂膜防水层与基层之间应粘结牢固。检验方法：观察。需注意，通过感知能判定质量状况者，可采用观察法检验。

答案：A

四、门窗工程

门窗是建筑物中的围护构件。门通常是指连通建筑物的外部和内部空间的出入口，一般设有门扇。门扇关闭时起隔声、保温、隔热、防护等功能，有些还兼起通风、采光作用。门和窗要满足开启方便、关闭紧密、坚固耐久，便于擦洗和维修等要求。此外还应造型美观大方，规格尽量统一。

门窗子分部工程包括木门窗制作与安装、金属门窗安装、塑料门窗安装、特种门安装、门窗玻璃安装等分项工程。

（一）一般规定

（1）验收时应检查的文件和记录包括：施工图、设计说明及其他设计文件；材料的产品合格证书、性能检测报告、进场验收记录和复验报告；特种门及其附件的生产许可文件；隐蔽工程验收记录；施工记录。

（2）门窗工程应对下列材料及其性能指标进行复验：

1）人造木板门的甲醛释放量；

2）建筑外窗的气密性能、水密性能和抗风压性能。

（3）应进行隐蔽工程验收的项目：预埋件和锚固件；隐蔽部位的防腐和填嵌处理；高层金属窗防雷连接节点。

（4）门窗安装前，应对门窗洞口尺寸及相邻洞口的位置偏差进行检验。同一类型和规格外门窗洞口垂直、水平方向的位置应对齐，位置允许偏差应符合：相邻洞口间不大于10mm；沿全楼高的左右偏移和沿全楼长的上下偏移，当楼高或长小于 30m 时为 15mm，当楼高或长大于等于 30m 时为 20mm。

（5）金属门窗和塑料门窗安装应采用预留洞口的方法施工。

（6）木门窗与砖石砌体、混凝土或抹灰层接触处应进行防腐处理；埋入砌体或混凝土中的木砖应进行防腐处理。

（7）当金属窗或塑料窗为组合窗时，其拼樘料的尺寸、规格、壁厚应符合设计要求。

（8）建筑外门窗的安装必须牢固。在砌体上安装门窗严禁采用射钉固定。

（9）特种门安装除应符合设计要求和规范规定外，还应符合国家现行标准的有关规定。

（10）推拉门窗扇必须安装防脱落装置。

（11）门窗安全玻璃的使用应符合行业标准《建筑玻璃应用技术规程》JGJ 113 的规定。

（12）建筑外窗口的防水和排水构造应符合设计要求和国家标准的有关规定。

（13）各分项工程的检验批应按下列规定划分：

1）同一品种、类型和规格的木门窗、金属门窗、塑料门窗和门窗玻璃每 100 樘应划分为一个检验批，不足 100 樘也应划分为一个检验批；

2）同一品种、类型和规格的特种门每 50 樘应划分为一个检验批，不足 50 樘也应划分为一个检验批。

（14）检查数量应符合下列规定：

1）木门窗、金属门窗、塑料门窗和门窗玻璃每个检验批应至少抽查 5%，并不得少于 3 樘，不足 3 樘时应全数检查；高层建筑的外窗每个检验批应至少抽查 10%，并不得少于 6 樘，不足 6 樘时应全数检查；

2) 特种门每个检验批应至少抽查 50%，并不得少于 10 樘，不足 10 樘时应全数检查。

例 26-47　（2013） 关于门窗工程施工的说法，错误的是：

A　在砌体上安装门窗严禁用射钉

B　外墙金属门窗应做雨水渗透性能复验

C　安装门窗所用的预埋件、锚固件应做隐蔽验收

D　在砌体上安装金属门窗应采用边砌筑边安装的方法

解析： 据《建筑装饰装修工程质量验收标准》GB 50210—2018 第 6.1.8 规定："金属门窗和塑料门窗安装应采用预留洞口的方法施工"，即不得采用边安装边砌口或先安装后砌口的方法施工。故 D 选项的说法错误。

答案： D

（二）木门窗制作与安装工程

主要要求如下。

（1）木门窗的品种、类型、规格、尺寸、开启方向、安装位置、连接方式及性能应符合设计要求及国家现行标准的有关规定。

（2）木门窗应采用烘干的木材，含水率及饰面质量应符合国家现行标准的有关规定。防火、防腐、防虫处理应符合设计要求。

（3）木门窗框的安装必须牢固。预埋木砖的防腐处理、固定点的数量、位置及固定方法应符合设计要求。木门窗扇必须安装牢固，并应开关灵活，关闭严密，无倒翘。

（4）木门窗配件的型号、规格和数量应符合设计要求，安装应牢固，位置应正确，功能应满足使用要求。

（5）木门窗表面应洁净，不得有刨痕和锤印。门窗割角和拼缝应严密平整；框、扇裁口应顺直，刨面应平整。木门窗上的槽和孔应边缘整齐，无毛刺。

（6）木门窗与墙体间缝隙的填嵌材料应符合设计要求，填嵌应饱满。严寒和寒冷地区外门窗与砌体间的空隙应填充保温材料。

（7）木门窗批水、盖口条、压缝条、密封条的安装应顺直，与门窗结合应牢固、严密。

（8）木门窗安装的留缝限值、允许偏差和检验方法应符合表 26-43。

平开木门窗安装的留缝限值、允许偏差和检验方法　　　　　　表 26-43

项次	项　　目	留缝限值（mm）	允许偏差（mm）	检验方法
1	门窗框的正、侧面垂直度	—	1	用 1m 垂直检测尺检查
2	框与扇、扇与扇接缝高低差	—	1	用塞尺检查
3	门窗扇对口缝	1～4	—	用塞检查
4	工业厂房、围墙双扇大门对口缝	2～7	—	用塞检查
5	门窗扇与上框间留缝	1～3	—	

项次	项目		留缝限值（mm）	允许偏差（mm）	检验方法
6	门窗扇与侧框间留缝		1~3	—	用塞尺检查
7	窗扇与下框间留缝		1~3	—	
8	门扇与下框间留缝		3~5	—	
9	双层门窗内外框间距		—	4	用钢直尺检查
10	无下框时门扇与地面间留缝	室外门	4~7	—	用钢直尺或塞尺检查
		室内门	4~8	—	
		卫生间门	4~8	—	
		厂房及围墙大门	10~20	—	
11	框与扇搭接宽度	门	—	2	用钢直尺检查
		窗	—	1	

> **例 26-48** （2004）普通卫生间的无下框门扇与地面间留缝限值，下列哪项符合规范规定？（有改动）
>
> A 4~8mm   B 6~10mm   C 8~12mm   D 12~15mm
>
> **解析：**据《建筑装饰装修工程质量验收标准》GB 50210—2018 表 6.2.12（本教材表 26-43）平开木门窗安装的留缝限值、允许偏差和检验方法第 10 行，卫生间的无下框门扇与地面间留缝限值为 4~8mm。
>
> **答案：**A

（三）金属门窗安装工程

金属门窗主要包括钢门窗、铝合金门窗、涂色镀锌钢板门窗。

1. 安装工艺流程（无副框）

放线→固定门窗框→填缝→安装门窗扇及玻璃→清理。

2. 主要要求

（1）金属门窗的品种、类型、规格、尺寸、性能、开启方向、安装位置、连接方式及门窗的型材壁厚应符合设计要求及国家标准规定。金属门窗的防雷、防腐处理及填嵌、密封处理应符合设计要求。

（2）框和副框的安装必须牢固。预埋件及锚固件的数量、位置、埋设方式、与框的连接方式应符合设计要求。

（3）门窗扇必须安装牢固，并应开关灵活、关闭严密、无倒翘。推拉门窗扇必须有防脱落装置。

（4）配件的型号、规格、数量应符合设计要求，安装应牢固，位置应正确，功能应满足使用要求。

（5）门窗表面应洁净、平整、光滑、色泽一致、无锈蚀、擦伤、划痕和碰伤；漆膜或保护层应连续。型材的表面处理应符合设计要求及国家标准的规定。

（6）金属门窗推拉门窗扇开关力不应大于 50N，用测力计检查。

（7）门窗框与墙体之间的缝隙应填嵌饱满，并采用密封胶密封；密封胶表面应光滑、顺直，无裂纹；门窗扇的密封胶条或密封毛条应安装完好，不得脱槽，交角处应平顺。

（8）排水孔应畅通，位置和数量应符合设计要求。

（9）门窗安装的留缝限值、允许偏差应符合规范要求，铝合金门窗安装的允许偏差和检验方法见表26-44。

铝合金门窗安装的允许偏差和检验方法 表26-44

项次	项 目		允许偏差（mm）	检验方法
1	门窗槽口宽度、高度	≤2000mm	2	用钢尺检查
		>2000mm	3	
2	门窗槽口对角线长度差	≤2500mm	4	用钢尺检查
		>2500mm	5	
3	门窗框的正、侧面垂直度		2	用1m垂直检测尺检查
4	门窗横框的水平度		2	用1m水平尺和塞尺检查
5	门窗横框标高		5	用钢尺检查
6	门窗竖向偏离中心		5	用钢尺检查
7	双层门窗内外框间距		4	用钢尺检查
8	推拉门窗扇与框搭接宽度	门	2	用钢直尺检查
		窗	1	

（四）塑料门窗安装工程

1. 安装工艺流程

检查洞口尺寸→安副框→洞口抹灰→安装门（窗）框→安装门（窗）扇→框边缝隙填嵌→打密封胶→安装五金件→清理。

2. 主要要求

（1）塑料门窗的品种、类型、规格、尺寸、性能、开启方向、安装位置、连接方式及填嵌密封处理应符合设计要求及国家标准的相关规定，内衬增强型钢的壁厚及设置应符合国家现行产品标准的质量要求。检验内容包括：产品合格证书、性能检测报告、进场验收记录和复验报告；检查隐蔽工程验收记录。

（2）塑料门窗框、附框和扇的安装必须牢固。固定片或膨胀螺栓的数量与位置应正确，连接方式应符合设计要求。固定点应距窗角、中横框、中竖框150～200mm，固定点间距应不大于600mm（图26-45）。

（3）拼樘料截面尺寸及内衬增强型钢的规格、壁厚必须符合设计要求，型钢应与型材内腔紧密吻合，其两端必须与洞口固定牢固。窗框必须与拼樘料连接紧密，固定点间距应不大于600mm。

（4）滑撑铰链的安装应牢固，紧固螺钉应使用不锈钢材质。螺钉与框扇连接处应做防水密封处理。

（5）门窗扇应开关灵活、关闭严密。推拉门窗扇必须有防脱落装置。

（6）配件的型号、规格、数量应符合设计要求，安装应牢

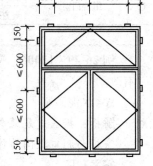

图26-45 固定点的位置

固，位置应正确，使用应灵活，功能应满足使用要求。平开窗扇高度大于 900mm 时，锁闭点不应少于 2 个。

（7）窗框与洞口间缝隙应采用聚氨酯发泡胶填充，且应均匀、密实，成型后不宜切割。表面应采用密封胶密封。密封胶应粘结牢固，表面应光滑、顺直、无裂纹。

（8）安装后的门窗关闭时，密封面上的密封条应处于压缩状态，密封层数应符合设计要求。密封条应连续完整，装配后应均匀、牢固，应无脱槽、收缩和虚压等现象；密封条接口应严密，且应位于窗的上方。

（9）门窗表面应洁净、平整、光滑，可视面应无划痕、碰伤，门窗不得有焊角开裂和型材断裂等现象。旋转窗间隙应均匀。

（10）门窗扇的开关力：平开门窗扇平铰链的开关力应不大于 80N，滑撑铰链的开关力应不大于 80N 并不小于 30N；推拉门窗扇的开关力应不大于 100N；用测力计检查。

（11）排水孔应畅通，位置和数量应符合设计要求。

（12）塑料门窗安装的允许偏差和检验方法应符合表 26-45 的规定。

塑料门窗安装的允许偏差和检验方法　　　　　　　　　　　　　表 26-45

项次	项　　目		允许偏差（mm）	检验方法
1	门、窗框外形（高、宽）尺寸长度差	≤1500mm	2	用钢卷尺检查
		>1500mm	3	
2	门、窗框两对角线长度差	≤2000mm	3	用钢卷尺检查
		>2000mm	5	
3	门、窗框（含拼樘料）正、侧面垂直度		3	用 1m 垂直检测尺检查
4	门、窗框（含拼樘料）水平度		3	用 1m 水平尺和塞尺检查
5	门、窗下横框的标高		5	用钢卷尺检查，与基准线比较
6	门、窗竖向偏离中心		5	用钢卷尺检查
7	双层门、窗内外框间距		4	用钢卷尺检查
8	平开门窗及上悬、下悬、中悬窗	门、窗扇与框搭接宽度	2	用深度尺或钢直尺检查
		同樘门、窗相邻扇的水平高度差	2	用靠尺和钢直尺检查
		门、窗框扇四周的配合间隙	1	用楔形塞尺检查
9	推拉门窗	门、窗扇与框搭接宽度	2	用深度尺或钢直尺检查
		门、窗扇与框或相邻扇立边平行度	2	用钢直尺检查
10	组合门窗	平整度	3	用 2m 靠尺和钢直尺检查
		缝直线度	3	用 2m 靠尺和钢直尺检查

例 26-49　（2006）塑料门窗工程中，门窗框与墙体间缝隙应采用什么材料填嵌？（有改动）

A 水泥砂浆　　　　B 水泥白灰砂浆　　　　C 聚氨酯发泡胶　　　　D 油麻丝

解析：据《建筑装饰装修工程质量验收标准》GB 50210—2018 第 6.4.4 条规定：窗框与洞口之间的伸缩缝应采用聚氨酯发泡胶填充，表面应采用密封胶密封。

答案：C

（五）特种门安装工程

特种门包括自动门、全玻门、旋转门等。安装及验收的主要要求如下。

（1）特种门的质量和性能应符合设计要求。检验方法：检查生产许可证、产品合格证书和性能检验报告。

（2）特种门的品种、类型、规格、尺寸、开启方向、安装位置及防腐处理应符合设计要求及国家现行标准的有关规定。

（3）带有机械装置、自动装置或智能化装置的特种门，其机械装置、自动装置或智能化装置的功能应符合设计要求。

（4）安装必须牢固；预埋件及锚固件的数量、位置、埋设方式、与框的连接方式应符合设计要求。

（5）配件应齐全，位置应正确，安装应牢固，功能应满足使用要求和特种门的性能要求。检验方法：观察；手扳检查；检查产品合格证书、性能检测报告和进场验收记录。

（6）特种门的表面装饰应符合设计要求；表面应洁净，无划痕和碰伤。

（7）自动门安装的允许偏差和检验方法应符合表 26-46 的规定。感应时间限值和检验方法应符合表 26-47 的规定。

（8）自动门切断电源应能手动开启。推拉、平开、折叠自动门和手动开启力不应大于100N，旋转自动门应为 150～300N。

自动门安装的允许偏差和检验方法　　　　　　　　　　　　表 26-46

序号	项　　目	允许偏差（mm）				检验方法
		推拉自动门	平开自动门	折叠自动门	旋转自动门	
1	上框、平梁水平度	1	1	1	—	用 1m 水平尺和塞尺检查
2	上框、平梁直线度	2	2	2		用钢直尺和塞尺检查
3	立框垂直度	1	1	1	1	用 1m 垂直检测尺检查
4	导轨和平梁平行度	2	—	2	2	用钢直尺检查
5	门框固定扇内侧对角线尺寸	2	2	2	2	用钢卷尺检查
6	活动扇与框、横梁、固定扇间隙差	1	1	1	1	用钢直尺检查
7	板材对接缝平整度	0.3	0.3	0.3	0.3	用 2m 靠尺和塞尺检查

推拉自动门的感应时间限值和检验方法　　　　　　　　　　表 26-47

项次	项　　目	感应时间限值（s）	检验方法
1	开门响应时间	≤0.5	用秒表检查
2	堵门保护延时	16～20	用秒表检查
3	门扇全开启后保持时间	13～17	用秒表检查

例 26-50　（2003）推拉自动门安装的质量要求，下列哪条是不正确的？（有改动）

A　上框水平度及立框垂直度允许偏差 2mm

B　开门响应时间小于 0.5s

C　堵门保护延时为 16～20s

D　门扇全开启后保持时间为 13～17s

（六）门窗玻璃安装工程

门窗玻璃安装工程包括平板、吸热、反射、中空、夹层、夹丝、磨砂、钢化、压花玻璃等玻璃安装工程。主要要求如下：

（1）玻璃的品种、规格、尺寸、色彩、图案和涂膜朝向应符合设计要求。

（2）门窗玻璃裁割尺寸应正确。安装后的玻璃应牢固，不得有裂纹、损伤和松动。

（3）玻璃的安装方法应符合设计要求。固定玻璃的钉子或钢丝卡的数量、规格应保证玻璃安装牢固。

（4）镶钉木压条接触玻璃处，应与裁口边缘平齐。木压条应互相紧密连接，并与裁口边缘紧贴，割角应整齐。

（5）密封条与玻璃、玻璃槽口的接触应紧密、平整。密封胶与玻璃、玻璃槽口的边缘应粘结牢固、接缝平齐。

（6）带密封条的玻璃压条，其密封条必须与玻璃全部贴紧，压条与型材之间应无明显缝隙。

（7）玻璃表面应洁净，不得有腻子、密封胶、涂料等污渍。中空玻璃内外表面均应洁净，玻璃中空层内不得有灰尘和水蒸气。

（8）门窗玻璃不应直接接触型材。单面镀膜玻璃的镀膜层及磨砂玻璃的磨砂面应朝向室内。中空玻璃的单面镀膜玻璃应在最外层，镀膜层应朝向室内。

（9）腻子及密封胶应填抹饱满、粘结牢固、边缘与裁口平齐；固定玻璃的卡子不应露出腻子表面。密封条不得卷边、脱槽，密封条接缝应粘接。

例 26-51　（2004）关于玻璃安装，下列哪种说法是不正确的？

A　门窗玻璃不应直接接触型材　　　　B　单面镀膜玻璃的镀膜层应朝向室内

C　磨砂玻璃的磨砂面应朝向室外　　　D　中空玻璃的单面镀膜玻璃应在最外层

解析：据《建筑装饰装修工程质量验收标准》GB 50210—2018 第 6.6.1 条规定：门窗"玻璃的层数、品种、规格、尺寸、色彩、图案和涂膜朝向应符合设计要求"，出于功能要求，一般设计都会将镀膜玻璃的镀膜层及磨砂玻璃的磨砂面朝向室内（《建筑装饰装修工程质量验收规范》GB 50210—2001 曾有明确规定）。故 C 选项所说不正确。

答案：C

五、吊顶工程

吊顶由吊杆、龙骨、面层三部分组成。吊杆是连接吊顶与楼盖的主要构件，它承担吊顶重量。龙骨在吊顶中起骨架作用，按作用及位置分为主龙骨、次龙骨、边龙骨，按材料分轻钢龙骨、铝合金龙骨、木龙骨。吊顶面层主要起封闭和装饰作用，按面层材料与安装的形式可分为整体式（面层接缝不外露）、板块式（面层接缝外露）和格栅式（面层由条状、点状材料不连续安装）。吊顶面层的安装主要方法有：粘贴法、固定法、企口法、搁置法等。吊顶的主要构造见图 26-46。

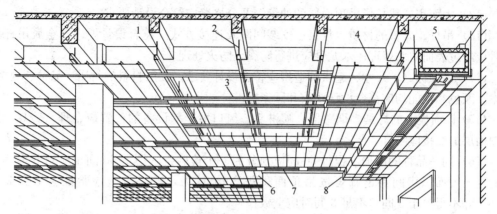

图 26-46　吊顶构造示意
1—主龙骨；2—吊杆；3—次龙骨；4—间距龙骨；5—风道；6—吊顶面层；7—灯具；8—出风口

　　吊顶子分部工程主要包括整体面层吊顶、板块面层吊顶和格栅吊顶三个分项工程。

　　吊顶施工的一般工艺流程：弹线→固定吊杆→安装主龙骨→按水平标高线调整主龙骨→固定边龙骨→安装次龙骨→安装罩面板。

（一）吊顶工程的一般规定

（1）吊顶工程验收时应检查的文件和记录包括：吊顶工程的施工图、设计说明及其他设计文件；材料的产品合格证书、性能检测报告、进场验收记录和复验报告；隐蔽工程验收记录；施工记录。

（2）吊顶工程应对人造木板的甲醛释放量进行复验。

（3）吊顶工程应进行隐蔽工程验收的项目包括：

1）吊顶内管道、设备的安装及水管试压、风管严密性检验；

2）木龙骨防火、防腐处理；

3）埋件；

4）吊杆安装；

5）龙骨安装；

6）填充材料的设置；

7）反支撑及钢结构转换层。

（4）安装龙骨前，应按设计要求对房间净高、洞口标高和吊顶内管道、设备及其支架的标高进行交接检验。

（5）吊顶工程的木龙骨和木面板必须进行防火处理，并应符合有关设计防火标准的规定。

（6）吊顶工程中的埋件、钢筋吊杆和型钢吊杆应进行防腐处理。

（7）安装饰面板前应完成吊顶内管道和设备的调试及验收。

（8）吊杆距主龙骨端部距离不得大于 300mm。当吊杆长度大于 1.5m 时，应设置反支撑。当吊杆与设备相遇时，应调整并增设吊杆或采用型钢支架。

（9）重型设备和有振动荷载的设备严禁安装在吊顶龙骨上。

（10）吊顶埋件与吊杆的连接、吊杆与龙骨的连接、龙骨与面板的连接均应安全可靠。

（11）吊顶上部为网架、钢屋架或吊杆长度大于 2.5m 时，应设有钢结构转换层。

（12）大面积或狭长形吊顶面层的伸缩缝及分格缝应符合设计要求。

（13）吊杆、龙骨的材质、规格、安装间距及连接方式应符合设计要求。金属吊杆和龙骨应经过表面防腐处理；木龙骨应进行防腐、防火处理。

（14）吊顶标高、尺寸、起拱和造型应符合设计要求。面层材料的材质、品种、规格、图案、颜色和性能均应符合设计要求和国家标准。

（15）饰面板上的灯具、烟感器、喷淋头、风口篦子等设备的位置应合理、美观，与吊顶面层的交接应吻合、严密。

（16）同一品种的吊顶工程每 50 间应划分为一个检验批，不足 50 间也应划分为一个检验批，大面积房间和走廊可按吊顶面积每 30m² 计为 1 间。每个检验批应至少抽查 10%，并不得少于 3 间，不足 3 间时应全数检查。

例 26-52 （2006）吊顶工程中下述哪项安装做法是不正确的？（有改动）

A 小型灯具可固定在面板上　　　　B 重型灯具可固定在龙骨上

C 风口篦子可固定在面板上　　　　D 烟感器、喷淋头可固定在面板上

解析： 据《建筑装饰装修工程质量验收标准》GB 50210—2018 第 7.1.12 条规定："重型设备和有振动荷载的设备严禁安装在吊顶工程的龙骨上"。第 7.2.7 条规定："面板上的灯具、烟感器、喷淋头、风口篦子和检修口等设备设施的位置应合理、美观，与面板的交接应吻合、严密"。可见，小型灯具、风口篦子、烟感器、喷淋头等可固定在吊顶面板上，而 B 选项"重型灯具固定在吊顶龙骨上"是被禁止的。故 B 选项的安装做法不正确。

答案： B

（二）整体面层吊顶工程

整体面层吊顶是以轻钢龙骨、铝合金龙骨、木龙骨等为骨架，以石膏板、水泥纤维板、木板等为面层材料的吊顶。主要要求如下：

（1）吊杆、龙骨和面板的安装必须牢固。

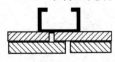

图 26-47　错误接缝

（2）石膏板、水泥纤维板的接缝应按其施工工艺标准进行板缝防裂处理。安装双层板时，面层板与基层板的接缝应错开，并不得在同一根龙骨上接缝（图 26-47）。

（3）材料表面应洁净、色泽一致，不得有翘曲、裂缝及缺损；压条应平直、宽窄一致。

（4）金属龙骨的接缝应均匀一致，角缝应吻合，表面应平整，无翘曲、锤印；木质龙骨应顺直，无劈裂、变形。

（5）吊顶内填充吸声材料的品种和铺设厚度应符合设计要求，并应有防散落措施。

（6）整体面层吊顶工程安装的允许偏差和检验方法应符合表 26-48 的规定。

整体面层吊顶工程安装的允许偏差和检验方法   表 26-48

项次	项目	允许偏差（mm）	检验方法
1	表面平整度	3	用 2m 靠尺和塞尺检查
2	缝格凹槽直线度	3	拉 5m 线，不足 5m 拉通线，用钢直尺检查

（三）板块面层吊顶工程

板块面层吊顶是以轻钢龙骨、铝合金龙骨、木龙骨等为骨架，以石膏板、金属板、矿棉板、木板、塑料板、玻璃板和复合板等为饰面材料的吊顶工程。主要要求如下。

（1）当面层材料为玻璃板时，应使用安全玻璃并采取可靠的安全措施。

（2）面板的安装应稳固严密。面板与龙骨的搭接宽度应大于龙骨受力面宽度的 2/3，见图 26-48。

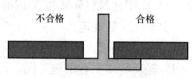

图 26-48　面板与龙骨搭接宽度示意

（3）面层材料表面应洁净、色泽一致，不得有翘曲、裂缝及缺损。面板与龙骨的搭接应平整、吻合，压条应平直、宽窄一致。

（4）金属龙骨的接缝应平整、吻合、颜色一致，不得有划伤、擦伤等表面缺陷；木质龙骨应平整、顺直，无劈裂。

（5）吊顶内填充吸声材料的品种和铺设厚度应符合设计要求，并应有防散落措施。

（6）板块面层吊顶工程安装的允许偏差和检验方法应符合表 26-49 的规定。

板块面层吊顶工程安装的允许偏差和检验方法   表 26-49

项次	项目	允许偏差（mm）				检验方法
		石膏板	金属板	矿棉板	木板、塑料板、玻璃板、复合板	
1	表面平整度	3	2	3	2	用 2m 靠尺和塞尺检查
2	接缝直线度	3	2	3	3	拉 5m 线，不足 5m 拉通线，用钢直尺检查
3	接缝高低差	1	1	2	1	用钢直尺和塞尺检查

（四）格栅吊顶工程

格栅吊顶是以轻钢龙骨、铝合金龙骨、木龙骨等为骨架，以金属、木材、塑料和复合材料等为格栅面层的吊顶工程。主要要求如下。

（1）格栅吊顶工程的吊杆、龙骨和格栅的安装应牢固。

（2）格栅表面应洁净、色泽一致，不得有翘曲、裂缝及缺损。格栅角度应一致，边缘应整齐，接口应无错位。压条应平直、宽窄一致。

（3）格栅吊顶内楼板、管线设备等表面处理应符合设计要求，吊顶内各种设备管线布置应合理、美观。

（4）安装允许偏差：金属格栅的表面平整度及格栅直线度均不得大于 2mm，其他格栅的平整度及直线度则均不得大于 3mm。

六、轻质隔墙工程

轻质隔墙子分部工程包括：板材隔墙、骨架隔墙、活动隔墙、玻璃隔墙等分项工程。

（一）一般要求

（1）轻质隔墙工程应对人造木板的甲醛释放量进行复验。

（2）轻质隔墙工程应对下列隐蔽工程项目进行验收：

1）骨架隔墙中设备管线的安装及水管试压；

2）木龙骨防火、防腐处理；

3）预埋件或拉结筋；

4）龙骨安装；

5）填充材料的设置。

（3）轻质隔墙与顶棚和其他墙体的交接处应采取防开裂措施。

（4）民用建筑轻质隔墙工程的隔声性能应符合现行国家标准《民用建筑隔声设计规范》GB 50118 的规定。

（5）轻质隔墙工程验收时应检查下列文件和记录：

1）轻质隔墙工程的施工图、设计说明及其他设计文件；

2）材料的产品合格证书、性能检验报告、进场验收记录和复验报告；

3）隐蔽工程验收记录；

4）施工记录。

（6）同一品种的轻质隔墙工程每 50 间应划分为一个检验批，不足 50 间也应划分为一个检验批，大面积房间和走廊可按轻质隔墙面积每 30m² 计为 1 间。

（7）板材隔墙和骨架隔墙每个检验批应至少抽查 10%，并不得少于 3 间，不足 3 间时应全数检查；活动隔墙和玻璃隔墙每个检验批应至少抽查 20%，并不得少于 6 间，不足 6 间时应全数检查。

（二）板材隔墙工程

板材隔墙包括复合轻质墙板、石膏空心板、增强水泥板和混凝土轻质板等隔墙。

板材隔墙的施工工艺流程：墙位放线→安装定位架→墙板安装→墙底填塞干硬性细石混凝土或砂浆→水暖、电气配合施工。

主要要求如下。

（1）隔墙板材的品种、规格、性能、颜色应符合设计要求。有隔声、隔热、阻燃、防潮等特殊要求的工程，板材应有相应性能等级的检验报告。

（2）安装隔墙板材所需预埋件、连接件的位置、数量及连接方法应符合设计要求。

（3）隔墙板材安装应牢固、位置正确，板材不应有裂缝或缺损。

（4）板材隔墙表面应光洁、色泽一致，接缝应均匀、顺直。

（5）隔墙上的孔洞、槽、盒应位置正确、套割方正、边缘整齐。

（6）板材隔墙安装的允许偏差和检验方法见表 26-50。

板材隔墙安装的允许偏差和检验方法   表 26-50

项次	项 目	允许偏差（mm）				检验方法
		复合轻质墙板		石膏空心板	增强水泥板、混凝土轻质板	
		金属夹芯板	其他复合板			
1	立面垂直度	2	3	3	3	用 2m 垂直检测尺检查

项次	项目	允许偏差（mm）				检验方法
		复合轻质墙板		石膏空心板	增强水泥板、混凝土轻质板	
		金属夹芯板	其他复合板			
2	表面平整度	2	3	3	3	用2m靠尺和塞尺检查
3	阴阳角方正	3	3	3	4	用200mm直角检测尺检查
4	接缝高低差	1	2	2	3	用钢直尺和塞尺检查

（三）骨架隔墙工程

骨架隔墙包括以轻钢龙骨、木龙骨等为骨架，以纸面石膏板、人造木板、水泥纤维板等为墙面板的隔墙。轻钢龙骨纸面石膏板隔墙的构造如图 26-49 所示。

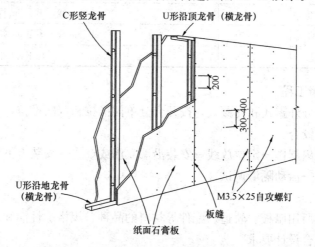

图 26-49　轻钢龙骨纸面石膏板隔墙的构造组成

施工工艺流程：定位放线→隔墙基座施工→安装沿地、沿顶龙骨→安装沿墙竖龙骨（边框龙骨）→安装中间竖龙骨→安装水平通贯龙骨和附加龙骨→铺钉面板→嵌缝处理。墙内若有水电管线或保温材料时，应在一侧面板安装后进行安装或填充。

主要要求如下。

（1）骨架隔墙所用龙骨、配件、墙面板、填充材料及嵌缝材料的品种、规格、性能和木材的含水率应符合设计要求。有隔声、隔热、阻燃、防潮等特殊要求的工程，材料应有相应性能等级的检验报告。

（2）骨架隔墙工程的沿地、沿顶及边框龙骨必须与基体结构连接牢固。地梁所用的材料、尺寸及位置等符合设计要求。

（3）骨架隔墙中龙骨间距和构造连接方法应符合设计要求。骨架内设备管线的安装、门窗洞口等部位的加强龙骨应安装牢固、位置正确，填充材料的品种、厚度及设置应符合设计要求。

（4）木龙骨及木墙面板的防火和防腐处理应符合设计要求。

（5）骨架隔墙表面应平整光滑、色泽一致、洁净、无裂缝，接缝应均匀、顺直。

（6）墙面板所用接缝材料的接缝方法应符合设计要求，安装应牢固，无脱层、翘曲、折裂及缺损。

(7) 骨架隔墙上的孔洞、槽、盒应位置正确、套割吻合、边缘整齐。墙内的填充材料应干燥，填充应密实、均匀、无下坠。

(8) 骨架隔墙安装的允许偏差和检验方法见表 26-51。

骨架隔墙安装的允许偏差和检验方法　　　　　　　　表 26-51

项次	项　目	允许偏差（mm）		检验方法
		纸面石膏板	人造木板、水泥纤维板	
1	立面垂直度	3	4	用 2m 垂直检测尺检查
2	表面平整度	3	3	用 2m 靠尺和塞尺检查
3	阴阳角方正	3	3	用 200mm 直角检测尺检查
4	接缝直线度	—	3	拉 5m 线，不足 5m 拉通线，用钢直尺检查
5	压条直线度	—	3	拉 5m 线，不足 5m 拉通线，用钢直尺检查
6	接缝高低差	1	1	用钢直尺和塞尺检查

（四）活动隔墙工程

常用活动隔墙分外露式和内藏式，按开合分单侧推拉和双向推拉，按隔扇的铰合方式分单对铰合和连续铰合。

施工顺序：隔扇制作→定位放线→安装沿墙立筋或壁龛→安装上下导轨→隔扇安装与连接→密封条安装→活动隔墙调试。

主要要求如下：

(1) 活动隔墙所用墙板、轨道、配件等材料的品种、规格、性能和人造木板甲醛释放量、燃烧性能应符合设计要求；

(2) 轨道应与基体结构连接牢固，并应位置正确；

(3) 用于组装、推拉和制动的构配件应安装牢固、位置正确，推拉应安全、平稳、灵活；

(4) 活动隔墙的组合方式、安装方法应符合设计要求；

(5) 活动隔墙表面应色泽一致、平整光滑、洁净，线条应顺直、清晰；

(6) 隔墙上的孔洞、槽、盒应位置正确、套割吻合、边缘整齐；

(7) 活动隔墙推拉应无噪声；

(8) 活动隔墙安装的允许偏差和检验方法见表 26-52。

活动隔墙安装的允许偏差和检验方法　　　　　　　　表 26-52

项次	项　目	允许偏差（mm）	检验方法
1	立面垂直度	3	用 2m 垂直检测尺检查
2	表面平整度	2	用 2m 靠尺和塞尺检查
3	接缝直线度	3	拉 5m 线，不足 5m 拉通线，用钢直尺检查
4	接缝高低差	2	用钢直尺和塞尺检查
5	接缝宽度	2	用钢直尺检查

（五）玻璃隔墙工程

玻璃隔墙包括玻璃板隔墙和玻璃砖隔墙。玻璃板隔墙为玻璃板安装而成；玻璃砖隔墙常采用空心玻璃砖砌筑而成。质量要求如下。

(1) 玻璃隔墙工程所用材料的品种、规格、图案、颜色和性能应符合设计要求。玻璃板隔墙应使用安全玻璃。

(2) 玻璃板安装及玻璃砖砌筑方法应符合设计要求。

(3) 有框玻璃板隔墙的受力杆件应与基体结构连接牢固，玻璃板安装橡胶垫位置应正确。玻璃板安装应牢固，受力应均匀。

(4) 无框玻璃板隔墙的受力爪件应与基体结构连接牢固，爪件的数量、位置应正确，爪件与玻璃板的连接应牢固。

(5) 玻璃门与玻璃墙板的连接、地弹簧的安装位置应符合设计要求。

(6) 玻璃砖隔墙砌筑中埋设的拉结筋应与基体结构连接牢固，数量、位置应正确。

(7) 玻璃隔墙表面应色泽一致、平整洁净、清晰美观。

(8) 玻璃隔墙接缝应横平竖直，玻璃应无裂痕、缺损和划痕。

(9) 玻璃板隔墙嵌缝及玻璃砖隔墙勾缝应密实平整、均匀顺直、深浅一致。

(10) 玻璃隔墙安装的允许偏差和检验方法见表 26-53。

玻璃隔墙安装的允许偏差和检验方法 表 26-53

项次	项　　目	允许偏差（mm）		检验方法
		玻璃板	玻璃砖	
1	立面垂直度	2	3	用 2m 垂直检测尺检查
2	表面平整度	—	3	用 2m 靠尺和塞尺检查
3	阴阳角方正	2	—	用 200mm 直角检测尺检查
4	接缝直线度	2	—	拉 5m 线，不足 5m 拉通线，用钢直尺检查
5	接缝高低差	2	3	用钢直尺和塞尺检查
6	接缝宽度	1		用钢直尺检查

例 26-53　（2011） 轻质隔墙工程是指：

A　加气混凝土砌块隔墙　　　　B　薄型板材隔墙

C　空心砖隔墙　　　　　　　　D　小砌块隔墙

解析： 据《建筑装饰装修工程质量验收标准》GB 50210—2018 第 8.1.1 条规定：轻质隔墙工程"适用于板材隔墙、骨架隔墙、活动隔墙和玻璃隔墙等分项工程的质量验收"，可见，题目的四个选项中只有 B 选项"薄型板材隔墙"属于轻质隔墙范畴。

答案： B

例 26-54　（2021） 关于隔墙板材安装是否牢固的检验方法，正确的是：

A　观察，手扳检查　　　　　　B　观察，尺量检查

C　观察，施工记录检查　　　　D　用小锤轻击检查

七、饰面板、饰面砖工程

饰面板、饰面砖工程主要指在室内外墙面或柱子表面,粘贴或安装石板、陶瓷板、木板、金属板及塑料板等板块装饰材料。饰面砖工程是指内墙饰面砖的粘贴和采用满粘法施工的外墙饰面砖的粘贴。其特点是施工面积大,装饰效果及装饰质量要求高。

(一)一般规定

(1)饰面板(砖)工程验收时应检查的文件和记录包括:

1)饰面板(砖)工程的施工图、设计说明及其他设计文件;

2)材料的产品合格证书、性能检测报告、进场验收记录和复验报告;

3)饰面板工程后置埋件的现场拉拔检验报告;

4)外墙饰面砖粘结强度检验报告及施工前粘贴样板;

5)隐蔽工程验收记录;

6)施工记录。

(2)应进行复验的材料及其性能指标:

1)室内用花岗石和瓷质饰面砖的放射性、室内用人造木板的甲醛释放量;

2)水泥基粘结料的粘结强度、与外墙面砖的拉伸粘结强度;

3)外墙陶瓷板及陶瓷面砖的吸水率;

4)严寒及寒冷地区外墙陶瓷板、陶瓷面砖的抗冻性。

(3)饰面板(砖)工程应对下列隐蔽工程项目进行验收:

1)饰面板工程的预埋件(或后置埋件)、龙骨安装、连接节点;

2)饰面砖工程的基层和基体、防水层;

3)防水保温、防火节点;

4)外墙金属板防雷连接节点。

(4)外墙饰面砖粘贴前应在待施工基层上做样板,并对样板的饰面砖粘结强度进行检验,其检验方法和结果判定应符合《建筑工程饰面砖粘结强度检验标准》JGJ 110 的规定。

(5)饰面板(砖)工程的防震缝、伸缩缝、沉降缝等部位的处理应保证缝的使用功能和饰面的完整性。

(6)各分项工程的检验批应按下列规定划分:

1)相同材料、工艺和施工条件的室内饰面板工程每 50 间应划分为一个检验批,不足 50 间也应划分为一个检验批,大面积房间和走廊可按饰面板(砖)面积每 30m² 计为 1 间;

2)相同材料、工艺和施工条件的室外饰面板(砖)工程每 1000m² 应划分为一个检验批，不足 1000m² 也应划分为一个检验批。

（7）检查数量应符合下列规定：

1）室内每个检验批应至少抽查 10%，并不得少于 3 间，不足 3 间时应全数检查；

2）室外每个检验批每 100m² 应至少抽查一处，每处不得小于 10m²。

例 26-55 **（2009）**饰面板（砖）工程应对下列材料性能指标进行复验的是：

A 粘贴用水泥的抗拉强度 　　　B 人造大理石的抗折强度

C 外墙陶瓷面砖的吸水率 　　　D 外墙花岗石的放射性

解析：据《建筑装饰装修工程质量验收标准》GB 50210—2018 第 9.1.3 及 10.1.3 条规定的复验项目包括：水泥基粘结材料的粘结强度、外墙陶瓷板及外墙陶瓷面砖的吸水率、室内用花岗石和瓷质面砖的放射性、严寒和寒冷地区外墙陶瓷板及外墙陶瓷面砖的抗冻性等。A、B、D 选项所列材料性能指标均不在规定复验项目内。

答案：C

（二）饰面板安装工程

1. 饰面板安装方法

常用的石材饰面板安装方法有湿挂法和干挂法。

（1）湿作业法（图 26-50）。也称湿挂法，它是传统安装方法，施工简单，但速度慢，易产生空鼓脱落和泛碱现象，仅能用于高度较小、对效果要求不高的部位。该种方法由于弊病较多，已逐渐被干挂法取代。其施工工艺流程为：基体处理→固定钢筋网→预拼编号→固定绑丝→板块就位及临时固定→分层灌水泥砂浆→清理及嵌缝。

（2）干挂法（图 26-51）。它是将石材等饰面板通过连接件固定于结构表面。

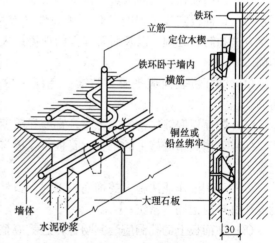

图 26-50　湿作业法安装固定示意

由于在板块与基体间形成空腔，故受结构变形影响较小，抗震能力强，并可避免泛碱现象；安装时无需间歇等待，施工速度快。现已成为石材饰面板安装的主要方法。

对表面较平整的钢筋混凝土墙体，可采用直接干挂法；对表面不平整的混凝土墙体、非钢筋混凝土墙体或利用饰面板造型的墙体等，则需采用骨架干挂法。

直接干挂法的施工工艺流程是：墙面修整、弹线、打孔→固定连接件→安装板块→调整、固定→嵌缝→清理。骨架干挂法同幕墙工程。

2. 安装要求

对内墙饰面板安装工程和高度不大于 24m、抗震设防烈度不大于 8 度的外墙饰面板安装工程的要求如下：

（1）饰面板的品种、规格、颜色和性能应符合设计要求及国家现行标准的有关规定，

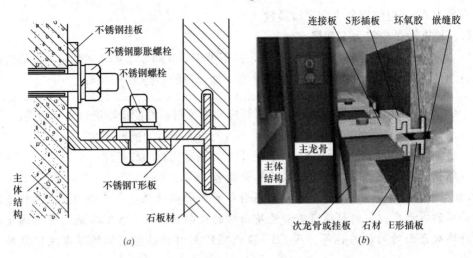

图 26-51　石材饰面板干挂法安装构造示意图
(a) 直接干挂法；(b) 骨架干挂法

木龙骨、木饰面板和塑料饰面板的燃烧性能等级应符合设计要求。

（2）饰面板孔、槽的数量、位置和尺寸应符合设计要求。

（3）饰面板安装工程的龙骨及预埋件（或后置埋件）、连接件的数量、规格、位置、连接方法和防腐处理，以及后置埋件的现场拉拔力均必须符合设计要求。饰面板安装必须牢固。

（4）饰面板表面应平整、洁净、色泽一致，无裂痕和缺损。石材表面应无泛碱等污染。

（5）饰面板嵌缝应密实、平直，宽度和深度应符合设计要求，嵌填材料色泽应一致。

（6）采用满粘法施工的工程，石板、瓷板与基层之间的粘结料应饱满、无空鼓，粘结应牢固。

（7）采用湿作业法施工的饰面板工程，石材应进行防碱封闭处理。饰面板与基体之间的灌注材料应饱满、密实。

（8）饰面板上的孔洞应套割吻合，边缘应整齐。

（9）外墙金属板的防雷装置应与主结构的防雷装置可靠接通。

（10）饰面板安装的允许偏差和检验方法见表 26-54。

饰面板安装的允许偏差和检验方法　　　　　　　　表 26-54

项次	项　　目	允许偏差（mm）							检验方法
		石　板			陶瓷板	木板	塑料板	金属板	
		光面	剁斧石	蘑菇石					
1	立面垂直度	2	3	3	2	2	2	2	用 2m 垂直检测尺检查
2	表面平整度	2	3	—	2	1	3	3	用 2m 靠尺和塞尺检查
3	阴阳角方正	2	4	4	2	2	3	3	用 200mm 直角检测尺检查
4	接缝直线度	2	4	4	2	2	2	2	拉 5m 线，不足 5m 拉通线，用钢直尺检查

项次	项目	允许偏差（mm）							检验方法
		石　　板			陶瓷板	木板	塑料板	金属板	
		光面	剁斧石	蘑菇石					
5	墙裙、勒脚上口直线度	2	3	3	2	2	2	2	拉 5m 线，不足 5m 拉通线，用钢直尺检查
6	接缝高低差	1	3	—	1	1	1	1	用钢直尺和塞尺检查
7	接缝宽度	1	2	2	1	1	1	1	用钢直尺检查

例 26-56　（2013）关于饰面板安装工程的说法，正确的是：

A　对深色花岗石需做放射性复验

B　预埋件、连接件的规格、连接方式必须符合设计要求

C　饰面板的嵌缝材料需进行耐候性复验

D　饰面板与基体之间的灌注材料应有吸水率的复验报告

解析：据《建筑装饰装修工程质量验收标准》GB 50210—2018 第 9.1.3 及 10.1.3 条规定的复验项目包括：水泥基粘结材料的粘结强度、外墙陶瓷板及外墙陶瓷面砖的吸水率、室内用花岗石的放射性等。A、C、D 选项所列材料性能指标均不在规定复验项目内。据第 9.2.3、9.3.3 条规定：饰面板安装工程的"预埋件"（或后置埋件）、连接件的材质、数量、规格、位置、连接方法和防腐处理，以及后置埋件的现场拉拔强度均必须符合设计要求。故 B 选项较符合题意。

答案：B

（三）饰面砖粘贴工程

对内墙饰面砖粘贴工程和高度不大于 100m、抗震设防烈度不大于 8 度、采用满粘法施工的外墙饰面砖粘贴工程的要求如下。

（1）饰面砖的品种、规格、图案、颜色和性能应符合设计要求及国家现行标准的有关规定。

（2）饰面砖粘贴工程的找平、防水、粘结和填缝材料及施工方法应符合设计要求及国家现行标准的有关规定。

（3）饰面砖粘贴必须牢固。检验方法：内墙砖手拍检查，外墙砖检查样板件粘结强度检测报告和施工记录。

（4）满粘法施工的饰面砖应无裂缝，外墙面砖应无空鼓，内墙面砖大面和阳角应无空鼓。

（5）饰面砖表面应平整、洁净、色泽一致，无裂痕和缺损。墙面突出物周围的饰面砖应整砖套割吻合，边缘应整齐。墙裙、贴脸突出墙面的厚度应一致。

（6）饰面砖接缝应平直、光滑，填嵌应连续、密实；宽度和深度应符合设计要求。伸缩缝设置及阴阳角构造符合设计要求。

（7）有排水要求的部位应做滴水线（槽）。滴水线（槽）应顺直，流水坡向应正确，坡度应符合设计要求。

（8）饰面砖粘贴的允许偏差和检验方法应符合表 26-55 的规定。

饰面砖粘贴的允许偏差和检验方法 表 26-55

项次	项　目	允许偏差（mm）		检　验　方　法
		外墙面砖	内墙面砖	
1	立面垂直度	3	2	用 2m 垂直检测尺检查
2	表面平整度	4	3	用 2m 靠尺和塞尺检查
3	阴阳角方正	3	3	用 200mm 直角检测尺检查
4	接缝直线度	3	2	拉 5m 线，不足 5m 拉通线，用钢直尺检查
5	接缝高低差	1	1	用钢直尺和塞尺检查
6	接缝宽度	1	1	用钢直尺检查

八、幕墙工程

建筑幕墙是指由金属构件与各种板材组成的悬挂在主体结构上的围护结构。建筑幕墙按其面板种类可分为玻璃幕墙、金属幕墙、石材幕墙、人造板材幕墙及组合幕墙等。按建筑幕墙的安装形式又可分为散装幕墙、半单元幕墙、单元幕墙和小单元幕墙等。幕墙一般均由骨架结构和幕墙构件两大部分组成。骨架通过连接件悬挂于主体结构上，而幕墙构件则安装在骨架上。一般构造见图 26-52。

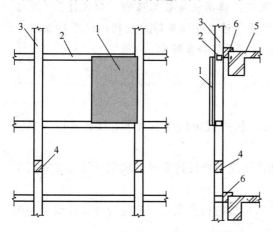

图 26-52　常用幕墙组成示意图
1—幕墙构件；2—横梁；3—立柱；4—立柱活动接头；
5—主体结构；6—立柱悬挂点

金属幕墙、石材幕墙及人造板材（包括：瓷板、陶板、微晶玻璃板、木纤维板、纤维水泥板和石材蜂窝板等）幕墙一般均将骨架隐蔽起来，而玻璃幕墙按结构特点，可分为构件式（明框、隐框、半隐框）、单元式、全玻璃幕墙和点支承幕墙等形式。

（一）一般规定

1. 幕墙工程验收时应检查的文件和记录

（1）幕墙工程的施工图、结构及热工计算书、设计说明及其他设计文件。

（2）建筑设计单位对幕墙工程设计的确认文件。

（3）幕墙工程所用各种材料、构件、组件、紧固件及其他附件的产品合格证书、性能检测报告、进场验收记录和复验报告。

（4）幕墙工程所用硅酮结构胶的抽查合格证明；国家批准的检测机构出具的硅酮结构胶相容性和剥离粘结性检验报告；石材用密封胶的耐污染性检验报告。

（5）后置埋件和槽式预埋件的现场拉拔力检验报告。

（6）封闭式幕墙的气密性能、水密性能抗风压性能及层间变形性能检验报告。

（7）注胶、养护环境的温度、湿度记录；双组分硅酮结构胶的混匀性试验记录及拉断试验记录。

（8）幕墙与主体结构防雷接地点之间的电阻检测记录。

（9）隐蔽工程验收记录。

（10）幕墙构件、组件和面板的加工制作记录；幕墙安装施工记录；杆索体系张拉记录；现场淋水检验记录。

2. 应进行复验的材料及其性能指标

（1）铝塑复合板的剥离强度。

（2）石材及各种人造板材的抗弯强度；寒冷地区石材、人造板材的抗冻性；室内用花岗石的放射性。

（3）幕墙用结构胶的邵氏硬度、标准条件拉伸粘结强度、相容性试验、剥离粘结性试验；石材用密封胶的污染性。

（4）中空玻璃的密封性能。

（5）防火、保温材料的燃烧性能。

（6）铝材、钢材主要受力杆件的抗拉强度。

3. 需进行隐蔽工程验收的项目

（1）预埋件（或后置埋件）、锚栓及连接件。

（2）构件的连接节点。

（3）变形缝及墙面转角节点；幕墙封口及与主体结构之间的封堵。

（4）隐框玻璃板块的固定。

（5）幕墙防雷连接节点，防火、隔烟节点。

4. 检验批划分和检验执行标准

（1）幕墙工程各分项工程的检验批应按下列规定划分。

1）相同设计、材料、工艺和施工条件的幕墙工程每 $1000m^2$ 应划分为一个检验批，不足 $1000m^2$ 也应划分为一个检验批；每个检验批每 $100m^2$ 应至少检查一处，每处不得少于 $10m^2$。

2）同一单位工程不连续的幕墙工程应单独划分检验批。

3）对于异形或有特殊要求的幕墙，检验批的划分应根据幕墙的结构、工艺特点及幕墙工程规模，由监理单位（或建设单位）和施工单位协商确定。

（2）检验执行标准

幕墙工程主控项目和一般项目的验收内容、检验方法、检查数量应符合现行行业标准《玻璃幕墙工程技术规范》JGJ 102、《金属与石材幕墙工程技术规范》JGJ 133 和《人造板材幕墙工程技术规范》JGJ 336 的规定。

5. 主要质量要求

（1）幕墙及其连接件应具有足够的承载力、刚度和相对于主体结构的位移能力。幕墙构架立柱的连接金属角码与其他连接件采用螺栓连接时，应有防松动措施。

（2）隐框、半隐框幕墙所采用的结构粘结材料必须是中性硅酮结构密封胶，其性能必须符合《建筑用硅酮结构密封胶》GB 16776 的规定，且应在有效期内使用。

（3）硅酮结构密封胶的打注应在洁净的专用注胶室进行，且养护环境、温度、湿度条件应符合结构胶产品的使用规定。

（4）幕墙的防火除应符合设计要求和现行国家标准《建筑设计防火规范》GB 50016

的有关规定外，还应符合下列规定：

1）应根据防火材料的耐火极限决定防火层的厚度和宽度，并应在楼板处形成防火带；

2）防火层应采取隔离措施。防火层的衬板应采用经防腐处理且厚度不小于 1.5mm 的钢板，不得采用铝板；

3）防火层的密封材料应采用防火密封胶；

4）防火层与玻璃不应直接接触，一块玻璃不应跨两个防火分区。

（5）幕墙与主体结构连接的各种预埋件，其数量、规格、位置和防腐处理必须符合设计要求。

（6）不同金属材料接触时应采用绝缘垫片分隔。

（7）幕墙的变形缝等部位的处理应保证缝的使用功能和饰面的完整性。

（8）幕墙工程所使用的各种材料、构件和组件的质量，幕墙的造型和立面分格均应符合设计要求及国家现行产品标准和工程技术规范的规定。

（二）玻璃幕墙工程

1. 主要要求

对于建筑高度不大于 150m、抗震设防烈度不大于 8 度的隐框玻璃幕墙、半隐框玻璃幕墙、明框玻璃幕墙、全玻幕墙及点支承玻璃幕墙工程，主要要求如下。

（1）玻璃幕墙使用的玻璃应符合下列规定：

1）应使用安全玻璃，玻璃的品种、规格、颜色、光学性能及安装方向应符合设计要求；

2）玻璃的厚度不应小于 6.0mm，全玻幕墙玻璃肋的厚度不应小于 12mm；

3）中空玻璃应采用双道密封；明框幕墙的中空玻璃应采用聚硫密封胶及丁基密封胶；隐框和半隐框幕墙的中空玻璃应采用硅酮结构密封胶及丁基密封胶；镀膜面应在中空玻璃的第 2 或第 3 面上；

4）幕墙的夹层玻璃应采用聚乙烯醇缩丁醛（PVB）胶片干法加工合成的夹层玻璃；点支承玻璃幕墙夹层玻璃的夹层胶片（PVB）厚度不应小于 0.76mm；

5）钢化玻璃表面不得有损伤；8.0mm 以下的钢化玻璃应进行引爆处理；

6）所有幕墙玻璃均应进行边缘处理。

（2）玻璃幕墙与主体结构连接的各种预埋件、连接件、紧固件必须安装牢固，其数量、规格、位置、连接方法和防腐处理应符合设计要求。

（3）各种连接件、紧固件的螺栓应有防松动措施；焊接连接应符合设计要求和焊接规范的规定。

（4）隐框或半隐框玻璃幕墙，每块玻璃下端应设置两个铝合金或不锈钢托条，其长度不应小于 100mm，厚度不应小于 2mm，托条外端应低于玻璃外表面 2mm。

检验方法：观察；检查施工记录。

（5）明框玻璃幕墙的玻璃安装应符合下列规定：

1）玻璃槽口与玻璃的配合尺寸应符合设计要求和技术标准的规定；

2）玻璃与构件不得直接接触，玻璃四周与构件凹槽底部应保持一定的空隙，每块玻璃下部应至少放置两块宽度与槽口宽度相同、长度不小于 100mm 的弹性定位垫块；玻璃两边嵌入量及空隙应符合设计要求；

3）玻璃四周橡胶条的材质、型号应符合设计要求，镶嵌应平整，橡胶条长度应比边框内槽长 1.5%～2.0%，橡胶条在转角处应斜面断开，并应用粘结剂粘结牢固后嵌入槽内。

（6）高度超过 4m 的全玻幕墙应吊挂在主体结构上，吊夹具应符合设计要求，玻璃与玻璃、玻璃与玻璃肋之间的缝隙，应采用硅酮结构密封胶填嵌严密。

（7）点支承玻璃幕墙应采用带万向头的活动不锈钢爪，其钢爪间的中心距离应大于 250mm。

（8）玻璃幕墙四周、玻璃幕墙内表面与主体结构之间的连接节点、各种变形缝、墙角的连接节点应符合设计要求和技术标准的规定。

（9）玻璃幕墙应无渗漏。应在易渗漏部位进行淋水检查。

（10）玻璃幕墙结构胶和密封胶的打注应饱满、密实、连续、均匀、无气泡，宽度和厚度应符合设计要求和技术标准的规定。

（11）玻璃幕墙开启窗的配件应齐全，安装应牢固，安装位置和开启方向、角度应正确；开启应灵活，关闭应严密。

（12）玻璃幕墙的防雷装置必须与主体结构的防雷装置可靠连接。

（13）玻璃幕墙表面应平整、洁净；整幅玻璃的色泽应均匀一致；不得有污染和镀膜损坏。

（14）明框玻璃幕墙的外露框或压条应横平竖直，颜色、规格应符合设计要求，压条安装应牢固。单元玻璃幕墙的单元拼缝或隐框玻璃幕墙的分格玻璃拼缝应横平竖直、均匀一致。

（15）玻璃幕墙的密封胶缝应横平竖直、深浅一致、宽窄均匀、光滑顺直。

（16）防火、保温材料填充应饱满、均匀，表面应密实、平整。

（17）玻璃幕墙隐蔽节点的遮封装修应牢固、整齐、美观。

（18）隐框、半隐框玻璃幕墙安装的允许偏差和检验方法应符合表 26-56 的规定。

隐框、半隐框玻璃幕墙安装的允许偏差和检验方法　　　　　　　　表 26-56

项次	项　　目		允许偏差（mm）	检 验 方 法
1	幕墙垂直度	幕墙高度≤30m	10	用经纬仪检查
		30m<幕墙高度≤60m	15	
		60m<幕墙高度≤90m	20	
		幕墙高度>90m	25	
2	幕墙水平度	层高≤3m	3	用水平仪检查
		层高>3m	5	
3	幕墙表面平整度		2	用 2m 靠尺和塞尺检查
4	板材立面垂直度		3	用垂直检测尺检查
5	板材上沿水平度		2	用 1m 水平尺和钢直尺检查
6	相邻板材板角错位		1	用钢直尺检查
7	阳角方正		2	用直角检测尺检查
8	接缝直线度		3	拉 5m 线，不足 5m 拉通线，用钢直尺检查
9	接缝高低差		1	用钢直尺和塞尺检查
10	接缝宽度		1	用钢直尺检查

2. 玻璃幕墙工程主控项目和一般项目

(1) 主控项目

1) 玻璃幕墙工程所用材料、构件和组件质量；

2) 玻璃幕墙的造型和立面分格；

3) 玻璃幕墙主体结构上的埋件；

4) 玻璃幕墙连接安装质量；

5) 隐框或半隐框玻璃幕墙玻璃托条；

6) 明框玻璃幕墙的玻璃安装质量；

7) 吊挂在主体结构上的全玻璃幕墙吊夹具和玻璃接缝密封；

8) 玻璃幕墙节点、各种变形缝、墙角的连接点；

9) 玻璃幕墙的防火、保温、防潮材料的设置；

10) 玻璃幕墙防水效果；

11) 金属框架和连接件的防腐处理；

12) 玻璃幕墙开启窗的配件安装质量；

13) 玻璃幕墙防雷。

(2) 一般项目

1) 玻璃幕墙表面质量；

2) 玻璃和铝合金型材的表面质量；

3) 明框玻璃幕墙的外露框或压条；

4) 玻璃幕墙拼缝；

5) 玻璃幕墙板缝注胶；

6) 玻璃幕墙隐蔽节点的遮封；

7) 玻璃幕墙安装偏差。

例 26-57　(2013) 不符合玻璃幕墙安装规定的是：

A　玻璃幕墙的造型和立面分格应符合设计要求

B　玻璃幕墙的防雷装置必须与主体结构的防雷装置可靠连接

C　所有幕墙玻璃不得进行边缘化处理

D　明框玻璃幕墙的玻璃与构件不得直接接触

解析： 在该题考试时执行的《建筑装饰装修工程质量验收规范》GB 50210—2001 第 9.2.4 条 6 款规定：所有幕墙玻璃均应进行边缘处理。

答案： C

(三) 金属幕墙工程

1. 主要要求

对于建筑高度不大于 150m 的金属幕墙工程的主要要求如下。

(1) 幕墙的防火、保温、防潮材料的设置应符合设计要求，并应密实、均匀、厚度一致。

(2) 板缝注胶应饱满、密实、连续、均匀、无气泡，宽度和厚度应符合设计要求和技术标准的规定。

（3）金属幕墙上的滴水线、流水坡向应正确、顺直。

2. 金属幕墙工程主控项目和一般项目

（1）主控项目

1）金属幕墙工程所用材料和配件质量；

2）金属幕墙的造型、立面分格、颜色、光泽、花纹和图案；

3）金属幕墙主体结构上的埋件；

4）金属幕墙连接安装质量；

5）金属幕墙的防火、保温、防潮材料的设置；

6）金属框架和连接件的防腐处理；

7）金属幕墙防雷；

8）变形缝、墙角的连接节点；

9）金属幕墙防水效果。

（2）一般项目

1）金属幕墙表面质量；

2）金属幕墙的压条安装质量；

3）金属幕墙板缝注胶；

4）金属幕墙流水坡向和滴水线；

5）金属板表面质量；

6）金属幕墙安装偏差。

（四）石材幕墙工程

1. 主要要求

对于建筑高度不大于 100m、抗震设防烈度不大于 8 度的石材幕墙工程，其主要要求如下。

（1）石材的抗弯强度不应小于 8.0MPa；吸水率应小于 0.8%。石材幕墙的铝合金挂件厚度不应小于 4.0mm，不锈钢挂件厚度不应小于 3.0mm。

（2）石材孔、槽的数量、深度、位置、尺寸应符合设计要求。

（3）石材幕墙表面应平整、洁净，无污染、缺损和裂痕。颜色和花纹应协调一致，无明显色差，无明显修痕。

（4）石材接缝应横平竖直、宽窄均匀；阴阳角石板压向应正确，板边合缝应顺直；凸凹线出墙厚度应一致，上下口应平直；石材面板上洞口、槽边应套割吻合，边缘应整齐。

2. 石材幕墙工程主控项目和一般项目

（1）主控项目

1）石材幕墙工程所用材料质量；

2）石材幕墙的造型、立面分格、颜色、光泽、花纹和图案；

3）石材孔、槽加工质量；

4）石材幕墙主体结构上的埋件；

5）石材幕墙连接安装质量；

6）金属框架和连接件的防腐处理；

7）石材幕墙的防雷；

8) 石材幕墙的防火、保温、防潮材料的设置；

9) 变形缝、墙角的连接节点；

10) 石材表面和板缝的处理；

11) 有防水要求的石材幕墙防水效果。

（2）一般项目

1) 石材幕墙表面质量；

2) 石材幕墙的压条安装质量；

3) 石材接缝、阴阳角、凸凹线、洞口、槽；

4) 石材幕墙板缝注胶；

5) 石材幕墙流水坡向和滴水线；

6) 石材表面质量；

7) 石材幕墙安装偏差。

（五）人造板材幕墙工程

1. 主要要求

对于高度不大于100m、抗震设防烈度不大于8度的民用建筑用瓷板、陶板、微晶玻璃板、石材蜂窝复合板、高压热固化木纤维板和纤维水泥板等外墙用人造板材幕墙工程，主要要求如下。

（1）幕墙支承构件和连接件材料的燃烧性能应为A级；面板材料的燃烧性能，当建筑高度大于50m时应为A级，当建筑高度不大于50m时不应低于B1级；幕墙用保温材料的燃烧性能等级应为A级。

（2）幕墙所用金属材料和金属配件除不锈钢和耐候钢外，均应根据使用需要，采取有效的表面防腐蚀处理措施。

（3）瓷板、微晶玻璃板和纤维水泥板幕墙单块面板的面积不宜大于 $1.5m^2$。

（4）人造板材幕墙应按附属于主体结构的外围护结构设计，设计使用年限不应少于25年。

（5）面板挂件与支承构件之间应采用不锈钢螺栓或不锈钢自钻自攻螺钉连接。螺栓的螺纹规格不应小于M6，自钻自攻螺钉的螺纹规格不应小于ST5.5，并采取防松脱和滑移措施。

（6）人造板材幕墙工程的造型、立面风格、颜色、光泽、花纹和图案应符合设计要求。

（7）主体结构的预埋件和后置埋件的位置、数量、规格尺寸及后置埋件、槽式预埋件的拉拔力应符合设计要求。

（8）幕墙面板连接用背栓、预置螺母、抽芯铆钉、连接螺钉的位置、数量、规格尺寸以及拉拔力应符合设计要求。

（9）幕墙的防火、保温、防潮材料的设置应符合设计要求，填充应密实、均匀、厚度一致。

（10）幕墙表面应平整、洁净，无污染，颜色基本一致。不得有缺角、裂纹、裂缝、斑痕等不允许的缺陷。瓷板、陶板的施釉表面不得有裂纹和龟裂。

（11）板缝应平直、均匀。注胶封闭式板缝注胶应饱满、密实、连续、均匀、无气泡，深浅基本一致、缝宽基本均匀、光滑顺直，胶缝的宽度和厚度应符合设计要求；胶条封闭式板缝的胶条应连续、均匀、安装牢固、无脱落，板缝宽度应符合设计要求。

2. 人造板材幕墙工程的主控项目和一般项目

（1）主控项目

1）人造板材幕墙工程所用材料、构件和组件质量；

2）人造板材幕墙的造型、立面分格、颜色、光泽、花纹和图案；

3）人造板材幕墙主体结构上的埋件；

4）人造板材幕墙连接安装质量；

5）金属框架和连接件的防腐处理；

6）人造板材幕墙防雷；

7）人造板材幕墙的防火、保温、防潮材料的设置；

8）变形缝、墙角的连接节点；

9）有防水要求的人造板材幕墙防水效果。

（2）一般项目

1）人造板材幕墙表面质量；

2）板缝；

3）人造板材幕墙流水坡向和滴水线；

4）人造板材表面质量；

5）人造板材幕墙安装偏差。

例 26-58　（2013）关于石材幕墙要求的说法，正确的是：

A　石材幕墙与玻璃幕墙、金属幕墙安装的垂直度允许偏差值不相等

B　应进行石材用密封胶的耐污染性指标复验

C　应进行石材的抗压强度复验

D　所有挂件采用不锈钢材料或镀锌铁件

解析：各种幕墙垂直度允许偏差都相同。石材幕墙应进行抗弯强度复验而不是抗压强度复验。挂件应为不锈钢或铝合金材料。石材用密封胶要做耐污染性指标复验，即 B 选项的说法正确。

答案：B

九、涂饰工程

涂饰是将涂料涂敷于基体表面，且与基体有很好地粘结，干燥后形成完整的装饰、保护膜层。涂料涂饰具有施工简便、装饰效果较好、较为耐用且便于更新等优点。

按涂料种类与涂饰功能，建筑涂饰工程包括水性涂料涂饰、溶剂型涂料涂饰、美术涂饰等分项工程。

1. 一般规定

（1）涂饰工程的基层处理应符合下列要求：

1）新建筑物的混凝土或抹灰基层在用腻子找平或直接涂饰涂料前应涂刷抗碱封闭

底漆；

2）既有建筑墙面在用腻子找平或直接涂饰涂料前应清除疏松的旧装修层，并涂刷界面剂；

3）在混凝土或抹灰基层在用溶剂型腻子找平或直接涂刷溶剂型涂料时，含水率不得大于8%；在用乳液型腻子找平或直接涂刷乳液型涂料时，含水率不得大于10%；木材基层的含水率不得大于12%；

4）找平层应平整、坚实、牢固，无粉化、起皮和裂缝；内墙找平层的粘结强度应符合《建筑室内用腻子》JG/T 298的规定；

5）厨房、卫生间墙面的找平层必须使用耐水腻子。

（2）水性涂料涂饰工程施工的环境温度应在5～35℃。

（3）涂饰工程施工时应对与涂层衔接的其他装修材料、邻近的设备等采取有效的保护措施，以避免由涂料造成的沾污。

（4）涂饰工程应在涂层养护期满后进行质量验收。

（5）涂层与其他装修材料和设备衔接处应吻合，界面应清晰。

（6）涂饰工程验收时应检查下列文件和记录：

1）涂饰工程的施工图、设计说明及其他设计文件；

2）材料的产品合格证书、性能检验报告、有害物质限量检验报告和进场验收记录；

3）施工记录。

（7）各分项工程的检验批应按下列规定划分：

1）室外涂饰工程每一栋楼的同类涂料涂饰的墙面每1000m²应划分为一个检验批，不足1000m²，也应划分为一个检验批；

2）室内涂饰工程同类涂料涂饰墙面每50间应划分为一个检验批，不足50间也应划分为一个检验批，大面积房间和走廊可按涂饰面积每30m²计为1间。

（8）检查数量应符合下列规定：

1）室外涂饰工程每100m²应至少检查一处，每处不得小于10m²；

2）室内涂饰工程每个检验批应至少抽查10%，并不得少于3间，不足3间时应全数检查。

2. 材料、做法与要求

（1）水性涂料涂饰工程

包括采用乳液型涂料、无机涂料、水溶性涂料等的涂饰工程。按做法分为薄涂料、厚涂料和复层涂料。

要求为：涂饰的颜色、光泽、图案应符合设计要求；应涂饰均匀、粘结牢固，不得漏涂、透底、开裂、起皮和掉粉。

薄涂料、厚涂料的涂饰质量均分为普通级和高级，共同要求是颜色均匀一致，区别于有无泛碱、咬色及光泽均匀程度。质量和检验方法见表26-57～表26-59。

薄涂料的涂饰质量和检验方法　　　　　　　　表26-57

项次	项目	普通涂饰	高级涂饰	检验方法
1	颜色	均匀一致	均匀一致	观察
2	光泽、光滑	光泽基本均匀，光滑无挡手感	光泽均匀一致、光滑	

项次	项目	普通涂饰	高级涂饰	检验方法
3	泛碱、咬色	允许少量轻微	不允许	观察
4	流坠、疙瘩	允许少量轻微	不允许	
5	砂眼、刷纹	允许少量轻微砂眼、刷纹通顺	无砂眼、无刷纹	

厚涂料的涂饰质量和检验方法　　　　表 26-58

项次	项目	普通涂饰	高级涂饰	检验方法
1	颜色	均匀一致	均匀一致	观察
2	光泽	光泽基本均匀	光泽均匀一致	
3	泛碱、咬色	允许少量轻微	不允许	
4	点状分布	—	疏密均匀	

复层涂料的涂饰质量和检验方法　　　　表 26-59

项次	项目	质量要求	检验方法
1	颜色	均匀一致	观察
2	光泽	光泽基本均匀	
3	泛碱、咬色	不允许	
4	喷点疏密程度	均匀，不允许连片	

墙面水性涂料涂饰工程的允许偏差和检验方法应符合表 26-60 的规定。

墙面水性涂料涂饰工程的允许偏差和检验方法　　　　表 26-60

项次	项目	允许偏差（mm）					检验方法
		薄涂料		厚涂料		复层涂料	
		普通涂饰	高级涂饰	普通涂饰	高级涂饰		
1	立面垂直度	3	2	4	3	5	用2m垂直检测尺检查
2	表面平整度	3	2	4	3	5	用2m靠尺和塞尺检查
3	阴阳角方正	3	2	4	3	4	用200mm直角检测尺检查
4	装饰线、分色线直线度	2	1	2	1	3	拉5m线，不足5m拉通线，用钢直尺检查
5	墙裙、勒脚上口直线度	2	1	2	1	3	拉5m线，不足5m拉通线，用钢直尺检查

（2）溶剂型涂料涂饰工程

包括采用丙烯酸酯涂料、聚氨酯丙烯酸涂料、有机硅丙烯酸涂料等、交联型氟树脂涂料的涂饰工程。分色漆、清漆。

要求为：涂饰的颜色、光泽、图案应符合设计要求；应涂饰均匀、粘结牢固，不得漏涂、透底、开裂、起皮和反锈。

色漆、清漆的涂饰质量也分为普通级和高级。色漆的共同要求是颜色均匀一致，区别是光泽、光滑程度等；清漆的共同要求是木纹清楚，区别是颜色、均匀程度及光泽、光滑程度等。

质量和检验方法应符合表 26-61、表 26-62 的规定，允许偏差见表 26-63。

色漆的涂饰质量和检验方法 表 26-61

项次	项目	普通涂饰	高级涂饰	检验方法
1	颜色	均匀一致	均匀一致	观察
2	光泽、光滑	光泽基本均匀，光滑无挡手感	光泽均匀一致，光滑	观察、手摸检查
3	刷纹	刷纹通顺	无刷纹	观察
4	裹棱、流坠、皱皮	明显处不允许	不允许	观察

清漆的涂饰质量和检验方法 表 26-62

项次	项目	普通涂饰	高级涂饰	检验方法
1	颜色	基本一致	均匀一致	观察
2	木纹	棕眼刮平，木纹清楚	棕眼刮平，木纹清楚	观察
3	光泽、光滑	光泽基本均匀，光滑无挡手感	光泽均匀一致，光滑	观察、手摸检查
4	刷纹	无刷纹	无刷纹	观察
5	裹棱、流坠、皱皮	明显处不允许	不允许	观察

墙面溶剂型涂料涂饰工程的允许偏差和检验方法 表 26-63

项次	项目	允许偏差（mm）				检验方法
		色漆		清漆		
		普通涂饰	高级涂饰	普通涂饰	高级涂饰	
1	立面垂直度	4	3	3	2	用 2m 垂直检测尺检查
2	表面平整度	4	3	3	2	用 2m 靠尺和塞尺检查
3	阴阳角方正	4	3	3	2	用 200mm 直角检测尺检查
4	装饰线、分色线直线度	2	1	2	1	拉 5m 线，不足 5m 拉通线，用钢直尺检查
5	墙裙、勒脚上口直线度	2	1	2	1	拉 5m 线，不足 5m 拉通线，用钢直尺检查

（3）美术涂饰工程

包括采用套色涂饰、滚花涂饰、仿花纹涂饰等的室内外美术涂饰工程。

要求为：涂饰应均匀、粘结牢固，不得漏涂、透底、开裂、起皮、掉粉和反锈，表面应洁净，不得有流坠现象；仿花纹涂饰的饰面应具有被模仿材料的纹理；套色涂饰的图案不得移位，纹理和轮廓应清晰。允许偏差见表 26-64。

墙面美术涂饰工程的允许偏差和检验方法 表 26-64

项次	项目	允许偏差（mm）	检验方法
1	立面垂直度	4	用 2m 垂直检测尺检查
2	表面平整度	4	用 2m 靠尺和塞尺检查

项次	项目	允许偏差（mm）	检验方法
3	阴阳角方正	4	用200mm直角检测尺检查
4	装饰线、分色线直线度	2	拉5m线，不足5m拉通线，用钢直尺检查
5	墙裙、勒脚上口直线度	2	拉5m线，不足5m拉通线，用钢直尺检查

例 26-59 （2010） 关于涂饰工程，正确的是：

A 水性涂料涂饰工程施工的环境温度应在 0～35℃之间

B 涂饰工程应在涂层完毕后及时进行质量验收

C 厨房、卫生间墙面必须使用耐水腻子

D 涂刷乳液型涂料时，基层含水率应大于 12%

解析： 据《建筑装饰装修工程质量验收标准》GB 50210—2018 第 12.1.6 条规定：水性涂料涂饰工程施工的环境温度应为 5～35℃。第 12.1.8 条规定：涂饰工程应在涂层养护期满后进行质量验收。第 12.1.5 条第 5 款规定：厨房、卫生间墙面的找平层应使用耐水腻子。第 12.1.5 条第 3 款规定：混凝土或抹灰基层涂刷溶剂型涂料时，含水率不得大于 8%；涂刷乳液型涂料时，含水率不得大于 10%。木材基层的含水率不得大于 12%。故只有 C 选项说法正确。

答案： C

十、裱糊与软包工程

（一）一般规定

（1）裱糊与软包工程验收时应检查下列资料：

1）裱糊与软包工程的施工图、设计说明及其他设计文件；

2）饰面材料的样板及确认文件；

3）材料的产品合格证书、性能检验报告、进场验收记录和复验报告；

4）饰面材料及封闭底漆、胶粘剂、涂料的有害物质限量检验报告；

5）隐蔽工程验收记录；

6）施工记录。

（2）软包工程应对木材的含水率及人造木板的甲醛释放量进行复验。

（3）裱糊工程应对基层封闭底漆、腻子、封闭底胶及软包内衬材料进行隐蔽工程验收。

（4）裱糊前，基层处理要求如下：

1）新建筑物的混凝土或抹灰基层墙面在刮腻子前应涂刷抗碱封闭底漆；

2）粉化的旧墙面应先除去粉化层，在刮涂腻子前涂刷一层界面处理剂；

3）混凝土或抹灰基层含水率不得大于 8%，木材基层的含水率不得大于 12%；

4）石膏板基层、接缝及裂缝处应贴加强网布后再刮腻子；

5）基层腻子应平整、坚实、牢固，无粉化、起皮、空鼓、疏松、裂缝和泛碱，腻子的粘结强度不得小于 0.3MPa；

6）基层表面平整度、立面垂直度及阴阳角方正应达到高级抹灰的要求；

7）基层表面颜色应一致；

8）裱糊前应用封闭底胶涂刷基层。

（5）同一品种的裱糊或软包工程每50间应划分为一个检验批，不足50间也应划分为一个检验批，大面积房间和走廊可按裱糊或软包面积每30m²计为1间。

（6）检查数量应符合下列规定：

1）裱糊工程每个检验批应至少抽查5间，不足5间时应全数检查；

2）软包工程每个检验批应至少抽查10间，不足10间时应全数检查。

（二）裱糊工程工艺与要求

裱糊工程是指采用粘贴的方法，把可折卷的软质面材固定在墙、柱、顶棚上的施工。包括聚氯乙烯塑料壁纸、纸质壁纸、墙布等的裱糊。

1. 工艺顺序

基层处理→刮腻子→刷封底涂料→润纸刷胶→裱糊→清理修整。

2. 质量要求

（1）壁纸、墙布的种类、规格、图案、颜色和燃烧性能等级必须符合设计要求及国家现行标准的有关规定。

（2）各幅拼接应横平竖直，拼接处花纹、图案应吻合，不离缝，不搭接；距离墙面1.5m处正视不显拼缝。

（3）壁纸、墙布应粘贴牢固，不得有漏贴、补贴、脱层、空鼓和翘边。

（4）裱糊后的壁纸、墙布表面应平整，色泽应一致，不得有波纹起伏、气泡、裂缝、皱褶及斑污，斜视时应无胶痕。

（5）复合压花壁纸的压痕及发泡壁纸的发泡层应无损坏。壁纸、墙布与各种装饰线、设备线盒应交接严密。

（6）壁纸、墙布与装饰线、踢脚板、门窗框的交接处应吻合、严密、顺直。与墙面上电气槽、盒的交接处套割应吻合，不得有缝隙。

（7）壁纸、墙布边缘应平直整齐，不得有纸毛、飞刺。阴角处应顺光搭接，阳角处应无接缝。

（8）裱糊工程的允许偏差和检验方法应符合表26-65的规定。

裱糊工程的允许偏差和检验方法　　　　　　表26-65

项次	项目	允许偏差（mm）	检验方法
1	表面平整度	3	用2m靠尺和塞尺检查
2	立面垂直度	3	用2m垂直检测尺检查
3	阴阳角方正	3	用200mm直角检测尺检查

（三）软包工程工艺与要求

软包装饰是室内装饰中的高档做法，常用于墙面、门等部位。常用材料包括织物、皮革、人造革等。

1. 施工工艺顺序

制作木基层→划线→粘贴衬材→包面层材料→安装边框压条→整理。

2. 质量要求

（1）软包工程的安装位置及构造做法应符合设计要求。

（2）软包边框所选木材的材质、颜色、花纹、燃烧性能等级应符合设计要求及国家现行标准的有关规定。

（3）软包衬板的材质、品种、规格、含水率应符合设计要求。面料及内衬材料的品种、规格、颜色、图案及燃烧性能等级应符合国家现行标准的有关规定。

（4）软包工程的龙骨、边框应安装牢固。衬板与基层应连接牢固，无翘曲、变形，拼缝应平直。

（5）单块软包面料不应有接缝，四周应绷压严密。

（6）软包工程表面应平整、洁净、无污染，无凹凸不平及皱褶；图案应清晰、无色差；整体应协调美观。

（7）软包边框表面应平整、光滑、顺直、无色差、无钉眼；对缝、拼角应对称，接缝吻合。清漆涂饰木制边框的颜色、木纹应协调一致。

（8）软包内衬应饱满，边缘应平齐。

（9）软包墙面与装饰线、踢脚板、门窗框的交接处应吻合、严密、顺直。交接（留缝）方式应符合设计要求。

（10）软包工程安装的允许偏差和检验方法应符合表 26-66 的规定。

软包工程安装的允许偏差和检验方法　　　　　　　　　　表 26-66

项次	项目	允许偏差（mm）	检验方法
1	单块软包边框水平度	3	用 1m 水平尺和塞尺检查
2	单块软包边框垂直度	3	用 1m 垂直检测尺检查
3	单块软包对角线长度差	3	从框的裁口里用钢尺检查
4	单块软包宽度、高度	0，−2	从框的裁口里角用钢尺检查
5	分格条（缝）直线度	3	拉 5m 线，不足 5m 拉通线，用钢直尺检查
6	裁口线条结合处高度差	1	用直尺和塞尺检查

例 26-60　（2013）关于裱糊工程施工的说法，错误的是：

A　壁纸的对接缝允许在墙的阴角处

B　基层应保持干燥

C　旧墙面在裱糊前应清除酥松的旧装饰层，并涂刷界面剂

D　新建建筑物混凝土基层应涂刷抗碱封闭底漆

解析：据《建筑装饰装修工程质量验收标准》GB 50210—2018 第 13.2.9 条规定："壁纸、墙布阴角处应顺光搭接，阳角处应无接缝"，即阴角处只能搭接而不能对接。故 A 选项说法错误。

答案：A

十一、细部工程

细部工程包括：橱柜制作与安装；窗帘盒、窗台板制作与安装；门窗套制作与安装；

护栏和扶手制作与安装；花饰制作与安装。

（一）一般要求

（1）应对花岗石的放射性和人造木板的甲醛释放量进行复验。

（2）应进行隐蔽工程验收的部位：预埋件（或后置埋件）、护栏与预埋件的连接节点。

（3）各分项工程的检验批应按下列规定划分：

1）同类制品每 50 间（处）应划分为一个检验批，不足 50 间（处）也应划分为一个检验批；

2）每部楼梯应划分为一个检验批。

（4）橱柜、窗帘盒、窗台板、门窗套和室内花饰每个检验批应至少抽查 3 间（处），不足 3 间（处）时应全数检查；护栏、扶手和室外花饰每个检验批应全数检查。

（二）橱柜制作与安装工程

（1）橱柜制作与安装所用材料的材质、规格、性能、有害物质限量及木材的燃烧性能等级和含水率，应符合设计要求及国家现行标准的有关规定。

（2）橱柜安装预埋件或后置埋件的数量、规格、位置应符合设计要求。

（3）橱柜的造型、尺寸、安装位置、制作和固定方法应符合设计要求，橱柜安装应牢固。

（4）橱柜配件的品种、规格应符合设计要求。配件应齐全，安装应牢固。

（5）橱柜的抽屉和柜门应开关灵活、回位正确。

（6）橱柜表面应平整、洁净、色泽一致，不得有裂缝、翘曲及损坏。

（7）橱柜裁口应顺直、拼缝应严密。

（8）橱柜安装的允许偏差和检验方法应符合表 26-67 的规定。

橱柜安装的允许偏差和检验方法　　　　　　　　表 26-67

项次	项目	允许偏差（mm）	检验方法
1	外形尺寸	3	用钢尺检查
2	立面垂直度	2	用 1m 垂直检测尺检查
3	门与框架的平行度	2	用钢尺检查

（三）窗台和窗台板制作与安装工程

（1）窗帘盒和窗台板制作与安装所使用材料的材质、规格、性能、有害物质限量及木材的燃烧性能等级和含水率应符合设计要求及国家现行标准的有关规定。

（2）窗帘盒和窗台板的造型、规格、尺寸、安装位置和固定方法应符合设计要求。窗帘盒和窗台板的安装应牢固。检验方法：观察，尺量检查，手扳检查（检查牢固状况）。

（3）窗帘盒配件的品种、规格应符合设计要求，安装应牢固。

（4）窗帘盒和窗台板表面应平整、洁净、线条顺直、接缝严密、色泽一致，不得有裂缝、翘曲及损坏。

（5）窗帘盒和窗台板与墙、窗框的衔接应严密，密封胶缝应顺直、光滑。

（6）窗帘盒和窗台板安装的允许偏差和检验方法应符合表 26-68 的规定。

项次	项目	允许偏差（mm）	检验方法
1	水平度	2	用 1m 水平尺和塞尺检查
2	上口、下口直线度	3	拉 5m 线，不足 5m 拉通线，用钢直尺检查
3	两端距窗洞口长度差	2	用钢直尺检查
4	两端出墙厚度差	3	用钢直尺检查

（四）门窗套制作与安装工程

（1）门窗套制作与安装所使用材料的材质、规格、花纹、颜色、性能、有害物质限量及木材的燃烧性能等级和含水率应符合设计要求及国家现行标准的有关规定。

（2）门窗套的造型、尺寸和固定方法应符合设计要求，安装应牢固。

（3）门窗套表面应平整、洁净、线条顺直、接缝严密、色泽一致，不得有裂缝、翘曲及损坏。

（4）门窗套安装的允许偏差和检验方法应符合表 26-69 的规定。

门窗套安装的允许偏差和检验方法　　　　　表 26-69

项次	项目	允许偏差（mm）	检验方法
1	正、侧面垂直度	3	用 1m 垂直检测尺检查
2	门窗套上口水平度	1	用 1m 水平检测尺和塞尺检查
3	门窗套上口直线度	3	拉 5m 线，不足 5m 拉通线，用钢直尺检查

（五）护栏和扶手制作与安装工程

（1）护栏和扶手制作与安装所使用材料的材质、规格、数量和木材、塑料的燃烧性能等级应符合设计要求。

（2）护栏和扶手的造型、尺寸及安装位置应符合设计要求。

（3）护栏和扶手安装预埋件的数量、规格、位置以及护栏与预埋件的连接节点应符合设计要求。

（4）护栏高度、栏杆间距、安装位置应符合设计要求。护栏安装应牢固。

（5）栏板玻璃的使用应符合设计要求和现行行业标准《建筑玻璃应用技术规程》JGJ 113 的规定。

（6）护栏和扶手转角弧度应符合设计要求，接缝应严密，表面应光滑，色泽应一致，不得有裂缝、翘曲及损坏。

（7）护栏和扶手安装的允许偏差和检验方法应符合表 26-70 的规定。

护栏和扶手安装的允许偏差和检验方法　　　　　表 26-70

项次	项目	允许偏差（mm）	检验方法
1	护栏垂直度	3	用 1m 垂直检测尺检查
2	栏杆间距	0，-6	用钢尺检查
3	扶手直线度	4	拉通线，用钢直尺检查
4	扶手高度	+6，0	用钢尺检查

（六）花饰制作与安装工程

（1）花饰制作与安装所使用材料的材质、规格、性能、有害物质限量及木材的燃烧性能等级和含水率应符合设计要求及国家现行标准的有关规定。

（2）花饰的造型、尺寸应符合设计要求。

（3）花饰的安装位置和固定方法应符合设计要求，安装应牢固。

（4）花饰表面应洁净，接缝应严密吻合，不得有歪斜、裂缝、翘曲及损坏。

（5）花饰安装的允许偏差和检验方法应符合表 26-71 的规定。

花饰安装的允许偏差和检验方法　　　　　　　　　　　表 26-71

项次	项目		允许偏差（mm）		检验方法
			室内	室外	
1	条形花饰的水平度或垂直度	每米	1	3	拉线和用 1m 垂直检测尺检查
		全长	3	6	
2	单独花饰中心位置偏移		10	15	拉线和用钢直尺检查

十二、分部工程质量验收

（1）建筑装饰装修工程质量验收程序和组织应符合现行国家标准《建筑工程施工质量验收统一标准》GB 50300 的规定。建筑装饰装修工程的子分部工程、分项工程应按表 26-72 划分。

建筑装饰装修工程的子分部工程、分项工程划分　　　　　　表 26-72

项次	子分部工程	分项工程
1	抹灰工程	一般抹灰，保温层薄抹灰，装饰抹灰，清水砌体勾缝
2	外墙防水工程	外墙砂浆防水，涂膜防水，透气膜防水
3	门窗工程	木门窗安装，金属门窗安装，塑料门窗安装，特种门安装，门窗玻璃安装
4	吊顶工程	整体面层吊顶，板块面层吊顶，格栅吊顶
5	轻质隔墙工程	板材隔墙，骨架隔墙，活动隔墙，玻璃隔墙
6	饰面板工程	石板安装，陶瓷板安装，木板安装，金属板安装，塑料板安装
7	饰面砖工程	外墙饰面砖粘贴，内墙饰面砖粘贴
8	幕墙工程	玻璃幕墙安装，金属幕墙安装，石材幕墙安装，人造板材幕墙安装
9	涂饰工程	水性涂料涂饰，溶剂型涂料涂饰，美术涂饰
10	裱糊与软包工程	裱糊，软包
11	细部工程	橱柜制作与安装，窗帘盒和窗台板制作与安装，门窗套制作与安装，护栏和扶手制作与安装，花饰制作与安装
12	建筑地面工程	基层铺设，整体面层铺设，板块面层铺设，木、竹面层铺设

（2）检验批、分项工程、子分部工程、分部工程的质量验收，均应按现行国家标准《建筑工程施工质量验收统一标准》GB 50300 的格式记录。

（3）检验批的合格判定应符合下列规定。

1）抽查样本均应符合《建筑工程施工质量验收统一标准》GB 50300 主控项目的

规定。

2）抽查样本的 80％以上应符合《建筑工程施工质量验收统一标准》GB 50300 一般项目的规定。其余样本不得有影响使用功能或明显影响装饰效果的缺陷，其中有允许偏差的检验项目，其最大偏差不得超过本标准规定允许偏差的 1.5 倍。

（4）分项工程中各检验批的质量均应验收合格。

（5）子分部工程中各分项工程的质量均应验收合格，并应符合下列规定。

1）应具备各子分部工程规定检查的文件和记录；

2）应具备表 26-73 规定的有关安全和功能检验项目的合格报告；

3）观感质量应符合各分项工程中一般项目的要求。

有关安全和功能的检验项目表   表 26-73

项次	子分部工程	检验项目
1	门窗工程	建筑外窗的气密性能、水密性能和抗风压性能
2	饰面板工程	饰面板后置埋件的现场拉拔力
3	饰面砖工程	外墙饰面砖样板及工程的饰面砖粘结强度
4	幕墙工程	①硅酮结构胶的相容性和剥离粘结性； ②幕墙后置埋件和槽式预埋件的现场拉拔力； ③幕墙的气密性、水密性、耐风压性能及层间变形性能

（6）分部工程中各子分部工程的质量均应验收合格，并应按上条规定进行核查。当建筑工程只有装饰装修分部工程时，该工程应作为单位工程验收。

（7）有特殊要求的建筑装饰装修工程，竣工验收时应按合同约定加测相关技术指标。

（8）建筑装饰装修工程的室内环境质量应符合现行国家标准《民用建筑工程室内环境污染控制标准》GB 50325 的规定。

（9）未经竣工验收合格的建筑装饰装修工程不得投入使用。

第五节　建筑地面工程

建筑地面是建筑物底层地面和楼（层地）面的总称。建筑地面主要由两大部分组成，即基层和面层。常用地面构造见图 26-53。

基层是指面层以下的构造层，包括填充层、隔离层、绝热层、找平层、垫层和基土等。基土是指房心夯实的回填土。垫层根据所用材料的不同，可分为刚性垫层和非刚性垫层两类。刚性垫层一般为现浇混凝土；非刚性垫层一般由松散材料夯实而成，如砂、炉渣、矿渣、碎石、灰土等。有特殊要求的基层应采用相应的材料，如有防水要求的隔离层常使用防水涂料、防水卷材等材料。

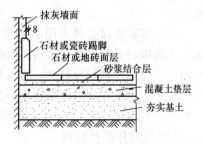

图 26-53　常用地面构造做法

面层是指直接承受各种物理和化学作用的建筑地面的表面层。对面层要求坚固、耐磨、平整、洁净、美观、易清扫、防滑、适当弹性和较小的导热性。面层按使用材料的不同可分为水泥砂浆地面、水磨石地面、马赛克地面、地砖地面、大理石地面、花岗石地面、木地板地面等，按构成方式和施工工艺的不同分为整体面层，板块面层和木、竹面层。

建筑地面工程的子分部工程及分项工程划分见表 26-74。

建筑地面工程子分部工程、分项工程的划分 表 26-74

分部工程	子分部工程		分项工程
建筑装饰装修工程	地面	整体面层	基层：基土、灰土垫层、砂石垫层和砂石垫层、碎石垫层和碎砖垫层、三合土及四合土垫层、炉渣垫层、水泥混凝土垫层和陶粒混凝土垫层、找平层、隔离层、填充层、绝热层
			面层：水泥混凝土面层、水泥砂浆面层、水磨石面层、硬化耐磨面层、防油渗面层、不发火（防爆）面层、自流平面层、涂料面层、塑胶面层、地面辐射供暖的整体面层
		板块面层	基层：基土、灰土垫层、砂垫层和砂石垫层、碎石垫层和碎砖垫层、三合土及四合土垫层、炉渣垫层、水泥混凝土垫层和陶粒混凝土垫层、找平层、隔离层、填充层、绝热层
			面层：砖面层（陶瓷锦砖、缸砖、陶瓷地砖和水泥花砖面层）、大理石面层和花岗石面层、预制板块面层（水泥混凝土板块、水磨石板块、人造石板块面层）、料石面层（条石、块石面层）、塑料板面层、活动地板面层、金属板面层、地毯面层、地面辐射供暖的板块面层
		木、竹面层	基层：基土、灰土垫层、砂垫层和砂石垫层、碎石垫层和碎砖垫层、三合土及四合土垫层、炉渣垫层、水泥混凝土垫层和陶粒混凝土垫层、找平层、隔离层、填充层、绝热层
			面层：实木地板、实木集成地板、竹木地板面层（条材、块材面层）、实木复合地板面层（条材、块材面层）、浸渍纸层压木质地板面层（条材、块材面层）、软木类地板面层（条材、块材面层）、地面辐射供暖的木板面层

一、对地面工程的基本规定

（1）从事建筑地面工程施工的建筑施工企业应有质量管理体系和相应的施工工艺技术标准。

（2）采用的材料或产品应符合设计要求和国家现行有关标准的规定。无国家现行标准的，应具有省级住房和城乡建设行政主管部门的技术认可文件。材料或产品进场时应有质量合格证明文件；还应对型号、规格、外观等进行验收，对重要材料或产品应抽样进行复验。

（3）建筑地面工程采用的大理石、花岗石、料石等天然石材以及砖、预制板块、地毯、人造板材、胶粘剂、涂料、水泥、砂、石、外加剂等材料或产品应符合国家现行有关室内环境污染控制和放射性、有害物质限量的规定。材料进场时应具有检测报告。

（4）有种植要求的建筑地面，其构造做法应符合设计要求和现行行业标准《种植屋面工程技术规程》JGJ 155 的有关规定。设计无要求时，种植地面应低于相邻建筑地面50mm 以上或作槛台处理。

（5）地面辐射供暖系统的设计、施工及验收应符合现行行业标准《辐射供暖供冷技术规程》JGJ 142 的有关规定。施工验收合格后，方可进行面层铺设；面层分格缝的构造做法应符合设计要求。

（6）建筑地面下的沟槽、暗管、保温、隔热、隔声等工程完工后，应经检验合格并做隐蔽记录，方可进行建筑地面工程的施工。

（7）建筑地面工程基层（各构造层）和面层的铺设，均应待其下一层检验合格后方可施工上一层。建筑地面工程各层铺设前与相关专业的分部（子分部）工程、分项工程以及设备管道安装工程之间，应进行交接检验。

（8）建筑地面工程施工时，各层环境温度的控制应符合材料或产品的技术要求，并应符合下列规定：

1）采用掺有水泥、石灰的拌合料铺设以及用石油沥青胶结料铺贴时，不应低于5℃；

2）采用有机胶粘剂粘贴时，不应低于10℃；

3）采用砂、石材料铺设时，不应低于0℃；

4）采用自流平、涂料铺设时，不应低于5℃，也不应高于30℃。

（9）铺设有坡度的地面，应采用基土高差达到设计要求的坡度；铺设有坡度的楼面（或架空地面），应采用在结构楼层板上变更填充层（或找平层）铺设的厚度，或以结构起坡达到设计要求的坡度。

（10）在冻胀性土上铺设地面时，应按设计要求做好防冻胀土处理后方可施工，且不得在冻胀土层上进行填土施工；在永冻土上铺设地面时，应按建筑节能要求进行隔热、保温处理后方可施工。

（11）室外散水、明沟、踏步、台阶和坡道等，其面层和基层（各构造层）均应符合设计要求。施工时应按规范基层铺设中的基土和相应垫层以及面层的规定执行。

（12）水泥混凝土散水、明沟应设置伸、缩缝，其间距不得大于10m，对日晒强烈且昼夜温差超过15℃的地区，其间距宜为4～6m。水泥混凝土散水、明沟和台阶等与建筑物连接处及房屋转角处应设缝处理。上述缝的宽度应为15～20mm，缝内应填嵌柔性密封材料。

（13）建筑地面的变形缝应按设计要求设置，并应符合下列规定：

1）地面的沉降缝、伸缝、缩缝和防震缝，应与结构相应缝的位置一致，且应贯通建筑地面的各构造层；

2）沉降缝和防震缝的宽度应符合设计要求，以柔性密封材料填嵌后用板封盖，并应与面层齐平。

（14）当建筑地面采用镶边时，应按设计要求设置并应符合下列规定：

1）有强烈机械作用下的水泥类整体面层与其他类型的面层邻接处，应设置金属镶边构件；

2）具有较大振动或变形的设备基础与周围建筑地面的邻接处，应沿设备基础周边设置贯通建筑地面各构造层的沉降缝（防震缝）；

3）采用水磨石整体面层时，应用同类材料镶边，并用分格条进行分格；

4）条石面层和砖面层与其他面层邻接处，应用顶铺的同类材料镶边；

5）采用木、竹面层和塑料板面层时，应用同类材料镶边；

6）地面面层与管沟、孔洞、检查井等邻接处，均应设置镶边；

7）管沟、变形缝等处的建筑地面面层的镶边构件，应在面层铺设前装设；

8）建筑地面的镶边宜与柱、墙面或踢脚线的变化协调一致。

（15）厕浴间、厨房和有排水（或其他液体）要求的建筑地面面层与相连接各类面层的标高差应符合设计要求。

（16）厕浴间和有防滑要求的建筑地面应符合设计防滑要求。

（17）各类面层的铺设宜在室内装饰工程基本完工后进行。木、竹面层、塑料板面层、活动地板面层、地毯面层的铺设，应待抹灰工程、管道试压等完工后进行。

（18）检验同一施工批次、同一配比水泥混凝土和水泥砂浆强度的试块，应按每一层（或检验批）建筑地面工程不少于1组；当其面积大于1000m²时，每增加1000m²增做1组试块；小于1000m²按1000m²计算，取样1组。检验同一施工批次、同一配比的散水、明沟、踏步、台阶、坡道的水泥混凝土、水泥砂浆强度的试块，应按每150延长米不少于1组。

（19）建筑地面工程施工质量的检验，应符合下列规定：

1）基层（各构造层）和各类面层的分项工程施工质量验收，应按每一层次或每层施工段（或变形缝）划分检验批，高层建筑的标准层可按每三层（不足三层按三层计）划分检验批；

2）每检验批应以各子分部工程的基层（各构造层）和各类面层所划分的分项工程，按自然间（或标准间）检验，抽查数量应随机检验不应少于3间；不足3间应全数检查；其中走廊（过道）应以10延长米为1间，工业厂房（按单跨计）、礼堂、门厅应以两个轴线为1间计算；

3）有防水要求的建筑地面子分部工程的分项工程施工质量，每检验批抽查数量应按其房间总数随机检验不应少于4间，不足4间应全数检查。

（20）建筑地面工程的分项工程施工质量检验的主控项目，应达到规范规定的质量标准，认定为合格；一般项目80％以上的检查点（处）符合规范规定的质量要求，其他检查点（处）不得有明显影响使用，且最大偏差值不超过允许偏差值的50％为合格。

（21）建筑地面工程的施工质量验收应在施工企业自检合格的基础上，由监理单位或建设单位组织有关单位对分项工程、子分部工程进行检验。

（22）检查防水隔离层应采用蓄水的方法，蓄水深度最浅处不得小于10mm，蓄水时间不得少于24h；检查有防水要求的建筑地面的面层应采用泼水的方法。

（23）建筑地面工程完工后，应对面层采取保护措施。

例 26-61 **（2012）**建筑地面工程施工中，下列各材料铺设时环境温度控制的规定不正确的是：

A 采用掺有水泥、石灰的拌合料铺设时不应低于5℃

B 采用石油沥青胶结料铺贴时不应低于5℃

C 采用有机胶粘剂粘贴时不应低于10℃

D 采用砂、石材料铺设时，不应低于10℃

解析：据《建筑地面工程施工质量验收规范》GB 50209—2010 第3.0.11条规定：建筑地面工程施工时，各层材料铺设时环境温度的控制应符合材料或产品的技术要求，并符合：①采用掺有水泥、石灰的拌合料铺设以及用石油沥青胶结料铺贴时，不应低于5℃；②采用有机胶粘剂粘贴时，不应低于10℃；③采用砂、石材料铺设时，不应低于0℃；④采用自流平、涂料铺设时，应为5～30℃。可见，D选项所述控制温度不正确。

答案：D

例 26-62 （2021）对有防水要求的建筑地面，对其进行质量检验的说法，错误的是：

A 采用钢尺检测允许偏差　　　B 采用敲击法检查空鼓

C 采用蓄水法检查防水隔离层　D 通过靠尺检测面层表面起砂

解析：《建筑地面工程质量验收规范》GB 50209—2010 第 3.0.24 条规定，检验方法应符合下列规定：

① 检查允许偏差应采用钢尺、1m 直尺、2m 直尺、3m 直尺、2m 靠尺、楔形塞尺、坡度尺、游标卡尺和水准仪；

② 检查空鼓应采用敲击的方法；

③ 检查防水隔离层应采用蓄水方法；

④ 检查各类面层（含不需铺设部分或局部面层）表面的裂纹、脱皮、麻面和起砂等缺陷，应采用观感的方法。

本题 A 选项说法不够准确，应把"钢尺"改为"尺量"；但 D 选项说法显然错误。故选 D。

答案：D

二、地面基层铺设

地面基层铺设是指面层以下包括基土、垫层、找平层、绝热层、隔离层和填充层的铺设施工。

基层铺设的材料质量、密实度和强度等级（或配合比）等应符合设计要求和规范规定。

基层铺设前，其下一层表面应干净、无积水。当垫层、找平层、填充层内埋设暗管时，管道应按设计要求予以稳固。

垫层分段施工时，接槎处应做成阶梯形，每层接槎处的水平距离应错开 0.5～1.0m。接槎处不应设在地面荷载较大的部位。

对有防静电要求的整体地面的基层，应清除残留物，将露出基层的金属物涂绝缘漆两遍晾干。

基层的标高、坡度、厚度等应符合设计要求。基层表面应平整。其允许偏差和检验方法应符合表 26-75 的规定。

（一）基土铺设

基土是指底层地面的地基土层。施工及质量要求如下：

（1）地面应铺设在均匀密实的基土上。土层结构被扰动的基土应进行换填，并予以压实。压实系数应符合设计要求，一般不低于 0.9。对软弱土层应按设计要求进行处理。

（2）基土不应用淤泥、腐殖土、冻土、耕植土、膨胀土和建筑杂物作为填土，填土土块的粒径不应大于 50mm。

（3）填土时，土料的含水量应在最优范围内，以获得最大压实密度。重要工程或大面积的地面填土前，应取土样，按击实试验确定最优含水量与相应的最大干密度。

项次	项目	基土	垫层		垫层地板			找平层				填充层		隔离层	绝热层	检验方法
		土	砂、砂石、碎石、碎砖	灰土、三合土、四合土、炉渣、水泥混凝土、陶粒混凝土	木搁栅	拼花实木地板、拼花实木复合地板、软木类地板面层	其他种类面层	用胶结料做结合层铺设板块面层	用水泥砂浆做结合层铺设板块面层	用胶粘剂做结合层铺设拼花木板、浸渍纸层压木质地板、实木复合地板、竹地板、软木地板面层	金属板面层	松散材料	板、块材料	防水、防潮、防油渗	板块材料、浇筑材料、喷涂材料	
		允许偏差（mm）														
1	表面平整度	15	15	10	3	3	5	3	5	2	3	7	5	3	4	用 2m 靠尺和楔形塞尺检查
2	标高	0 −50	±20	±10	±5	±5	±8	±5	±8	±4	±4	±4	±4	±4	±4	用水准仪检查
3	坡度	不大于房间相应尺寸的 2‰，且不大于 30														用坡度尺检查
4	厚度	在个别地方不大于设计厚度的 1/10，且不大于 20														用钢尺检查

（4）填土应分层摊铺（每层厚度不超过 250mm）、分层压（夯）实、分层检验其密实度。填土质量应符合现行国家标准《建筑地基基础工程施工质量验收规范》GB 50202 的有关规定。

（5）Ⅰ类建筑基土的氡浓度应符合现行国家标准《民用建筑工程室内环境污染控制规范》GB 50325 的规定。同一工程、同一土源地点检查一组。

（6）基土应均匀密实，压实系数应符合设计要求；设计无要求时，不应小于 0.9。

（7）基土表面的允许偏差及检验方法见表 26-75。

（二）垫层的铺设

地面垫层是承受并传递地面荷载于基土上的构造层。垫层种类包括：灰土垫层、砂垫层和砂石垫层、碎石垫层和碎砖垫层、三（四）合土垫层、炉渣垫层、水泥混凝土垫层等。应据所处位置、环境及面层材料要求选用。

垫层表面的允许偏差及检验方法应符合表 26-75 的规定。其他要求如下：

1. 垫层的厚度

垫层的最小厚度取决于所用材料的强度及其颗粒粒径。对于灰土垫层、砂石垫层、三合土、碎石和碎砖垫层，其最小厚度不得小于 100mm；对四合土、炉渣、陶粒混凝土垫层则不小于 80 mm；对砂垫层、水泥混凝土垫层应不小于 60mm。

例 26-63 （2012）下列地面垫层最小厚度可以小于 100mm 的是：

A 砂石垫层   B 碎石和碎砖垫层

C 三合土垫层   D 炉渣垫层

解析： 据《建筑地面工程施工质量验收规范》GB 50209—2010 第 4.3.1、4.4.1、4.5.1、4.6.1、4.7.1、4.8.1 条规定，建筑地面垫层的最小厚度归纳为如下三档：灰土垫层、砂石垫层、碎石和碎砖垫层、三合土垫层为 100mm；炉渣垫层、轻骨料混凝土垫层为 80mm；砂垫层、混凝土垫层为 60mm。题目所列选项中，仅有"炉渣垫层"厚度可以小于 100mm，故选 D。

答案： D

2. 灰土垫层

应采用熟化石灰与黏土（或粉质黏土、粉土）的拌合料铺设。熟化石灰粉可采用磨细生石灰，亦可用粉煤灰代替。灰土体积比应符合设计要求。熟化石灰颗粒粒径不应大于 5mm；用土不得含有有机物质，颗粒粒径不应大于 16mm。

灰土垫层应铺设在不受地下水浸泡的基土上，施工后应有防止水浸泡的措施。铺设时应分层夯实，经湿润养护、晾干后方可进行下一道工序施工。灰土垫层不宜在冬期施工，当必须在冬期施工时，应采取可靠措施。

例 26-64 （2012）下面对地面工程灰土垫层施工的要求叙述中，哪项是错误的？

A 熟化石灰可用粉煤灰代替

B 可采用磨细生石灰与黏土按重量比拌合洒水堆放后使用

C 基土及垫层施工后应防止受水浸泡

D 应分层夯实，经湿润养护、晾干后方可进行下一道工序施工

解析： 据《建筑地面工程施工质量验收规范》GB 50209—2010 第 4.3.2 条规定：熟化石灰粉可采用磨细生石灰，亦可用粉煤灰代替。第 4.3.1 及第 4.3.6 条规定：灰土垫层应采用熟化石灰与黏土（或粉质黏土、粉土）的拌合料铺设，灰土体积比应符合设计要求。第 4.3.3 条规定：灰土垫层应铺设在不受地下水浸泡的基土上，施工后应有防止水浸泡的措施。B 选项中"按重量比"的说法不符合规范。

答案： B

3. 砂垫层和砂石垫层

砂应采用中砂。砂石应选用天然级配材料，石子最大粒径不应大于垫层厚度的 2/3。砂和砂石不应含有草根等有机杂质。铺设时不应有粗细颗粒分离现象，压（夯）至不松动为止。

垫层铺设后，其干密度（或贯入度）应符合设计要求。表面不应有砂窝、石堆等现象。

4. 碎石垫层和碎砖垫层

碎石的强度应均匀，最大粒径不应大于垫层厚度的 2/3；碎砖不应采用风化、酥松、夹有有机杂质的砖料，颗粒粒径不应大于 60mm。碎石垫层和碎砖垫层应分层压（夯）实，达到表面坚实、平整。碎石、碎砖垫层的密实度应符合设计要求。

5. 三合土垫层和四合土垫层

三合土垫层应采用石灰、砂（掺入少量黏土）与碎砖的拌合料铺设。四合土垫层应采用水泥、石灰、砂（可掺少量黏土）与碎砖的拌合料铺设。水泥宜采用硅酸盐水泥、普通硅酸盐水泥；熟化石灰颗粒粒径不应大于 5mm；砂应用中砂，并不得含有草根等有机物质；碎砖不应采用风化、酥松和夹有有机杂质的砖料，颗粒粒径不应大于 60mm。

三合土、四合土的体积比应符合设计要求，铺设时均应分层夯实。

6. 炉渣垫层

炉渣垫层应采用炉渣或水泥与炉渣或水泥、石灰与炉渣的拌合料铺设，体积比应符合设计要求。

炉渣内不应含有有机杂质和未燃尽的煤块，颗粒粒径不应大于 40mm，且颗粒粒径在 5mm 及其以下的颗粒，不得超过总体积的 40%。炉渣或水泥炉渣垫层的炉渣，使用前应浇水闷透；水泥石灰炉渣垫层的炉渣，使用前应用石灰浆或熟化石灰（粒径不大于 5mm）浇水拌合闷透；闷透时间均不得少于 5d。

在垫层铺设前，其下一层应湿润。铺设时应分层压实，表面不得有泌水现象。铺设后应养护，待其凝结后方可进行下一道工序施工。

炉渣垫层施工过程中不宜留施工缝。当必须留缝时应留直槎，并保证间隙处密实，接槎时应先刷水泥浆，再铺炉渣拌合料。

炉渣垫层与其下一层结合应牢固，不应有空鼓和松散炉渣颗粒。通过观察和小锤轻击检查。

7. 水泥混凝土垫层和陶粒混凝土垫层

水泥混凝土垫层和陶粒混凝土垫层应铺设在基土上。当气温长期处于 0℃ 以下，设计无要求时，垫层应设置缩缝，缝的位置、嵌缝做法等应与面层伸、缩缝相一致。

垫层铺设前，当为水泥类基层时，其下一层表面应湿润，以结合紧密，防止空鼓。

室内地面的水泥混凝土垫层和陶粒混凝土垫层，应设置纵向和横向缩缝。以防止在气温降低时，混凝土垫层产生不规则裂缝。纵、横缩缝的间距均不得大于 6m。纵向缩缝应做平头缝或加肋板平头缝；当垫层厚度大于 150mm 时，可做企口缝。平头缝和企口缝的缝间不得放置隔离材料，浇筑时应互相紧贴。企口缝尺寸应符合设计要求。横向缩缝应做假缝。假缝宽度宜为 5~20mm，深度宜为垫层厚度的 1/3，填缝材料应与地面变形缝的填缝材料相一致（图 26-54）。

工业厂房、礼堂、门厅等大面积水泥混凝土、陶粒混凝土垫层应分区段浇筑。分区段时应结合变形缝位置、不同类型的建筑地面连接处和设备基础的位置进行划分，并应与设置的纵向、横向缩缝的间距相一致。

水泥混凝土垫层和陶粒混凝土垫层采用的粗骨料，其最大粒径不应大于垫层厚度的 2/3，含泥量不应大于 3%；砂为中粗砂，其含泥量不应大于 3%。陶粒宜选用粉煤灰陶粒、页岩陶粒等；陶粒中粒径小于 5mm 的颗粒含量应小于 10%，粉煤灰陶粒中大于

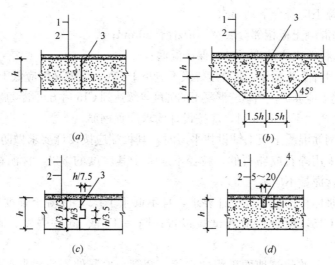

图 26-54 混凝土垫层纵横向缩缝构造

(a) 平头缝；(b) 加肋板平头缝；(c) 企口缝；(d) 假缝

15mm 的颗粒含量不应大于 5％；陶粒中不得混夹杂物或黏土块。

混凝土的强度等级均应符合设计要求。陶粒混凝土的密度应为 $800 \sim 1400 \mathrm{kg/m^3}$。按同一工程、同一强度等级、同一配合比检查一次。

例 26-65 **(2008)** 建筑地面施工中，当水泥混凝土垫层长期处于 0℃气温以下时，应设置：

A 缩缝 B 沉降缝 C 施工缝 D 分格缝

解析： 据《建筑地面工程施工质量验收规范》GB 50209—2010 第 4.8.1 条规定：水泥混凝土垫层和陶粒混凝土垫层应铺设在基土上。当气温长期处于 0℃以下，设计无要求时，垫层应设置缩缝，缝的位置、嵌缝做法等应与面层伸、缩缝相一致。故选 A。

答案： A

（三）找平层

地面找平层是在垫层、楼板上或填充层（轻质、松散材料）上起整平、找坡或加强作用的构造层。施工及质量的主要要求如下：

（1）找平层宜采用水泥砂浆或水泥混凝土铺设。当厚度小于 30mm 时，宜用水泥砂浆做找平层；当厚度不小于 30mm 时，宜用细石混凝土做找平层。

（2）找平层铺设前，当其下一层有松散填充料时，应予铺平振实。有防水要求的建筑地面工程，铺设前必须对立管、套管和地漏与楼板节点之间进行密封处理（图 26-55），并应进行隐蔽验收；排水坡度应符合设计要求。

（3）在预制钢筋混凝土板上铺设找平层

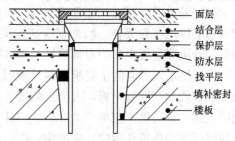

图 26-55 楼面地漏处构造

283

前，板缝填嵌的施工应符合下列要求：

    1）预制钢筋混凝土板相邻缝底宽不应小于 20mm；

    2）填嵌时，板缝内应清理干净，保持湿润；

    3）填缝应采用细石混凝土，其强度等级不应小于 C20；填缝高度应低于板面 10～20mm，且振捣密实；填缝后应养护；当填缝混凝土的强度等级达到 C15 后方可继续施工；

    4）当板缝底宽大于 40mm 时，应按设计要求配置钢筋。

  （4）在预制钢筋混凝土板上铺设找平层时，其板端应按设计要求做防裂的构造措施。

  （5）找平层采用碎石或卵石的，粒径不应大于其厚度的 2/3，含泥量不应大于 2%；砂为中粗砂，其含泥量不应大于 3%。

  （6）水泥砂浆体积比应符合设计要求，且不低于 1:3；混凝土强度等级应符合设计要求，且不低于 C15，配合比应有试验报告；同一工程、同一强度、同一配合比检查一次。

  （7）有防水要求的建筑地面工程的立管、套管、地漏处不应渗漏，坡向应正确、无积水。

  （8）在有防静电要求的整体面层的找平层施工前，其下敷设的导电地网系统应与接地引下线和地下接电体有可靠连接，经电性能检测且符合相关要求后进行隐蔽工程验收。

  （9）找平层与其下一层结合应牢固，不应有空鼓。表面应密实，不应有起砂、蜂窝和裂缝等缺陷。

  （10）找平层的表面允许偏差及检验方法应符合表 26-75 的规定。

（四）隔离层

  地面隔离层是防止建筑地面上各种液体或地下水、潮气渗透地面等作用的构造层；当仅防止地下潮气透过地面时，可称作防潮层。

  （1）隔离层材料的防水、防油渗性能、铺设层数（或道数）、上翻高度应符合设计要求。有种植要求的地面隔离层的防根穿刺等应符合现行行业标准《种植屋面工程技术规程》JGJ 155 的有关规定。

  （2）在水泥类找平层上铺设卷材或涂料类防水、防油渗隔离层时，其表面应坚固、洁净、干燥。铺设前，应涂刷与卷材或涂料性能相容的基层处理剂。

  （3）当采用掺有防渗外加剂的水泥类隔离层时，其配合比、强度等级、外加剂的复合掺量等应符合设计要求。隔离层兼做面层时，其材料不得对人体及环境产生不利影响，并应符合现行国家标准《食品安全国家标准 食品安全性毒理学评价程序》GB 15193.1 和《生活饮用水卫生标准》GB 5749 的有关规定。

  （4）铺设隔离层时，在管道穿过楼板面四周，防水、防油渗材料应向上铺涂，并超过套管的上口；在靠近柱、墙处，应高出面层 200～300mm 或按设计要求的高度铺涂。阴阳角和管道穿过楼板面的根部应增加铺涂附加防水、防油渗隔离层。

  （5）厕浴间和有防水要求的建筑地面必须设置防水隔离层。楼层结构必须采用现浇混凝土或整块预制混凝土板，混凝土强度等级不应小于 C20。房间的楼板四周除门洞外应做混凝土翻边，高度不应小于 200mm，宽同墙厚，混凝土强度等级不应小于 C20。施工时结构层标高和预留孔洞位置应准确，严禁乱凿洞。

  （6）隔离层材料应符合设计要求和国家现行有关标准的规定。卷材类、涂料类隔离层材料进入施工现场，应对材料的主要物理性能指标进行复验。隔离层的材料、施工质量检验还应符合现行国家标准《屋面工程施工质量验收规范》GB 50207 的有关规定。

（7）防水隔离层铺设后，应进行蓄水检验，深度不少于 10mm，时间为 24h，并做记录。

（8）防水隔离层严禁渗漏，排水的坡向应正确、排水通畅。

（9）隔离层厚度应符合设计要求。隔离层与其下一层应粘结牢固，不应有空鼓；防水涂层应平整、均匀，无脱皮、起壳、裂缝、鼓泡等缺陷。

（10）隔离层表面的允许偏差应符合表 26-75 的规定。

> **例 26-66　（2012）** 建筑地面工程施工中，铺设防水隔离层时，下列施工要求哪项是错误的？
>
> A　穿过楼板面的管道四周，防水材料应向上铺涂，并超过套管的上口
>
> B　在靠近墙面处，高于面层的铺涂高度为 100mm
>
> C　阴阳角应增加铺涂附加防水隔离层
>
> D　管道穿过楼板面的根部应增加铺涂附加防水隔离层
>
> **解析：** 据《建筑地面工程施工质量验收规范》GB 50209—2010 第 4.10.5 条规定：铺设隔离层时，在管道穿过楼板面四周，防水、防油渗材料应向上铺涂，并超过套管的上口；在靠近柱、墙处，应高出面层 200～300mm 或按设计要求的高度铺涂。阴阳角和管道穿过楼板面的根部应增加铺涂附加防水、防油渗隔离层。故 B 选项"高出面层 100mm"要求错误。
>
> **答案：** B

> **例 26-67　（2021）** 关于厕浴间地面的说法，错误的是：
>
> A　楼层结构可采用整块预制混凝土板
>
> B　现浇混凝土楼层板可不设置防水隔离层
>
> C　楼层结构的混凝土强度等级不应小于 C20
>
> D　房间楼板四周除门洞外应做混凝土翻边
>
> **解析：**《建筑地面工程质量验收规范》GB 50209—2010 第 4.10.11 条关于厕浴间和有防水要求的建筑地面规定：必须设置防水隔离层。楼层结构必须采用现浇混凝土或整块预制混凝土板，混凝土强度等级不应小于 C20；房间的楼板四周除门洞外应做混凝土翻边，高度不应小于 200mm，宽同墙厚，混凝土强度等级不应小于 C20。施工时结构层标高和预留孔洞位置应准确，严禁乱凿洞。可见 B 选项说法错误。
>
> **答案：** B

（五）填充层铺设

地面填充层是建筑地面中具有隔声、找坡等作用和暗敷管线的构造层。主要要求如下。

（1）填充层材料的密度应符合设计要求。

（2）填充层的下一层表面应平整。当为水泥类时，尚应洁净、干燥，并不得有空鼓、

裂缝和起砂等缺陷。

(3) 采用松散材料铺设填充层时，应分层铺平拍实；采用板、块状材料铺设填充层时，应分层错缝铺贴。

(4) 有隔声要求的楼面，隔声垫在柱、墙面的上翻高度应超出楼面 20mm，且应收口于踢脚线内。地面上有竖向管道时，隔声垫应包裹管道四周，高度同卷向柱、墙面的高度。隔声垫保护膜之间应错缝搭接，搭接长度应大于 100mm，并用胶带等封闭。

(5) 隔声垫上部应设置保护层，其构造做法应符合设计要求。当设计无要求时，混凝土保护层厚度不应小于 30mm，内配间距不大于 200mm×200mm 的 ϕ6mm 钢筋网片。

(6) 有隔声要求的建筑地面工程尚应符合现行国家标准《建筑隔声评价标准》GB/T 50121、《民用建筑隔声设计规范》GB 50118 的有关要求。

(7) 填充层材料应符合设计要求和国家现行有关标准的规定。填充层的厚度、配合比应符合设计要求。对填充材料接缝有密闭要求的应密封良好。

(8) 松散材料填充层铺设应密实；板块状材料填充层应压实、无翘曲。坡度应符合设计要求，不应有倒泛水和积水现象。

(9) 填充层的表面偏差应符合表 26-75 的规定。用做隔声的填充层应符合表中隔离层的规定。

(六) 绝热层铺设

地面绝热层是用于地面阻挡热量传递的构造层。常使用板块材料、浇筑材料或喷涂材料。主要要求如下。

(1) 绝热层材料的性能、品种、厚度、构造做法应符合设计要求和国家现行有关标准的规定。

(2) 建筑物室内接触基土的首层地面应增设水泥混凝土垫层后方可铺设绝热层，垫层的厚度及强度等级应符合设计要求。首层地面及楼层楼板铺设绝热层前，表面平整度宜控制在 3mm 以内。

(3) 有防水、防潮要求的地面，宜在防水、防潮隔离层施工完毕并验收合格后再铺设绝热层。

(4) 穿越地面进入非采暖保温区域的金属管道应采取隔断热桥的措施。

(5) 绝热层与地面面层之间应设有水泥混凝土结合层，构造做法及强度等级应符合设计要求。设计无要求时，混凝土结合层的厚度不应小于 30mm，层内应设置间距不大于 200mm×200mm 的 ϕ6mm 钢筋网片。

(6) 有地下室的建筑，地上、地下交界部位楼板的绝热层应采用外保温做法，绝热层表面应设有外保护层。外保护层应安全、耐候，表面应平整、无裂纹。

(7) 建筑物勒脚处绝热层的铺设应符合设计要求。设计无要求时，应符合下列规定：

1) 当地区冻土深度不大于 500mm 时，应采用外保温做法；

2) 当地区冻土深度大于 500mm 且不大于 1000mm 时，宜采用内保温做法；

3) 当地区冻土深度大于 1000mm 时，应采用内保温做法；

4) 当建筑物的基础有防水要求时，宜采用内保温做法；

5) 采用外保温做法的绝热层，宜在建筑物主体结构完成后再施工。

（8）绝热层的材料不应采用松散型材料或抹灰浆料。

（9）绝热层材料应符合设计要求和国家现行有关标准的规定。材料进入施工现场时，应进行检验，并应对材料的导热系数、表观密度、抗压强度或压缩强度、阻燃性进行复验。对同一工程、同一材料、同一生产厂家、同一型号、同一规格、同一批号复验一组。

（10）绝热层的板块材料应采用无缝铺贴法铺设。绝热层的厚度应符合设计要求，不应出现负偏差，表面应平整、无开裂。

（11）绝热层与地面面层之间的水泥混凝土结合层或水泥砂浆找平层，表面应平整，允许偏差应符合表 26-75 中"找平层"的规定。

例 26-68　（2013） 下列楼地面施工做法的说法中，错误的是：

A　有防水要求的地面工程应对立管、套管、地漏与楼板节点之间进行密封处理，并应进行隐蔽验收

B　有防静电要求的整体地面工程，应对导电地网系统与接地引下线的连接进行隐蔽验收

C　找平层采用碎石或卵石的粒径不应大于其厚度的 2/3

D　预制板相邻板缝应采用水泥砂浆嵌填

解析： 据《建筑地面工程施工质量验收规范》GB 50209—2010 第 4.9.3 条规定，在预制钢筋混凝土楼板上铺设找平层前，相邻板缝应该用不低于 C20 的细石混凝土嵌填，而不是水泥砂浆。

答案： D

三、地面面层铺设

地面面层是指直接承受各种物理和化学作用的建筑地面表面层。它包括整体面层，板块面层和木、竹面层三种。

（一）整体面层铺设

整体地面面层无接缝，它可以通过加工处理，获得丰富的装饰效果，一般造价较低，施工方便。

整体面层子分部工程包括水泥混凝土（含细石混凝土）面层、水泥砂浆面层、水磨石面层、硬化耐磨面层、防油渗面层、不发火（防爆）面层、自流平面层、涂料面层、塑胶面层、地面辐射供暖的整体面层等分项工程。

1. 一般规定

（1）铺设整体面层时，其水泥类基层的抗压强度不得小于 1.2MPa；表面应粗糙、洁净、湿润并不得有积水。铺设前宜凿毛或涂刷界面剂，以利于粘结、避免空鼓。硬化耐磨面层、自流平面层的基层处理应符合设计及产品的要求。

（2）铺设整体面层时，地面变形缝的位置应符合前述"地面工程的基本规定"中之要求；大面积水泥类面层应设置分格缝。

（3）整体面层施工后，养护时间不应少于 7d，抗压强度应达到 5MPa 后方准上人行走；抗压强度应达到设计要求后，方可正常使用。

（4）当采用掺有水泥的拌合料做踢脚线时，不得用石灰混合砂浆打底。

(5) 水泥类整体面层的抹平应在水泥初凝前完成，压光工作应在水泥终凝前完成。

(6) 整体面层的允许偏差和检验方法应符合表 26-76 的规定。

整体面层的允许偏差和检验方法 表 26-76

项次	项目	允许偏差（mm）									检验方法
		水泥混凝土面层	水泥砂浆面层	普通水磨石面层	高级水磨石面层	硬化耐磨面层	防油渗混凝土和不发火面层	自流平面层	涂料面层	塑胶面层	
1	表面平整度	5	4	3	2	4	5	2	2	2	用 2m 靠尺和楔形塞尺检查
2	踢脚线上口平直	4	4	3	3	4	4	3	3	3	拉 5m 线和用钢尺检查
3	缝格顺直	3	3	3	2	3	3	2	2	2	

例 26-69 （2010）地面工程施工中，铺设整体面层时，水泥类基层的抗压强度不得小于：

A 6MPa   B 1.0MPa   C 1.2MPa   D 2.4MPa

解析：据《建筑地面工程施工质量验收规范》GB 50209—2010 第 5.1.2 条规定：铺设整体面层时，其水泥类基层的抗压强度不得小于 1.2MPa。

答案：C

2. 水泥混凝土面层与水泥砂浆面层

(1) 面层厚度应符合设计要求。

(2) 混凝土面层铺设不得留施工缝。当施工间隙超过允许时间规定时，应对接槎处进行处理。混凝土采用的粗骨料最大粒径不应大于面层厚度的 2/3，细石混凝土面层采用的石子粒径不应大于 16mm。混凝土面层的强度等级应符合设计要求，且强度等级不应小于 C20。

(3) 水泥砂浆面层的水泥宜采用硅酸盐水泥、普通硅酸盐水泥，不同品种、不同强度等级的水泥不应混用；砂应为中粗砂，当采用石屑时，其粒径应为 1～5mm，且含泥量不应大于 3%；防水水泥砂浆采用的砂或石屑，其含泥量不应大于 1%。水泥砂浆的体积比应为 1:2，强度等级不应小于 M15。有排水要求的水泥砂浆地面，应坡向正确、排水通畅；防水水泥砂浆面层不应渗漏。

(4) 面层与下一层应结合牢固，且应无空鼓和开裂。当出现空鼓时，空鼓面积不应大于 400cm²，且每自然间或标准间不应多于 2 处。

(5) 面层表面应洁净，不应有裂纹、脱皮、麻面、起砂等缺陷。坡度应符合设计要求，不应有倒泛水和积水现象。

(6) 踢脚线与柱、墙面应紧密结合，踢脚线高度和出柱、墙厚度应符合设计要求且均匀一致。当出现空鼓时，局部空鼓长度不应大于 300mm，且每自然间或标准间不应多于 2 处。

（7）楼梯、台阶踏步的宽度、高度应符合设计要求。楼层梯段相邻踏步高度差不应大于 10mm；每踏步两端宽度差不应大于 10mm，旋转楼梯梯段的每踏步两端宽度的允许偏差不应大于 5mm。踏步面层应做防滑处理，齿角应整齐，防滑条应顺直、牢固。

例 26-70　（2008）地面工程中，关于水泥混凝土整体面层，下述做法哪项不正确？

A　强度等级不应小于 C20
B　铺设时不得留施工缝
C　养护时间不少于 7d
D　抹平应在水泥终凝前完成

解析： 据《建筑地面工程施工质量验收规范》GB 50209—2010 第 5.1.6 条规定：水泥类整体面层的抹平工作应在水泥初凝前完成，压光工作应在水泥终凝前完成。故 D 选项做法不正确。

答案： D

3. 水磨石面层

（1）水磨石面层应采用水泥与石粒拌合料铺设，有防静电要求时，拌合料内应按设计要求掺入导电材料。面层厚度除有特殊要求外，宜为 12～18mm，且宜按石粒粒径确定。水磨石面层的颜色和图案应符合设计要求。

（2）白色或浅色的水磨石面层应采用白水泥；深色的水磨石面层宜采用硅酸盐水泥、普通硅酸盐水泥或矿渣硅酸盐水泥；同颜色的面层应使用同一批水泥。同一彩色面层应使用同厂、同批的颜料；其掺入量宜为水泥重量的 3%～6% 或由试验确定。

（3）水磨石面层的结合层采用水泥砂浆时，强度等级应符合设计要求且不应小于 M10，稠度宜为 30～35mm。

（4）水磨石面层的石粒应采用白云石、大理石等加工而成，石粒应洁净无杂物，其粒径除特殊要求外应为 6～16mm；颜料应采用耐光、耐碱的矿物原料，不得使用酸性颜料。

（5）水磨石面层拌合料的体积比应符合设计要求，且水泥与石粒的比例应为 1：1.5～1：2.5。

（6）普通水磨石面层磨光遍数不应少于 3 遍。高级水磨石面层的厚度和磨光遍数应由设计确定。水磨石面层磨光后，在涂草酸和上蜡前，其表面不得污染。

（7）防静电水磨石面层中采用导电金属分格条时，分格条应经绝缘处理，且十字交叉处不得碰接。应在面层施工前及施工完成表面干燥后，进行接地电阻和表面电阻检测，并应做好记录。面层表面经清洁、干燥后，应均匀涂抹一层防静电剂和地板蜡，并应做抛光处理。

（8）面层与下一层结合应牢固，且应无空鼓、裂纹。当出现空鼓时，空鼓面积不应大于 400cm²，且每自然间或标准间不应多于 2 处。

（9）面层表面应光滑，且应无裂纹、砂眼和磨痕；石粒应密实，显露应均匀；颜色图案应一致，不混色；分格条应牢固、顺直和清晰。

（10）踢脚线与柱、墙面应紧密结合，踢脚线高度及出柱、墙厚度应符合设计要求且均匀一致。当出现空鼓时，局部空鼓长度不应大于 300mm，且每自然间或标准间不应多于 2 处。

（11）楼梯、台阶踏步的宽度、高度应符合设计要求。楼层梯段相邻踏步高度差不应大于10mm；每踏步两端宽度差不应大于10mm，旋转楼梯梯段的每踏步两端宽度的允许偏差不应大于5mm。踏步面层应做防滑处理，齿角应整齐，防滑条应顺直、牢固。

4. 硬化耐磨面层

硬化耐磨面层是采用金属渣、屑、纤维或石英砂、金刚砂等，并应与水泥类胶凝材料拌合铺设，或在水泥类基层上撒布铺设。要求如下。

（1）硬化耐磨面层采用拌合料铺设时，水泥的强度不应小于42.5MPa。金属渣、屑、纤维不应有其他杂质，使用前应去油除锈、冲洗干净并干燥；石英砂应用中粗砂，含泥量不应大于2%。

（2）硬化耐磨面层采用拌合料铺设时，拌合料的配合比应通过试验确定；采用撒布铺设时，耐磨材料的撒布量应符合设计要求，且应在水泥类基层初凝前完成撒布。

（3）硬化耐磨面层采用拌合料铺设时，宜先铺设一层强度等级不小于M15、厚度不小于20mm的水泥砂浆，或水灰比宜为0.4的素水泥浆结合层。

（4）硬化耐磨面层采用拌合料铺设时，铺设厚度和拌合料强度应符合设计要求。当设计无要求时，水泥钢（铁）屑面层铺设厚度不应小于30mm，抗压强度不应小于40MPa；水泥石英砂浆面层铺设厚度不应小于20mm，抗压强度不应小于30MPa；钢纤维混凝土面层铺设厚度不应小于40mm，抗压强度不应小于40MPa。

（5）硬化耐磨面层采用撒布铺设时，耐磨材料应撒布均匀，厚度应符合设计要求；混凝土基层或砂浆基层的厚度及强度应符合设计要求。当设计无要求时，混凝土基层的厚度不应小于50mm，强度等级不应小于C25；砂浆基层的厚度不应小于20mm，强度等级不应小于M15。

（6）硬化耐磨面层分格缝的间距及缝深、缝宽、填缝材料应符合设计要求。

（7）硬化耐磨面层铺设后应在湿润条件下静置养护，养护期限应符合材料的技术要求。达到设计强度后方可投入使用。

（8）硬化耐磨面层的厚度、强度等级、耐磨性能应符合设计要求。

5. 防油渗面层

（1）防油渗面层应采用防油渗混凝土铺设或采用防油渗涂料涂刷。

（2）防油渗隔离层及防油渗面层与墙、柱连接处的构造应符合设计要求。

（3）防油渗混凝土面层厚度应符合设计要求，配合比应按设计要求的强度等级和抗渗性能通过试验确定。

（4）防油渗混凝土面层应按厂房柱网分区段浇筑，区段划分及分区段缝应符合设计要求。

（5）防油渗混凝土面层内不得敷设管线。露出面层的电线管、接线盒、预埋套管和地脚螺栓等的处理，以及与墙、柱、变形缝、孔洞等连接处泛水均应采取防油渗措施并应符合设计要求。

（6）防油渗面层采用防油渗涂料时，材料应按设计要求选用，涂层厚度宜为5～7mm。

（7）防油渗混凝土所用的水泥应采用普通硅酸盐水泥；碎石应采用花岗石或石英石，不应使用松散、多孔和吸水率大的石子，粒径为5～16mm，最大粒径不应大于20mm，含泥量不应大于1％；砂应为中砂，且应洁净无杂物；掺入的外加剂和防油渗剂应符合有关标准的规定。防油渗涂料应具有耐油、耐磨、耐火和粘结性能。

（8）防油渗混凝土的强度等级和抗渗性能应符合设计要求，且强度等级不应小于C30，防油渗涂料的粘结强度不应小于0.3MPa。

（9）防油渗混凝土面层与下一层应结合牢固、无空鼓。表面坡度应符合设计要求，不得有倒泛水和积水现象。

例26-71　**（2013）** 在面层中不得敷设管线的整体地面面层是：

A　硬化耐磨面层　　　　　　　B　防油渗混凝土面层

C　水泥混凝土面层　　　　　　D　自流平面层

解析： 据《建筑地面工程施工质量验收规范》GB 50209—2010 第5.6.5条规定：防油渗混凝土面层内不得敷设管线。

答案： B

6. 不发火（防爆）面层

不发火（防爆）面层是指采用的材料和硬化后的试件，与金属或石块等坚硬物体发生摩擦、冲击或冲擦等机械作用时，不会产生火花（或火星），不会致使易燃物引起发火或爆炸的建筑地面。主要要求如下：

（1）不发火（防爆）面层应采用水泥类拌合料及其他不发火材料铺设，其材料、厚度及强度等级应符合设计要求。

（2）不发火（防爆）各类面层的铺设应符合相应面层的规定。采用的材料和硬化后的试件，应按规定做不发火性试验。

（3）不发火（防爆）面层中碎石的不发火性必须合格；砂应质地坚硬、表面粗糙，其粒径应为0.15～5mm，含泥量不应大于3％，有机物含量不应大于0.5％；水泥应采用硅酸盐水泥、普通硅酸盐水泥；面层分格的嵌条应采用不发生火花的材料配制。配制时应随时检查，不得混入金属或其他易发生火花的杂质。

（4）面层与下一层应结合牢固，且应无空鼓和开裂。表面应密实，无裂缝、蜂窝、麻面等缺陷。

例26-72　**（2006）** 建筑地面工程中的不发火（防爆的）面层，在原材料选用和配制时，下列哪项不正确？

A　采用的碎石与金属或石料撞击时不发生火花

B　砂的粒径宜为0.15～5mm

C　面层分格的嵌条应采用不发生火花的材料

D　配制时应抽查

解析： 据《建筑地面工程施工质量验收规范》GB 50209—2010 第5.7.4条规定：不发火（防爆）面层中碎石的不发火性必须合格（注：本题考试时所用规范 GB 50209—2002 第5.7.4条曾明确要求：不发火（防爆的）面层采用的碎石应选用大理石、白云石或其他石料加工而成，并以金属或石料撞击时不发生火花为合格；砂应质地坚硬、表面粗糙，其粒径应为 0.15～5mm，含泥量不应大于 3%，有机物含量不应大于 0.5%；水泥应采用硅酸盐水泥、普通硅酸盐水泥；面层分格的嵌条应采用不发生火花的材料配制。配制时应随时检查，不得混入金属或其他易发生火花的杂质）。故仅 D 选项"配制时抽查"的做法不正确。

答案：D

7. 自流平面层

自流平面层是采用水泥基、石膏基、合成树脂基等拌合物铺设而成的地面面层。

（1）自流平面层与墙、柱等连接处的构造做法应符合设计要求，铺设时应分层施工。

（2）自流平面层的基层应平整、洁净，基层的含水率应与面层材料的技术要求相一致。

（3）自流平面层的构造做法、厚度、颜色等应符合设计要求。

（4）有防水、防潮、防油渗、防尘要求的自流平面层应达到设计要求。

（5）自流平面层的铺涂材料应符合设计要求和国家现行有关标准的规定。

（6）自流平面层的涂料进入施工现场时，应有以下有害物质限量合格的检测报告：

1）水性涂料中的挥发性有机化合物（VOC）和游离甲醛；

2）溶剂型涂料中的苯、甲苯＋二甲苯、挥发性有机化合物（VOC）和游离甲苯二异氰酸酯（TDI）。对同一工程、同一材料、同一厂家、同一型号、同一规格、同一批号检查一次。

（7）自流平面层的基层的强度等级不应小于 C20，应分层施工，面层找平施工时不应留有抹痕。各构造层之间应粘结牢固，层与层之间不应出现分离、空鼓现象。

（8）自流平面层表面不应有开裂、漏涂和倒泛水、积水等现象。表面应光洁，色泽应均匀、一致，不应有起泡、泛砂等现象。

8. 涂料面层

（1）地面涂料面层应采用丙烯酸、环氧、聚氨酯等树脂型涂料涂刷。涂料应符合设计要求和国家现行有关标准的规定。

（2）涂料面层的基层应平整、洁净，强度等级不应小于 C20，含水率应与涂料的技术要求相一致。

（3）涂料面层的厚度、颜色应符合设计要求，铺设时应分层施工。

（4）涂料进入施工现场时，应有苯、甲苯＋二甲苯、挥发性有机化合物（VOC）和游离甲苯二异氰酸酯（TDI）限量合格的检测报告。

（5）涂料面层的表面不应有开裂、空鼓、漏涂和倒泛水、积水等现象。

（6）涂料找平层应平整，不应有刮痕。面层应光洁，色泽应均匀、一致，不应有起泡、起皮、泛砂等现象。

9. 塑胶面层

（1）塑胶面层应采用现浇型塑胶材料或塑胶卷材，宜在沥青混凝土或水泥类基层上铺设。

（2）基层的强度和厚度应符合设计要求，表面应平整、干燥、洁净，无油脂及其他杂质。

(3) 塑胶面层铺设时的环境温度宜为 10～30℃。

(4) 塑胶面层采用的材料应符合设计要求和国家现行有关标准的规定。检验方法为：观察检查和检查型式检验报告、出厂检验报告、出厂合格证。检查的数量为：现浇型塑胶材料按同一工程、同一配合比检查一次；塑胶卷材按同一工程、同一材料、同一生产厂家、同一型号、同一规格、同一批号检查一次。

(5) 现浇型塑胶面层的配合比应符合设计要求，成品试件应检测合格。

(6) 现浇型塑胶面层与基层应粘结牢固，面层厚度应一致，表面颗粒应均匀，不应有裂痕、分层、起泡、脱（秃）粒等现象；塑胶卷材面层的卷材与基层应粘结牢固，面层不应有断裂、起泡、起鼓、空鼓、脱胶、翘边、溢液等现象。

(7) 塑胶面层的各组合层厚度、坡度、表面平整度应符合设计要求。

(8) 塑胶面层应表面洁净，图案清晰，色泽一致；拼缝处的图案、花纹应吻合，无明显高低差及缝隙，无胶痕；与周边接缝应严密，阴阳角应方正、收边整齐。

(9) 塑胶卷材面层的焊缝应平整、光洁，无焦化变色、斑点、焊瘤、起鳞等缺陷，焊缝凹凸允许偏差不应大于 0.6mm。

10. 地面辐射供暖的整体面层

地面辐射供暖是指在建筑地面中铺设的绝热层、隔离层、供热做法、填充层等构成的供暖系统。其整体面层施工要求如下。

(1) 地面辐射供暖的整体面层宜采用水泥混凝土、水泥砂浆等，应在填充层上铺设。

(2) 采用的材料或产品除应符合设计要求和本规范相应面层的规定外，还应具有耐热性、热稳定性、防水、防潮、防霉变等特点。

(3) 面层铺设时不得扰动填充层，不得向填充层内楔入任何物件。

(4) 分格缝应符合设计要求，面层与柱、墙之间应留不小于 10mm 的空隙。

(二) 板块面层铺设

板块面层是采用人工预制各种块材和加工的天然石板材铺砌的面层。这类板、块材面层质地坚硬、刚性大、易清洗、耐磨、花色多、色泽艳丽、美观，但造价高、施工质量要求高。

板块面层子分部工程包括砖面层、大理石和花岗石面层、预制板块面层、料石面层、塑料板面层、活动地板面层、金属板面层、地毯面层、地面辐射供暖的板块面层等分项工程。

1. 一般规定

(1) 铺设板块面层时，其水泥类基层的抗压强度不得小于 1.2MPa。

(2) 铺设板块面层的结合层和板块间的填缝采用水泥砂浆时，应符合下列规定：

1) 配制水泥砂浆应采用硅酸盐水泥、普通硅酸盐水泥或矿渣硅酸盐水泥；

2) 配制水泥砂浆的砂应符合现行行业标准的有关规定；

3) 水泥砂浆的体积比（或强度等级）应符合设计要求。

(3) 结合层和板块面层填缝的胶结材料应符合国家现行有关标准的规定和设计要求。

(4) 铺设水泥混凝土板块、水磨石板块、人造石板块、陶瓷锦砖、陶瓷地砖、缸砖、水泥花砖、料石、大理石、花岗石等面层的结合层和填缝材料采用水泥砂浆时，在面层铺设后，表面应覆盖、湿润，养护时间不应少于7d。当板块面层的水泥砂浆结合层的抗压强度达到设计要求后，方可正常使用。

（5）大面积板块面层的伸、缩缝及分格缝应符合设计要求。

（6）板块类踢脚线施工时，不得采用混合砂浆打底。

（7）板块面层的允许偏差和检验方法应符合表26-77的规定。

板块面层的允许偏差和检验方法　　　　表26-77

项次	项目	允许偏差（mm）											检验方法
		陶瓷锦砖面层、高级水磨石板、陶瓷地砖面层	缸砖面层	水泥花砖面层	水磨石板块面层	大理石面层、花岗石面层、人造石面层、金属板面层	塑料板面层	水泥混凝土板块面层	碎拼大理石、碎拼花岗石面层	活动地板面层	条石面层	块石面层	
1	表面平整度	2.0	4.0	3.0	3.0	1.0	2.0	4.0	3.0	2.0	10	10	用2m靠尺和楔形塞尺检查
2	缝格平直	3.0	3.0	3.0	3.0	2.0	3.0	3.0	—	2.5	8.0	8.0	拉5m线和用钢尺检查
3	接缝高低差	0.5	1.5	0.5	1.0	0.5	0.5	1.5	—	0.4	2.0	—	用钢尺和楔形塞尺检查
4	踢脚线上口平直	3.0	4.0	—	4.0	1.0	2.0	4.0	1.0	—	—	—	拉5m线和用钢尺检查
5	板块间隙宽度	2.0	2.0	2.0	2.0			6.0		0.3	5.0	—	用钢尺检查

2. 砖面层

砖面层包括陶瓷锦砖、缸砖、陶瓷地砖和水泥花砖，应在结合层上铺设。

（1）在水泥砂浆结合层上铺贴缸砖、陶瓷地砖和水泥花砖面层时，应符合下列规定：

1）在铺贴前，应对砖的规格尺寸、外观质量、色泽等进行预选；需要时，浸水湿润晾干待用；

2）勾缝和压缝应采用同品种、同强度等级、同颜色的水泥，并做养护和保护。

（2）在水泥砂浆结合层上铺贴陶瓷锦砖面层时，砖底面应洁净，每联陶瓷锦砖之间、与结合层之间以及在墙角、镶边和靠柱、墙处应紧密贴合。在靠柱、墙处不得采用砂浆填补。

（3）在胶结料结合层上铺贴缸砖面层时，缸砖应干净，铺贴应在胶结料凝结前完成。

（4）砖面层所用板块产品应符合设计要求和国家现行有关标准的规定。砖面层所用板块产品进入施工现场时，应有放射性限量合格的检测报告。

（5）面层与下一层的结合（粘结）应牢固，无空鼓（单块砖边角允许有局部空鼓，但每自然间或标准间的空鼓砖不应超过总数的5%）。

（6）砖面层的表面应洁净、图案清晰，色泽应一致，接缝应平整，深浅应一致，周边应顺直。板块应无裂纹、掉角和缺棱等缺陷。

（7）面层邻接处的镶边用料及尺寸应符合设计要求，边角应整齐、光滑。

（8）踢脚线表面应洁净，与柱、墙面的结合应牢固。踢脚线高度及出柱、墙厚度应符合设计要求，且均匀一致。

（9）楼梯、台阶踏步的宽度、高度应符合设计要求。踏步板块的缝隙宽度应一致；楼层梯段相邻踏步高度差不应大于10mm；每踏步两端宽度差不应大于10mm，旋转楼梯梯段的每踏步两端宽度的允许偏差不应大于5mm。踏步面层应做防滑处理，齿角应整齐，防滑条应顺直、牢固。

（10）面层表面的坡度应符合设计要求，不倒泛水、无积水；与地漏、管道结合处应严密牢固，无渗漏。

3. 大理石面层和花岗石面层

（1）大理石、花岗石面层采用天然大理石、花岗石（或碎拼大理石、碎拼花岗石）板材，应在结合层上铺设（图26-56）。

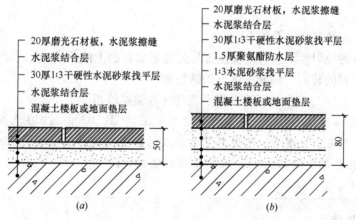

图26-56　石材楼地面构造做法

(a) 一般楼地面；(b) 有防水层楼地面

（2）板材有裂缝、掉角、翘曲和表面有缺陷时应予剔除，品种不同的板材不得混杂使用；在铺设前，应根据石材的颜色、花纹、图案、纹理等按设计要求，试拼编号。

（3）铺设大理石、花岗石面层前，板材应浸湿、晾干；结合层与板材应分段同时铺设。

（4）大理石、花岗石面层所用板块产品应符合设计要求和国家现行有关标准的规定。

（5）大理石、花岗石面层所用板块产品进入施工现场时，应有放射性限量合格的检测报告。

（6）面层与下一层应结合牢固，无空鼓（单块板块边角允许有局部空鼓，但每自然间或标准间的空鼓板块不应超过总数的5%）。

（7）大理石、花岗石面层铺设前，板块的背面和侧面应进行防碱处理。

（8）大理石、花岗石面层的表面应洁净、平整、无磨痕，且应图案清晰，色泽一致，接缝均匀，周边顺直，镶嵌正确，板块应无裂纹、掉角、缺棱等缺陷。

（9）踢脚线表面应洁净，与柱、墙面的结合应牢固。踢脚线高度及出柱、墙厚度应符合设计要求，且均匀一致。

（10）面层表面的坡度应符合设计要求，不倒泛水、无积水；与地漏、管道结合处应严密牢固，无渗漏。用观察、泼水或用坡度尺及蓄水检查。

例 26-73 **（2021）**下列建筑地面板块面层材料中，进入施工现场时需要提供放射性限量合格检测报告的是：

A 大理石面层
B 地毯面层
C 金属板面层
D 塑料板面层

解析：《建筑地面工程质量验收规范》GB 50209—2010 第 6.3.5 条规定：大理石、花岗岩面层所用板块产品进入施工现场时，应有放射性限量合格的检测报告。故选 A。还需注意的是，砖面层也需要。

答案：A

例 26-74 **（2013）**下列关于大理石，花岗石楼地面面层的施工的说法中，错误的是：

A 面层应铺设在结合层上
B 板材的放射性限量合格检测报告是质量验收的主控项目
C 在板材的背面、侧面应进行防碱处理
D 整块面层与碎拼面层的表面平整度允许偏差值相等

解析：据《建筑地面工程施工质量验收规范》GB 50209—2010 表 6.1.8（本教材表 26-53）规定：大理石、花岗石整块面层的平整度允许偏差是 1.0mm，碎拼面层的平整度允许偏差是 3.0mm。故 D 选项说法错误。

答案：D

4. 预制板块面层

预制板块面层是采用水泥混凝土板块、水磨石板块、人造石板块，应在结合层上铺设。

（1）水泥混凝土板块面层的缝隙中，应采用水泥浆（或砂浆）填缝；彩色混凝土板块、水磨石板块、人造石板块应用同色水泥浆（或砂浆）擦缝。

（2）强度和品种不同的预制板块不宜混杂使用。

（3）板块间的缝隙宽度应符合设计要求。当设计无要求时，混凝土板块面层缝宽不宜大于 6mm，水磨石板块、人造石板块间的缝宽不应大于 2mm。预制板块面层铺完 24h 后，应用水泥砂浆灌缝至 2/3 高度，再用同色水泥浆擦（勾）缝。

（4）预制板块面层所用板块产品应符合设计要求和国家现行有关标准的规定。

（5）预制板块面层所用板块产品进入施工现场时，应有放射性限量合格的检测报告。

（6）面层与下一层应粘合牢固、无空鼓（单块板块边角允许有局部空鼓，但每自然间或标准间的空鼓板块不应超过总数的 5%）。

（7）预制板块表面应无裂缝、掉角、翘曲等明显缺陷。

（8）预制板块面层应平整洁净，图案清晰，色泽一致，接缝均匀，周边顺直，镶嵌正确。

（9）面层邻接处的镶边用料尺寸应符合设计要求，边角应整齐、光滑。

（10）踢脚线表面应洁净，与柱、墙面的结合应牢固。踢脚线高度及出柱、墙厚度应符合设计要求，且均匀一致。

5. 料石面层

料石面层是采用天然条石和块石，应在结合层上铺设。

（1）条石和块石面层所用的石材的规格、技术等级和厚度应符合设计要求。条石的质量应均匀，形状为矩形六面体，厚度为 80～120mm；块石形状为直棱柱体，顶面粗琢平整，底面面积不宜小于顶面面积的 60%，厚度为 100～150mm。

（2）不导电的料石面层的石料应采用辉绿岩石加工制成。填缝材料亦采用辉绿岩石加工的砂嵌实。耐高温的料石面层的石料，应按设计要求选用。

（3）条石面层的结合层宜采用水泥砂浆，其厚度应符合设计要求；块石面层的结合层宜采用砂垫层，其厚度不应小于 60mm；基土层应为均匀密实的基土或夯实的基土。

（4）石材应符合设计要求和国家现行有关标准的规定；条石的强度等级应大于MU60，块石的强度等级应大于 MU30。

（5）石材进入施工现场时，应有放射性限量合格的检测报告。

（6）面层与下一层应结合牢固、无松动。

（7）条石面层应组砌合理，无十字缝，铺砌方向和坡度应符合设计要求；块石面层石料缝隙应相互错开，通缝不应超过两块石料。

6. 塑料板面层

（1）塑料板面层应采用塑料板块材、塑料板焊接、塑料卷材以胶粘剂在水泥类基层上采用满粘或点粘法铺设。

（2）水泥类基层表面应平整、坚硬、干燥、密实、洁净、无油脂及其他杂质，不应有麻面、起砂、裂缝等缺陷。

（3）胶粘剂应按基层材料和面层材料使用的相容性要求，通过试验确定，其质量应符合国家现行有关标准的规定。

（4）焊条成分和性能应与被焊的板相同，其质量应符合有关技术标准的规定，并应有出厂合格证。

（5）铺贴塑料板面层时，室内相对湿度不宜大于 70%，温度宜为 10～32℃。

（6）塑料板面层施工完成后的静置时间应符合产品的技术要求。

（7）防静电塑料板配套的胶粘剂、焊条等应具有防静电性能。

（8）塑料板面层所用的塑料板块、塑料卷材、胶粘剂等应符合设计要求和国家现行有关标准的规定。

（9）塑料板面层采用的胶粘剂进入施工现场时，应有以下有害物质限量合格的检测报告：

1）溶剂型胶粘剂中的挥发性有机化合物（VOC）、苯、甲苯＋二甲苯；

2）水性胶粘剂中的挥发性有机化合物（VOC）和游离甲醛。

（10）面层与下一层的粘结应牢固，不翘边、不脱胶、无溢胶（单块板块边角允许有局部脱胶，但每自然间或标准间的脱胶板块不应超过总数的5%；卷材局部脱胶处面积不应大于20cm^2，且相隔间距应大于或等于50cm）。

（11）塑料板面层应表面洁净，图案清晰，色泽一致，接缝应严密、美观。拼缝处的图案、花纹应吻合，无胶痕；与柱、墙边交接应严密，阴阳角收边应方正。

（12）板块的焊接，焊缝应平整、光洁，无焦化变色、斑点、焊瘤和起鳞等缺陷，其凹凸允许偏差不应大于0.6mm。焊缝的抗拉强度应不小于塑料板强度的75%。

（13）镶边用料应尺寸准确、边角整齐、拼缝严密、接缝顺直。

（14）踢脚线宜与地面面层对缝一致，踢脚线与基层的粘合应密实。

7. 活动地板面层

（1）活动地板面层宜用于有防尘和防静电要求的专业用房的建筑地面。应采用特制的平压刨花板为基材，表面可饰以装饰板，底层应用镀锌板经粘结胶合形成活动地板块，配以横梁、橡胶垫条和可供调节高度的金属支架组装成架空板，应在水泥类面层（或基层）上铺设。

（2）活动地板所有的支座柱和横梁应构成框架一体，并与基层连接牢固；支架抄平后高度应符合设计要求。

（3）活动地板面层应包括标准地板、异形地板和地板附件（即支架和横梁组件）。采用的活动地板块应平整、坚实，面层承载力不应小于7.5MPa，A级板的系统电阻应为$1.0×10^5 \sim 1.0×10^8 \Omega$，B级板的系统电阻应为$1.0×10^5 \sim 1.0×10^{10} \Omega$。

（4）活动地板面层的金属支架应支承在现浇水泥混凝土基层（或面层）上，基层表面应平整、光洁、不起灰。

（5）当房间的防静电要求较高，需要接地时，应将活动地板面层的金属支架、金属横梁连通跨接，并与接地体相连，接地方法应符合设计要求。

（6）活动板块与横梁接触搁置处应达到四角平整、严密。

（7）当活动地板不符合模数时，其不足部分可在现场根据实际尺寸将板块切割后镶补，并应配装相应的可调支撑和横梁。切割边不经处理不得镶补安装，并不得有局部膨胀变形情况。

（8）活动地板在门口处或预留洞口处应符合设置构造要求，四周侧边应用耐磨硬质板材封闭或用镀锌钢板包裹，胶条封边应符合耐磨要求。

（9）活动地板与柱、墙面接缝处的处理应符合设计要求，设计无要求时应做木踢脚线；通风口处，应选用异形活动地板铺贴。

（10）用于电子信息系统机房的活动地板面层，其施工质量检验尚应符合现行国家标准《数据中心基础设施施工及验收规范》GB 50462的有关规定。

（11）活动地板应符合设计要求和国家现行有关标准的规定，且应具有耐磨、防潮、阻燃、耐污染、耐老化和导静电等性能。

（12）活动地板面层应安装牢固，无裂纹、掉角和缺棱等缺陷。

（13）活动地板面层应排列整齐、表面洁净、色泽一致、接缝均匀、周边顺直。

8. 金属板面层

金属板面层采用镀锌板、镀锡板、复合钢板、彩色涂层钢板、铸铁板、不锈钢板、铜板及其他合成金属板铺设。

（1）金属板面层及其配件宜使用不锈蚀或经过防锈处理的金属制品。

（2）用于通道（走道）和公共建筑的金属板面层，应按设计要求进行防腐、防滑处理。

（3）金属板面层的接地做法应符合设计要求。

（4）具有磁性的金属板面层不得用于有磁场所。

（5）面层与基层的固定方法、面层的接缝处理应符合设计要求。

（6）面层及其附件如需焊接，焊缝质量应符合设计要求和现行国家标准《钢结构工程施工质量验收规范》GB 50205 的有关规定。

（7）面层与基层的结合应牢固，无翘边、松动、空鼓等。

（8）金属板应符合设计要求和国家现行有关标准的规定。表面应无裂痕、刮伤、刮痕、翘曲等外观质量缺陷。

（9）面层应平整、洁净、色泽一致，接缝应均匀，周边应顺直。镶边用料及尺寸应符合设计要求，边角应整齐。

（10）踢脚线表面应洁净，与柱、墙面的结合应牢固。踢脚线高度及出柱、墙厚度应符合设计要求，且均匀一致。

9. 地毯面层

地毯面层是采用地毯块材或卷材，以空铺法或实铺法铺设。要求如下。

（1）铺设地毯的地面面层（或基层）应坚实、平整、洁净、干燥，无凹坑、麻面、起砂、裂缝，并不得有油污、钉头及其他突出物。

（2）地毯衬垫应满铺平整，地毯拼缝处不得露底衬。

（3）空铺地毯面层应符合下列要求：

1）块材地毯宜先拼成整块，然后按设计要求铺设；

2）块材地毯的铺设，块与块之间应挤紧服帖；

3）卷材地毯宜先长向缝合，然后按设计要求铺设；

4）地毯面层的周边应压入踢脚线下；

5）地毯面层与不同类型的建筑地面面层的连接处，其收口做法应符合设计要求。

（4）实铺地毯面层应符合下列要求：

1）实铺地毯面层采用的金属卡条（倒刺板）、金属压条、专用双面胶带、胶粘剂等应符合设计要求；

2）铺设时，地毯的表面层宜张拉适度，四周应采用卡条固定；门口处宜用金属压条或双面胶带等固定；

3）地毯周边应塞入卡条和踢脚线下；

4）地毯面层采用胶粘剂或双面胶带粘结时，应与基层粘贴牢固。

（5）楼梯地毯面层铺设时，梯段顶级（头）地毯应固定于平台上，其宽度应不小于标准楼梯台阶踏步尺寸；阴角处应固定牢固；梯段末级（头）地毯与水平段地毯的连接处应顺畅、牢固。

（6）地毯面层采用的材料应符合设计要求和国家现行有关标准的规定。

（7）地毯面层采用的材料进入施工现场时，应有地毯、衬垫、胶粘剂中的挥发性有机化合物（VOC）和甲醛限量合格的检测报告。

（8）地毯表面应平服，拼缝处应粘贴牢固、严密平整、图案吻合。

（9）地毯表面不应起鼓、起皱、翘边、卷边、显拼缝、露线和毛边，绒面毛应顺光一致，毯面应洁净、无污染和损伤。

（10）地毯同其他面层连接处、收口处和墙边、柱子周围应顺直、压紧。

10. 地面辐射供暖的板块面层

（1）地面辐射供暖的板块面层宜采用缸砖、陶瓷地砖、花岗石、水磨石板块、人造石板块、塑料板等，应在填充层上铺设（图 26-57）。

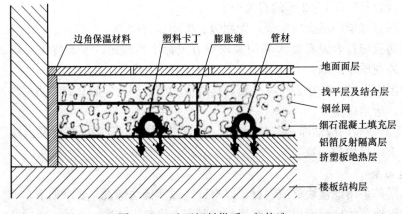

图 26-57 地面辐射供暖一般构造

（2）地面辐射供暖的板块面层采用胶结材料粘贴铺设时，填充层的含水率应符合胶结材料的技术要求。

（3）地面辐射供暖的板块面层铺设时不得扰动填充层，不得向填充层内楔入任何物件。面层铺设尚应符合面层材料相关的铺设要求。

（4）地面辐射供暖的板块面层采用的材料或产品除应符合设计要求和本规范相应面层的规定外，还应具有耐热性、热稳定性、防水、防潮、防霉变等特点。

（5）地面辐射供暖的板块面层的伸、缩缝及分格缝应符合设计要求；面层与柱、墙之间应留不小于 10mm 的空隙。

（三）木、竹面层铺设

木、竹地面面层是指表面由木、竹板铺钉或胶合而成的地面。它的优点是富有弹性、耐磨、不起灰、易洁、不泛潮、纹理及色泽自然美观、蓄热系数小。但也存在耐火性差、潮湿环境下易腐朽、易产生裂缝和翘曲变形等缺陷。

木、竹面层子分部工程分为实木地板面层、实木集成地板面层、竹地板面层、实木复合地板面层、浸渍纸层压木质地板面层（即强化复合木地板）、软木类地板面层、地面辐射供暖的木板面层等（包括免刨、免漆类）面层分项工程。

木、竹地面按构造及安装方法，可分为空铺法和实铺法。空铺法需设置搁栅，按有无地垄墙等分为架空铺设和不架空铺设（图 26-58）；实铺法不设搁栅，按与基层的关系分为无粘结（可设垫层地板）和有粘结（面层直接与水泥类基层粘结），粘贴形式又分为满粘和点粘式。

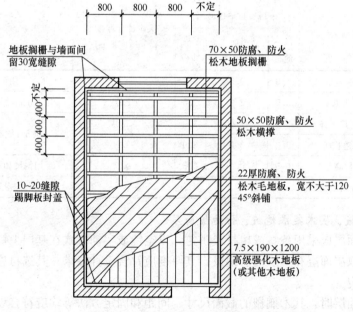

图 26-58 某不架空木地板构造平面

1. 一般规定

（1）木搁栅、垫木、垫层地板等采用木材的树种、选材标准和铺设时的含水率以及防腐、防蛀处理等，均应符合国家标准。材料应符合设计要求。进场时应对其断面尺寸、含水率等主要技术指标进行抽检。

（2）固定和加固用的金属件应采用不锈蚀或经过防锈处理的金属件。

（3）与厕浴间、厨房等潮湿场所相邻的木、竹面层的连接处应做防水（防潮）处理。

(4) 在水泥类基层上铺设木、竹面层时，基层表面应坚硬、平整、洁净、不起砂，表面含水率不应大于 8%。

(5) 搁栅下架空结构层（或构造层）的质量及检验，应符合国家相应标准的规定。

(6) 通风构造层（包括室内通风沟、地面通风孔、室外通风窗等），均应符合设计要求。

(7) 面层采用的地板、铺设时的木（竹）材含水率、胶粘剂等应符合设计要求和国家现行有关标准的规定。

(8) 地板面层材料进场时，应有以下有害物质限量合格的检测报告：

1) 地板中的游离甲醛（释放量或含量）；

2) 溶剂型胶粘剂中的挥发性有机化合物（VOC）、苯、甲苯＋二甲苯；

3) 水性胶粘剂中的挥发性有机化合物（VOC）和游离甲醛。

(9) 木搁栅、垫木和垫层地板等应做防腐、防蛀处理。

(10) 木、竹面层施工的允许偏差和检验方法应符合表 26-78 的规定。

木、竹面层的允许偏差和检验方法 　　　　　　　表 26-78

项次	项目	允许偏差（mm）				检验方法
		实木地板、实木集成地板、竹地板面层			浸渍纸层压木质地板、实木复合地板、软木类地板面层	
		松木地板	硬木地板、竹地板	拼花地板		
1	板面缝隙宽度	1.0	0.5	0.2	0.5	用钢尺检查
2	表面平整度	3.0	2.0	2.0	2.0	用 2m 靠尺和楔形塞尺检查
3	踢脚线上口平齐	3.0	3.0	3.0	3.0	拉 5m 线和用钢尺检查
4	板面拼缝平直	3.0	3.0	3.0	3.0	
5	相邻板材高差	0.5	0.5	0.5	0.5	用钢尺和楔形塞尺检查
6	踢脚线与面层的接缝	1.0				楔形塞尺检查

2. 实木地板、实木集成地板、竹地板面层

(1) 地板面层应采用条材或块材或拼花，以空铺或实铺方式在基层上铺设。

(2) 采用双层面层和单层面层铺设，其厚度应符合设计要求；其选材应符合国家现行有关标准的规定。

(3) 铺设面层时，其木搁栅的截面尺寸、间距和固定方法等均应符合设计要求。

(4) 木搁栅固定时，不得损坏基层和预埋管线。木搁栅应垫实钉牢，与柱、墙之间留出 20mm 的缝隙，表面应平直，其间距不宜大于 300mm。木搁栅安装应牢固、平直。

(5) 当面层下铺设垫层地板时，垫层地板的髓心应向上，板间缝隙不应大于 3mm，与柱、墙之间应留 8~12mm 的空隙，表面应刨平。

(6) 面层铺设时，相邻板材接头位置应错开不小于 300mm 的距离；与柱、墙之间应留 8~12mm 的空隙。

(7) 面层采用粘、钉工艺时，接缝应对齐，粘、钉应严密；缝隙宽度应均匀一致；铺设应牢固；粘结应无空鼓、松动；表面应洁净，无溢胶现象。

（8）实木地板、实木集成地板面层应刨平、磨光，无明显刨痕和毛刺等现象；图案应清晰，颜色应均匀一致。

（9）竹地板面层的品种与规格应符合设计要求，板面应无翘曲；面层缝隙应严密；接头位置应错开，表面应平整、洁净。

（10）席纹实木地板面层、拼花实木地板面层的铺设应符合规范的有关要求。

（11）采用实木制作的踢脚线，背面应抽槽并做防腐处理。踢脚线应表面光滑，接缝严密，高度一致。

3. 实木复合地板面层

（1）实木复合地板面层采用的材料、铺设方式、铺设方法、厚度以及垫层地板铺设等要求，均与实木地板相同。

（2）面层应采用空铺法或粘贴法（满粘或点粘）铺设。采用粘贴法铺设时，粘贴材料应按设计要求选用，并应具有耐老化、防水、防菌、无毒等性能。

（3）面层下衬垫的材料和厚度应符合设计要求。

（4）大面积铺设实木复合地板面层时，应分段铺设，分段缝的处理应符合设计要求。

例 26-76 **（2013）** 下列实木复合地板的说法中，正确的是：

A 大面积铺设时应连续铺设

B 相邻板材接头位置应错开，间距不小于 300mm

C 不应采用粘贴法铺设

D 不应采用无龙骨空铺法铺设

解析： 据《建筑地面工程施工质量验收规范》GB 50209—2010 第 7.3.5 条规定："大面积铺设实木复合地板面层时，应分段铺设"，可见 A 选项说法错误。第 7.3.4 条规定："实木复合地板面层铺设时，相邻板材接头位置应错开，间距不小于 300mm"，可见 B 选项说法正确。第 7.3.2 条规定："实木复合地板面层应采用空铺法或粘贴法（满粘或点粘）铺设"，可见 C 选项说法错误。第 7.3.4 条还规定："当面层采用无龙骨的空铺法铺设时，应在面层与柱、墙之间的空隙内加设金属弹簧卡或木楔子"，即可以采用"无龙骨的空铺法"铺设，但需用弹簧卡或木楔子与墙、柱顶紧，可见 D 选项说法错误。

答案：B

---

4. 浸渍纸层压木质地板面层

（1）面层应采用条材或块材，以空铺或粘贴方式在基层上铺设。

（2）可采用有垫层地板和无垫层地板的方式铺设。垫层地板的材料和厚度应符合设计要求。

（3）地板面层的图案和颜色应符合设计要求，图案应清晰，颜色应一致，板面应无翘曲。

（4）其他安装铺设要求同木地板。

5. 软木类地板面层

（1）软木类地板面层应采用软木地板或软木复合地板的条材或块材，在水泥类基层或垫层地板上铺设。软木地板面层应采用粘贴方式铺设，软木复合地板面层应采用空铺方式铺设。

(2) 软木类地板面层的厚度应符合设计要求。

(3) 垫层地板在铺设时，与柱、墙之间应留不大于 20mm 的空隙，表面应刨平。

(4) 相邻板材接头位置应错开不小于 1/3 板长且不小于 200mm 的距离。

(5) 软木类地板面层的拼图、颜色等应符合设计要求，板面应无翘曲。

(6) 其他安装铺设要求同木地板。

6. 地面辐射供暖的木板面层

(1) 地面辐射供暖的木板面层宜采用实木复合地板、浸渍纸层压木质地板等。采用的材料或产品除应符合设计要求和规范相应面层的规定外，还应具有耐热性、热稳定性、防水、防潮、防霉变等特点。

(2) 面层应在填充层上铺设。可采用空铺法或胶粘法（满粘或点粘）铺设。当面层设置垫层地板时，垫层地板的材料和厚度应符合设计要求。

(3) 与填充层接触的龙骨、垫层地板、面层地板等均应采用胶粘法铺设。铺设时填充层的含水率应符合胶粘剂的技术要求。

(4) 面层铺设时不得扰动填充层，不得向填充层内楔入任何物件。面层铺设应符合实木复合地板、浸渍纸层压木质地板的规定。

(5) 面层采用无龙骨的空铺法铺设时，应在填充层上铺设一层耐热防潮纸（布）。防潮纸（布）应采用胶粘搭接，搭接尺寸应合理，铺设后表面应平整，无皱褶。

(6) 面层与柱、墙之间应留不小于 10mm 的空隙。

四、地面子分部工程验收

(1) 建筑地面工程施工质量中，各类面层子分部工程的面层铺设与其相应的基层铺设的分项工程施工质量检验应全部合格。

(2) 建筑地面工程子分部工程质量验收应检查下列工程质量文件和记录：

1) 建筑地面工程设计图纸和变更文件等；

2) 原材料的质量合格证明文件、重要材料或产品的进场抽样复验报告；

3) 各层的强度等级、密实度等的试验报告和测定记录；

4) 各类建筑地面工程施工质量控制文件；

5) 各构造层的隐蔽验收及其他有关验收文件。

(3) 建筑地面工程子分部工程质量验收应检查下列安全和功能项目：

1) 有防水要求的建筑地面子分部工程的分项工程施工质量的蓄水检验记录，并抽查复验；

2) 建筑地面板块面层铺设子分部工程和木、竹面层铺设子分部工程采用的砖、天然石材、预制板块、地毯、人造板材以及胶粘剂、胶结料、涂料等材料的证明及环保资料。

(4) 建筑地面工程子分部工程观感质量综合评价应检查下列项目：

1) 变形缝、面层分格缝的位置和宽度以及填缝质量应符合规定；

2) 室内建筑地面工程按各子分部工程经抽查分别作出评价；

3) 楼梯、踏步等工程项目经抽查分别作出评价。

习 题

26-1 **(2019)** 关于砌体结构工程的说法，错误的是（　　）。

A 砌体结构的标高、轴线应引自基准控制点

B 基底标高不同时，应由低处向高处搭砌

C 砌筑墙体应设置皮数杆

D 宽度超过 300mm 的洞口上部，应设置钢筋混凝土过梁

26-2 **(2017)** 砌体施工在墙上留临时施工洞口时，下列哪项做法正确？（　　）

A 其侧边离交接处墙面不应小于 300mm，洞口净宽度不应超过 0.6m，抗震设防烈度为 8 度地区，应会同设计单位确定

B 其侧边离交接处墙面不应小于 400mm，洞口净宽度不应超过 0.8m，抗震设防烈度为 8 度地区，应会同设计单位确定

C 其侧边离交接处墙面不应小于 500mm，洞口净宽度不应超过 1.0m，抗震设防烈度为 9 度地区，应会同设计单位确定

D 其侧边离交接处墙面不应小于 600mm，洞口净宽度不应超过 1.2m，抗震设防烈度为 9 度地区，应会同设计单位确定

26-3 **(2017)** 下列部位不得设置脚手眼，错误的是（　　）。

A 过梁上与过梁成 60°角的三角形范围及过梁净跨度 1/2 的高度范围内

B 宽度大于 1m 的窗间墙

C 窗洞口两侧石砌体 300mm，其他砌体 200mm 范围内

D 转角处石砌体 600mm，其他砌体 450mm 范围内

26-4 **(2017)** 砌体施工质量控制等级分为（　　）。

A 二级　　　　　　　　　　　　B 三级

C 四级　　　　　　　　　　　　D 五级

26-5 **(2017)** 正常施工条件下，砖砌体每日砌筑高度宜控制在（　　）。

A 1.0m　　　　　　　　　　　　B 1.2m

C 1.4m　　　　　　　　　　　　D 1.5m

26-6 **(2019)** 关于砌体工程砌筑用砂浆试块强度验收合格标准的说法，正确的是（　　）。

A 在砌体砌筑部位随机取样制作砂浆试块

B 制作砂浆试块的砂浆稠度可以与配合比设计不一致

C 同一验收批砂浆试块强度平均值可等于设计强度等级值

D 同一验收批砂浆试块抗压强度的最小一组平均值可略低于设计强度等级值

26-7 **(2019)** 砌筑用水泥砂浆替代水泥混合砂浆使用时，针对 M2.5 的水泥混合砂浆，最适宜用来替换的水泥砂浆是（　　）。

A M2.5　　　　　　　　　　　　B M5

C M7.5　　　　　　　　　　　　D M10

26-8 **(2019)** 关于砖砌体工程施工的说法，错误的是（　　）。

A 砌筑烧结普通砖时，砖应提前 1～2d 适当湿润

B 非气候干燥炎热时，混凝土实心砖不需要浇水湿润

C 砖砌体挑出层的外皮砖，应整砖丁砌

D 有冻胀环境和条件的地区，地面以下可采用多孔砖

26-9 **(2017、2019)** 砌筑墙体应设置皮杆数，关于其作用，下列哪项错误？（　　）

A 保证砌体灰缝的厚度均匀、平直　　　B 控制砌体高度

C 控制砌体高度变化部位的位置　　　　D 控制砌体垂直平整度

26-10 (2017) 砌体工程中，关于单排孔小砌块搭接长度和多排孔小砌块搭接长度描述正确的是( )。

A 单排孔小砌块的搭接长度应为体块长度的 1/3；多排孔小砌块的搭接长度可适当调整，但不宜小于小砌块长度的 1/3，且不应小于 70mm

B 单排孔小砌块的搭接长度应为体块长度的 1/2；多排孔小砌块的搭接长度可适当调整，但不宜小于小砌块长度的 1/2，且不应小于 80mm

C 单排孔小砌块的搭接长度应为体块长度的 1/2；多排孔小砌块的搭接长度可适当调整，但不宜小于小砌块长度的 1/3，且不应小于 90mm

D 单排孔小砌块的搭接长度应为体块长度的 1/3；多排孔小砌块的搭接长度可适当调整，但不宜小于小砌块长度的 1/2，且不应小于 100mm

26-11 (2019) 关于填充墙砌体工程的说法，正确的是( )。

A 下雨天运输蒸压加气混凝土砌块，可不采取任何遮挡措施

B 不同强度等级的轻骨料混凝土小型空心砌块可以混砌

C 烧结空心砖的堆置高度不宜超过 2m

D 蒸压加气混凝土砌体可以与其他砌体混砌

26-12 (2019) 关于砌体工程冬期施工的说法，错误的是( )。

A 当室外日平均气温连续 5d 稳定低于 5℃时，应采取冬期施工措施

B 砌体用块体不得遭水浸冻

C 已冻结的石灰膏经融化后也不能投入使用

D 砖砌体在 0℃条件下砌筑时，砖可不浇水但必须增大砂浆稠度

26-13 (2019) 下列混凝土结构工程施工验收选项中，属于检验批的质量验收内容的是( )。

A 实物检查　　　　　　　　　　　B 结构实体检验

C 观感质量验收　　　　　　　　　D 质量控制资料检查

26-14 (2019) 在混凝土结构模板支架工程中，不属于模板及支架应当满足的要求是( )。

A 承载力要求　　　　　　　　　　B 刚度要求

C 耐候性要求　　　　　　　　　　D 整体稳固性要求

26-15 (2017) 下列模板工程的专项施工方案，应进行技术论证的是( )。

Ⅰ. 组合模板工程；Ⅱ. 滑模模板工程；Ⅲ. 爬模模板工程；Ⅳ. 高大模板支架工程

A Ⅱ、Ⅲ　　　　　　　　　　　　B Ⅰ、Ⅲ

C Ⅱ、Ⅲ、Ⅳ　　　　　　　　　　D Ⅰ、Ⅱ、Ⅲ、Ⅳ

26-16 (2017) 成型钢筋进场时，应抽取试件做哪几项检验？( )

Ⅰ. 屈服强度；Ⅱ. 抗拉强度；Ⅲ. 伸长率；Ⅳ. 重量偏差

A Ⅱ、Ⅲ　　　　　　　　　　　　B Ⅰ、Ⅲ

C Ⅱ、Ⅲ、Ⅳ　　　　　　　　　　D Ⅰ、Ⅱ、Ⅲ、Ⅳ

26-17 (2017) 预应力结构隐蔽工程验收，其中关于预应力钢筋的内容不包括( )。

A 品种　　　　　　　　　　　　　B 外形

C 规格　　　　　　　　　　　　　D 数量和位置

26-18 (2019) 在混凝土结构预应力分项工程验收的一般项目中，预应力成孔管道进场检验的内容不包括( )。

A 外观质量检查　　　　　　　　　B 抗拉强度检验

C 径向刚度检验　　　　　　　　　D 抗渗漏性能检验

26-19 (2017) 混凝土拌合物入模温度正确的是( )。

A 0～25℃	B 5～30℃
C 5～35℃	D 5～40℃

26-20 (2017) 关于施工缝或后浇带处浇筑混凝土做法，错误的是（ ）。

A 结合面应为光滑面，并应清除浮浆、松动石子、软弱混凝土层

B 结合面处应洒水湿润，但不得有积水

C 柱、墙水平施工缝水泥砂浆接浆层厚度不应大于 30mm

D 当设计无具体要求时，后浇带混凝土强度等级宜比两侧混凝土提高一级

26-21 (2019) 现浇混凝土结构的外观质量缺陷中，混凝土表面缺少水泥浆而形成石子外露的现象被称为（ ）。

A 蜂窝	B 爆浆
C 疏松	D 夹渣

26-22 (2019) 装配式结构分项工程中，允许出现裂缝的预应力混凝土构件应当进行的检验不包括（ ）。

A 承载力检验	B 挠度检验
C 裂缝宽度检验	D 抗裂检验

26-23 (2019) 下列混凝土结构工程施工质量检验项目中，结构实体检验内容一般不包括（ ）。

A 混凝土强度	B 钢筋抗拉强度
C 钢筋保护层厚度	D 结构位置与尺寸偏差

26-24 (2019) 关于长期处于潮湿环境的重要结构防水混凝土选择砂、石的说法，正确的是（ ）。

A 宜选用细砂	B 可不进行碱活性检验
C 宜选用海砂	D 宜选用中粗砂

26-25 (2017) 关于地下防水工程中的水泥砂浆防水层的叙述错误的是（ ）。

A 水泥砂浆防水层应采用聚合物水泥防水砂浆、掺外加剂或掺合料的防水砂浆

B 水泥应采用硅酸盐水泥、特种水泥，不得使用普通硅酸盐水泥

C 砂宜采用中砂，含泥量不应大于 1.0%，硫化物及硫酸盐含量不应大于 1.0%

D 用于拌制水泥砂浆的水，应采用不含有害物质的洁净水

26-26 (2019) 关于地下工程渗排水及盲沟排水施工的说法，正确的是（ ）。

A 渗排水层与工程底板之间应设隔浆层

B 渗排水应在地基工程验收合格前进行施工

C 渗排水的集水管应设置在粗砂过滤层的上部

D 盲沟排水的集水管不宜采用硬质塑料管

26-27 (2019) 做建筑地下防水工程时，在砂卵石层中注浆宜采用（ ）。

A 电动硅化注浆法	B 高压喷射注浆法
C 劈裂注浆法	D 渗透注浆法

26-28 (2017) 保温材料的导热系数与下列哪个选项相关？（ ）

A 表观密度	B 抗压强度
C 压缩强度	D 燃烧性能

26-29 (2019) 关于屋面卷材防水层的说法，正确的是（ ）。

A 防水卷材，上下层卷材应垂直铺贴

B 相邻两幅卷材短边搭接缝应对齐

C 冷粘法铺贴卷材的接缝口应用密封材料封严

D 热熔型改性沥青胶结材料加热温度不应高于 300℃

26-30 (2017) 关于屋面防水卷材铺贴的规定，错误的是（ ）。

A 卷材宜平行屋脊铺贴

B 平行屋脊的卷材搭接缝应顺流水方向

C 上下层卷材宜垂直铺贴

D 下层卷材长边搭接缝应错开，且不得小于幅宽的 1/3

26-31 (2017) 关于沥青瓦铺装有关尺寸的规定，错误的是（　　）。

A 脊瓦在两坡面瓦上的搭盖宽度，每边不应小于 150mm

B 脊瓦与脊瓦的压盖面不应小于脊瓦面积的 1/3

C 沥青瓦挑出檐口的长度宜为 10～20mm

D 金属泛水板与沥青瓦的搭盖宽度不应小于 100mm

26-32 (2019) 关于屋面工程细部构造验收的说法，正确的是（　　）。

A 檐沟防水层应由沟底翻上至外侧顶部

B 女儿墙和山墙的涂膜应直接涂刷至压顶顶部

C 水落口周围直径 300m 范围内坡度不应小于 5％

D 屋面出入口的泛水高度不应小于 200mm

26-33 (2019) 女儿墙和山墙的压顶向内排水坡度不应小于（　　）。

A 5％　　　　　　B. 3％　　　　　　C 10％　　　　　　D 8％

26-34 (2019) 关于建筑装饰装修工程设计的说法，错误的是（　　）。

A 建筑装饰装修耐久性应满足使用要求

B 由施工单位进行装修深化设计并自行确认

C 当吊顶内的管线可能产生结露时，应进行防结露设计

D 建筑装饰装修工程设计深度应满足施工要求

26-35 (2019) 关于建筑装饰装修工程基本规定的说法，错误的是（　　）。

A 建筑装饰装修工程设计变动主体承重结构时，在施工前可委托原设计单位提出设计方案

B 材料来源稳定且连续三批均一次检验合格的产品，进场验收时检验批的容量可扩大两倍

C 在既有建筑装饰装修前，应该对基层进行处理

D 当管道必须与建筑装饰装修工程施工同步进行时，应在饰面层施工前完成调试

26-36 (2019) 抹灰工程验收时可不提供的文件和记录是（　　）。

A 抹灰工程施工图纸　　　　　　　　　B 材料的进场验收记录

C 隐蔽工程验收记录　　　　　　　　　D 施工组织设计文件

26-37 (2019) 关于抹灰工程的说法，错误的是（　　）。

A 抹灰层具有防潮要求时，应采用防水砂浆

B 抹灰总厚度大于或等于 35mm 时，应采取加强措施

C 抹灰层出现脱层、空鼓现象，会降低墙体的保护性能

D 抹灰工程立面垂直度检验应使用塞尺

26-38 (2017) 水泥砂浆抹灰施工中，下列哪项做法是错误的？（　　）

A 抹灰层面材料相同时，允许一遍成活

B 不同材料基层交接处抹灰时可采用加强网，加强网与各基层的搭接宽度不应小于 100mm

C 抹灰层应无脱层与空鼓现象

D 应对水泥的凝结时间和安定性进行现场抽样复验并合格

26-39 (2017) 为防止抹灰层起鼓、脱落和开裂，抹灰层总厚度超过或等于下列何值时应采取加强网措施？（　　）

A 35mm　　　　　　B 25mm　　　　　　C 20mm　　　　　　D 15mm

26-40 (2017) 因浪费水资源，并对环境有污染，装饰抹灰工程应尽量减少使用的是（　　）。

A　斩假石　　　　　　B　干粘石　　　　　C　水刷石　　　　　D　假面砖

26-41　(2017) 关于装饰抹灰工程中有排水要求部位的滴水线的说法，正确的是(　　)。

　A　滴水线应外高内低，滴水槽的宽度和深度不应小于 15mm

　B　滴水线应内高外低，滴水槽的宽度和深度不应小于 10mm

　C　滴水线应外高内低，滴水槽的宽度和深度不应小于 20mm

　D　滴水线应内高外低，滴水槽的宽度和深度不应小于 25mm

26-42　(2019) 关于门窗工程施工的说法，正确的是(　　)。

　A　门窗安装前对门窗相邻洞口的位置偏差可不进行检验

　B　金属门窗安装应先安装后砌筑

　C　在砌体上安装门窗宜采用射钉固定

　D　推拉门窗扇必须安装防脱落装置

26-43　(2017) 关于门窗工程施工说法，错误的是(　　)。

　A　建筑外窗应做水密性能复验

　B　安装门窗所用的预埋件、锚固件应做隐蔽验收

　C　在砌体上安装门窗可以采用射钉固定

　D　在砌体上安装金属门窗不得采用边砌筑边安装的方法

26-44　(2019) 金属门窗扇的安装质量检验方法不包括(　　)。

　A　观察　　　　　　　　　　　B　开启和关闭检验

　C　手扳检查　　　　　　　　　D　破坏性试验

26-45　(2017) 铝合金、塑料门窗施工后进行安装质量检验时，推拉门窗扇开关力检查采用的量测工具是(　　)。

　A　压力表　　　　　B　应力仪　　　　C　推力计　　　　D　测力计

26-46　(2017) 下列选项，哪个不属于特种门?(　　)

　A　自动门　　　　　B　不锈钢门　　　C　全玻门　　　　D　旋转门

26-47　(2017) 吊顶工程中，当吊杆距离主龙骨端部大于多少时，要增加吊杆? 主要吊杆长度大于多少时，应设置反支撑?(　　)

　A　0.3m；0.8m　　　　　　　　　B　0.5m；1.0m

　C　0.3m；1.2m　　　　　　　　　D　0.3m；1.5m

26-48　(2019) 下列验收项目中，不属于轻质骨架隔墙工程隐蔽验收项目的(　　)。

　A　木龙骨防火和防腐处理　　　　B　面板构造

　C　龙骨安装　　　　　　　　　　D　填充材料的设置

26-49　(2017) 下列哪项不是轻质隔墙工程(　　)。

　A　加气混凝土砌块墙　　　　　　B　板材隔墙

　C　骨架隔墙　　　　　　　　　　D　玻璃隔墙

26-50　(2017) 目前我国的轻钢龙骨主要有两大系列，仿日本系列和仿欧美系列，关于它们的描述，错误的是(　　)。

　A　仿日本龙骨系列要求安装贯通龙骨

　B　仿日本龙骨系列要求在竖向龙骨竖向开口处安装支撑卡

　C　仿欧美系列要求安装贯通龙骨并在竖向龙骨竖向开口处安装支撑卡

　D　仿欧美系列不要求安装贯通龙骨并在竖向龙骨竖向开口处安装支撑卡

26-51　(2019) 关于饰面板工程中有关材料及其性能指标进行复验的说法，错误的是(　　)。

　A　室内花岗石板的放射性　　　　B　水泥基粘结料的粘结强度

　C　室内用人造木板的甲醛释放量　D　内墙陶瓷板的吸水率

26-52　(2019) 关于内墙饰面砖粘贴工程的说法，错误的是（　　）。

    A　内墙饰面砖粘贴应牢固

    B　满粘法施工的内墙饰面砖所有部位均应无空鼓

    C　内墙饰面砖表面与平整、洁净、色泽一致

    D　内墙饰面砖接缝应平直、光滑，填嵌应连续、密实

26-53　(2017) 室内饰面砖工程验收时应检查的文件和记录中，下列哪项表述是不正确的？（　　）

    A　饰面砖工程的施工图、设计说明及其他设计文件

    B　材料的产品合格证书、性能检测报告、进场验收记录和复检报告

    C　隐蔽工程验收记录

    D　饰面砖样板件的粘结强度检测报告

26-54　(2019) 下列玻璃幕墙工程施工质量验收的项目中，不属于主控项目的是（　　）。

    A　玻璃幕墙工程所用材料、构件和组件质量

    B　玻璃幕墙连接安装质量

    C　金属框架和连接件的防腐处理

    D　玻璃幕墙表面质量

26-55　(2019) 下列涂料品种中，属于水性涂料的是（　　）。

    A　无机涂料　　　　　　　　　　B　丙烯酸酯涂料

    C　有机硅丙烯酸涂料　　　　　　D　聚氨酯丙烯酸涂料

26-56　(2019) 关于裱糊前基层处理的说法，错误的是（　　）。

    A　新建筑物的混凝土抹灰基层墙面在刮腻子前不宜涂刷抗碱封闭底漆

    B　粉化的旧墙面应先除去粉化层

    C　抹灰基层含水率不得大于 8%

    D　基层腻子应平整、坚实、牢固，无粉化、起皮、空鼓、酥松、裂缝和泛碱

26-57　(2019) 门窗套制作与安装分项工程属于哪个子分部工程？（　　）

    A　涂饰工程　　　　　　　　　　B　门窗工程

    C　细部工程　　　　　　　　　　D　裱糊与软包工程

26-58　(2019) 关于建筑地面工程施工及其质量检验的说法，正确的是（　　）。

    A　各类面层的铺设宜在室内装修工程基本完工之前完成

    B　塑料板面层应在管道试压完工前进行

    C　其分项工程施工质量检验仅有主控项目

    D　建筑施工企业自检合格后，由监理单位或建设单位组织验收

26-59　(2017) 建筑地面工程施工及质量验收时，整体面层地面属于（　　）。

    A　分部工程　　　　　　　　　　B　子分部工程

    C　分项工程　　　　　　　　　　D　没有规定

26-60　(2017) 在建筑地面工程中，关于垫层的最小厚度叙述错误的是（　　）。

    A　砂石、碎石、碎砖垫层最小厚度为 100mm

    B　砂垫层、水泥混凝土垫层最小厚度为 60mm

    C　炉渣垫层最小厚度为 80mm

    D　三合土垫层、四合土垫层最小厚度为 80mm

26-61　(2017) 地面工程中，四合土垫层的拌合材料不包括下列哪项？（　　）

    A　石灰　　　　　　　　　　　　B　砂，可掺入少量黏土

    C　碎石　　　　　　　　　　　　D　水泥

26-62　(2019) 下列哪一种垫层不宜在冬期施工？（　　）

A	灰土垫层	B	炉渣垫层
C	三合土垫层	D	级配砂石垫层

26-63 (2019) 关于建筑地面隔声垫铺设的说法，正确的是（　　）。

A 在柱、墙面的上翻高度应超出踢脚线一定高度

B 包裹在管道四周时，上卷高度应超出柱、墙面踢脚线的高度

C 隔声垫上部应设置保护层

D 隔声垫保护膜之间应错缝搭接，不宜用胶带等封闭

26-64 (2019) 建筑地面水泥砂浆整体面层施工后，允许上人行走时抗压强度最小应为（　　）。

A 1.2MPa　　　　B 10MPa　　　　C 5MPa　　　　D 15MPa

26-65 (2019) 关于建筑地面水泥砂浆或水泥混凝土整体面层施工的说法，正确的是（　　）。

A 不同强度等级的水泥可以混用　　B 表面平整度的允许偏差为 10mm

C 水泥混凝土面层铺设时应留施工缝　　D 水泥砂浆的体积比应符合设计要求

26-66 (2017) 建筑地面工程中的不发火（防爆）面层，在原材料选用和配制时，下列哪项不正确？（　　）

A 采用的碎石以金属或石料冲击时不发生火花

B 砂的粒径宜为 3～5mm，含泥量不应大于 5％

C 面层分格的嵌条应采用不发生火花的材料

D 水泥应采用普通硅酸盐水泥

26-67 (2019) 关于建筑地面板块类地面的说法，错误的是（　　）。

A 大理石、花岗石面层应在结合层上铺设

B 活动地板面层应在结合层上铺设

C 塑料板面层应在水泥类基层上铺设

D 地面辐射供暖的板块面层应在填充层上铺设

参考答案及解析

26-1 解析：《砌体结构工程施工质量验收规范》GB 50203—2011 第 3.0.3 条规定，砌体结构的标高、轴线应引自基准控制点。可见，A 选项说法正确。第 3.0.6 条第 1 款规定，基底标高不同时，应从低处砌起，并应由高处向低处搭砌。且搭砌长度不应小于基础底的高差，搭砌长度范围内下层基础应扩大砌筑，以保证基础的整体性和传递荷载。故 B 选项"应由低处向高处搭砌"的说法是错误的。第 3.0.7 条规定，砌筑墙体应设置皮数杆。故 C 选项说法正确。第 3.0.11 条规定，宽度超过 300mm 的洞口上部，应设置钢筋混凝土过梁。故 D 选项说法正确。

答案：**B**

26-2 解析：《砌体结构工程施工质量验收规范》GB 50203—2011 第 3.0.8 条规定，在墙上留置临时施工洞口时，其侧边离交接处墙面不应小于 500mm，洞口的净宽不应超过 1m。抗震设防烈度为 9 度地区建筑物的临时施工洞口位置，应会同设计单位确定。可见，C 选项做法正确。

答案：**C**

26-3 解析：《砌体结构工程施工质量验收规范》GB 50203—2011 第 3.0.9 条规定，不得在下列墙体或部位设置脚手眼：

　　1）120mm 厚墙、清水墙、料石墙、独立柱和附墙柱；

　　2）过梁上与过梁成 60°角的三角形范围及过梁净跨度 1/2 的高度范围内；

　　3）宽度小于 1m 的窗间墙；

　　4）门窗洞口两侧石砌体为 300mm，其他砌体 200mm 范围内；转角处石砌体 600mm，其他砌体 450mm 范围内；

5）梁或梁垫下及其左右 500mm 范围内；

6）设计不允许留设脚手眼的部位；

7）轻质墙体；

8）夹芯复合墙的外叶墙。

可见，B 选项"宽度大于 1m 的窗间墙不得设置脚手眼"的说法错误。

答案：B

26-4 解析：《砌体结构工程施工质量验收规范》GB 50203—2011 第 3.0.15 条规定，砌体施工质量控制分为三个等级。其划分见 3.0.15 条表 3.0.15（或本教材表 26-2）。

答案：B

26-5 解析：《砌体结构工程施工质量验收规范》GB 50203—2011 第 3.0.19 条规定，正常施工条件下，砖砌体、小砌块砌体每日砌筑高度宜控制在 1.5m 或一步脚手架高度内；石砌体不宜超过 1.2m。

答案：D

26-6 解析：《砌体结构工程施工质量验收规范》GB 50203—2011 第 4.0.12 条第 2 款"检验方法"中规定：在砂浆搅拌机出料口或湿拌砂浆的储存容器出料口随机取样制作砂浆试块，而不是在砌筑部位取样，故 A 选项说法不正确。第 2 款注 3 规定，制作砂浆试块的砂浆稠度应与配合比设计一致，故 B 选项说法不正确。该条第 1 款规定，同一验收批砂浆试块强度平均值应大于或等于设计强度等级值的 1.10 倍，故 C 选项说法不正确。第 2 款规定，同一验收批砂浆试块抗压强度的最小一组平均值应大于设计强度等级值的 85%，即"略低于设计强度等级值"。故 D 选项说法较符合题意。

答案：D

26-7 解析：《砌体结构工程施工质量验收规范》GB 50203—2011 第 4.0.6 条规定，施工中不应采用强度等级小于 M5 水泥砂浆替代同强度等级水泥混合砂浆，如需替代，应将水泥砂浆提高一个强度等级，以免影响砌体强度。

答案：B

26-8 解析：《砌体结构工程施工质量验收规范》GB 50203—2011 第 5.1.6 条规定，砌筑烧结普通砖、烧结多孔砖、蒸压灰砂砖、蒸压粉煤灰砖砌体时，砖应提前 1～2d 适当湿润，严禁采用干砖或处于吸水饱和状态的砖砌筑。块材湿润程度宜符合：烧结类块体的相对含水率 60%～70%；混凝土多孔砖及混凝土实心砖不需浇水湿润，但在气候干燥炎热时，宜在砌筑前对其喷水湿润。可见 A、B 选项说法正确。第 5.1.8 条规定，240mm 厚承重墙的每层墙的最上一皮砖，砖砌体的阶台水平面上及挑出层的外皮砖，应整砖丁砌。可见 C 选项说法正确。第 5.1.4 条规定，有冻胀环境和条件的地区，地面以下或防潮层以下的砌体，不应采用多孔砖。第 5.1.4 条的条文解释提到，冻胀和潮湿环境对多孔砖的耐久性有不利影响，故 D 选项的说法错误。

答案：D

26-9 解析：皮数杆是划有每皮砖和灰缝的厚度以及门窗洞口、过梁、楼板、预埋件等的标高位置的木制标杆，它是砌筑时控制砌体水平灰缝厚度和竖向尺寸位置的标志。它设置在墙的转角处、交接处，间距一般为 10～15m，通过抄平后固定。每段墙的两个端头盘角（或称砌头角）时均按皮数杆砌筑，再通过挂线砌墙面，就能保证砖皮水平、灰缝平直。而皮数杆没有控制砌体垂直平整度的功能，砌体的垂直平整度是通过盘角时"三皮一吊、五皮一靠"及挂线来控制的。故 D 选项的说法错误。

答案：D

26-10 解析：《砌体结构工程施工质量验收规范》GB 50203—2011 第 6.1.9 条规定，小砌块墙体应孔对孔、肋对肋错缝搭砌。单排孔小砌块的搭接长度应为块体长度的 1/2；多排孔小砌块的搭接长度可适当调整，但不宜小于小砌块长度的 1/3，且不应小于 90mm。墙体的个别部位不能满足上述要求时，应在灰缝中设置拉结钢筋或钢筋网片，但竖向通缝（不满足搭砌长度者）仍不得超过两皮小砌块。可见，C选项表述正确。

答案：C

26-11 解析：《砌体结构工程施工质量验收规范》GB 50203—2011第9.1.3条规定，烧结空心砖、蒸压加气混凝土砌块、轻骨料混凝土小型空心砌块等的运输、装卸过程中，严禁抛掷和倾倒。进场后应按品种、规格堆放整齐，堆置高度不宜超过2m。蒸压加气混凝土砌块在运输及堆放中应防止雨淋。故A选项说法错误、C选项说法正确。第9.1.8条规定，蒸压加气混凝土砌块、轻骨料混凝土小型空心砌块不应与其他块体混砌（窗台处、门窗固定处、与柱或梁板间的填塞处除外）。不同强度等级的同类块体也不得混砌。故B、D选项说法错误。可见，仅C选项说法正确。

答案：C

26-12 解析：《砌体结构工程施工质量验收规范》GB 50203—2011第10.0.1条规定，当室外日平均气温连续5d稳定低于5℃时，砌体工程应采取冬期施工措施。故A说法正确。第10.0.4条第3款规定，砌体用块体不得遭水浸冻。故B说法正确。第10.0.4条第1款规定，石灰膏、电石膏等应防止受冻，如遭冻结，应经融化后使用。故C说法错误。第10.0.7条第1款规定，在气温低于、等于0℃条件下砌筑时，可不浇水，但必须增大砂浆稠度。故D说法正确。

答案：C

26-13 解析：《混凝土结构工程施工质量验收规范》GB 50204—2015第3.0.4条规定，检验批的质量验收应包括实物检查和资料检查。第3.0.2条规定，混凝土结构子分部工程的质量验收，应在钢筋、预应力、现浇结构和装配式结构等相关分项工程验收合格的基础上，进行质量控制资料检查、观感质量验收及结构实体检验。可见，"实物检查"属于检验批的质量验收内容；而其他三个选项所述，均为混凝土结构子分部工程的质量验收内容。

答案：A

26-14 解析：《混凝土结构工程施工质量验收规范》GB 50204—2015第4.1.2条规定，模板及支架应根据安装、使用和拆除工况进行设计，并应满足承载力、刚度和整体稳固性要求。即耐候性要求不属于模板及支架应当满足的要求。

答案：C

26-15 解析：《混凝土结构工程施工质量验收规范》GB 50204—2015第4.1.1条规定，模板工程应编制施工方案。爬升式模板工程、工具式模板工程及高大模板支架工程的施工方案，应按有关规定进行技术论证。《混凝土结构工程施工规范》GB 50666—2011第4.1.1条规定，模板工程应编制专项施工方案。滑模、爬模等工具式模板工程及高大模板支架工程的专项施工方案，应进行技术论证。可见，Ⅱ、Ⅲ、Ⅳ所列模板工程的施工专项方案应进行技术论证。

答案：C

26-16 解析：《混凝土结构工程施工质量验收规范》GB 50204—2015第5.2.2条规定，成型钢筋进场时，应抽取试件作屈服强度、抗拉强度、伸长率和重量偏差检验，检验结果应符合国家现行有关标准的规定。可见，题干所列四项内容均需检验。

答案：D

26-17 解析：《混凝土结构工程施工质量验收规范》GB 50204—2015第6.1.1条规定，预应力结构隐蔽工程验收中，关于预应力钢筋的验收内容包括：预应力筋的品种、规格、级别、数量和位置。可见，不包括预应力筋的外形。

答案：B

26-18 解析：《混凝土结构工程施工质量验收规范》GB 50204—2015第6.2.8条规定，预应力成孔管道进场时，应进行管道外观质量检查、径向刚度和抗渗漏性能检验。可见，抗拉强度不属于规定的管道进场检验内容。

答案：B

26-19 解析：《混凝土结构工程施工规范》GB 50666—2011 第 8.1.2 条规定，混凝土拌合物入模温度不应低于 5℃，且不应高于 35℃。

答案：C

26-20 解析：《混凝土结构工程施工规范》GB 50666—2011 第 8.3.10 条规定，施工缝或后浇带处浇筑混凝土，应符合下列规定：

　　1）结合面应为粗糙面，并应清除浮浆、松动石子、软弱混凝土层；

　　2）结合面应洒水湿润，但不得有积水；

　　3）施工缝处已浇混凝土强度不应低于 1.2MPa；

　　4）柱、墙水平施工缝水泥砂浆接浆层厚度不应大于 30mm，接浆层水泥砂浆应与混凝土浆液成分相同；

　　5）后浇带混凝土强度等级及性能应符合设计要求；当设计无具体要求时，后浇带混凝土强度等级宜比两侧混凝土提高一级，并应采用减少收缩的技术措施。

　　可见，B、C、D 选项正确，而 A 选项中"结合面应为光滑面"的做法错误，故选 A。

答案：A

26-21 解析：据《混凝土结构工程施工质量验收规范》GB 50204—2015 第 8.1.2 条表 8.1.2 规定（可见本教材表 26-18 第二行），"混凝土表面缺少水泥砂浆而形成石子外露"的外观质量缺陷应称为"蜂窝"。

答案：A

26-22 解析：《混凝土结构工程施工质量验收规范》GB 50204—2015 第 9.2.2 条规定，专业企业生产的预制构件进场时，对梁板类简支受弯预制构件应进行结构性能检验。其中：钢筋混凝土构件和允许出现裂缝的预应力混凝土构件应进行承载力、挠度和裂缝宽度检验；不允许出现裂缝的预应力混凝土构件应进行承载力、挠度和抗裂检验。对大型构件及有可靠应用经验的构件，可只进行裂缝宽度、抗裂和挠度检验。对使用数量较少的构件，当能提供可靠依据时，可不进行结构性能检验。可见，对允许出现裂缝的预应力混凝土构件不需做抗裂检验。

答案：D

26-23 解析：《混凝土结构工程施工质量验收规范》GB 50204—2015 第 10.1.1 条规定，对涉及混凝土结构安全的有代表性的部位应进行结构实体检验。结构实体检验应包括混凝土强度、钢筋保护层厚度、结构位置与尺寸偏差以及合同约定的项目；必要时可检验其他项目。可见，结构实体检验内容一般不包括钢筋抗拉强度。

答案：B

26-24 解析：《地下防水工程质量验收规范》GB 50208—2011 第 4.1.3 条第 1 款规定，砂宜采用中粗砂，含泥量不应大于 3%，泥块含量不宜大于 1.0%。故 A 选项说法错误，D 选项说法正确。第 4.1.3 条第 4 款规定，对长期处于潮湿环境的重要结构混凝土用砂、石，应进行碱活性检验。故 B 选项说法错误。第 4.1.3 条第 2 款规定，不宜使用海砂；在没有使用河砂的条件时，应对海砂进行处理后才能使用，且控制氯离子含量不得大于 0.06%。故 C 选项说法错误。

答案：D

26-25 解析：《地下防水工程质量验收规范》GB 50208—2011 第 4.2.2 条规定，水泥砂浆防水层应采用聚合物水泥防水砂浆、掺外加剂或掺合料的防水砂浆。第 4.2.3 条规定，水泥砂浆防水层所用材料中，水泥应使用普通硅酸盐水泥、硅酸盐水泥或特种水泥，不得使用过期或受潮结块的水泥。砂宜采用中砂，含泥量不应大于 1.0%，硫化物及硫酸盐含量不应大于 1%。用于拌制水泥砂浆的水，应采用不含有害物质的洁净水。可见，叙述错误的是 B 选项。

答案：B

26-26 解析：《地下防水工程质量验收规范》GB 50208—2011 第 7.1.2 条规定，工程底板与渗排水层之间应做隔浆层。可见，A 选项说法正确。第 7.1.4 条规定，渗排水、盲沟排水均应在地基工程验收合格后进行施工。可见，B 选项说法不正确。第 7.1.2 条还规定，集水管应设置在粗砂过滤层下部，坡度不宜小于 1%，且不得有倒坡现象。集水管之间的距离宜为 5~10m，并与集水井相通。可见，C 选项说法不正确。第 7.1.5 条规定，集水管宜采用无砂混凝土管、硬质塑料管或软式透水管。可见，D 选项说法不正确。

答案：A

26-27 解析：《地下防水工程质量验收规范》GB 50208—2011 第 8.1.3 条规定，地下注浆防水工程，在砂卵石层中宜采用渗透注浆法；在黏土层中宜采用劈裂注浆法；在淤泥质软土中宜采用高压喷射注浆法。故选 D。

答案：D

26-28 解析：导热系数是指在稳定传热条件下，1m 厚的材料，两侧表面的温差为 1 度（K 或℃），在一定时间内，通过 $1m^2$ 面积传递的热量，单位为 W/(m·K)，此处的 K 可用℃代替。国家标准规定，凡平均温度不高于 350℃ 时导热系数不大于 0.12W/(m·K) 的材料称为保温材料。材料的导热系数数值主要取决于物质的种类、物质结构与物理状态，此外温度、密度、湿度等因素对导热系数也有较大的影响。一般说来，材料的孔隙率越大（或密度越小），导热系数就越小。即保温材料的导热系数与抗压强度、压缩强度、燃烧性能无关，故选 A。

答案：A

26-29 解析：《屋面工程质量验收规范》GB 50207—2012 第 6.2.2 条规定，卷材宜平行屋脊铺贴，上下层卷材不得相互垂直铺贴。第 6.2.3 条规定，相邻两幅卷材短边搭接缝应错开，且不得小于 500mm。第 6.2.4 条规定，冷粘法铺贴卷材的接缝口应用密封材料封严，宽度不少于 10mm。第 6.2.5 条规定，采用热粘法铺贴卷材时，热熔型改性沥青胶结材料加热温度不应高于 200℃，使用温度不宜低于 180℃。可见，只有 C 选项说法正确。

答案：C

26-30 解析：《屋面工程质量验收规范》GB 50207—2012 第 6.2.2 条规定，卷材宜平行屋脊铺贴，上下层卷材不得相互垂直铺贴。第 6.2.3 条规定，平行屋脊的卷材搭接缝应顺流水方向；相邻两幅卷材短边搭接缝应错开，且不得小于 500mm；上下层卷材长边搭接缝应错开，且不得小于幅宽的 1/3。可见，选项 C 所述的规定是错误的。

答案：C

26-31 解析：《屋面工程质量验收规范》GB 50207—2012 第 7.3.5 条规定，脊瓦在两坡面瓦上的搭盖宽度，每边不应小于 150mm；脊瓦与脊瓦的压盖面不应小于脊瓦面积的 1/2；沥青瓦挑出檐口的长度宜为 10~20mm；金属泛水板与沥青瓦的搭盖宽度不应小于 100mm。可见，B 选项所述规定是错误的。

答案：B

26-32 解析：《屋面工程质量验收规范》GB 50207—2012 第 8.3.4 条规定，檐沟防水层应由沟底翻上至外侧顶部。故 A 选项说法正确。第 8.4.6 条规定，女儿墙和山墙的涂膜应直接涂刷至压顶下。故 B 选项说法不正确。第 8.5.4 条规定，水落口周围直径 500m 范围内坡度不应小于 5%。故 C 选项说法不正确。第 8.8.5 条规定，屋面出入口的泛水高度不应小于 250mm。故 D 选项说法不正确。可见，说法正确的只有 A 选项。

答案：A

26-33 解析：《屋面工程质量验收规范》GB 50207—2012 第 8.4.2 条规定，女儿墙和山墙的压顶向内排水坡度不应小于 5%，压顶内侧下端应做成鹰嘴或滴水槽。故选 A。

答案：A

26-34 解析：《建筑装饰装修工程质量验收标准》GB 50210—2018 第 3.1.2 条规定，建筑装饰装修设计应符合城市规划、防火、环保、节能、减排等有关规定，建筑装饰装修耐久性应满足使用要求。可见，A 选项说法正确。第 3.1.3 条规定，承担建筑装饰装修工程设计的单位应对建筑物进行了解和实地勘察，设计深度应满足施工要求；由施工单位完成的深化设计应经建筑装饰装修设计单位确认。可见，B 选项说法错误，D 选项说法正确。第 3.1.6 条规定，当墙体或吊顶内的管线可能产生冰冻或结露时，应进行防冻或防结露设计。可见，C 选项说法正确。

答案：B

26-35 解析：《建筑装饰装修工程质量验收标准》GB 50210—2018 第 3.1.4 条（属强制性条文）规定，既有建筑装饰装修工程设计涉及主体和承重结构变动时，必须在施工前委托原结构设计单位或者具有相应资质条件的设计单位提出设计方案，或由检测鉴定单位对建筑结构的安全性进行鉴定。故 A 选项说法正确。第 3.2.5 条规定，获得认证的产品或来源稳定且连续三批均一次检验合格的产品，进场验收时检验批的容量可扩大一倍，且仅可扩大一次。故 B 选项说法错误。第 3.3.7 条规定，对既有建筑进行装饰装修前，应对基层进行处理。故 C 选项说法正确。第 3.3.10 条规定，管道、设备安装及调试应在建筑装饰装修工程施工前完成；当必须同步进行时，应在饰面层施工前完成。故 D 选项说法正确。

答案：B

26-36 解析：《建筑装饰装修工程质量验收标准》GB 50210—2018 第 4.1.2 条规定，抹灰工程验收时应检查下列文件和记录：①抹灰工程的施工图、设计说明及其他设计文件；②材料的产品合格证书、性能检验报告、进场验收记录和复验报告；③隐蔽工程验收记录；④施工记录。可见，可不提供的文件和记录是"施工组织设计文件"。

答案：D

26-37 解析：《建筑装饰装修工程质量验收标准》GB 50210—2018 第 4.1.9 条规定，当要求抹灰层具有防水、防潮功能时，应采用防水砂浆。故 A 选项说法正确。第 4.2.3 条（一般抹灰）及 4.4.3 条（装饰抹灰）均规定，当抹灰总厚度大于或等于 35mm 时，应采取加强措施。故 B 选项说法正确。第 4.2.4 条条文解释提到，抹灰工程的质量关键是粘结牢固，无开裂、空鼓与脱落；如果粘结不牢，出现空鼓、开裂、脱落等缺陷，会降低对墙体的保护作用，且影响装饰效果。故 C 选项说法正确。第 4.2.10 条（一般抹灰）、第 4.3.10 条（保温层薄抹灰）、第 4.4.8 条（装饰抹灰）相应的抹灰允许偏差和检验方法表格中规定，立面垂直度检验方法均为"用 2m 垂直检测尺检查"。故 D 选项说法错误（检查平整度需用塞尺）。

答案：D

26-38 解析：《建筑装饰装修工程质量验收标准》GB 50210—2018 第 4.2.3 条规定，抹灰工程应分层进行，故 A 选项做法错误。第 4.2.3 条还规定，不同材料基体交接处表面的抹灰，应采取防止开裂的加强措施，当采用加强网时，加强网与各基体的搭接宽度不应小于 100mm。第 4.2.4 条规定，抹灰层与基层之间及各抹灰层之间应粘结牢固，抹灰层应无脱层和空鼓，面层应无爆灰和裂缝。故 B、C 选项做法正确。《建筑装饰装修工程质量验收规范》GB 50210—2001 第 4.1.3 条曾规定，抹灰工程应对水泥的凝结时间和安定性进行复验，故 D 选项做法正确；需注意，现行《建筑装饰装修工程质量验收标准》GB 50210—2018 不再有此规定，第 4.1.3 条规定对抹灰材料及其性能指标应进行复验的是：砂浆的拉伸粘结强度、聚合物砂浆的保水率。

答案：A

26-39 解析：《建筑装饰装修工程质量验收标准》GB 50210—2018 第 4.2.3 条规定，当抹灰总厚度大于或等于 35mm 时，应采取加强措施。条文解释第 4.2.3 条说，抹灰厚度过大时，容易产生起鼓、脱落等质量问题。故选 A。

答案：A

26-40 解析：据《建筑装饰装修工程质量验收标准》GB 50210—2018 第 4.1.1 条的条文说明解释：根据国内装饰抹灰的实际情况，本标准保留了水刷石、斩假石、干粘石、假面砖等项目，但水刷石浪费水资源，并对环境有污染，应尽量减少使用。故应选 C。

答案：C

26-41 解析：《建筑装饰装修工程质量验收标准》GB 50210—2018 第 4.2.9 条规定，有排水要求的部位应做滴水线（槽）。滴水线（槽）应整齐顺直，滴水线应内高外低，滴水槽的宽度和深度应满足设计要求，且均不应小于 10mm。可见，说法正确的是 B 选项。

答案：B

26-42 解析：《建筑装饰装修工程质量验收标准》GB 50210—2018 第 6.1.7 条规定，门窗安装前，应对门窗洞口尺寸及相邻洞口的位置偏差进行检验。故 A 选项说法错误。第 6.1.8 条规定，金属门窗和塑料门窗安装应采用预留洞口的方法施工。故 B 选项说法错误。第 6.1.11 条（强制性条文）规定，建筑外门窗安装必须牢固。在砌体上安装门窗严禁采用射钉固定。故 C 选项说法错误。第 6.1.12 条（强制性条文）规定，推拉门窗扇必须牢固，必须安装防脱落装置。故 D 选项说法正确。

答案：D

26-43 解析：《建筑装饰装修工程质量验收标准》GB 50210—2018 第 6.1.3 条规定，门窗工程应对下列材料及其性能指标进行复验：①人造木板门的甲醛释放量；②建筑外窗的气密性能、水密性能和抗风压性能。故 A 选项说法正确。第 6.1.4 条规定，门窗工程应对下列隐蔽工程项目进行验收：①预埋件和锚固件；②隐蔽部位的防腐和填嵌处理；③高层金属窗防雷连接节点。故 B 选项说法正确。第 6.1.11 条规定，建筑外门窗安装必须牢固。在砌体上安装门窗严禁采用射钉固定。故 C 选项说法错误。第 6.1.8 条规定，金属门窗和塑料门窗安装应采用预留洞口的方法施工。故 D 选项说法正确。

答案：C

26-44 解析：《建筑装饰装修工程质量验收标准》GB 50210—2018 第 6.3.3 条规定，金属门窗扇应安装牢固、开关灵活、关闭严密、无倒翘。推拉门窗扇应安装防止扇脱落的装置。检验方法为：观察；开启和关闭检查；手扳检查。可见，检验方法不包括"破坏性试验"。

答案：D

26-45 解析：《建筑装饰装修工程质量验收标准》GB 50210—2018 第 6.3.6 条规定，金属门窗推拉门窗扇开关力不应大于 50N。检验方法：用测力计检查。第 6.4.10 条规定，塑料平开门窗扇平铰链的开关力不应大于 80N，滑撑铰链的开关力不应大于 80N 且不应小于 30N；塑料推拉门窗扇的开关力不应大于 100N。检验方法：观察；用测力计检查。故选 D。

答案：D

26-46 解析：《建筑装饰装修工程质量验收标准》GB 50210—2018 第 6.1.1 条规定，金属门窗包括钢门窗、铝合金门窗和涂色镀锌钢板门窗等；特种门包括自动门、全玻门和旋转门等。故选 B。

答案：B

26-47 解析：《建筑装饰装修工程质量验收标准》GB 50210—2018 第 7.1.11 条规定，吊杆距主龙骨端部距离不得大于 300mm。当吊杆长度大于 1500mm 时，应设置反支撑。故选 D。

答案：D

26-48 解析：《建筑装饰装修工程质量验收标准》GB 50210—2018 第 8.1.4 条规定，轻质隔墙工程应对下列隐蔽工程项目进行验收：①骨架隔墙中设备管线的安装及水管试压；②木龙骨防火和防腐处理；③预埋件或拉结筋；④龙骨安装；⑤填充材料的设置。可见，不属于轻质骨架隔墙工程隐蔽验收项目的是"面板构造"。

答案：B

26-49 **解析:**《建筑装饰装修工程质量验收标准》GB 50210—2018 第 8.1.1 条规定,轻质隔墙工程适用于板材隔墙、骨架隔墙、活动隔墙和玻璃隔墙等分项工程的质量验收。板材隔墙包括复合轻质墙板、石膏空心板、增强水泥板和混凝土轻质板等隔墙;骨架隔墙包括以轻钢龙骨、木龙骨等为骨架,以纸面石膏板、人造木板、水泥纤维板等为墙面板的隔墙;玻璃隔墙包括玻璃板、玻璃砖隔墙。可见,轻质隔墙工程未包括加气混凝土砌块墙。

答案: A

26-50 **解析:**《建筑装饰装修工程质量验收标准》GB 50210—2018 条文说明第 8.3.3 条解释,目前我国的轻钢龙骨主要有两大系列,一种是仿日本系列,一种是仿欧美系列。这两种系列的构造不同,仿日本龙骨系列要求安装贯通龙骨并在竖向龙骨竖向开口处安装支撑卡,以增强龙骨的整体性和刚度,而仿欧美系列则没有这项要求。可见,C 选项描述错误。

答案: C

26-51 **解析:**《建筑装饰装修工程质量验收标准》GB 50210—2018 第 9.1.3 条规定,饰面板工程应对下列材料及其性能指标进行复验:①室内用花岗石板的放射性、室内用人造木板的甲醛释放量;②水泥基粘结料的粘结强度;③外墙陶瓷板的吸水率;④严寒和寒冷地区外墙陶瓷板的抗冻性。可见,D 选项说法错误。

答案: D

26-52 **解析:**《建筑装饰装修工程质量验收标准》GB 50210—2018 第 10.2.3 条规定,内墙饰面砖粘贴应牢固。可见,A 选项说法正确。第 10.2.4 条规定,满粘法施工的内墙饰面砖应无裂缝,大面和阳角应无空鼓。可见,B 选项说法错误。第 10.2.5 条规定,内墙饰面砖表面应平整、洁净、色泽一致,应无裂痕和缺损。可见,C 选项说法正确。第 10.2.7 条规定,内墙饰面砖接缝应平直、光滑,填嵌应连续、密实。可见,D 选项说法正确。

答案: B

26-53 **解析:**《建筑装饰装修工程质量验收标准》GB 50210—2018 第 10.1.2 条规定,饰面砖工程验收时应检查下列文件和记录:

　　1)饰面砖工程的施工图、设计说明及其他设计文件;

　　2)材料的产品合格证书、性能检验报告、进场验收记录和复验报告;

　　3)外墙饰面砖施工前粘贴样板和外墙饰面砖粘贴工程饰面砖粘结强度检验报告;

　　4)隐蔽工程验收记录;

　　5)施工记录。

　　可见,"饰面砖粘贴样板和粘结强度检验报告"仅是对"外墙"饰面砖工程的要求,而对"室内"饰面砖工程无此要求,故选 D。

答案: D

26-54 **解析:**《建筑装饰装修工程质量验收标准》GB 50210—2018 第 11.2.1 条规定,玻璃幕墙工程主控项目应包括下列项目:①玻璃幕墙工程所用材料、构件和组件质量;②玻璃幕墙的造型和立面分格;③玻璃幕墙主体结构上的埋件;④玻璃幕墙连接安装质量;⑤隐框或半隐框玻璃幕墙玻璃托条;⑥明框玻璃幕墙的玻璃安装质量;⑦吊挂在主体结构上的全玻璃幕墙吊夹具和玻璃接缝密封;⑧玻璃幕墙节点、各种变形缝、墙角的连接点;⑨玻璃幕墙的防火、保温、防潮材料的设置;⑩玻璃幕墙防水效果;⑪金属框架和连接件的防腐处理;⑫玻璃幕墙开启窗的配件安装质量;⑬玻璃幕墙防雷。可见,D 选项所述不属于主控项目。

答案: D

26-55 **解析:**《建筑装饰装修工程质量验收标准》GB 50210—2018 第 12.1.1 条规定,水性涂料包括乳液型涂料、无机涂料、水溶性涂料等;溶剂型涂料包括丙烯酸酯涂料、聚氨酯丙烯酸涂料、有机硅丙烯酸涂料、交联型氟树脂涂料等;美术涂饰包括套色涂饰、滚花涂饰、仿花纹涂饰等。

可见，无机涂料属于水性涂料。

答案：**A**

26-56 解析：《建筑装饰装修工程质量验收标准》GB 50210—2018 第 13.1.4 条规定，裱糊工程应对基层封闭底漆、腻子、封闭底胶及软包内衬材料进行隐蔽工程验收。裱糊前，基层处理应达到下列规定：

　　1）新建筑物的混凝土抹灰基层墙面在刮腻子前应涂刷抗碱封闭底漆；

　　2）粉化的旧墙面应先除去粉化层，并在刮涂腻子前涂刷一层界面处理剂；

　　3）混凝土或抹灰基层含水率不得大于 8%；木材基层的含水率不得大于 12%；

　　4）石膏板基层，接缝及裂缝处应贴加强网布后再刮腻子；

　　5）基层腻子应平整、坚实、牢固，无粉化、起皮、空鼓、酥松、裂缝和泛碱，腻子的粘结强度不得小于 0.3MPa；

　　6）基层表面平整度、立面垂直度及阴阳角方正应达到高级抹灰的要求；

　　7）基层表面颜色应一致；

　　8）裱糊前应用封闭底胶涂刷基层。

　　可见，A 选项说法错误。

答案：**A**

26-57 解析：据《建筑装饰装修工程质量验收标准》GB 50210—2018 第 14.1.1 条细部工程的一般规定，细部工程适用于固定橱柜制作与安装、窗帘盒和窗台板制作与安装、门窗套制作与安装、护栏和扶手制作与安装、花饰制作与安装等分项工程的质量验收。可见，门窗套制作与安装分项工程属于细部子分部工程。

答案：**C**

26-58 解析：《建筑地面工程施工质量验收规范》GB 50209—2010 第 3.0.20 条规定，各类面层的铺设宜在室内装饰工程基本完工后进行。木、竹面层、塑料板面层、活动地板面层、地毯面层的铺设，应待抹灰工程、管道试压等完工后进行。可见，A、B 选项说法均不正确。第 3.0.22 条规定，建筑地面工程的分项工程施工质量检验的主控项目，应达到本规范规定的质量标准，认定为合格；一般项目 80% 以上的检查点（处）符合本规范规定的质量要求，其他检查点（处）不得有明显影响使用，且最大偏差值不超过允许偏差值的 50% 为合格。可见，C 选项说法不正确。第 3.0.23 条规定，建筑地面工程的施工质量验收应在建筑施工企业自检合格的基础上，由监理单位或建设单位组织有关单位对分项工程、子分部工程进行检验。可见，D 选项说法正确。

答案：**D**

26-59 解析：由《建筑地面工程施工质量验收规范》GB 50209—2010 第 3.0.1 条表 3.0.1（本教材表 26-50）规定可知，在建筑装饰装修分部工程中包含建筑地面子分部工程，而建筑地面子分部工程又分为三个子分部工程：整体面层子分部工程、板块面层子分部工程和木、竹面层子分部工程。即整体面层地面属于地面子分部工程下的子分部工程。

答案：**B**

26-60 解析：《建筑地面工程施工质量验收规范》GB 50209—2010 第 4.3.1 条规定，灰土垫层应采用熟化石灰与黏土（或粉质黏土、粉土）的拌合料铺设，其厚度不应小于 100mm。第 4.4.1 条规定，砂垫层厚度不应小于 60mm；砂石垫层厚度不应小于 100mm。第 4.5.1 条规定，碎石垫层和碎砖垫层厚度不应小于 100mm。第 4.6.1 条规定，三合土垫层应采用石灰、砂（可掺入少量黏土）与碎砖的拌合料铺设，其厚度不应小于 100mm；四合土垫层应采用水泥、石灰、砂（可掺少量黏土）与碎砖的拌合料铺设，其厚度不应小于 80mm。第 4.7.1 条规定，炉渣垫层应采用炉渣或水泥与炉渣或水泥、石灰与炉渣的拌合料铺设，其厚度不应小于 80mm。第 4.8.2 条规定，水泥混凝土垫层的厚度不应小于 60mm；陶粒混凝土垫层的厚度不应小于 80mm。可见，三合土垫层应不小于 100mm；而掺入水泥而形成的四合土垫层，其厚度则不小于 80mm。故 D 选项所述应属错误。

答案：D

26-61 解析：《建筑地面工程施工质量验收规范》GB 50209—2010 第 4.6.1 条规定，三合土垫层应采用石灰、砂（可掺入少量黏土）与碎砖的拌合料铺设，其厚度不应小于 100mm。四合土垫层应采用水泥、石灰、砂（可掺少量黏土）与碎砖的拌合料铺设，其厚度不应小于 80mm。可见，四合土是在三合土中增加了水泥，即四合土垫层的拌合材料不包括碎石。

答案：C

26-62 解析：《建筑地面工程施工质量验收规范》GB 50209—2010 第 4.3.5 条规定，灰土垫层不宜在冬期施工。当必须在冬期施工时，应采取可靠措施。

答案：A

26-63 解析：《建筑地面工程施工质量验收规范》GB 50209—2010 第 4.11.4 条规定，有隔声要求的楼面，隔声垫在柱、墙面的上翻高度应超出楼面 20mm，且应收口于踢脚线内。地面上有竖向管道时，隔声垫应包裹管道四周，高度同卷向柱、墙面的高度。可见，A、B 说法均不正确。第 4.11.5 条规定，隔声垫上部应设置保护层，其构造做法应符合设计要求。当设计无要求时，混凝土保护层厚度不应小于 30mm，内配间距不大于 200mm×200mm 的 ϕ6mm 钢筋网片。可见，C 说法正确。第 4.11.4 条还规定，隔声垫保护膜之间应错缝搭接，搭接长度应大于 100mm，并用胶带等封闭。可见，D 说法不正确。

答案：C

26-64 解析：《建筑地面工程施工质量验收规范》GB 50209—2010 第 5.1.4 条规定，整体面层施工后，养护时间不应少于 7d；抗压强度应达到 5MPa 后方准上人行走；抗压强度应达到设计要求后，方可正常使用。故选 C。

答案：C

26-65 解析：《建筑地面工程施工质量验收规范》GB 50209—2010 第 5.3.2 条规定，水泥宜采用硅酸盐水泥、普通硅酸盐水泥，不同品种、不同强度等级的水泥不应混用。可见，A 选项说法不正确。第 5.1.7 条表 5.1.7 中规定，水泥砂浆或水泥混凝土整体面层的表面平整度的允许偏差分别为 4mm 和 5mm。故 B 选项说法不正确。第 5.2.2 条规定，水泥混凝土面层铺设不得留施工缝。当施工间隙超过允许时间规定时，应对接槎处进行处理。可见，C 选项说法不正确。第 5.3.4 条规定，水泥砂浆的体积比（强度等级）应符合设计要求，且体积比应为 1∶2，强度等级不应小于 M15。故 D 选项说法正确。

答案：D

26-66 解析：《建筑地面工程施工质量验收规范》GB 50209—2010 第 2.0.13 条规定，不发火（防爆）面层是指面层采用的材料和硬化后的试件，与金属或石块等坚硬物体发生摩擦、冲击或冲擦等机械作用时，不会产生火花（或火星），不会致使易燃物引起发火或爆炸的建筑地面。第 5.7.4 条规定，不发火（防爆）面层中碎石的不发火性必须合格。可见，A 选项所述正确。第 5.7.4 条又规定，不发火（防爆）面层中砂应质地坚硬、表面粗糙，其粒径应为 0.15～5mm，含泥量不应大于 3%，有机物含量不应大于 0.5%；可见，B 选项所述砂的粒径及含泥量均不正确。第 5.7.4 条还规定，水泥应采用硅酸盐水泥、普通硅酸盐水泥；面层分格的嵌条应采用不发生火花的材料配制。可见，C、D 选项所述均正确。

答案：B

26-67 解析：《建筑地面工程施工质量验收规范》GB 50209—2010 第 6.3.1 条规定，大理石、花岗石面层采用天然大理石、花岗石（或碎拼大理石、碎拼花岗石）板材，应在结合层上铺设。可见，A 选项说法正确。第 6.7.1 条规定，活动地板面层应采用特制的平压刨花板为基材，表面可饰以

320

装饰板，底层应用镀锌板经粘结胶合形成活动地板块，配以横梁、橡胶垫条和可供调节高度的金属支架组装成架空板，应在水泥类面层（或基层）上铺设。可见，活动地板面层并非在"结合层"上铺设，故 B 选项说法错误。第 6.6.1 条规定，塑料板面层应采用塑料板块材、塑料板焊接、塑料卷材以胶粘剂在水泥类基层上采用满粘或点粘法铺设。可见，C 选项说法正确。第 6.10.1 条规定，地面辐射供暖的板块面层宜采用缸砖、陶瓷地砖、花岗石、水磨石板块、人造石板块、塑料板等，应在填充层上铺设。可见，D 选项说法正确。

答案：B

第二十七章 设计业务管理

2002 年发布的一级注册建筑师考试大纲中对设计业务管理部分,提出四个"熟悉"和四个"了解"的内容。

熟悉注册建筑师考试、执业、注册、继续教育及权利义务与责任等方面的规定。

熟悉设计文件编制原则、依据、程序、质量和深度要求。

熟悉执行工程建设标准,特别是强制性标准管理方面的规定。

熟悉修改设计文件等方面的规定。

了解与工程勘察设计有关的法律、行政法规和部门规章的基本精神。

了解设计业务招标投标、承发包及签订设计合同等市场行为方面的规定。

了解城市规划管理、房地产开发程序和建设工程监理的有关规定。

了解对工程建设中各种违法、违纪行为的处罚规定。

第一节 注册建筑师执业等方面的规定

注册建筑师是指依法取得注册建筑师证书并从事房屋建筑设计及相关业务的人员。

(一) 注册建筑师的执业、权利、义务与责任

1. 注册建筑师的执业范围

(1) 建筑设计。

(2) 建筑设计技术咨询。

(3) 建筑物调查和鉴定。

(4) 对本人主持设计的项目进行施工指导和监督。

(5) 国务院建设行政主管部门规定的其他业务。

注册建筑师的执业范围不得超越其所在的建筑设计单位的执业范围。

2. 注册建筑师的权利

(1) 以注册建筑师的名义执行注册建筑师业务。

(2) 国家规定的一定面积、跨度和高度以上的房屋建筑,应由注册建筑师设计。

(3) 任何单位和个人修改注册建筑师的设计图纸应征得该注册建筑师同意(因特殊情况不能征得该注册建筑师同意的除外)。

3. 注册建筑师应履行的义务

(1) 遵守法律、法规和职业道德,维护社会公共利益。

(2) 保证建筑设计质量,并在其负责的图纸上签字。

(3) 保守在执业中知悉的单位和个人的秘密。

(4) 不得同时受聘于两个和两个以上的建筑设计单位执行业务。

（5）不得准许他人以本人名义执行业务。

4. 注册建筑师的法律责任

注册建筑师违反本条例规定，有下列行为之一的，由县级以上人民政府主管部门责令停止违法活动、没收违法所得，并可处以违法所得 5 倍以下的罚款；情节严重的可以责令停止执行业务或者吊销注册建筑师证书。

（1）以个人名义承接注册建筑师业务，收取费用的。

（2）同时受聘于两个和两个以上建筑设计单位执行业务的。

（3）在建筑设计或者相关业务中，侵犯他人合法权益的。

（4）准许他人以本人名义执行业务的。

（5）二级注册建筑师以一级名义执行业务的，或者超越国家规定的执业范围执行业务的。

因建筑设计质量不合格发生重大责任事故，造成重大损失的，对该建筑设计负有直接责任的注册建筑师，由县级以上人民政府建设行政主管部门责令停止执行业务；情节严重的，由全国注册建筑师管理委员会或者省、自治区、直辖市注册建筑师管理委员会吊销注册建筑师证书。

（二）注册建筑师的级别设置

我国注册建筑师分为一级注册建筑师和二级注册建筑师。

一级注册建筑师的建筑设计范围不受建筑规模和工程复杂程度的限制，二级注册建筑师的建筑设计范围只限于承担国家规定的民用建筑等级三级（含三级）以下项目。

（三）注册建筑师管理体制

我国注册建筑师管理体制分为中央和地方两级。

在中央设立全国注册建筑师考试管理委员会，在地方设立省、市、自治区、直辖市注册建筑师考试管理委员会，负责本行政区域内的注册建筑师管理工作。

（四）注册的条件

考试合格，取得注册建筑师资格，除注册建筑师条例规定不能注册的之外，均可注册。

不能注册的情形有：

（1）不具有完全民事行为能力的。

（2）因受刑事处罚，自刑事处罚执行完毕之日起至申请注册之日止不满五年的。

（3）因在建筑设计或相关业务中犯有错误，受行政处罚或者撤职以上行政处分，自处罚、处分之日起至申请日止不满两年的。

（4）受吊销注册建筑师证书的行政处罚，自处罚之日起至申请注册之日止不满五年的。

（5）有国务院规定的不予注册的其他情形的。

（五）注册机构

一级注册建筑师的注册机构是全国注册建筑师考试管理委员会，二级注册建筑师的注册机构是省、市、自治区、直辖市注册建筑师考试管理委员会。

（六）《中华人民共和国注册建筑师条例》

1995 年 9 月 23 日中华人民共和国国务院令第 184 号——《中华人民共和国注册建筑

师条例》——发布，并自 1995 年 9 月 23 日起施行。2019 年 4 月 23 日，根据国务院令第714 号《国务院关于修改部分行政法规的决定》修正了第八条。

2019 年修订版《中华人民共和国注册建筑师条例》摘录如下：

第一章　总　则

第一条　为了加强对注册建筑师的管理，提高建筑设计质量与水平，保障公民生命和财产安全，维护社会公共利益，制定本条例。

第二条　本条例所称注册建筑师，是指依法取得注册建筑师并从事房屋建筑设计及相关业务的人员。注册建筑师分为一级注册建筑和二级注册建筑师。

第三条　注册建筑师的考试、注册和执业，适用本条例。

第四条　国务院建设行政主管部门、人事行政主管部门和省、自治区、直辖市人民政府建设行政主管部门、人事行政主管部门依照本条例的规定对注册建筑师的考试、注册和执业实施指导和监督。

第五条　全国注册建筑师管理委员会和省、自治区、直辖市注册建筑师管理委员会，依照本条例的规定负责注册建筑师的考试和注册的具体工作。全国注册建筑师管理委员会由国务院建设行政主管部门、人事行政主管部门、其他有关行政主管部门的代表和建筑设计专家组成。省、自治区、直辖市注册建筑师管理委员会由省、自治区、直辖市建设行政主管部门、人事行政主管部门、其他有关行政主管部门的代表和建筑设计专家组成。

第六条　注册建筑师可以组建注册建筑师协会，维护会员的合法权益。

第二章　考试和注册

第七条　国家实行注册建筑师全国统一考试制度，注册建筑师全国统一考试办法，由国务院建设行政主管部门会同国务院人事行政主管部门商国务院其他有关行政主管部门共同制定，由全国注册建筑师管理委员会组织实施。

第八条　符合下列条件之一的，可以申请参加一级注册建筑师考试：

（一）取得建筑学硕士以上学位或者相近专业工学博士学位，并从事建筑设计或者相关业务 2 年以上的；

（二）取得建筑学学士学位或者相近专业工学硕士学位，并从事建筑设计或者相关业务 3 年以上的；

（三）具有建筑学专业大学本科毕业学历并从事建筑设计或者相关业务 5 年以上的，或者具有建筑学相近专业大学本科毕业学历并从事建筑设计或者相关业务 7 年以上的；

（四）取得高级工程师技术职称并从事建筑设计或者相关业务 3 年以上的，或者取得工程师技术职称并从事建筑设计或者相关业务 5 年以上的；

（五）不具有前四项规定的条件，但设计成绩突出，经全国注册建筑师管理委员会认定达到前四项规定的专业水平的。

前款第（三）项～第（五）项规定的人员应当取得学士学位。

第九条　符合下列条件之一的，可以申请参加二级注册建筑师考试：

（一）具有建筑学或者相近专业大学本科毕业以上学历，从事建筑设计或者相关业务

2 年以上的；

（二）具有建筑设计技术专业或者相近专业大学毕业以上学历，并从事建筑设计或者相关业务 3 年以上的；

（三）具有建筑设计技术专业 4 年制中专毕业学历，并从事建筑设计或者相关业务 5 年以上的；

（四）具有建筑设计技术相近专业中专毕业学历，并从事建筑设计或者相关业务 7 年以上的；

（五）取得助理工程师以上技术职称，并从事建筑设计或者相关业务 3 年以上的。

第十条　本条例履行前已取得高级、中级技术职称的建筑设计人员，经所在单位推荐，可以按照注册建筑师全国统一考试办法的规定，免予部分科目的考试。

第十一条　注册建筑师考试合格，取得相应的注册建筑师资格的，可以申请注册。

第十二条　一级注册建筑师的注册，由全国注册建筑师管理委员会负责；二级注册建筑师的注册，由省、自治区、直辖市注册建筑师管理委员会负责。

第十三条　有下列情形之一的，不予注册：

（一）不具有完全民事行为能力的；

（二）因受刑事处罚，自刑罚执行完毕之日起至申请注册之日止不满 5 年的；

（三）因在建筑设计或者相关业务中犯有错误受行政处罚或者撤职以上行政处分，自处罚之日止不满 2 年的；

（四）受吊销注册建筑师证书的行政处罚，自处罚决定之日起至申请注册之日止不满 5 年；

（五）有国务院规定不予注册的其他情形的。

第十四条　全国注册建筑师管理委员会和省、自治区、直辖市注册建筑师管理委员会依照本条例第十三条的规定，决定不予注册的，应当自决定之日起 15 日内书面通知申请人；申请人有异议的，可以自收到通知之日起 15 日内向国务院建设行政主管部门或省、自治区、直辖市人民政府建设行政主管部门申请复议。

第十五条　全国注册建筑师管理委员会应当将准予注册的一级注册建筑师名单报国务院建设行政主管部门备案；省、自治区、直辖市注册建筑师管理委员会应当将准予注册的二级注册建筑师名单报省、自治区、直辖市人民政府建设行政主管部门备案。国务院建设行政主管部门或者省、自治区、直辖市人民政府建设行政主管部门发现有关注册建筑师管理委员会的注册不符合本条例规定的，应当通知有关注册建筑师管理委员会撤销注册，收回注册建筑师证书。

第十六条　准予注册的申请人，分别由全国注册建筑师管理委员会和省、自治区、直辖市注册建筑师管理委员会核发由国务院建设行政主管部门统一制作的一级注册建筑师证书或者二级注册建筑师证书。

第十七条　注册建筑师注册的有效期为 2 年。有效期届满需要继续注册的，应当在期满前 30 日内办理注册手续。

第十八条　已取得注册建筑师证书的人员，除本条例第十五条第二款规定的情形外，注册后有下列情形之一的，由准予注册的全国注册建筑师管理委员会或者省、自治区、直辖市注册建筑师管理委员会撤销注册，收回注册建筑师证书：

（一）完全丧失民事行为能力的；

（二）受刑事处罚的；

（三）因在建筑设计或者相关业务中犯有错误，受到行政处罚或者撤职以上行政处分的；

（四）自行停止注册建筑师业务满2年的。

被撤销注册的当事人对撤销注册、收回注册建筑师证书有异议的，可以自接到撤销注册、收回注册建筑师证书的通知之日起15日内向国务院建设行政主管部门或者省、自治区、直辖市人民政府建设行政主管部门申请复议。

第十九条 被撤销注册的人员可以依照本条例的规定重新注册。

第三章 执 业

第二十条 注册建筑师的执业范围：

（一）建筑设计；

（二）建筑设计技术咨询；

（三）建筑物调查与鉴定；

（四）对本人主持设计的项目进行施工指导和监督；

（五）国务院建设行政主管部门规定的其他业务。

第二十一条 注册建筑师执行业务，应当加入建筑设计单位。建筑设计单位的资质等级及其业务范围，由国务院建设行政主管部门规定。

第二十二条 一级注册建筑师的执业范围不受建筑规模和工程复杂程度的限制。二级注册建筑师的执业范围不得超越国家规定的建筑规模和工程复杂程度。

第二十三条 注册建筑师执行业务，由建筑设计单位统一接受委托并统一收费。

第二十四条 因设计质量造成的经济损失，由建筑设计单位承担赔偿责任；建筑设计单位有权向签字的注册建筑师追偿。

第四章 权利和义务

第二十五条 注册建筑师有权以注册建筑师的名义执行注册建筑师业务。非注册建筑师不得以注册建筑师的名义执行注册建筑师业务。二级注册建筑师不得以一级注册建筑师的名义执行业务，也不得超越国家规定的二级注册建筑师的执业范围执行业务。

第二十六条 国家规定的一定跨度、距径和高度以上的房屋建筑，应当由注册建筑师进行设计。

第二十七条 任何单位和个人修改注册建筑师的设计图纸，应当征得该注册建筑师的同意；但是，因特殊情况不能征得该注册建筑师同意的除外。

第二十八条 注册建筑师应当履行下列义务：

（一）遵守法律、法规和职业道德，维护社会公共利益；

（二）保证建设设计的质量，并在其负责的设计图纸上签字；

（三）保守在执业中知悉的单位和个人的秘密；

（四）不得同时受聘于二个以上建筑设计单位执行业务；

（五）不得准许他人以本人名义执行业务。

第五章 法 律 责 任

第二十九条 以不正当手段取得注册建筑师考试合格资格或者注册建筑师证书的，由全国注册建筑师管理委员会或者省、自治区、直辖市注册建筑师管理委员会取消考试合格资格或者吊销注册建筑师证书；对负有直接责任的主管人员和其他直接责任人员，依法给予行政处分。

第三十条　未经注册擅自以注册建筑师名义从事注册建筑师业务的，由县级以上人民政府建设行政主管部门责令停止违法活动，没收违法所得，并可以处以违法所得5倍以下的罚款；造成损失的，应当承担赔偿责任。

第三十一条　注册建筑师违反本条例规定，有下列行为之一的，由县级以上人民政府建设行政主管部门责令停止违法活动，没收违法所得，并可以处以违法所得5倍以下的罚款；情节严重的，可以责令停止执行业务或者由全国注册建筑师管理委员会或者省、自治区、直辖市注册建筑师管理委员会吊销注册建筑师证书：

（一）以个人名义承接注册建筑师业务、收取费用的；

（二）同时受聘于二个以上建筑设计单位执行业务的；

（三）在建筑设计或者相关业务中侵犯他人合法权益的；

（四）准许他人以本人名义执行业务的；

（五）二级注册建筑师以一级注册建筑师的名义执行业务或者超越国家规定的执业范围执行业务的。

第三十二条　因建筑设计质量不合格发生重大责任事故，造成重大损失的，对该建筑设计负有直接责任的注册建筑师，由县级以上人民政府建设行政主管部门责令停止执行业务；情节严重的，由全国注册建筑师管理委员会或者省、自治区、直辖市注册建筑师管理委员会吊销注册建筑师证书。

第三十三条　违反本条例规定，未经注册建筑师同意擅自修改其设计图纸的，由县级以上人民政府建设行政主管部门责令纠正；造成损失的，应当承担赔偿责任。

第三十四条　违反本条例规定的，构成犯罪的，依法追究刑事责任。

第六章　附　　则

第三十五条　本条例所称建筑设计单位，包括专门从事建筑设计的工程设计单位和其他从事建筑设计的工程设计单位。

第三十六条　外国人申请参加中国注册建筑师全国统一考试和注册以及外国建筑师申请有中国境内执行注册建筑师业务，按照对等原则办理。

第三十七条　本条例自发布之日起施行。

例27-1　（2009）一级注册建筑师考试内容分成九个科目进行考试。科目考试合格有效期为：

A　五年　　　　　　　B　八年　　　　　　　C　十年　　　　　　　D　长期有效

解析：《注册建筑师条例实施细则》第八条规定，一级注册建筑师考试内容包括：建筑设计前期工作、场地设计、建筑设计与表达、建筑结构、环境控制、建筑设备、建筑材料与构造、建筑经济、施工与设计业务管理、建筑法规等。上述内容分成若干科目进行考试。科目考试合格有效期为八年。

例 27-2　（2004、2008）根据《中华人民共和国注册建筑师条例》，注册建筑师注册的有效期是：

A　一年　　　　　B　二年　　　　　C　三年　　　　　D　五年

解析：根据《注册建筑师条例实施细则》第十九条，注册建筑师每一注册有效期为两年；注册建筑师注册有效期满需继续执业的，应在注册有效期届满三十日前，按照本细则第十五条规定的程序申请延续注册；延续注册有效期为二年。

答案：B

（七）《中华人民共和国注册建筑师条例实施细则》

《中华人民共和国注册建筑师条例实施细则》（后简称《注册建筑师条例实施细则》）2008 年 1 月 29 日发布，自 2008 年 3 月 15 日起施行。1996 年 10 月的原《中华人民共和国注册建筑师条例实施细则》同时作废。

2008 年修订版《注册建筑师条例实施细则》摘录如下：

第一章　总　　则

第一条　根据《中华人民共和国行政许可法》和《中华人民共和国注册建筑师条例》（以下简称《条例》），制定本细则。

第二条　中华人民共和国境内注册建筑师的考试、注册、执业、继续教育和监督管理，适用本细则。

第三条　注册建筑师，是指经考试、特许、考核认定取得中华人民共和国注册建筑师执业资格证书（以下简称执业资格证书），或者经资格互认方式取得建筑师互认资格证书（以下简称互认资格证书），并按照本细则注册，取得中华人民共和国注册建筑师注册证书（以下简称注册证书）和中华人民共和国注册建筑师执业印章（以下简称执业印章），从事建筑设计及相关业务活动的专业技术人员。

未取得注册证书和执业印章的人员，不得以注册建筑师的名义从事建筑设计及相关业务活动。

第四条　国务院建设主管部门、人事主管部门按职责分工对全国注册建筑师考试、注册、执业和继续教育实施指导和监督。

省、自治区、直辖市人民政府建设主管部门、人事主管部门按职责分工对本行政区域内注册建筑师考试、注册、执业和继续教育实施指导和监督。

第五条　全国注册建筑师管理委员会负责注册建筑师考试、一级注册建筑师注册、制定颁布注册建筑师有关标准以及相关国际交流等具体工作。

省、自治区、直辖市注册建筑师管理委员会负责本行政区域内注册建筑师考试、注册以及协助全国注册建筑师管理委员会选派专家等具体工作。

第六条　全国注册建筑师管理委员会委员由国务院建设主管部门商人事主管部门聘任。

全国注册建筑师管理委员会由国务院建设主管部门、人事主管部门、其他有关主管部门的代表和建筑设计专家组成，设主任委员一名、副主任委员若干名。全国注册建筑师管理委员会秘书处设在建设部执业资格注册中心。全国注册建筑师管理委员会秘书处承担全国注册建筑师管理委员会的日常工作职责，并承担相应的法律责任。

省、自治区、直辖市注册建筑师管理委员会由省、自治区、直辖市人民政府建设主管部门商同级人事主管部门参照本条第一款、第二款规定成立。

第二章 考 试

第七条 注册建筑师考试分为一级注册建筑师考试和二级注册建筑师考试。注册建筑师考试实行全国统一考试，每年进行一次。遇特殊情况，经国务院建设主管部门和人事主管部门同意，可调整该年度考试次数。

注册建筑师考试由全国注册建筑师管理委员会统一部署，省、自治区、直辖市注册建筑师管理委员会组织实施。

第八条 一级注册建筑师考试内容包括：建筑设计前期工作、场地设计、建筑设计与表达、建筑结构、环境控制、建筑设备、建筑材料与构造、建筑经济、施工与设计业务管理、建筑法规等。上述内容分成若干科目进行考试。科目考试合格有效期为 8 年。

二级注册建筑师考试内容包括：场地设计、建筑设计与表达、建筑结构与设备、建筑法规、建筑经济与施工等。上述内容分成若干科目进行考试。科目考试合格有效期为 4 年。

第九条 《条例》第八条第（一）、（二）、（三）项，第九条第（一）项中所称相近专业，是指大学本科及以上建筑学的相近专业，包括城市规划、建筑工程和环境艺术等专业。

《条例》第九条第（二）项所称相近专业，是指大学专科建筑设计的相近专业，包括城乡规划、房屋建筑工程、风景园林、建筑装饰技术和环境艺术等专业。

《条例》第九条第（四）项所称相近专业，是指中等专科学校建筑设计技术的相近专业，包括工业与民用建筑、建筑装饰、城镇规划和村镇建设等专业。

《条例》第八条第（五）项所称设计成绩突出，是指获得国家或省部级优秀工程设计铜质或二等奖（建筑）及以上奖励。

第十条 申请参加注册建筑师考试者，可向省、自治区、直辖市注册建筑师管理委员会报名，经省、自治区、直辖市注册建筑师管理委员会审查，符合《条例》第八条或者第九条规定的，方可参加考试。

第十一条 经一级注册建筑师考试，在有效期内全部科目考试合格的，由全国注册建筑师管理委员会核发国务院建设主管部门和人事主管部门共同用印的一级注册建筑师执业资格证书。

经二级注册建筑师考试，在有效期内全部科目考试合格的，由省、自治区、直辖市注册建筑师管理委员会核发国务院建设主管部门和人事主管部门共同用印的二级注册建筑师执业资格证书。

自考试之日起，90 日内公布考试成绩；自考试成绩公布之日起，30 日内颁发执业资格证书。

第十二条　申请参加注册建筑师考试者，应当按规定向省、自治区、直辖市注册建筑师管理委员会交纳考务费和报名费。

第三章　注　　册

第十三条　注册建筑师实行注册执业管理制度。取得执业资格证书或者互认资格证书的人员，必须经过注册方可以注册建筑师的名义执业。

第十四条　取得一级注册建筑师资格证书并受聘于一个相关单位的人员，应当通过聘用单位向单位工商注册所在地的省、自治区、直辖市注册建筑师管理委员会提出申请；省、自治区、直辖市注册建筑师管理委员会受理后提出初审意见，并将初审意见和申请材料报全国注册建筑师管理委员会审批；符合条件的，由全国注册建筑师管理委员会颁发一级注册建筑师注册证书和执业印章。

第十五条　省、自治区、直辖市注册建筑师管理委员会在收到申请人申请一级注册建筑师注册的材料后，应当及时作出是否受理的决定，并向申请人出具书面凭证；申请材料不齐全或者不符合法定形式的，应当在 5 日内一次性告知申请人需要补正的全部内容。逾期不告知的，自收到申请材料之日起即为受理。

对申请初始注册的，省、自治区、直辖市注册建筑师管理委员会应当自受理申请之日起 20 日内审查完毕，并将申请材料和初审意见报全国注册建筑师管理委员会。全国注册建筑师管理委员会应当自收到省、自治区、直辖市注册建筑师管理委员会上报材料之日起，20 日内审批完毕并作出书面决定。

审查结果由全国注册建筑师管理委员会予以公示，公示时间为 10 日，公示时间不计算在审批时间内。

全国注册建筑师管理委员会自作出审批决定之日起 10 日内，在公众媒体上公布审批结果。

对申请变更注册、延续注册的，省、自治区、直辖市注册建筑师管理委员会应当自受理申请之日起 10 日内审查完毕。全国注册建筑师管理委员会应当自收到省、自治区、直辖市注册建筑师管理委员会上报材料之日起，15 日内审批完毕并作出书面决定。

二级注册建筑师的注册办法由省、自治区、直辖市注册建筑师管理委员会依法制定。

第十六条　注册证书和执业印章是注册建筑师的执业凭证，由注册建筑师本人保管、使用。

注册建筑师由于办理延续注册、变更注册等原因，在领取新执业印章时，应当将原执业印章交回。

禁止涂改、倒卖、出租、出借或者以其他形式非法转让执业资格证书、互认资格证书、注册证书和执业印章。

第十七条　申请注册建筑师初始注册，应当具备以下条件：

（一）依法取得执业资格证书或者互认资格证书；

（二）只受聘于中华人民共和国境内的一个建设工程勘察、设计、施工、监理、招标代理、造价咨询、施工图审查、城乡规划编制等单位（以下简称聘用单位）；

（三）近 3 年内在中华人民共和国境内从事建筑设计及相关业务一年以上；

（四）达到继续教育要求；

（五）没有本细则第二十一条所列的情形。

第十八条 初始注册者可以自执业资格证书签发之日起 3 年内提出申请。逾期未申请者，须符合继续教育的要求后方可申请初始注册。

初始注册需要提交下列材料：

（一）初始注册申请表；

（二）资格证书复印件；

（三）身份证明复印件；

（四）聘用单位资质证书副本复印件；

（五）与聘用单位签订的聘用劳动合同复印件；

（六）相应的业绩证明；

（七）逾期初始注册的，应当提交达到继续教育要求的证明材料。

第十九条 注册建筑师每一注册有效期为 2 年。注册建筑师注册有效期满需继续执业的，应在注册有效期届满 30 日前，按照本细则第十五条规定的程序申请延续注册。延续注册有效期为 2 年。

延续注册需要提交下列材料：

（一）延续注册申请表；

（二）与聘用单位签订的聘用劳动合同复印件；

（三）注册期内达到继续教育要求的证明材料。

第二十条 注册建筑师变更执业单位，应当与原聘用单位解除劳动关系，并按照本细则第十五条规定的程序办理变更注册手续。变更注册后，仍延续原注册有效期。

原注册有效期届满在半年以内的，可以同时提出延续注册申请。准予延续的，注册有效期重新计算。

变更注册需要提交下列材料：

（一）变更注册申请表；

（二）新聘用单位资质证书副本的复印件；

（三）与新聘用单位签订的聘用劳动合同复印件；

（四）工作调动证明或者与原聘用单位解除聘用劳动合同的证明文件、劳动仲裁机构出具的解除劳动关系的仲裁文件、退休人员的退休证明复印件；

（五）在办理变更注册时提出延续注册申请的，还应当提交在本注册有效期内达到继续教育要求的证明材料。

第二十一条 申请人有下列情形之一的，不予注册：

（一）不具有完全民事行为能力的；

（二）申请在两个或者两个以上单位注册的；

（三）未达到注册建筑师继续教育要求的；

（四）因受刑事处罚，自刑事处罚执行完毕之日起至申请注册之日止不满 5 年的；

（五）因在建筑设计或者相关业务中犯有错误受行政处罚或者撤职以上行政处分，自处罚、处分决定之日起至申请之日止不满 2 年的；

（六）受吊销注册建筑师证书的行政处罚，自处罚决定之日起至申请注册之日止不满 5 年的；

（七）申请人的聘用单位不符合注册单位要求的；

（八）法律、法规规定不予注册的其他情形。

第二十二条 注册建筑师有下列情形之一的，其注册证书和执业印章失效：

（一）聘用单位破产的；

（二）聘用单位被吊销营业执照的；

（三）聘用单位相应资质证书被吊销或者撤回的；

（四）已与聘用单位解除聘用劳动关系的；

（五）注册有效期满且未延续注册的；

（六）死亡或者丧失民事行为能力的；

（七）其他导致注册失效的情形。

第二十三条 注册建筑师有下列情形之一的，由注册机关办理注销手续，收回注册证书和执业印章或公告注册证书和执业印章作废：

（一）有本细则第二十二条所列情形发生的；

（二）依法被撤销注册的；

（三）依法被吊销注册证书的；

（四）受刑事处罚的；

（五）法律、法规规定应当注销注册的其他情形。

注册建筑师有前款所列情形之一的，注册建筑师本人和聘用单位应当及时向注册机关提出注销注册申请；有关单位和个人有权向注册机关举报；县级以上地方人民政府建设主管部门或者有关部门应当及时告知注册机关。

第二十四条 被注销注册者或者不予注册者，重新具备注册条件的，可以按照本细则第十五条规定的程序重新申请注册。

第二十五条 高等学校（院）从事教学、科研并具有注册建筑师资格的人员，只能受聘于本校（院）所属建筑设计单位从事建筑设计，不得受聘于其他建筑设计单位。在受聘于本校（院）所属建筑设计单位工作期间，允许申请注册。获准注册的人员，在本校（院）所属建筑设计单位连续工作不得少于 2 年。具体办法由国务院建设主管部门商教育主管部门规定。

第二十六条 注册建筑师因遗失、污损注册证书或者执业印章，需要补办的，应当持在公众媒体上刊登的遗失声明的证明，或者污损的原注册证书和执业印章，向原注册机关申请补办。原注册机关应当在 10 日内办理完毕。

第四章 执 业

第二十七条 取得资格证书的人员，应当受聘于中华人民共和国境内的一个建设工程勘察、设计、施工、监理、招标代理、造价咨询、施工图审查、城乡规划编制等单位，经注册后方可从事相应的执业活动。

从事建筑工程设计执业活动的，应当受聘并注册于中华人民共和国境内一个具有工程设计资质的单位。

第二十八条 注册建筑师的执业范围具体为：

（一）建筑设计；

（二）建筑设计技术咨询；

（三）建筑物调查与鉴定；

（四）对本人主持设计的项目进行施工指导和监督；

（五）国务院建设主管部门规定的其他业务。

本条第一款所称建筑设计技术咨询包括建筑工程技术咨询，建筑工程招标、采购咨询，建筑工程项目管理，建筑工程设计文件及施工图审查，工程质量评估，以及国务院建设主管部门规定的其他建筑技术咨询业务。

第二十九条 一级注册建筑师的执业范围不受工程项目规模和工程复杂程度的限制。二级注册建筑师的执业范围只限于承担工程设计资质标准中建设项目设计规模划分表中规定的小型规模的项目。

注册建筑师的执业范围不得超越其聘用单位的业务范围。注册建筑师的执业范围与其聘用单位的业务范围不符时，个人执业范围服从聘用单位的业务范围。

第三十条 注册建筑师所在单位承担民用建筑设计项目，应当由注册建筑师任工程项目设计主持人或设计总负责人；工业建筑设计项目，须由注册建筑师任工程项目建筑专业负责人。

第三十一条 凡属工程设计资质标准中建筑工程建设项目设计规模划分表规定的工程项目，在建筑工程设计的主要文件（图纸）中，须由主持该项设计的注册建筑师签字并加盖其执业印章，方为有效。否则设计审查部门不予审查，建设单位不得报建，施工单位不准施工。

第三十二条 修改经注册建筑师签字盖章的设计文件，应当由原注册建筑师进行；因特殊情况，原注册建筑师不能进行修改的，可以由设计单位的法人代表书面委托其他符合条件的注册建筑师修改，并签字、加盖执业印章，对修改部分承担责任。

第三十三条 注册建筑师从事执业活动，由聘用单位接受委托并统一收费。

第五章 继 续 教 育

第三十四条 注册建筑师在每一注册有效期内应当达到全国注册建筑师管理委员会制定的继续教育标准。继续教育作为注册建筑师逾期初始注册、延续注册、重新申请注册的条件之一。

第三十五条 继续教育分为必修课和选修课，在每一注册有效期内各为40学时。

第六章 监 督 检 查

第三十六条 国务院建设主管部门对注册建筑师注册执业活动实施统一的监督管理。县级以上地方人民政府建设主管部门负责对本行政区域内的注册建筑师注册执业活动实施监督管理。

第三十七条 建设主管部门履行监督检查职责时，有权采取下列措施：

（一）要求被检查的注册建筑师提供资格证书、注册证书、执业印章、设计文件（图纸）；

（二）进入注册建筑师聘用单位进行检查，查阅相关资料；

（三）纠正违反有关法律、法规和本细则及有关规范和标准的行为。

建设主管部门依法对注册建筑师进行监督检查时，应当将监督检查情况和处理结果予以记录，由监督检查人员签字后归档。

第三十八条 建设主管部门在实施监督检查时，应当有两名以上监督检查人员参加，并出示执法证件，不得妨碍注册建筑师正常的执业活动，不得谋取非法利益。

注册建筑师和其聘用单位对依法进行的监督检查应当协助与配合，不得拒绝或者阻挠。

第三十九条　注册建筑师及其聘用单位应当按照要求，向注册机关提供真实、准确、完整的注册建筑师信用档案信息。

注册建筑师信用档案应当包括注册建筑师的基本情况、业绩、良好行为、不良行为等内容。违法违规行为、被投诉举报处理、行政处罚等情况应当作为注册建筑师的不良行为记入其信用档案。

注册建筑师信用档案信息按照有关规定向社会公示。

第七章　法　律　责　任

第四十条　隐瞒有关情况或者提供虚假材料申请注册的，注册机关不予受理，并由建设主管部门给予警告，申请人一年之内不得再次申请注册。

第四十一条　以欺骗、贿赂等不正当手段取得注册证书和执业印章的，由全国注册建筑师管理委员会或省、自治区、直辖市注册建筑师管理委员会撤销注册证书并收回执业印章，3年内不得再次申请注册，并由县级以上人民政府建设主管部门处以罚款。其中没有违法所得的，处以1万元以下罚款；有违法所得的处以违法所得3倍以下且不超过3万元的罚款。

第四十二条　违反本细则，未受聘并注册于中华人民共和国境内一个具有工程设计资质的单位，从事建筑工程设计执业活动的，由县级以上人民政府建设主管部门给予警告，责令停止违法活动，并可处以1万元以上3万元以下的罚款。

第四十三条　违反本细则，未办理变更注册而继续执业的，由县级以上人民政府建设主管部门责令限期改正；逾期未改正的，可处以5000元以下的罚款。

第四十四条　违反本细则，涂改、倒卖、出租、出借或者以其他形式非法转让执业资格证书、互认资格证书、注册证书和执业印章的，由县级以上人民政府建设主管部门责令改正，其中没有违法所得的，处以1万元以下罚款；有违法所得的处以违法所得3倍以下且不超过3万元的罚款。

第四十五条　违反本细则，注册建筑师或者其聘用单位未按照要求提供注册建筑师信用档案信息的，由县级以上人民政府建设主管部门责令限期改正；逾期未改正的，可处以1000元以上1万元以下的罚款。

第四十六条　聘用单位为申请人提供虚假注册材料的，由县级以上人民政府建设主管部门给予警告，责令限期改正；逾期未改正的，可处以1万元以上3万元以下的罚款。

第四十七条　有下列情形之一的，全国注册建筑师管理委员会或者省、自治区、直辖市注册建筑师管理委员可以撤销其注册：

（一）全国注册建筑师管理委员会或者省、自治区、直辖市注册建筑师管理委员的工作人员滥用职权、玩忽职守颁发注册证书和执业印章的；

（二）超越法定职权颁发注册证书和执业印章的；

（三）违反法定程序颁发注册证书和执业印章的；

（四）对不符合法定条件的申请人颁发注册证书和执业印章的；

（五）依法可以撤销注册的其他情形。

第四十八条 县级以上人民政府建设主管部门、人事主管部门及全国注册建筑师管理委员会或者省、自治区、直辖市注册建筑师管理委员的工作人员，在注册建筑师管理工作中，有下列情形之一的，依法给予处分；构成犯罪的，依法追究刑事责任：

（一）对不符合法定条件的申请人颁发执业资格证书、注册证书和执业印章的；

（二）对符合法定条件的申请人不予颁发执业资格证书、注册证书和执业印章的；

（三）对符合法定条件的申请不予受理或者未在法定期限内初审完毕的；

（四）利用职务上的便利，收受他人财物或者其他好处的；

（五）不依法履行监督管理职责，或者发现违法行为不予查处的。

第八章 附 则

第四十九条 注册建筑师执业资格证书由国务院人事主管部门统一制作；一级注册建筑师注册证书、执业印章和互认资格证书由全国注册建筑师管理委员会统一制作；二级注册建筑师注册证书和执业印章由省、自治区、直辖市注册建筑师管理委员会统一制作。

第五十条 香港特别行政区、澳门特别行政区、台湾地区的专业技术人员按照国家有关规定和有关协议，报名参加全国统一考试和申请注册。

外籍专业技术人员参加全国统一考试按照对等原则办理；申请建筑师注册的，其所在国应当已与中华人民共和国签署双方建筑师对等注册协议。

第五十一条 本细则自2008年3月15日起施行。1996年7月1日建设部颁布的《中华人民共和国注册建筑师条例实施细则》（建设部令第52号）同时废止。

第二节 设计文件编制的有关规定

（一）编制建设工程勘察、设计文件的依据

根据《建设工程勘察设计管理条例》（2017年10月7日修订版）第二十五条的规定，编制建设工程勘察、设计文件，应当以下列规定为依据：

（1）项目批准文件。

（2）城乡规划。

（3）工程建设强制性标准。

（4）国家规定的建设工程勘察、设计深度要求。

铁路、交通、水利等专业建设工程，还应当以专业规划的要求为依据。

（二）建筑工程设计文件编制深度规定

2016年，住房和城乡建设部组织对《建筑工程设计文件编制深度规定》（2008年版）进行修编，2016年版的《规定》于2017年1月1日起施行，2008年版同时作废。新《规定》与2008年版相比主要变化如下：

（1）新增绿色建筑技术应用的内容。

（2）新增装配式建筑设计内容。

（3）新增建筑设备控制相关规定。

（4）新增建筑节能设计要求，包括各相关专业的设计文件和计算书深度要求。

（5）新增结构工程超限设计可行性论证报告内容。

（6）新增建筑幕墙、基坑支护及建筑智能化专项设计内容。

（7）根据建筑工程项目在审批、施工等方面对设计文件深度要求的变化，对原规定中的部分条文作了修改，使之更加适用于目前的工程项目设计，尤其是民用建筑工程项目设计。

2016年版《建筑工程设计文件编制深度规定》摘录如下：

1.0.4 建筑工程一般应分为方案设计、初步设计和施工图设计三个阶段；对于技术要求相对简单的民用建筑工程，当有关主管部门在初步设计阶段没有审查要求，且合同中没有做初步设计的约定时，可在方案设计审批后直接进入施工图设计。

1.0.5 各阶段设计文件编制深度应按以下原则进行（具体应执行第2、3、4章条款）：

1 方案设计文件，应满足编制初步设计文件的需要，应满足方案审批或报批的需要。

注：本规定仅适用于报批方案设计文件编制深度。对于投标方案设计文件的编制深度，应执行住房和城乡建设部颁发的相关规定。

2 初步设计文件，应满足编制施工图设计文件的需要，应满足初步设计审批的需要。

3 施工图设计文件，应满足设备材料采购、非标准设备制作和施工的需要。

注：对于将项目分别发包给几个设计单位或实施设计分包的情况，设计文件相互关联处的深度应满足各承包或分包单位设计的需要。

1.0.7 当设计合同对设计文件编制深度另有要求时，设计文件编制深度应同时满足本规定和设计合同的要求。

1.0.11 当建设单位另行委托相关单位承担项目专项设计（包括二次设计）时，主体建筑设计单位应提出专项设计的技术要求并对主体结构和整体安全负责。专项设计单位应依据本规定相关章节的要求以及主体建筑设计单位提出的技术要求进行专项设计并对设计内容负责。

1.0.12 装配式建筑工程设计中宜在方案阶段进行"技术策划"，其深度应符合本规定相关章节的要求。预制构件生产之前应进行装配式建筑专项设计，包括预制混凝土构件加工详图设计。主体建筑设计单位应对预制构件深化设计进行会签，确保其荷载、连接以及对主体结构的影响均符合主体结构设计的要求。

2.1.1 方案设计文件。

1 设计说明书，包括各专业设计说明以及投资估算等内容；对于涉及建筑节能、环保、绿色建筑、人防等设计的专业，其设计说明应有相应的专门内容；

2 总平面图以及相关建筑设计图纸（若为城市区域供热或区域燃气调压站，应提供热能动力专业的设计图纸，具体见2.3.3条）；

3 设计委托或设计合同中规定的透视图、鸟瞰图、模型等。

2.1.2 方案设计文件的编排顺序。

1 封面：写明项目名称、编制单位、编制年月；

2 扉页：写明编制单位法定代表人、技术总负责人、项目总负责人及各专业负责人的姓名，并经上述人员签署或授权盖章；

3 设计文件目录；

4 设计说明书；

5 设计图纸。

2.1.3 装配式建筑技术策划文件。

1 技术策划报告，包括技术策划依据和要求、标准化设计要求、建筑结构体系、建筑围护系统、建筑内装体系、设备管线等内容；

2 技术配置表，装配式结构技术选用及技术要点；

3 经济性评估，包括项目规模、成本、质量、效率等内容；

4 预制构件生产策划，包括构件厂选择、构件制作及运输方案，经济性评估等。

3.1.1 初步设计文件。

1 设计说明书，包括设计总说明、各专业设计说明。对于涉及建筑节能、环保、绿色建筑、人防、装配式建筑等，其设计说明应有相应的专项内容；

2 有关专业的设计图纸；

3 主要设备或材料表；

4 工程概算书；

5 有关专业计算书（计算书不属于必须交付的设计文件，但应按本规定相关条款的要求编制）。

3.1.2 初步设计文件的编排顺序。

1 封面：写明项目名称、编制单位、编制年月；

2 扉页：写明编制单位法定代表人、技术总负责人、项目总负责人和各专业负责人的姓名，并经上述人员签署或授权盖章；

3 设计文件目录；

4 设计说明书；

5 设计图纸（可单独成册）；

6 概算书（应单独成册）。

4.1.1 施工图设计文件。

1 合同要求所涉及的所有专业的设计图纸（含图纸目录、说明和必要的设备、材料表，见第4.2节至第4.8节）以及图纸总封面；对于涉及建筑节能设计的专业，其设计说明应有建筑节能设计的专项内容；涉及装配式建筑设计的专业，其设计说明及图纸应有装配式建筑专项设计内容；

2 合同要求的工程预算书；

注：对于方案设计后直接进入施工图设计的项目，若合同未要求编制工程预算书，施工图设计文件应包括工程概算书。

3 各专业计算书。计算书不属于必须交付的设计文件，但应按本规定相关条款的要求编制并归档保存。

4.1.2 总封面标识内容。

1 项目名称；

2 设计单位名称；

3 项目的设计编号；

4 设计阶段；

5 编制单位法定代表人、技术总负责人和项目总负责人的姓名及其签字或授权盖章；

6 设计日期（即设计文件交付日期）。

5 专 项 设 计

5.3.1 方案设计、初步设计和施工图设计阶段应在智能化工程施工招标之前完成，深化设计应在智能化工程施工招标之后完成；

建筑智能化除火灾自动报警及火灾应急广播两个系统外均包含在专项设计范围内。

由于建筑智能化系统关系到建筑的使用功能，未来管理的模式及应用水平，建筑智能化与各专业紧密关联（如：机房位置及面积的确定，电量及供电位置的确定，机电设备的监控方案等），应与建筑设计同期进行设计，并保持进度一致。

智能化专项设计文件应能满足预算专业编制各设计阶段预算文件的要求，满足智能化专业招标的要求。

条 文 说 明

4.1.1-2 工程预算书不是施工图设计文件必须包括的内容。但当合同明确要求编制工程预算书，且合同规定的设计费中包括单独收取的工程预算书编制费时，设计方应按本规定的要求向建设单位提供工程预算书。

> **例 27-3** 设计概算应在哪个阶段进行？
> A 方案阶段　　　　　　　　　　B 初步设计阶段
> C 施工图阶段　　　　　　　　　D 技术设计阶段
> **解析：**见《设计文件深度规定》第 3.1.1 条第 4 款。
> **答案：**B

（三）有关修改设计文件方面的规定

建设单位、施工单位、监理单位不得修改建设工程勘察、设计文件；确需修改建设工程勘察、设计文件的，应当由原建设工程勘察、设计单位修改。经原建设工程勘察、设计单位书面同意，建设单位也可以委托其他具有相应资质的建设工程勘察、设计单位修改。修改单位对修改的勘察、设计文件承担相应责任。

施工单位、监理单位发现建设工程勘察、设计文件不符合工程建设强制性标准、合同约定的质量要求的，应当报告建设单位，建设单位有权要求建设工程勘察、设计单位对建设工程勘察、设计文件进行补充、修改。

建设工程勘察、设计文件内容需要作重大修改的，建设单位应当报经原审批机关批准后，方可修改。

（四）对建设工程勘察、设计文件涉及新技术、新材料内容的审定

建设工程勘察、设计文件中规定采用的新技术、新材料，可能影响建设工程质量和安全，又没有国家技术标准的，应当由国家认可的检测机构进行试验、论证，出具检测报告，并经国务院有关部门或者省、自治区、直辖市人民政府有关部门组织的建设工程技术专家委员会审定后，方可使用。

第三节　工程建设强制性标准的有关规定

工程建设标准是标准、规范、规程的统称。在一些强制性标准中也还存在一些非强制性的技术要求，为此国家从繁杂的条文中挑出一些必须执行的强制性条文。这些条文涉及人民生命财产安全、身体健康、环保和公众利益等方面，违反了就要受到处罚。

(一)《实施工程建设强制性标准监督规定》

2000 年 8 月 25 日，中华人民共和国建设部令第 81 号首次公布并施行了《实施工程建设强制性标准监督规定》，2015 年 1 月 22 日住建部又对该《规定》作了相应的修订。

2015 年版《实施工程建设强制性标准监督规定》摘录如下：

第三条　本规定所称工程建设强制性标准是指直接涉及工程质量、安全、卫生及环境保护等方面的工程建设标准强制性条文。

国家工程建设标准强制性条文由国务院住房城乡建设主管部门会同国务院有关主管部门确定。

第四条　国务院住房城乡建设主管部门负责全国实施工程建设强制性标准的监督管理工作。

国务院有关主管部门按照国务院的职能分工负责实施工程建设强制性标准的监督管理工作。

县级以上地方人民政府住房城乡建设主管部门负责本行政区域内实施工程建设强制性标准的监督管理工作。

第五条　建设工程勘察、设计文件中规定采用的新技术、新材料，可能影响建设工程质量和安全，又没有国家技术标准的，应当由国家认可的检测机构进行试验、论证，出具检测报告，并经国务院有关主管部门或者省、自治区、直辖市人民政府有关主管部门组织的建设工程技术专家委员会审定后，方可使用。

工程建设中采用国际标准或者国外标准，现行强制性标准未作规定的，建设单位应当向国务院住房城乡建设主管部门或者国务院有关主管部门备案。

第九条　工程建设标准批准部门应当对工程项目执行强制性标准情况进行监督检查。监督检查可以采取重点检查、抽查和专项检查的方式。

第十条　强制性标准监督检查的内容包括：

(一) 有关工程技术人员是否熟悉、掌握强制性标准；

(二) 工程项目的规划、勘察、设计、施工、验收等是否符合强制性标准的规定；

(三) 工程项目采用的材料、设备是否符合强制性标准的规定；

(四) 工程项目的安全、质量是否符合强制性标准的规定；

(五) 工程中采用的导则、指南、手册、计算机软件的内容是否符合强制性标准的规定。

第十六条　建设单位有下列行为之一的，责令改正，并处以 20 万元以上 50 万元以下的罚款：

(一) 明示或者暗示施工单位使用不合格的建筑材料、建筑构配件和设备的；

（二）明示或者暗示设计单位或者施工单位违反工程建设强制性标准，降低工程质量的。

第十七条　勘察、设计单位违反工程建设强制性标准进行勘察、设计的，责令改正，并处以 10 万元以上 30 万元以下的罚款。

有前款行为，造成工程质量事故的，责令停业整顿，降低资质等级；情节严重的，吊销资质证书；造成损失的，依法承担赔偿责任。

第十八条　施工单位违反工程建设强制性标准的，责令改正，处工程合同价款 2% 以上 4% 以下的罚款；造成建设工程质量不符合规定的质量标准的，负责返工、修理，并赔偿因此造成的损失；情节严重的，责令停业整顿，降低资质等级或者吊销资质证书。

第十九条　工程监理单位违反强制性标准规定，将不合格的建设工程以及建筑材料、建筑构配件和设备按照合格签字的，责令改正，处 50 万元以上 100 万元以下的罚款，降低资质等级或者吊销资质证书；有违法所得的，予以没收；造成损失的，承担连带赔偿责任。

（二）《建设工程勘察设计管理条例》对建设工程执行强制性标准的相关规定

《建设工程勘察设计管理条例》（2017 年 10 月 7 日修订）对建设工程执行强制性标准的相关规定摘录如下：

第五条　县级以上人民政府建设行政主管部门和交通、水利等有关部门应当依照本条例的规定，加强对建设工程勘察、设计活动的监督管理。

建设工程勘察、设计单位必须依法进行建设工程勘察、设计，严格执行工程建设强制性标准，并对建设工程勘察、设计的质量负责。

第二十五条　编制建设工程勘察、设计文件，应当以下列规定为依据：

（一）项目批准文件；

（二）城乡规划；

（三）工程建设强制性标准；

（四）国家规定的建设工程勘察、设计深度要求。

铁路、交通、水利等专业建设工程，还应当以专业规划的要求为依据。

第二十八条　建设单位、施工单位、监理单位不得修改建设工程勘察、设计文件；确需修改建设工程勘察、设计文件的，应当由原建设工程勘察、设计单位修改。经原建设工程勘察、设计单位书面同意，建设单位也可以委托其他具有相应资质的建设工程勘察、设计单位修改。修改单位对修改的勘察、设计文件承担相应责任。

施工单位、监理单位发现建设工程勘察、设计文件不符合工程建设强制性标准、合同约定的质量要求的，应当报告建设单位，建设单位有权要求建设工程勘察、设计单位对建设工程勘察、设计文件进行补充、修改。

建设工程勘察、设计文件内容需要作重大修改的，建设单位应当报经原审批机关批准后，方可修改。

例 27-4　（2009）施工单位发现某建设工程的阳台玻璃栏杆不符合强制性标准要求，施工单位该采取以下哪一种措施？

A　修改设计文件，将玻璃栏杆换成符合强制性标准的金属栏杆
B　报告建设单位，由建设单位要求设计单位进行改正
C　在征得建设单位同意后，将玻璃栏杆换成符合强制性标准的金属栏杆
D　签写技术核定单，并交设计单位签字认可

解析：《建设工程勘察设计管理条例》第二十八条规定，施工单位、监理单位发现建设工程勘察、设计文件不符合工程建设强制性标准、合同约定的质量要求的，应当报告建设单位，建设单位有权要求建设工程勘察、设计单位对建设工程勘察、设计文件进行补充、修改。

答案： B

例 27-5　（2004） 工程建设标准批准部门对工程项目执行强制性标准情况进行监督检查的下列内容中，哪一种不属于规定的内容？

A　工程项目的建设程序和进度是否符合强制性标准的规定
B　工程项目采用的材料是否符合强制性标准的规定
C　工程项目的安全、质量是否符合强制性标准的规定
D　工程中采用的手册的内容是否符合强制性标准的规定

解析：《实施工程建设强制性标准监督规定》第十条规定，强制性标准监督检查的内容包括：（一）有关工程技术人员是否熟悉、掌握强制性标准；（二）工程项目的规划、勘察、设计、施工、验收等是否符合强制性标准的规定；（三）工程项目采用的材料、设备是否符合强制性标准的规定；（四）工程项目的安全、质量是否符合强制性标准的规定；（五）工程中采用的导则、指南、手册、计算机软件的内容是否符合强制性标准的规定。

答案： A

第四节　与工程建设有关的法规

本节包含以下 13 个与工程建设有关的主要法规：《建筑法》《建设工程质量管理条例》《建设工程勘察设计发包与承包》《对必须招标的工程项目的规定》《建筑工程设计招标投标》《设计企业资质资格管理》《工程勘察设计收费标准》《建筑工程施工图设计文件审查》《合同法》《城乡规划法》《环境保护法》《节约能源法》以及《安全生产法》。

一、我国法规的基本体系

按现行立法权限，我国的法规可分为 5 个层次，即：
（1）全国人大及其常委会通过的法律；
（2）国务院发布的行政规定；
（3）国务院各部委发布的规章制度；
（4）地方人大制定的地方法律；
（5）地方行政部门制定并发布的地方规章制度。

本例如下（地方法律、规章不再举例）。

（一）法律

中华人民共和国建筑法	1998 年 3 月 1 日起实施；
	2011 年 4 月 22 日修改，
	2011 年 7 月 1 日起实施（修订版）；
	2019 年 4 月又做了局部修改。
中华人民共和国安全生产法	2002 年 11 月 1 日起实施；
	2021 年 6 月 10 日修改，
	2021 年 9 月 1 日起实施（修订版）。
中华人民共和国招标投标法	2000 年 1 月 1 日起实施，
	2017 年 12 月 27 日修改。
中华人民共和国民法典 第三编 合同	2021 年 1 月 1 日起实施。
中华人民共和国行政许可法	2004 年 7 月 1 日起实施；
	2019 年 4 月修订。
中华人民共和国节约能源法	1997 年 10 月 28 日颁布；
	2016 年 7 月 2 日修改，
	2016 年 9 月 1 日起实施（修订版）。
中华人民共和国环境保护法	1989 年 12 月 26 日起实施；
	2014 年 4 月 24 日修订，
	2015 年 1 月 1 日起实施（修订版）。

（二）行政规定

建设工程勘察设计管理条例	2000 年 9 月 25 日起实施，
	2017 年 10 月 7 日修订。
建设工程质量管理条例	2000 年 1 月 30 日起实施，
	2017 年 10 月 7 日修订，
	2019 年 4 月 23 日又做了修改。
建设工程安全生产管理条例	2004 年 2 月 1 日起实施。

（三）部门规章

建设工程勘察设计资质管理规定	2007 年 9 月 1 日起实施，
	2015 年 5 月 4 日修订。
工程监理企业资质管理规定	2007 年 8 月 1 日起实施，
	2015 年 5 月 4 日修订。
建筑业企业资质管理规定	2015 年 3 月 1 日起实施。

二、建筑法

《中华人民共和国建筑法》（后简称《建筑法》）自 1998 年 3 月 1 日起施行。2011 年 4 月 22 日，根据第十一届全国人大常委会第 20 次会议《关于修改〈中华人民共和国建筑法〉的决定》进行修改，2011 年 7 月 1 日执行。

2019 年全国人大又对《建筑法》第八条做了修改，修改后的《建筑法》摘录如下：

第二章 建 筑 许 可

第一节 建筑工程施工许可

第七条 建筑工程开工前，建设单位应当按照国家有关规定向工程所在地县级以上人民政府建设行政主管部门申请领取施工许可证；但是，国务院建设行政主管部门确定的限额以下的小型工程除外。

按照国务院规定的权限和程序批准开工报告的建筑工程，不再领取施工许可证。

第八条 申请领取施工许可证，应当具备下列条件：

（一）已经办理该建筑工程用地批准手续；

（二）依法应当办理建设工程规划许可证的，已经取得规划许可证；

（三）需要拆迁的，其拆迁进度符合施工要求；

（四）已经确定建筑施工企业；

（五）有满足施工需要的资金安排、施工图纸及技术资料；

（六）有保证工程质量和安全的具体措施；

建设行政主管部门应当自收到申请之日起七日内，对符合条件的申请颁发施工许可证。

第九条 建设单位应当自领取施工许可证之日起三个月内开工，因故不能按期开工的，应当向发证机关申请延期；延期以两次为限，每次不超过三个月。既不开工又不申请延期或者超过延期时限的，施工许可证自行废止。

第十条 在建的建筑工程因故中止施工的，建设单位应当自中止施工之日起一个月内，向发证机关报告，并按照规定做好建筑工程的维护管理工作。

建筑工程恢复施工时，应当向发证机关报告；中止施工满一年的工程恢复施工前，建设单位应当报发证机关核验施工许可证。

第十一条 按照国务院有关规定批准开工报告的建筑工程，因故不能按期开工或者中止施工的，应当及时向批准机关报告情况。因故不能按期开工超过六个月的，应当重新办理开工报告的批准手续。

第二节 从 业 资 格

第十二条 从事建筑活动的建筑施工企业、勘察单位、设计单位和工程监理单位，应当具备下列条件：

（一）符合国家规定的注册资本；

（二）与其从事的建筑活动相适应的具有法定执业资格的专业技术人员；

（三）有从事相关建筑活动所应有的技术装备；

（四）法律、行政法规规定的其他条件。

第十三条 从事建筑活动的建筑施工企业、勘察单位、设计单位和工程监理单位，按照其拥有的注册资本、专业技术人员、技术装备和已完成的建筑工程业绩等资质条件，划分为不同的资质等级，经资质审查合格，取得相应等级的资质证书后，方可在其资质等级许可的范围内从事建筑活动。

第十四条 从事建筑活动的专业技术人员，应当依法取得相应的执业资格证书，并在执业资格证书许可的范围内从事建筑活动。

例 27-6 （2006）建筑工程开工前，哪一个单位应当按照国家有关规定向工程所在地县级以上人民政府建设行政主管部门申请领取施工许可证？

A 建设单位　　　　B 设计单位　　　　C 施工单位　　　　D 监理单位

解析：《建筑法》第七条规定：建筑工程开工前，建设单位应当按照国家有关规定向工程所在地县级以上人民政府建设行政主管部门申请领取施工许可证。

答案： A

例 27-7 （2005）根据《中华人民共和国建筑法》的规定，建筑工程保修范围和最低保修期限，由下列何者规定？

A 由建设方与施工方协议规定

B 由省、自治区、直辖市建设行政主管部门规定

C 在相关施工规程中规定

D 由国务院规定

解析：《建筑法》第六十二条规定：建筑工程实行质量保修制度。具体的保修范围和最低保修期限由国务院规定。

答案： D

例 27-8 （2021）适用于《中华人民共和国建筑法》的设计是：

A 抢险救灾项目　　　　　　　　B 成片住宅区

C 农民自建 2 层以下住宅项目　　D 军事工程

解析：《中华人民共和国建筑法》第八十三条，抢险救灾及其他临时性房屋建筑和农民自建低层住宅的建筑活动不适用本法。第八十四条，军用房屋建筑工程建筑活动的具体管理办法，由国务院、中央军事委员会依据本法制定。

答案： B

三、建设工程质量管理条例

《建设工程质量管理条例》2000 年 1 月 30 日发布并实施。按 2017 年 10 月 7 日《国务院关于修改部分行政法规的决定》（中华人民共和国国务院令第 687 号）做过修改（关于施工图审查问题）。

2019 年 4 月 23 日国务院又对第十三条做了修改（关于办理质量监督手续问题），修改后的《建设工程质量管理条例》摘录如下：

第一章　总　　则

第三条　建设单位、勘察单位、设计单位、施工单位、工程监理单位依法对建设工程质量负责。

第五条　从事建设工程活动，必须严格执行基本建设程序，坚持先勘察、后设计、再施工的原则。

第二章　建设单位的质量责任和义务

第十一条　施工图设计文件审查的具体办法，由国务院建设行政主管部门、国务院其他有关部门制定。

第十三条　建设工程在开工前，应当按照国家有关规定办理工程质量监督手续，质量监督手续可以与施工许可证或者开工报告合并办理。

第三章　勘察、设计单位的质量责任和义务

第十八条　从事建设工程勘察、设计的单位应当依法取得相应等级的资质证书，并在其资质等级许可的范围内承揽工程。

禁止勘察、设计单位超越其资质等级许可的范围或者以其他勘察、设计单位的名义承揽工程。禁止勘察、设计单位允许其他单位或者个人以本单位的名义承揽工程。

勘察、设计单位不得转包或者违法分包所承揽的工程。

第十九条　勘察、设计单位必须按照工程建设强制性标准进行勘察、设计，并对其勘察、设计的质量负责。

注册建筑师、注册结构工程师等注册执业人员应当在设计文件上签字，对设计文件负责。

第二十条　勘察单位提供的地质、测量、水文等勘察成果必须真实、准确。

第二十一条　设计单位应当根据勘察成果文件进行建设工程设计。

设计文件应当符合国家规定的设计深度要求，注明工程合理使用年限。

第二十二条　设计单位在设计文件中选用的建筑材料、建筑构配件和设备，应当注明规格、型号、性能等技术指标，其质量要求必须符合国家规定的标准。

除有特殊要求的建筑材料、专用设备、工艺生产线等外，设计单位不得指定生产厂、供应商。

第八章　罚　则

第六十条　违反本条例规定，勘察、设计、施工、工程监理单位超越本单位资质等级承揽工程的，责令停止违法行为，对勘察、设计单位或者工程监理单位处合同约定的勘察费、设计费或者监理酬金1倍以上2倍以下的罚款；对施工单位处工程合同价款百分之二以上百分之四以下的罚款，可以责令停业整顿，降低资质等级；情节严重的，吊销资质证书；有违法所得的，予以没收。

未取得资质证书承揽工程的，予以取缔，依照前款规定处以罚款；有违法所得的，予以没收。

以欺骗手段取得资质证书承揽工程的，吊销资质证书，依照本条第一款规定处以罚款；有违法所得的，予以没收。

第六十一条　违反本条例规定，勘察、设计、施工、工程监理单位允许其他单位或者个人以本单位名义承揽工程的，责令改正，没收违法所得，对勘察、设计单位和工程监理单位处合同约定的勘察费、设计费和监理酬金1倍以上2倍以下的罚款；对施工单位处工程合同价款百分之二以上百分之四以下的罚款；可以责令停业整顿，降低资质等级；情节严重的，吊销资质证书。

第六十二条　违反本条例规定，承包单位将承包的工程转包或者违法分包的，责令改正，没收违法所得，对勘察、设计单位处合同约定的勘察费、设计费百分之二十五以上百

分之五十以下的罚款；对施工单位处工程合同价款百分之零点五以上百分之一以下的罚款；可以责令停业整顿，降低资质等级；情节严重的，吊销资质证书。

工程监理单位转让工程监理业务的，责令改正，没收违法所得，处合同约定的监理酬金百分之二十五以上百分之五十以下的罚款；可以责令停业整顿，降低资质等级；情节严重的，吊销资质证书。

第六十三条 违反本条例规定，有下列行为之一的，责令改正，处 10 万元以上 30 万元以下的罚款：

（一）勘察单位未按照工程建设强制性标准进行勘察的；

（二）设计单位未根据勘察成果文件进行工程设计的；

（三）设计单位指定建筑材料、建筑构配件的生产厂、供应商的；

（四）设计单位未按照工程建设强制性标准进行设计的。

例 27-9 （2009）对于在设计文件中指定使用不符合国家规定质量标准的建筑材料造成重大事故的设计单位，应按以下哪条处理？

A 责令改正及停业整顿，处以罚款，对造成损失的应承担相应的赔偿责任

B 责令改正及停业整顿，处以罚款，对造成损失的应承担相应的赔偿责任，降低资质等级，两年内不得升级

C 责令停业整顿，对造成损失的应承担相应的赔偿责任，降低资质等级，两年内不得升级

D 责令停业整顿，对造成损失的应承担相应的赔偿责任，降低资质等级，一年内不得升级

解析：《建设工程质量管理条例》第六十三条规定，设计单位原因造成重大工程质量事故的，责令停业整顿，降低资质等级；情节严重的，吊销资质证书；造成损失的，依法承担赔偿责任。另《建设工程勘察设计资质管理规定》第十九条规定，从事建设工程勘察、设计活动的企业，申请资质升级、资质增项，在申请之日起前一年内有下列情况之一的，资质许可机关不予批准企业的资质升级申请和增项申请：因勘察设计原因造成过重大生产安全事故的。

答案：D

四、建设工程勘察设计发包与承包

（一）《建设工程勘察设计管理条例》（2017 年修订版）第三章对建设工程勘察设计发包与承包的规定

第三章 建设工程勘察设计发包与承包

第十六条 下列建设工程的勘察、设计，经有关主管部门批准，可以直接发包：

（一）采用特定的专利或者专有技术的；

（二）建筑艺术造型有特殊要求的；

（三）国务院规定的其他建设工程的勘察、设计。

第十七条 发包方不得将建设工程勘察、设计业务发包给不具有相应勘察、设计资质

等级的建设工程勘察、设计单位。

第十八条　发包方可以将整个建设工程的勘察、设计发包给一个勘察、设计单位；也可以将建设工程的勘察、设计分别发包给几个勘察、设计单位。

第十九条　除建设工程主体部分的勘察、设计外，经发包方书面同意，承包方可以将建设工程其他部分的勘察、设计再分包给其他具有相应资质等级的建设工程勘察、设计单位。

第二十条　建设工程勘察、设计单位不得将所承揽的建设工程勘察、设计转包。

第二十一条　承包方必须在建设工程勘察、设计资质证书规定的资质等级和业务范围内承揽建设工程的勘察、设计业务。

第二十二条　建设工程勘察、设计的发包方与承包方，应当执行国家规定的建设工程勘察、设计程序。

第二十三条　建设工程勘察、设计的发包方与承包方应当签订建设工程勘察、设计合同。

第二十四条　建设工程勘察、设计发包方与承包方应当执行国家有关建设工程勘察费、设计费的管理规定。

（二）《中华人民共和国建筑法》（2019 年修订版）第三章对建设工程发包与承包的规定

第三章　建筑工程发包与承包
第二节　发　　包

第十九条　建筑工程依法实行招标发包，对不适于招标发包的可以直接发包。

第二十条　建筑工程实行公开招标的，发包单位应当依照法定程序和方式，发布招标公告，提供载有招标工程的主要技术要求、主要的合同条款、评标的标准和方法以及开标、评标、定标的程序等内容的招标文件。

开标应当在招标文件规定的时间、地点公开进行。开标后应当按照招标文件规定的评标标准和程序对标书进行评价、比较，在具备相应资质条件的投标者中，择优选定中标者。

第二十一条　建筑工程招标的开标、评标、定标由建设单位依法组织实施，并接受有关行政主管部门的监督。

第二十二条　建筑工程实行招标发包的，发包单位应当将建筑工程发包给依法中标的承包单位。建筑工程实行直接发包的，发包单位应当将建筑工程发包给具有相应资质条件的承包单位。

第二十三条　政府及其所属部门不得滥用行政权力，限定发包单位将招标发包的建筑工程发包给指定的承包单位。

第二十四条　提倡对建筑工程实行总承包，禁止将建筑工程肢解发包。

建筑工程的发包单位可以将建筑工程的勘察、设计、施工、设备采购一并发包给一个工程总承包单位，也可以将建筑工程勘察、设计、施工、设备采购的一项或者多项发包给一个工程总承包单位；但是，不得将应当由一个承包单位完成的建筑工程肢解成若干部分发包给几个承包单位。

第二十五条　按照合同约定，建筑材料、建筑构配件和设备由工程承包单位采购的，发包单位不得指定承包单位购入用于工程的建筑材料、建筑构配件和设备或者指定生产厂、供应商。

第三节 承 包

第二十六条 承包建筑工程的单位应当持有依法取得的资质证书，并在其资质等级许可的业务范围内承揽工程。

禁止建筑施工企业超越本企业资质等级许可的业务范围或者以任何形式用其他建筑施工企业的名义承揽工程。禁止建筑施工企业以任何形式允许其他单位或者个人使用本企业的资质证书、营业执照，以本企业的名义承揽工程。

第二十七条 大型建筑工程或者结构复杂的建筑工程，可以由两个以上的承包单位联合共同承包。共同承包的各方对承包合同的履行承担连带责任。

两个以上不同资质等级的单位实行联合共同承包的，应当按照资质等级低的单位的业务许可范围承揽工程。

第二十八条 禁止承包单位将其承包的全部建筑工程转包给他人，禁止承包单位将其承包的全部建筑工程肢解以后以分包的名义分别转包给他人。

第二十九条 建筑工程总承包单位可以将承包工程中的部分工程发包给具有相应资质条件的分包单位；但是，除总承包合同中约定的分包外，必须经建设单位认可。施工总承包的，建筑工程主体结构的施工必须由总承包单位自行完成。

建筑工程总承包单位按照总承包合同的约定对建设单位负责；分包单位按照分包合同的约定对总承包单位负责。总承包单位和分包单位就分包工程对建设单位承担连带责任。

禁止总承包单位将工程分包给不具备相应资质条件的单位。禁止分包单位将其承包的工程再分包。

例 27-10 （2009）下列关于设计分包的叙述，哪条是正确的？

A 设计承包人可以将自己的承包工程交由第三人完成，第三人为具备相应资质的设计单位

B 设计承包人经发包人同意，可以将自己承包的部分工程设计分包给自然人

C 设计承包人经发包人同意，可以将自己承包的部分工作分包给具备相应资质的第三人

D 设计承包人经发包人同意，可以将自己的全部工作分包给具有相应资质的第三人

解析：《设计管理条例》第十九条规定："除建设工程主体部分的勘察、设计外，经发包方书面同意，承包方可以将建设工程其他部分的勘察、设计再分包给其他具有相应资质等级的建设工程勘察、设计单位。"

答案： C

五、对必须招标的工程项目的规定

（一）《中华人民共和国招标投标法》（2017 年修订版）

《中华人民共和国招标投标法》（2017 年修订版）对必须进行招标的工程建设项目的

范围规定如下：

第三条　在中华人民共和国境内进行下列工程建设项目包括项目的勘察、设计、施工、监理以及与工程建设有关的重要设备、材料等的采购，必须进行招标：

（一）大型基础设施、公用事业等关系社会公共利益、公众安全的项目；

（二）全部或者部分使用国有资金投资或者国家融资的项目；

（三）使用国际组织或者外国政府贷款、援助资金的项目。

（二）《必须招标的工程项目规定》的颁布和施行

2018年3月27日，国家发展和改革委员会印发了第16号令《必须招标的工程项目规定》（以下简称"新规定"），该"新规定"将于2018年6月1日起正式施行。"新规定"施行后，原第3号令《工程建设项目招标范围和规模标准规定》将同时废止。

"新规定"全文如下：

第一条　为了确定必须招标的工程项目，规范招标投标活动，提高工作效率、降低企业成本、预防腐败，根据《中华人民共和国招标投标法》第三条的规定，制定本规定。

第二条　全部或者部分使用国有资金投资或者国家融资的项目包括：

（一）使用预算资金200万元人民币以上，并且该资金占投资额10%以上的项目；

（二）使用国有企业事业单位资金，并且该资金占控股或者主导地位的项目。

第三条　使用国际组织或者外国政府贷款、援助资金的项目包括：

（一）使用世界银行、亚洲开发银行等国际组织贷款、援助资金的项目；

（二）使用外国政府及其机构贷款、援助资金的项目。

第四条　不属于本规定第二条、第三条规定情形的大型基础设施、公用事业等关系社会公共利益、公众安全的项目，必须招标的具体范围由国务院发展改革部门会同国务院有关部门按照确有必要、严格限定的原则制订，报国务院批准。

第五条　本规定第二条至第四条规定范围内的项目，其勘察、设计、施工、监理以及与工程建设有关的重要设备、材料等的采购达到下列标准之一的，必须招标：

（一）施工单项合同估算价在400万元人民币以上；

（二）重要设备、材料等货物的采购，单项合同估算价在200万元人民币以上；

（三）勘察、设计、监理等服务的采购，单项合同估算价在100万元人民币以上。

同一项目中可以合并进行的勘察、设计、施工、监理以及与工程建设有关的重要设备、材料等的采购，合同估算价合计达到前款规定标准的，必须招标。

第六条　本规定自2018年6月1日起施行。

六、建筑工程设计招标投标

《建筑工程设计招标投标管理办法》（2017年住房和城乡建设部令第33号）2017年1月24日发布，自2017年5月1日起施行。2000年10月18日建设部颁布的《建筑工程设计招标投标管理办法》（建设部令第82号）同时废止。

2017年版《建筑工程设计招标投标管理办法》全文如下：

第一条　为规范建筑工程设计市场，提高建筑工程设计水平，促进公平竞争，繁荣建筑创作，根据《中华人民共和国建筑法》《中华人民共和国招标投标法》《建设工程勘察设计管理条例》和《中华人民共和国招标投标法实施条例》等法律法规，制定本办法。

第二条　依法必须进行招标的各类房屋建筑工程，其设计招标投标活动，适用本办法。

第三条　国务院住房城乡建设主管部门依法对全国建筑工程设计招标投标活动实施监督。

县级以上地方人民政府住房城乡建设主管部门依法对本行政区域内建筑工程设计招标投标活动实施监督，依法查处招标投标活动中的违法违规行为。

第四条　建筑工程设计招标范围和规模标准按照国家有关规定执行，有下列情形之一的，可以不进行招标：

（一）采用不可替代的专利或者专有技术的；

（二）对建筑艺术造型有特殊要求，并经有关主管部门批准的；

（三）建设单位依法能够自行设计的；

（四）建筑工程项目的改建、扩建或者技术改造，需要由原设计单位设计，否则将影响功能配套要求的；

（五）国家规定的其他特殊情形。

第五条　建筑工程设计招标应当依法进行公开招标或者邀请招标。

第六条　建筑工程设计招标可以采用设计方案招标或者设计团队招标，招标人可以根据项目特点和实际需要选择。

设计方案招标，是指主要通过对投标人提交的设计方案进行评审确定中标人。

设计团队招标，是指主要通过对投标人拟派设计团队的综合能力进行评审确定中标人。

第七条　公开招标的，招标人应当发布招标公告。邀请招标的，招标人应当向3个以上潜在投标人发出投标邀请书。

招标公告或者投标邀请书应当载明招标人名称和地址、招标项目的基本要求、投标人的资质要求以及获取招标文件的办法等事项。

第八条　招标人一般应当将建筑工程的方案设计、初步设计和施工图设计一并招标。确需另行选择设计单位承担初步设计、施工图设计的，应当在招标公告或者投标邀请书中明确。

第九条　鼓励建筑工程实行设计总包。实行设计总包的，按照合同约定或者经招标人同意，设计单位可以不通过招标方式将建筑工程非主体部分的设计进行分包。

第十条　招标文件应当满足设计方案招标或者设计团队招标的不同需求，主要包括以下内容：

（一）项目基本情况；

（二）城乡规划和城市设计对项目的基本要求；

（三）项目工程经济技术要求；

（四）项目有关基础资料；

（五）招标内容；

（六）招标文件答疑、现场踏勘安排；

（七）投标文件编制要求；

（八）评标标准和方法；

（九）投标文件送达地点和截止时间；

（十）开标时间和地点；

（十一）拟签订合同的主要条款；

（十二）设计费或者计费方法；

（十三）未中标方案补偿办法。

第十一条 招标人应当在资格预审公告、招标公告或者投标邀请书中载明是否接受联合体投标。采用联合体形式投标的，联合体各方应当签订共同投标协议，明确约定各方承担的工作和责任，就中标项目向招标人承担连带责任。

第十二条 招标人可以对已发出的招标文件进行必要的澄清或者修改。澄清或者修改的内容可能影响投标文件编制的，招标人应当在投标截止时间至少15日前，以书面形式通知所有获取招标文件的潜在投标人，不足15日的，招标人应当顺延提交投标文件的截止时间。

潜在投标人或者其他利害关系人对招标文件有异议的，应当在投标截止时间10日前提出。招标人应当自收到异议之日起3日内作出答复；作出答复前，应当暂停招标投标活动。

第十三条 招标人应当确定投标人编制投标文件所需要的合理时间，自招标文件开始发出之日起至投标人提交投标文件截止之日止，时限最短不少于20日。

第十四条 投标人应当具有与招标项目相适应的工程设计资质。境外设计单位参加国内建筑工程设计投标的，按照国家有关规定执行。

第十五条 投标人应当按照招标文件的要求编制投标文件。投标文件应当对招标文件提出的实质性要求和条件作出响应。

第十六条 评标由评标委员会负责。

评标委员会由招标人代表和有关专家组成。评标委员会人数为5人以上单数，其中技术和经济方面的专家不得少于成员总数的2/3。建筑工程设计方案评标时，建筑专业专家不得少于技术和经济方面专家总数的2/3。

评标专家一般从专家库随机抽取，对于技术复杂、专业性强或者国家有特殊要求的项目，招标人也可以直接邀请相应专业的中国科学院院士、中国工程院院士、全国工程勘察设计大师以及境外具有相应资历的专家参加评标。

投标人或者与投标人有利害关系的人员不得参加评标委员会。

第十七条 有下列情形之一的，评标委员会应当否决其投标：

（一）投标文件未按招标文件要求经投标人盖章和单位负责人签字；

（二）投标联合体没有提交共同投标协议；

（三）投标人不符合国家或者招标文件规定的资格条件；

（四）同一投标人提交两个以上不同的投标文件或者投标报价，但招标文件要求提交备选投标的除外；

（五）投标文件没有对招标文件的实质性要求和条件作出响应；

（六）投标人有串通投标、弄虚作假、行贿等违法行为；

（七）法律法规规定的其他应当否决投标的情形。

第十八条 评标委员会应当按照招标文件确定的评标标准和方法，对投标文件进行评审。

采用设计方案招标的，评标委员会应当在符合城乡规划、城市设计以及安全、绿色、节能、环保要求的前提下，重点对功能、技术、经济和美观等进行评审。

采用设计团队招标的，评标委员会应当对投标人拟从事项目设计的人员构成、人员业绩、人员从业经历、项目解读、设计构思、投标人信用情况和业绩等进行评审。

第十九条　评标委员会应当在评标完成后，向招标人提出书面评标报告，推荐不超过3个中标候选人，并标明顺序。

第二十条　招标人应当公示中标候选人。采用设计团队招标的，招标人应当公示中标候选人投标文件中所列主要人员、业绩等内容。

第二十一条　招标人根据评标委员会的书面评标报告和推荐的中标候选人确定中标人。招标人也可以授权评标委员会直接确定中标人。

采用设计方案招标的，招标人认为评标委员会推荐的候选方案不能最大限度满足招标文件规定的要求的，应当依法重新招标。

第二十二条　招标人应当在确定中标人后及时向中标人发出中标通知书，并同时将中标结果通知所有未中标人。

第二十三条　招标人应当自确定中标人之日起15日内，向县级以上地方人民政府住房城乡建设主管部门提交招标投标情况的书面报告。

第二十四条　县级以上地方人民政府住房城乡建设主管部门应当自收到招标投标情况的书面报告之日起5个工作日内，公开专家评审意见等信息，涉及国家秘密、商业秘密的除外。

第二十五条　招标人和中标人应当自中标通知书发出之日起30日内，按照招标文件和中标人的投标文件订立书面合同。

第二十六条　招标人、中标人使用未中标方案的，应当征得提交方案的投标人同意并付给使用费。

第二十七条　国务院住房城乡建设主管部门，省、自治区、直辖市人民政府住房城乡建设主管部门应当加强建筑工程设计评标专家和专家库的管理。

建筑专业专家库应当按建筑工程类别细化分类。

第二十八条　住房城乡建设主管部门应当加快推进电子招标投标，完善招标投标信息平台建设，促进建筑工程设计招标投标信息化监管。

第二十九条　招标人以不合理的条件限制或者排斥潜在投标人的，对潜在投标人实行歧视待遇的，强制要求投标人组成联合体共同投标的，或者限制投标人之间竞争的，由县级以上地方人民政府住房城乡建设主管部门责令改正，可以处1万元以上5万元以下的罚款。

第三十条　招标人澄清、修改招标文件的时限，或者确定的提交投标文件的时限不符合本办法规定的，由县级以上地方人民政府住房城乡建设主管部门责令改正，可以处10万元以下的罚款。

第三十一条　招标人不按照规定组建评标委员会，或者评标委员会成员的确定违反本办法规定的，由县级以上地方人民政府住房城乡建设主管部门责令改正，可以处10万元以下的罚款，相应评审结论无效，依法重新进行评审。

第三十二条　招标人有下列情形之一的，由县级以上地方人民政府住房城乡建设主管部门责令改正，可以处中标项目金额 10‰ 以下的罚款；给他人造成损失的，依法承担赔偿责任；对单位直接负责的主管人员和其他直接责任人员依法给予处分：

（一）无正当理由未按本办法规定发出中标通知书；

（二）不按照规定确定中标人；

（三）中标通知书发出后无正当理由改变中标结果；

（四）无正当理由未按本办法规定与中标人订立合同；

（五）在订立合同时向中标人提出附加条件。

第三十三条　投标人以他人名义投标或者以其他方式弄虚作假，骗取中标的，中标无效，给招标人造成损失的，依法承担赔偿责任；构成犯罪的，依法追究刑事责任。

投标人有前款所列行为尚未构成犯罪的，由县级以上地方人民政府住房城乡建设主管部门处中标项目金额 5‰ 以上 10‰ 以下的罚款，对单位直接负责的主管人员和其他直接责任人员处单位罚款数额 5％ 以上 10％ 以下的罚款；有违法所得的，并处没收违法所得；情节严重的，取消其 1 年至 3 年内参加依法必须进行招标的建筑工程设计招标的投标资格，并予以公告，直至由工商行政管理机关吊销营业执照。

第三十四条　评标委员会成员收受投标人的财物或者其他好处的，评标委员会成员或者参加评标的有关工作人员向他人透露对投标文件的评审和比较、中标候选人的推荐以及与评标有关的其他情况的，由县级以上地方人民政府住房城乡建设主管部门给予警告，没收收受的财物，可以并处 3000 元以上 5 万元以下的罚款。

评标委员会成员有前款所列行为的，由有关主管部门通报批评并取消担任评标委员会成员的资格，不得再参加任何依法必须进行招标的建筑工程设计招标投标的评标；构成犯罪的，依法追究刑事责任。

第三十五条　评标委员会成员违反本办法规定，对应当否决的投标不提出否决意见的，由县级以上地方人民政府住房城乡建设主管部门责令改正；情节严重的，禁止其在一定期限内参加依法必须进行招标的建筑工程设计招标投标的评标；情节特别严重的，由有关主管部门取消其担任评标委员会成员的资格。

第三十六条　住房城乡建设主管部门或者有关职能部门的工作人员徇私舞弊、滥用职权或者玩忽职守，构成犯罪的，依法追究刑事责任；不构成犯罪的，依法给予行政处分。

第三十七条　市政公用工程及园林工程设计招标投标参照本办法执行。

例 27-11　（2007）编制投标文件最少所需的合理时间不应少于：

A　10 日　　　　B　14 日　　　　C　20 日　　　　D　30 日

解析：《建筑工程设计招标投标管理办法》第十三条规定，招标人应当确定投标人编制投标文件所需要的合理时间。依法必须进行勘察设计招标的项目，自招标文件开始发出之日起至投标人提交投标文件截止之日止，时限最短不少于 20 日。

答案：C

例 27-12　（2021）根据《招标投标法实施条例》，允许参加投标的是：

A　与招标人有过其他项目合作的不同潜在投标人

B 单位负责人为同一人的不同单位

C 存在控股关系的不同单位

D 存在管理关系的不同单位

解析：《中华人民共和国招标投标法实施条例》第三十四条规定，与招标人存在利害关系可能影响招标公正性的法人、其他组织或者个人，不得参加投标。

单位负责人为同一人或者存在控股、管理关系的不同单位，不得参加同一标段投标或者未划分标段的同一招标项目投标。

答案： A

七、设计企业资质资格管理

（一）《建设工程勘察设计管理条例》

《建设工程勘察设计管理条例》于 2000 年 9 月 25 日公布并施行。2017 年 10 月 7 日，根据中华人民共和国国务院令第 687 号，对 2015 年修订版作了相应的修改且自发布之日起施行（以下简称"新标准"）。"新标准"对从事建设工程勘察、设计活动的单位所实行资质管理的规定如下：

第二章 资质资格管理

第七条 国家对从事建设工程勘察、设计活动的单位，实行资质管理制度。具体办法由国务院建设行政主管部门商国务院有关部门制定。

第八条 建设工程勘察、设计单位应当在其资质等级许可的范围内承揽建设工程勘察、设计业务。

禁止建设工程勘察、设计单位超越其资质等级许可的范围或者以其他建设工程勘察、设计单位的名义承揽建设工程勘察、设计业务。禁止建设工程勘察、设计单位允许其他单位或者个人以本单位的名义承揽建设工程勘察、设计业务。

第九条 国家对从事建设工程勘察、设计活动的专业技术人员，实行执业资格注册管理制度。

未经注册的建设工程勘察、设计人员，不得以注册执业人员的名义从事建设工程勘察、设计活动。

第十条 建设工程勘察、设计注册执业人员和其他专业技术人员只能受聘于一个建设工程勘察、设计单位；未受聘于建设工程勘察、设计单位的，不得从事建设工程的勘察、设计活动。

第十一条 建设工程勘察、设计单位资质证书和执业人员注册证书，由国务院建设行政主管部门统一制作。

（二）《建设工程勘察设计资质管理规定》

建设部 2007 年发布了新的《建设工程勘察设计资质管理规定》建市〔2007〕8 号（2001 年发布的 22 号文作废）。

按新规定工程设计资质标准分为四个序列：

工程设计综合资质（只设甲级）；

工程设计行业资质（共有 21 个行业，一般只设甲、乙级。建筑市政公路等还可设丙级）；

工程设计专业资质（一般只设甲、乙级，个别专业可设丙级，建筑可设丙、丁级）；

工程设计专项资质，如装饰、智能、幕墙、轻钢结构、风景园林、消防、环境工程照明工程等。

取得工程设计综合资质的企业，其承接工程设计业务范围不受限制。工程设计综合资质的条件包括下列几个方面。

1. 资历和信誉

（1）具有独立企业法人资格。

（2）注册资本不少于 6000 万元人民币。

（3）近 3 年年平均工程勘察设计营业收入不少于 10000 万元人民币，且近 5 年内两次工程勘察设计营业收入在全国勘察设计企业排名列前 50 名以内；或近 5 年内两次企业营业税金及附加在全国勘察设计企业排名列前 50 名以内。

（4）具有两个工程设计行业甲级资质，且近 10 年内独立承担大型建设项目工程设计每行业不少于 3 项，并已建成投产。

或同时具有某 1 个工程设计行业甲级资质和其他 3 个不同行业甲级工程设计的专业资质，且近 10 年内独立承担大型建设项目工程设计不少于 4 项。其中，工程设计行业甲级相应业绩不少于 1 项，工程设计专业甲级相应业绩各不小于 1 项，并已建成投产。

2. 技术条件

（1）技术力量雄厚，专业配备合理。企业具有初级以上专业技术职称且从事工程勘察设计的人员不少于 500 人，其中具备注册执业资格或高级专业技术职称的不少于 200 人，且注册专业不少于 5 个，5 个专业的注册人员总数不低于 40 人。

企业从事工程项目管理且具备建造师或监理工程师注册执业资格的人员不少于 4 人。

（2）企业主要技术负责人或总工程师应当具有大学本科以上学历、15 年以上设计经历，主持过大型项目工程设计不少于 2 项，具备注册执业资格或高级专业技术职称。

（3）拥有与工程设计有关的专利、专有技术、工艺包（软件包）不少于 3 项。

（4）近 10 年获得过全国级优秀工程设计奖、全国优秀工程勘察奖、国家级科技进步奖的奖项不少于 5 项，或省部级（行业）优秀工程设计一等奖（金奖）、省部级（行业）科技进步一等奖的奖项不少于 5 项。

（5）近 10 年主编 2 项或参编过 5 项以上国家、行业工程建设标准、规范、定额。

3. 技术装备及管理水平

（1）有完善的技术装备及固定工作场所，且主要固定工作场所建筑面积不少于 10000m²。

（2）有完善的企业技术、质量、安全和档案管理，通过 ISO 9000 族标准质量体系认证。

（3）具有与承担建设项目工程总承包或工程项目管理相适应的组织机构或管理体系。

取得工程设计行业资质的企业，可以承接同级别相应行业的工程设计业务。

取得工程设计专项资质的企业，可以承接同级别相应的专项工程设计业务。

取得工程设计行业资质的企业，可以承接本行业范围内同级别的相应专项工程设计业务，不需再单独领取工程设计专项资质。

例 27-13　（2005）建筑设计单位的资质是依据下列哪些条件划分等级的？

Ⅰ. 注册资本；Ⅱ. 单位职工总数；Ⅲ. 专业技术人员；

Ⅳ. 工程业绩；Ⅴ. 技术装备

A Ⅰ、Ⅱ、Ⅲ、Ⅳ　　　　　　　　B Ⅱ、Ⅲ、Ⅳ、Ⅴ

C Ⅰ、Ⅲ、Ⅳ、Ⅴ　　　　　　　　D Ⅰ、Ⅱ、Ⅳ、Ⅴ

解析：《建设工程勘察设计资质管理规定》第三条规定：从事建设工程勘察、工程设计活动的企业，应当按照其拥有的注册资本、专业技术人员、技术装备和勘察设计业绩等条件申请资质。

答案：C

八、工程勘察设计收费标准

2002 年国家发展计划委员会和建设部联合发布了《工程勘察设计收费标准》（1992 年发布的收费标准同时作废）。

投资估算 500 万元以上的实行政府指导价，500 万元以下的实行市场调节价。实行政府指导价的，除《工程勘察设计收费标准》第七条另有规定者外，浮动幅度为上下 20%。

在新规定中对实行政府指导价的给出了各种工程设计收费的计算公式：

（1）工程设计收费＝工程设计收费基准价×（1±浮动幅度值）

（2）工程设计收费基准价＝基本设计收费＋其他收费

（3）基本设计收费＝工程设计收费基价×工程复杂程度调整系数×附加调整系数

工程复杂程度调整系数：

一般（Ⅰ级）——0.85

较复杂（Ⅱ级）——1.00

复杂（Ⅲ级）——1.15

基本收费包含的内容是初步设计文件、施工图设计文件，并提供相应的技术交底、解决施工中出现的问题、参与试车和验收。

总体设计费、主体设计协调费、采用标准设计和复用设计费、施工图预算、竣工图编制费等应另行收费。

总体设计费的费率为基本收费的　　　　　5%

主体设计协调费的费率为　　　　　　　　5%

施工图概算　　　　　　　　　　　　　　10%

竣工图　　　　　　　　　　　　　　　　8%

设计单位应免费提供初步设计文件 10 份、施工图 8 份。

九、建筑工程施工图设计文件审查

施工图审查，是指建设主管部门认定的施工图审查机构（以下简称审查机构）按照有关法律、法规，对施工图涉及公共利益、公众安全和工程建设强制性标准的内容进行的审查。全国范围内开展施工图审查，始于 2004 年 8 月 23 日，当时建设部颁发了 134 号令《房屋建筑和市政基础设施工程施工图设计文件审查管理办法》。

2013 年住房和城乡建设部对施工图审查办法作了修改，颁布了住房和城乡建设部 13 号令，2013 年 8 月 1 日开始执行新的《房屋建筑和市政基础设施工程施工图设计文件审查管理办法》（后简称《办法》），并废止了原建设部发布的 134 号令，审查内容增加了绿色建筑标准的审查。

2017 年 10 月 23 日，国务院总理李克强签署国务院令第 687 号，公布《国务院关于修改部分行政法规的决定》。为依法推进简政放权、放管结合、优化服务改革，国务院对取消行政审批项目涉及的行政法规进行了清理，决定对 15 部行政法规的部分条款予以修改。修改的内容主要包括：在取消行政审批事项方面，通过修改《建设工程质量管理条例》《建设工程勘察设计管理条例》等 15 部行政法规的 35 个条款。

将《建设工程质量管理条例》第十一条第一款修改为：施工图设计文件审查的具体办法，由国务院建设行政主管部门、国务院其他有关部门制定。

将《建设工程勘察设计管理条例》第三十三条第一款修改为：施工图设计文件审查机构应当对房屋建筑工程、市政基础设施工程施工图设计文件中涉及公共利益、公众安全、工程建设强制性标准的内容进行审查。县级以上人民政府交通运输等有关部门应当按照职责对施工图设计文件中涉及公共利益、公众安全、工程建设强制性标准的内容进行审查。

从这两处修改可以看出条款中取消了应当将施工图设计文件报县级以上人民政府建设行政主管部门或者其他有关部门审查的规定，即政府相关部门对施工图的审查没有了法定义务和责任。

2018 年 12 月 29 日，住房和城乡建设部根据《住房和城乡建设部关于修改〈房屋建筑和市政基础设施工程施工图设计文件审查管理办法〉的决定》对《办法》第五条、第十一条和第十九条进行了修订，提出"逐步推行以政府购买服务方式开展施工图设计文件审查"并将消防设计审核、人防设计审查等技术审查并入施工图设计文件审查，相关部门不再进行技术审查。修订后的《房屋建筑和市政基础设施工程施工图设计文件审查管理办法》摘录如下：

第一条 为了加强对房屋建筑工程、市政基础设施工程施工图设计文件审查的管理，提高工程勘察设计质量，根据《建设工程质量管理条例》《建设工程勘察设计管理条例》等行政法规，制定本办法。

第二条 在中华人民共和国境内从事房屋建筑工程、市政基础设施工程施工图设计文件审查和实施监督管理的，应当遵守本办法。

第三条 国家实施施工图设计文件（含勘察文件，以下简称施工图）审查制度。

本办法所称施工图审查，是指施工图审查机构（以下简称审查机构）按照有关法律、法规，对施工图涉及公共利益、公众安全和工程建设强制性标准的内容进行的审查。施工图审查应当坚持先勘察、后设计的原则。

施工图未经审查合格的，不得使用。从事房屋建筑工程、市政基础设施工程施工、监理等活动，以及实施对房屋建筑和市政基础设施工程质量安全监督管理，应当以审查合格的施工图为依据。

第四条　国务院住房城乡建设主管部门负责对全国的施工图审查工作实施指导、监督。

县级以上地方人民政府住房城乡建设主管部门负责对本行政区域内的施工图审查工作实施监督管理。

第五条　省、自治区、直辖市人民政府住房城乡建设主管部门应当会同有关主管部门按照本办法规定的审查机构条件，结合本行政区域内的建设规模，确定相应数量的审查机构，逐步推行以政府购买服务方式开展施工图设计文件审查。具体办法由国务院住房城乡建设主管部门另行规定。

审查机构是专门从事施工图审查业务，不以营利为目的的独立法人。

省、自治区、直辖市人民政府住房城乡建设主管部门应当将审查机构名录报国务院住房城乡建设主管部门备案，并向社会公布。

第六条　审查机构按承接业务范围分两类，一类机构承接房屋建筑、市政基础设施工程施工图审查业务范围不受限制；二类机构可以承接中型及以下房屋建筑、市政基础设施工程的施工图审查。房屋建筑、市政基础设施工程的规模划分，按照国务院住房城乡建设主管部门的有关规定执行。

第七条　一类审查机构应当具备下列条件：

（一）有健全的技术管理和质量保证体系。

（二）审查人员应当有良好的职业道德；有15年以上所需专业勘察、设计工作经历；主持过不少于5项大型房屋建筑工程、市政基础设施工程相应专业的设计或者甲级工程勘察项目相应专业的勘察；已实行执业注册制度的专业，审查人员应当具有一级注册建筑师、一级注册结构工程师或者勘察设计注册工程师资格，并在本审查机构注册；未实行执业注册制度的专业，审查人员应当具有高级工程师职称；近5年内未因违反工程建设法律法规和强制性标准受到行政处罚。

（三）在本审查机构专职工作的审查人员数量：从事房屋建筑工程施工图审查的，结构专业审查人员不少于7人，建筑专业不少于3人，电气、暖通、给排水、勘察等专业审查人员各不少于2人；从事市政基础设施工程施工图审查的，所需专业的审查人员不少于7人，其他必须配套的专业审查人员各不少于2人；专门从事勘察文件审查的，勘察专业审查人员不少于7人。

承担超限高层建筑工程施工图审查的，还应当具有主持过超限高层建筑工程或者100米以上建筑工程结构专业设计的审查人员不少于3人。

（四）60岁以上审查人员不超过该专业审查人员规定数的1/2。

（五）注册资金不少于300万元。

第八条　二类审查机构应当具备下列条件：

（一）有健全的技术管理和质量保证体系。

（二）审查人员应当有良好的职业道德；有10年以上所需专业勘察、设计工作经历；主持过不少于5项中型以上房屋建筑工程、市政基础设施工程相应专业的设计或者乙级以上工程勘察项目相应专业的勘察；已实行执业注册制度的专业，审查人员应当具有一级注册建筑师、一级注册结构工程师或者勘察设计注册工程师资格，并在本审查机构注册；未实行执业注册制度的专业，审查人员应当具有高级工程师职称；近5年内未因违反工程建设法律法规和强制性标准受到行政处罚。

（三）在本审查机构专职工作的审查人员数量：从事房屋建筑工程施工图审查的，结构专业审查人员不少于3人，建筑、电气、暖通、给排水、勘察等专业审查人员各不少于2人；从事市政基础设施工程施工图审查的，所需专业的审查人员不少于4人，其他必须配套的专业审查人员各不少于2人；专门从事勘察文件审查的，勘察专业审查人员不少于4人。

（四）60岁以上审查人员不超过该专业审查人员规定数的1/2。

（五）注册资金不少于100万元。

第九条 建设单位应当将施工图送审查机构审查，但审查机构不得与所审查项目的建设单位、勘察设计企业有隶属关系或者其他利害关系。送审管理的具体办法由省、自治区、直辖市人民政府住房城乡建设主管部门按照"公开、公平、公正"的原则规定。

建设单位不得明示或者暗示审查机构违反法律法规和工程建设强制性标准进行施工图审查，不得压缩合理审查周期、压低合理审查费用。

第十条 建设单位应当向审查机构提供下列资料并对所提供资料的真实性负责：

（一）作为勘察、设计依据的政府有关部门的批准文件及附件；

（二）全套施工图；

（三）其他应当提交的材料。

第十一条 审查机构应当对施工图审查下列内容：

（一）是否符合工程建设强制性标准；

（二）地基基础和主体结构的安全性；

（三）消防安全性；

（四）人防工程（不含人防指挥工程）防护安全性；

（五）是否符合民用建筑节能强制性标准，对执行绿色建筑标准的项目，还应当审查是否符合绿色建筑标准；

（六）勘察设计企业和注册执业人员以及相关人员是否按规定在施工图上加盖相应的图章和签字；

（七）法律、法规、规章规定必须审查的其他内容。

第十二条 施工图审查原则上不超过下列时限：

（一）大型房屋建筑工程、市政基础设施工程为15个工作日，中型及以下房屋建筑工程、市政基础设施工程为10个工作日。

（二）工程勘察文件，甲级项目为7个工作日，乙级及以下项目为5个工作日。

以上时限不包括施工图修改时间和审查机构的复审时间。

第十三条 审查机构对施工图进行审查后，应当根据下列情况分别作出处理：

（一）审查合格的，审查机构应当向建设单位出具审查合格书，并在全套施工图上加盖审查专用章。审查合格书应当有各专业的审查人员签字，经法定代表人签发，并加盖审查机构公章。审查机构应当在出具审查合格书后5个工作日内，将审查情况报工程所在地县级以上地方人民政府住房城乡建设主管部门备案。

（二）审查不合格的，审查机构应当将施工图退建设单位并出具审查意见告知书，说明不合格原因。同时，应当将审查意见告知书及审查中发现的建设单位、勘察设计企业和注册执业人员违反法律、法规和工程建设强制性标准的问题，报工程所在地县级以上地方人民政府住房城乡建设主管部门。

施工图退建设单位后，建设单位应当要求原勘察设计企业进行修改，并将修改后的施工图送原审查机构复审。

第十四条 任何单位或者个人不得擅自修改审查合格的施工图；确需修改的，凡涉及本办法第十一条规定内容的，建设单位应当将修改后的施工图送原审查机构审查。

第十五条 勘察设计企业应当依法进行建设工程勘察、设计，严格执行工程建设强制性标准，并对建设工程勘察、设计的质量负责。

审查机构对施工图审查工作负责，承担审查责任。施工图经审查合格后，仍有违反法律、法规和工程建设强制性标准的问题，给建设单位造成损失的，审查机构依法承担相应的赔偿责任。

第十六条 审查机构应当建立、健全内部管理制度。施工图审查应当有经各专业审查人员签字的审查记录。审查记录、审查合格书、审查意见告知书等有关资料应当归档保存。

第十七条 已实行执业注册制度的专业，审查人员应当按规定参加执业注册继续教育。

未实行执业注册制度的专业，审查人员应当参加省、自治区、直辖市人民政府住房城乡建设主管部门组织的有关法律、法规和技术标准的培训，每年培训时间不少于40学时。

第十八条 按规定应当进行审查的施工图，未经审查合格的，住房城乡建设主管部门不得颁发施工许可证。

第十九条 县级以上人民政府住房城乡建设主管部门应当加强对审查机构的监督检查，主要检查下列内容：

（一）是否符合规定的条件；

（二）是否超出范围从事施工图审查；

（三）是否使用不符合条件的审查人员；

（四）是否按规定的内容进行审查；

（五）是否按规定上报审查过程中发现的违法违规行为；

（六）是否按规定填写审查意见告知书；

（七）是否按规定在审查合格书和施工图上签字盖章；

（八）是否建立健全审查机构内部管理制度；

（九）审查人员是否按规定参加继续教育。

县级以上人民政府住房城乡建设主管部门实施监督检查时，有权要求被检查的审查机构提供有关施工图审查的文件和资料，并将监督检查结果向社会公布。涉及消防安全性、人防工程（不含人防指挥工程）防护安全性的，由县级以上人民政府有关部门按照职责分工实施监督检查和行政处罚，并将监督检查结果向社会公布。

第二十四条 审查机构违反本办法规定，有下列行为之一的，由县级以上地方人民政府住房城乡建设主管部门责令改正，处3万元罚款，并记入信用档案；情节严重的，省、自治区、直辖市人民政府住房城乡建设主管部门不再将其列入审查机构名录：

（一）超出范围从事施工图审查的；

（二）使用不符合条件审查人员的；

（三）未按规定的内容进行审查的；

（四）未按规定上报审查过程中发现的违法违规行为的；

（五）未按规定填写审查意见告知书的；

（六）未按规定在审查合格书和施工图上签字盖章的；

（七）已出具审查合格书的施工图，仍有违反法律、法规和工程建设强制性标准的。

第二十五条　审查机构出具虚假审查合格书的，审查合格书无效，县级以上地方人民政府住房城乡建设主管部门处 3 万元罚款，省、自治区、直辖市人民政府住房城乡建设主管部门不再将其列入审查机构名录。

审查人员在虚假审查合格书上签字的，终身不得再担任审查人员；对于已实行执业注册制度的专业的审查人员，还应当依照《建设工程质量管理条例》第七十二条、《建设工程安全生产管理条例》第五十八条规定予以处罚。

第二十六条　建设单位违反本办法规定，有下列行为之一的，由县级以上地方人民政府住房城乡建设主管部门责令改正，处 3 万元罚款；情节严重的，予以通报：

（一）压缩合理审查周期的；

（二）提供不真实送审资料的；

（三）对审查机构提出不符合法律、法规和工程建设强制性标准要求的。

建设单位为房地产开发企业的，还应当依照《房地产开发企业资质管理规定》进行处理。

第二十七条　依照本办法规定，给予审查机构罚款处罚的，对机构的法定代表人和其他直接责任人员处机构罚款数额 5% 以上 10% 以下的罚款，并记入信用档案。

第二十八条　省、自治区、直辖市人民政府住房城乡建设主管部门未按照本办法规定确定审查机构的，国务院住房城乡建设主管部门责令改正。

第二十九条　国家机关工作人员在施工图审查监督管理工作中玩忽职守、滥用职权、徇私舞弊，构成犯罪的，依法追究刑事责任；尚不构成犯罪的，依法给予行政处分。

第三十一条　本办法自 2013 年 8 月 1 日起施行，修订内容自 2018 年 12 月 29 日起施行。原建设部 2004 年 8 月 23 日发布的《房屋建筑和市政基础设施工程施工图设计文件审查管理办法》（建设部令第 134 号）同时废止。

2019 年 3 月 26 日国务院办公厅发布《关于全面开展工程建设项目审批制度改革的实施意见》（以下简称《实施意见》）。为了实现在 2019 年上半年将工程项目审批时限压缩在 120 个工作日内，《实施意见》提出要进一步精简审批环节，要求"试点地区在加快探索取消施工图审查（或缩小审查范围），实行告知承诺制和设计人员终身负责制等方面，尽快形成可复制、可推广的经验"。

这是近年来国务院首次明确提出要取消施工图审查制度，而且对取消施工图审查之后的责任落地提出了解决办法，即告知承诺制以及设计师终身负责制。

例 27-14　（2021）对施工图设计审查的内容不包括：

A　涉及公共利益　　　　　　　B　涉及公众安全

C　对于强制性标准的执行情况　D　设计合同约定的限额的设计内容

十、民法典 第三编 合同

《中华人民共和国民法典》（后简称《民法典》）于 2020 年 5 月 28 日第十三届全国人民代表大会第三次会议通过，2021 年 1 月 1 日起实施，其第三编"合同"摘录如下：

第三编 合 同

第一分编 通 则
第一章 一 般 规 定

第四百六十三条 本编调整因合同产生的民事关系。

第四百六十四条 合同是民事主体之间设立、变更、终止民事法律关系的协议。

婚姻、收养、监护等有关身份关系的协议，适用有关该身份关系的法律规定；没有规定的，可以根据其性质参照适用本编规定。

第四百六十五条 依法成立的合同，受法律保护。

依法成立的合同，仅对当事人具有法律约束力，但是法律另有规定的除外。

第四百六十六条 当事人对合同条款的理解有争议的，应当依据本法第一百四十二条第一款的规定，确定争议条款的含义。

（编者注：第一百四十二条第一款的表述是：有相对人的意思表示的解释，应当按照所使用的词句，结合相关条款、行为的性质和目的、习惯以及诚信原则，确定意思表示的含义。）

合同文本采用两种以上文字订立并约定具有同等效力的，对各文本使用的词句推定具有相同含义。各文本使用的词句不一致的，应当根据合同的相关条款、性质、目的以及诚信原则等予以解释。

第四百六十七条 本法或者其他法律没有明文规定的合同，适用本编通则的规定，并可以参照适用本编或者其他法律最相类似合同的规定。

在中华人民共和国境内履行的中外合资经营企业合同、中外合作经营企业合同、中外合作勘探开发自然资源合同，适用中华人民共和国法律。

第四百六十八条 非因合同产生的债权债务关系，适用有关该债权债务关系的法律规定；没有规定的，适用本编通则的有关规定，但是根据其性质不能适用的除外。

第二章 合 同 的 订 立

第四百六十九条 当事人订立合同，可以采用书面形式、口头形式或者其他形式。

书面形式是合同书、信件、电报、电传、传真等可以有形地表现所载内容的形式。

以电子数据交换、电子邮件等方式能够有形地表现所载内容，并可以随时调取查用的数据电文，视为书面形式。

第四百七十条 合同的内容由当事人约定，一般包括下列条款：

（一）当事人的姓名或者名称和住所；

（二）标的；

（三）数量；

（四）质量；

（五）价款或者报酬；

（六）履行期限、地点和方式；

（七）违约责任；

（八）解决争议的方法。

当事人可以参照各类合同的示范文本订立合同。

第四百七十一条 当事人订立合同，可以采取要约、承诺方式或者其他方式。

第四百七十二条 要约是希望与他人订立合同的意思表示，该意思表示应当符合下列条件：

（一）内容具体确定；

（二）表明经受要约人承诺，要约人即受该意思表示约束。

第四百七十三条 要约邀请是希望他人向自己发出要约的表示。拍卖公告、招标公告、招股说明书、债券募集办法、基金招募说明书、商业广告和宣传、寄送的价目表等为要约邀请。

商业广告和宣传的内容符合要约条件的，构成要约。

第四百七十四条 要约生效的时间适用本法第一百三十七条的规定。

（编者注：第一百三十七条的规定是：以对话方式作出的意思表示，相对人知道其内容时生效。

以非对话方式作出的意思表示，到达相对人时生效。以非对话方式作出的采用数据电文形式的意思表示，相对人指定特定系统接收数据电文的，该数据电文进入该特定系统时生效；未指定特定系统的，相对人知道或者应当知道该数据电文进入其系统时生效。当事人对采用数据电文形式的意思表示的生效时间另有约定的，按照其约定。）

第四百七十五条 要约可以撤回。要约的撤回适用本法第一百四十一条的规定。

（编者注：第一百四十一条的规定是：行为人可以撤回意思表示。撤回意思表示的通知应当在意思表示到达相对人前或者与意思表示同时到达相对人。）

第四百七十六条 要约可以撤销，但是有下列情形之一的除外：

（一）要约人以确定承诺期限或者其他形式明示要约不可撤销；

（二）受要约人有理由认为要约是不可撤销的，并已经为履行合同做了合理准备工作。

第四百七十七条 撤销要约的意思表示以对话方式作出的，该意思表示的内容应当在受要约人作出承诺之前为受要约人所知道；撤销要约的意思表示以非对话方式作出的，应当在受要约人作出承诺之前到达受要约人。

第四百七十八条 有下列情形之一的，要约失效：

（一）要约被拒绝；

（二）要约被依法撤销；

（三）承诺期限届满，受要约人未作出承诺；

（四）受要约人对要约的内容作出实质性变更。

第四百七十九条 承诺是受要约人同意要约的意思表示。

第四百八十条 承诺应当以通知的方式作出；但是，根据交易习惯或者要约表明可以通过行为作出承诺的除外。

第四百八十一条 承诺应当在要约确定的期限内到达要约人。

要约没有确定承诺期限的，承诺应当依照下列规定到达：

（一）要约以对话方式作出的，应当即时作出承诺；

（二）要约以非对话方式作出的，承诺应当在合理期限内到达。

第四百八十二条 要约以信件或者电报作出的，承诺期限自信件载明的日期或者电报交发之日开始计算。信件未载明日期的，自投寄该信件的邮戳日期开始计算。要约以电话、传真、电子邮件等快速通讯方式作出的，承诺期限自要约到达受要约人时开始计算。

第四百八十三条 承诺生效时合同成立，但是法律另有规定或者当事人另有约定的除外。

第四百八十四条 以通知方式作出的承诺，生效的时间适用本法第一百三十七条的规定（见第四百七十四条编者注）。

承诺不需要通知的，根据交易习惯或者要约的要求作出承诺的行为时生效。

第四百八十五条 承诺可以撤回。承诺的撤回适用本法第一百四十一条的规定（见第四百七十五条编者注）

第四百八十六条 受要约人超过承诺期限发出承诺，或者在承诺期限内发出承诺，按照通常情形不能及时到达要约人的，为新要约；但是，要约人及时通知受要约人该承诺有效的除外。

第四百八十七条 受要约人在承诺期限内发出承诺，按照通常情形能够及时到达要约人，但是因其他原因致使承诺到达要约人时超过承诺期限的，除要约人及时通知受要约人因承诺超过期限不接受该承诺外，该承诺有效。

第四百八十八条 承诺的内容应当与要约的内容一致。受要约人对要约的内容作出实质性变更的，为新要约。有关合同标的、数量、质量、价款或者报酬、履行期限、履行地点和方式、违约责任和解决争议方法等的变更，是对要约内容的实质性变更。

第四百八十九条 承诺对要约的内容作出非实质性变更的，除要约人及时表示反对或者要约表明承诺不得对要约的内容作出任何变更外，该承诺有效，合同的内容以承诺的内容为准。

第四百九十条 当事人采用合同书形式订立合同的，自当事人均签名、盖章或者按指印时合同成立。在签名、盖章或者按指印之前，当事人一方已经履行主要义务，对方接受时，该合同成立。

法律、行政法规规定或者当事人约定合同应当采用书面形式订立，当事人未采用书面形式但是一方已经履行主要义务，对方接受时，该合同成立。

第四百九十一条 当事人采用信件、数据电文等形式订立合同要求签订确认书的，签订确认书时合同成立。

当事人一方通过互联网等信息网络发布的商品或者服务信息符合要约条件的，对方选择该商品或者服务并提交订单成功时合同成立，但是当事人另有约定的除外。

第四百九十二条　承诺生效的地点为合同成立的地点。

采用数据电文形式订立合同的，收件人的主营业地为合同成立的地点；没有主营业地的，其住所地为合同成立的地点。当事人另有约定的，按照其约定。

第四百九十三条　当事人采用合同书形式订立合同的，最后签名、盖章或者按指印的地点为合同成立的地点，但是当事人另有约定的除外。

第四百九十四条　国家根据抢险救灾、疫情防控或者其他需要下达国家订货任务、指令性任务的，有关民事主体之间应当依照有关法律、行政法规规定的权利和义务订立合同。

依照法律、行政法规的规定负有发出要约义务的当事人，应当及时发出合理的要约。

依照法律、行政法规的规定负有作出承诺义务的当事人，不得拒绝对方合理的订立合同要求。

第四百九十五条　当事人约定在将来一定期限内订立合同的认购书、订购书、预订书等，构成预约合同。

当事人一方不履行预约合同约定的订立合同义务的，对方可以请求其承担预约合同的违约责任。

第四百九十六条　格式条款是当事人为了重复使用而预先拟定，并在订立合同时未与对方协商的条款。

采用格式条款订立合同的，提供格式条款的一方应当遵循公平原则确定当事人之间的权利和义务，并采取合理的方式提示对方注意免除或者减轻其责任等与对方有重大利害关系的条款，按照对方的要求，对该条款予以说明。提供格式条款的一方未履行提示或者说明义务，致使对方没有注意或者理解与其有重大利害关系的条款的，对方可以主张该条款不成为合同的内容。

第四百九十七条　有下列情形之一的，该格式条款无效：

（一）具有本法第一编第六章第三节（见第五百零八条编者注）和本法第五百零六条规定的无效情形；

（二）提供格式条款一方不合理地免除或者减轻其责任、加重对方责任、限制对方主要权利；

（三）提供格式条款一方排除对方主要权利。

第四百九十八条　对格式条款的理解发生争议的，应当按照通常理解予以解释。对格式条款有两种以上解释的，应当作出不利于提供格式条款一方的解释。格式条款和非格式条款不一致的，应当采用非格式条款。

第四百九十九条　悬赏人以公开方式声明对完成特定行为的人支付报酬的，完成该行为的人可以请求其支付。

第五百条　当事人在订立合同过程中有下列情形之一，造成对方损失的，应当承担赔偿责任：

（一）假借订立合同，恶意进行磋商；

（二）故意隐瞒与订立合同有关的重要事实或者提供虚假情况；

（三）有其他违背诚信原则的行为。

第五百零一条　当事人在订立合同过程中知悉的商业秘密或者其他应当保密的信息，

无论合同是否成立，不得泄露或者不正当地使用；泄露、不正当地使用该商业秘密或者信息，造成对方损失的，应当承担赔偿责任。

第三章 合同的效力

第五百零二条 依法成立的合同，自成立时生效，但是法律另有规定或者当事人另有约定的除外。

依照法律、行政法规的规定，合同应当办理批准等手续的，依照其规定。未办理批准等手续影响合同生效的，不影响合同中履行报批等义务条款以及相关条款的效力。应当办理申请批准等手续的当事人未履行义务的，对方可以请求其承担违反该义务的责任。

依照法律、行政法规的规定，合同的变更、转让、解除等情形应当办理批准等手续的，适用前款规定。

第五百零三条 无权代理人以被代理人的名义订立合同，被代理人已经开始履行合同义务或者接受相对人履行的，视为对合同的追认。

第五百零四条 法人的法定代表人或者非法人组织的负责人超越权限订立的合同，除相对人知道或者应当知道其超越权限外，该代表行为有效，订立的合同对法人或者非法人组织发生效力。

第五百零五条 当事人超越经营范围订立的合同的效力，应当依照本法第一编第六章第三节（见第五百零八条编者注）和本编的有关规定确定，不得仅以超越经营范围确认合同无效。

第五百零六条 合同中的下列免责条款无效：

（一）造成对方人身损害的；

（二）因故意或者重大过失造成对方财产损失的。

第五百零七条 合同不生效、无效、被撤销或者终止的，不影响合同中有关解决争议方法的条款的效力。

第五百零八条 本编对合同的效力没有规定的，适用本法第一编第六章的有关规定。

（编者注：民法典第一编第六章的内容如下：

第六章 民事法律行为

第一节 一般规定

第一百三十三条 民事法律行为是民事主体通过意思表示设立、变更、终止民事法律关系的行为。

第一百三十四条 民事法律行为可以基于双方或者多方的意思表示一致成立，也可以基于单方的意思表示成立。

法人、非法人组织依照法律或者章程规定的议事方式和表决程序作出决议的，该决议行为成立。

第一百三十五条 民事法律行为可以采用书面形式、口头形式或者其他形式；法律、行政法规规定或者当事人约定采用特定形式的，应当采用特定形式。

第一百三十六条 民事法律行为自成立时生效，但是法律另有规定或者当事人另有约定的除外。

行为人非依法律规定或者未经对方同意，不得擅自变更或者解除民事法律行为。

第二节 意 思 表 示

第一百三十七条 以对话方式作出的意思表示，相对人知道其内容时生效。

以非对话方式作出的意思表示，到达相对人时生效。以非对话方式作出的采用数据电文形式的意思表示，相对人指定特定系统接收数据电文的，该数据电文进入该特定系统时生效；未指定特定系统的，相对人知道或者应当知道该数据电文进入其系统时生效。当事人对采用数据电文形式的意思表示的生效时间另有约定的，按照其约定。

第一百三十八条 无相对人的意思表示，表示完成时生效。法律另有规定的，依照其规定。

第一百三十九条 以公告方式作出的意思表示，公告发布时生效。

第一百四十条 行为人可以明示或者默示作出意思表示。

沉默只有在有法律规定、当事人约定或者符合当事人之间的交易习惯时，才可以视为意思表示。

第一百四十一条 行为人可以撤回意思表示。撤回意思表示的通知应当在意思表示到达相对人前或者与意思表示同时到达相对人。

第一百四十二条 有相对人的意思表示的解释，应当按照所使用的词句，结合相关条款、行为的性质和目的、习惯以及诚信原则，确定意思表示的含义。

无相对人的意思表示的解释，不能完全拘泥于所使用的词句，而应当结合相关条款、行为的性质和目的、习惯以及诚信原则，确定行为人的真实意思。

第三节 民事法律行为的效力

第一百四十三条 具备下列条件的民事法律行为有效：

（一）行为人具有相应的民事行为能力；

（二）意思表示真实；

（三）不违反法律、行政法规的强制性规定，不违背公序良俗。

第一百四十四条 无民事行为能力人实施的民事法律行为无效。

第一百四十五条 限制民事行为能力人实施的纯获利益的民事法律行为或者与其年龄、智力、精神健康状况相适应的民事法律行为有效；实施的其他民事法律行为经法定代理人同意或者追认后有效。

相对人可以催告法定代理人自收到通知之日起三十日内予以追认。法定代理人未作表示的，视为拒绝追认。民事法律行为被追认前，善意相对人有撤销的权利。撤销应当以通知的方式作出。

第一百四十六条 行为人与相对人以虚假的意思表示实施的民事法律行为无效。

以虚假的意思表示隐藏的民事法律行为的效力，依照有关法律规定处理。

第一百四十七条 基于重大误解实施的民事法律行为，行为人有权请求人民法院或者仲裁机构予以撤销。

第一百四十八条 一方以欺诈手段，使对方在违背真实意思的情况下实施的民事法律行为，受欺诈方有权请求人民法院或者仲裁机构予以撤销。

第一百四十九条 第三人实施欺诈行为，使一方在违背真实意思的情况下实施的民事法律行为，对方知道或者应当知道该欺诈行为的，受欺诈方有权请求人民法院或者仲裁机构予以撤销。

第一百五十条　一方或者第三人以胁迫手段，使对方在违背真实意思的情况下实施的民事法律行为，受胁迫方有权请求人民法院或者仲裁机构予以撤销。

第一百五十一条　一方利用对方处于危困状态、缺乏判断能力等情形，致使民事法律行为成立时显失公平的，受损害方有权请求人民法院或者仲裁机构予以撤销。

第一百五十二条　有下列情形之一的，撤销权消灭：

（一）当事人自知道或者应当知道撤销事由之日起一年内、重大误解的当事人自知道或者应当知道撤销事由之日起九十日内没有行使撤销权；

（二）当事人受胁迫，自胁迫行为终止之日起一年内没有行使撤销权；

（三）当事人知道撤销事由后明确表示或者以自己的行为表明放弃撤销权。

当事人自民事法律行为发生之日起五年内没有行使撤销权的，撤销权消灭。

第一百五十三条　违反法律、行政法规的强制性规定的民事法律行为无效。但是，该强制性规定不导致该民事法律行为无效的除外。

违背公序良俗的民事法律行为无效。

第一百五十四条　行为人与相对人恶意串通，损害他人合法权益的民事法律行为无效。

第一百五十五条　无效的或者被撤销的民事法律行为自始没有法律约束力。

第一百五十六条　民事法律行为部分无效，不影响其他部分效力的，其他部分仍然有效。

第一百五十七条　民事法律行为无效、被撤销或者确定不发生效力后，行为人因该行为取得的财产，应当予以返还；不能返还或者没有必要返还的，应当折价补偿。有过错的一方应当赔偿对方由此所受到的损失；各方都有过错的，应当各自承担相应的责任。法律另有规定的，依照其规定。

第四节　民事法律行为的附条件和附期限

第一百五十八条　民事法律行为可以附条件，但是根据其性质不得附条件的除外。附生效条件的民事法律行为，自条件成就时生效。附解除条件的民事法律行为，自条件成就时失效。

第一百五十九条　附条件的民事法律行为，当事人为自己的利益不正当地阻止条件成就的，视为条件已经成就；不正当地促成条件成就的，视为条件不成就。

第一百六十条　民事法律行为可以附期限，但是根据其性质不得附期限的除外。附生效期限的民事法律行为，自期限届至时生效。附终止期限的民事法律行为，自期限届满时失效。）

第四章　合同的履行

第五百零九条　当事人应当按照约定全面履行自己的义务。

当事人应当遵循诚信原则，根据合同的性质、目的和交易习惯履行通知、协助、保密等义务。

当事人在履行合同过程中，应当避免浪费资源、污染环境和破坏生态。

第五百一十条　合同生效后，当事人就质量、价款或者报酬、履行地点等内容没有约定或者约定不明确的，可以协议补充；不能达成补充协议的，按照合同相关条款或者交易习惯确定。

第五百一十一条　当事人就有关合同内容约定不明确，依据前条规定仍不能确定的，适用下列规定：

（一）质量要求不明确的，按照强制性国家标准履行；没有强制性国家标准的，按照推荐性国家标准履行；没有推荐性国家标准的，按照行业标准履行；没有国家标准、行业标准的，按照通常标准或者符合合同目的的特定标准履行。

（二）价款或者报酬不明确的，按照订立合同时履行地的市场价格履行；依法应当执行政府定价或者政府指导价的，依照规定履行。

（三）履行地点不明确，给付货币的，在接受货币一方所在地履行；交付不动产的，在不动产所在地履行；其他标的，在履行义务一方所在地履行。

（四）履行期限不明确的，债务人可以随时履行，债权人也可以随时请求履行，但是应当给对方必要的准备时间。

（五）履行方式不明确的，按照有利于实现合同目的的方式履行。

（六）履行费用的负担不明确的，由履行义务一方负担；因债权人原因增加的履行费用，由债权人负担。

第五百一十二条　通过互联网等信息网络订立的电子合同的标的为交付商品并采用快递物流方式交付的，收货人的签收时间为交付时间。电子合同的标的为提供服务的，生成的电子凭证或者实物凭证中载明的时间为提供服务时间；前述凭证没有载明时间或者载明时间与实际提供服务时间不一致的，以实际提供服务的时间为准。

电子合同的标的物为采用在线传输方式交付的，合同标的物进入对方当事人指定的特定系统且能够检索识别的时间为交付时间。

电子合同当事人对交付商品或者提供服务的方式、时间另有约定的，按照其约定。

第五百一十三条　执行政府定价或者政府指导价的，在合同约定的交付期限内政府价格调整时，按照交付时的价格计价。逾期交付标的物的，遇价格上涨时，按照原价格执行；价格下降时，按照新价格执行。逾期提取标的物或者逾期付款的，遇价格上涨时，按照新价格执行；价格下降时，按照原价格执行。

第五百一十四条　以支付金钱为内容的债，除法律另有规定或者当事人另有约定外，债权人可以请求债务人以实际履行地的法定货币履行。

第五百一十五条　标的有多项而债务人只需履行其中一项的，债务人享有选择权；但是，法律另有规定、当事人另有约定或者另有交易习惯的除外。

享有选择权的当事人在约定期限内或者履行期限届满未作选择，经催告后在合理期限内仍未选择的，选择权转移至对方。

第五百一十六条　当事人行使选择权应当及时通知对方，通知到达对方时，标的确定。标的确定后不得变更，但是经对方同意的除外。

可选择的标的发生不能履行情形的，享有选择权的当事人不得选择不能履行的标的，但是该不能履行的情形是由对方造成的除外。

第五百一十七条　债权人为二人以上，标的可分，按照份额各自享有债权的，为按份债权；债务人为二人以上，标的可分，按照份额各自负担债务的，为按份债务。

按份债权人或者按份债务人的份额难以确定的，视为份额相同。

第五百一十八条　债权人为二人以上，部分或者全部债权人均可以请求债务人履行债务的，为连带债权；债务人为二人以上，债权人可以请求部分或者全部债务人履行全部债务的，为连带债务。

连带债权或者连带债务，由法律规定或者当事人约定。

第五百一十九条 连带债务人之间的份额难以确定的，视为份额相同。

实际承担债务超过自己份额的连带债务人，有权就超出部分在其他连带债务人未履行的份额范围内向其追偿，并相应地享有债权人的权利，但是不得损害债权人的利益。其他连带债务人对债权人的抗辩，可以向该债务人主张。

被追偿的连带债务人不能履行其应分担份额的，其他连带债务人应当在相应范围内按比例分担。

第五百二十条 部分连带债务人履行、抵销债务或者提存标的物的，其他债务人对债权人的债务在相应范围内消灭；该债务人可以依据前条规定向其他债务人追偿。

部分连带债务人的债务被债权人免除的，在该连带债务人应当承担的份额范围内，其他债务人对债权人的债务消灭。

部分连带债务人的债务与债权人的债权同归于一人的，在扣除该债务人应当承担的份额后，债权人对其他债务人的债权继续存在。

债权人对部分连带债务人的给付受领迟延的，对其他连带债务人发生效力。

第五百二十一条 连带债权人之间的份额难以确定的，视为份额相同。

实际受领债权的连带债权人，应当按比例向其他连带债权人返还。

连带债权参照适用本章连带债务的有关规定。

第五百二十二条 当事人约定由债务人向第三人履行债务，债务人未向第三人履行债务或者履行债务不符合约定的，应当向债权人承担违约责任。

法律规定或者当事人约定第三人可以直接请求债务人向其履行债务，第三人未在合理期限内明确拒绝，债务人未向第三人履行债务或者履行债务不符合约定的，第三人可以请求债务人承担违约责任；债务人对债权人的抗辩，可以向第三人主张。

第五百二十三条 当事人约定由第三人向债权人履行债务，第三人不履行债务或者履行债务不符合约定的，债务人应当向债权人承担违约责任。

第五百二十四条 债务人不履行债务，第三人对履行该债务具有合法利益的，第三人有权向债权人代为履行；但是，根据债务性质、按照当事人约定或者依照法律规定只能由债务人履行的除外。

债权人接受第三人履行后，其对债务人的债权转让给第三人，但是债务人和第三人另有约定的除外。

第五百二十五条 当事人互负债务，没有先后履行顺序的，应当同时履行。一方在对方履行之前有权拒绝其履行请求。一方在对方履行债务不符合约定时，有权拒绝其相应的履行请求。

第五百二十六条 当事人互负债务，有先后履行顺序，应当先履行债务一方未履行的，后履行一方有权拒绝其履行请求。先履行一方履行债务不符合约定的，后履行一方有权拒绝其相应的履行请求。

第五百二十七条 应当先履行债务的当事人，有确切证据证明对方有下列情形之一的，可以中止履行：

（一）经营状况严重恶化；

（二）转移财产、抽逃资金，以逃避债务；

（三）丧失商业信誉；

（四）有丧失或者可能丧失履行债务能力的其他情形。

当事人没有确切证据中止履行的，应当承担违约责任。

第五百二十八条　当事人依据前条规定中止履行的，应当及时通知对方。对方提供适当担保的，应当恢复履行。中止履行后，对方在合理期限内未恢复履行能力且未提供适当担保的，视为以自己的行为表明不履行主要债务，中止履行的一方可以解除合同并可以请求对方承担违约责任。

第五百二十九条　债权人分立、合并或者变更住所没有通知债务人，致使履行债务发生困难的，债务人可以中止履行或者将标的物提存。

第五百三十条　债权人可以拒绝债务人提前履行债务，但是提前履行不损害债权人利益的除外。

债务人提前履行债务给债权人增加的费用，由债务人负担。

第五百三十一条　债权人可以拒绝债务人部分履行债务，但是部分履行不损害债权人利益的除外。

债务人部分履行债务给债权人增加的费用，由债务人负担。

第五百三十二条　合同生效后，当事人不得因姓名、名称的变更或者法定代表人、负责人、承办人的变动而不履行合同义务。

第五百三十三条　合同成立后，合同的基础条件发生了当事人在订立合同时无法预见的、不属于商业风险的重大变化，继续履行合同对于当事人一方明显不公平的，受不利影响的当事人可以与对方重新协商；在合理期限内协商不成的，当事人可以请求人民法院或者仲裁机构变更或者解除合同。

人民法院或者仲裁机构应当结合案件的实际情况，根据公平原则变更或者解除合同。

第五百三十四条　对当事人利用合同实施危害国家利益、社会公共利益行为的，市场监督管理和其他有关行政主管部门依照法律、行政法规的规定负责监督处理。

第五章　合同的保全

第五百三十五条　因债务人怠于行使其债权或者与该债权有关的从权利，影响债权人的到期债权实现的，债权人可以向人民法院请求以自己的名义代位行使债务人对相对人的权利，但是该权利专属于债务人自身的除外。

代位权的行使范围以债权人的到期债权为限。债权人行使代位权的必要费用，由债务人负担。

相对人对债务人的抗辩，可以向债权人主张。

第五百三十六条　债权人的债权到期前，债务人的债权或者与该债权有关的从权利存在诉讼时效期间即将届满或者未及时申报破产债权等情形，影响债权人的债权实现的，债权人可以代位向债务人的相对人请求其向债务人履行、向破产管理人申报或者作出其他必要的行为。

第五百三十七条　人民法院认定代位权成立的，由债务人的相对人向债权人履行义务，债权人接受履行后，债权人与债务人、债务人与相对人之间相应的权利义务终止。债务人对相对人的债权或者与该债权有关的从权利被采取保全、执行措施，或者债务人破产的，依照相关法律的规定处理。

第五百三十八条　债务人以放弃其债权、放弃债权担保、无偿转让财产等方式无偿处分财产权益，或者恶意延长其到期债权的履行期限，影响债权人的债权实现的，债权人可以请求人民法院撤销债务人的行为。

第五百三十九条　债务人以明显不合理的低价转让财产、以明显不合理的高价受让他人财产或者为他人的债务提供担保，影响债权人的债权实现，债务人的相对人知道或者应当知道该情形的，债权人可以请求人民法院撤销债务人的行为。

第五百四十条　撤销权的行使范围以债权人的债权为限。债权人行使撤销权的必要费用，由债务人负担。

第五百四十一条　撤销权自债权人知道或者应当知道撤销事由之日起一年内行使。自债务人的行为发生之日起五年内没有行使撤销权的，该撤销权消灭。

第五百四十二条　债务人影响债权人的债权实现的行为被撤销的，自始没有法律约束力。

第六章　合同的变更和转让

第五百四十三条　当事人协商一致，可以变更合同。

第五百四十四条　当事人对合同变更的内容约定不明确的，推定为未变更。

第五百四十五条　债权人可以将债权的全部或者部分转让给第三人，但是有下列情形之一的除外：

（一）根据债权性质不得转让；

（二）按照当事人约定不得转让；

（三）依照法律规定不得转让。

当事人约定非金钱债权不得转让的，不得对抗善意第三人。当事人约定金钱债权不得转让的，不得对抗第三人。

第五百四十六条　债权人转让债权，未通知债务人的，该转让对债务人不发生效力。

债权转让的通知不得撤销，但是经受让人同意的除外。

第五百四十七条　债权人转让债权的，受让人取得与债权有关的从权利，但是该从权利专属于债权人自身的除外。

受让人取得从权利不因该从权利未办理转移登记手续或者未转移占有而受到影响。

第五百四十八条　债务人接到债权转让通知后，债务人对让与人的抗辩，可以向受让人主张。

第五百四十九条　有下列情形之一的，债务人可以向受让人主张抵销：

（一）债务人接到债权转让通知时，债务人对让与人享有债权，且债务人的债权先于转让的债权到期或者同时到期；

（二）债务人的债权与转让的债权是基于同一合同产生。

第五百五十条　因债权转让增加的履行费用，由让与人负担。

第五百五十一条　债务人将债务的全部或者部分转移给第三人的，应当经债权人同意。

债务人或者第三人可以催告债权人在合理期限内予以同意，债权人未作表示的，视为不同意。

第五百五十二条 第三人与债务人约定加入债务并通知债权人，或者第三人向债权人表示愿意加入债务，债权人未在合理期限内明确拒绝的，债权人可以请求第三人在其愿意承担的债务范围内和债务人承担连带债务。

第五百五十三条 债务人转移债务的，新债务人可以主张原债务人对债权人的抗辩；原债务人对债权人享有债权的，新债务人不得向债权人主张抵销。

第五百五十四条 债务人转移债务的，新债务人应当承担与主债务有关的从债务，但是该从债务专属于原债务人自身的除外。

第五百五十五条 当事人一方经对方同意，可以将自己在合同中的权利和义务一并转让给第三人。

第五百五十六条 合同的权利和义务一并转让的，适用债权转让、债务转移的有关规定。

第七章 合同的权利义务终止

第五百五十七条 有下列情形之一的，债权债务终止：

（一）债务已经履行；

（二）债务相互抵销；

（三）债务人依法将标的物提存；

（四）债权人免除债务；

（五）债权债务同归于一人；

（六）法律规定或者当事人约定终止的其他情形。

合同解除的，该合同的权利义务关系终止。

第五百五十八条 债权债务终止后，当事人应当遵循诚信等原则，根据交易习惯履行通知、协助、保密、旧物回收等义务。

第五百五十九条 债权债务终止时，债权的从权利同时消灭，但是法律另有规定或者当事人另有约定的除外。

第五百六十条 债务人对同一债权人负担的数项债务种类相同，债务人的给付不足以清偿全部债务的，除当事人另有约定外，由债务人在清偿时指定其履行的债务。

债务人未作指定的，应当优先履行已经到期的债务；数项债务均到期的，优先履行对债权人缺乏担保或者担保最少的债务；均无担保或者担保相等的，优先履行债务人负担较重的债务；负担相同的，按照债务到期的先后顺序履行；到期时间相同的，按照债务比例履行。

第五百六十一条 债务人在履行主债务外还应当支付利息和实现债权的有关费用，其给付不足以清偿全部债务的，除当事人另有约定外，应当按照下列顺序履行：

（一）实现债权的有关费用；

（二）利息；

（三）主债务。

第五百六十二条 当事人协商一致，可以解除合同。

当事人可以约定一方解除合同的事由。解除合同的事由发生时，解除权人可以解除合同。

第五百六十三条 有下列情形之一的，当事人可以解除合同：

（一）因不可抗力致使不能实现合同目的；

（二）在履行期限届满前，当事人一方明确表示或者以自己的行为表明不履行主要债务；

（三）当事人一方迟延履行主要债务，经催告后在合理期限内仍未履行；

（四）当事人一方迟延履行债务或者有其他违约行为致使不能实现合同目的；

（五）法律规定的其他情形。

以持续履行的债务为内容的不定期合同，当事人可以随时解除合同，但是应当在合理期限之前通知对方。

第五百六十四条 法律规定或者当事人约定解除权行使期限，期限届满当事人不行使的，该权利消灭。

法律没有规定或者当事人没有约定解除权行使期限，自解除权人知道或者应当知道解除事由之日起一年内不行使，或者经对方催告后在合理期限内不行使的，该权利消灭。

第五百六十五条 当事人一方依法主张解除合同的，应当通知对方。合同自通知到达对方时解除；通知载明债务人在一定期限内不履行债务则合同自动解除，债务人在该期限内未履行债务的，合同自通知载明的期限届满时解除。对方对解除合同有异议的，任何一方当事人均可以请求人民法院或者仲裁机构确认解除行为的效力。

当事人一方未通知对方，直接以提起诉讼或者申请仲裁的方式依法主张解除合同，人民法院或者仲裁机构确认该主张的，合同自起诉状副本或者仲裁申请书副本送达对方时解除。

第五百六十六条 合同解除后，尚未履行的，终止履行；已经履行的，根据履行情况和合同性质，当事人可以请求恢复原状或者采取其他补救措施，并有权请求赔偿损失。

合同因违约解除的，解除权人可以请求违约方承担违约责任，但是当事人另有约定的除外。

主合同解除后，担保人对债务人应当承担的民事责任仍应当承担担保责任，但是担保合同另有约定的除外。

第五百六十七条 合同的权利义务关系终止，不影响合同中结算和清理条款的效力。

第五百六十八条 当事人互负债务，该债务的标的物种类、品质相同的，任何一方可以将自己的债务与对方的到期债务抵销；但是，根据债务性质、按照当事人约定或者依照法律规定不得抵销的除外。

当事人主张抵销的，应当通知对方。通知自到达对方时生效。抵销不得附条件或者附期限。

第五百六十九条 当事人互负债务，标的物种类、品质不相同的，经协商一致，也可以抵销。

第五百七十条 有下列情形之一，难以履行债务的，债务人可以将标的物提存：

（一）债权人无正当理由拒绝受领；

（二）债权人下落不明；

（三）债权人死亡未确定继承人、遗产管理人，或者丧失民事行为能力未确定监护人；

（四）法律规定的其他情形。

标的物不适于提存或者提存费用过高的，债务人依法可以拍卖或者变卖标的物，提存所得的价款。

第五百七十一条 债务人将标的物或者将标的物依法拍卖、变卖所得价款交付提存部门时，提存成立。

提存成立的，视为债务人在其提存范围内已经交付标的物。

第五百七十二条 标的物提存后，债务人应当及时通知债权人或者债权人的继承人、遗产管理人、监护人、财产代管人。

第五百七十三条 标的物提存后，毁损、灭失的风险由债权人承担。提存期间，标的物的孳息归债权人所有。提存费用由债权人负担。

第五百七十四条 债权人可以随时领取提存物。但是，债权人对债务人负有到期债务的，在债权人未履行债务或者提供担保之前，提存部门根据债务人的要求应当拒绝其领取提存物。

债权人领取提存物的权利，自提存之日起五年内不行使而消灭，提存物扣除提存费用后归国家所有。但是，债权人未履行对债务人的到期债务，或者债权人向提存部门书面表示放弃领取提存物权利的，债务人负担提存费用后有权取回提存物。

第五百七十五条 债权人免除债务人部分或者全部债务的，债权债务部分或者全部终止，但是债务人在合理期限内拒绝的除外。

第五百七十六条 债权和债务同归于一人的，债权债务终止，但是损害第三人利益的除外。

第八章 违 约 责 任

第五百七十七条 当事人一方不履行合同义务或者履行合同义务不符合约定的，应当承担继续履行、采取补救措施或者赔偿损失等违约责任。

第五百七十八条 当事人一方明确表示或者以自己的行为表明不履行合同义务的，对方可以在履行期限届满前请求其承担违约责任。

第五百七十九条 当事人一方未支付价款、报酬、租金、利息，或者不履行其他金钱债务的，对方可以请求其支付。

第五百八十条 当事人一方不履行非金钱债务或者履行非金钱债务不符合约定的，对方可以请求履行，但是有下列情形之一的除外：

（一）法律上或者事实上不能履行；

（二）债务的标的不适于强制履行或者履行费用过高；

（三）债权人在合理期限内未请求履行。

有前款规定的除外情形之一，致使不能实现合同目的的，人民法院或者仲裁机构可以根据当事人的请求终止合同权利义务关系，但是不影响违约责任的承担。

第五百八十一条 当事人一方不履行债务或者履行债务不符合约定，根据债务的性质不得强制履行的，对方可以请求其负担由第三人替代履行的费用。

第五百八十二条 履行不符合约定的，应当按照当事人的约定承担违约责任。对违约责任没有约定或者约定不明确，依据本法第五百一十条的规定仍不能确定的，受损害方根据标的的性质以及损失的大小，可以合理选择请求对方承担修理、重作、更换、退货、减少价款或者报酬等违约责任。

第五百八十三条　当事人一方不履行合同义务或者履行合同义务不符合约定的，在履行义务或者采取补救措施后，对方还有其他损失的，应当赔偿损失。

第五百八十四条　当事人一方不履行合同义务或者履行合同义务不符合约定，造成对方损失的，损失赔偿额应当相当于因违约所造成的损失，包括合同履行后可以获得的利益；但是，不得超过违约一方订立合同时预见到或者应当预见到的因违约可能造成的损失。

第五百八十五条　当事人可以约定一方违约时应当根据违约情况向对方支付一定数额的违约金，也可以约定因违约产生的损失赔偿额的计算方法。

约定的违约金低于造成的损失的，人民法院或者仲裁机构可以根据当事人的请求予以增加；约定的违约金过分高于造成的损失的，人民法院或者仲裁机构可以根据当事人的请求予以适当减少。

当事人就迟延履行约定违约金的，违约方支付违约金后，还应当履行债务。

第五百八十六条　当事人可以约定一方向对方给付定金作为债权的担保。定金合同自实际交付定金时成立。

定金的数额由当事人约定；但是，不得超过主合同标的额的百分之二十，超过部分不产生定金的效力。实际交付的定金数额多于或者少于约定数额的，视为变更约定的定金数额。

第五百八十七条　债务人履行债务的，定金应当抵作价款或者收回。给付定金的一方不履行债务或者履行债务不符合约定，致使不能实现合同目的的，无权请求返还定金；收受定金的一方不履行债务或者履行债务不符合约定，致使不能实现合同目的的，应当双倍返还定金。

第五百八十八条　当事人既约定违约金，又约定定金的，一方违约时，对方可以选择适用违约金或者定金条款。

定金不足以弥补一方违约造成的损失的，对方可以请求赔偿超过定金数额的损失。

第五百八十九条　债务人按照约定履行债务，债权人无正当理由拒绝受领的，债务人可以请求债权人赔偿增加的费用。

在债权人受领迟延期间，债务人无须支付利息。

第五百九十条　当事人一方因不可抗力不能履行合同的，根据不可抗力的影响，部分或者全部免除责任，但是法律另有规定的除外。因不可抗力不能履行合同的，应当及时通知对方，以减轻可能给对方造成的损失，并应当在合理期限内提供证明。

当事人迟延履行后发生不可抗力的，不免除其违约责任。

第五百九十一条　当事人一方违约后，对方应当采取适当措施防止损失的扩大；没有采取适当措施致使损失扩大的，不得就扩大的损失请求赔偿。

当事人因防止损失扩大而支出的合理费用，由违约方负担。

第五百九十二条　当事人都违反合同的，应当各自承担相应的责任。

当事人一方违约造成对方损失，对方对损失的发生有过错的，可以减少相应的损失赔偿额。

第五百九十三条　当事人一方因第三人的原因造成违约的，应当依法向对方承担违约责任。当事人一方和第三人之间的纠纷，依照法律规定或者按照约定处理。

第五百九十四条 因国际货物买卖合同和技术进出口合同争议提起诉讼或者申请仲裁的时效期间为四年。

第二分编 典 型 合 同

......

第十八章 建 设 工 程 合 同

第七百八十八条 建设工程合同是承包人进行工程建设，发包人支付价款的合同。

建设工程合同包括工程勘察、设计、施工合同。

第七百八十九条 建设工程合同应当采用书面形式。

第七百九十条 建设工程的招标投标活动，应当依照有关法律的规定公开、公平、公正进行。

第七百九十一条 发包人可以与总承包人订立建设工程合同，也可以分别与勘察人、设计人、施工人订立勘察、设计、施工承包合同。发包人不得将应当由一个承包人完成的建设工程支解成若干部分发包给数个承包人。

总承包人或者勘察、设计、施工承包人经发包人同意，可以将自己承包的部分工作交由第三人完成。第三人就其完成的工作成果与总承包人或者勘察、设计、施工承包人向发包人承担连带责任。承包人不得将其承包的全部建设工程转包给第三人或者将其承包的全部建设工程支解以后以分包的名义分别转包给第三人。

禁止承包人将工程分包给不具备相应资质条件的单位。禁止分包单位将其承包的工程再分包。建设工程主体结构的施工必须由承包人自行完成。

第七百九十二条 国家重大建设工程合同，应当按照国家规定的程序和国家批准的投资计划、可行性研究报告等文件订立。

第七百九十三条 建设工程施工合同无效，但是建设工程经验收合格的，可以参照合同关于工程价款的约定折价补偿承包人。

建设工程施工合同无效，且建设工程经验收不合格的，按照以下情形处理：

（一）修复后的建设工程经验收合格的，发包人可以请求承包人承担修复费用；

（二）修复后的建设工程经验收不合格的，承包人无权请求参照合同关于工程价款的约定折价补偿。

发包人对因建设工程不合格造成的损失有过错的，应当承担相应的责任。

第七百九十四条 勘察、设计合同的内容一般包括提交有关基础资料和概预算等文件的期限、质量要求、费用以及其他协作条件等条款。

第七百九十五条 施工合同的内容一般包括工程范围、建设工期、中间交工工程的开工和竣工时间、工程质量、工程造价、技术资料交付时间、材料和设备供应责任、拨款和结算、竣工验收、质量保修范围和质量保证期、相互协作等条款。

第七百九十六条 建设工程实行监理的，发包人应当与监理人采用书面形式订立委托监理合同。发包人与监理人的权利和义务以及法律责任，应当依照本编委托合同以及其他有关法律、行政法规的规定。

第七百九十七条 发包人在不妨碍承包人正常作业的情况下，可以随时对作业进度、质量进行检查。

第七百九十八条 隐蔽工程在隐蔽以前，承包人应当通知发包人检查。发包人没有及时检查的，承包人可以顺延工程日期，并有权请求赔偿停工、窝工等损失。

第七百九十九条 建设工程竣工后，发包人应当根据施工图纸及说明书、国家颁发的施工验收规范和质量检验标准及时进行验收。验收合格的，发包人应当按照约定支付价款，并接收该建设工程。

建设工程竣工经验收合格后，方可交付使用；未经验收或者验收不合格的，不得交付使用。

第八百条 勘察、设计的质量不符合要求或者未按照期限提交勘察、设计文件拖延工期，造成发包人损失的，勘察人、设计人应当继续完善勘察、设计，减收或者免收勘察、设计费并赔偿损失。

第八百零一条 因施工人的原因致使建设工程质量不符合约定的，发包人有权请求施工人在合理期限内无偿修理或者返工、改建。经过修理或者返工、改建后，造成逾期交付的，施工人应当承担违约责任。

第八百零二条 因承包人的原因致使建设工程在合理使用期限内造成人身损害和财产损失的，承包人应当承担赔偿责任。

第八百零三条 发包人未按照约定的时间和要求提供原材料、设备、场地、资金、技术资料的，承包人可以顺延工程日期，并有权请求赔偿停工、窝工等损失。

第八百零四条 因发包人的原因致使工程中途停建、缓建的，发包人应当采取措施弥补或者减少损失，赔偿承包人因此造成的停工、窝工、倒运、机械设备调迁、材料和构件积压等损失和实际费用。

第八百零五条 因发包人变更计划，提供的资料不准确，或者未按照期限提供必需的勘察、设计工作条件而造成勘察、设计的返工、停工或者修改设计，发包人应当按照勘察人、设计人实际消耗的工作量增付费用。

第八百零六条 承包人将建设工程转包、违法分包的，发包人可以解除合同。

发包人提供的主要建筑材料、建筑构配件和设备不符合强制性标准或者不履行协助义务，致使承包人无法施工，经催告后在合理期限内仍未履行相应义务的，承包人可以解除合同。

合同解除后，已经完成的建设工程质量合格的，发包人应当按照约定支付相应的工程价款；已经完成的建设工程质量不合格的，参照本法第七百九十三条的规定处理。

第八百零七条 发包人未按照约定支付价款的，承包人可以催告发包人在合理期限内支付价款。发包人逾期不支付的，除根据建设工程的性质不宜折价、拍卖外，承包人可以与发包人协议将该工程折价，也可以请求人民法院将该工程依法拍卖。建设工程的价款就该工程折价或者拍卖的价款优先受偿。

第八百零八条 本章没有规定的，适用承揽合同的有关规定。

······

附　则

第一千二百六十条 本法自 2021 年 1 月 1 日起施行。《中华人民共和国婚姻法》、《中华人民共和国继承法》、《中华人民共和国民法通则》、《中华人民共和国收养法》、《中华人民共和国担保法》、《中华人民共和国合同法》、《中华人民共和国物权法》、《中华人民共和国侵权责任法》、《中华人民共和国民法总则》同时废止。

例 27-15 （2005）《民法典》规定的建设工程合同，是指以下哪几类合同？

Ⅰ. 勘察合同；Ⅱ. 设计合同；Ⅲ. 施工合同；Ⅳ. 监理合同；Ⅴ. 采购合同

A Ⅰ、Ⅱ、Ⅲ　　B Ⅱ、Ⅲ、Ⅳ　　C Ⅲ、Ⅳ、Ⅴ　　D Ⅱ、Ⅲ、Ⅴ

解析：《民法典》第七百八十八条规定："建设工程合同是承包人进行工程建设，发包人支付价款的合同。建设工程合同包括工程勘察、设计、施工合同"。监理合同是咨询服务合同，采购合同是与物资厂家签订的买卖合同，均不属于建筑工程合同。

答案： A

例 27-16　《中华人民共和国合同法》规定，建筑工程合同只能用书面形式，书面形式合同书在履行下列哪项手续后有效？

A　盖章或签字有效　　　　　B　盖章和签字有效

C　只有签字有效　　　　　　D　只有盖章有效

解析：见《民法典》第四百九十条：当事人采用合同书形式订立合同的，自双方当事人签字或者盖章时合同成立。

答案： A

十一、城乡规划法

中国历史上第一部《中华人民共和国城乡规划法》自 2008 年 1 月 1 日施行，它标志着中国将从 2008 年元旦起彻底改变城乡二元结构的规划制度，进入城乡一体化的规划管理时代。该法中所称城乡规划，包括城镇体系规划、城市规划、镇规划、乡规划和村庄规划。1989 年 12 月 26 日颁布的《中华人民共和国城市规划法》和 1993 年 6 月 29 日发布的《村庄和集镇规划建设管理条例》同时废止。

2008 年版《中华人民共和国城乡规划法》摘录如下（2019 年全国人大对第三十八条第二款做了修改）：

第一章　总　　则

第二条　制定和实施城乡规划，在规划区内进行建设活动，必须遵守本法。

本法所称城乡规划，包括城镇体系规划、城市规划、镇规划、乡规划和村庄规划。城市规划、镇规划分为总体规划和详细规划。详细规划分为控制性详细规划和修建性详细规划。

本法所称规划区，是指城市、镇和村庄的建成区以及因城乡建设和发展需要，必须实行规划控制的区域。规划区的具体范围由有关人民政府在组织编制的城市总体规划、镇总体规划、乡规划和村庄规划中，根据城乡经济社会发展水平和统筹城乡发展的需要划定。

第七条　经依法批准的城乡规划，是城乡建设和规划管理的依据，未经法定程序不得修改。

第十一条　国务院城乡规划主管部门负责全国的城乡规划管理工作。

县级以上地方人民政府城乡规划主管部门负责本行政区域内的城乡规划管理工作。

第二章　城乡规划的制定

第十二条　国务院城乡规划主管部门会同国务院有关部门组织编制全国城镇体系规划，用于指导省域城镇体系规划、城市总体规划的编制。

全国城镇体系规划由国务院城乡规划主管部门报国务院审批。

第十三条　省、自治区人民政府组织编制省域城镇体系规划，报国务院审批。

省域城镇体系规划的内容应当包括：城镇空间布局和规模控制，重大基础设施的布局，为保护生态环境、资源等需要严格控制的区域。

第十四条　城市人民政府组织编制城市总体规划。

直辖市的城市总体规划由直辖市人民政府报国务院审批。省、自治区人民政府所在地的城市以及国务院确定的城市的总体规划，由省、自治区人民政府审查同意后，报国务院审批。其他城市的总体规划，由城市人民政府报省、自治区人民政府审批。

第十五条　县人民政府组织编制县人民政府所在地镇的总体规划，报上一级人民政府审批。其他镇的总体规划由镇人民政府组织编制，报上一级人民政府审批。

第十六条　省、自治区人民政府组织编制的省域城镇体系规划，城市、县人民政府组织编制的总体规划，在报上一级人民政府审批前，应当先经本级人民代表大会常务委员会审议，常务委员会组成人员的审议意见交由本级人民政府研究处理。

镇人民政府组织编制的镇总体规划，在报上一级人民政府审批前，应当先经镇人民代表大会审议，代表的审议意见交由本级人民政府研究处理。

第十七条　城市总体规划、镇总体规划的内容应当包括：城市、镇的发展布局，功能分区，用地布局，综合交通体系，禁止、限制和适宜建设的地域范围，各类专项规划等。

规划区范围、规划区内建设用地规模、基础设施和公共服务设施用地、水源地和水系、基本农田和绿化用地、环境保护、自然与历史文化遗产保护以及防灾减灾等内容，应当作为城市总体规划、镇总体规划的强制性内容。

城市总体规划、镇总体规划的规划期限一般为20年。城市总体规划还应当对城市更长远的发展作出预测性安排。

第十八条　乡规划、村庄规划应当从农村实际出发，尊重村民意愿，体现地方和农村特色。

乡规划、村庄规划的内容应当包括：规划区范围，住宅、道路、供水、排水、供电、垃圾收集、畜禽养殖场所等农村生产、生活服务设施、公益事业等各项建设的用地布局、建设要求，以及对耕地等自然资源和历史文化遗产保护、防灾减灾等的具体安排。乡规划还应当包括本行政区域内的村庄发展布局。

第十九条　城市人民政府城乡规划主管部门根据城市总体规划的要求，组织编制城市的控制性详细规划，经本级人民政府批准后，报本级人民代表大会常务委员会和上一级人民政府备案。

第二十条　镇人民政府根据镇总体规划的要求，组织编制镇的控制性详细规划，报上一级人民政府审批。县人民政府所在地镇的控制性详细规划，由县人民政府城乡规划主管部门根据镇总体规划的要求组织编制，经县人民政府批准后，报本级人民代表大会常务委员会和上一级人民政府备案。

第二十一条　城市、县人民政府城乡规划主管部门和镇人民政府可以组织编制重要地块的修建性详细规划。修建性详细规划应当符合控制性详细规划。

第二十二条　乡、镇人民政府组织编制乡规划、村庄规划，报上一级人民政府审批。村庄规划在报送审批前，应当经村民会议或者村民代表会议讨论同意。

第二十四条　城乡规划组织编制机关应当委托具有相应资质等级的单位承担城乡规划的具体编制工作。

从事城乡规划编制工作应当具备下列条件，并经国务院城乡规划主管部门或者省、自治区、直辖市人民政府城乡规划主管部门依法审查合格，取得相应等级的资质证书后，方可在资质等级许可的范围内从事城乡规划编制工作：

（一）有法人资格；

（二）有规定数量的经国务院城乡规划主管部门注册的规划师；

（三）有规定数量的相关专业技术人员；

（四）有相应的技术装备；

（五）有健全的技术、质量、财务管理制度。

第二十五条　编制城乡规划，应当具备国家规定的勘察、测绘、气象、地震、水文、环境等基础资料。

第三章　城乡规划的实施

第三十六条　按照国家规定需要有关部门批准或者核准的建设项目，以划拨方式提供国有土地使用权的，建设单位在报送有关部门批准或者核准前，应当向城乡规划主管部门申请核发选址意见书。

前款规定以外的建设项目不需要申请选址意见书。

第三十七条　在城市、镇规划区内以划拨方式提供国有土地使用权的建设项目，经有关部门批准、核准、备案后，建设单位应当向城市、县人民政府城乡规划主管部门提出建设用地规划许可申请，由城市、县人民政府城乡规划主管部门依据控制性详细规划核定建设用地的位置、面积、允许建设的范围，核发建设用地规划许可证。

建设单位在取得建设用地规划许可证后，方可向县级以上地方人民政府土地主管部门申请用地，经县级以上人民政府审批后，由土地主管部门划拨土地。

第三十八条　在城市、镇规划区内以出让方式提供国有土地使用权的，在国有土地使用权出让前，城市、县人民政府城乡规划主管部门应当依据控制性详细规划，提出出让地块的位置、使用性质、开发强度等规划条件，作为国有土地使用权出让合同的组成部分。未确定规划条件的地块，不得出让国有土地使用权。

以出让方式取得国有土地使用权的建设项目，在签订国有土地使用权出让合同后，建设单位在取得建设项目的批准、核准、备案文件和签订国有土地使用权出让合同后，向城市、县人民政府城乡规划主管部门领取建设用地规划许可证。

城市、县人民政府城乡规划主管部门不得在建设用地规划许可证中，擅自改变作为国有土地使用权出让合同组成部分的规划条件。①

---

① 编者注：原条文要求建设单位持有的文件今后可通过政府内部信息共享、不需要当事人提供，是为了简化手续而做的修改。

第三十九条　规划条件未纳入国有土地使用权出让合同的，该国有土地使用权出让合同无效；对未取得建设用地规划许可证的建设单位批准用地的，由县级以上人民政府撤销有关批准文件；占用土地的，应当及时退回；给当事人造成损失的，应当依法给予赔偿。

第四十条　在城市、镇规划区内进行建筑物、构筑物、道路、管线和其他工程建设的，建设单位或者个人应当向城市、县人民政府城乡规划主管部门或者省、自治区、直辖市人民政府确定的镇人民政府申请办理建设工程规划许可证。

申请办理建设工程规划许可证，应当提交使用土地的有关证明文件、建设工程设计方案等材料。需要建设单位编制修建性详细规划的建设项目，还应当提交修建性详细规划。对符合控制性详细规划和规划条件的，由城市、县人民政府城乡规划主管部门或者省、自治区、直辖市人民政府确定的镇人民政府核发建设工程规划许可证。

第四十一条　在乡、村庄规划区内进行乡镇企业、乡村公共设施和公益事业建设的，建设单位或者个人应当向乡、镇人民政府提出申请，由乡、镇人民政府报城市、县人民政府城乡规划主管部门核发乡村建设规划许可证。

在乡、村庄规划区内使用原有宅基地进行农村村民住宅建设的规划管理办法，由省、自治区、直辖市制定。

在乡、村庄规划区内进行乡镇企业、乡村公共设施和公益事业建设以及农村村民住宅建设，不得占用农用地；确需占用农用地的，应当依照《中华人民共和国土地管理法》有关规定办理农用地转用审批手续后，由城市、县人民政府城乡规划主管部门核发乡村建设规划许可证。

建设单位或者个人在取得乡村建设规划许可证后，方可办理用地审批手续。

第四十三条　建设单位应当按照规划条件进行建设；确需变更的，必须向城市、县人民政府城乡规划主管部门提出申请。变更内容不符合控制性详细规划的，城乡规划主管部门不得批准。城市、县人民政府城乡规划主管部门应当及时将依法变更后的规划条件通报同级土地主管部门并公示。

建设单位应当及时将依法变更后的规划条件报有关人民政府土地主管部门备案。

第四十四条　在城市、镇规划区内进行临时建设的，应当经城市、县人民政府城乡规划主管部门批准。临时建设影响近期建设规划或者控制性详细规划的实施以及交通、市容、安全等的，不得批准。

临时建设应当在批准的使用期限内自行拆除。

第四十五条　县级以上地方人民政府城乡规划主管部门按照国务院规定对建设工程是否符合规划条件予以核实。未经核实或者经核实不符合规划条件的，建设单位不得组织竣工验收。

建设单位应当在竣工验收后6个月内向城乡规划主管部门报送有关竣工验收资料。

第四章　城乡规划的修改

第四十六条　省域城镇体系规划、城市总体规划、镇总体规划的组织编制机关，应当组织有关部门和专家定期对规划实施情况进行评估，并采取论证会、听证会或者其他方式征求公众意见。组织编制机关应当向本级人民代表大会常务委员会、镇人民代表大会和原审批机关提出评估报告并附具征求意见的情况。

第四十七条 有下列情形之一的，组织编制机关方可按照规定的权限和程序修改省域城镇体系规划、城市总体规划、镇总体规划：

（一）上级人民政府制定的城乡规划发生变更，提出修改规划要求的；

（二）行政区划调整确需修改规划的；

（三）因国务院批准重大建设工程确需修改规划的；

（四）经评估确需修改规划的；

（五）城乡规划的审批机关认为应当修改规划的其他情形。

修改省域城镇体系规划、城市总体规划、镇总体规划前，组织编制机关应当对原规划的实施情况进行总结，并向原审批机关报告；修改涉及城市总体规划、镇总体规划强制性内容的，应当先向原审批机关提出专题报告，经同意后，方可编制修改方案。

修改后的省域城镇体系规划、城市总体规划、镇总体规划，应当依照本法第十三条、第十四条、第十五条和第十六条规定的审批程序报批。

第四十八条 修改控制性详细规划的，组织编制机关应当对修改的必要性进行论证，征求规划地段内利害关系人的意见，并向原审批机关提出专题报告，经原审批机关同意后，方可编制修改方案。修改后的控制性详细规划，应当依照本法第十九条、第二十条规定的审批程序报批。控制性详细规划修改涉及城市总体规划、镇总体规划的强制性内容的，应当先修改总体规划。

修改乡规划、村庄规划的，应当依照本法第二十二条规定的审批程序报批。

第四十九条 城市、县、镇人民政府修改近期建设规划的，应当将修改后的近期建设规划报总体规划审批机关备案。

第五十条 在选址意见书、建设用地规划许可证、建设工程规划许可证或者乡村建设规划许可证发放后，因依法修改城乡规划给被许可人合法权益造成损失的，应当依法给予补偿。

经依法审定的修建性详细规划、建设工程设计方案的总平面图不得随意修改；确需修改的，城乡规划主管部门应当采取听证会等形式，听取利害关系人的意见；因修改给利害关系人合法权益造成损失的，应当依法给予补偿。

第五章 监 督 检 查
第六章 法 律 责 任

第六十七条 建设单位未在建设工程竣工验收后6个月内向城乡规划主管部门报送有关竣工验收资料的，由所在地城市、县人民政府城乡规划主管部门责令限期补报；逾期不补报的，处1万元以上5万元以下的罚款。

第六十八条 城乡规划主管部门作出责令停止建设或者限期拆除的决定后，当事人不停止建设或者逾期不拆除的，建设工程所在地县级以上地方人民政府可以责成有关部门采取查封施工现场、强制拆除等措施。

第七章 附 则

第七十条 本法自2008年1月1日起施行。《中华人民共和国城市规划法》同时废止。

例 27-17 （2008）未编制分区规划的城市详细规划应由下列哪个机构负责审批？

A 市人民政府   B 城市规划行政主管部门

C 区人民政府   D 城市建设行政主管部门

解析：《规划法》第十九条规定，城市人民政府城乡规划主管部门根据城市总体规划的要求，组织编制城市的控制性详细规划，经本级人民政府批准后，报本级人民代表大会常务委员会和上一级人民政府备案。

答案：A

例 27-18 （2021）根据《城乡规划法》制定近期建设规划的依据，不包括：

A 土地利用总体规划   B 城市总体规划

C 乡总体规划   D 镇总体规划

解析：城市、县、镇人民政府应当根据城市总体规划、镇总体规划、土地利用总体规划和年度计划以及国民经济和社会发展规划，制定近期建设规划。

答案：C

十二、环境保护法

(一)《中华人民共和国环境保护法》

《中华人民共和国环境保护法》（后简称《环境保护法》）自 1989 年 12 月 26 日起实施；2014 年 4 月 24 日人大常委会第八次会议通过修订，自 2015 年 1 月 1 日起实施。

2015 年版《环境保护法》摘录如下：

第一章 总 则

第四条 保护环境是国家的基本国策。国家采取有利于节约和循环利用资源、保护和改善环境、促进人与自然和谐的经济、技术政策和措施，使经济社会发展与环境保护相协调。

第五条 环境保护坚持保护优先、预防为主、综合治理、公众参与、损害担责的原则。

第二章 监 督 管 理

第十七条 国家建立、健全环境监测制度。国务院环境保护主管部门制定监测规范，会同有关部门组织监测网络，统一规划国家环境质量监测站（点）的设置，建立监测数据共享机制，加强对环境监测的管理。

第十九条 编制有关开发利用规划，建设对环境有影响的项目，应当依法进行环境影响评价。

未依法进行环境影响评价的开发利用规划，不得组织实施；未依法进行环境影响评价的建设项目，不得开工建设。

第二十条 国家建立跨行政区域的重点区域、流域环境污染和生态破坏联合防治协调机制，实行统一规划、统一标准、统一监测、统一的防治措施。

第二十四条 县级以上人民政府环境保护主管部门及其委托的环境监察机构和其他负

有环境保护监督管理职责的部门，有权对排放污染物的企业事业单位和其他生产经营者进行现场检查。被检查者应当如实反映情况，提供必要的资料。实施现场检查的部门、机构及其工作人员应当为被检查者保守商业秘密。

第二十五条　企业事业单位和其他生产经营者违反法律法规规定排放污染物，造成或者可能造成严重污染的，县级以上人民政府环境保护主管部门和其他负有环境保护监督管理职责的部门，可以查封、扣押造成污染物排放的设施、设备。

第二十六条　国家实行环境保护目标责任制和考核评价制度。县级以上人民政府应当将环境保护目标完成情况纳入对本级人民政府负有环境保护监督管理职责的部门及其负责人和下级人民政府及其负责人的考核内容，作为对其考核评价的重要依据。考核结果应当向社会公开。

第三章　保护和改善环境

第三十二条　国家加强对大气、水、土壤等的保护，建立和完善相应的调查、监测、评估和修复制度。

第三十三条　各级人民政府应当加强对农业环境的保护，促进农业环境保护新技术的使用，加强对农业污染源的监测预警，统筹有关部门采取措施，防治土壤污染和土地沙化、盐渍化、贫瘠化、石漠化、地面沉降以及防治植被破坏、水土流失、水体富营养化、水源枯竭、种源灭绝等生态失调现象，推广植物病虫害的综合防治。

第三十六条　国家鼓励和引导公民、法人和其他组织使用有利于保护环境的产品和再生产品，减少废弃物的产生。

国家机关和使用财政资金的其他组织应当优先采购和使用节能、节水、节材等有利于保护环境的产品、设备和设施。

第三十七条　地方各级人民政府应当采取措施，组织对生活废弃物的分类处置、回收利用。

第四章　防治污染和其他公害

第四十条　国家促进清洁生产和资源循环利用。

第四十一条　建设项目中防治污染的设施，应当与主体工程同时设计、同时施工、同时投产使用。防治污染的设施应当符合经批准的环境影响评价文件的要求，不得擅自拆除或者闲置。

第四十三条　排放污染物的企业事业单位和其他生产经营者，应当按照国家有关规定缴纳排污费。排污费应当全部专项用于环境污染防治，任何单位和个人不得截留、挤占或者挪作他用。

第四十四条　国家实行重点污染物排放总量控制制度。重点污染物排放总量控制指标由国务院下达，省、自治区、直辖市人民政府分解落实。企业事业单位在执行国家和地方污染物排放标准的同时，应当遵守分解落实到本单位的重点污染物排放总量控制指标。

第四十五条　国家依照法律规定实行排污许可管理制度。实行排污许可管理的企业事业单位和其他生产经营者应当按照排污许可证的要求排放污染物；未取得排污许可证的，不得排放污染物。

第四十八条　生产、储存、运输、销售、使用、处置化学物品和含有放射性物质的物品，应当遵守国家有关规定，防止污染环境。

第六章 法 律 责 任

第五十九条 企业事业单位和其他生产经营者违法排放污染物，受到罚款处罚，被责令改正，拒不改正的，依法作出处罚决定的行政机关可以自责令改正之日的次日起，按照原处罚数额按日连续处罚。

第六十一条 建设单位未依法提交建设项目环境影响评价文件或者环境影响评价文件未经批准，擅自开工建设的，由负有环境保护监督管理职责的部门责令停止建设，处以罚款，并可以责令恢复原状。

第六十三条 企业事业单位和其他生产经营者有下列行为之一，尚不构成犯罪的，除依照有关法律法规规定予以处罚外，由县级以上人民政府环境保护主管部门或者其他有关部门将案件移送公安机关，对其直接负责的主管人员和其他直接责任人员，处十日以上十五日以下拘留；情节较轻的，处五日以上十日以下拘留：

（一）建设项目未依法进行环境影响评价，被责令停止建设，拒不执行的；

（二）违反法律规定，未取得排污许可证排放污染物，被责令停止排污，拒不执行的；

（三）通过暗管、渗井、渗坑、灌注或者篡改、伪造监测数据，或者不正常运行防治污染设施等逃避监管的方式违法排放污染物的；

（四）生产、使用国家明令禁止生产、使用的农药，被责令改正，拒不改正的。

第六十八条 地方各级人民政府、县级以上人民政府环境保护主管部门和其他负有环境保护监督管理职责的部门有下列行为之一的，对直接负责的主管人员和其他直接责任人员给予记过、记大过或者降级处分；造成严重后果的，给予撤职或者开除处分，其主要负责人应当引咎辞职：

（一）不符合行政许可条件准予行政许可的；

（二）对环境违法行为进行包庇的；

（三）依法应当作出责令停业、关闭的决定而未作出的；

（四）对超标排放污染物、采用逃避监管的方式排放污染物、造成环境事故以及不落实生态保护措施造成生态破坏等行为，发现或者接到举报未及时查处的；

（五）违反本法规定，查封、扣押企业事业单位和其他生产经营者的设施、设备的；

（六）篡改、伪造或者指使篡改、伪造监测数据的；

（七）应当依法公开环境信息而未公开的；

（八）将征收的排污费截留、挤占或者挪作他用的；

（九）法律法规规定的其他违法行为。

（二）《中华人民共和国环境影响评价法》

《中华人民共和国环境影响评价法》（后简称《环境影响评价法》）自 2003 年 9 月 1 日起施行。2016 年 7 月 2 日第十二届全国人民代表大会常务委员会第二十一次会议重新修订。自 2016 年 9 月 1 日施行。2018 年 12 月 29 日，第二十四号主席令发布，《全国人民代表大会常务委员会关于修改〈中华人民共和国劳动法〉等七部法律的决定》由全国人大常委会第七次会议通过。其中对《中华人民共和国环境影响评价法》作出修改，环境影响评价资质正式取消。

2018 年版《环境影响评价法》摘录如下：

第二章　规划的环境影响评价

第七条　国务院有关部门、设区的市级以上地方人民政府及其有关部门，对其组织编制的土地利用的有关规划，区域、流域、海域的建设、开发利用规划，应当在规划编制过程中组织进行环境影响评价，编写该规划有关环境影响的篇章或者说明。

规划有关环境影响的篇章或者说明，应当对规划实施后可能造成的环境影响作出分析、预测和评估，提出预防或者减轻不良环境影响的对策和措施，作为规划草案的组成部分一并报送规划审批机关。

未编写有关环境影响的篇章或者说明的规划草案，审批机关不予审批。

第八条　国务院有关部门、设区的市级以上地方人民政府及其有关部门，对其组织编制的工业、农业、畜牧业、林业、能源、水利、交通、城市建设、旅游、自然资源开发的有关专项规划（以下简称专项规划），应当在该专项规划草案上报审批前，组织进行环境影响评价，并向审批该专项规划的机关提出环境影响报告书。

前款所列专项规划中的指导性规划，按照本法第七条的规定进行环境影响评价。

第九条　依照本法第七条、第八条的规定进行环境影响评价的规划的具体范围，由国务院环境保护行政主管部门会同国务院有关部门规定，报国务院批准。

第十条　专项规划的环境影响报告书应当包括下列内容：

（一）实施该规划对环境可能造成影响的分析、预测和评估；

（二）预防或者减轻不良环境影响的对策和措施；

（三）环境影响评价的结论。

第十一条　专项规划的编制机关对可能造成不良环境影响并直接涉及公众环境权益的规划，应当在该规划草案报送审批前，举行论证会、听证会，或者采取其他形式，征求有关单位、专家和公众对环境影响报告书草案的意见。但是，国家规定需要保密的情形除外。

编制机关应当认真考虑有关单位、专家和公众对环境影响报告书草案的意见，并应当在报送审查的环境影响报告书中附具对意见采纳或者不采纳的说明。

第十二条　专项规划的编制机关在报批规划草案时，应当将环境影响报告书一并附送审批机关审查；未附送环境影响报告书的，审批机关不予审批。

第十三条　设区的市级以上人民政府在审批专项规划草案，作出决策前，应当先由人民政府指定的环境保护行政主管部门或者其他部门召集有关部门代表和专家组成审查小组，对环境影响报告书进行审查。审查小组应当提出书面审查意见。

参加前款规定的审查小组的专家，应当从按照国务院环境保护行政主管部门的规定设立的专家库内的相关专业的专家名单中，以随机抽取的方式确定。

由省级以上人民政府有关部门负责审批的专项规划，其环境影响报告书的审查办法，由国务院环境保护行政主管部门会同国务院有关部门制定。

第十四条　审查小组提出修改意见的，专项规划的编制机关应当根据环境影响报告书结论和审查意见对规划草案进行修改完善，并对环境影响报告书结论和审查意见的采纳情况作出说明；不采纳的，应当说明理由。设区的市级以上人民政府或者省级以上人民政府有关部门在审批专项规划草案时，应当将环境影响报告书结论以及审查意见作为决策的重要依据。

在审批中未采纳环境影响报告书结论以及审查意见的，应当作出说明，并存档备查。

第十五条 对环境有重大影响的规划实施后，编制机关应当及时组织环境影响的跟踪评价，并将评价结果报告审批机关；发现有明显不良环境影响的，应当及时提出改进措施。

第三章 建设项目的环境影响评价

第十六条 国家根据建设项目对环境的影响程度，对建设项目的环境影响评价实行分类管理。建设单位应当按照下列规定组织编制环境影响报告书、环境影响报告表或者填报环境影响登记表（以下统称环境影响评价文件）：

（一）可能造成重大环境影响的，应当编制环境影响报告书，对产生的环境影响进行全面评价；

（二）可能造成轻度环境影响的，应当编制环境影响报告表，对产生的环境影响进行分析或者专项评价；

（三）对环境影响很小、不需要进行环境影响评价的，应当填报环境影响登记表。

建设项目的环境影响评价分类管理名录，由国务院环境保护行政主管部门制定并公布。

第十七条 建设项目的环境影响报告书应当包括下列内容：

（一）建设项目概况；

（二）建设项目周围环境现状；

（三）建设项目对环境可能造成影响的分析、预测和评估；

（四）建设项目环境保护措施及其技术、经济论证；

（五）建设项目对环境影响的经济损益分析；

（六）对建设项目实施环境监测的建议；

（七）环境影响评价的结论。

环境影响报告表和环境影响登记表的内容和格式，由国务院环境保护行政主管部门制定。

第十八条 建设项目的环境影响评价，应当避免与规划的环境影响评价相重复。作为一项整体建设项目的规划，按照建设项目进行环境影响评价，不进行规划的环境影响评价。已经进行了环境影响评价的规划包含具体建设项目的，规划的环境影响评价结论应当作为建设项目环境影响评价的重要依据，建设项目环境影响评价的内容应当根据规划的环境影响评价审查意见予以简化。

第十九条 建设单位可以委托技术单位对其建设项目开展环境影响评价，编制建设项目环境影响报告书、环境影响报告表；建设单位具备环境影响评价技术能力的，可以自行对其建设项目开展环境影响评价，编制建设项目环境影响报告书、环境影响报告表。

编制建设项目环境影响报告书、环境影响报告表应当遵守国家有关环境影响评价标准、技术规范等规定。

国务院生态环境主管部门应当制定建设项目环境影响报告书、环境影响报告表编制的能力建设指南和监管办法。

接受委托为建设单位编制建设项目环境影响报告书、环境影响报告表的技术单位，不得与负责审批建设项目环境影响报告书、环境影响报告表的生态环境主管部门或者其他有关审批部门存在任何利益关系。

第二十条　建设单位应当对建设项目环境影响报告书、环境影响报告表的内容和结论负责，接受委托编制建设项目环境影响报告书、环境影响报告表的技术单位对其编制的建设项目环境影响报告书、环境影响报告表承担相应责任。

设区的市级以上人民政府生态环境主管部门应当加强对建设项目环境影响报告书、环境影响报告表编制单位的监督管理和质量考核。

负责审批建设项目环境影响报告书、环境影响报告表的生态环境主管部门应当将编制单位、编制主持人和主要编制人员的相关违法信息记入社会诚信档案，并纳入全国信用信息共享平台和国家企业信用信息公示系统向社会公布。

任何单位和个人不得为建设单位指定编制建设项目环境影响报告书、环境影响报告表的技术单位。

任何单位和个人不得为建设单位指定对其建设项目进行环境影响评价的机构。

第二十一条　除国家规定需要保密的情形外，对环境可能造成重大影响、应当编制环境影响报告书的建设项目，建设单位应当在报批建设项目环境影响报告书前，举行论证会、听证会，或者采取其他形式，征求有关单位、专家和公众的意见。

建设单位报批的环境影响报告书应当附具对有关单位、专家和公众的意见采纳或者不采纳的说明。

第二十二条　建设项目的环境影响报告书、报告表，由建设单位按照国务院的规定报有审批权的环境保护行政主管部门审批。

审批部门应当自收到环境影响报告书之日起六十日内，收到环境影响报告表之日起三十日内，分别作出审批决定并书面通知建设单位。

国家对环境影响登记表实行备案管理。

第二十三条　国务院环境保护行政主管部门负责审批下列建设项目的环境影响评价文件：

（一）核设施、绝密工程等特殊性质的建设项目；

（二）跨省、自治区、直辖市行政区域的建设项目；

（三）由国务院审批的或者由国务院授权有关部门审批的建设项目。

前款规定以外的建设项目的环境影响评价文件的审批权限，由省、自治区、直辖市人民政府规定。

建设项目可能造成跨行政区域的不良环境影响，有关环境保护行政主管部门对该项目的环境影响评价结论有争议的，其环境影响评价文件由共同的上一级环境保护行政主管部门审批。

第二十四条　建设项目的环境影响评价文件经批准后，建设项目的性质、规模、地点、采用的生产工艺或者防治污染、防止生态破坏的措施发生重大变动的，建设单位应当重新报批建设项目的环境影响评价文件。

建设项目的环境影响评价文件自批准之日起超过五年，方决定该项目开工建设的，其环境影响评价文件应当报原审批部门重新审核；原审批部门应当自收到建设项目环境影响评价文件之日起十日内，将审核意见书面通知建设单位。

第二十五条 建设项目的环境影响评价文件未依法经审批部门审查或者审查后未予批准的，建设单位不得开工建设。

第二十六条 建设项目建设过程中，建设单位应当同时实施环境影响报告书、环境影响报告表以及环境影响评价文件审批部门审批意见中提出的环境保护对策措施。

第二十七条 在项目建设、运行过程中产生不符合经审批的环境影响评价文件的情形的，建设单位应当组织环境影响的后评价，采取改进措施，并报原环境影响评价文件审批部门和建设项目审批部门备案；原环境影响评价文件审批部门也可以责成建设单位进行环境影响的后评价，采取改进措施。

第二十八条 生态环境主管部门应当对建设项目投入生产或者使用后所产生的环境影响进行跟踪检查，对造成严重环境污染或者生态破坏的，应当查清原因、查明责任。对属于建设项目环境影响报告书、环境影响报告表存在基础资料明显不实，内容存在重大缺陷、遗漏或者虚假，环境影响评价结论不正确或者不合理等严重质量问题的，依照本法第三十二条的规定追究建设单位及其相关责任人员和接受委托编制建设项目环境影响报告书、环境影响报告表的技术单位及其相关人员的法律责任；属于审批部门工作人员失职、渎职，对依法不应批准的建设项目环境影响报告书、环境影响报告表予以批准的，依照本法第三十四条的规定追究其法律责任。

第三十二条 建设项目环境影响报告书、环境影响报告表存在基础资料明显不实，内容存在重大缺陷、遗漏或者虚假，环境影响评价结论不正确或者不合理等严重质量问题的，由设区的市级以上人民政府生态环境主管部门对建设单位处五十万元以上二百万元以下的罚款，并对建设单位的法定代表人、主要负责人、直接负责的主管人员和其他直接责任人员，处五万元以上二十万元以下的罚款。

接受委托编制建设项目环境影响报告书、环境影响报告表的技术单位违反国家有关环境影响评价标准和技术规范等规定，致使其编制的建设项目环境影响报告书、环境影响报告表存在基础资料明显不实，内容存在重大缺陷、遗漏或者虚假，环境影响评价结论不正确或者不合理等严重质量问题的，由设区的市级以上人民政府生态环境主管部门对技术单位处所收费用三倍以上五倍以下的罚款；情节严重的，禁止从事环境影响报告书、环境影响报告表编制工作；有违法所得的，没收违法所得。

编制单位有本条第一款、第二款规定的违法行为的，编制主持人和主要编制人员五年内禁止从事环境影响报告书、环境影响报告表编制工作；构成犯罪的，依法追究刑事责任，并终身禁止从事环境影响报告书、环境影响报告表编制工作。

第三十三条 负责审核、审批、备案建设项目环境影响评价文件的部门在审批、备案中收取费用的，由其上级机关或者监察机关责令退还；情节严重的，对直接负责的主管人员和其他直接责任人员依法给予行政处分。

(三) 建设项目各阶段的环保举措

建设项目的污染防治设施与主体工程应同时设计，同时施工，同时建成投产使用（建设项目中的安全技术措施和设施也应与主体工程同时设计、同时施工、同时投产使用）。

可行性研究阶段——建设项目的环境影响报告书；

初步设计阶段——环保设计专篇；

施工图阶段——各种环保措施同时完成。

十三、节约能源法

《中华人民共和国节约能源法》自 2008 年 4 月 1 日正式施行。根据 2016 年 7 月 2 日第十二届全国人民代表大会常务委员会第二十一次会议《关于修改〈中华人民共和国节约能源法〉等六部法律的决定》作了第一次修正。根据 2018 年 10 月 26 日第十三届全国人民代表大会常务委员会第六次会议《关于修改〈中华人民共和国野生动物保护法〉等十五部法律的决定》作了第二次修正，把条文中的"产品质量监督部门"修改为"市场监督管理部门"。

2018 年版《中华人民共和国节约能源法》摘录如下：

第三十四条 国务院建设主管部门负责全国建筑节能的监督管理工作。

县级以上地方各级人民政府建设主管部门负责本行政区域内建筑节能的监督管理工作。

县级以上地方各级人民政府建设主管部门会同同级管理节能工作的部门编制本行政区域内的建筑节能规划。建筑节能规划应当包括既有建筑节能改造计划。

第三十五条 建筑工程的建设、设计、施工和监理单位应当遵守建筑节能标准。

不符合建筑节能标准的建筑工程，建设主管部门不得批准开工建设；已经开工建设的，应当责令停止施工，限期改正；已经建成的，不得销售或者使用。

建设主管部门应当加强对在建建筑工程执行建筑节能标准情况的监督检查。

第三十六条 房地产开发企业在销售房屋时，应当向购买人明示所售房屋的节能措施、保温工程保修期等信息，在房屋买卖合同、质量保证书和使用说明书中载明，并对其真实性、准确性负责。

第三十七条 使用空调采暖、制冷的公共建筑应当实行室内温度控制制度。具体办法由国务院建设主管部门制定。

第三十八条 国家采取措施，对实行集中供热的建筑分步骤实行供热分户计量、按照用热量收费的制度。新建建筑或者对既有建筑进行节能改造，应当按照规定安装用热计量装置、室内温度调控装置和供热系统调控装置。具体办法由国务院建设主管部门会同国务院有关部门制定。

第三十九条 县级以上地方各级人民政府有关部门应当加强城市节约用电管理，严格控制公用设施和大型建筑物装饰性景观照明的能耗。

第四十条 国家鼓励在新建建筑和既有建筑节能改造中使用新型墙体材料等节能建筑材料和节能设备，安装和使用太阳能等可再生能源利用系统。

十四、安全生产法
(一)《中华人民共和国安全生产法》

《中华人民共和国安全生产法》(后简称《安全生产法》)自 2002 年 11 月 1 日起实施。2021 年 6 月 10 日，中华人民共和国第十三届全国人民代表大会常务委员会第二十九次会议通过《全国人民代表大会常务委员会关于修改〈中华人民共和国安全生产法〉的决定》，新修订的《安全生产法》自 2021 年 9 月 1 日起施行。

2021 年版《安全生产法》摘录如下：

第三条 安全生产工作坚持中国共产党的领导。

安全生产工作应当以人为本，坚持人民至上、生命至上，把保护人民生命安全摆在首位，树牢安全发展理念，坚持安全第一、预防为主、综合治理的方针，从源头上防范化解重大安全风险。

安全生产工作实行管行业必须管安全、管业务必须管安全、管生产经营必须管安全，强化和落实生产经营单位主体责任与政府监管责任，建立生产经营单位负责、职工参与、政府监管、行业自律和社会监督的机制。

第四条 生产经营单位必须遵守本法和其他有关安全生产的法律、法规，加强安全生产管理，建立健全全员安全生产责任制和安全生产规章制度，加大对安全生产资金、物资、技术、人员的投入保障力度，改善安全生产条件，加强安全生产标准化、信息化建设，构建安全风险分级管控和隐患排查治理双重预防机制，健全风险防范化解机制，提高安全生产水平，确保安全生产。

平台经济等新兴行业、领域的生产经营单位应当根据本行业、领域的特点，建立健全并落实全员安全生产责任制，加强从业人员安全生产教育和培训，履行本法和其他法律、法规规定的有关安全生产义务。

第五条 "生产经营单位的主要负责人是本单位安全生产第一责任人，对本单位的安全生产工作全面负责。其他负责人对职责范围内的安全生产工作负责。

第十条 国务院应急管理部门依照本法，对全国安全生产工作实施综合监督管理；县级以上地方各级人民政府应急管理部门依照本法，对本行政区域内安全生产工作实施综合监督管理。

（二）《建设工程安全生产管理条例》

《建设工程安全生产管理条例》2003年11月24日发布，自2004年2月1日起施行。

《建设工程安全生产管理条例》摘录如下：

第十三条 设计单位应当按照法律、法规和工程建设强制性标准进行设计，防止因设计不合理导致生产安全事故的发生。

设计单位应当考虑施工安全操作和防护的需要，对涉及施工安全的重点部位和环节在设计文件中注明，并对防范生产安全事故提出指导意见。

采用新结构、新材料、新工艺的建设工程和特殊结构的建设工程，设计单位应当在设计中提出保障施工作业人员安全和预防生产安全事故的措施建议。

设计单位和注册建筑师等注册执业人员应当对其设计负责。

十五、城市房地产管理法

1994年7月5日，第八届全国人民代表大会常务委员会第八次会议通过《中华人民共和国城市房地产管理法》。根据2007年8月30日第十届全国人民代表大会常务委员会第二十九次会议通过《关于修改〈中华人民共和国城市房地产管理法〉的决定》，对其进行了第一次修正，根据2009年8月27日第十一届全国人民代表大会常务委员会第十次会议《关于修改部分法律的决定》，对其进行了第二次修正，根据2019年8月26日中华人民共和国第十三届全国人民代表大会常务委员会第十二次会议《关于修改〈中华人民共和国土地管理法〉〈中华人民共和国城市房地产管理法〉的决定》，对其进行了第三次修正。

2019年版《中华人民共和国城市房地产管理法》摘录如下：

第一章 总 则

第一条 为了加强对城市房地产的管理，维护房地产市场秩序，保障房地产权利人的合法权益，促进房地产业的健康发展，制定本法。

第二条 在中华人民共和国城市规划区国有土地（以下简称国有土地）范围内取得房地产开发用地的土地使用权，从事房地产开发、房地产交易，实施房地产管理，应当遵守本法。

本法所称房屋，是指土地上的房屋等建筑物及构筑物。

本法所称房地产开发，是指在依据本法取得国有土地使用权的土地上进行基础设施、房屋建设的行为。

本法所称房地产交易，包括房地产转让、房地产抵押和房屋租赁。

第三条 国家依法实行国有土地有偿、有限期使用制度。但是，国家在本法规定的范围内划拨国有土地使用权的除外。

第四条 国家根据社会、经济发展水平，扶持发展居民住宅建设，逐步改善居民的居住条件。

第五条 房地产权利人应当遵守法律和行政法规，依法纳税。房地产权利人的合法权益受法律保护，任何单位和个人不得侵犯。

第六条 为了公共利益的需要，国家可以征收国有土地上单位和个人的房屋，并依法给予拆迁补偿，维护被征收人的合法权益；征收个人住宅的，还应当保障被征收人的居住条件。具体办法由国务院规定。

第七条 国务院建设行政主管部门、土地管理部门依照国务院规定的职权划分，各司其职，密切配合，管理全国房地产工作。

县级以上地方人民政府房产管理、土地管理部门的机构设置及其职权由省、自治区、直辖市人民政府确定。

第二章 房地产开发用地

第一节 土地使用权出让

第八条 土地使用权出让，是指国家将国有土地使用权（以下简称土地使用权）在一定年限内出让给土地使用者，由土地使用者向国家支付土地使用权出让金的行为。

第九条 城市规划区内的集体所有的土地，经依法征收转为国有土地后，该幅国有土地的使用权方可有偿出让，但法律另有规定的除外。

第十条 土地使用权出让，必须符合土地利用总体规划、城市规划和年度建设用地计划。

第十一条 县级以上地方人民政府出让土地使用权用于房地产开发的，须根据省级以上人民政府下达的控制指标拟订年度出让土地使用权总面积方案，按照国务院规定，报国务院或者省级人民政府批准。

第十二条 土地使用权出让，由市、县人民政府有计划、有步骤地进行。出让的每幅地块、用途、年限和其他条件，由市、县人民政府土地管理部门会同城市规划、建设、房产管理部门共同拟定方案，按照国务院规定，报经有批准权的人民政府批准后，由市、县人民政府土地管理部门实施。

直辖市的县人民政府及其有关部门行使前款规定的权限，由直辖市人民政府规定。

第十三条　土地使用权出让，可以采取拍卖、招标或者双方协议的方式。商业、旅游、娱乐和豪华住宅用地，有条件的，必须采取拍卖、招标方式；没有条件，不能采取拍卖、招标方式的，可以采取双方协议的方式。

采取双方协议方式出让土地使用权的出让金不得低于按国家规定所确定的最低价。

第十四条　土地使用权出让最高年限由国务院规定。

第十五条　土地使用权出让，应当签订书面出让合同。

土地使用权出让合同由市、县人民政府土地管理部门与土地使用者签订。

第十六条　土地使用者必须按照出让合同约定，支付土地使用权出让金；未按照出让合同约定支付土地使用权出让金的，土地管理部门有权解除合同，并可以请求违约赔偿。

第十七条　土地使用者按照出让合同约定支付土地使用权出让金的，市、县人民政府土地管理部门必须按照出让合同约定，提供出让的土地；未按照出让合同约定提供出让的土地的，土地使用者有权解除合同，由土地管理部门返还土地使用权出让金，土地使用者并可以请求违约赔偿。

第十八条　土地使用者需要改变土地使用权出让合同约定的土地用途的，必须取得出让方和市、县人民政府城市规划行政主管部门的同意，签订土地使用权出让合同变更协议或者重新签订土地使用权出让合同，相应调整土地使用权出让金。

第十九条　土地使用权出让金应当全部上缴财政，列入预算，用于城市基础设施建设和土地开发。土地使用权出让金上缴和使用的具体办法由国务院规定。

第二十条　国家对土地使用者依法取得的土地使用权，在出让合同约定的使用年限届满前不收回；在特殊情况下，根据社会公共利益的需要，可以依照法律程序提前收回，并根据土地使用者使用土地的实际年限和开发土地的实际情况给予相应的补偿。

第二十一条　土地使用权因土地灭失而终止。

第二十二条　土地使用权出让合同约定的使用年限届满，土地使用者需要继续使用土地的，应当至迟于届满前一年申请续期，除根据社会公共利益需要收回该幅土地的，应当予以批准。经批准准予续期的，应当重新签订土地使用权出让合同，依照规定支付土地使用权出让金。

土地使用权出让合同约定的使用年限届满，土地使用者未申请续期或者虽申请续期但依照前款规定未获批准的，土地使用权由国家无偿收回。

第二节　土地使用权划拨

第二十三条　土地使用权划拨，是指县级以上人民政府依法批准，在土地使用者缴纳补偿、安置等费用后将该幅土地交付其使用，或者将土地使用权无偿交付给土地使用者使用的行为。

依照本法规定以划拨方式取得土地使用权的，除法律、行政法规另有规定外，没有使用期限的限制。

第二十四条　下列建设用地的土地使用权，确属必需的，可以由县级以上人民政府依法批准划拨：

（一）国家机关用地和军事用地；

（二）城市基础设施用地和公益事业用地；

（三）国家重点扶持的能源、交通、水利等项目用地；

（四）法律、行政法规规定的其他用地。

第三章 房地产开发

第二十五条 房地产开发必须严格执行城市规划，按照经济效益、社会效益、环境效益相统一的原则，实行全面规划、合理布局、综合开发、配套建设。

第二十六条 以出让方式取得土地使用权进行房地产开发的，必须按照土地使用权出让合同约定的土地用途、动工开发期限开发土地。超过出让合同约定的动工开发日期满一年未动工开发的，可以征收相当于土地使用权出让金百分之二十以下的土地闲置费；满二年未动工开发的，可以无偿收回土地使用权；但是，因不可抗力或者政府、政府有关部门的行为或者动工开发必需的前期工作造成动工开发迟延的除外。

第二十七条 房地产开发项目的设计、施工，必须符合国家的有关标准和规范。

房地产开发项目竣工，经验收合格后，方可交付使用。

第二十八条 依法取得的土地使用权，可以依照本法和有关法律、行政法规的规定，作价入股，合资、合作开发经营房地产。

第二十九条 国家采取税收等方面的优惠措施鼓励和扶持房地产开发企业开发建设居民住宅。

第三十条 房地产开发企业是以营利为目的，从事房地产开发和经营的企业。设立房地产开发企业，应当具备下列条件：

（一）有自己的名称和组织机构；

（二）有固定的经营场所；

（三）有符合国务院规定的注册资本；

（四）有足够的专业技术人员；

（五）法律、行政法规规定的其他条件。

设立房地产开发企业，应当向工商行政管理部门申请设立登记。工商行政管理部门对符合本法规定条件的，应当予以登记，发给营业执照；对不符合本法规定条件的，不予登记。

设立有限责任公司、股份有限公司，从事房地产开发经营的，还应当执行公司法的有关规定。

房地产开发企业在领取营业执照后的一个月内，应当到登记机关所在地的县级以上地方人民政府规定的部门备案。

第三十一条 房地产开发企业的注册资本与投资总额的比例应当符合国家有关规定。房地产开发企业分期开发房地产的，分期投资额应当与项目规模相适应，并按照土地使用权出让合同的约定，按期投入资金，用于项目建设。

第四章 房地产交易

第一节 一般规定

第三十二条 房地产转让、抵押时，房屋的所有权和该房屋占用范围内的土地使用权同时转让、抵押。

第三十三条 基准地价、标定地价和各类房屋的重置价格应当定期确定并公布。具体办法由国务院规定。

第三十四条　国家实行房地产价格评估制度。

房地产价格评估，应当遵循公正、公平、公开的原则，按照国家规定的技术标准和评估程序，以基准地价、标定地价和各类房屋的重置价格为基础，参照当地的市场价格进行评估。

第三十五条　国家实行房地产成交价格申报制度。

房地产权利人转让房地产，应当向县级以上地方人民政府规定的部门如实申报成交价，不得瞒报或者作不实的申报。

第三十六条　房地产转让、抵押，当事人应当依照本法第五章的规定办理权属登记。

第二节　房地产转让

第三十七条　房地产转让，是指房地产权利人通过买卖、赠与或者其他合法方式将其房地产转移给他人的行为。

第三十八条　下列房地产，不得转让：

（一）以出让方式取得土地使用权的，不符合本法第三十九条规定的条件的；

（二）司法机关和行政机关依法裁定、决定查封或者以其他形式限制房地产权利的；

（三）依法收回土地使用权的；

（四）共有房地产，未经其他共有人书面同意的；

（五）权属有争议的；

（六）未依法登记领取权属证书的；

（七）法律、行政法规规定禁止转让的其他情形。

第三十九条　以出让方式取得土地使用权的，转让房地产时，应当符合下列条件：

（一）按照出让合同约定已经支付全部土地使用权出让金，并取得土地使用权证书；

（二）按照出让合同约定进行投资开发，属于房屋建设工程的，完成开发投资总额的百分之二十五以上，属于成片开发土地的，形成工业用地或者其他建设用地条件。

转让房地产时房屋已经建成的，还应当持有房屋所有权证书。

第四十条　以划拨方式取得土地使用权的，转让房地产时，应当按照国务院规定，报有批准权的人民政府审批。有批准权的人民政府准予转让的，应当由受让方办理土地使用权出让手续，并依照国家有关规定缴纳土地使用权出让金。

以划拨方式取得土地使用权的，转让房地产报批时，有批准权的人民政府按照国务院规定决定可以不办理土地使用权出让手续的，转让方应当按照国务院规定将转让房地产所获收益中的土地收益上缴国家或者作其他处理。

第四十一条　房地产转让，应当签订书面转让合同，合同中应当载明土地使用权取得的方式。

第四十二条　房地产转让时，土地使用权出让合同载明的权利、义务随之转移。

第四十三条　以出让方式取得土地使用权的，转让房地产后，其土地使用权的使用年限为原土地使用权出让合同约定的使用年限减去原土地使用者已经使用年限后的剩余年限。

第四十四条　以出让方式取得土地使用权的，转让房地产后，受让人改变原土地使用权出让合同约定的土地用途的，必须取得原出让方和市、县人民政府城市规划行政主管部门的同意，签订土地使用权出让合同变更协议或者重新签订土地使用权出让合同，相应调整土地使用权出让金。

第四十五条 商品房预售，应当符合下列条件：

（一）已交付全部土地使用权出让金，取得土地使用权证书；

（二）持有建设工程规划许可证；

（三）按提供预售的商品房计算，投入开发建设的资金达到工程建设总投资的百分之二十五以上，并已经确定施工进度和竣工交付日期；

（四）向县级以上人民政府房产管理部门办理预售登记，取得商品房预售许可证明。

商品房预售人应当按照国家有关规定将预售合同报县级以上人民政府房产管理部门和土地管理部门登记备案。

商品房预售所得款项，必须用于有关的工程建设。

第四十六条 商品房预售的，商品房预购人将购买的未竣工的预售商品房再行转让的问题，由国务院规定。

第三节 房 地 产 抵 押

第四十七条 房地产抵押，是指抵押人以其合法的房地产以不转移占有的方式向抵押权人提供债务履行担保的行为。债务人不履行债务时，抵押权人有权依法以抵押的房地产拍卖所得的价款优先受偿。

第四十八条 依法取得的房屋所有权连同该房屋占用范围内的土地使用权，可以设定抵押权。

以出让方式取得的土地使用权，可以设定抵押权。

第四十九条 房地产抵押，应当凭土地使用权证书、房屋所有权证书办理。

第五十条 房地产抵押，抵押人和抵押权人应当签订书面抵押合同。

第五十一条 设定房地产抵押权的土地使用权是以划拨方式取得的，依法拍卖该房地产后，应当从拍卖所得的价款中缴纳相当于应缴纳的土地使用权出让金的款额后，抵押权人方可优先受偿。

第五十二条 房地产抵押合同签订后，土地上新增的房屋不属于抵押财产。需要拍卖该抵押的房地产时，可以依法将土地上新增的房屋与抵押财产一同拍卖，但对拍卖新增房屋所得，抵押权人无权优先受偿。

第四节 房 屋 租 赁

第五十三条 房屋租赁，是指房屋所有权人作为出租人将其房屋出租给承租人使用，由承租人向出租人支付租金的行为。

第五十四条 房屋租赁，出租人和承租人应当签订书面租赁合同，约定租赁期限、租赁用途、租赁价格、修缮责任等条款，以及双方的其他权利和义务，并向房产管理部门登记备案。

第五十五条 住宅用房的租赁，应当执行国家和房屋所在城市人民政府规定的租赁政策。租用房屋从事生产、经营活动的，由租赁双方协商议定租金和其他租赁条款。

第五十六条 以营利为目的，房屋所有权人将以划拨方式取得使用权的国有土地上建成的房屋出租的，应当将租金中所含土地收益上缴国家。具体办法由国务院规定。

第五节 中 介 服 务 机 构

第五十七条 房地产中介服务机构包括房地产咨询机构、房地产价格评估机构、房地产经纪机构等。

第五十八条 房地产中介服务机构应当具备下列条件：

（一）有自己的名称和组织机构；

（二）有固定的服务场所；

（三）有必要的财产和经费；

（四）有足够数量的专业人员；

（五）法律、行政法规规定的其他条件。

设立房地产中介服务机构，应当向工商行政管理部门申请设立登记，领取营业执照后，方可开业。

第五十九条 国家实行房地产价格评估人员资格认证制度。

第五章 房地产权属登记管理

第六十条 国家实行土地使用权和房屋所有权登记发证制度。

第六十一条 以出让或者划拨方式取得土地使用权，应当向县级以上地方人民政府土地管理部门申请登记，经县级以上地方人民政府土地管理部门核实，由同级人民政府颁发土地使用权证书。

在依法取得的房地产开发用地上建成房屋的，应当凭土地使用权证书向县级以上地方人民政府房产管理部门申请登记，由县级以上地方人民政府房产管理部门核实并颁发房屋所有权证书。

房地产转让或者变更时，应当向县级以上地方人民政府房产管理部门申请房产变更登记，并凭变更后的房屋所有权证书向同级人民政府土地管理部门申请土地使用权变更登记，经同级人民政府土地管理部门核实，由同级人民政府更换或者更改土地使用权证书。

法律另有规定的，依照有关法律的规定办理。

第六十二条 房地产抵押时，应当向县级以上地方人民政府规定的部门办理抵押登记。

因处分抵押房地产而取得土地使用权和房屋所有权的，应当依照本章规定办理过户登记。

第六十三条 经省、自治区、直辖市人民政府确定，县级以上地方人民政府由一个部门统一负责房产管理和土地管理工作的，可以制作、颁发统一的房地产权证书，依照本法第六十一条的规定，将房屋的所有权和该房屋占用范围内的土地使用权的确认和变更，分别载入房地产权证书。

第六章 法 律 责 任

第六十四条 违反本法第十一条、第十二条的规定，擅自批准出让或者擅自出让土地使用权用于房地产开发的，由上级机关或者所在单位给予有关责任人员行政处分。

第六十五条 违反本法第三十条的规定，未取得营业执照擅自从事房地产开发业务的，由县级以上人民政府工商行政管理部门责令停止房地产开发业务活动，没收违法所得，可以并处罚款。

第六十六条 违反本法第三十九条第一款的规定转让土地使用权的，由县级以上人民政府土地管理部门没收违法所得，可以并处罚款。

第六十七条 违反本法第四十条第一款的规定转让房地产的，由县级以上人民政府土地管理部门责令缴纳土地使用权出让金，没收违法所得，可以并处罚款。

第六十八条 违反本法第四十五条第一款的规定预售商品房的，由县级以上人民政府房产管理部门责令停止预售活动，没收违法所得，可以并处罚款。

第六十九条 违反本法第五十八条的规定，未取得营业执照擅自从事房地产中介服务业务的，由县级以上人民政府工商行政管理部门责令停止房地产中介服务业务活动，没收违法所得，可以并处罚款。

第七十条 没有法律、法规的依据，向房地产开发企业收费的，上级机关应当责令退回所收取的钱款；情节严重的，由上级机关或者所在单位给予直接责任人员行政处分。

第七十一条 房产管理部门、土地管理部门工作人员玩忽职守、滥用职权，构成犯罪的，依法追究刑事责任；不构成犯罪的，给予行政处分。

房产管理部门、土地管理部门工作人员利用职务上的便利，索取他人财物，或者非法收受他人财物为他人谋取利益，构成犯罪的，依法追究刑事责任；不构成犯罪的，给予行政处分。

例 27-19 **（2021）** 农村集体所有制的土地，如果想以拍卖的形式出让，需要转成：

A 房地产开发用地　　　　　　B 商业用地

C 国有土地　　　　　　　　　D 私有土地

解析：《中华人民共和国城市房地产管理法》第九条规定，城市规划区内的集体所有的土地，经依法征收转为国有土地后，该幅国有土地的使用权方可有偿出让，但法律另有规定的除外。

答案： C

第五节　房地产开发程序

（一）概论

房地产开发，是指在依据《城市房地产管理法》取得国有土地使用权的土地上进行基础设施、房屋建设的行为。房地产是房产和地产的总称。在物质形态上房产和地产总是联结为一体的。由于房地产位置的不可移动性，故又称"不动产"。房地产业包括：土地的开发，房屋的建设、管理、维修，土地使用权的划拨、转让，房屋所有权的买卖、租赁，房地产的抵押。其核心内容就是土地和建筑物。

国家依法实行国有土地有偿、有限期使用制度，但是，国家在本法规定的范围内划拨国有土地使用权的除外。

房地产开发项目竣工，经验收合格后，方可交付使用。

房地产业与建筑业互相依存互相联系，但又是性质完全不同的两种行业。建筑业是建筑产品的生产部门，属第二产业。房地产业不仅是土地和房屋的经营部门，而且还从事部分土地的开发和房屋的建设活动，具有生产、经营、服务三重性质，是以第三产业为主的产业部门。

(二) 房地产开发程序

1. 项目建议书和可行性研究

房地产综合开发项目建议书的编制应由城市综合开发主管部门根据城市分区规划或控制性详细规划组织编制。

项目建议书应阐明项目的性质、规模、环境、资金来源、期限、进度、指标、拆迁、经营方式、经济效益等。属于直辖市或计划单列市的城市报市发展改革委批准，大型项目还要报住房和城乡建设部初审后再报国家发展改革委批准。非直辖市或非计划单列市的大型项目由城市综合开发主管部门批准后，报住房和城乡建设部初审，再报国家发展改革委批准。

项目建议书被批准之后，可进入可行性研究阶段。可行性研究应包括：项目背景及概况、建设条件、进度、投资估算、财务效益分析等内容。

2. 建设用地规划许可证

《中华人民共和国城乡规划法》第三十八条规定：在城市、镇规划区内以出让方式提供国有土地使用权的，在国有土地使用权出让前，城市、县人民政府城乡规划主管部门应当依据控制性详细规划，提出出让地块的位置、使用性质、开发强度等规划条件，作为国有土地使用权出让合同的组成部分。未确定规划条件的地块，不得出让国有土地使用权。

以出让方式取得国有土地使用权的建设项目，在签订国有土地使用权出让合同后，建设单位应当持建设项目的批准、核准、备案文件和国有土地使用权出让合同，向城市、县人民政府城乡规划主管部门领取建设用地规划许可证。

城市、县人民政府城乡规划主管部门不得在建设用地规划许可证中，擅自改变作为国有土地使用权出让合同组成部分的规划条件。

3. 土地使用权证书

土地所有权。《中华人民共和国土地管理法》第二条规定，中华人民共和国实行土地的社会主义公有制，即全民所有制和劳动群众集体所有制。

县级以上地方人民政府出让土地使用权用于房地产开发的，须根据省级以上人民政府下达的控制指标拟订年度出让土地使用权总面积方案，按照国务院规定，报国务院或者省级人民政府批准。

商业、旅游、娱乐和豪华住宅用地，有条件的，必须采取拍卖、招标方式；没有条件，不能采取拍卖、招标方式的，可以采取双方协议的方式。

采取双方协议方式出让土地使用权的出让金不得低于按国家规定所确定的最低价。

城市规划区内的集体所有的土地，经依法征用转为国有土地后，该幅国有土地的使用权方可有偿出让。

土地使用权出让合同约定的使用年限届满，土地使用者需要继续使用土地的，应当至迟于届满前一年申请续期，除根据社会公共利益需要收回该幅土地的，应当予以批准。经批准准予续期的，应当重新签订土地使用权出让合同，依照规定支付土地使用权出让金。

土地使用权出让合同约定的使用年限届满，土地使用者未申请续期或者虽申请续期但依照前款规定未获批准的，土地使用权由国家无偿收回。

以出让方式取得土地使用权进行房地产开发的，必须按照土地使用权出让合同约定的土地用途、动工开发期限开发土地。超过出让合同约定的动工开发日期满一年未动工开发的，可以征收相当于土地使用权出让金百分之二十以下的土地闲置费；满二年未动工开发的，可以无偿收回土地使用权；但是，因不可抗力或者政府、政府有关部门的行为或者动工开发必需的前期工作造成动工开发迟延的除外。

土地使用权出让是一种国家垄断行为。因为国家是国有土地的所有者，只有国家才能以土地所有者的身份出让土地。城市规划区集体所有的土地，必须依法征用转为国有土地后，方可出让土地使用权。

拍卖，是指土地所有者的代表在指定的时间、地点组织符合条件的受让人到场，就所出让使用权的土地公开叫价竞投，按照"价高者得"的原则确定土地使用权受让人的一种出让方式。

招标，是指在指定的期限内，由符合条件的单位或个人，用书面投标的形式竞投土地使用出让权，由招标人择优确定土地使用者的方式。

招标方式的中标者不一定是标价中的最高者。因为在评标时，不仅要考虑到投标价，而且要对投标规划方案和投标者的资信情况进行综合评价。

协议出让，是指土地使用权的有意受让人直接向国有土地的代表提出有偿使用土地的愿望，由国有土地的代表与有意受让人进行一对一的谈判，协商有关事宜。《城市房地产管理法》规定："商业、旅游、娱乐和豪华住宅的用地，有条件的，必须采取拍卖、招标方式；没条件的，不能采取拍卖、招标方式的，可以采取双方协议的方式。采取双方协议的出让土地使用权的出让金不得低于国家规定所确定的最低价。"这种出让方式主要用于工业仓储、市政公益事业、非营利项目以及政府为调节经济结构、实施产业政策而需给予优惠、扶持的建设项目等。

土地使用权期限，一般根据土地的使用性质来确定，不同用途的土地使用权出让的最高年限为：

居住用地　70年；

工业用地　50年；

教育、科技、文化、体育用地　50年；

商业、旅游、娱乐用地　40年；

综合或其他用地　50年。

4. 拆迁安置

2001年国务院以国务院第305号令的形式重新发布了《城市房屋拆迁管理条例》。

5. 办理建设工程规划许可证

组织实施勘察、设计工作，办理建设工程规划许可证。在取得建设工程规划许可证之后方可办理开工证的手续。

6. 土地开发

土地开发的主要内容是指房屋建设的前期准备：平整场地，实现水通、电通、路通的"三通一平"，把自然状态的土地变成可供建设房屋和各类设施的建筑用地。

7. 施工招标、投标

8. 办理开工证

申领开工证，进入施工安装阶段。《建筑法》第七条规定申领开工证应由业主向县级以上政府部门申请。

建设部 1999 年 12 月 1 日发布 71 号令。其中第二条规定，境内从事各类房屋建筑及其附属设施的建造、装饰、装修和其配套的线路、管道、设备的安装以及城镇市政基础设施工程的施工，建设单位应向县级以上主管部门申领开工证（投资 30 万元以下或 300 平方米以下可不领）。

申领开工许可证的条件：

（1）已经办理工程用地批准手续。

（2）已经取得规划许可证。

（3）拆迁进度符合施工要求。

（4）已定好施工企业。

（5）有满足施工需要的施工图纸，施工图设计文件已按规定进行了审查。大型工程有保证施工 3 个月需要的施工图即可开工（97 建设部 352 号文）。

（6）有保证工程质量和安全的措施，按规定办理了质量监督手续。

（7）资金已落实。在开发项目的资金总额中自有资金总额不得低于年度投资工作量的 30%。

（8）国家规定必须委托监理的项目已委托了监理。

（9）法规确定的其他条件。

《建筑法》规定：开工证的有效期是 3 个月，过期作废，可以延期两次，每次 3 个月。

9. 办理商品房预售许可证

1994 年 11 月 15 日建设部发布了第 40 号令《城市商品房预售管理办法》。该办法规定：商品房预售应当符合下列条件：已交足土地使用出让金，取得土地使用证书，持有建设工程规划许可证，投入的资金达工程总投资的 25% 以上，并已经确定施工进度交付日期。

一个正规的房地产开发商应当向顾客公开出示下列证件：

（1）建设用地规划许可证（《城乡规划法》第三十七条）；

（2）国有土地使用证（《土地管理法》第九条）；

（3）建设工程规划许可证（《城乡规划法》第四十条）；

（4）建设工程开工证（《建筑法》第七条）；

（5）商品房销售许可证（北京市房地产市场管理处）。

10. 竣工验收

竣工验收是全面考核开发成果、检验设计和工程质量的重要环节，是开发成果转入流通和实用阶段的标志。《城市房地产管理法》第二十七条规定：房地产开发项目竣工，经验收合格后，方可使用。1993 年 11 月 12 日建设部《城市住宅小区竣工综合验收管理办法》（建法字〔1993〕814 号规定：除单体验收外还要进行小区综合验收，即验收规划是否落实、配套设施是否建完、拆迁是否落实、物业管理是否落实等项内容。

2000 年 4 月建设部第 78 号令《房屋建筑工程和市政基础设施工程竣工验收备案管理暂行办法》颁布实施。该办法规定建设单位必须在竣工验收合格之日 15 天内，向工程所在地的县级以上政府行政主管部门备案。

11. 物业管理

《物业管理条例》已经 2003 年 5 月 28 日国务院第 9 次常务会议通过，自 2003 年 9 月 1 日起施行。2007 年又对原来文件作出修改，修改后的文件自 2007 年 10 月 1 日起执行。

物业管理，是指业主通过选聘物业管理企业，由业主和物业管理企业按照物业服务合同约定，对房屋及配套的设施设备和相关场地进行维修、养护、管理，维护相关区域内的环境卫生和秩序的活动。国家提倡业主通过公开、公平、公正的市场竞争机制选择物业管理企业。国家提倡建设单位按照房地产开发与物业管理相分离的原则，通过招投标的方式选聘具有相应资质的物业管理企业。在业主、业主大会选聘物业管理企业之前，建设单位选聘物业管理企业的，应当签订书面的前期物业服务合同。住宅物业的建设单位，应当通过招投标的方式选聘具有相应资质的物业管理企业；投标人少于 3 个或者住宅规模较小的，经物业所在地的区、县人民政府房地产行政主管部门批准，可以采用协议方式选聘具有相应资质的物业管理企业。

例 27-20　（2009） 土地使用权期限一般根据土地的使用性质来决定，商业用地的土地使用权出让的最高年限为：

A　40 年　　　　　B　50 年　　　　　C　60 年　　　　　D　70 年

解析：《中华人民共和国城镇国有土地使用权出让和转让暂行条例》第十二条（四）款规定，商业、旅游、娱乐用地土地使用权出让最高年限为 40 年。

答案：A

例 27-21 工程完工后必须履行下列中何种手续才能使用？

A　由建设单位组织设计、施工、监理四方联合竣工验收

B　由质量监督站开具使用通知单

C　由备案机关认可后下达使用通知书

D　由建设单位上级机关批准认可后即可

解析：见《建设工程质量管理条例》第十六条。

答案：A

第六节　工程监理的有关规定

一、监理的由来与发展

1988 年 7 月建设部颁发了《关于开展监理工作的通知》，对建设监理的范围、对象、监理的内容、开展监理的步骤等做出明确规定，并选择了八个城市和部委开始了监理试点。1996 年监理进入全面推行阶段。

（一）《建筑法》（2019 年 4 月 23 日修订版施行）对建筑工程监理的相关规定

第三十条　国家推行建筑工程监理制度。国务院可以规定实行强制监理的建筑工程的范围。

第三十二条　建筑工程监理应当依照法律、行政法规及有关的技术标准、设计文件和

建筑工程承包合同，对承包单位在施工质量、建设工期和建设资金使用等方面，代表建设单位实施监督。

工程监理人员认为工程施工不符合工程设计要求、施工技术标准和合同约定的，有权要求建筑施工企业改正。

工程监理人员发现工程设计不符合建筑工程质量标准或者合同约定的质量要求的，应当报告建设单位要求设计单位改正。

(二)《建设工程监理范围和规模标准的规定》(2001年1月17日施行) 的相关规定

第二条 下列建设工程必须实行监理：

(一) 国家重点建设工程；

(二) 大中型公用事业工程；

(三) 成片开发建设的住宅小区工程；

(四) 利用外国政府或者国际组织贷款、援助资金的工程；

(五) 国家规定必须实行监理的其他工程。

第三条 国家重点建设工程是指依据《国家重点建设项目管理办法》所确定的对国民经济和社会发展有重大影响的骨干项目。

第四条 大中型公用事业工程是指项目总投资额在3000万元以上的下列工程项目：

(一) 供水、供电、供气、供热等市政工程项目；

(二) 科技、教育、文化等项目；

(三) 体育、旅游、商业等项目；

(四) 卫生、社会福利等项目；

(五) 其他公用事业项目。

第五条 成片开发建设的住宅小区工程，建筑面积在5万平方米以上的住宅建设工程必须实行监理；5万平方米以下的住宅建设工程，可以实行监理，具体范围和规模标准，由省、自治区、直辖市人民政府建设行政主管部门规定。

为了保证住宅质量，对高层住宅及地基、结构复杂的多层住宅应当实行监理。

第六条 利用外国政府或者国际组织贷款、援助资金的工程范围包括：

(一) 使用世界银行、亚洲开发银行等国际组织贷款资金的项目；

(二) 用国外政府及其机构贷款资金的项目；

(三) 使用国际组织或者国外政府援助资金的项目。

第七条 国家规定必须实行监理的其他工程是指：

(一) 项目总投资额在3000万元以上关系社会公共利益、公众安全的下列基础设施项目：

(1) 煤炭、石油、化工、天然气、电力、新能源等项目；

(2) 铁路、公路、管道、水运、民航以及其他交通运输业等项目；

(3) 邮政、电信枢纽、通信、信息网络等项目；

(4) 防洪、灌溉、排涝、发电、引(供)水、滩涂治理、水资源保护、水土保持等水利建设项目；

(5) 道路、桥梁、地铁和轻轨交通、污水排放及处理、垃圾处理、地下管道、公共停车场等城市基础设施项目；

（6）生态环境保护项目；

（7）其他基础设施项目。

（二）学校、影剧院、体育场馆项目。

二、监理的任务及工作内容

三控两管一协调：投资控制，质量控制，进度控制；合同管理，信息管理；协调各方关系并履行建设工程安全生产管理法定职责的服务活动。

施工阶段监理工作的范围：依据建设单位与监理单位签订的建设监理合同文本中所涉及的范围。施工阶段是从施工前准备、开工审批手续、分包审查、材料设备厂家选定、施工进度、施工质量及工程造价控制到竣工结算、缺损责任认定和工程保修的全过程。

（一）施工准备阶段

参与设计交底；

审定施工组织设计；

查验施工测量放线成果；

第一次工地会议；

施工监理交底；

核查开工条件并签发开工令。

（二）施工阶段

1. 施工进度控制

（1）审批施工进度计划。

（2）监督实施进度计划。

（3）及时调整进度计划。

2. 施工质量控制

（1）对施工现场有目的地进行巡视检查和旁站监理。

（2）核查并认定工程的预检项目。

（3）核查验收并签认隐蔽工程。

（4）核查验收并签认进场的材料。

（5）核查并签认分项工程验收。

（6）核查并签认分部工程验收。

（7）参与竣工验收并签发有关文件。

（8）参与或协助质量问题和质量事故的处理。

3. 造价控制

（1）依据概预算合同，建立工程量台账。

（2）审查承包单位编制的各阶段资金使用计划。

（3）严格做好工程量计量和工程款的支付。

（4）做好竣工结算。

4. 合同管理

（1）采取动态管理合同的办法，对不符合合同约定的行为，提前向建设单位和承包单位发出通报，防止偏离合同约定的事件发生。

（2）设计变更，设计洽商的管理。

（3）工程暂停及复工令。

（4）工程延期的审批。

（5）违约处理。

（6）对合同争议的调节。

5. 工程保修期的监理

（1）在保修期内监理要定期回访，检查出现的各种问题，并备案归档。

（2）检查保修合同规定的缺损修复质量。

（3）对缺损原因及责任进行调查和确认。

（4）协助建设单位结算保修抵押金。

例 27-22　**（2008）**工程监理人员发现工程设计不符合建筑工程质量标准时，应当向哪一方报告？

　　A　建设单位　　　B　设计单位　　　C　施工单位　　　D　质量监督单位

　　解析：见《建筑法》第三十二条。

　　答案：A

三、监理单位的资质与管理

2015 年 5 月 4 日住建部对原《工程监理企业资质管理规定》进行了修订，2001 年 8 月 29 日建设部颁布的《工程监理企业资质管理规定》同时废止。

2019 年 2 月 1 日，住建部又对甲级监理企业注册人员指标作出放宽调整。

工程监理企业资质分为综合资质、专业资质和事务所资质，其中，专业资质按照工程性质和技术特点划分为若干工程类别。

综合资质、事务所资质不分级别。专业资质分为甲级、乙级；其中，房屋建筑、水利水电、公路和市政公用专业资质可设立丙级。

工程监理企业的资质等级标准如下。

（一）综合资质标准

（1）具有独立法人资格且注册资本不少于 600 万元。

（2）企业技术负责人应为注册监理工程师，并具有 15 年以上从事工程建设工作的经历或者具有工程类高级职称。

（3）具有 5 个以上工程类别的专业甲级工程监理资质。

（4）注册监理工程师不少于 60 人，注册造价工程师不少于 5 人，一级注册建造师、一级注册建筑师、一级注册结构工程师或者其他勘察设计注册工程师合计不少于 15 人次。

（5）企业具有完善的组织结构和质量管理体系，有健全的技术、档案等管理制度。

（6）企业具有必要的工程试验检测设备。

（7）申请工程监理资质之日前一年内没有本规定第十六条禁止的行为。

（8）申请工程监理资质之日前一年内没有因本企业监理责任造成重大质量事故。

（9）申请工程监理资质之日前一年内没有因本企业监理责任发生三级以上工程建设重大安全事故或者发生两起以上四级工程建设安全事故。

（二）专业资质标准

1. 甲级

（1）具有独立法人资格且注册资本不少于 300 万元。

（2）企业技术负责人应为注册监理工程师，并具有 15 年以上从事工程建设工作的经历或者具有工程类高级职称。

（3）注册监理工程师、注册造价工程师、一级注册建造师、一级注册建筑师、一级注册结构工程师或者其他勘察设计注册工程师合计不少于 25 人次；其中，相应专业注册监理工程师不少于《专业资质注册监理工程师人数配备表》（附表 1）中要求配备的人数，注册造价工程师不少于 2 人。

（4）企业近 2 年内独立监理过 3 个以上相应专业的二级工程项目，但是，具有甲级设计资质或一级及以上施工总承包资质的企业申请本专业工程类别甲级资质的除外。

（5）企业具有完善的组织结构和质量管理体系，有健全的技术、档案等管理制度。

（6）企业具有必要的工程试验检测设备。

（7）申请工程监理资质之日前一年内没有本规定第十六条禁止的行为。

（8）申请工程监理资质之日前一年内没有因本企业监理责任造成重大质量事故。

（9）申请工程监理资质之日前一年内没有因本企业监理责任发生三级以上工程建设重大安全事故或者发生两起以上四级工程建设安全事故。

2. 乙级

（1）具有独立法人资格且注册资本不少于 100 万元。

（2）企业技术负责人应为注册监理工程师，并具有 10 年以上从事工程建设工作的经历。

（3）注册监理工程师、注册造价工程师、一级注册建造师、一级注册建筑师、一级注册结构工程师或者其他勘察设计注册工程师合计不少于 15 人次。其中，相应专业注册监理工程师不少于《专业资质注册监理工程师人数配备表》中要求配备的人数，注册造价工程师不少于 1 人。

（4）有较完善的组织结构和质量管理体系，有技术、档案等管理制度。

（5）有必要的工程试验检测设备。

（6）申请工程监理资质之日前一年内没有本规定第十六条禁止的行为。

（7）申请工程监理资质之日前一年内没有因本企业监理责任造成重大质量事故。

（8）申请工程监理资质之日前一年内没有因本企业监理责任发生三级以上工程建设重大安全事故或者发生两起以上四级工程建设安全事故。

3. 丙级

（1）具有独立法人资格且注册资本不少于 50 万元。

（2）企业技术负责人应为注册监理工程师，并具有 8 年以上从事工程建设工作的经历。

（3）相应专业的注册监理工程师不少于《专业资质注册监理工程师人数配备表》中要求配备的人数。

（4）有必要的质量管理体系和规章制度。

（5）有必要的工程试验检测设备。

（三）事务所资质标准

（1）取得合伙企业营业执照，具有书面合作协议书。

（2）合伙人中有 3 名以上注册监理工程师，合伙人均有 5 年以上从事建设工程监理的工作经历。

（3）有固定的工作场所。

（4）有必要的质量管理体系和规章制度。

（5）有必要的工程试验检测设备。

四、工程监理企业资质相应许可的业务范围

1. 综合资质

可以承担所有专业工程类别建设工程项目的工程监理业务。

2. 专业资质

（1）专业甲级资质

可承担相应专业工程类别建设工程项目的工程监理业务。

（2）专业乙级资质

可承担相应专业工程类别二级以下（含二级）建设工程项目的工程监理业务。

（3）专业丙级资质

可承担相应专业工程类别三级建设工程项目的工程监理业务。

3. 事务所资质

可承担三级建设工程项目的工程监理业务，但国家规定必须实行强制监理的工程除外。

五、监理工程师注册制度

监理工程师资格考试报名条件：高级工程师或有三年经验的工程师，经过培训。

参加监理工程师资格考试者，由所在单位向本地区监理工程师资格委员会提出书面申请，经审查批准后，方可参加考试。考试合格者，由监理工程师注册机关核发监理工程师资格证书。取得监理工程师资格证书后，可到当地注册机关注册取得监理工程师岗位证书。已经取得监理工程师资格证书但未经注册的人员，不得以监理工程师的名义从事工程建设监理业务。已经注册的监理工程师，不得以个人名义私自承接工程建设监理业务。

监理工程师注册机关每五年对持监理工程师岗位证书者复查一次。对不符合条件的，注销注册，并收回《监理工程师岗位证书》。

国家行政机关的现职人员不得申请注册监理工程师。

六、从事工程监理活动的原则

公平、独立、诚信、科学的准则。

习　题

27-1　注册建筑师注册的有效期为(　　)。

　　　A　1年　　　　　　　B　2年　　　　　　　C　5年　　　　　　　D　10年

27-2　《中华人民共和国注册建筑师条例》中规定注册建筑师应履行的义务是(　　)。

　　　① 遵守法律、法规和职业道德,维护社会公共利益;

　　　② 保证建筑设计的质量,并在其负责的设计图纸上签字;

　　　③ 保守在执业中知悉的单位和个人的秘密;

　　　④ 不得受聘于超过二个以上建筑设计单位执行业务;

　　　⑤ 除当面授权外,不得准许他人以本人名义执行业务。

　　　A　①②③　　　　　B　①②④　　　　　C　①②③④　　　　D　①②③④⑤

27-3　《民法典》"合同篇"规定,当事人一方可向对方给付定金,给付定金的一方不履行合同的,无权请求返回定金,接受定金的一方不履行合同的应当返还定金的(　　)。

　　　A　2倍　　　　　　　B　5倍　　　　　　　C　8倍　　　　　　　D　10倍

27-4　建设单位应在竣工验收合格后(　　),向工程所在地的县级以上地方人民政府行政主管部门备案。

　　　A　1个月内　　　　　B　3个月内　　　　　C　15日内　　　　　D　1年内

27-5　《中华人民共和国房地产管理法》中规定下列(　　)房地产不得转让。

　　　① 以出让方式取得的土地使用权的不得出让,只能使用;

　　　② 司法机关和行政机关依法裁定,决定查封或以其他形式限制房地产权利的,以及依法收回土地使用权的;

　　　③ 共有房地产未经其他共有人书面同意的;

　　　④ 权属有争议的;

　　　⑤ 法律、行政法规规定禁止转让的其他情形。

　　　以上(　　)符合房地产管理法。

　　　A　①②③　　　　　B　②③④⑤　　　　C　②④⑤　　　　　D　③④⑤

27-6　(2017)依法必须进行工程设计招标的项目,其评标委员会由招标人的代表和有关技术、经济等方面的专家组成,成员人数为(　　)。

　　　A　3人以上单数　　　　　　　　　　　B　5人以上单数

　　　C　7人以上单数　　　　　　　　　　　D　9人以上单数

27-7　(2017)两个以上不同资质等级的单位实行联合共同承包,应当按照以下哪个单位的业务许可范围承揽工程?(　　)

　　　A　资质等级低的　　　　　　　　　　B　资质等级高的

　　　C　由双方协商决定　　　　　　　　　D　资质等级高的或者低的均可

27-8　(2017)设计公司给房地产开发公司寄送的公司业绩介绍及价目表属于(　　)。

　　　A　合同　　　　　　　B　要约邀请　　　　C　要约　　　　　　　D　承诺

27-9　(2017)修建性详细规划应当符合(　　)。

　　　A　城镇总体规划　　　　　　　　　　B　城镇详细规划

　　　C　城镇体系规划　　　　　　　　　　D　控制性详细规划

27-10　(2017)根据《中华人民共和国城乡规划法》,近期规划建设的规划年限为(　　)。

A 1年　　　　　　B 3年　　　　　C 5年　　　　　　D 10年

27-11 (2017)按照国家规定需要有关部门批准或者核准的建设项目，以划拨方式提供国有土地使用权的，建设单位在报送有关部门批准或核准前，应当向城乡规划主管部门申请核发(　　)。

A 选址意见书　　　　　　　　　B 建设用地规划许可证

C 建设用地建设许可证　　　　　D 规划条件通知书

27-12 (2017)建筑工程设计方案评标时，专家人数和比例以下正确的是(　　)。

A 3人以上单数，建筑专业专家不得少于技术和经济方面专家总数的1/4

B 5人以上单数，建筑专业专家不得少于技术和经济方面专家总数的2/3

C 7人以上单数，建筑专业专家不得少于技术和经济方面专家总数的1/2

D 9人以上单数，建筑专业专家不得少于技术和经济方面专家总数的3/4

27-13 (2017)招标人采用邀请招标方式的，应保证有几个以上具备承担招标项目勘察设计的能力，并具有相应资质的特定法人或者其他组织参加投标?(　　)

A 2个　　　　　　B 3个　　　　　C 4个　　　　　　D 5个

27-14 (2017)以下不适用于《建设工程勘察设计管理条例》的是(　　)。

Ⅰ抢险救灾；Ⅱ临时性建筑；Ⅲ农民自建两层以下住宅；Ⅳ军事建设工程

A Ⅱ、Ⅲ　　　　　　　　　　B Ⅰ、Ⅳ

C Ⅰ、Ⅱ、Ⅳ　　　　　　　　D Ⅰ、Ⅱ、Ⅲ、Ⅳ

27-15 (2017)建设工程竣工验收应当具备下列条件中，错误的是(　　)。

A 完成建设工程设计和合同约定的各项内容

B 有完整的技术档案和施工管理资料

C 有工程使用的主要建筑材料、构配件和设备的进场试验报告

D 有勘察、设计/施工、工程监理单位签署的工程保修书

27-16 (2017)工程建设中采用国际标准或者国外标准，且现行强制性标准未做规定的建设单位(　　)。

A 应当向国务院有关行政主管部门备案

B 应当向省级建设行政主管部门备案

C 应当向所在市建设行政主管部门备案

D 可直接采用，不必备案

27-17 (2017)对工程项目执行强制性标准情况进行监督检查的单位为(　　)。

A 建设项目规划审查机构

B 工程建设标准批准部门

C 施工图设计文件审查单位

D 工程质量监督机构

27-18 (2017)工程建设标准批准部门对工程项目执行强制性标准情况进行监督检查的下列内容中，哪一种不属于规定的内容?(　　)

A 工程项目的规划、勘察、设计、施工、验收等是否符合强制性标准的规定

B 工程项目采用的材料、设备是否符合强制性标准的规定

C 施工工人是否熟悉、掌握强制性标准

D 工程中采用的导则、指南的内容是否符合强制性标准的规定

27-19 (2017)可满足非标准设备制作和施工需要的建设工程设计文件是(　　)。

A 可行性研究报告　　　　　　B 方案设计文件

C 初步设计文件　　　　　　　D 施工图设计文件

27-20 (2017)在初步设计文件中不列入总指标的是(　　)。

A 土石方工程量　　　　　　　B 反映建筑功能规模的技术指标

C 总用地面积 D 总建筑面积

27-21 (2017)以下哪一条不属于注册建筑师的执业范围?( )

A 建筑设计 B 施工图审查

C 建筑物调查和鉴定 D 建筑设计技术咨询

27-22 (2017)准许他人以本人名义执行业务的注册建筑师除受到责令停止违法活动、没收违法所得处罚外,还可以处以下哪项罚款?( )

A 10万元以下 B 违法所得5倍以下

C 违法所得的2~5倍 D 5万元

27-23 (2017)注册建筑师有下列哪种情形时,其注册证书和执业印章继续有效?( )

A 聘用单位申请破产保护的

B 聘用单位被吊销营业执照的

C 聘用单位相应资质证书被吊销或者撤回的

D 与聘用单位解除聘用劳动关系的

27-24 (2017)注册建筑师变更执业单位,变更注册后,注册有效期如何计算?( )

A 重新计算有效期2年 B 重新计算有效期3年

C 重新计算有效期5年 D 延续原注册有效期2年

27-25 (2017)工程建设监理合同包括( )。

Ⅰ监理的范围和内容;Ⅱ双方的权利与义务;Ⅲ监理费的计取与给付;Ⅳ违约责任;Ⅴ双方约定的其他事项

A Ⅰ、Ⅱ B Ⅰ、Ⅱ、Ⅲ

C Ⅰ、Ⅱ、Ⅲ、Ⅳ D Ⅰ、Ⅱ、Ⅲ、Ⅳ、Ⅴ

27-26 (2017)土地使用权出让的最高年限,由哪一级机构规定?( )

A 国务院 B 国务院土地管理部门

C 所在地人民政府 D 省、自治区、直辖市人民政府

27-27 (2017)依照《中华人民共和国城市房地产管理法》规定以划拨方式取得土地使用权的,除法律、行政法规另有规定外,其使用期限为( )。

A 70年 B 50年 C 40年 D 没有限制

27-28 (2019)根据《建筑法》,关于建筑活动的说法,错误的是( )。

A 建筑活动包括各类房屋建筑及其附属设施的建造,以及与其配套的管线、设备的安装活动

B 从事建筑活动应当遵守法律、法规,不得损害他人的合法权益

C 任何单位和个人都不得妨碍和阻挠合法企业进行的建筑活动

D 建筑活动应当确保建筑工程质量和安全,符合国家的建筑工程安全标准

27-29 (2019)某建筑师注册时,不要求提供继续教育证明的是( )。

A 重新注册 B 延续注册

C 取得资格3年后申请初始注册 D 取得资格后当年申请注册

27-30 (2019)大学建筑系讲师通过了注册建筑师考试,他可以申请注册的单位是( )。

A 本地某国营设计院 B 外地某国营设计院

C 所在大学建筑设计院 D 某民营建筑设计院

27-31 (2019)关于招标代理机构的说法,正确的是( )。

A 是从事招标代理业务的社会管理机构

B 应有技术方面的专家库

C 应具有能够组织评标的相应专业力量

D 应具备招标代理资质

27-32 (2019)根据《建筑工程设计招标投标管理办法》,确定中标候选人或中标人的说法,错误的是(　　)。

A 评标委员会应当推荐不超过3个中标候选人,并标明顺序

B 招标人应当公示中标候选人和未中标投标人

C 招标人根据评标委员会推荐的中标候选人确定中标人

D 招标人可以授权评标委员会直接确定中标人

27-33 (2019)某一栋包含办公、商业和影院功能的综合楼项目,其中影院部分设在商业裙楼顶上部。根据《合同法》,下列行为错误的是(　　)。

A 发包人分别与勘察人、设计人、施工人订立该项目勘察、设计、施工承包合同后

B 发包人将该项目的办公商业和影院部分分别与两家设计人订立设计合同

C 设计承包人经发包人同意,将影院音效设计分包给另一家专业设计人

D 发包人与总承包人订立该项目设计,施工承包

27-34 (2019)关于建筑工程合同承包人可以顺延工期的说法,错误的是(　　)。

A 发包人没有按通知时间及时检查承包人的隐蔽工程而致工程延期的

B 设计人未按时收到发包人应提供的资料而不能如期完成设计文件的

C 因施工原因致工程某部位有缺陷,发包人要求施工人返工而延期的

D 发包人未按照约定的时间提供场地的

27-35 (2019)关于建设工程合同的说法,错误的是(　　)。

A 建设工程合同包括工程勘察、设计、施工监理合同

B 建设工程合同应当采用书面形式

C 建设工程合同是承包人进行工程建设,发包人支付价款的合同

D 建设工程当事人订立合同,采取要约、承诺方式

27-36 (2019)对建设工程设计文件违反《建设工程勘察设计管理条例》规定的,责令限期改正;对逾期不改正的,处10万元以上、30万元以下罚款的行为不包括(　　)。

A 未依据项目批准文件编制设计文件的

B 未依据城乡规划及专业规划设计的

C 未依据国家规定的设计深度要求设计的

D 未依据专家评审意见进行设计的

27-37 (2019)关于建设工程勘察设计文件编制与实施的说法,错误的是(　　)。

A 编制市政交通工程设计文件,应当以批准的城乡和专业规划的要求为依据

B 编制工程勘察文件应当真实、准确满足工程设计和施工的需要

C 设计文件中选用的材料、设备,其质量要求必须符合国家规定的标准

D 设计文件内容需要作重大修改的,设计单位应当报经原审批机构审查通过后方可修改

27-38 (2019)根据《建设工程勘察设计管理条例》,民用建筑工程初步设计文件编制深度应满足(　　)。

A 设备材料采购的需要　　　　　　B 编制施工招标文件的需要

C 编制工程预算的需要　　　　　　D 非标准设备制作的需要

27-39 (2019)设计单位在建设工程施工阶段应当(　　)。

A 在施工前向施工单位说明工程设计意图

B 在工程施工过程中进行施工技术交底

C 在工程施工中及时解决出现的施工问题

D 在施工前对工程施工技术提出合理的建议

27-40 (2019)根据·《实施工程强制性标准监督规定》,不属于强制性标准监督检查的内容是(　　)。

A 工程项目操作指南的内容是否符合强制性标准的规定

B 工程项目的验收是否符合强制性标准的规定

C 工程项目的质量管理体系是否符合强制性标准的规定

D 有关工程技术人员是否熟悉，掌握强制性标准

27-41 (2019)关于工程建设强制性标准的说法，正确的是( )。

A 民营和社会资本投资项目的工程建设活动，可不执行工程建设强制性标准

B 工程建设强制性标准是指直接或间接涉及工程质量、安全等方面的工程建设标准强制性条文

C 各级建设主管部应当将强制性标准监督检查结果在一定范围内公告

D 监理单位违反强制性标准规定，责令改正，处以罚款，降低资质等级或吊销资质证书

27-42 (2019)施工图审查机构在施工图审查时可不审查的内容是( )。

A 对施工难易度与经济性的影响

B 地基基础和主体结构的安全性

C 注册执业人员是否按规定在施工图上加盖相应的图章和签字

D 是否符合民用建筑节能强制性标准

27-43 (2019)关于城乡规划编制的说法错误的是( )。

A 国务院城乡规划主管部门会同各级建设主管部门组织编制全国城镇体系规划

B 全国城镇体系规划用于指导省域城镇体系规划、城市总体规划的编制

C 省级人民政府所在地的城市总体规划由省人民政府审查同意后报国务院审批

D 城市人民政府组织编制城市总体规划

27-44 (2019)下列规划区范围内的城、镇总体规划内容，不属于强制性内容要求的是( )。

A 公共服务设施用地　　　　　　　B 水源地和水系

C 农田发展用地　　　　　　　　　D 基础设施用地

27-45 (2019)按照规定的权限和程序可以修改省城市总体规划的情形不包括( )。

A 因城市人民政府批准建设工程需要修改规划

B 行政区划调整确需修改规划的

C 经评估确需修改规划的

D 城乡规划的审批机关认为应当修改规划的

27-46 (2019)根据《中华人民共和国城市房地产管理办法》，下列说法正确的是( )。

A 房屋抵押，是指抵押人以其持有的房产以转移占有的方式向抵押权人提供债务履行担保的行为

B 依法取得的房屋所有权连同该房屋占用范围内的土地使用权，可以设定抵押权

C 无论以划拨或出让方式取得的土地使用权，都可以设定抵押权

D 房地产抵押合同签订后，土地上新增的房屋自然属于抵押财产

27-47 (2019)工程建设监理的工作内容不包括( )。

A 控制工程建设的投资　　　　　　B 控制建设工期计划和工程质量

C 进行工程建设合同管理　　　　　D 组织工程竣工验收

27-48 (2019)工程监理人员发现工程设计不符合建筑工程质量标准时应当首先报告( )。

A 设计单位　　　B 建设单位　　　C 施工单位　　　D 质量监督站

27-49 (2019)根据《中华人民共和国注册建筑师条例实施细则》，违反细则应承担相应的法律责任，但不处以罚款的行为是( )。

A 隐瞒有关情况或提供虚假材料申请注册的

B 未办理变更注册而继续执业的，责令限期改正而逾期未改正的

C 倒卖出借非法转让执业资格证书、注册证书和执业印章的

D 注册建筑师未按照要求提供其信用档案信息，责令限期改正而逾期未改正的

27-50 (2019)根据《中华人民共和国城乡规划法》，编制单位超越资质等级许可的范围承揽城乡规划编制工作的，情节一般的由所在地城市人民政府城乡规划主管部门责令限期改正，并应（ ）。

A 处以罚款　　　　B 吊销资质证书　　C 责令停业整顿　　D 降低资质等级

参考答案及解析

27-1 解析：《中华人民共和国注册建筑师条例》第十七条规定，注册建筑师注册的有效期为 2 年。有效期届满需要继续注册的，应当在期满前 30 日内办理注册手续。

答案：**B**

27-2 解析：《中华人民共和国注册建筑师条例》二十八条规定，注册建筑师应当履行下列义务：

（一）遵守法律、法规和职业道德，维护社会公共利益；

（二）保证建设设计的质量，并在其负责的设计图纸上签字；

（三）保守在执业中知悉的单位和个人的秘密；

（四）不得同时受聘于二个以上建筑设计单位执行业务；

（五）不得准许他人以本人名义执行业务。

答案：**A**

27-3 解析：《民法典》"合同篇"第五百八十七条规定，给付定金的一方不履行约定的债务的，无权要求返还定金；收受定金的一方不履行约定的债务的，应当双倍返还定金。

答案：**A**

27-4 解析：《建设工程质量管理条例》第四十九条规定，建设单位应当自建设工程竣工验收合格之日起 15 日内，将建设工程竣工验收报告和规划、公安消防、环保等部门出具的认可文件或者准许使用文件报建设行政主管部门或者其他有关部门备案。建设行政主管部门或者其他有关部门发现建设单位在竣工验收过程中有违反国家有关建设工程质量管理规定行为的，责令停止使用，重新组织竣工验收。

答案：**C**

27-5 解析：根据《中华人民共和国城市房地产管理法》第三十八条和第三十九条，已经支付全部土地出让金，并取得土地使用权证的可转让。所以除了第一个选项之外，其余几条都是不能转让的。

第三十八条　下列房地产，不得转让：

（一）以出让方式取得土地使用权的，不符合本法第三十九条规定的条件的；

（二）司法机关和行政机关依法裁定、决定查封或者以其他形式限制房地产权利的；

（三）依法收回土地使用权的；

（四）共有房地产，未经其他共有人书面同意的；

（五）权属有争议的；

（六）未依法登记领取权属证书的；

（七）法律、行政法规规定禁止转让的其他情形。

第三十九条　以出让方式取得土地使用权的，转让房地产时，应当符合下列条件：

（一）按照出让合同约定已经支付全部土地使用权出让金，并取得土地使用权证书；

（二）按照出让合同约定进行投资开发，属于房屋建设工程的，完成开发投资总额的百分之二十五以上，属于成片开发土地的，形成工业用地或者其他建设用地条件。

转让房地产时房屋已经建成的，还应当持有房屋所有权证书。

答案：**B**

27-6 解析：《中华人民共和国招标投标法》第三十七条规定，评标由招标人依法组建的评标委员

会负责。依法必须进行招标的项目，其评标委员会由招标人的代表和有关技术、经济等方面的专家组成，成员人数为五人以上单数，其中技术、经济等方面的专家不得少于成员总数的三分之二。

答案：B

27-7 解析：《建筑法》第二十七条规定，大型建筑工程或者结构复杂的建筑工程，可以由两个以上的承包单位联合共同承包。共同承包的各方对承包合同的履行承担连带责任。两个以上不同资质等级的单位实行联合共同承包的，应当按照资质等级低的单位的业务许可范围承揽工程。

答案：A

27-8 解析：《民法典》第四百七十三条规定，要约邀请是希望他人向自己发出要约的意思表示。拍卖公告、招标公告、招股说明书、商业广告、寄送的价目表等为要约邀请。商业广告的内容符合要约规定的，视为要约。

答案：B

27-9 解析：《中华人民共和国城乡规划法》第二十一条规定，城市、县人民政府城乡规划主管部门和镇人民政府可以组织编制重要地块的修建性详细规划。修建性详细规划应当符合控制性详细规划。

答案：D

27-10 解析：《中华人民共和国城乡规划法》第三十四条规定，城市、县、镇人民政府应当根据城市总体规划、镇总体规划、土地利用总体规划和年度计划以及国民经济和社会发展规划，制定近期建设规划，报总体规划审批机关备案。近期建设规划应当以重要基础设施、公共服务设施和中低收入居民住房建设以及生态环境保护为重点内容，明确近期建设的时序、发展方向和空间布局。近期建设规划的规划期限为五年。

答案：C

27-11 解析：《中华人民共和国城乡规划法》第三十六条规定，按照国家规定需要有关部门批准或者核准的建设项目，以划拨方式提供国有土地使用权的，建设单位在报送有关部门批准或者核准前，应当向城乡规划主管部门申请核发选址意见书。前款规定以外的建设项目不需要申请选址意见书。

答案：A

27-12 解析：《建筑工程设计招标投标管理办法》第十六条规定，评标由评标委员会负责。评标委员会由招标人代表和有关专家组成。评标委员会人数为5人以上单数，其中技术和经济方面的专家不得少于成员总数的2/3。建筑工程设计方案评标时，建筑专业专家不得少于技术和经济方面专家总数的2/3。

答案：B

27-13 解析：《中华人民共和国招标投标法》第十七条规定，招标人采用邀请招标方式的，应当向三个以上具备承担招标项目的能力、资信良好的特定的法人或者其他组织发出投标邀请书。投标邀请书应当载明本法第十六条第二款规定的事项。

答案：B

27-14 解析：《建设工程勘察设计管理条例》第四十四条规定，抢险救灾及其他临时性建筑和农民自建两层以下住宅的勘察、设计活动，不适用本条例。

第四十五条规定，军事建设工程勘察、设计的管理，按照中央军事委员会的有关规定执行。

答案：D

27-15 解析：《建设工程质量管理条例》第十六条规定，建设单位收到建设工程竣工报告后，应当组织设计、施工、工程监理等有关单位进行竣工验收。建设工程竣工验收应当具备下列条件：

（一）完成建设工程设计和合同约定的各项内容；

（二）有完整的技术档案和施工管理资料；

（三）有工程使用的主要建筑材料、建筑构配件和设备的进场试验报告；

（四）有勘察、设计、施工、工程监理等单位分别签署的质量合格文件；

（五）有施工单位签署的工程保修书。建设工程经验收合格的，方可交付使用。

从上面的条文中可以看出：工程保修书不需要设计和监理的签字，所以 D 的表述是不对的。

答案：D

27-16　解析：《实施工程建设强制性标准监督规定》第五条规定，工程建设中采用国际标准或者国外标准，现行强制性标准未作规定的，建设单位应当向国务院建设行政主管部门或者国务院有关行政主管部门备案。

答案：A

27-17　解析：《实施工程建设强制性标准监督规定》第九条规定，工程建设标准批准部门应当对工程项目执行强制性标准情况进行监督检查。监督检查可以采取重点检查、抽查和专项检查的方式。

答案：B

27-18　解析：《实施工程建设强制性标准监督规定》第十条规定，强制性标准监督检查的内容包括：

（一）有关工程技术人员是否熟悉、掌握强制性标准；

（二）工程项目的规划、勘察、设计、施工、验收等是否符合强制性标准的规定；

（三）工程项目采用的材料、设备是否符合强制性标准的规定；

（四）工程项目的安全、质量是否符合强制性标准的规定；

（五）工程中采用的导则、指南、手册、计算机软件的内容是否符合强制性标准的规定。

文件中并不包括对施工工人的检查。

答案：C

27-19　解析：《建筑工程设计文件编制深度规定》第 1.0.5 条规定，各阶段设计文件编制深度应按以下原则进行（具体应执行第 2、3、4 章条款）：

1　方案设计文件，应满足编制初步设计文件的需要，应满足方案审批或报批的需要。

注：本规定仅适用于报批方案设计文件编制深度。对于投标方案设计文件的编制深度，应执行住房和城乡建设部颁发的相关规定。

2　初步设计文件，应满足编制施工图设计文件的需要，应满足初步设计审批的需要。

3　施工图设计文件，应满足设备材料采购、非标准设备制作和施工的需要。

答案：D

27-20　解析：《建筑工程设计文件编制深度规定》第 3.2.3 条规定，总指标包括：

1　总用地面积、总建筑面积和反映建筑功能规模的技术指标；

2　其他有关的技术经济指标。

答案：A

27-21　解析：《中华人民共和国注册建筑师条例》第二十条规定，注册建筑师的执业范围：

（一）建筑设计；

（二）建筑设计技术咨询；

（三）建筑物调查与鉴定；

（四）对本人主持设计的项目进行施工指导和监督；

（五）国务院建设行政主管部门规定的其他业务。

文件中不包括施工图审查。

答案：B

27-22　解析：《中华人民共和国注册建筑师条例》第三十一条规定，注册建筑师违反本条例规定，有下列行为之一的，由县级以上人民政府建设行政主管部门停止违法活动，没收违法所得，并可以处以违法所得 5 倍以下的罚款；情节严重的，可以责令停止执行业务或者由全国注册建筑师管理委员会或者省、自治区、直辖市注册建筑师管理委员会吊销注册建筑师证书：

（一）以个人名义承接注册建筑师业务、收取费用的；

（二）同时受聘于二人以上建筑设计单位执行业务的；

（三）在建筑设计或者相关业务中侵犯他人合法权益的；

（四）准许他人以本人名义执行业务的；

（五）二级注册建筑师以一级注册建筑师的名义执行业务或者超越国家规定的执业范围执行业务的。

答案：B

27-23　解析：《中华人民共和国注册建筑师条例细则》第二十二条规定，注册建筑师有下列情形之一的，其注册证书和执业印章失效：

（一）聘用单位破产的；

（二）聘用单位被吊销营业执照的；

（三）聘用单位相应资质证书被吊销或者撤回的；

（四）已与聘用单位解除聘用劳动关系的；

（五）注册有效期满且未延续注册的；

（六）死亡或者丧失民事行为能力的。

其中第一条聘用单位破产和聘用单位申请破产保护的不是一回事，申请破产保护期间，单位仍可以继续营业。

答案：A

27-24　解析：《中华人民共和国注册建筑师条例细则》第二十条规定，注册建筑师变更执业单位，应当与原聘用单位解除劳动关系，并按照本细则第十五条规定的程序办理变更注册手续。变更注册后，仍延续原注册有效期。

答案：D

27-25　解析：《民法典》第四百七十条规定，合同的内容由当事人约定，一般包括以下条款：

（一）当事人的名称或者姓名和住所；

（二）标的；

（三）数量；

（四）质量；

（五）价款或者报酬；

（六）履行期限、地点和方式；

（七）违约责任；

（八）解决争议的方法。当事人可以参照各类合同的示范文本订立合同。

答案：D

27-26　解析：《中华人民共和国城市房地产管理法》第十四条规定，土地使用权出让最高年限由国务院规定。

答案：A

27-27　解析：《中华人民共和国城市房地产管理法》第二十三条规定，土地使用权划拨，是指县级以上人民政府依法批准，在土地使用者缴纳补偿、安置等费用后将该幅土地交付其使用，或者将土地使用权无偿交付给土地使用者使用的行为。

依照本法规定以划拨方式取得土地使用权的，除法律、行政法规另有规定外，没有使用期限的限制。

答案：D

27-28 解析：《建筑法》第二条规定，在中华人民共和国境内从事建筑活动，实施对建筑活动的监督管理，应当遵守该法。

该法所称建筑活动，是指各类房屋建筑及其附属设施的建造和与其配套的线路、管道、设备的安装活动。

第三条规定，建筑活动应当确保建筑工程质量和安全，符合国家的建筑工程安全标准。

第四条规定，国家扶持建筑业的发展，支持建筑科学技术研究，提高房屋建筑设计水平，鼓励节约能源和保护环境，提倡采用先进技术、先进设备、先进工艺、新型建筑材料和现代管理方式。

第五条规定，从事建筑活动应当遵守法律、法规，不得损害社会公共利益和他人的合法权益。任何单位和个人都不得妨碍和阻挠依法进行的建筑活动。

C 选项的表述和建筑法条文不太一致，合法的企业搞建筑活动也要依法进行，强调的是建筑活动要依法进行，而不是仅仅注意企业资质是否合法。合法企业搞违法建筑活动也不行。

答案：C

27-29 解析：《中华人民共和国注册建筑师条例实施细则》第十八条规定，初始注册者可以自执业资格证书签发之日起三年内提出申请。逾期未申请者，须符合继续教育的要求后方可申请初始注册。

根据此条 C 选项应当提供继续教育的证明。

第十九条规定，注册建筑师每一注册有效期为二年。注册建筑师注册有效期满需继续执业的，应在注册有效期届满三十日前，按照本细则第十五条规定的程序申请延续注册。延续注册有效期为二年。

延续注册需要提交下列材料：

（一）延续注册申请表；

（二）与聘用单位签订的聘用劳动合同复印件；

（三）注册期内达到继续教育要求的证明材料。

按照此条选项 B 应当提供继续教育的证明。

第二十四条规定，被注销注册者或者不予注册者，重新具备注册条件的，可以按照本细则第十五条规定的程序重新申请注册。

取得资格后当年申请注册，不需要继续教育的证明。

故答案应选 D。

答案：D

27-30 解析：《中华人民共和国注册建筑师条例实施细则》第二十五条规定，高等学校（院）从事教学、科研并具有注册建筑师资格的人员，只能受聘于本校（院）所属建筑设计单位从事建筑设计，不得受聘于其他建筑设计单位。在受聘于本校（院）所属建筑设计单位工作期间，允许申请注册。获准注册的人员，在本校（院）所属建筑设计单位连续工作不得少于二年。具体办法由国务院建设主管部门商教育主管部门规定。

答案：C

27-31 解析：2017 年 12 月 28 日起施行的《中华人民共和国招标投标法》中，第十三条规定，招标代理机构是依法设立、从事招标代理业务并提供相关服务的社会中介组织。招标代理机构应当具备下列条件：（一）有从事招标代理业务的营业场所和相应资金；（二）有能够编制招标文件和组织评标的相应专业力量。

招标代理机构是社会中介组织，不是社会管理机构，所以 A 选项是错的。新修改后的该法中已取消招标机构资质认证，所以 D 选项是错的。老的法律条款才有资质认证的规定。新条文也取消了关于招标代理机构内有关专家库的说法，所以 B 选项也不对。

按照十三条第（二）款的规定，C 选项是对的。

答案：C

27-32 解析：《建筑工程设计招标投标管理办法》第十九条规定，评标委员会应当在评标完成后，向招标人提出书面评标报告，推荐不超过 3 个中标候选人，并标明顺序。

第二十条规定，招标人应当公示中标候选人。采用设计团队招标的，招标人应当公示中标候选人投标文件中所列主要人员、业绩等内容。

第二十一条规定，招标人根据评标委员会的书面评标报告和推荐的中标候选人确定中标人。招标人也可以授权评标委员会直接确定中标人。

文件中只要求公示中标候选人，没要求公示未中标人，所以 B 的说法是错误的。

答案：B

27-33 解析：该办公楼影剧院和商业办公主体是一起的，主体设计不能肢解发包。所以 B 选项说法是错的。

《建筑法》第二十四条规定，提倡对建筑工程实行总承包，禁止将建筑工程肢解发包。

建筑工程的发包单位可以将建筑工程的勘察、设计、施工、设备采购一并发包给一个工程总承包单位，也可以将建筑工程勘察、设计、施工、设备采购的一项或者多项发包给一个工程总承包单位；但是，不得将应当由一个承包单位完成的建筑工程肢解成若干部分发包给几个承包单位。

按照上述条文，选项 A 和 D 是对的。

《建设工程勘察设计管理条例（2017 修正版）》第十九条规定，除建设工程主体部分的勘察、设计外，经发包方书面同意，承包方可以将建设工程其他部分的勘察、设计再分包给其他具有相应资质等级的建设工程勘察、设计单位。

按照此条，音响设计可以分包，所以 C 对。

答案：B

27-34 解析：《民法典》第七百九十八条规定，隐蔽工程在隐蔽以前，承包人应当通知发包人检查。发包人没有及时检查的，承包人可以顺延工程日期，并有权要求赔偿停工、窝工等损失。所以 A 选项正确。

第八百零一条规定，因施工人的原因致使建设工程质量不符合约定的，发包人有权要求施工人在合理期限内无偿修理或者返工、改建。经过修理或者返工、改建后，造成逾期交付的，施工人应当承担违约责任。所以 C 的说法是错误的，施工方应承担责任。

答案：C

27-35 解析：建筑工程合同不包括"监理合同"。

《民法典》第七百八十八条规定，建设工程合同包括工程勘察、设计、施工合同。

答案：A

27-36 解析：《建设工程勘察设计管理条例》第二十五条规定，编制建设工程勘察、设计文件，应当以下列规定为依据：

（一）项目批准文件；

（二）城乡规划；

（三）工程建设强制性标准；

（四）国家规定的建设工程勘察、设计深度要求。

第四十条规定，违反本条例规定，勘察、设计单位未依据项目批准文件，城乡规划及专业规划，国家规定的建设工程勘察、设计深度要求编制建设工程勘察、设计文件的，责令限期改正；逾期不改正的，处 10 万元以上 30 万元以下的罚款。

根据上述条文，A、B、C 都是对的。

答案：D

27-37 解析：《建设工程勘察设计管理条例》第二十八条规定，建设工程勘察、设计文件内容需要作重大修改的，建设单位应当报经原审批机关批准后，方可修改。故应选D。

答案：**D**

27-38 解析：《建筑工程设计文件编制深度规定》第1.0.5条规定，各阶段设计文件编制深度应按以下原则进行：

1　方案设计文件，应满足编制初步设计文件的需要，应满足方案审批或报批的需要。

2　初步设计文件，应满足编制施工图设计文件的需要，应满足初步设计审批的需要。

3　施工图设计文件，应满足设备材料采购、非标准设备制作和施工的需要。

设备材料采购、非标准设备制作和施工的需要是施工图阶段图纸的要求，所以选项A和D明显不对。另外，初设阶段编制的是概算，施工图阶段才可能编预算。所以C也不对。

通常编制招标文件是以施工图为依据的，但是也有些情况下使用初步设计文件招标，此时可以依据初步设计文件编制招标文件。

答案：**B**

27-39 解析：《建设工程勘察设计管理条例》第三十条规定，建设工程勘察、设计单位应当在建设工程施工前，向施工单位和监理单位说明建设工程勘察、设计意图，解释建设工程勘察、设计文件。建设工程勘察、设计单位应当及时解决施工中出现的勘察、设计问题。

按照上述条文A选项是对的。

B选项的说法不准确，施工技术交底是施工方技术人的责任，不是设计人的责任。通常说的设计交底就是第三十条的表述。

另外设计单位要解决的是施工中出现的设计问题，而不是解决出现的所有施工方面问题。所以C也不对。

关于D选项所说的提建议，不是"应当"的责任，故也不对。

答案：**A**

27-40 解析：《实施工程强制性标准监督规定》第十条规定，强制性标准监督检查的内容包括：

（一）有关工程技术人员是否熟悉、掌握强制性标准；

（二）工程项目的规划、勘察、设计、施工、验收等是否符合强制性标准的规定；

（三）工程项目采用的材料、设备是否符合强制性标准的规定；

（四）工程项目的安全、质量是否符合强制性标准的规定；

（五）工程中采用的导则、指南、手册、计算机软件的内容是否符合强制性标准的规定。

答案：**C**

27-41 解析：《实施工程强制性标准监督规定》第二条规定，在中华人民共和国境内从事新建、扩建、改建等工程建设活动，必须执行工程建设强制性标准。据此条A错。

第三条规定，该规定所称工程建设强制性标准是指直接涉及工程质量、安全、卫生及环境保护等方面的工程建设标准强制性条文。题目中B选项表述得不全面，还应包括卫生及环境保护等方面的强制性条文。

第十一条规定，工程建设标准批准部门应当将强制性标准监督检查结果在一定范围内公告。据此条C错，不是各级建设主管部门。

第十九条规定，工程监理单位违反强制性标准规定，将不合格的建设工程以及建筑材料、建筑构配件和设备按照合格签字的，责令改正，处50万元以上100万元以下的罚款，降低资质等级或者吊销资质证书；有违法所得的，予以没收；造成损失的，承担连带赔偿责任。故D正确。

答案：**D**

27-42 解析：《建设工程勘察设计管理条例》第三十三条规定，施工图设计文件审查机构应当对房屋建筑工程、市政基础设施工程施工图设计文件中涉及公共利益、公众安全、工程建设强制性标准的内容进行审查。县级以上人民政府交通运输等有关部门应当按照职责对施工图设计文件中涉及公共利益、公众安全、工程建设强制性标准的内容进行审查。

《民用建筑节能条例》第十三条规定，施工图设计文件审查机构应当按照民用建筑节能强制性标准对施工图设计文件进行审查；经审查不符合民用建筑节能强制性标准的，县级以上地方人民政府建设主管部门不得颁发施工许可证。

住建部2018年12月修改的《房屋建筑和市政基础设施工程施工图设计文件审查管理办法》第十一条规定，审查机构应当对施工图审查下列内容：

（一）是否符合工程建设强制性标准；

（二）地基基础和主体结构的安全性；

（三）消防安全性；

（四）人防工程（不含人防指挥工程）防护安全性；

（五）是否符合民用建筑节能强制性标准，对执行绿色建筑标准的项目，还应当审查是否符合绿色建筑标准；

（六）勘察设计企业和注册执业人员以及相关人员是否按规定在施工图上加盖相应的图章和签字；

（七）法律、法规、规章规定必须审查的其他内容。

答案：A

27-43 解析：《中华人民共和国城乡规划法》第十二条规定，国务院城乡规划主管部门会同国务院有关部门组织编制全国城镇体系规划，用于指导省域城镇体系规划、城市总体规划的编制。据此条A错，不是会同各级建设主管部门，据此条后半段，B选项是对的。

第十四条规定，城市人民政府组织编制城市总体规划。直辖市的城市总体规划由直辖市人民政府报国务院审批。省、自治区人民政府所在地的城市以及国务院确定的城市的总体规划，由省、自治区人民政府审查同意后，报国务院审批。其他城市的总体规划，由城市人民政府报省、自治区人民政府审批。

据此条C和D对。

答案：A

27-44 解析：《中华人民共和国城乡规划法》第十七条规定，规划区范围、规划区内建设用地规模、基础设施和公共服务设施用地、水源地和水系、基本农田和绿化用地、环境保护、自然与历史文化遗产保护以及防灾减灾等内容，应当作为城市总体规划、镇总体规划的强制性内容。可见不包括C。

答案：C

27-45 解析：《中华人民共和国城乡规划法》第四十七条规定，有下列情形之一的，组织编制机关方可按照规定的权限和程序修改省域城镇体系规划、城市总体规划、镇总体规划：

（一）上级人民政府制定的城乡规划发生变更，提出修改规划要求的；

（二）行政区划调整确需修改规划的；

（三）因国务院批准重大建设工程确需修改规划的；

（四）经评估确需修改规划的；

（五）城乡规划的审批机关认为应当修改规划的其他情形。

答案：A

27-46 解析：《中华人民共和国城市房地产管理办法》第四十七条规定，房地产抵押，是指抵押人以其合法的房地产以不转移占有的方式向抵押权人提供债务履行担保的行为。据此条A错。

第四十八条规定，依法取得的房屋所有权连同该房屋占用范围内的土地使用权，可以设定抵押权。据此条 B 对。

第五十二条规定，房地产抵押合同签订后，土地上新增的房屋不属于抵押财产。据此条 D 错。

划拨土地办抵押是有条件的，故 C 错。

答案：B

27-47 解析：监理方不是工程竣工验收组织者，建设方才是竣工验收的组织者。

《建设工程质量管理条例》第十六条规定，建设单位收到建设工程竣工报告后，应当组织设计、施工、工程监理等有关单位进行竣工验收。

答案：D

27-48 解析：《建筑法》第三十二条规定，建筑工程监理应当依照法律、行政法规及有关的技术标准、设计文件和建筑工程承包合同，对承包单位在施工质量、建设工期和建设资金使用等方面，代表建设单位实施监督。

工程监理人员认为工程施工不符合工程设计要求、施工技术标准和合同约定的，有权要求建筑施工企业改正。

工程监理人员发现工程设计不符合建筑工程质量标准或者合同约定的质量要求的，应当报告建设单位要求设计单位改正。

答案：B

27-49 解析：《注册建筑师条例实施细则》第四十条规定，隐瞒有关情况或者提供虚假材料申请注册的，注册机关不予受理，并由建设主管部门给予警告，申请人一年之内不得再次申请注册。

第四十三条规定，违反本细则，未办理变更注册而继续执业的，由县级以上人民政府建设主管部门责令限期改正；逾期未改正的，可处以 5000 元以下的罚款。

第四十四条规定，违反本细则，涂改、倒卖、出租、出借或者以其他形式非法转让执业资格证书、互认资格证书、注册证书和执业印章，由县级以上人民政府建设主管部门责令改正，其中没有违法所得的，处以 1 万元以下罚款；有违法所得的处以违法所得 3 倍以下且不超过 3 万元的罚款。

第四十五条规定，违反本细则，注册建筑师或者其聘用单位未按照要求提供注册建筑师信用档案信息的，由县级以上人民政府建设主管部门责令限期改正；逾期未改正的，可处以 1000 元以上 1 万元以下的罚款。

答案：A

27-50 解析：《中华人民共和国城乡规划法》第六十二条规定，城乡规划编制单位有下列行为之一的，由所在地城市、县人民政府城乡规划主管部门责令限期改正，处合同约定的规划编制费一倍以上二倍以下的罚款；情节严重的，责令停业整顿，由原发证机关降低资质等级或者吊销资质证书；造成损失的，依法承担赔偿责任：

（一）超越资质等级许可的范围承揽城乡规划编制工作的；

（二）违反国家有关标准编制城乡规划的。

所在地政府主管部门可以罚款，但 B、C、D 几项处罚只能由原发证机关实施，而不是由所在地政府主管部门实施。

答案：A

附录 全国一级注册建筑师资格考试大纲

一、设计前期与场地设计（知识题）

1.1 场地选择

能根据项目建议书，了解规划及市政部门的要求。收集和分析必需的设计基础资料，从技术、经济、社会、文化、环境保护等各方面对场地开发做出比较和评价。

1.2 建筑策划

能根据项目建议书及设计基础资料，提出项目构成及总体构想，包括：项目构成、空间关系、使用方式、环境保护、结构选型、设备系统、建筑规模、经济分析、工程投资、建设周期等，为进一步发展设计提供依据。

1.3 场地设计

理解场地的地形、地貌、气象、地质、交通情况、周围建筑及空间特征，解决好建筑物布置、道路交通、停车场、广场、竖向设计、管线及绿化布置，并符合法规规范。

二、建筑设计（知识题）

2.1 系统掌握建筑设计的各项基础理论、公共和居住建筑设计原理；掌握建筑类别等级的划分及各阶段的设计深度要求；掌握技术经济综合评价标准；理解建筑与室内外环境、建筑与技术、建筑与人的行为方式的关系。

2.2 了解中外建筑历史的发展规律与发展趋势；了解中外各个历史时期的古代建筑与园林的主要特征和技术成就；了解现代建筑的发展过程、理论、主要代表人物及其作品；了解历史文化遗产保护的基本原则。

2.3 了解城市规划、城市设计、居住区规划、环境景观及可持续发展建筑设计的基础理论和设计知识。

2.4 掌握各类建筑设计的标准、规范和法规。

三、建筑结构

3.1 对结构力学有基本了解，对常见荷载、常见建筑结构形式的受力特点有清晰概念，能定性识别杆系结构在不同荷载下的内力图、变形形式及简单计算。

3.2 了解混凝土结构、钢结构、砌体结构、木结构等结构的力学性能、使用范围、主要构造及结构概念设计。

3.3 了解多层、高层及大跨度建筑结构选型的基本知识、结构概念设计；了解抗震设计的基本知识，以及各类结构形式在不同抗震烈度下的使用范围；了解天然地基和人工地基的类型及选择的基本原则；了解一般建筑物、构筑物的构件设计与计算。

四、建筑物理与建筑设备

4.1 了解建筑热工的基本原理和建筑围护结构的节能设计原则；掌握建筑围护结构的保温、隔热、防潮的设计，以及日照、遮阳、自然通风方面的设计。

4.2 了解建筑采光和照明的基本原理，掌握采光设计标准与计算；了解室内外环境照明对光和色的控制；了解采光和照明节能的一般原则和措施。

4.3 了解建筑声学的基本原理；了解城市环境噪声与建筑室内噪声允许标准；了解建筑隔声设计

与吸声材料和构造的选用原则；了解建筑设备噪声与振动控制的一般原则；了解室内音质评价的主要指标及音质设计的基本原则。

4.4 了解冷水储存、加压及分配，热水加热方式及供应系统；了解建筑给排水系统水污染的防治及抗震措施；了解消防给水与自动灭火系统、污水系统及透气系统、雨水系统和建筑节水的基本知识以及设计的主要规定和要求。

4.5 了解采暖的热源、热媒及系统，空调冷热源及水系统；了解机房（锅炉房、制冷机房、空调机房）及主要设备的空间要求；了解通风系统、空调系统及其控制；了解建筑设计与暖通、空调系统运行节能的关系及高层建筑防火排烟；了解燃气种类及安全措施。

4.6 了解电力供配电方式，室内外电气配线，电气系统的安全防护，供配电设备，电气照明设计及节能，以及建筑防雷的基本知识；了解通信、广播、扩声、呼叫、有线电视、安全防范系统、火灾自动报警系统，以及建筑设备自控、计算机网络与综合布线方面的基本知识。

五、建筑材料与构造

5.1 了解建筑材料的基本分类；了解常用材料（含新型建材）的物理化学性能、材料规格、使用范围及其检验、检测方法；了解绿色建材的性能及评价标准。

5.2 掌握一般建筑构造的原理与方法，能正确选用材料，合理解决其构造与连接；了解建筑新技术、新材料的构造节点及其对工艺技术精度的要求。

六、建筑经济、施工与设计业务管理

6.1 了解基本建设费用的组成；了解工程项目概、预算内容及编制方法；了解一般建筑工程的技术经济指标和土建工程分部分项单价；了解建筑材料的价格信息，能估算一般建筑工程的单方造价；了解一般建设项目的主要经济指标及经济评价方法；熟悉建筑面积的计算规则。

6.2 了解砌体工程、混凝土结构工程、防水工程、建筑装饰装修工程、建筑地面工程的施工质量验收规范基本知识。

6.3 了解与工程勘察设计有关的法律、行政法规和部门规章的基本精神；熟悉注册建筑师考试、注册、执业、继续教育及注册建筑师权利与义务等方面的规定；了解设计业务招标投标、承包发包及签订设计合同等市场行为方面的规定；熟悉设计文件编制的原则、依据、程序、质量和深度要求；熟悉修改设计文件等方面的规定；熟悉执行工程建设标准，特别是强制性标准管理方面的规定；了解城市规划管理、房地产开发程序和建设工程监理的有关规定；了解对工程建设中各种违法、违纪行为的处罚规定。

七、建筑方案设计（作图题）

检验应试者的建筑方案设计构思能力和实践能力，对试题能做出符合要求的答案，包括：总平面布置、平面功能组合、合理的空间构成等，并符合法规规范。

八、建筑技术设计（作图题）

检验应试者在建筑技术方面的实践能力，对试题能做出符合要求的答案，包括：建筑剖面、结构选型与布置、机电设备及管道系统、建筑配件与构造等，并符合法规规范。

九、场地设计（作图题）

检验应试者场地设计的综合设计与实践能力，包括：场地分析、竖向设计、管道综合、停车场、道路、广场、绿化布置等，并符合法规规范。